机械工程创新人才培养系列教材

先进设计理论与方法

主　编　朱　平

副主编　刘　钊

参　编　宋周洲　许　灿　张涵寓　徐蔚云

机械工业出版社

本书着重介绍了各种现代先进设计的基本概念、原理、方法、特点、应用以及发展方向，主要内容包括：绪论、优化设计方法、基于仿真的设计、不确定性设计、多子系统层级设计、多尺度建模与设计、轻量化设计、智能设计。本书遵循“先理论、后方法、再实践”的编排方式，内容丰富精炼，知识体系先进、完整，适应性广，实践性强。全书共八章，在每章后都附有复习思考题。

本书可作为高等院校理工科设计相关专业学生的专业主干基础课教材，也可作为相关科研及工程技术人员的参考书。

图书在版编目（CIP）数据

先进设计理论与方法/朱平主编. —北京：机械工业出版社，2022.12
机械工程创新人才培养系列教材
ISBN 978-7-111-71470-5

Ⅰ.①先… Ⅱ.①朱… Ⅲ.①机械设计-高等学校-教材 Ⅳ.①TH122

中国版本图书馆 CIP 数据核字（2022）第 154976 号

机械工业出版社（北京市百万庄大街 22 号 邮政编码 100037）
策划编辑：段晓雅　　　　责任编辑：段晓雅
责任校对：张晓蓉　王明欣　封面设计：王　旭
责任印制：张　博
中教科（保定）印刷股份有限公司印刷
2023 年 1 月第 1 版第 1 次印刷
184mm×260mm · 21.75 印张 · 538 千字
标准书号：ISBN 978-7-111-71470-5
定价：69.80 元

电话服务　　　　　　　　　网络服务
客服电话：010-88361066　　机　工　官　网：www.cmpbook.com
　　　　　010-88379833　　机　工　官　博：weibo.com/cmp1952
　　　　　010-68326294　　金　　书　　网：www.golden-book.com
封底无防伪标均为盗版　　机工教育服务网：www.cmpedu.com

PREFACE

前 言

随着科学技术的飞速发展，人类社会进入了数字化、信息化、智能化、网络化、大数据、云计算的时代。当今机械产品和设备向高速、高效、精密方向发展，结构日益复杂，对其要求功能性更强、可靠性更高、经济性更好，这就需要从事设计和制造的专业人士掌握最先进的设计理论与方法，提高创新设计开发能力，以满足社会不断增长的需求。先进设计理论与方法以多种科学方法和技术为手段，综合考虑现代产品特性、环境特性、人文特性以及经济特性进行系统优化设计，是在设计领域发展起来的一门新兴的多元交叉学科。

本书作为高等院校理工科设计相关专业学生的专业主干基础课教材，为适应当代科学技术发展和我国科技发展战略需要，本书按照教育部专业人才培养模式改革要求以及教育部《新工科研究与实践项目指南》的精神，汲取大量国内外相关资料及教材的优点，结合编者多年的教学与工程实践经验编写而成。本书系统介绍了现代各种先进设计的基本概念、原理、方法、特点、应用以及发展方向，主要内容包括：绪论、优化设计方法、基于仿真的设计、不确定性设计、多子系统层级设计、多尺度建模与设计、轻量化设计、智能设计。本书遵循“先理论、后方法、再实践”的编排方式，内容丰富精炼，知识体系先进、完整，适应性广，实践性强。本书不仅注重学生获取知识、分析与解决实际工程技术问题能力的培养，而且注重学生工程素质与创新思维能力的培养，所采用的应用实例大多来自于编者团队所主持并圆满完成的科研项目。

本书由朱平任主编，参加编写的人员及分工是：朱平、宋周洲、张涵寓（第1章、第2章、第8章），朱平、徐蔚云（第3章、第7章），刘钊、许灿、张涵寓（第4章、第5章），朱平、许灿（第6章）。在编写过程中，编者参考了相关教材、手册、学术期刊论文、文献资料等，在此一并向其作者表示由衷的感谢。

本书涉及的专业知识面较广，由于编者水平和经验有限，书中难免有不足和疏漏之处，敬请读者批评和指正。

编 者

CONTENTS

目录

第1章 绪 论

1.1 先进设计的内涵与意义

1.1.1 先进设计的内涵

21世纪以来，科学技术的飞速发展和计算机技术的应用与普及，给设计工作带来了新的变化。随着科技的发展，新工艺、新材料的出现，微电子技术、信息处理技术及控制技术等新技术对产品的渗透和有机结合，以及与设计相关的基础理论的深化和设计新方法的涌现，给产品设计开辟了新途径。在这一时期，国际设计领域相继出现了一系列先进的设计理论与方法。为了强调其对设计领域的革新，以区别于传统设计理论和方法，把这些新兴理论与方法统称为先进设计。先进设计以理论为指导，以计算机为手段，以分析、优化、动态、定量、综合为核心，设计过程实现自动化，设计的效率、水平、质量以及设计过程中的主动性、科学性和准确性得到大大提高。

计算机技术的飞速发展对设计工作产生了巨大影响：它更新了设计手段（手工到计算机辅助设计，甩掉图板，无纸设计），丰富了产品表示方法（二维到三维，甚至更多的设计信息），拓展了设计理论及方法（有限元、模态分析等，使大型、复杂的设计变成了可能），改变了设计工作方式（交接棒式设计到齐步跑式设计，串行到并行），实现了设计制造的一体化（计算机辅助设计、计算机辅助制造、计算机辅助工艺过程设计、计算机集成制造系统），提高了管理水平（高效、协同、安全），组织模式更加开放（网络技术、异地设计、虚拟制造、动态联盟、优势互补、资源共享）。

先进设计是传统设计的深入、丰富和完善，而非独立于传统设计的全新设计。表1-1列出了传统设计和先进设计的特点与内涵。

表1-1 传统设计和先进设计的特点与内涵

发展阶段		特 点	负责单位	工程方法
传统	技术推动	某种新技术的应用推动新功能产品的形成	设计部门	串行工程方法（信息处理间断，数据生成重复）
	需求拉动	市场的某种需求促进新功能产品的出现		
	推拉结合	技术推动与需求拉动相结合		

（续）

发展阶段		特　点	负责单位	工程方法
先进	功能和过程集成	开发新产品的同时考虑功能、制造、成本、周期等。由设计、工艺、计划、制造和装配部门协同配合开发	并行设计组	并行工程方法（信息处理集成化，数据集中一次性生成）
	系统集成	开发新产品由生产系统和社会系统共同完成。生产系统包括情报研究、设计、工艺、计划、制造、装配等部门。社会系统包括经营、销售、供应、维修、用户服务、报废维修、公关等部门	扩大的并行设计组	并行工程方法、精简机构、各部门并行工作

1.1.2　先进设计的意义

当前，我国经过40多年来改革开放的快速发展，已成为世界制造业第一大国和全球第二大经济体，并正在经历由世界制造大国向世界制造强国的转变。随着经济的发展与人民生活水平的不断提高，我国迫切需要质量好、效率高、消耗低、价格低廉的先进工业、军事与民用产品，而产品设计是决定产品性能、质量、水平和经济效益的重要一环。与此同时，随着知识经济时代的到来与我国加入世界贸易组织（WTO），产品在国际市场是否具有竞争力，在很大程度上取决于产品的设计。在这种形势下，唯有提高产品的先进性及质量才能参与国际竞争。为此，在产品设计中就必须大力推广目前已经广泛应用的先进设计理论和方法，提高我国产品的设计水平。

另外，在市场全球化的今天，产品的竞争实质上就是设计的竞争。设计是产品生产的关键一步，它不仅决定了产品的制造过程和产品的性能与质量，同时对产品的市场竞争力有直接影响。应用先进设计理论与方法，把好产品的设计关，不仅可以降低制造成本，保证产品的使用性能，增强产品的市场竞争力，而且优良的产品设计还可以降低使用成本、降低能耗、减少对环境的破坏，有利于人类的可持续发展。因此，加强先进设计理论与方法的研究及应用，推动我国企业产品开发技术的现代化，是学术界、工业界需要大力进行的工作。

随着科学技术的飞速发展以及计算机技术的广泛应用，人们的设计思想和方法有了飞跃式的变化，设计手段有了革命性的提高，设计领域正在进行一场深刻的变革，各种先进设计理论与方法不断涌现，设计方法更为科学、系统、完善和进步。传统设计方法已经发展成为一门新兴的综合性、交叉性学科——先进设计理论与方法。先进的设计理论与方法是提高设计质量、更好更快地完成产品设计的关键。先进设计理论与方法的广泛应用，必将为我国的工业生产带来巨大的经济效益，不仅可以提供更丰富、更方便、更环保的产品，在提高我国工业产品的设计质量、缩短设计周期、推动设计工作的现代化和科学化方面也将发挥重大作用。

1.2 先进设计的特点

先进设计与传统设计相比，主要有以下特点（图1-1）：

1）设计手段计算机化。先进设计过程中大量使用CAD和CAE技术，计算机在设计中的应用已经从早期的辅助分析、计算机绘图发展到现在的优化设计、并行设计、三维建模、力学仿真、设计过程管理、设计制造一体化、仿真和虚拟制造等。计算机技术大大提高了设计效率，改善了设计质量，降低了设计成本，减轻了劳动强度。特别是信息技术和数据库技术的应用，加速了设计进程，提高了设计质量，便于对设计进程进行管理，方便了各有关部门及协作企业间的信息交换。

2）设计范畴扩展。先进设计将设计范畴从传统的产品设计扩展到从产品规划直至工艺设计的整个过程。此外，设计过程中同时还要考虑制造、工艺、维修、价格、包装、发运、回收、质量等因素，即面向X的设计。

3）设计制造一体化。先进设计强调设计、制造过程的一体化和并行化，强调产品设计制造的数据模型统一和计算机制造集成。设计过程的组织方式由传统的顺序方式逐渐过渡到并行设计方式，与产品有关的各种过程并行交叉进行设计，这可以避免重复修改数据的工作，有利于加速工作进程，提高设计质量。并行设计的团队工作精神和有关专家的协同工作，有利于得到整体最优解。设计手段的虚拟化、三维造型技术、仿真和虚拟制造技术以及快速成型技术，使得人们在零件制造之前就可以看到它的形状甚至触摸它，可大大改进设计的效果。利用高性能计算机进行先进设计，可以将各种不同的设计方法和设计手段综合起来，以求得系统的整体最优解。

4）设计过程智能化。利用人工智能和专家系统技术，可由计算机完成一部分原来必须由设计者进行的设计性工作。同时利用大数据和机器学习方法，可以设计出先前所没有的新的产品构型和结构，极大提升设计的创新性。

5）多种手段综合应用。先进设计方法建立在系统工程的基础上，综合运用信息论、优化论、相似论、模糊论、可靠性理论等自然科学理论和价值工程、决策论、预测论等社会科学理论，同时采用集合论、矩阵论、图论等数学工具和计算机技术，总结设计规律，提供多种解决设计问题的科学途径。

6）寻求设计最优化。设计的目的是得到功能全、性能好、成本低的价值最优产品。设计中不但要考虑零部件参数、性能的最优，更重要的是争取产品技术系统的整体最优。先进设计重视综合集成，在性能、技术、经济性、制造工艺、使用、环境、可持续发展等各种约束条件下，在广泛的学科领域之间，通过计算机进行高效率的综合集成，寻求最优方案和参数。它利用优化设计、人工神经网络算法和智能优化算法等求出各种工作条件下的最优解。传统设计属于自然优化，凭借设计人员的有限知识经验和判断力选取较好方案，因而受人和效率的限制，难以对多变量系统在众多影响因素下进行定量优化，而先进设计则可利用计算机等手段进行动态多变量优化设计。

7）重视产品宜人性。先进设计在强调产品内在质量的实用性和保证产品物质功能性的前提下，越来越多地开始重视产品外观的美观、艺术性和时代性，以尽量满足用户的审美要求。它要求从人的生理以及心理特征出发，通过功能分析、界面安排和系统综合，满足人—机—环境等之间的协调关系，提高产品的精神功能性，满足宜人性要求。

8）强调产品环保性。随着环境污染日趋严重，人们对环境问题也越来越重视，这就要求设计人员在设计产品时要尽量考虑环保要求，使产品在生产制造以及使用过程中消耗的能源和产生的污染尽可能小，最大程度减小产品对人和环境的危害，同时还要考虑产品报废后的可降解以及可再利用问题，在每一个环节上都要尽可能满足环保要求。

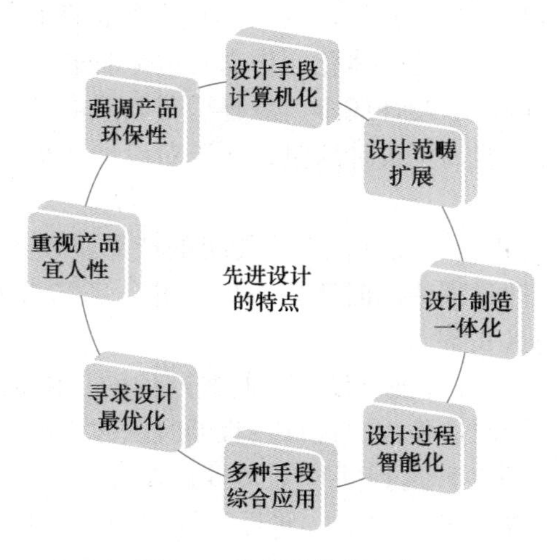

图 1-1　先进设计的特点

1.3　先进设计的原则

设计原则是指产品设计过程中应满足什么样的条件和要求，是设计行为的基本准则。受设计水平、观念和体制等诸多因素限制，传统设计原则重点考虑产品的功能和技术范畴，它是设计过程中必须保证的，但仅是必要不充分条件。因为产品在设计之后要付诸制造和投入使用，在使用过程中可能出现损坏、维修甚至报废，诸如此类问题在传统设计过程中考虑得不是太多。先进设计原则是传统设计原则的扩充和完善，即在满足功能要求的基础上，更加强调整个生命周期内产品完成功能的好坏程度以及保持该功能的能力，可分为功能满足原则、经济合理原则、社会适用原则、质量保障原则以及工艺优良原则等。

1.3.1　功能满足原则

设计产品的目的就是生产出满足一定功能的产品，或者产品一定具有某种用途和功能。假如所设计的产品没有达到预先规定的功能，则该设计就没有任何意义。所以满足产品的使用要求，即设计之前提出的各项功能和完成程度的要求，是产品设计的首要条件和必要原则。例如四轮驱动汽车的设计，汽车应具有前进、后退和转弯等基本功能，有一个功能没有实现，这个设计就没有意义。

1.3.2 经济合理原则

任何产品最后都要交付到用户手中，不计加工成本和使用费用的用户恐怕是不存在的，因此在设计过程中需要考虑如何降低产品的价格。考虑产品加工成本和使用费用的原则就称为经济合理原则。

1.3.3 社会适用原则

机器设计完成以后，就要考虑机器和机器之间、机器与人之间、机器与环境之间的关系，该关系主要包括环境友好性、环境适应性、人机友好性、可维修性、安全性、可安装性以及可拆卸性和可回收性等方面。

1.3.4 质量保障原则

产品的质量主要由其性能和可靠性来决定，保证产品质量是产品设计的重要方面。产品质量主要包括以下内容：

1. 性能指标

性能指标指的是产品的各类技术指标，如机床加工精度、传动系统运动精度、显示器分辨率等。以车床设计为例，车床不仅能够完成加工外圆、车端面、钻孔等功能，而且对其加工出零件的圆柱度和表面粗糙度有定量要求。也就是车床不仅能完成设计者预先规定的基本动作，即基本功能，而且能够达到完成动作准确程度的要求。所以从产品完成的准确程度、精细程度来考核产品性能，是质量保障原则的重要内容。

2. 强度原则

强度是指产品零件具有抵抗整体断裂、塑性变形和某些表面损伤的能力。无论是温度载荷还是力载荷，当作用在机器上时，可通过零件的执行结构将载荷传递到机器的每一部分和位置。同时机器是一个由零件构成的可动实体系统，零件之间传递着载荷又在发生相对运动，所以零件的表面和内部就有可能在危险的部位上发生破坏。该破坏可分为两种：一种是因为零件体积强度的不足，而导致的开裂以至断裂；另一种是因为表面强度的不足，导致表面的磨损。无论是断裂或磨损都会影响机器的正常使用，会出现机器功能失效、噪声增大、冲击载荷变大等现象，因此在设计过程中必须要保证机器不发生断裂，尽可能地延缓机器过度磨损期的到来，这就体现了设计过程中强度的重要性。

3. 抗磨损性

抗磨损性指的是零件在规定的时间内，抵抗材料磨损的能力，即磨损量在规定的范围之内。一台机器在运转过程中，不同零件之间、不同构件之间可能存在摩擦。由于摩擦，零件温度会升高，零件强度相应下降。外载荷频繁的作用会造成零件表面材料的损失，引起零件更大的磨损。在产品设计时，提出机器磨损许用值的概念，从磨损量方面规定零件或机器的使用寿命。

4. 刚度原则

刚度指的是在外载荷作用下系统发生弹性变形的量。机器完成某种功能时，由于机器每一个组成零件都是由一定材料制作的，具有一定几何形状的实体，它在外载荷作用下肯定会发生变形。如果变形量小，在弹性范围之内，则说明刚度较好。在产品设计过程中，可通过零件材料、零件结构、系统结构来保证机器系统的变形量没有超过规定好的要求，即允许变形量。

5. 可靠性

可靠性是指产品在规定的条件和时间内，完成规定功能的可能性。可能性大的产品可靠性高，反之亦然。产品可靠性包括以下三方面内容：

1）规定的条件。任何一个产品的使用都有环境条件。

2）规定的时间。任何一个产品都是开始投入使用，然后出现一些小故障，经过维修又投入使用，最终到产品报废，这样一个整体使用过程称为产品使用周期，在该阶段真正使用时间的总和称为产品工作时间。

3）可能性。产品质量保障中需要深究产品工作时间里完成规定功能的时间和可能性。

6. 稳定性

稳定性指的是产品在外载荷作用下，能够恢复其平衡的特性。如车床在加工的过程中，车床是一个弹性系统。当刀具作用在零件上加工外圆时，零件对刀具的反作用力是一个变化的力，相当于外界对弹性系统有一个驱动力。当驱动力振动频率与系统某一固有频率重合时，将会导致系统产生振幅较大的振动，这将使得加工零件的精度下降。如果振动较小，系统加工过程中的摩擦会消耗掉振动，工作就比较平稳，并能恢复到平稳或平衡的状态，即没有失稳的状态。

7. 耐蚀性

耐蚀性指的是产品在恶劣环境下不被周围介质侵蚀的特性。机器的工作环境迥异，一些是在干燥的环境里，一些是在潮湿甚至腐蚀性的环境里。在腐蚀性环境中，零件受到腐蚀性介质的侵蚀，使得其表面的化学成分变化、力学性能下降，从而影响零件的强度。故在设计机器时，如果预先知道工作环境中腐蚀性介质的详细情况，设计人员就可以选择一种和腐蚀性环境不相容的或者能抵抗这种腐蚀的材料，从而保证零件及其机器在腐蚀性环境中稳定地工作。

8. 抗蠕变性

蠕变指的是零件在外载荷作用下，载荷不增加而零件的变形不断增加的情况，零件发生蠕变就意味着发生了塑性变形。在材料力学的单向拉伸试验中，屈服阶段就类似于蠕变。蠕变一般发生在高温条件下，因为高温将会导致材料变软。在设计过程中，设计者需要规定好零件在工作环境中发生蠕变的变形量最大是多少，即规定发生蠕变的许用值。所以如何从材料选择、零件形状、作用力分布等方面保证零件发生的蠕变量在规定范围之内是设计者需要考虑的问题。

9. 平衡特性

平衡特性指的是旋转产品具有良好的静平衡和动平衡能力。对于一个盘类零件，需要进行静平衡实验，使不平衡质量落在或接近其回转中心，从而使得圆盘在工作中的惯性力比较小，减轻支持这个圆盘的轴的轴承的负载。如果一个选择的零件，沿着轴线方向长度比较大，这时候就需规定好它的动平衡特性。对于任何一个零件，无论是做动平衡还是做静平衡，绝对的动静平衡是不可能做到的，而且随着两者要求的提高，平衡时所需要花费的时间也会变长，能够达到这个精度的机会就会相应减少。所以过分地提出动静平衡的高指标要求是不现实的。因此就要规定一个许用的不平衡量，不管是静平衡还是动平衡，这对于机器设计而言是必不可少的，尤其是高速运行的机器。

10. 热特性

热特性指的是保证产品具有要求的温度大小、温度分布和热流状态，而且对应的热应力、热变形在规定的值以内。机器在工作过程中，运动部件之间摩擦生热，这将导致不同零件的温度不同，同一个零件不同部位的温度也存在差异。由于材料的力学性能会随着温度变化而变化，该温度变化取决于环境温度和摩擦损耗产生的温度。在产品设计过程中，需要在发热量给定的情况下，选择合适的零件材料，使得零件不会在一定的温度范围内发生过度的力学性能变化，以满足使用要求。

1.3.5 工艺优良原则

工艺是指加工零件的顺序和过程，它包括加工零件的方法和具体加工的细节。工艺优良原则就是能够利用现有的加工手段、装配手段和工人技术条件，对机器系统进行制造、装配和测试，而且成本低、效率高，主要包括三方面内容：

1）可制造性，指利用现有设备能够制造出满足精度要求的零件，并且制造成本低、效率高。

2）可装配性，指零件能够装配成满足精度要求的部件和整机，而且装配成本低、效率高。

3）可测试性，指产品能够通过适当方法进行相关检测，以评估设计、制造和装配的质量。

1.4 先进设计方法

先进设计方法经过近些年的发展，已成为一门多元综合的新兴交叉学科，成熟的方法已有不少，同时还不断有新的理论和方法出现。本书将对目前常用的以及前沿的一些方法进行介绍。

1.4.1 优化设计方法

优化设计是从多种设计方案中选择最佳方案的方法，它以数学中的最优化理论为基础，以计算机为手段，根据设计所追求的性能目标，建立目标函数，在满足给定的各种约束条件下，寻求最优的设计方案。通常设计方案可以用一组参数来表示，这些参数有些已经给定，有些没有给定，需要在设计中优选，称为设计变量。如何找到一组最合适的设计变量，在允许的范围内（即约束条件），能使所设计的产品结构最合理、性能最好、质量最高、成本最低、有市场竞争能力（即目标函数），这就是优化设计所要解决的问题。

1.4.2 基于仿真的设计

对于复杂结构或系统的设计，传统方法是基于实验的，这会带来设计成本高、设计周期长的问题。而基于仿真的设计则是利用计算机仿真建模技术求得复杂结构或系统的输出响应，同时建立高精度的代理模型来拟合系统的输入输出关系。为了使得试验点能充分反映系统规律，基于仿真的设计会采用合适的试验设计方法或者自适应采样方法来进行试验点的选择，最后进行敏感性分析，挑选出那些对系统响应影响最大的因素，从而指导设计过程。总的来说，基于仿真的设计能够在保证设计精度的前提下，大幅缩减设计成本和设计时间。

1.4.3 不确定性设计

不确定性广泛存在于自然世界、工程产品中，准确地定量评价不确定性对响应的影响已经成为工程中基于不确定性的分析及优化设计等所必不可少的一项内容。工程产品在其研发、生产到报废的整个寿命周期中都充满了不确定性，如对汽车而言存在诸如路面载荷、风阻、结构尺寸、工作环境等众多不确定性。不确定性因素对产品质量具有重要影响，而产品质量决定着企业的效益和生存，尤其对于一些重要的复杂程序系统，如飞行器、汽车等，若不考虑不确定性，则极有可能导致产品性能不稳定、可靠性降低，甚至带来灾难性事故。这不仅会导致经济损失，甚至可能引发社会问题。因此，必须在工程设计阶段就对不确定性予以重视和考虑，由此产生了不确定性优化设计，相关的不确定性分析和设计理论得到迅速发展和广泛应用。不确定性分析是不确定性设计优化中的一项关键技术，它一直都是工程优化领域最重要的理论课题之一。不确定性分析的精度和效率几乎决定了整个设计的精度和效率，高精度、高效率的不确定性分析是实现不确定性优化的基础和保障。然而，工程系统设计的复杂化、多学科化，以及仿真分析在优化设计中的盛行，给不确定性分析及优化设计带来了如维数灾难、计算效率低、精度低、可靠性差等诸多难题。因此，系统学习和深入研究不确定性分析及优化设计理论和方法具有重要的意义。

1.4.4 多子系统层级设计

复杂系统，如汽车、航空航天器、风机，通常规模很大，一个系统包含众多子系统，子系统又由众多零部件组成，整个系统呈现出递阶多层的结构形式。而且，子系统在实现其各自独立功能的基础上，与其他子系统通过若干连接变量来传递信息，子系统之间既独立又关联。此外，不确定性普遍存在于实际工程问题中，不确定性信息的传递与交流会影响子系统的决策过程从而最终影响整个系统的分析和设计。因此，复杂系统的分析和设计模型具有高变量维度、高维相关性、强非线性、信息不确定、复杂耦合等特性。这些特性使得系统的分析和设计越发困难，也使得该领域一直是国内外研究的热点。

1.4.5 多尺度建模与设计

复合材料是由两种或多种不同性质的材料用物理或化学方法在不同尺度上经过一定的空间组合而形成的多相材料系统，它既能保留原组分材料的主要特色，又通过复合效应获得原组分所不具备的性能，可以通过材料设计使各组分的性能互相补充并彼此关联，从而获得新的优越性能。复合材料的性能与各组分材料的含量、性能、分布形式以及界面特性等密切相关。近年来，随着复合材料工艺水平的进步和纳米技术的发展，碳纳米管、石墨烯等纳米材料成为新的增强增韧相，复合材料的研究逐步拓展到纳米尺度。微纳观组分的引入，能够进一步提升材料的性能，同时也使得材料的组分更加丰富、层级更加复杂。对于这些多层级、多尺度的复合材料，经典的连续介质理论和层合板理论难以考虑其细微观特征，细观力学适用的尺度范围也有待探索。因此需要在复合材料的研究分析中同时考虑多个尺度，建立其宏观性能与细观、介观等各级结构之间的定量关系，实现复合材料的性能预测与设计优化。由此，多尺度复合材料力学分析与设计是解决上述问题的有效手段。多尺度设计与多子系统层级设计如图 1-2 所示。

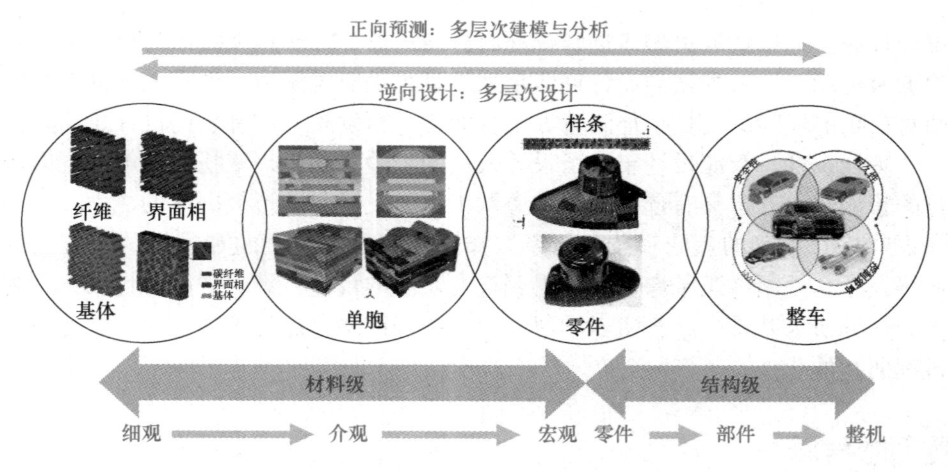

图 1-2 多尺度设计与多子系统层级设计

1.4.6 轻量化设计

21 世纪，汽车的发展呈现出系统化、模块化、轻量化、小型化、电子化（自动化、智能化）和个性化的总体趋势。但是，随着能源短缺和环境污染成为全球两大主要问题，汽车车身结构轻量化的重要性日益凸显出来。无论从社会效益还是经济效益考虑，低能耗、低排放、高性能的汽车都是当今社会的发展需要，而车身结构的轻量化正是实现这一需要的重要技术手段。据统计，客车、轿车和多数专用汽车的车身质量占整车总质量的 40%~60%。这样看来，对车身进行轻量化设计一方面节约了原材料，降低了生产成本；另一方面也降低了油耗，减少了尾气排放，从而对节能和环保有重要意义。汽车车身轻量化，就是根据社会、经济、环境等各方面的要求，通过各种技术手段，在保证汽车性能要求的前提下，降低整个车身及零部件总成的质量，以实现汽车自身质量降低的目的。汽车轻量化设计如图 1-3 所示。

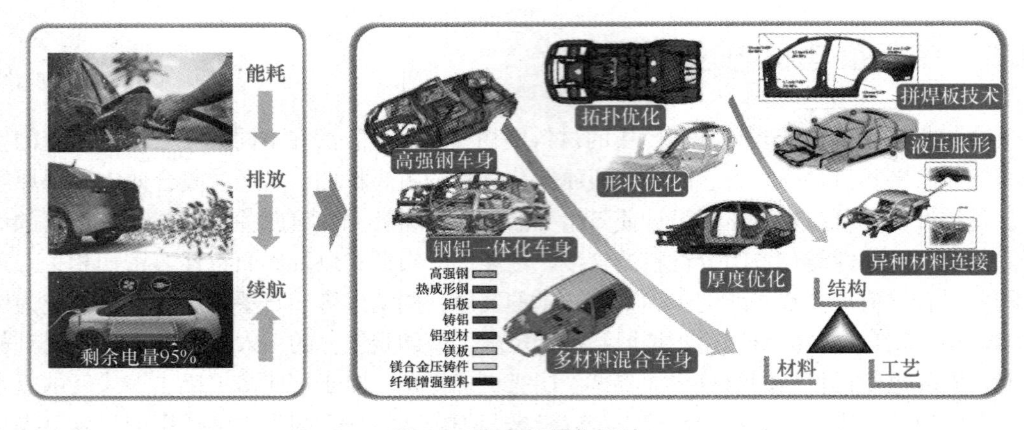

图 1-3　汽车轻量化设计

1.4.7　智能设计

传统设计方法是以获取灵感或创意驱动而进行的设计。而在大数据时代，设计则逐步被浩瀚的数据所驱动，没有数据的设计创新越来越显得缺乏说服力，没有大数据参与的设计越来越要面对市场的风险。而且，伴随着人工智能的不断发展，一种新的设计思路和方法逐渐被提出——智能设计。智能设计集成了设计人员的经验和知识，依托能够解决问题的专业知识库进行的智能化设计，具有选择知识、协调工程、设计与图形数据库的能力，实质上是一种设计知识+学习+推理的理论和技术体系。知识可以是不完全的和模糊的，人工智能通过机器学习等技术，不断修正结果，最后得到符合实际的设计方案。智能设计以人工智能为手段，以大数据分析为基础，结合机器学习、人工神经网络、深度学习等人工智能技术，支持设计全过程的智能化。

复习思考题

1-1　试述先进设计理论与方法的含义。
1-2　试述传统设计和先进设计的联系与区别。
1-3　试述先进设计理论与方法的意义。
1-4　指出先进设计理论与方法的主要特点。
1-5　说明先进设计理论所要遵循的基本原则。
1-6　典型的先进设计方法有哪些？

第2章 优化设计方法

2.1 基本概念和理论

2.1.1 基本概念

优化设计是在现代计算机广泛应用的基础上发展起来的一项新技术，是根据最优化原理和方法，并综合各方面的因素，以人机配合方式或“自动探索”方式，在计算机上进行的半自动或自动设计，以便选出在现有工程条件下的最佳设计方案的一种先进设计方法。

20世纪50年代以前，用于求解优化问题的数学方法仅限于古典的微分法和变分法。20世纪50年代末，数学规划方法被首次用于结构优化，并成为优化设计中求优方法的理论基础。此外，还有动态规划、几何规划和随机规划等。在数学规划方法的基础上发展起来的优化设计，是20世纪60年代初电子计算机引入结构设计领域后逐步形成的一种新的有效的设计方法。利用这种方法不仅可使设计周期大大缩短，计算精度显著提高，而且可以解决传统设计方法所不能解决的比较复杂的优化设计问题。大型电子计算机的出现，使优化方法及其理论得到蓬勃发展，并成为应用数学中的一个重要分支，在许多科学技术和工程领域中得到应用。这些年来，优化设计方法已陆续应用于机械结构、建筑结构、机床、汽车、造船、航天航空、冶金、铁路、化工、自动控制系统、电机、电器以及电力系统等工程设计领域，并取得了显著效果。

优化设计就是寻求设计参数的最优值，而设计上的“最优值”是指在一定条件（各种设计因素）影响下所能得到的最佳设计值，在很多情况下可以用最大值或最小值来表示。优化设计工作主要包括以下两部分内容：

1）建立数学模型。即将物理问题转化为数学问题，建立数学模型时需选取设计变量，列出目标函数，给出约束条件。

2）求解数学模型。可归结为在给定的条件下求目标函数的极值或最优值问题。

要建立能够反映客观工程实际的、完善的数学模型并不是一件容易的事。另外，如果所建立的数学模型的数学表达式过于复杂，涉及的因素过多，在计算上也会出现困难。因此，要抓住主要矛盾，尽量使问题合理简化，这样不仅可节省时间，有时也会改善优化结果。

2.1.2 基本理论

1. 优化设计的数学模型

优化设计的数学模型需要用设计变量、目标函数和约束条件等基本概念才能予以完整的描述，可以写成以下统一形式：

$$
\begin{aligned}
&\text{find} \quad \boldsymbol{X} \in \mathbf{R}^n \\
&\min \quad f(\boldsymbol{X})=f(x_1,x_2,\cdots,x_n) \\
&\text{s.t.} \quad g_u(\boldsymbol{X}) \leqslant 0(u=1,2,\cdots,m) \\
&\qquad\ h_v(\boldsymbol{X})=0(v=1,2,\cdots,p;p<n)
\end{aligned}
\tag{2-1}
$$

式中，$\boldsymbol{X}$ 为设计变量；$f(\boldsymbol{X})$ 为目标函数；$g_u(\boldsymbol{X}) \leqslant 0$ 称为不等式约束条件；$h_v(\boldsymbol{X})=0$ 称为等式约束条件。下面对它们进行介绍。

（1）设计变量　在优化设计过程中其取值大小需要调整、修改并最终确定的参数，称为设计变量。优化设计的任务，就是确定设计变量的最优值以获得最优设计方案。

一般而言，对于不同的设计对象，选取的设计变量也不同。它可以是几何参数，如零件的外形尺寸、截面尺寸、某点的集合坐标值等；也可以是某些物理量，如零部件的重量、体积、惯性矩、力与力矩等；还可以是代表工作性能的导出量，如应力、变形、效率、振动频率和幅值等。总之，设计变量必须是对设计性能指标优劣有影响的参数。

设计变量一般用向量 $\boldsymbol{X}$ 加以表示。以 n 个设计变量为坐标轴所构成的实数空间称为设计空间，它是 n 维实空间，用 $\mathbf{R}^n$ 表示，如果其中任意两个向量又有内积运算，则称为 n 维欧氏空间，用 E^n 表示。当 $n=2$ 时，$\boldsymbol{X}=(x_1,x_2)^{\mathrm{T}}$ 是二维设计向量；当 $n=3$ 时，$\boldsymbol{X}=(x_1,x_2,x_3)^{\mathrm{T}}$ 为三维设计向量，设计变量（x_1,x_2,x_3）组成一个三维空间；当 $n>3$ 时，设计空间是一个想象中的超越空间。其二维和三维设计空间如图 2-1 所示。

设计空间是所有设计方案的集合，用符号 $\boldsymbol{X} \in \mathbf{R}^n$ 表示。任何一个设计方案，都可以看作是从设计空间原点出发的一个设计向量 $\boldsymbol{X}^{(k)}$，该向量终点的坐标值就是这一组设计变量 $\boldsymbol{X}^{(k)}=(x_1^{(k)},x_2^{(k)},\cdots,x_n^{(k)})^{\mathrm{T}}$ 的各个分量。因此，一组设计变量表示一个设计方案，该组设计变量对应的设计向量 $\boldsymbol{X}^{(k)}$ 的终点也称为设计点。而设计点的集合即构成了设计空间。

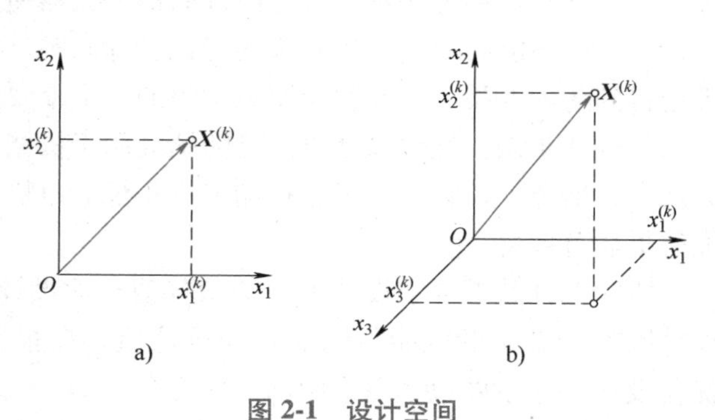

图 2-1　设计空间

a）二维设计空间　b）三维设计空间

根据设计变量的多少，一般将优化设计问题分为三种类型：设计变量数目 $n<10$ 的称为小型优化问题；$n=10\sim50$ 的称为中型优化问题；$n>50$ 的称为大型优化问题。

在机械和工程优化设计中，根据设计的性质，设计变量常有连续量和离散量之分。大多数情况下，设计变量是连续变化的，称为连续设计变量。但在一些情况下，有些设计变量是离散的，则称为离散设计变量，如齿轮的齿数和模数、钢管的直径、钢板的厚度、螺栓的个数等。对于离散设计变量，在优化设计过程中常是先把它视为连续量，在求得连续量的优化结果后再进行圆整或标准化，但有时此种方法不能得出正确结果，需要利用其他方法求解。

（2）目标函数　目标函数又称评价函数，是用来评价设计方案好坏的标准。任何一项机械设计方案的好坏，总可以用一些设计指标来衡量，而这些设计指标可以用设计变量的函数的取值大小加以表征，该函数就称为优化设计的目标函数。n 维设计变量优化问题的目标函数记为 $f(\boldsymbol{X})=f(x_1,x_2,\cdots,x_n)$，它代表设计中某项最重要的特征，如机械零件设计中的尺寸、重量、承载能力、效率、可靠性，机械设计中的运动误差、动态特性，产品设计中的成本、寿命、能耗等。

目标函数是一个标量函数。目标函数取值的大小，是衡量设计质量优劣的指标。优化设计就是要寻求一个最优设计方案，即最优点 $\boldsymbol{X}^*$，从而使目标函数达到最优值 $f(\boldsymbol{X}^*)$。优化设计中一般取最优值为目标函数的最小值，而最大值问题可以转化为最小值问题。

确定目标函数，是优化设计中最重要的决策之一。它不仅直接影响优化方案的质量，而且还影响优化过程。目标函数可以根据工程问题的要求从不同角度来建立，例如：几何尺寸、重量、成本、位移、运动轨迹、应力、功率、动力特性等。

就一个优化问题而言，既可以用一个目标函数来衡量其优劣，称之为单目标优化问题；也可以用多个目标函数来衡量，称之为多目标优化问题。单目标优化问题，由于只有一个评价函数，容易衡量设计方案的优劣，求解过程相对来说比较简单；而多目标优化问题求解起来比较复杂。

目标函数的变化规律可以通过研究其在设计空间中的等值线或者等值面加以实现。所谓目标函数的等值线（面），就是当目标函数 $f(\boldsymbol{X})$ 的值依次等于一系列常数 $c_i(i=1,2,\cdots)$ 时，设计变量 $\boldsymbol{X}$ 取得的一系列与之对应值的集合。现以二维优化问题为例，来说明目标函数的等值线的几何意义。

如图 2-2 所示，具有极小值的二维变量目标函数 $f(x_1,x_2)$ 的图形可以在三维空间中加以描述。令目标函数 $f(x_1,x_2)$ 的值分别等于 c_1，c_2，…，则与这些目标函数值 c_1，c_2，…分别对应的设计点的集合在 x_1Ox_2 坐标平面内形成一族曲线，每一条曲线上的各点都具有相等的目标函数值，所以这些曲线称为目标函数的等值线。由图可见，等值线族的分布反映了目标函数取值的变化规律，等值线位置越向里面，目标函数值越小；反之，目标函数值越大。对于有中心的曲线族来说，等值线族的共同中心就是目标函数的无约束极小点 $\boldsymbol{X}^*$。所以，从几何意义上来讲，求目标函数无约束极小点也就是求其等值线族的共同中心点。

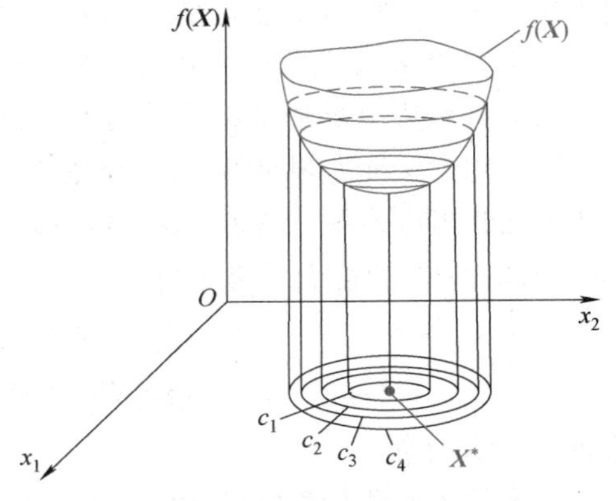

图 2-2　二维目标函数等值线

关于二维目标函数等值线分布的讨论，可以推广到多维问题的分析中去。对于三维问题在设计空间中是研究等值面问题；对于高于三维的问题在设计空间中目标函数的等值面则为超越等值面。

（3）约束条件　如前所述，目标函数的计算值取决于设计变量的取值，而在很多实际问题中，设计变量的取值范围是有限制的或必须满足一定的条件。在优化设计中，这种对设计变量取值的限制条件，称为约束条件，简称约束。约束条件的形式，可能是对某个或某组设计变量的直接限制（例如，如果应力为设计变量，则应力值应不大于其许用值 $[\boldsymbol{\sigma}]$，构成直接限制），这时的约束称为显式约束；也可能是对某个或某组设计变量的间接限制（例如，若结构应力又是某些设计变量如力和截面积的函数时，则这些设计变量间接地受到许用应力的限制），这时的约束称为隐式约束。

约束条件常用数学等式或不等式来表示。等式约束对设计变量的约束比较严格，起着降低设计自由度的作用。等式约束既可能是显式约束，也可能是隐式约束，其形式为

$$h_v(\boldsymbol{X})=0 \quad (v=1,2,\cdots,p)$$

在机械优化设计中不等式约束更为常见，不等式约束的形式为

$$g_u(\boldsymbol{X})\leqslant 0 \quad (u=1,2,\cdots,m)$$

或

$$g_u(\boldsymbol{X})\geqslant 0 \quad (u=1,2,\cdots,m)$$

式中，$\boldsymbol{X}$ 为设计变量；p 为等式约束的数目；m 为不等式约束的数目。

在上述数学表达式中，$h_v(\boldsymbol{X})$，$g_u(\boldsymbol{X})\leqslant 0$（或 $g_u(\boldsymbol{X})\geqslant 0$）为设计变量的约束方程，它们规定了设计变量的允许取值范围。优化设计，即在设计变量允许范围内，找出一组最优参数 $\boldsymbol{X}^*=(x_1^*,x_2^*,\cdots,x_n^*)^{\mathrm{T}}$，从而使目标函数 $f(\boldsymbol{X})$ 达到最优值 $f(\boldsymbol{X}^*)$。

从理论上讲，一个等式约束就能在优化过程中消去一个设计变量，或降低一个设计自由度（或问题维数）。但消去过程在数学上有时会十分复杂或难以实现，故并不能经常采用这种方法。另外，等式约束的个数必定小于设计变量的个数。不等式约束的概念对结构的优化设计特别重要。例如，在仅有应力限制的问题中，若只规定等式约束，则所有的方法都将得到满应力设计，而这未必就是最小重量设计。因此，要得到最优点就必须允许设计中的所有应力约束并不是以等式形式出现，而是采用不等式约束。

另一种约束分类法是将设计约束分为边界约束和性态约束。

边界约束又称为侧面约束，用以限制某个设计变量（结构参数）的变化范围，或规定某组变量间的相对关系。例如，要求构件的长度 l_i ［设计变量为 $\boldsymbol{X}=(x_1,x_2,\cdots,x_k)^{\mathrm{T}}=(l_1,l_2,\cdots,l_k)^{\mathrm{T}}$］满足给定的最大、最小尺寸 l_{imax}、l_{imin}，于是其边界约束为

$$\begin{cases} g_1(X)=l_{imin}-l_i\leqslant 0 \\ g_2(X)=l_i-l_{imax}\leqslant 0 \end{cases} \quad (i=1,2,\cdots,k)$$

其属于显示约束。

性态约束又称为性能约束，它是在机械优化设计中由结构的某种性能或设计要求推导出来的一种约束条件，是根据对机械的某项性能要求而构成的设计变量的函数方程，例如在曲柄连杆机构设计中要求的曲柄存在条件，也可以对应力与位移、振动频率或者幅值、磨损程度、屈服强度等因素加以限制。性态约束通常是隐式约束，当然也有显式约束的情况。

在设计空间中每一个约束条件都是以几何面或者线的形式出现的，并称为约束面（或约束线），在二维设计空间中则为线，如图 2-3a 所示；在三维设计空间中为面，如图 2-3b、c 所示；在高于三维的设计空间中为超越曲面。该面（或线）是等式约束方程或是不等式约束的极限情况（即等式部分 $g_u(\boldsymbol{X})=0$）的几何图像。当设计变量是连续的，则约束面（或约束

线）通常也是连续的。图 2-3b 表示三维设计空间中的一个约束面；图 2-3c 表示三维设计空间中由许多约束条件构成的组合约束面。

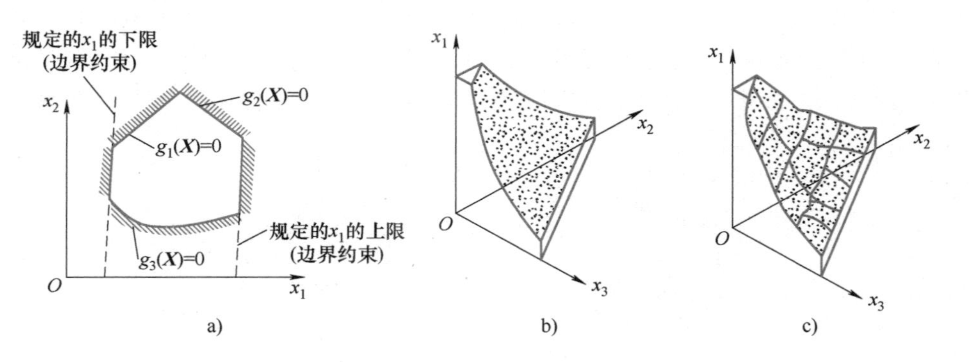

图 2-3　设计空间中的约束面（或约束线）

a）二维设计空间的约束线　b）三维设计空间的约束面　c）组合约束面

对于等式约束而言，设计变量 $\boldsymbol{X}$ 所代表的设计点必须在相应等式所表示的面（或线）上，这种约束又称为起作用约束或紧约束。

对于不等式约束而言，其极限情况 $g_u(\boldsymbol{X})=0$ 所表示的几何面（或线）将设计空间分为两部分：一部分中的所有点均满足约束条件，这一部分空间称为设计点的可行域，并以 D 表示，可行域中的点是设计变量可以选取的，称为可行设计点或简称可行点。另一部分中的所有点均不满足约束条件，如果将设计点选取在这个区域则违背了约束条件，它是设计的非可行域，该域中的点称为非可行点。如果最优点在可行域之内（不含约束边界），则其所有的约束条件其实都未起作用。如果设计点落到某约束边界面（或边界线）上，则称边界点，边界点是允许的极限设计方案。例如：在图 2-4 中画出了满足两项约束条件 $g_1(\boldsymbol{X})=x_1^2+x_2^2-16\leqslant 0$ 和 $g_2(\boldsymbol{X})=2-x_2\leqslant 0$ 的二维设计问题的可行域 D，它位于 $x_2=2$ 的上方和圆 $x_1^2+x_2^2=16$ 的圆弧 ABC 下方并包括线段 AC 和圆弧 ABC 在内。

在二维设计空间中，不等式约束的可行域是各约束线所围的平面，如果为三维以上的设计问题，则可行域为各约束面所包围的空间。优化设计的过程，即为在可行域内寻找最优点（或最优设计方案）。

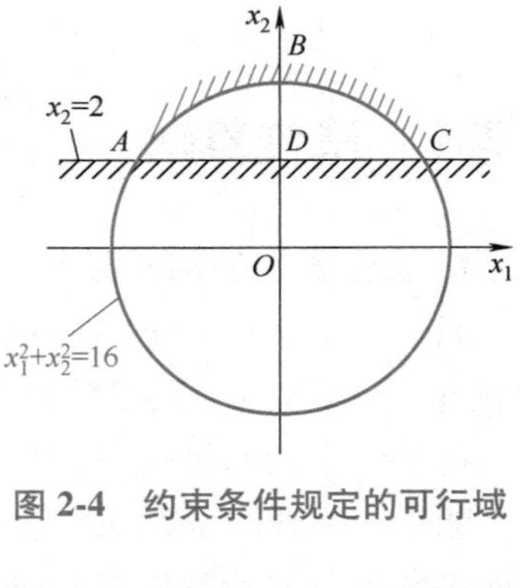

图 2-4　约束条件规定的可行域

2. 优化问题的几何解释

无约束优化问题就是在没有限制的条件下，求目标函数的极小点。在设计空间内，目标函数是以等值面（或等值线）的形式反映出来的，无约束优化问题的极小点即为等值面（或等值线）的中心。

约束优化问题是在可行域内对设计变量求目标函数的极小点，此极小点可能在可行域内或在可行域边界上。用图 2-5 可以说明有约束的二维优化问题极值点所处位置不同的几种情况。图 2-5a 所示为约束函数和目标函数均为线性函数的情况，等值线为直线，可行域为条直线围成的多边形，则极值点处于多边形的某一顶点上。图 2-5b 所示为约束函数和目标函数均为非线性函数的情况，极值点位于可行域内目标函数等值线的中心处，所有约束对极值点的选取均无影响，这时约束不起作用，约束极值点和无约束极值点相同。图 2-5c～d 所示均为约束优化问题极值点处于可行域边界上的情况，约束对极值点的位置影响很大。图 2-5c 中的约束 $g_1(\boldsymbol{X})=0$ 在极值点处是起作用约束，图 2-5d 中的约束 $g_2(\boldsymbol{X})=0$ 在极值点处是起作用约束，而图 2-5e 中的约束 $g_1(\boldsymbol{X})=0$ 和 $g_2(\boldsymbol{X})=0$ 同时在极值点处起作用。多维问题最优解的几何解释可借助于二维问题进行想象和理解。

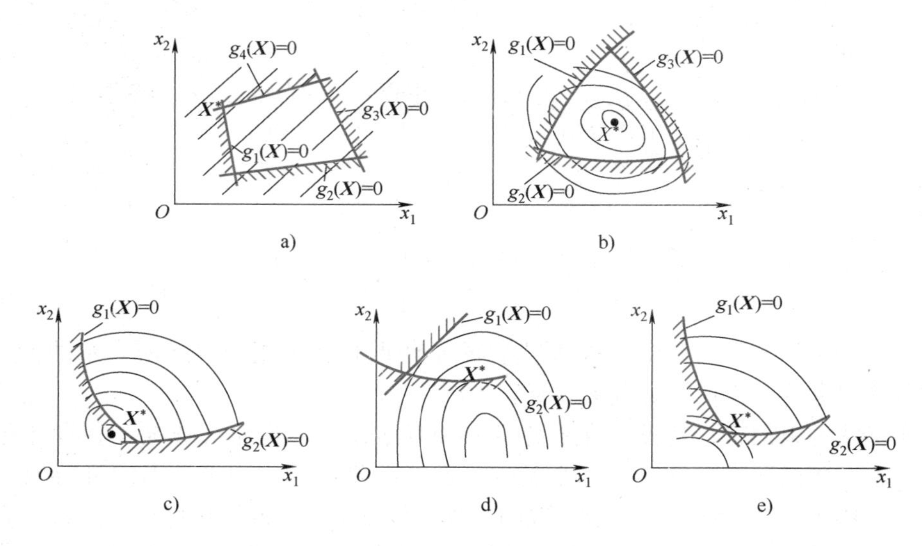

图 2-5　极值点所处位置不同的几种情况

a）极值点处于多边形的某一顶点上　b）极值点处于等值线的中心　c）极值点处于约束曲线与等值线的切点上　d）极值点处于约束曲线与等值线的切点上　e）极值点处于两个约束曲线的交点上

2.2　进化算法

2.2.1　遗传算法

1. 遗传算法的基本原理

遗传算法（Genetic Algorithms，GA）是一种模拟自然选择和遗传机制的寻优计算方法。20 世纪 60 年代，美国密歇根大学的 Holand 教授及其学生受到生物模拟技术的启发，创造出了一种基于生物和进化机制的适合于复杂系统优化计算的自适应概率优化技术——遗传算法。随后，实践中复杂系统优化计算问题的大量出现以及遗传算法本身的优点，吸引了国内外许多学者对遗传算法进行研究。1975 年，Holand 教授在专著 *Adaptation in Natural and Artificial Systems* 中，系统地阐述了遗传算法的基本理论和方法，提出了对遗传算法的理论研究和发展极为重要的模式定理（Schema Theorem），为遗传算法的研究奠定了理论基础。经过多年来的研究与改进，遗传算法不仅逐步成熟，而且已成为工程中一种常用的现代智能优化计算方法。

（1）遗传算法常用术语　遗传算法是一种基于自然选择和群体遗传机理的搜索算法，它模拟了自然选择和自然遗传过程中的繁殖、杂交和突变现象。为了更好地理解遗传算法原理，现将该算法的常用术语列述如下。

1）染色体（Chromosome）。染色体是携带着基因信息的数据结构，也称基因串，简称个体，一般表示为二进制位串或整数数组。

2）基因（Gene）。基因是染色体的一个片段，通常为单个参数的编码值。例如，某个体 S=1 0 1 1 1，则其中的 1 0 1 1 1 这五个元素分别称为基因。

3）种群（Population）。个体的集合称为种群，个体是种群中的元素。

4）种群大小（Population Size）。在种群中个体的数量称为种群大小，也称群体规模。

5）搜索空间（Search Space）。如果优化问题的解能用 N 个实值参数集来表示，那么认为搜索工作是在 N 维空间进行的，这个 N 维空间称为优化问题的搜索空间。

6）适应度（Fitness）。适应度是反映个体性能的一个数量值，表示某一个体对于生存环境的适应程度，对生存环境适应程度较高的个体将获得更多的繁殖机会，而对生存环境适应程度较低的个体，其繁殖机会就会相对减少，甚至逐步灭绝。

7）基因型（Genetype）。基因组合的模型称为基因型，它是染色体的内部表现。

8）表现型（Phenotype）。表现型是由染色体决定性状的外部表现，或者说，根据基因型形成的个体称为表现型。

9）编码（Coding）。从表现型到基因型的映射称为编码。

10）解码（Decoding）。从基因型到表现型的映射称为解码。

引入上述术语，可以更好地描述和理解遗传算法。遗传算法也就是从代表问题的可能潜在解集的一个种群出发，而一个种群则由基因编码的一定数目个体（Individual）组成。每个个体其实是染色体带有特征的实体。染色体作为遗传物质的主要载体，即多个基因的集合，其内部表现是某种基因的组合，它决定了个体的外部表现形状。因此，在一开始要实现从表现型到基因型的编码工作。由于仿照基因编码工作很复杂，则在遗传算法中采取了简化形式，即用二进制编码，初始种群产生后，按照适者生存和优胜劣汰的原理，逐代（Generation）演化出越来越好的近似解。在每一代，根据问题域中个体的适应度大小选择（Selection）个体，并借助自然遗传学的遗传算子（Genetic Operators）进行组合交叉（Crossover）和变异（Mutation）产生代表新的解集的种群。这个过程将导致种群像自然进化一样，后代种群比前代更加适应于环境，末代种群的最优个体经过解码，可以作为优化问题的近似最优解。

（2）遗传算法基本要素　遗传算法的黑箱表示形式如图 2-6 所示。遗传算法基本要素如下。

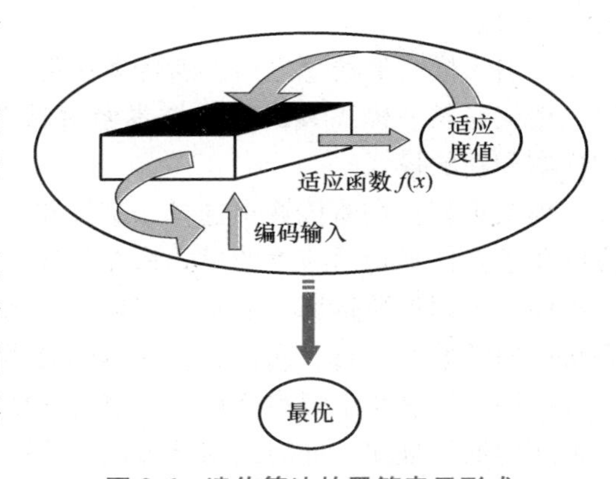

图 2-6　遗传算法的黑箱表示形式

1）编码。由于遗传算法不能直接处理解空间的数据，因此必须通过编码将它们表示成遗传空间的基因型串结构数据。基本遗传算法使用固定长度的二进制符号串来表示群体中的个体，其基因由二值符号集 {0,1} 组成。

2）初始种群的产生。由于遗传算法的群体

操作需要，所以进化开始前必须准备一个由若干初始解组成的初始群体。

3）适应度函数的设定。适应度函数是用来区分种群中个体好坏的标准，是进行选择的唯一依据。目前主要通过目标函数映射成适应度函数。

4）遗传算子。基本遗传算法使用以下三种遗传算子：

① 选择运算。选择运算是指以一定概率从种群中选择若干个体的操作。选择运算的目的是从当前群体中选出优良的个体，使它们有机会作为父代繁殖后代子孙。判断个体优劣的准则是个体的适应度值。选择运算模拟了达尔文适者生存、优胜劣汰原则，个体适应度越高，被选择的机会也就越多。

② 交叉运算。交叉运算是指两个染色体之间通过交叉而重组形成新的染色体。交叉运算相当于生物进化过程中有性繁殖的基因重组过程。

③ 变异运算。变异运算是指染色体的某一基因发生变化，产生新的染色体，表现出新的性状。变异运算模拟了生物进化过程中的基因突变方法，将某个染色体上的基因变异为其等位基因。选择运算不产生新的个体，交叉运算和变异运算都产生新的个体，因此选择运算完成的是复制操作，而交叉运算和变异运算则完成繁殖操作。

5）终止条件。终止条件就是遗传进化结束的条件。基本遗传算法的终止条件可以是最大进化代数或最优解所满足的精度。

6）运行参数。基本遗传算法的运行参数主要有群体规模 n、交叉概率 p_c、变异概率 p_m 等。

（3）遗传算法基本理论

1）模式定理。遗传算法通过对多个个体的迭代搜索来逐步找出优化问题的最优解。从其迭代过程中可以看出，遗传算法实质上是处理了一些具有相似编码结构的个体。若把个体作为某些相似模板的具体表示，则对个体的搜索过程就是对这些相似模板的搜索过程，即对模式的处理。

模式（Schema）是一个描述字符串集的模板，该字符串集中的某些位置上存在相似性。定义在含有 k 个基本字符的字母表上的长度为 L 的字符串共有 $(k+l)^L$种模式。

模式 H 中取确定值的位置个数称作该模式的阶，记作 $O(H)$。对于二进制编码字符串，模式的阶就是模式中所含有 1 和 0 的数目。

模式 H 中第一个确定值位置和最后一个确定值位置之间的距离称作该模式的定义距，记作 $\delta(H)$。

在引入模式的概念之后，遗传算法的实质可看作对模式的一种运算。对基本遗传算法而言，也就是某一模式 H 的各个样本经过选择运算、交叉运算、变异运算之后，得到一些新的样本和新的模式。

模式定理：在遗传算子选择、交叉和变异的作用下，具有低阶、短的定义距，且平均适应度高于群体平均适应度的模式将在子代中以指数级增长。

模式定理是遗传算法的基本定理，它阐述了遗传算法的理论基础，提供了一种解释遗传算法机理的数学工具，蕴涵着发展编码策略和遗传操作的一些准则，保证较优模式的样本呈指数级增长，满足了寻找全局最优解的必要条件，从而给出了遗传算法的理论基础，它说明了模式的增加规律，同时给遗传算法的应用提供了指导作用。

2）积木块假设。具有低阶、短定义距、平均适应度高于群体平均适应度的模式称为积木块。个体的积木块通过选择、交叉、变异等遗传操作，能够相互拼接在一起，形成适应度更高的个体编码串。

2. 标准遗传算法

（1）标准遗传算法的迭代计算步骤　图 2-7 所示为标准遗传算法流程图。其算法迭代计算步骤如下。

1）群体初始化。群体初始化是指生成一定规模的初始染色体集合 P，开始时 P 中的每个个体都是随机生成的。

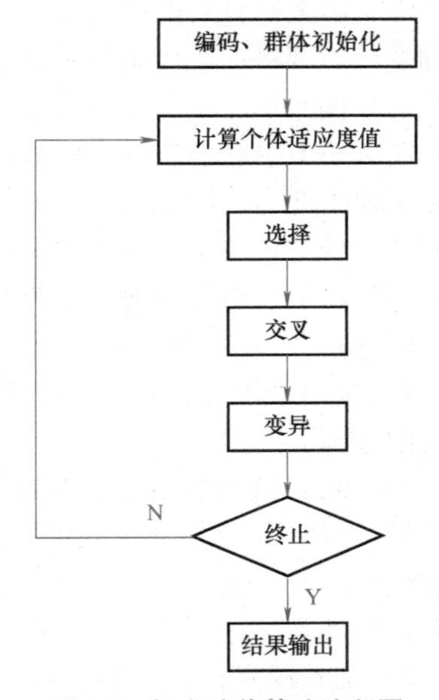

图 2-7　标准遗传算法流程图

2）计算个体适应度值。群体中的每个个体根据其最优化任务赋予一个称为适应度值的数量值。

3）选择操作。根据每个个体的适应度值和选择原则进行选择复制操作。在此过程中，低适应度值的个体将从群体中去除，高适应度值的个体将被复制，其目的是使得搜索朝着搜索空间的解空间靠近。

4）交叉操作。根据交叉原则和交叉概率进行双亲结合以产生后代。

交叉是把两个父代个体的部分结构加以替换重组而生成新个体的操作，交叉的目的是能够在下一代产生新的个体。通过交叉操作，遗传算法的搜索能力得到飞跃性的提高。交叉是遗传算法获得新优良个体最重要的手段。

交叉操作用以模拟生物进化过程中的繁殖杂交现象。交叉操作对被选中的个体随机两两配对，然后在这两个个体编码串中再随机地选取一个交叉位置，将这两个母体（双亲）位于交叉位置后的符号串互换即实现部分结构交换，形成两个新的下代个体（子代）。例如，对下列两个父代个体（双亲），当随机地选取交叉位置在第 4 位时，彼此交换两者尾部，交叉操作后产生的两个新的个体如图 2-8 所示。图中，“|”表示随机选取的交叉位置。

交叉操作是按照一定的交叉概率 p_c 在配对库中随机地选取两个个体进行的，交叉的位置也是随机确定的。交叉概率 p_c 的值一般取得很大，$p_c=0.6\sim0.9$。

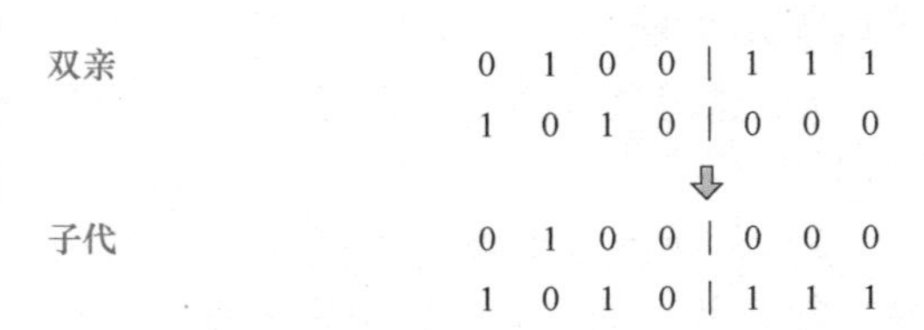

图 2-8　交叉操作示意图

5）变异操作。根据变异原则和变异概率，对个体编码中的部分信息实施变异，从而产生新的个体。

变异操作用以模拟生物在自然的遗传环境中由于各种偶然因素引起的基因突变。变异就是以很小的变异概率 p_m 随机地改变群体中个体某些基因的值。变异操作的基本过程是：产生一个［0,1］区间上的随机数 rand，若 rand$<p_m$，则进行变异操作。

变异操作方法是以一定的概率 p_m 选取种群中若干个染色体（即个体），对已选取的每个染色体，随机地将其染色体中某位基因值进行翻转（即逆变），即将该位的数码由

1 变为 0，或由 0 变为 1。例如，将某染色体的第 2 位进行变异，得到的新的染色体如图 2-9 所示。

变异前	1	[1]	0	0	1	1	1
变异后	1	[0]	0	0	1	1	1

图 2-9　变异操作示意图

染色体是否进行变异操作以及在哪一位进行变异操作同样由事先给定的变异率 p_m 决定，一般 $p_m=0\sim0.02$。变异增加了种群基因材料的多样性，增大了自然选择的余地，有利的变异将因自然选择的作用，得以遗传与保留；而有害的变异，则将在逐代遗传中被淘汰。

变异操作本身是一种局部随机搜索，与选择、交叉算子结合在一起，能够避免由于选择和交叉算子而引起的某些信息的永久性丢失，保证遗传算法的有效性，使遗传算法具有局部的随机搜索能力，同时使得遗传算法能够保持群体的多样性，以防止出现未成熟收敛。变异操作是一种防止算法早熟的措施。在变异操作中，变异概率不能取得太大，如果 $p_m>0.5$，遗传算法就退化为随机搜索，而遗传算法一些重要的数学特性和搜索能力也就不复存在了。

6）进行终止条件判别。若否转至步骤 2，否则执行步骤 7。

7）输出最优解。最后，将群体中的最好个体或整个演化过程中的最好个体作为遗传算法的解输出。

（2）标准遗传算法有关参数的确定

1）群体规模 n。群体规模影响遗传优化的最终结果，以及遗传算法的执行效率。当群体规模太小时，遗传算法的优化性能一般不会太好，而采用较大的群体规模可以减少遗传算法陷入局部最优解的机会，但较大规模意味着计算复杂度提高。一般 $n=50\sim200$ 较好。

2）交叉概率 p_c。交叉概率 p_c 控制着交叉操作被使用的频度，较大的交叉概率可增强遗传算法开辟新的搜索区域的能力，但高性能的模式遭破坏的可能性较大；若选用的交叉概率太低，遗传算法搜索可能陷入迟钝状态，一般选取交叉概率 $p_c=0.6\sim0.9$。

3）变异概率 p_m。变异操作在遗传算法中属于辅助性搜索操作，其主要目的是增强遗传算法的局部搜索能力。低频度的变异率可防止群体中重要且单一的基因丢失，高频度的变异将使遗传算法趋于纯粹的随机搜索，通常取变异概率 $p_m=0\sim0.02$。

（3）标准遗传算法的特点　标准遗传算法作为一种快捷、简便、容错性强的算法，是一类可用于复杂系统优化计算的鲁棒搜索算法。与传统的优化技术相比，遗传算法的特点在于以下几个方面。

1）遗传算法的工作对象不是决策变量本身，而是将有关变量进行编码所得的码，即位串。

2）传统的寻优技术都是从一个初始点出发，再逐步迭代以求最优解，遗传算法则不然，它是从点的一个群体出发经过代代相传求得满意解。

3）遗传算法只充分利用适应度函数的信息而完全不依靠其他补充知识。

4）遗传算法的操作规则是概率性的而非确定性的。

上述特点表明遗传算法较为适合于维数很高、总体很大、环境复杂、问题结构不十分清楚的场合。

在应用中，标准遗传算法的不足在于如下方面。

1）早熟收敛问题。由于遗传算法单纯用适应度来决定解的优劣，因此当某个个体的适应度较大时，该个体的基因会在种群内迅速扩散，导致种群过早失去多样性，解的适应度停止提高，陷入局部最优解，从而找不到全局最优解。

2）遗传算法的局部搜索能力问题。遗传算法在全局搜索方面性能优异，但是局部搜索能力不足。这导致遗传算法在进化后期收敛速度变慢，甚至无法收敛到全局最优解。

3）遗传算子的无方向性。遗传算法的操作算子中，选择算子可以保证选出的都是优良个体，但是变异算子和交叉算子仅仅是引入了新个体，其操作本身并不能保证产生的新个体是优良的。如果产生的个体不够优良，引人的新个体就成为干扰因素，反而会减慢遗传算法的进化速度。

2.2.2　差分进化算法

差分进化（Differential Evolution，DE）算法是由 Storn 与 Price 在 1995 年提出的一种社会性的、基于种群的寻优算法。差分进化算法属于进化算法（Evolutionary Algorithm，EA）的子领域，也是简单但很有效的随机进化算法。与其他随机优化进化算法类似，DE 算法采用了与标准进化算法类似的计算方法步骤，主要通过变异（Mutation）、交叉（Crossover）和选择（Selection）3 种操作进行智能搜索。但与传统的进化算法有所不同，差分进化算法通过随机选择不一样的个体生成比例差分向量扰动当代种群，并运用与候选解之间的差别产生新的个体。与其他进化算法相比，差分进化算法具有结构简单、容易实现、全局搜索性能好、稳健性强等优势。

差分进化算法需要经过个体的初始化、变异、交叉和选择 4 个基本流程。个体经过初始化操作之后，由差分进化算法中最重要的差分变异（Differential Mutation）算子将同一种群中的两个个体进行差分和缩放，并且加上该种群内另外的随机个体向量来产生变异个体向量（Mutant Vector），然后父代个体和变异个体的向量采用交叉操作获得实验个体向量（Trial Vector），最后比较实验个体向量和父代个体向量的适应度值，将较优者保存到进化的下一代中。差分进化算法利用差分变异、交叉和选择等方式不停迭代地对种群进行演变，直到满足停止的要求为止。

1. 个体初始化

传统的差分进化算法采用实数编码，更加适宜处理实数优化问题。差分进化算法保持了一个规模为（NP,D）的实参类型种群（NP 为种群大小，D 为决策变量的个数），其中第 i 个个体 x_i 的表达式为

$$x_i=\{x_{i,1},x_{i,2},\cdots,x_{i,j},\cdots,x_{i,D}\},\quad i=1,2,\cdots,\mathrm{NP},j=1,2,\cdots,D \tag{2-2}$$

式中，$x_{i,j}\in[L_j,U_j]$。在种群初始化之前，确定参数的上界 U_j 和下界 L_j，$x_{i,j}$在 $[L_j,U_j]$ 内随机均匀初始化，即

$$x_{i,j}=\mathrm{rand}_j(0,1)\cdot(U_j-L_j)+L_j,\quad i=1,2,\cdots,\mathrm{NP},j=1,2,\cdots,D \tag{2-3}$$

式中，函数 $\mathrm{rand}_j(0,1)$ 表示从区间（0,1）随机选择一个数，j 表示在第 j 维上产生的随机数。

2. 差分变异操作

差分进化算法正因为差分变异操作而得名，通常统一采用“DE/a/b”的形式表示，其中，“DE”表示差分进化算法；“a”表示挑选被变异个体的方式，常运用“rand”和“best”两种方式，“rand”为从种群中任意挑选个体向量，“best”为挑选当前适应度最优的

个体向量；“b”表示在变异流程内采用的向量的数目。在变异过程中，个体 $\boldsymbol{x}_{i,G}$ 可采用变异策略产生变异向量 $\boldsymbol{v}_{i,G}$，被广泛采用的 5 种变异策略具体见式（2-4）~式（2-8）。

“DE/best/1”：

$$\boldsymbol{v}_{i,G}=\boldsymbol{x}_{\text{best},G}+F\cdot(\boldsymbol{x}_{r_1,G}-\boldsymbol{x}_{r_2,G}) \tag{2-4}$$

“DE/best/2”：

$$\boldsymbol{v}_{i,G}=\boldsymbol{x}_{\text{best},G}+F\cdot(\boldsymbol{x}_{r_1,G}-\boldsymbol{x}_{r_2,G})+F\cdot(\boldsymbol{x}_{r_3,G}-\boldsymbol{x}_{r_4,G}) \tag{2-5}$$

“DE/rand/1”：

$$\boldsymbol{v}_{i,G}=\boldsymbol{x}_{r_1,G}+F\cdot(\boldsymbol{x}_{r_2,G}-\boldsymbol{x}_{r_3,G}) \tag{2-6}$$

“DE/rand/2”：

$$\boldsymbol{v}_{i,G}=\boldsymbol{x}_{r_1,G}+F\cdot(\boldsymbol{x}_{r_2,G}-\boldsymbol{x}_{r_3,G})+F\cdot(\boldsymbol{x}_{r_4,G}-\boldsymbol{x}_{r_5,G}) \tag{2-7}$$

“DE/current-to-best/1”：

$$\boldsymbol{v}_{i,G}=\boldsymbol{x}_{i,G}+F\cdot(\boldsymbol{x}_{\text{best},G}-\boldsymbol{x}_{i,G})+F\cdot(\boldsymbol{x}_{r_1,G}-\boldsymbol{x}_{r_2,G}) \tag{2-8}$$

式中，r_1、r_2、r_3、r_4 和 r_5 为 $\{1,\cdots,\mathrm{NP}\}$ 之间随机选择的 5 个互不相等的整数；$\boldsymbol{x}_{\text{best},G}$ 为在当前 G 代中具备最好适应度函数值的向量；F 为缩放因子，是在区间 $[0,1]$ 的加权差分向量的控制参数。

在变异操作中，差分进化算法要判断差分变异产生的新向量是否能保证变异向量在搜索的空间范围内。如果变异向量不在搜索空间内，则要通过运用修复操作对变异向量进行处理，通常连续向量采用式（2-9）或式（2-10）的方法进行处理。

$$\boldsymbol{v}_{i,G}=\begin{cases}U_j, v_{i,G}>U_j\\ L_j, v_{i,G}<L_j\end{cases} \tag{2-9}$$

$$v_{i,G}^j=\begin{cases}\max\{L_j, 2U_j-v_{i,G}^j\}, v_{i,G}^j>U_j\\ \min\{U_j, 2L_j-v_{i,G}^j\}, v_{i,G}^j<L_j\end{cases} \tag{2-10}$$

式中，$v_{i,G}^j$ 为变异向量 $\boldsymbol{v}$ 第 G 代中第 i 个向量的第 j 维的值。

3. 交叉操作

为了进一步完善差分变异搜索流程，差分进化算法运用了交叉方法，该方法包括二项式交叉（Binomial Crossover，BIN）和指数交叉（Exponential Crossover，EXP），其中二项式交叉见式（2-11）。

$$u_{i,G+1}^j=\begin{cases}v_{i,G+1}^j, & \text{rand}(0,1)\leqslant \text{CR}, \text{或} j=j_{\text{rand}}\\ x_{i,G}^j, & \text{其他}\end{cases} \tag{2-11}$$

式中，$u_{i,G}^j$ 为实验向量 $\boldsymbol{U}$ 中第 G 代的第 i 个向量的第 j 维的值，j_{rand} 为从 $\{1,2,\cdots,D\}$ 中随机选择的一个数，CR 为交叉概率。

当进行指数交叉操作时，开始在 $[1,D]$ 任意挑选整数 n，作为进行交叉的开始位置，另一个整数 L 再在 $[1,D]$ 随机挑选，L 代表变异向量占目标向量位置的数量。利用上述方法选定 n 和 L，最终进行指数交叉产生实验向量的值 $u_{i,G}^j$。指数交叉见式（2-12）。

$$u_{i,G}^j=\begin{cases}v_{i,G}^j, & j=\langle n\rangle D, \langle n+1\rangle D, \cdots, \langle n+L-1\rangle D\\ x_{i,G}^j, & \text{其他}\end{cases} \tag{2-12}$$

式中，$\langle\cdot\rangle D$ 表示对 D 取模函数。

4. 选择操作

差分进化算法经过差分变异和交叉进化流程后，采取选择操作把实验向量与目标向量进行对比。若实验向量 $\boldsymbol{u}_{i,G}$的适应度函数值小于或等于目标向量 $\boldsymbol{x}_{i,G}$的适应度函数值，那么实验向量取代相应的目标向量，从而获得进入下一代的机会；反之目标向量就一直维持到下一代进化过程。最小化优化问题中的选择操作见式（2-13）。

$$\boldsymbol{x}_{i,G+1}=\begin{cases}\boldsymbol{u}_{i,G}, & f(\boldsymbol{u}_{i,G})\leqslant f(\boldsymbol{x}_{i,G})\\ \boldsymbol{x}_{i,G}, & \text{其他}\end{cases} \tag{2-13}$$

式中，$f(\boldsymbol{x}_{i,G})$ 为计算出的第 G 代个体 $\boldsymbol{x}_{i,G}$适应度目标的函数值。

总之，差分进化算法的一次进化过程包含了初始化种群、变异、交叉和选择 4 个基本步骤。

2.3 群智能优化算法

2.3.1 蚁群算法

蚁群算法是一种源于大自然生物世界的新的仿生进化算法，是由意大利学者 M. Dorigo，V. Maniezzo 和 A. Colorni 等人于 20 世纪 90 年代初期通过模拟自然界中蚂蚁集体寻径行为而提出的一种基于种群的启发式随机搜索算法。蚂蚁有能力在没有任何提示的情形下找到从巢穴到食物源的最短路径，并且能随环境的变化，适应性地搜索新的路径，产生新的选择。其根本原因是蚂蚁在寻找食物时，能在其走过的路径上释放一种特殊的分泌物——信息素，随着时间的推移该物质会逐渐挥发，后来的蚂蚁选择该路径的概率与当时这条路径上信息素的强度成正比。当一条路径上通过的蚂蚁越来越多时，其留下的信息素也越来越多，后来蚂蚁选择该路径的概率也就越高，从而更增加了该路径上的信息素强度。而强度大的信息素会吸引更多的蚂蚁，从而形成一种正反馈机制。通过这种正反馈机制，蚂蚁最终可以发现最短路径。

最早的蚁群算法是蚂蚁系统（Ant System，AS），研究者们根据不同的改进策略对蚂蚁系统进行改进并开发了不同版本的蚁群算法，并成功地应用于优化领域。用该方法求解旅行商（TSP）问题、分配问题、车间作业调度（Job-shop）问题，取得了较好的试验结果。蚁群算法具有分布式计算、无中心控制和分布式个体之间间接通信等特征，易于与其他优化算法相结合，它通过简单个体之间的协作表现出了求解复杂问题的能力，已被广泛应用于求解优化问题。

目前，国内外的许多研究者和研究机构都开展了对蚁群算法理论和应用的研究，蚁群算法已成为国际计算智能领域关注的热点课题。

1. 蚁群算法理论

蚁群算法是对自然界蚂蚁的寻径方式进行模拟而得出的一种仿生算法。蚂蚁在运动过程中，能够在它所经过的路径上留下信息素进行信息传递，而且蚂蚁在运动过程中能够感知这种物质，并以此来指导自己的运动方向。因此，由大量蚂蚁组成的蚁群的集体行为便表现出一种信息正反馈现象：某一路径上走过的蚂蚁越多，则后来者选择该路径的概率就越大。

（1）真实蚁群的觅食过程 在自然界中，蚁群在寻找食物时，它们总能找到一条从食物到巢穴之间的最优路径。这是因为蚂蚁在寻找路径时会在路径上释放出一种特殊的信息素。蚁群算法的信息交互主要是通过信息素来完成的。蚂蚁在运动过程中，能够感知这种物质的存在和强度。初始阶段，环境中没有信息素的遗留，蚂蚁寻找事物完全是随机选择路径，随后寻找该事物源的过程中就会受到先前蚂蚁所残留的信息素的影响，其表现为蚂蚁在选择路径时趋向于选择信息素浓度高的路径。同时，信息素是一种挥发性化学物，会随着时间的推移而慢慢地消逝。如果每只蚂蚁在单位距离留下的信息素相同，那对于较短路径上残留的信息素浓度就相对较高，这被后来的蚂蚁选择的概率就大，从而导致这条短路径上走的蚂蚁就越多。而经过的蚂蚁越多，该路径上残留的信息素就将更多，这样使得整个蚂蚁的集体行为构成了信息素的正反馈过程，最终整个蚁群会找出最优路径。

若蚂蚁从 *A* 点出发，速度相同，食物在 *D* 点，则它可能随机选择路线 *ABD* 或 *ACD*。假设初始时每条路线分配一只蚂蚁，每个时间单位行走一步。图 2-10 所示为经过 8 个时间单位时的情形：走路线 *ABD* 的蚂蚁到达终点；而走路线 *ACD* 的蚂蚁刚好走到 *C* 点，为一半路程。

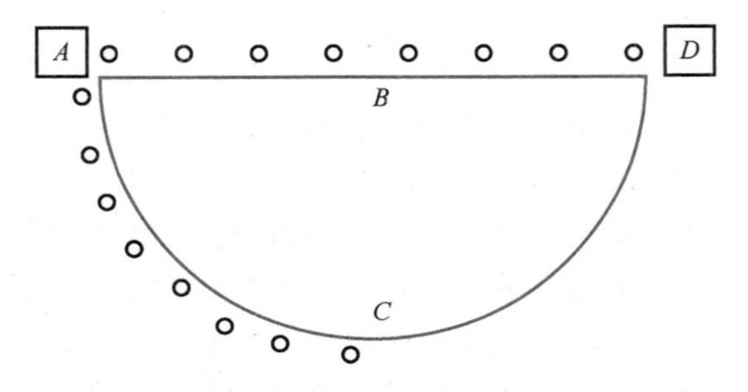

图 2-10 蚂蚁出发后经过 8 个时间单位时的情形

图 2-11 表示从开始算起，经过 16 个时间单位时的情形：走路线 *ABD* 的蚂蚁到达终点后得到食物又返回了起点 *A*，而走路线 *ACD* 的蚂蚁刚好走到 *D* 点。

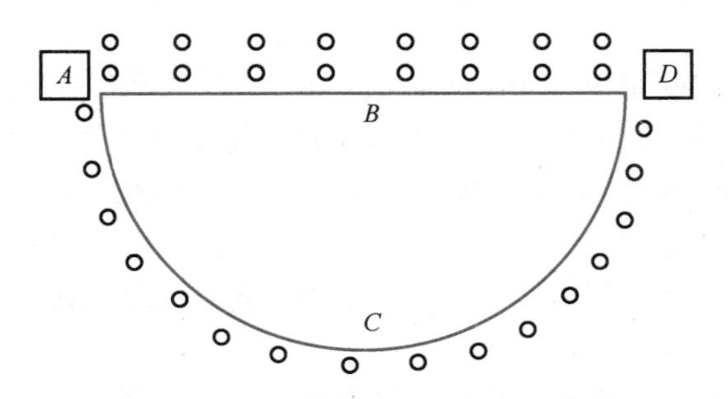

图 2-11 蚂蚁出发后经过 16 个时间单位时的情形

假设蚂蚁每经过一处所留下的信息素为 1 个单位，则经过 32 个时间单位后，所有开始一起出发的蚂蚁都经过不同路径从 *D* 点取得了食物。此时 *ABD* 的路线往返了 2 趟，每一处的信息素为 4 个单位；而 *ACD* 的路线往返了一趟，每一处的信息素为 2 个单位，其比值为 2∶1。

寻找食物的过程继续进行，则按信息素的指导，蚁群在 *ABD* 路线上增派一只蚂蚁（共2只），而 *ACD* 路线上仍然为一只蚂蚁。再经过32个时间单位后，两条线路上的信息素单位积累为12和4，比值为3∶1。

若按以上规则继续，蚁群在 *ABD* 路线上再增派一只蚂蚁（共3只），而 *ACD* 路线上仍然为一只蚂蚁。再经过32个时间单位后，两条线路上的信息素单位积累为24和6，比值为4∶1。

若继续进行，则按信息素的指导，最终所有的蚂蚁都会放弃 *ACD* 路线，而选择 *ABD* 路线。这也就是前面所提到的正反馈效应。

（2）人工蚁群的优化过程 基于以上真实蚁群寻找食物时的最优路径选择问题，可以构造人工蚁群，来解决最优化问题，如TSP问题。人工蚁群中把具有简单功能的工作单元看作蚂蚁。二者的相似之处在于都是优先选择信息素浓度大的路径。较短路径的信息素浓度高，所以能够最终被所有蚂蚁选择，也就是最终的优化结果。两者的区别在于人工蚁群有一定的记忆能力，能够记忆已经访问过的节点。同时，人工蚁群在选择下一条路径的时候是按一定算法规律有意识地寻找最短路径，而不是盲目的。例如在TSP问题中，可以预先知道当前城市到下一个目的地的距离。

在TSP问题的人工蚁群算法中，假设 m 只蚂蚁在图的相邻节点间移动，从而协作异步地得到问题的解。每只蚂蚁的一步转移概率由图中的每条边上的两类参数决定：一是信息素值，也称信息素痕迹；二是可见度，即先验值。

信息素的更新方式有两种：一是挥发，也就是所有路径上的信息素以一定的比率减少，模拟自然蚁群的信息素随时间挥发的过程；二是增强，给评价值“好”（有蚂蚁走过）的边增加信息素。

蚂蚁向下一个目标的运动是通过一个随机原则来实现的，也就是运用当前所在节点存储的信息，计算出下一步可达节点的概率，并按此概率实现一步移动，如此往复，越来越接近最优解。

蚂蚁在寻找过程中，或在找到一个解后，会评估该解或解的一部分的优化程度，并把评价信息保存在相关连接的信息素中。

（3）蚁群算法的特点 蚁群算法是通过对生物特征的模拟得到的一种优化算法，它本身具有很多优点：

1）蚁群算法是一种本质上的并行算法。每只蚂蚁搜索的过程彼此独立，仅通过信息激素进行通信。所以蚁群算法可以看作一个分布式的多智能体系统，它在问题空间的多点同时开始独立的解搜索，不仅增加了算法的可靠性，也使得算法具有较强的全局搜索能力。

2）蚁群算法是一种自组织的算法。所谓自组织，就是组织力或组织指令来自于系统的内部，以区别于其他组织。如果系统在获得空间、时间或者功能结构的过程中，没有外界的特定干预，就可以说系统是自组织的。简单地说，自组织就是系统从无序到有序的变化过程。

3）蚁群算法具有较强的鲁棒性。相对于其他算法，蚁群算法对初始路线的要求不高，即蚁群算法的求解结果不依赖于初始路线的选择，而且在搜索过程中不需要进行人工的调整。此外，蚁群算法的参数较少，设置简单，因而该算法易于应用到组合优化问题的求解。

4）蚁群算法是一种正反馈算法。从真实蚂蚁的觅食过程中不难看出，蚂蚁能够最终找到最优路径，直接依赖于其在路径上信息素的堆积，而信息素的堆积是一个正反馈的过程。正反馈是蚁群算法的重要特征，它使得算法进化过程得以进行。

2. 基本蚁群算法及其流程

基本蚁群算法可以表述如下：在算法的初始时刻，将 m 只蚂蚁随机地放到 n 座城市，同时，将每只蚂蚁的禁忌表 tabu 的第一个元素设置为它当前所在的城市。此时各路径上的信息素量相等，设 $\tau_{ij}(0)=c$（c 为一较小的常数），接下来，每只蚂蚁根据路径上残留的信息素量和启发式信息（两城市间的距离）独立地选择下一座城市，在时刻 t，蚂蚁 k 从城市 i 转移到城市 j 的概率 $p_{ij}^k(t)$ 为

$$p_{ij}^k(t)=\begin{cases}\dfrac{[\tau_{ij}(t)]^\alpha\cdot[\eta_{ij}(t)]^\beta}{\sum\limits_{s\in J_k(i)}[\tau_{is}(t)]^\alpha\cdot[\eta_{is}]^\beta}, & \text{当 } j\in J_k(i)\text{ 时}\\ 0, & \text{其他}\end{cases} \tag{2-14}$$

式中，$J_k(i)=\{1,2,\cdots,n\}-\text{tabu}_k$ 表示蚂蚁 k 下一步允许选择的城市集合。禁忌表 tabu_k 记录了蚂蚁 k 当前走过的城市。当所有 n 座城市都加入到禁忌表 tabu_k 中时，蚂蚁 k 便完成了一次周游，此时蚂蚁 k 所走过的路径便是 TSP 问题的一个可行解。式（2-14）中的 η_{ij} 是一个启发式因子，表示蚂蚁从城市 i 转移到城市 j 的期望程度。在蚁群算法中，η_{ij} 通常取城市 i 与城市 j 之间距离的倒数。α 和 β 分别表示信息素和期望启发式因子的相对重要程度。当所有蚂蚁完成一次周游后，各路径上的信息素根据式（2-15）更新。

$$\tau_{ij}(t+n)=(1-\rho)\cdot\tau_{ij}(t)+\Delta\tau_{ij} \tag{2-15}$$

式中，$\rho(0<\rho<1)$ 表示路径上信息素的蒸发系数，$1-\rho$ 表示信息素的持久性系数；$\Delta\tau_{ij}$ 表示本次迭代中边 ij 上信息素的增量，即

$$\Delta\tau_{ij}=\sum_{k=1}^{m}\Delta\tau_{ij}^k \tag{2-16}$$

其中，$\Delta\tau_{ij}^k$ 表示第 k 只蚂蚁在本次迭代中留在边 ij 上的信息素量，如果蚂蚁 k 没有经过边 ij，则 $\Delta\tau_{ij}^k$ 的值为零。$\Delta\tau_{ij}^k$ 可表示为

$$\Delta\tau_{ij}^k=\begin{cases}\dfrac{Q}{L_k}, & \text{当蚂蚁 } k \text{ 在本次周游中经过边 } ij \text{ 时}\\ 0, & \text{其他}\end{cases} \tag{2-17}$$

其中，Q 为正常数，L_k 表示第 k 只蚂蚁在本次周游中所走过路径的长度。

M. Dorigo 提出了 3 种蚁群算法的模型，其中式（2-17）称为 ant-cycle 模型，另外两个模型分别称为 ant-quantity 模型和 ant-density 模型，其差别主要在于 $\Delta\tau_{ij}^k$ 的表示：在 ant-quantity 模型中表示为

$$\Delta\tau_{ij}^k=\begin{cases}\dfrac{Q}{d_{ij}}, & \text{当蚂蚁 } k \text{ 在时刻 } t \text{ 和 } t+1 \text{ 经过边 } ij \text{ 时}\\ 0, & \text{其他}\end{cases} \tag{2-18}$$

而在 ant-density 模型中表示为

$$\Delta\tau_{ij}^k=\begin{cases}Q, & \text{当蚂蚁 } k \text{ 在时刻 } t \text{ 和 } t+1 \text{ 经过边 } ij \text{ 时}\\ 0, & \text{其他}\end{cases} \tag{2-19}$$

蚁群算法实际上是正反馈原理和启发式算法相结合的一种算法。在选择路径时，蚂蚁不仅利用了路径上的信息素，而且用到了城市间距离的倒数作为启发式因子。实验结果表明，ant-cycle 模型比 ant-quantity 和 ant-density 模型有更好的性能。这是因为 ant-cycle 模型利用全局信息更新路径上的信息素量，而 ant-quantity 和 ant-density 模型则使用的是局部信息。

基本蚁群算法的具体实现步骤如下：

1）参数初始化。令时间 $t=0$ 和循环次数 $N_c=0$，设置最大循环次数 G，将 m 个蚂蚁置于 n 个元素（城市）上，令有向图上每条边 (i,j) 的初始化信息量 $\tau_{ij}(t)=c$，其中 c 表示常数，且初始时刻 $\Delta\tau_{ij}(0)=0$。

2）循环次数 $N_c=N_c+1$。

3）蚂蚁的禁忌表索引号 $k=1$。

4）蚂蚁数目 $k=k+1$。

5）蚂蚁个体根据状态转移概率公式（2-14）计算的概率选择元素 j 并前进，$j\in\{J_k(i)\}$。

6）修改禁忌表指针，即选择好之后将蚂蚁移动到新的元素，并把该元素移动到该蚂蚁个体的禁忌表中。

7）若集合 C 中元素未遍历完，即 $k<m$，则跳转到第 4 步；否则执行第 8 步。

8）记录本次最佳路线。

9）根据式（2-15）和式（2-16）更新每条路径上的信息量。

10）若满足结束条件，即如果循环次数 $N_c\geqslant G$，则循环结束并输出程序优化结果；否则清空禁忌表并跳转到第 2 步。蚁群算法的运算流程如图 2-12 所示。

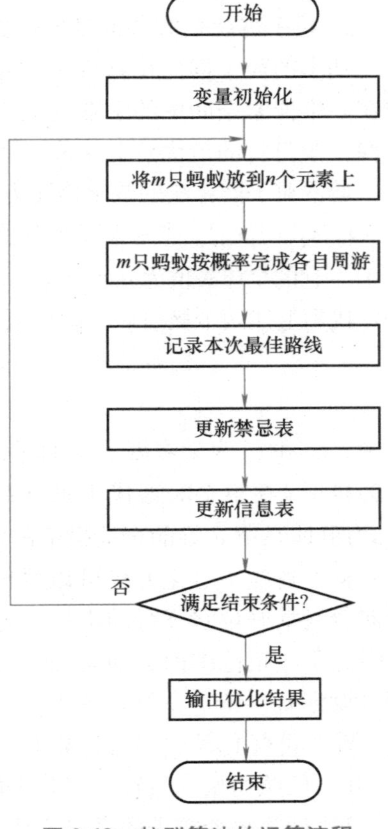

图 2-12　蚁群算法的运算流程

2.3.2　粒子群算法

粒子群优化算法是以模拟鸟群的群体智能为特征，以求解连续变量优化问题为背景的一种优化算法，最早由美国的 Kennedy 教授和 Eberhart 教授受到鸟群觅食行为的启发提出。粒子群优化算法是一种基于群体智能的进化算法（Evolution Computation），其算法思想来源于人工生命和进化计算理论，该类算法的仿生特点是：当单个个体发现食物之后，它将通过接触或化学信号来通知同伴，使整个种群找到食源；在鸟群的飞行中，每只鸟在飞行初期处于随机的位置，其朝向各个方向随机飞行，但随着时间的推移，处于初始随机位置的鸟通过相互跟踪自发的聚集成一个个小小的群落，并通过种群信息的传递，促使整个种群朝向食源的位置聚集。这些动物集群所表现出的智能通常称为“群体智能”，可表述为：一组相互之间可以进行直接通信或间接通信（通过改变局部环境）的主体，能够通过合作对问题进行求解。换言之，一组无智能的主体通过合作表现出智能行为特征。

粒子群优化算法采用实数求解，并且需要调整的参数少，易于实现，是一种通用的全局优化算法。因此，其一提出就受到了众多学者的重视，并且已经在函数优化、神经网络训练、模糊控制等领域取得了大量的研究成果。粒子群优化算法的优势在于容易实现，既适合科学研究，又适合工程应用。

1. 粒子群优化算法的基本形式与流程

基本的粒子群优化算法中，粒子群由 m 个粒子组成，每个粒子的位置代表一个优化问题在 n 维搜索空间中的潜在的优化解。粒子根据以下三条原则来更新自己的状态：保持自身惯性；按自身的最优位置来改变状态；按照群体的最优位置来改变状态。

通常粒子群算法的数学描述为：假设在一个 n 维的搜索空间中，由 m 个粒子组成的种群 $\boldsymbol{X}=(\boldsymbol{x}_1,\boldsymbol{x}_2,\cdots,\boldsymbol{x}_m)$，其中第 i 个粒子的位置为 $\boldsymbol{x}_i=(x_{i,1},x_{i,2},\cdots,x_{i,n})^{\mathrm{T}}$，其速度为 $\boldsymbol{v}_i=(v_{i,1},v_{i,2},\cdots,v_{i,n})^{\mathrm{T}}$。它的个体极值为 $\boldsymbol{p}_i=(p_{i,1},p_{i,2},\cdots,p_{i,n})^{\mathrm{T}}$，种群的全局极值为 $\boldsymbol{p}_g=(p_{g,1},p_{g,2},\cdots,p_{g,n})^{\mathrm{T}}$。粒子在找到上述两个极值后，就根据下面式（2-20）和（2-21）来更新自己的速度和位置。

$$v_{i,d}^{k+1}=v_{i,d}^{k}+c_1\cdot\mathrm{rand}()\cdot(p_{i,d}^{k}-x_{i,d}^{k})+c_2\cdot\mathrm{rand}()\cdot(p_{g,d}^{k}-x_{g,d}^{k}) \tag{2-20}$$

$$x_{i,d}^{k+1}=x_{i,d}^{k}+v_{i,d}^{k+1} \tag{2-21}$$

式中，c_1 和 c_2 为学习因子或加速常数；rand() 为介于（0,1）之间的随机数；$v_{i,d}^{k}$和 $x_{i,d}^{k}$分别为粒子 i 在第 k 次迭代中第 d 维的速度和位置；$p_{i,d}^{k}$为粒子 i 在第 d 维的个体极值位置；$p_{g,d}^{k}$为群体在第 d 维的全局极值的位置。

从上述粒子进化方程可以看出，c_1 调节粒子飞向自身最好位置方向的步长，c_2 调节粒子向全局最好位置飞行的步长。为了减少在进化过程中粒子离开搜索空间的可能性，$v_{i,d}$通常限定于一定范围内，即 $v_{i,d}\in[-v_{\max},v_{\max}]$，如果问题的搜索空间限定在 $[-x_{\max},x_{\max}]$ 内，则可设定 $v_{\max}=kx_{\max}$，$0\leqslant k\leqslant 1$。

粒子群优化算法的流程如下：

1）依照初始化过程，对粒子群的随机位置和速度进行初始设定。

2）计算每个粒子的适应度值。

3）对每个粒子，将其适应度值与所经历的历史最好位置 p_{best}的适应度值进行对比，若较好，则将其作为当前粒子寻得的最好位置。

4）对每个粒子，将其适应度值与全局所经历的最好位置 g_{best}的适应值进行比较，若较好，则将其作为当前粒子群的全局最好位置。

5）根据速度更新方程和位移更新方程对粒子的速度和位置进行更新。

6）如未达到终止条件（通常为足够好的目标函数值或者是预设的最大进化代数），则返回步骤 2。

标准粒子群算法流程图如图 2-13 所示。

2. 标准粒子群优化算法的开发和探测能力

对于粒子群优化算法，其探测（Exploration）能力是指粒子在较大程度上离开原来的寻优轨迹，偏向新的方向和位置进行搜索的能力，代表优化算法的全局搜索能力；开发（Exploitation）能力则指粒子在较大程度上继续原来的轨迹进行局部搜索的能力，代表优化算法的局部搜索能力。通过引入惯性权重因子 $\boldsymbol{\omega}$，能更好地控制粒子群优化算法的开发和探测能力，形成标准粒子群优化算法，其速度更新公式见式（2-22）。

$$v_{i,d}^{k+1}=\omega \cdot v_{i,d}^{k}+c_1 \cdot \text{rand}() \cdot (p_{i,d}^{k}-x_{i,d}^{k})+c_2 \cdot \text{rand}() \cdot (p_{g,d}^{k}-x_{g,d}^{k}) \tag{2-22}$$

通过实验研究验证了惯性权重 ω 对算法全局寻优能力和局部寻优能力改进的有效性，并发现较大的 ω 值有利于跳出局部最优解进行全局寻优；而较小的 ω 值则有利于局部寻优，提高算法收敛速度。

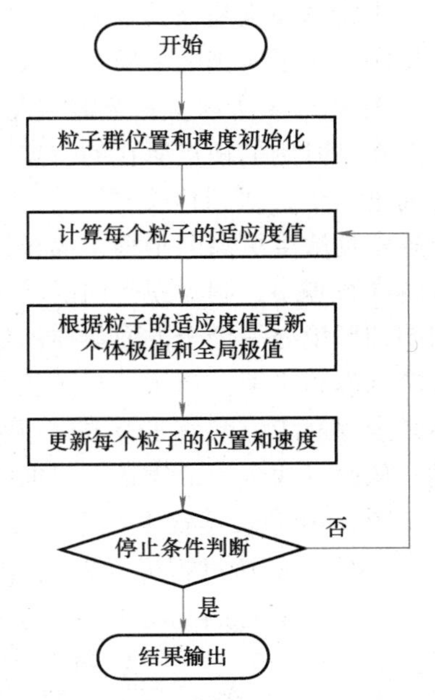

图 2-13　标准粒子群算法流程图

3. 标准粒子群优化算法的控制参数

粒子群优化算法控制参数较少，算法过程容易实现。直接影响其算法性能以及收敛性的参数主要有：粒子群规模 m，惯性权重 ω，学习因子或加速常数 c_1 和 c_2，最大速率 $V_{\max}$，最大迭代次数 T。下面简单介绍粒子群优化算法的参数设置。

（1）粒子群规模 m　一般取值为 20～40。数学试验表明，对于大多数问题来说，30 个左右的粒子可以取得较好的优化结果。对于比较困难的优化问题或者特殊类别的问题，粒子数目可以取到 100 或者更高。粒子数目越多，算法的搜索空间范围越大，局部搜索越精细，更容易发现全局最优解，但是算法运行的时间也会相应地增加。

（2）惯性权重 ω　为了平衡粒子群优化算法全局搜索和局部搜索的能力，引入惯性权重系数。通常较好的 ω 设定是在前期其值较大，有助于提高算法全局搜索能力，优化寻得更好的粒子位置，而在后期其值较小，有助于提高算法局部精细搜索能力，加快算法的收敛速度。因此 ω 可设置为随迭代次数线性递减，例如由 0.9 到 0.4，由 0.95 到 0.2 等。

（3）学习因子或加速常数 c_1 和 c_2　常量 c_1 和 c_2 代表粒子受社会认知和个体认知的影响程度，通常设定相同的值以给两者相同的权重 $c_1=c_2=2$。

（4）粒子范围　粒子范围由具体优化问题决定，通常问题的自变量设计范围为粒子的范围，另外粒子每一维度都可以设置不同的取值范围。

（5）粒子最大速率 $V_{\max}$　粒子的最大速率决定了粒子在一次运动中可以移动的最大距离。因此必须限制最大速率，防止粒子跑出搜索空间。但是如果 $V_{\max}$ 太高，粒子可能会飞过优化解，影响算法的优化能力；如果 $V_{\max}$ 太小，粒子可能会无法跳出局部极小解，在局部区域外进行足够的搜索，导致陷入局部最小点。限制粒子群速度主要有三个目的：避免粒子运动超出设定边界；实现人工学习和态度转变；决定问题空间搜索的精度。粒子最大的速率通常设定为设计范围的宽度。

（6）算法终止条件　粒子群优化算法的终止条件一般可以设置为达到预设的最大迭代次数或者相邻迭代次数满足一定的误差准则。

2.3.3　人工鱼群算法

人工鱼群算法是李晓磊等人于 2002 年提出的一类基于动物行为的群体智能优化算法。该算法是通过模拟鱼类的觅食、聚群、追尾、随机等行为在搜索域中进行寻优，是集群体智能思想的一个具体应用。

生物的视觉是极其复杂的，它能快速感知大量的空间事物，这是任何仪器和程序都难以比拟的。为了实施的简便和有效，在鱼群模式中应用了如下方法实现虚拟人工鱼的视觉。

如图 2-14 所示，一条虚拟人工鱼实体的当前位置为 X，它的视野范围为 Visual，位置 X_v 为其在某时刻的视点所在的位置，如果该位置的食物浓度高于当前位置，则考虑向该位置方向前进一步，即到达位置 X_{next}；如果位置 X_v 不比当前位置食物浓度更高，则继续巡视视野内的其他位置。巡视的次数越多，则对视野内的状态了解越全面，从而对周围的环境有一个全方面立体的认知，这有助于做出相应的判断和决策。当然，对于状态多或无限状的环境也不必全部遍历，允许一定的不确定性对于摆脱局部最优，从而寻找全局最优是有帮助的。

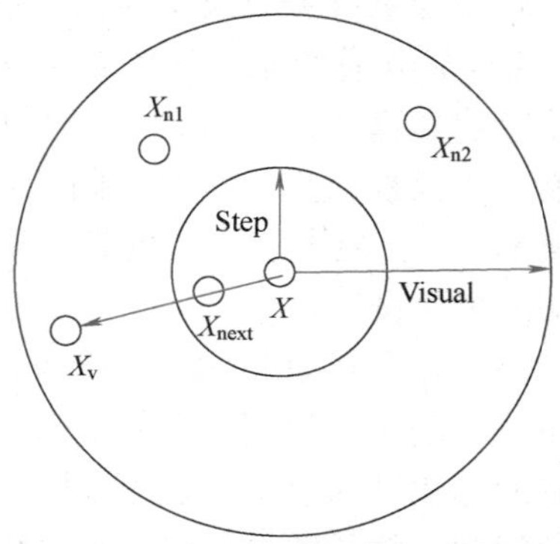

图 2-14 人工鱼的视野和移动步长

图 2-14 中，位置 $X=(x_1,x_2,\cdots,x_n)$，位置 $X_v=(x_1^v,x_2^v,\cdots,x_n^v)$，则该过程可以表示如下：

$$x_i^v = x_i + \text{Visual}\cdot r,\quad i=1,2,\cdots,n$$

$$X_{next}=\frac{X_v-X}{\|X_v-X\|}\cdot \text{Step}\cdot r \tag{2-23}$$

式中，r 为 $[-1,1]$ 区间的随机数；Step 为移动步长。由于环境中同伴的数目是有限的，因此在视野中感知同伴的位置，并相应地调整自身位置的方法与上式类似。

1. 人工鱼群算法的主要行为

鱼类通常具有如下行为。

（1）觅食行为　这是生物的一种最基本的行为，也就是趋向食物的一种活动；一般可以认为这种行为是通过视觉或味觉感知水中的食物量或浓度来选择趋向的。因此，以上所述的视觉概念可以应用于该行为。

（2）聚群行为　这是鱼类较常见的一种现象，大量或少量的鱼都能聚集成群，这是它们在进化过程中形成的一种生存方式，可以进行集体觅食和躲避敌害。

（3）追尾行为　当某一条鱼或几条鱼发现食物时，它们附近的鱼会尾随其后快速游过来，进而导致更远处的鱼也尾随过来。

（4）随机行为　鱼在水中悠闲地自由游动，基本上是随机的，其实它们也是为了更大范围地寻觅食物或同伴。

以上是鱼的几个典型行为，这些行为在不同时刻会相互转换，而这种转换通常是鱼通过对环境的感知来自主实现的，这些行为与鱼的觅食和生存都有着密切的关系，并且与优化问题的解决也有着密切的关系。

行为评价是用来模拟鱼能够自主行为的一种方式。在解决优化问题中，可以选用两种简单的评价方式：一种是选择最优行为执行，也就是在当前状态下，哪一种行为向优的方向前进最大，就选择哪种行为；另一种是选择较优行为前进，也就是任选一种行为，只要能向优的方向前进即可。

2. 人工鱼群算法的流程

问题的解决是通过自治体在自主的活动过程中以某种形式表现出来的。在寻优过程中，通常会有两种方式表现出来：一种形式是通过人工鱼最终的分布情况来确定最优解的分布，通常随着寻优过程的进展，人工鱼往往会聚集在极值点的周围，而且全局最优的极值点周围通常能聚集较多的人工鱼；另一种形式是在人工鱼的个体状态之中表现出来的，即在寻优的过程中，跟踪记录最优个体的状态，就类似于遗传算法采用的方式。

鱼群模式不同于传统的问题解决方法，它提出了一种新的优化模式——人工鱼群算法，这一模式具备分布处理、参数和初值的鲁棒性强等能力。

人工鱼群算法中用到的变量参数见表 2-1。

表 2-1　人工鱼群算法中用到的变量参数

变 量 名	变 量 含 义
N	人工鱼群个体大小
$\{X_i\}$	人工鱼群个体的状态位置，$X_i=(x_1,x_2,\cdots,x_n)$，其中 $x_i(i=1,2,\cdots,n)$ 为待优化变量
$Y_i=f(X_i)$	第 i 条人工鱼当前所在位置的食物浓度，Y_i 为目标函数
$d_{i,j}=\|X_i-X_j\|$	人工鱼个体之间的距离
Visual	人工鱼的感知距离
Step	人工鱼移动的最大步长
Delta	拥挤度
try_number	觅食行为尝试的最大次数
n	当前觅食行为次数
MAXGEN	最大迭代次数

人工鱼群算法流程图如图 2-15 所示。主要的鱼群行为有鱼群初始化、觅食行为、聚群行为、追尾行为和随机行为。

（1）鱼群初始化　鱼群中的每条人工鱼均为一组实数，是在给定范围内产生的随机数组。例如，鱼群大小为 N，有两个待优化的参数 x、y，范围分别为 $[x_1,x_2]$ 和 $[y_1,y_2]$，则要产生一个 2 行 N 列的初始鱼群，每列表示一条人工鱼的两个参数。

（2）觅食行为　设人工鱼当前状态为 X_i，在其感知范围内随机选择一个状态 X_j，如果在求极大问题中，$Y_i<Y_j$（或在求极小问题中，$Y_i>Y_j$，因极大和极小问题可以互相转换，所以以下均讨论极大问题），则向该方向前进一步；反之，再重新随机选择状态 X_j，判断是否满足前进条件。这样反复尝试 try_number 次后，如果仍不满足前进条件，则随机移动一步。觅食行为过程如图 2-16 所示。

（3）聚群行为　设人工鱼当前状态为 X_i，探索当前领域内（即 $d_{i,j}<$Visual）的伙伴数目 n_f 及中心位置 X_c，如果$\dfrac{Y_\mathrm{c}}{n_\mathrm{f}}>\delta Y_i$（$\delta$ 为拥挤度），表明伙伴中心有较多的食物并且不太拥挤，则朝伙伴的中心位置方向向前一步；否则执行觅食行为。聚群行为过程如图 2-17 所示。

（4）追尾行为　设人工鱼当前状态为 X_i，探索当前领域内（即 $d_{i,j}<$Visual）的伙伴数目 n_f 及伙伴中 Y_j 为最大的伙伴 X_j，如果$\dfrac{Y_j}{n_\mathrm{f}}>\delta Y_i$，表明伙伴 X_j 的状态具有较高的食物浓度并且其周围不太拥挤，则朝伙伴 X_j 的方向前进一步；否则执行觅食行为。追尾行为过程如图 2-18 所示。

（5）随机行为 随机行为的实现较简单，就是在视野中随机选择一个状态，然后向该方向移动，其实，它是觅食行为的一个缺省行为，即 X_i 的下一个位置 $X_{i\,|\,\text{next}}$ 为

$$X_{i\,|\,\text{next}}=X_i+r\cdot\text{Visual} \tag{2-24}$$

式中，r 为［-1,1］区间的随机数；Visual 为感知距离范围。

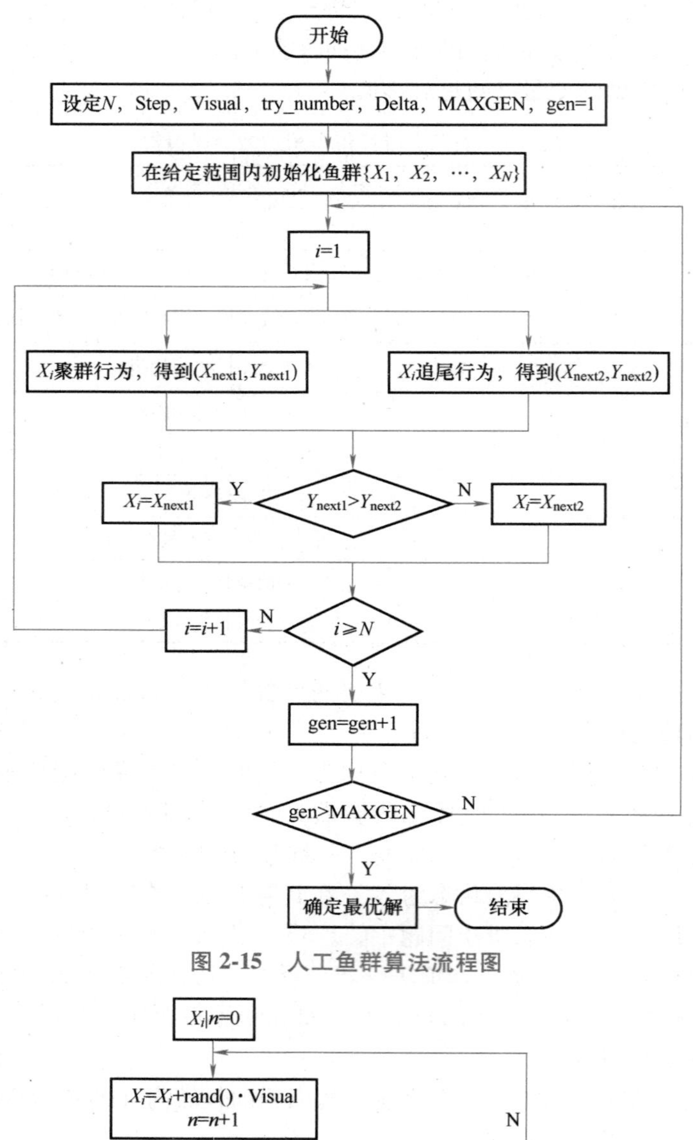

图 2-15　人工鱼群算法流程图

图 2-16　觅食行为过程

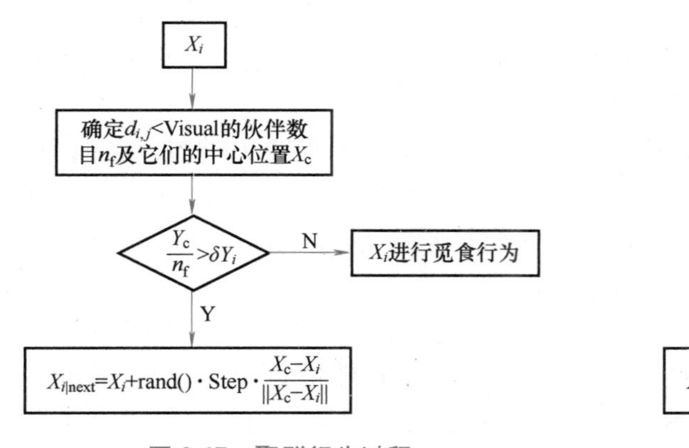

图 2-17　聚群行为过程

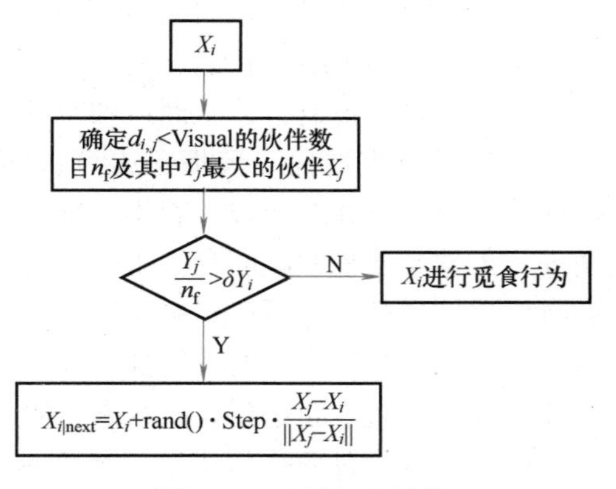

图 2-18　追尾行为过程

2.4 其他智能优化算法

2.4.1　模拟退火算法

模拟退火算法（Simulated Annealing，SA）的思想最早由 Metropolis 等人于 1953 年提出；Kirkpatrick 于 1983 年第一次使用模拟退火算法求解组合最优化问题。模拟退火算法是一种基于 Monte Carlo 迭代求解策略的随机寻优算法，其出发点是基于物理中固体物质的退火过程与一般组合优化问题之间的相似性。其目的在于为具有 NP（Non-deterministic Polynomial）复杂性的问题提供有效的近似求解算法，它克服了其他优化过程容易陷入局部极小的缺陷和对初值的依赖性。

模拟退火算法是一种通用的优化算法，是局部搜索算法的扩展。它不同于局部搜索算法之处是以一定的概率选择邻域中目标值大的劣质解。从理论上说，它是一种全局最优算法。模拟退火算法以优化问题的求解与物理系统退火过程的相似性为基础，它利用 Metropolis 算法并适当地控制温度的下降过程来实现模拟退火，从而达到求解全局优化问题的目的。

目前，模拟退火算法已在工程中得到了广泛应用，诸如生产调度、控制工程、机器学习、神经网络、模式识别、图像处理、离散/连续变量的结构优化问题等领域。它能有效地求解常规优化方法难以解决的组合优化问题和复杂函数优化问题，适用范围极广。

模拟退火算法具有十分强大的全局搜索性能，这是因为比起普通的优化搜索方法，它采用了许多独特的方法和技术：在模拟退火算法中，基本不用搜索空间的知识或者其他的辅助信息，而只是定义邻域结构，在其邻域结构内选取相邻解，再利用目标函数进行评估；模拟退火算法不是采用确定性规则，而是采用概率的变迁来指导它的搜索方向，它所采用的概率仅仅是作为一种工具来引导其搜索过程朝着更优化解的区域移动。因此，虽然看起来它是一种盲目的搜索方法，但实际上有着明确的搜索方向。

1. 模拟退火算法理论

模拟退火算法以优化问题求解过程与物理退火过程之间的相似性为基础，优化的目标函数相当于金属的内能，优化问题的自变量组合状态空间相当于金属的内能状态空间，问题的求解过程就是找一个组合状态，使目标函数值最小。利用 Metropolis 算法并适当地控制温度的下降过程实现模拟退火，从而达到求解全局优化问题的目的。

（1）物理退火过程 模拟退火算法的核心思想与热力学的原理极为类似。在高温下，液体的大量分子彼此之间进行着相对自由移动。如果该液体慢慢地冷却，热能原子可动性就会消失。大量原子常常能够自行排列成行，形成一个纯净的晶体，该晶体在各个方向上都被完全有序地排列在几百万倍于单个原子的距离之内。对于这个系统来说，晶体状态是能量最低状态，而所有缓慢冷却的系统都可以自然达到这个最低能量状态。实际上，如果液态金属被迅速冷却，则它不会达到这一状态，而只能达到一种只有较高能量的多晶体状态或非结晶状态。因此，这一过程的本质在于缓慢地冷却，让大量原子在丧失可动性之前进行重新分布，这是确保能量达到低能量状态所必需的条件。简单而言，物理退火过程由以下几部分组成：加温过程、等温过程和冷却过程。

1）加温过程。其目的是增强粒子的热运动，使其偏离平衡位置。当温度足够高时，固体将熔解为液体，从而消除系统原先可能存在的非均匀态，使随后进行的冷却过程以某一平衡态为起点。熔解过程与系统的能量增大过程相联系，系统能量也随温度的升高而增大。

2）等温过程。通过物理学的知识得知，对于与周围环境交换热量而温度不变的封闭系统，系统状态的自发变化总是朝着自由能减小的方向进行；当自由能达到最小时，系统达到平衡态。

3）冷却过程。其目的是使粒子的热运动减弱并逐渐趋于有序，系统能量逐渐下降，从而得到低能量的晶体结构。

（2）模拟退火原理 模拟退火算法来源于固体退火原理，将固体加温至充分高，再让其徐徐冷却。加温时，固体内部粒子随温升变为无序状，内能增大；而徐徐冷却时粒子渐趋有序，在每个温度上都达到平衡态，最后在常温时达到基态，内能减为最小。模拟退火算法与金属退火过程的相似关系见表 2-2。根据 Metropolis 准则，粒子在温度 T 时趋于平衡的概率为 $\exp(-\Delta E/T)$，其中 E 为温度 T 时的内能，ΔE 为其改变量。用固体退火模拟组合优化问题，将内能 E 模拟为目标函数值，温度 T 演化成控制参数，即得到解组合优化问题的模拟退火算法：由初始解 X 和控制参数初值 T 开始，对当前解重复“产生新解→计算目标函数差→接受或舍弃”的迭代，并逐步减小 T 值，算法终止时的当前解即为所得近似最优解，这是基于 Monte Carlo 迭代求解法的一种启发式随机搜索过程。退火过程由冷却进度表控制，包括控制参数的初值 T_0 及其衰减因子 K、每个 T 值时的迭代次数 L 和停止条件。

表 2-2 模拟退火算法与金属退火过程的相似关系

金属退火	模拟退火
粒子状态	解
能量最低态	最优解
熔解过程	设定初温
等温过程	Metropolis 采样过程
冷却	控制参数的下降
能量	目标函数

（3）模拟退火算法思想　模拟退火算法的主要思想是：在搜索区间随机游走（即随机选择点），再利用 Metropolis 抽样准则，使随机游走逐渐收敛于局部最优解。而温度是 Metropolis 算法中的一个重要控制参数，可以认为这个参数的大小控制了随机过程向局部或全局最优解移动的快慢。

Metropolis 是一种有效的重点抽样法，其算法为：系统从一个能量状态变化到另一个状态时，相应的能量从 E_1 变化到 E_2，其概率为

$$p=\exp\left(-\frac{E_2-E_1}{T}\right) \tag{2-25}$$

如果 $E_2<E_1$，系统接受此状态；否则，以一个随机的概率接受或丢弃此状态。状态 2 被接受的概率为

$$p(1\to2)=\begin{cases}1, & E_2<E_1\\ \exp\left(-\dfrac{E_2-E_1}{T}\right), & E_2\geqslant E_1\end{cases} \tag{2-26}$$

这样经过一定次数的迭代，系统会逐渐趋于一个稳定的分布状态。重点抽样时，新状态下如果向下，则接受（局部最优）；若向上（全局搜索），则以一定概率接受。模拟退火算法从某个初始解出发，经过大量解的变换后，可以求得给定控制参数值时组合优化问题的相对最优解。然后减小控制参数 T 的值，重复执行 Metropolis 算法，就可以在控制参数 T 趋于零时，最终求得组合优化问题的整体最优解。控制参数的值必须缓慢衰减。

温度是 Metropolis 算法的一个重要控制参数，模拟退火可视为递减控制参数 T 时 Metropolis 算法的迭代。开始时 T 值大，可以接受较差的恶化解；随着 T 的减小，只能接受较好的恶化解；最后在 T 趋于 0 时，就不再接受任何恶化解了。

在无限高温时，系统立即均匀分布，接受所有提出的变换。T 的衰减越小，T 到达终点的时间越长；但可使马尔可夫（Markov）链减小，以使到达准平衡分布的时间变短。

（4）模拟退火算法的特点　模拟退火算法适用范围广，求得全局最优解的可靠性高，算法简单，便于实现；该算法的搜索策略有利于避免搜索过程陷入局部最优解，进而提高求得全局最优解的可靠性。模拟退火算法具有十分强的鲁棒性，这是因为比起普通的优化搜索方法，它采用了许多独特的方法和技术，主要体现在以下几个方面。

1）以一定的概率接受恶化解。模拟退火算法在搜索策略上不仅引入了适当的随机因素，而且还引入了物理系统退火过程的自然机理。这种自然机理的引入，使模拟退火算法在迭代过程中不仅接受使目标函数值变“好”的点，而且还能够以一定的概率接受使目标函数值变“差”的点。迭代过程中出现的状态是随机产生的，并且不强求后一状态一定优于前一状态，接受概率随着温度的下降而逐渐减小。很多传统的优化算法往往是确定性的，从一个搜索点到另一个搜索点的转移有确定的转移方法和转移关系，这种确定性往往可能使得搜索点远达不到最优点，因而限制了算法的应用范围。而模拟退火算法以一种概率的方式来进行搜索，增加了搜索过程的灵活性。

2）引进算法控制参数。引进类似于退火温度的算法控制参数，它将优化过程分成若干阶段，并决定各个阶段下随机状态的取舍标准，接受函数由 Metropolis 算法给出一个简单的数学模型。模拟退火算法有两个重要的步骤：一是在每个控制参数下，由前迭代点出发，产生邻近的随机状态，由控制参数确定的接受准则决定此新状态的取舍，并由此形成一定长度

的随机 Markov 链；二是缓慢降低控制参数，提高接受准则，直至控制参数趋于零，状态链稳定于优化问题的最优状态，从而提高模拟退火算法全局最优解的可靠性。

3）对目标函数要求少。传统搜索算法不仅需要利用目标函数值，而且往往需要目标函数的导数值等其他一些辅助信息才能确定搜索方向；当这些信息不存在时，算法就失效了。而模拟退火算法不需要其他的辅助信息，而只是定义邻域结构，在其邻域结构内选取相邻解，再用目标函数进行评估。

（5）模拟退火算法的改进方向 模拟退火算法的改进方向是在确保一定要求的优化质量基础上，提高模拟退火算法的搜索效率，有如下可行方案：选择合适的初始状态；设计合适的状态产生函数，使其根据搜索进程的需要表现出状态的全空间分散性或局部区域性；设计高效的退火过程；改进对温度的控制方式；采用并行搜索结构；设计合适的算法终止准则等。

2. 模拟退火算法流程

模拟退火算法新解的产生和接受可分为如下三个步骤：

1）由一个产生函数从当前解产生一个位于解空间的新解；为便于后续的计算和接受，减少算法耗时，通常选择由当前解经过简单变换即可产生新解的方法。注意，产生新解的变换方法决定了当前新解的邻域结构，因而对冷却进度表的选取有一定的影响。

2）判断新解是否被接受，判断的依据是一个接受准则，最常用的接受准则是 Metropolis 准则：若 $\Delta E<0$，则接受 X 作为新的当前解 X；否则，以概率 $\exp(-\Delta E/T)$ 接受 X 作为新的当前解 X。

3）当新解被确定接受时，用新解代替当前解，这只需将当前解中对应于产生新解时的变换部分予以实现，同时修正目标函数值即可。此时，当前解实现了一次迭代，可在此基础上开始下一轮试验。若当新解被判定为舍弃，则在原当前解的基础上继续下一轮试验。

模拟退火算法求得的解与初始解状态（算法迭代的起点）无关，具有渐近收敛性，已在理论上被证明是一种以概率 1 收敛于全局最优解的优化算法。模拟退火算法可以分解为解空间、目标函数和初始解三部分。该算法的具体流程如下：

① 初始化：设置初始温度 T_0（充分大）、初始解状态 X_0（是算法迭代的起点）、每个 T 值的迭代次数 L。

② 对 $k=1, \cdots, L$ 执行第 3 至第 6 步。

③ 产生新解 X'。

④ 计算增量 $\Delta E=E(X')-E(X)$，其中 $E(X)$ 为评价函数。

⑤ 若 $\Delta E<0$，则接受 X 作为新的当前解，否则以概率 $\exp(-\Delta E/T)$ 接受 X 作为新的当前解。

⑥ 如果满足终止条件，则输出当前解作为最解，结束程序。

⑦ T 逐渐减小，且 $T\to 0$，然后转至第 2 步。

模拟退火算法流程如图 2-19 所示。

3. 关键参数说明

模拟退火算法的性能质量高，它比较通用，而且容易实现。不过，为了得到最优解，该算法通常要求较高的初温以及足够多次的抽样，这使算法的优化时间往往过长。从算法结构可知，新的状态产生函数、初温、退温函数、Markov 链长度 L 的选取和算法停止准则，是直接影响算法优化结果的主要环节。

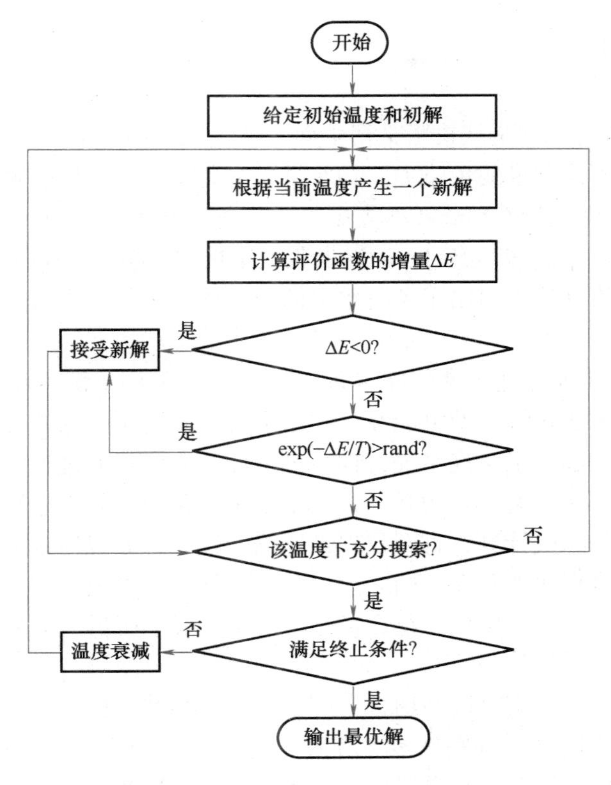

图 2-19　模拟退火算法流程

（1）状态产生函数　设计状态产生函数应该考虑到尽可能地保证所产生的候选解遍布全部解空间。一般情况下状态产生函数由两部分组成，即产生候选解的方式和产生候选解的概率分布。候选解的产生方式由问题的性质决定，通常在当前状态的邻域结构内以一定概率产生。

（2）初温　温度 T 在算法中具有决定性的作用，它直接控制着退火的走向。由随机移动的接受准则可知：初温越大，获得高质量解的概率就越大，且 Metropolis 的接收率约为 1。然而，初温过高会使计算时间增加。为此，可以均匀抽样一组状态，以各状态目标值的方差为初温。

（3）退温函数　退温函数即温度更新函数，用于在外循环中修改温度值。目前，最常用的温度更新函数为指数退温函数，即 $T(n+1)=KT(n)$，其中 $0<K<1$，K 是一个非常接近于 1 的常数。

（4）Markov 链长度 L 的选取　Markov 链长度是在等温条件下进行迭代优化的次数，其选取原则是在衰减参数 T 的衰减函数已选定的前提下，L 应选得在控制参数的每一取值上都能恢复准平衡，一般 L 取 100～1000。

（5）算法停止准则　算法停止准则用于决定算法何时结束。可以简单地设置温度终值 T_f，当 $T=T_f$ 时算法终止。然而，模拟退火算法的收敛性理论中要求 T 趋向于零，这其实是不切实际的。常用的停止准则包括：设置终止温度的阈值，设置迭代次数阈值，或者当搜索到的最优值连续保持不变时停止搜索。

2.4.2 免疫算法

"Immune"（免疫）一词是从拉丁文衍生而来的。很早以前，人们就注意到传染病患者痊愈后，对该病会有不同程度的免疫力。在医学上，免疫是指机体接触抗原性异物的一种生理反应。1958 年澳大利亚学者 Burnet 率先提出了与免疫算法（Immune Algorithm，IA）相关的理论——克隆选择原理。1973 年 Jerne 提出免疫系统的模型，他基于 Burnet 的克隆选择学说，开创了独特型网络理论，给出了免疫系统的数学框架，并采用微分方程建模来仿真淋巴细胞的动态变化。

1986 年 Farmal 等人基于免疫网络学说理论构造出的免疫系统的动态模型，展示了免疫系统与其他人工智能方法相结合的可能性，开创了免疫系统研究的先河。他们先利用一组随机产生的微分方程建立起人工免疫系统，再通过采用适应度阈值过滤的方法去掉方程组中那些不合适的微分方程，对保留下来的微分方程则采用交叉、变异、逆转等遗传操作产生新的微分方程，经过不断的迭代计算，直到找到最佳的一组微分方程为止。

从此以后，对免疫算法的研究在国际上引起越来越多学者的兴趣。几十年来，与之相关的研究成果已经涉及非线性最优化、组合优化、控制工程、机器人、故障诊断、图像处理等诸多领域。

相比较于其他算法，免疫算法利用自身产生多样性和维持机制的特点，保证了种群的多样性，克服了一般寻优过程（特别是多峰值的寻优过程）中不可避免的"早熟"问题，可以求得全局最优解。免疫算法具有自适应性、随机性、并行性、全局收敛性、种群多样性等优点。

1. 免疫算法理论

（1）免疫算法的概念 免疫算法是受生物免疫系统的启发而推出的一种新型的智能搜索算法。它是一种确定性和随机性选择相结合并具有"勘探"与"开采"能力的启发式随机搜索算法。免疫算法将优化问题中待优化的问题对应免疫应答中的抗原，可行解对应抗体（B 细胞），可行解质量对应免疫细胞与抗原的亲和度。如此则可以将优化问题的寻优过程与生物免疫系统识别抗原并实现抗体进化的过程对应起来，将生物免疫应答中的进化过程抽象为数学上的进化寻优过程，形成一种智能优化算法。

免疫算法是对生物免疫系统机理抽象而得的，算法中的许多概念和算子与免疫系统中的概念和免疫机理存在着对应关系。免疫算法与生物免疫系统概念的对应关系见表 2-3。由于抗体是由 B 细胞产生的，在免疫算法中对抗体和 B 细胞不做区分，都对应为优化问题的可行解。

表 2-3 免疫算法与生物免疫系统概念的对应关系

生物免疫系统	免疫算法
抗原	优化问题
抗体（B 细胞）	优化问题的可行解
亲和度	可行解的质量
细胞活化	免疫选择

（续）

生物免疫系统	免疫算法
细胞分化	个体克隆
亲和度成熟	变异
克隆抑制	克隆抑制
动态维持平衡	种群刷新

根据上述的对应关系，模拟生物免疫应答的过程形成了用于优化计算的免疫算法。算法主要包含以下几大模块：

1）抗原识别与初始抗体产生。根据待优化问题的特点设计合适的抗体编码规则，并在此编码规则下利用问题的先验知识产生初始抗体种群。

2）抗体评价。对抗体的质量进行评价，评价准则主要为抗体亲和度和个体浓度，评价得出的优质抗体将进行免疫操作，劣质抗体将会被更新。

3）免疫操作。利用免疫选择、克隆、变异、克隆抑制、种群刷新等算子模拟生物免疫应答中的各种免疫操作，形成基于生物免疫系统克隆选择原理的进化规则和方法，实现对各种最优化问题的寻优搜索。

（2）免疫算法的特点 免疫算法是受免疫学启发，模拟生物免疫系统功能和原理来解决复杂问题的自适应智能系统，它保留了生物免疫系统所具有的若干特点，包括：

1）全局搜索能力。模仿免疫应答过程提出的免疫算法是一种具有全局搜索能力的优化算法，免疫算法在对优质抗体邻域进行局部搜索的同时利用变异算子和种群刷新算子不断产生新个体，探索可行解区间的新区域，保证算法在完整的可行解区间进行搜索，具有全局收敛性能。

2）多样性保持机制。免疫算法借鉴了生物免疫系统的多样性保持机制，对抗体进行浓度计算，并将浓度计算的结果作为评价抗体个体优劣的一个重要标准；它使浓度高的抗体被抑制，保证抗体种群具有很好的多样性，这也是保证算法全局收敛性能的一个重要方面。

3）鲁棒性强。基于生物免疫机理的免疫算法不针对特定问题，而且不强调算法参数设置和初始解的质量，利用其启发式的智能搜索机制，即使起步于劣质解种群，最终也可以搜索到问题的全局最优解，对问题和初始解的依赖性不强，具有很强的适应性和鲁棒性。

4）并行分布式搜索机制。免疫算法不需要集中控制，可以实现并行处理。而且，免疫算法的优化进程是一种多进程的并行优化，在探求问题最优解的同时可以得到问题的多个次优解，即除找到问题的最佳解决方案外，还会得到若干较好的备选方案，尤其适合于多模态的优化问题。

（3）免疫算法算子 与遗传算法等其他智能优化算法类似，免疫算法的进化寻优过程也是通过算子来实现的。免疫算法的算子包括：亲和度评价算子、抗体浓度评价算子、激励度计算算子、免疫选择算子、克隆算子、变异算子、克隆抑制算子和种群刷新算子等。由于算法的编码方式可能为实数编码、离散编码等，不同编码方式下的算法算子也会有所不同。

1）亲和度评价算子。亲和度表征免疫细胞与抗原的结合强度，与遗传算法中的适应度类似。亲和度评价算子通常是一个函数 $\mathrm{aff}(x):S\in R$，其中 S 为问题的可行解区间，R 为实数域。函数的输入为一个抗体个体（可行解），输出即为亲和度评价结果。亲和度的评价与问题具体相关，针对不同的优化问题，应该在理解问题实质的前提下，根据问题的特点定义亲和度评价函数。通常函数优化问题可以用函数值或对函数值的简单处理（如取倒数、相反数等）作为亲和度评价，而对于组合优化问题或应用中更为复杂的优化问题，则需要具体问题具体分析。

2）抗体浓度评价算子。抗体浓度表征抗体种群的多样性好坏。抗体浓度过高意味着种群中非常类似的个体大量存在，则寻优搜索会集中于可行解区间的一个区域，不利于全局优化。因此优化算法中应对浓度过高的个体进行抑制，保证个体的多样性。

抗体浓度通常定义为

$$\operatorname{den}(ab_i)=\frac{1}{N}\sum_{j=1}^{N}S(ab_i,ab_j) \tag{2-27}$$

式中，N 为种群规模；$S(ab_i,ab_j)$ 为抗体间的相似度，可表示为

$$S(ab_i,ab_j)=\begin{cases}1, & \operatorname{aff}(ab_i,ab_j)<\delta_s\\ 0, & \operatorname{aff}(ab_i,ab_j)\geqslant\delta_s\end{cases} \tag{2-28}$$

式中，ab_i为种群中的第 i 个抗体；$\operatorname{aff}(ab_i,ab_j)$ 为抗体 i 与抗体 j 的亲和度；δ_s为相似度阈值。

进行抗体浓度评价的一个前提是抗体间亲和度的定义。免疫中经常提到的亲和度为抗体对抗原的亲和度，实际上抗体和抗体之间也存在着亲和度的概念，它代表了两个抗体个体之间的相似程度。抗体间亲和度的计算方法主要包括基于抗体和抗原亲和度的计算方法、基于欧氏距离的计算方法、基于海明距离的计算方法、基于信息熵的计算方法等。

① 基于欧式距离的抗体间亲和度计算方法。对于实数编码的算法，抗体间亲和度通常可以通过抗体向量之间的欧氏距离来计算：

$$\operatorname{aff}(ab_i,ab_j)=\sqrt{\sum_{k=1}^{L}(ab_{i,k}-ab_{j,k})^2} \tag{2-29}$$

式中，$ab_{i,k}$和 $ab_{j,k}$分别为抗体 i 的第 k 维和抗体 j 的第 k 维；L 为抗体编码总维数。这是实数编码算法中最常见的抗体间亲和度的计算方法。

② 基于海明距离的抗体间亲和度计算方法。对于基于离散编码的算法，衡量抗体间亲和度最直接的方法就是利用抗体串的海明距离来衡量：

$$\operatorname{aff}(ab_i,ab_j)=\sum_{k=1}^{L}\partial_k \tag{2-30}$$

式中，

$$\partial_k=\begin{cases}1, & ab_{i,k}=ab_{j,k}\\ 0, & ab_{i,k}\neq ab_{j,k}\end{cases} \tag{2-31}$$

$ab_{i,k}$和 $ab_{j,k}$分别为抗体 i 的第 k 维和抗体 j 的第 k 维，L 为抗体编码总维数。

3）激励度计算算子。抗体激励度是对抗体质量的最终评价结果，需要综合考虑抗体亲和度和抗体浓度，通常亲和度大、浓度低的抗体会得到较大的激励度。抗体激励度的计算通常可以利用抗体亲和度和抗体浓度的评价结果进行简单的数学运算得到，如：

$$\operatorname{sim}(ab_i)=a\cdot\operatorname{aff}(ab_i)-b\cdot\operatorname{den}(ab_i) \tag{2-32}$$

式中，$\operatorname{sim}(ab_i)$ 为抗体 ab_i的激励度；a、b 为计算参数，可以根据实际情况确定。

4）免疫选择算子。免疫选择算子根据抗体的激励度确定选择哪些抗体进入克隆选择操作。在抗体群中激励度高的抗体个体具有更好的质量，更有可能被选中进行克隆选择操作，在搜索空间中更有搜索价值。

5）克隆算子。克隆算子将免疫选择算子选中的抗体个体进行复制。克隆算子可以描述为

$$T_c(ab_i)=\mathrm{clone}(ab_i) \tag{2-33}$$

式中，$\mathrm{clone}(ab_i)$ 为 m_i个与 ab_i相同的克隆构成的集合，其中 m_i为抗体克隆数目，可以事先确定，也可以动态自适应计算。

6）变异算子。变异算子对克隆算子得到的抗体克隆结果进行变异操作，以产生亲和度突变，实现局部搜索。变异算子是免疫算法中产生有潜力的新抗体、实现区域搜索的重要算子，它对算法的性能有很大影响。变异算子也和算法的编码方式相关，实数编码的算法和离散编码的算法采用不同的变异算子。

7）克隆抑制算子。克隆抑制算子用于对经过变异后的克隆体进行再选择，抑制亲和度低的抗体，保留亲和度高的抗体进入新的抗体种群。在克隆抑制的过程中，克隆算子操作的源抗体与克隆体经变异算子作用后得到的临时抗体群共同组成一个集合，克隆抑制操作将保留此集合中亲和度最高的抗体，抑制其他抗体。由于克隆变异算子操作的源抗体是种群中的优质抗体，而克隆抑制算子操作的临时抗体集合中又包含了父代的源抗体，因此在免疫算法的算子操作中隐含了最优个体保留机制。

8）种群刷新算子。种群刷新算子用于对种群中激励度较低的抗体进行刷新，从抗体种群中删除这些抗体并以随机生成的新抗体替代，有利于保持抗体的多样性，实现全局搜索，探索新的可行解空间区域。

2. 免疫算法流程

目前还没有统一的免疫算法及框图，下面介绍一种含有免疫算子的算法流程，分为以下几个步骤：

1）首先进行抗原识别，即理解待优化的问题，对问题进行可行性分析，提取先验知识，构造出合适的亲和度函数，并制定各种约束条件。

2）然后产生初始抗体群，通过编码把问题的可行解表示成解空间中的抗体，在解的空间内随机产生一个初始种群。

3）对种群中的每一个可行解进行亲和度评价。

4）判断是否满足算法终止条件：如果满足条件，则终止算法寻优过程，输出计算结果；否则，继续寻优运算。

5）计算抗体浓度和激励度。

6）进行免疫处理，包括免疫选择、克隆、变异和克隆抑制。

① 免疫选择：根据种群中抗体的亲和度和浓度计算结果选择优质抗体，使其活化。

② 克隆：对活化的抗体进行克隆复制，得到若干副本。

③ 变异：对克隆得到的副本进行变异操作，使其发生亲和度突变。

④ 克隆抑制：对变异结果进行再选择，抑制亲和度低的抗体，保留亲和度高的变异结果。

7）种群刷新，以随机生成的新抗体替代种群中激励度较低的抗体，形成新一代抗体，

转至步骤 3。

免疫算法的运算流程如图 2-20 所示。

免疫算法中的进化操作是采用了基于免疫原理的进化算子实现的，如免疫选择、克隆、变异等。而且算法中增加了抗体浓度和激励度的计算，并将抗体浓度作为评价个体质量的一个标准，有利于保持个体多样性，实现全局寻优。

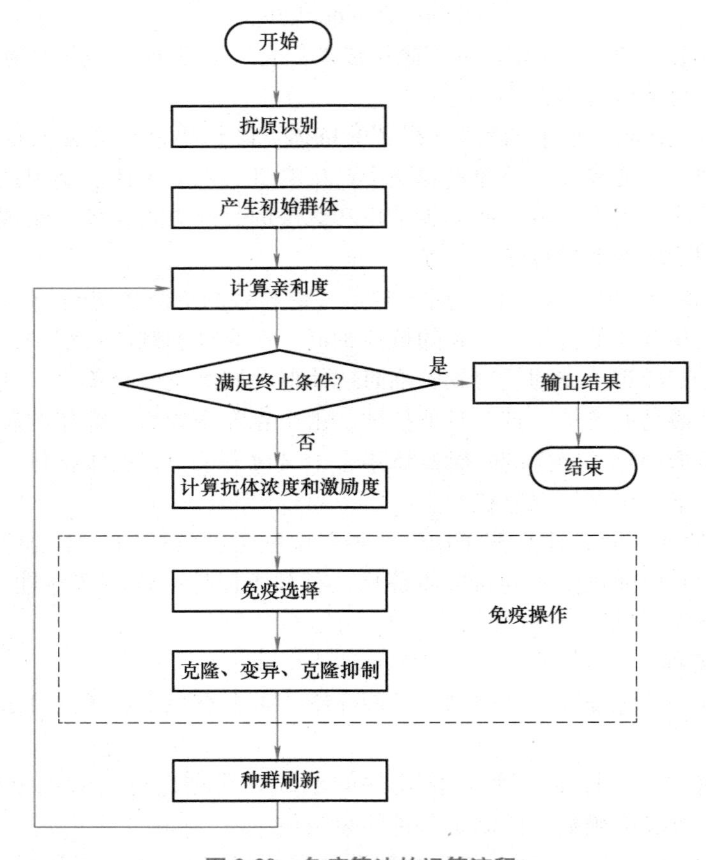

图 2-20　免疫算法的运算流程

3. 关键参数说明

下面介绍一下免疫算法的主要参数，它在程序设计与调试中起着至关重要的作用。免疫算法主要包括以下关键参数。

（1）抗体种群大小 NP　抗体种群保留了免疫细胞的多样性，从直观上看，种群越大，免疫算法的全局搜索能力越好，但是算法每代的计算量也相应增大。在大多数问题中，NP 取 10~100 较为合适，一般不超过 200。

（2）免疫选择比例　免疫选择的抗体的数量越多，将产生更多的克隆，其搜索能力越强，但是将增加每代的计算量。一般可以取抗体种群大小 NP 的 10%~50%。

（3）抗体克隆扩增的倍数　克隆的倍数决定了克隆扩增的细胞的数量，从而决定了算法的搜索能力，主要是局部搜索能力。克隆倍数数值越大，局部搜索能力越好，全局搜索能力也有一定提高，但是计算量也随之增大，故一般取 5~10 倍。

（4）**种群刷新比例**　细胞的淘汰和更新是产生抗体多样性的重要机制，因而对免疫算法的全局搜索能力产生重要影响。每代更新的抗体一般不超过抗体种群的 50%。

（5）**最大进化代数 G**　最大进化代数 G 是表示免疫算法运行结束条件的一个参数，表示免疫算法运行到指定的进化代数之后就停止运行，并将当前群体中的最佳个体作为所求问题的最优解输出。一般 G 取 100～500。

2.5　多目标优化方法

在实际的工程及产品设计问题中，通常有多个设计目标，或者说有多个评判设计方案优劣的准则。虽然这样的问题可以简化为单目标求解，但有时为了使设计更加符合实际，要求同时考虑多个评价标准，建立多个目标函数，这种在设计中同时要求几项设计指标达到最优值的问题，就是多目标优化问题。

实际工程中的多目标优化问题有很多。例如，在进行齿轮减速器的优化设计时，既要求各传动轴间的中心距总和尽可能小，减速器的宽度尽可能小，还要求减速器的重量能达到最轻。又如，在进行港口门座式起重机变幅机构的优化设计中（图 2-21），希望在四杆机构变幅行程中能达到的几项要求有，象鼻梁 E 点落差 Δy 尽可能小（要求 E 点走水平直线），E 点位移速度的波动 Δv 尽可能小（要求 E 点的水平分速度的变化最小，以减小货物的晃动），变幅中驱动臂架的力矩变化量 M 尽可能小（即货物对支点 A 所引起的倾覆力矩差要尽量小）等，都是多目标优化问题。

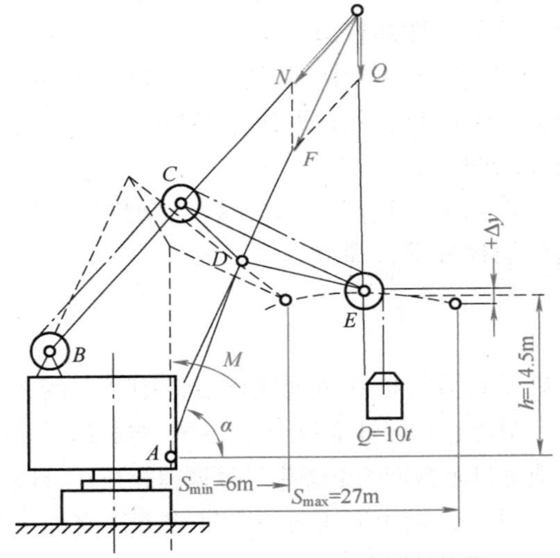

图 2-21　门座式起重机变幅四杆机构

多目标优化问题的每一个设计目标若能表示成设计变量的函数，则可以形成多个目标函数。将它们分别记为 $f_1(X)$，$f_2(X)$，…，$f_q(X)$，便可以构成多个目标优化数学模型：

$$
\begin{aligned}
&\min F(X) \quad (X \in R^n) \\
&\text{s. t.} \quad g_u(X) \leqslant 0 \quad (u=1,2,\cdots,m) \\
&\qquad\ \ h_v(X)=0 \quad (v=1,2,\cdots,p;p<n)
\end{aligned} \tag{2-34}
$$

式中，$F(X)$ 是 q 维目标向量，$F(X)=(f_1(X),f_2(X),\cdots,f_q(X))^{\mathrm{T}}$。

多目标问题的最优解在概念上也与单目标不完全相同。若各个目标函数在可行域内的同一点都取得极小值点，则称该点为完全最优解；使至少一个目标函数取得最大值的点称为劣解。除完全最优解和劣解之外的所有解统称有效解。严格地说，有效解之间是不能比较优劣的。多目标优化实际上是根据重要性对各个目标进行量化，将不可比问题转化为可比问题，以求得一个对每个目标来说都相对最优的有效解。

下面介绍几种多目标优化方法。

2.5.1　线性加权组合法

线性加权组合法是将各个分目标函数按式（2-35）组合成一个统一的目标函数：

$$F(X)=\sum_{j=1}^{q} W_j f_j(X) \tag{2-35}$$

和以下约束优化问题：

$$\begin{aligned}&\min F(X)=\sum_{j=1}^{q} W_j f_j(X) \quad (X\in R^n)\\ &\text{s. t.}\quad g_u(X)\leqslant 0 \quad (u=1,2,\cdots,m)\\ &\qquad\ \ h_v(X)=0 \quad (v=1,2,\cdots,p;p<n)\end{aligned} \tag{2-36}$$

并以此问题的最优解作为原多目标优化问题的一个相对最优解。这种求解多目标优化问题的方法就是线性加权组合法。

式（2-36）中的 W_j 是一组反映各个分目标函数重要性的系数，称为加权因子。它是一个大于零的数，其值取决于各项分目标的重要程度及其数量级。如何确定合理的加权因子是该方法的核心。

若取 $W_j=1(j=1,2,\cdots,q)$，则称均匀计权，表示各项分目标同等重要。否则，可以用规格化加权处理，即取

$$\sum_{j=1}^{q} W_j=1 \tag{2-37}$$

以表示各分目标在该项优化设计中所占的相对重要程度。

显然，在线性加权组合法中，加权因子选择得合理与否，将直接影响优化设计的结果，期望各项分目函数值的下降率尽量调得相近，且使各变量变化对目标函数值的灵敏度尽量趋向一致。

目前，较为实用可行的加权方法有如下几种。

1. 容限加权法

设已知各分目标函数值的变动范围为

$$\alpha_j\leqslant f_j(X)\leqslant \beta_j \quad (j=1,2,\cdots,q) \tag{2-38}$$

则称

$$\Delta f_j=\frac{(\alpha_j-\beta_j)}{2} \quad (j=1,2,\cdots,q) \tag{2-39}$$

为各目标容限。取加权因子为

$$W_j=1/(\Delta f_j)^2 \quad (j=1,2,\cdots,q) \tag{2-40}$$

由于在统一目标函数中要求各项分目标在数量级上达到统一平衡，所以当某项目标函数值的变动范围越宽时，其目标的容限越大，加权因子就取较小值；否则，反之。这样选取加权因子也将起到平衡各目标数量级的作用。

2. 分析加权法

为了兼顾各项目标的重要程度及其数量级，可将加权内容包含本征权和校正权两部分，即每项分目标的加权因子 W_j 均由两个因子的乘积组成，即

$$W_j = W_{1j} \cdot W_{2j} \quad (j=1,2,\cdots,q) \tag{2-41}$$

式中，本征权因子 W_{1j}反映各项分评价指标的重要性；校正权因子 W_{2j}用于调整各目标数量级上差别的影响，并在优化设计过程中起逐步加以校正的作用。

由于各项目标的函数值随设计变量变化而不同，且设计变量对各项目标函数值的灵敏度也不同，所以可以用各目标函数的梯度 $\nabla f_j(X)(j=1,2,\cdots,q)$来刻画这种差别，则其校正权因子可取

$$W_{2j} = \frac{1}{\| \nabla f_j(X) \|^2} \quad (j=1,2,\cdots,q) \tag{2-42}$$

这就是说，如果有一个目标函数的灵敏度越大，即 $\| \nabla f_j(X) \|^2$ 值越大，则相应的校正权因子取值越小；否则，校正权因子值要取大一点，使之同变化快的目标函数一起调整好，即在优化过程中，各分目标函数一起变化，同始同终。这种加权因子选取方法，比较适用于具有目标函数导数信息的优化设计方法。

2.5.2　功效系数法

各个分目标函数$f_i(X)(j=1,2,\cdots,q)$ 的优劣程度，可以用各个功效系数 $\eta_j(j=1,2,\cdots,q)$ 加以定量描述并定义 $0\leqslant\eta_j\leqslant1$。规定当 $\eta_j=1$ 时，表示第 j 个目标函数的效果最好；反之，当 $\eta_j=0$ 时，则表示它的效果最差，即实际这个方案不可接受。

因此，多个目标优化问题一个设计方案的好坏程度可以用诸如功效系数的平均值加以评定，即令

$$\eta = \sqrt[q]{\eta_1 \cdot \eta_2 \cdot \cdots \cdot \eta_q} \tag{2-43}$$

当 $\eta=1$ 时，表示设计方案最好；当 $\eta=0$ 时，表明这种设计方案最坏，或者说该种设计方案不可接受。因此，最优设计方案应该是

$$\eta = \sqrt[q]{\eta_1 \cdot \eta_2 \cdot \cdots \cdot \eta_q} \to \max \tag{2-44}$$

图 2-22 给出了几种功效系数的函数曲线。其中图 2-22a 表示与$f_j(X)$ 值成正比的功效系数的函数；图 2-22b 表示与$f_j(X)$ 值成反比的功效系数的函数；图 2-22c 表示 $f_j(X)$ 值过大和过小都不行的功效系数的函数。在使用这些函数时，还应进行相应的规定。例如，规定 $\eta_j=0$ 为可接受方案的功效系数下限；$0.3\leqslant\eta_j<0.4$ 为边缘状况；$0.4\leqslant\eta_j<0.7$ 为效果稍差但可接受的情况；$0.7\leqslant\eta_j\leqslant1$ 为效果较好的可接受设计方案。

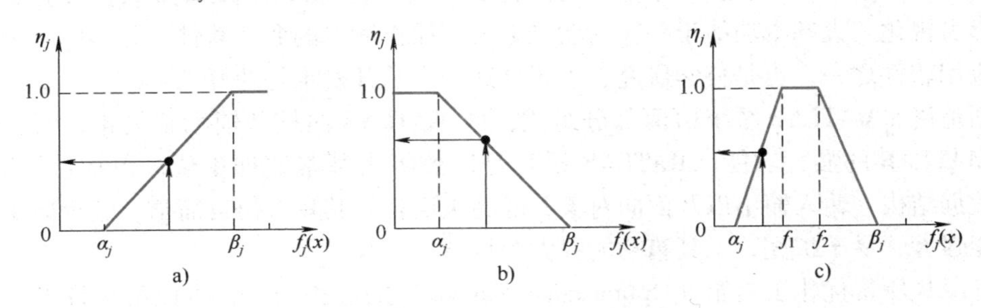

图 2-22　功效系数的函数曲线

a）与 $f_j(X)$ 值成正比的功效系数的函数　b）与 $f_j(X)$ 值成反比的功效系数的函数

c）$f_j(X)$ 值过大和过小都不行的功效系数的函数

用总功效系数，作为统一目标函数 $F(X)$，这样建立多目标函数，虽然计算稍繁，但对工程设计来说，还是一种较为有效的方法，它比较直观且调整容易；其次是不论各项分目标的量级及量纲如何，最终都转化成 0~1 的数值，而且一旦有其中一项分目标函数值达不到设计要求时（$\eta_j=0$），其总功效系数 η 必为零，表明该设计方案不可接受，需要重新调整约束条件或各分目标函数的临界值。

2.5.3 主要目标法

考虑到多目标优化问题中各个目标的重要程度不一样，在所有目标函数中选出一个作为主要设计目标，而把其他目标作为约束函数处理，构成一个新的单目标优化问题，并将该单目标问题的最优解作为所求多目标问题的相对最优解，这一方法就是主要目标法。

对于多目标优化问题，主要目标法所构成的目标优化问题如下：

$$\begin{aligned} & \min f_z(X) \quad (X\in R^n) \\ & \text{s.t.}\quad g_u(X)\leqslant 0 \quad (u=1,2,\cdots,m) \\ & \qquad h_v(X)=0 \quad (v=1,2,\cdots,p) \\ & \qquad f_j(X)\geqslant f_j^{(\alpha)} \\ & \qquad f_j(X)\leqslant f_j^{(\beta)} \quad (j=1,2,\cdots,q;j\neq z) \end{aligned} \tag{2-45}$$

式中，$f_j^{(\alpha)}$ 和 $f_j^{(\beta)}$ 分别为目标函数 $f_j(X)$ 的下限和上限。

采用该法将多目标约束优化问题转化为一个新的单目标约束优化问题后，就可选用传统的约束优化方法进行求解。

2.6 MATLAB 在优化设计中的应用

2.6.1 MATLAB 软件简介

MATLAB 诞生于 20 世纪 70 年代，是由美国 Mathworks 公司开发的集数值计算、符号计算和图形可视化三大基本功能于一体、功能强大、操作简单的数学软件，是国际上公认的优秀数学应用软件之一，也是科学研究、工程计算和产品开发难得的好工具。

概括地讲，MATLAB 系统由两部分组成，即 MATLAB 内核和辅助工具箱，两者的调用构成了 MATLAB 的强大功能。MATLAB 语言是以数组为基本数据单位，包括控制流语句、函数、数据结构、输入输出以及面向对象等的高级语言。其具有语言简洁，编程效率高，图形化功能强大，易于扩充，工具箱功能强大等特点。

MATLAB 所带优化工具箱（Optimization Toolbox）的应用很广，可以解决许多工程实际问题，其主要功能如下：

1）求解无约束非线性极小值问题。

2）求解约束非线性极小值问题，包括目标逼近问题、极大——极小值问题以及半无限极小值问题。

3）求解线性规划和二次规划问题。

4）非线性最小二乘逼近和曲线拟合。

5）非线性系统的方程求解。

6）约束条件下的线性最小二乘优化。

7）求解复杂结构的大规模优化问题。

MATLAB 优化工具箱中用于求解优化问题常用的函数功能及语法见表 2-4。

表 2-4　MATLAB 优化常用的函数功能及语法

函数	描　述	一般语法
fgoalattain	求解多目标规划的优化问题	[x,fval]=fgoalattain(fun,x0,goal,weight,A,b,lb,ub)
fminbnd	求解边界约束条件下的非线性最小化	[x,fval]=fminbnd(fun,x1,x2)
fmincon	求解有约束的非线性最小化	[x,fval]=fmincon(fun,x0,A,B)
fminimax	求解最小最大化	[x,fval]=fminimax(fun,x0)
fminsearch	求解无约束非线性最小化	[x,fval]=fminsearch(fun,x0)
fminunc	求解多变量函数的最小化问题	[x,fval]=fminunc(fun,x0)
linprog	求解线性规划问题	[x,fval]=linprog(f,A,b,Aeq,beq,lb,ub)
quadprog	求解二次规划问题	[x,fval]=quadprog(H,f,A,b,Aeq,beq)

如前所述，解决设计优化问题的核心是建模和求解。利用 MATLAB 求解优化问题，其步骤如下：

1）根据实际的优化设计问题，建立相应的数学模型。

2）对建立的数学模型进行仔细的分析和研究，选择合适的求解方法。

3）根据最优化方法的算法，选择 MATLAB 的优化函数，然后在 MATLAB 环境下编写求解程序，最后利用计算机求出最优解。

2.6.2　应用实例

最后用几个优化问题作为实例，对 MATLAB 在优化中的应用予以说明。

1. 非线性规划

求非线性规划问题：

$$\min f(x)=x_1^2+x_2^2+x_3^2+8$$

$$\text{s. t.}\begin{cases}x_1^2-x_2+x_3^2\geqslant 0\\ x_1+x_2^2+x_3^2\leqslant 20\\ -x_1-x_2^2+2=0\\ x_2+2x_3^2=3\\ x_1,x_2,x_3\geqslant 0\end{cases}$$

解：

1）编写 M 函数 fun1. m 定义目标函数。

```
function f=fun1(x)
f=x(1).^2+x(2).^2+x(3).^2+8;
```

2）编写 M 函数 fun2. m 定义非线性约束条件。

```
function [g,h]=fun2(x)
g=[-x(1).^2+x(2)-x(3).^2
    x(1)+x(2).^2+x(3).^3-20];
h=[-x(1)-x(2).^2+2
    x(2)+2*x(3).^2-3];
```

3）编写主程序函数。

```
[x,y]=fmincon('fun1',rand(3,1),[],[],[],[],zeros(3,1),[],'fun2')
```

所得结果为：

```
x=
    0.5522
    1.2033
    0.9478
y=
    10.6511
```

2. MATLAB 自带遗传算法工具

MATLAB 中自带了遗传算法函数 ga，其调用语法为：

[x,fval]=ga(@fitmessfun,nvars,A,b,Aeq,beq,LB,UB,@nonlcon,options)

其中，@fitmessfun 是目标函数句柄；nvars 是目标函数中独立变量的个数；options 是一个包含遗传算法选项参数的数据结构；其他参数的含义与非线性规划函数 fmincon 中的参数相同。

返回值 x 为最优点，fval 为最优值。下面以一个实例来介绍 ga 的使用。

求下面优化问题的解：

$$\max f(x)=2x_1+3x_1^2+3x_2+x_2^2+x_3,$$

$$\text{s. t.}\begin{cases}x_1+2x_1^2+x_2+2x_2^2+x_3\leqslant 10,\\x_1+x_1^2+x_2+x_2^2-x_3\leqslant 50,\\2x_1+x_1^2+2x_2+x_3\leqslant 40,\\x_1^2+x_3=2,\\x_1+2x_2\geqslant 1,\\x_1\geqslant 0,x_2,x_3\text{ 不约束。}\end{cases}$$

解：

1）编写适应度函数（文件名为 optfun. m）。

```
function y=optfun(x)
c1=[2 3 1];c2=[3 1 0];
y=c1*x'+c2*x'.^2;y=-y;
```

2）编写非线性约束函数（文件名为 nonlcon. m）。

```
function [f,g]=nonlcon(x)
f=[x(1)+2*x(1)^2+x(2)+2*x(2)^2+x(3)-10
x(1)+x(1)^2+x(2)+x(2)^2-x(3)-50
2*x(1)+x(1)^2+2*x(2)+x(3)-40];
g=x(1)^2+x(3)-2;
```

3）主函数。

```
clc;clear
a=[-1 -2 0;-1 0 0];b=[-1;0];
[x,y]=ga(@optfun,3,a,b,[],[],[],[],@nonlcon);
x,y=-y
```

值得注意的是，由于遗传算法为启发式算法，因此 ga 的运行结果每一次都是不一样的，要运行多次或者调整算法参数，找一个最好的结果。

3. 粒子群算法 MATLAB 实例

求函数 $f(x,y)=3\cos(xy)+x+y^2$ 的最小值，其中 x 的取值范围为 [−4,4]，y 的取值范围为 [−4，4]。这是一个有多个局部极值的函数，其函数图像如图 2-23 所示。

解：本案例采用粒子群优化算法，其计算仿真过程如下：

1）初始化群体粒子个数为 $N=50$，粒子维数为 $D=2$，最大迭代次数为 $T=200$，学习因子 $c_1=c_2=1.5$，惯性权重最大值为 $W_{max}=0.8$，惯性权重最小值为 $W_{min}=0.4$，位置最大值为 $X_{max}=4$，位置最小值为 $X_{min}=-4$，速度最大值为 $V_{max}=1$，速度最大值为 $V_{min}=-1$。

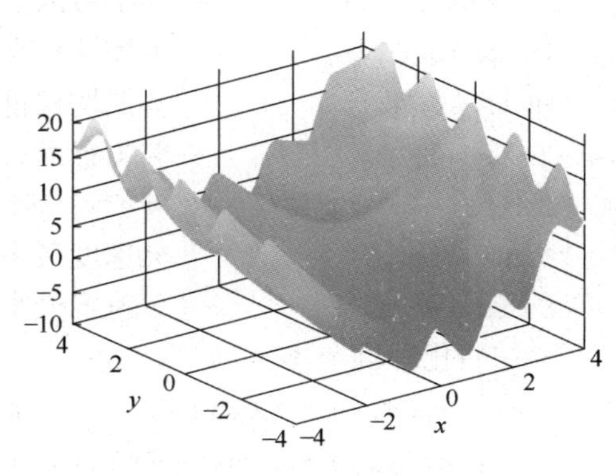

图 2-23　函数图像

2）初始化种群粒子位置 x 和速度 v，粒子个体最优位置 p 和最优值 p_{best}，粒子群全局最优位置 g 和最优值 g_{best}。

3）计算动态惯性权重值 w，更新位置 x 和速度值 v，并进行边界条件处理，判断是否替换粒子个体最优位置 p 和最优值 p_{best}，以及粒子群全局最优位置 g 和最优值 g_{best}。

4）判断是否满足终止条件：若满足，则结束搜索过程，输出优化值；若不满足，则继续进行迭代优化。

优化结束后，其适应度进化曲线如图 2-24 所示。优化后的结果为：在 $x=-3.9988$，$y=-0.7552$ 时，函数 $f(x)$ 取得最小值-6.406。

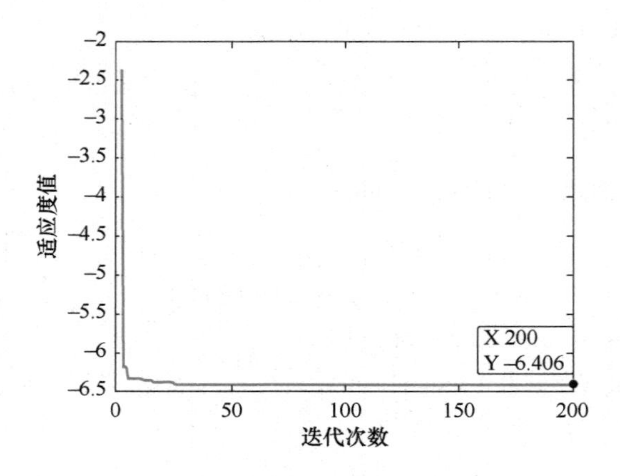

图 2-24 粒子群算法适应度进化曲线

MATLAB 源代码如下：

1）主程序

```
clear;
close all;
clc;
N=50;                    %群体粒子个数
D=2;                     %粒子维数
T=200;                   %最大迭代次数
c1=1.5;                  %学习因子 1
c2=1.5;                  %学习因子 2
Wmax=0.8;                %惯性权重最大值
Wmin=0.4;                %惯性权重最小值
Xmax=4;                  %位置最大值
Xmin=-4;                 %位置最小值
Vmax=1;                  %速度最大值
Vmin=-1;                 %速度最小值
%初始化种群个体
x=rand(N,D) * (Xmax-Xmin)'+Xmin;
v=rand(N,D) * (Vmax-Vmin)+Vmin;
%初始化个体最优位置和最优值
p=x;
pbest=ones(N,1);
for i=1:N
    pbest(i)=optifun(x(i,:));
```

```
end
%初始化全局最优位置和最优值
g=ones(1,D);
gbest=inf;
for i=1:N
    if(pbest(i)<gbest)
        g=p(i,:);
        gbest=pbest(i);
    end
end
gb=ones(1,T);
%按照公式依次迭代直到满足精度或者迭代次数
for i=1:T
    for j=1:N
        %更新个体最优位置和最优值
        if(optifun(x(j,:))<pbest(j))
            p(j,:)=x(j,:);
            pbest(j)=optifun(x(j,:));
        end
        %更新全局最优位置和最优值
        if(pbest(j)<gbest)
            g=p(j,:);
            gbest=pbest(j);
        end
        %计算动态惯性权重值
        w=Wmax-(Wmax-Wmin)*i/T;
        %更新位置和速度值
        v(j,:)=w*v(j,:)+c1*rand*(p(j,:)-x(j,:))+c2*rand*
(g-x(j,:));
        x(j,:)=x(j,:)+v(j,:);
        %边界条件处理
        for ii=1:D
            if(v(j,ii)>Vmax)||(v(j,ii)<Vmin)
                v(j,ii)=rand*(Vmax-Vmin)+Vmin;
            end
            if(x(j,ii)>Xmax)||(x(j,ii)<Xmin)
                x(j,ii)=rand*(Xmax-Xmin)+Xmin;
            end
```

```
            end
        end
        %记录历代全局最优值
        gb(i)=gbest;
    end
    x_star=g;  %最优个体
    fval_star=gb(end);  %最优值
    figure(1);
    plot(gb);
    xlabel('迭代次数');
    ylabel('适应度值');
    title('适应度进化曲线');
```

2)目标函数

```
function f=optifun(x)
f=3*cos(x(1)*x(2))+x(1)+x(2)^2;
```

复习思考题

2-1　什么是优化设计?

2-2　写出优化设计通用的数学模型。

2-3　简述优化设计数学模型三要素。

2-4　试简述差分进化算法的基本思想和算法流程。

2-5　简述蚁群算法的基本思想和算法流程。

2-6　比较遗传算法和差分进化算法的异同。

2-7　蚁群算法、粒子群优化算法以及人工鱼群算法均属于群智能优化算法,试比较它们的异同。

2-8　智能优化算法均是受到自然界启发所提出的,试观察自然物理现象并提出其他智能优化算法。

2-9　在本章给出的 MATLAB 模拟退火算法和粒子群算法程序的基础上进行修改,计算 $f(x)=\sum_{i=1}^{n}x_i^2(-20\leqslant x_i\leqslant 20)$ 函数的最小值,其中个体 x 的维数 $n=10$,并与理论最优解 $f(0,0,\cdots,0)=0$ 进行比较。

2-10　利用本章介绍的优化算法求函数 $f(x)=x+6\sin(4x)+9\cos(5x)$ 的最小值,其中 x 的取值范围为 $[0,9]$,并与理论最优解 $f(4.37)=-10.42$ 进行比较。

第3章 基于仿真的设计

3.1 计算机辅助设计

3.1.1 CAD 系统

计算机辅助设计（Computer Aided Design，CAD）技术是计算机科学、电子信息技术与现代设计制造技术相结合的产物，是当代先进的生产力，被国际公认为 20 世纪 90 年代的十大重要技术成就之一。CAD 技术的发展应用，将对制造业的生产模式和人才知识结构等产生重大的影响，它不仅改变了制造业的设计和制造各种产品的传统作业方式，而且有利于提高企业的创新能力、技术水平和市场竞争能力，也是企业进一步向现代集成制造、网络化制造、虚拟制造等先进生产模式发展的重要技术基础，因此，学习掌握 CAD 技术和 CAD 软件系统应用方法是十分重要的。本节在分析制造业信息化技术概况的基础上，介绍 CAD 技术原理、系统组成、软硬件环境、集成应用和发展趋势等内容，是后续章节的基础。

1. CAD 技术基本概念

随着制造业信息化工程技术的发展，CAD、CAPP、CAE、CAM、PDM 技术以及 CAD/CAM 集成技术已成为支持企业进行产品开发的关键技术，是实施制造业信息化工程的基础。从广义上说，CAD/CAM 技术包括产品构思、二维绘图、三维几何设计、有限元分析、数控加工、仿真模拟、产品数据管理、网络数据库以及这些技术的集成。

从计算机科学的角度来看，设计与制造的过程是一个关于产品信息的产生、处理、交换和管理的过程。人们利用计算机作为主要技术手段，对产品从构思到投放市场的整个过程中的信息进行分析和处理，生成和运用各种数字信息和图形信息，进行产品的设计与制造。CAD 技术不是传统设计、制造流程和方法的简单映像，也不局限于在个别步骤或环节中部分地使用计算机作为工具，而是将计算机科学、信息技术与工程领域的专业技术以及人的智慧和经验知识有机结合起来，在设计、制造的全过程中各尽所长，尽可能地利用计算机系统来完成那些重复性高、劳动量大、计算复杂以及单纯靠人工难以完成的工作，辅助而非代替工程技术人员完成产品设计制造任务，以期获得最佳效果。

CAD 系统以计算机硬件、软件为支撑环境，通过各个功能模块（分系统）实现对产品的描述、计算、分析、优化、绘图、工艺规程设计、仿真以及 NC 加工。广义的 CAD/CAM 集成系统还应包括生产规划、管理、质量控制等方面。CAD 是一种从设计到制造的综合技术，能够对设计制造过程中信息的产生、转换、存储、流通、管理进行分析和控制，所以CAD系统是一种有关产品设计和制造的信息处理系统。CAD系统的组成应包括CAD、CAE、CAPP、CAM和工程数据库、产品数据交换标准、计算机网络等单元技术。

CAD技术在制造过程中的应用，将人们传统上把制造过程看成是物料转变过程的观念更新为主要是一个复杂的信息生成和处理过程。在这种新观念指导下，对CAD系统的要求如下：

1）应满足企业当前和未来的各种功能需求。

2）具有良好的软件系统结构及信息集成方式。

3）能支持面向制造的设计（Design for Manufacturing，DFM）、面向装配的设计（Design for Assemblability，DFA）等设计原则和并行工程（Concurrent Engineering，CE）等新的运行模式。

4）重要设计环节上能提供工程决策和知识库，应用专家系统（Expert System，ES）技术形成智能化系统。

5）具有信息共享的工程数据库和在计算机网络环境下的分布式协同设计制造功能。

CAD是工程技术人员以计算机系统为工具，综合应用多学科专业知识对产品设计、分析和优化等过程问题求解的先进数字信息处理技术，是专家创新能力与计算机硬件、软件功能有机结合的产物。

产品设计包括需求分析、概念设计、详细设计、工程绘图等环节，它们构成了CAD的主要内容。计算机辅助产品设计过程是指从接受产品功能定义开始到设计完成产品的结构形状、功能、精度等技术要求，并且最终以零件图、装配图的形式作为可见媒体表现出来的过程。CAD系统的功能模型如图3-1所示，主要是通过硬件和软件的合理组织来体现的。

2. CAD系统的硬件与软件

CAD系统是以计算机硬件为基础，系统软件和支撑软件为主体，应用软件为核心组成的面向工程设计问题的信息处理系统。面对高速发展的计算机技术，CAD系统在理论方法、体系结构与实施技术上均在不断更新和发展。

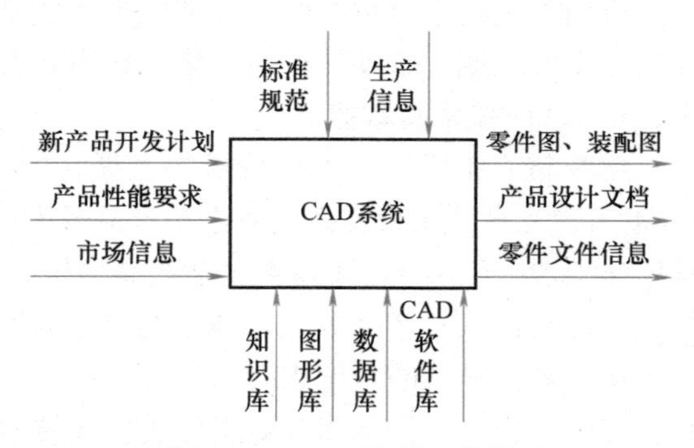

图3-1 CAD系统的功能模型

（1）CAD的体系结构 所谓系统，是指为完成特定任务而由相关部件或要素组成的有机的整体。CAD系统可用图3-2所示的分层体系结构描述，总体上是由硬件（Hardware）和软件（Software）所组成的。硬件是CAD系统的物质基础，软件是信息处理的载体。

（2）CAD的硬件设备 硬件是指一切可以触摸到的物理设备。对于一个CAD系统来说，可以根据系统的应用范围和相应的软件规模，选用不同规模、不同结构、不同功能的计算机、外设及其生产加工设备，如图3-3所示。随着微电子技术的迅速发展，以32/64位微机构成的CAD系统正越来越受到人们的重视。通常将用户进行CAD作业的独立硬件环境称为CAD工作站，它除有主机外，还配备了图形终端、数字化仪、绘图仪打印机等交互式输入输出设备。

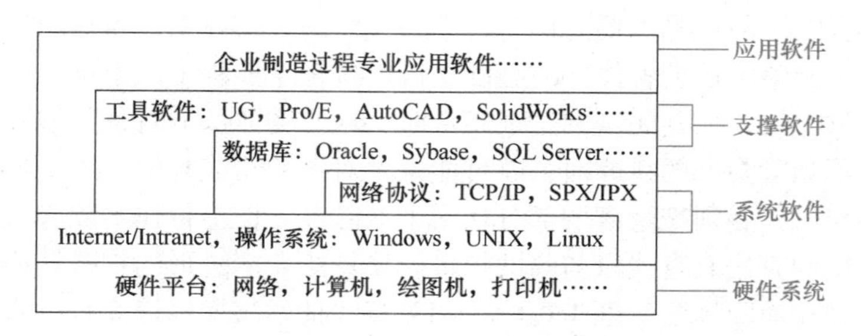

图 3-2　CAD 系统的体系结构

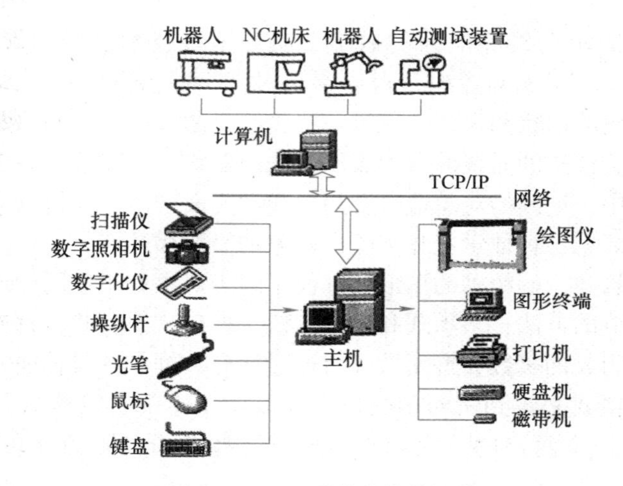

图 3-3　CAD 硬件系统的组成

（3）常用的 CAD 软件系统　目前，基于三维实体建模、参数化设计、特征造型等特性的 CAD 软件系统在国内已获得广泛的应用。常用的 CAD 系统主要是 AutoCAD、Inventor、SolidWorks、Solid Edge、Pro/E、UG 等软件系统。

3.1.2　计算机辅助图形处理

1. 光栅图形学

光栅图形显示器可以看作一个像素的矩阵。在光栅显示器上显示的任何一种图形，实际上都是一些具有一种或多种颜色的像素集合。确定最佳逼近图形的像素集合，并用指定属性写像素的过程称为图形的扫描转换或光栅化。对于一维图形，在不考虑线宽时，用一个像素宽的直线、曲线来显示图形；二维图形的光栅化必须确定区域对应的像素集，并用指定的属性或图案显示，即区域填充。任何图形进行光栅化时，必须显示在屏幕的一个窗口里，超出窗口的图形不予显示。确定一个图形的哪些部分在窗口内必须显示，哪些部分落在窗口之外不该显示的过程称为裁剪。裁剪通常在扫描转换之前进行，从而可以不必对那些不可见的图形进行扫描转换。对图形进行光栅化时，由于显示器的空间分辨率有限，对于非水平、垂直、±45°的直线，因像素逼近误差，所画图形产生畸变（台阶、锯齿）的现象称为走样（Aliasing）。用于减少或消除走样的技术称为反走样（Antialiasing）。提高显示器的空间分辨率可以减轻走样程度，但这是以提高设备成本为代价的。实际上，当显示器的像素可以用多亮度显示时，通过调整图形上各像素的亮度也可以减轻走样程度。当不透光的物体阻挡了来自某些物体部分的光线，使其无法到达观察者时，这些物体部分就是隐藏部分。隐藏部分是不可见的，如果不删除隐藏的线或面，就可能发生对图的错误理解。为了使计算机图形能够真实地反映这一现象，必须把隐藏的部分从图中删除，习惯上称作消除隐藏线和隐藏面，或简称为消隐。常用的算法有直线段与圆的扫描转换算法、多边形的扫描转换与区域填充、字符、裁剪、反走样和消隐算法。限于篇幅，相关算法请感兴趣的读者自行查阅相关图形学书籍以作了解。

2. 曲线与曲面

本小节介绍用于表示曲线和曲面的数学工具。这些技术已经用于计算机中，并且是CAD软件的核心部分。当分析对象时，对象要相对于坐标系以解析形式描述，并在空间进行处理，以得到所希望的形状和视图。通过一些曲线、曲面表示方面的基本概念，其目的是说明设计时符合工程透视法的曲线的数学表示方法。曲线数学建模的一个重要部分是它们要用于计算机辅助设计中，连续的对象最适合用曲线和曲面表示。为得到具有复杂细节的工程模型的精确表示，需要用各种数学工具来给出对象的简明描述。

设计中经常需要构建一幅精确的图形，以便了解当对象处于不同的环境条件时的特征和特性。有两种拟合曲线的方法：多项式和样条曲线。多项式拟合时，首先需要知道一系列的数据点，然后求阶数为 n 的函数，该函数表示通过所有数据点的最佳曲线。很明显，人们必须通过试验若干个多项式来得到所希望的拟合曲线。而样条曲线的拟合则基于一个基本假设，即曲线是可通过任意两点的三次函数。通过选择合适的端点条件，就可以得到光滑曲线。

（1）曲线的多项式拟合 广大读者们在其他的数理基础学习中对直线拟合和幂函数拟合已经有了一定的基础和掌握，而拟合的原理可以拓展到高次多项式来拟合测量数据。可以将 n 次多项式表示为

$$g(x)=c_1x^n+c_2x^{n-1}+\cdots+c_{n+1} \tag{3-1}$$

式中，c_1，c_2，c_3，…，c_{n+1}是要求的常数。很明显，此时需要 $n+1$ 个方程求解这些系数，这可以通过最小二乘法拟合得到。

（2）曲线的样条曲线拟合

1）三次抛物线样条曲线。样条曲线是光滑的曲线，它可以由计算机通过一系列的数据点来生成。数学样条曲线来自其物理应用，即细弹性梁。由于梁支承于指定的点（称其为节点），因此其变形（假设很小）可由三阶多项式表示，也就是三次样条曲线。对梁在不同载荷下的变形情况的解释可得出三次函数并不仅仅是巧合。样条曲线函数可以定义为

$$y(x)=\sum_{i=1}^{4}a_ix^{i-1} \tag{3-2}$$

三次样条曲线有以下优点：可以减少计算量以及由高阶曲线引起的数值不稳定性；具有允许弯曲点的最小度空间曲线；具有在空间扭曲的能力。

2）B样条曲线和非均匀有理B样条（NURBS）曲线。B样条曲线（B-spline Curve）是B-样条基曲线的线性组合，是贝塞尔曲线的一般化，由Isaac Jacob Schoenberg创造。B样条曲线曲面具有几何不变性、凸包性、保凸性、变差减小性、局部支撑性等许多优良性质，是

CAD 系统常用的几何表示方法，因而基于测量数据的参数化和 B 样条曲面重建是反求工程的研究热点和关键技术之一。但 B 样条曲线无法精确拟合圆等图形，在此基础上又发展了 NURBS 曲线。NURBS 的优点是它具有通过修改控制点中使用 h 的 x、y、z 坐标就能修改曲线的灵活性。此缩放系数允许在空间进行精确地更改，以便得到更为光滑的曲线。此外，还可以精确地表示圆和二次曲线，而不是像使用 B 样条曲线那样近似表示。

（3）曲面的生成　面创建用于在空间使对象可视化，它允许用户对所操作对象以更具体的方式来显示其外观。这一特征改善了设计性能，为精确地确定如何制造零件的各部分奠定了基础。面的生成取决于在给定的边界之间拟合合适的曲线的技术。面拟合的主要问题是定义用于设计的可视化准则。因此，选择合理的工程应用方法是较好的且从可视化角度更为容易接受的设计的基础。所使用的方法应在修改曲线拟合以得到更好的插补方面具有一定的灵活性。下面介绍其中的一些面拟合方法。

1）平面。平面由连接 4 个角的 4 条曲线或直线定义。利用 CAD 系统，可通过指定 3 个点来创建平面。平面用于定义面、边界、相交平面，以及当在三维空间创建对象时用于说明几何平面（图 3-4、图 3-5）。

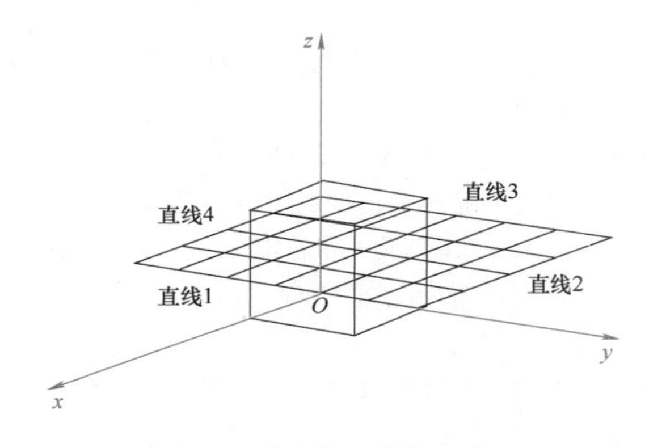

图 3-4　由交线形成的平面图

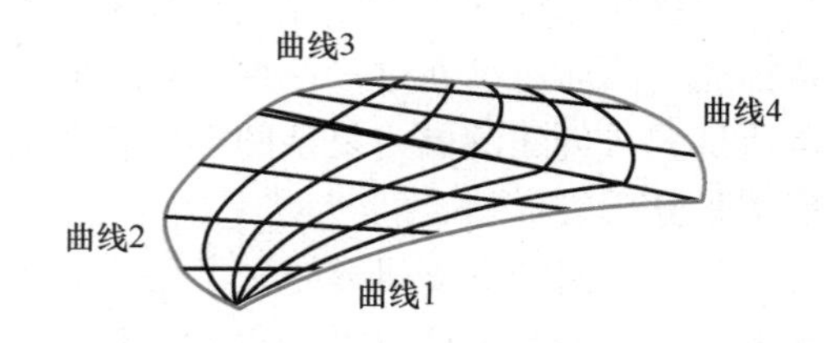

图 3-5　由相交曲线形成的平面

2）直纹面。直纹面也称为放样面。直纹面较为简单，并且是表面设计的基础。直纹面的定义为：给定两条空间参数曲线 c_1 和 c_2，所定义的面 S 要以这两条曲线作为面的两条相对边界，然后要在 c_1 和 c_2 之间进行插补。图 3-6 说明了直纹面的倾斜情况。

3）矩形面。矩形面以 4 条曲线为边界构成（图 3-7）。平面是矩形面的特例。因此，也可以通过矩形面得到直纹面。

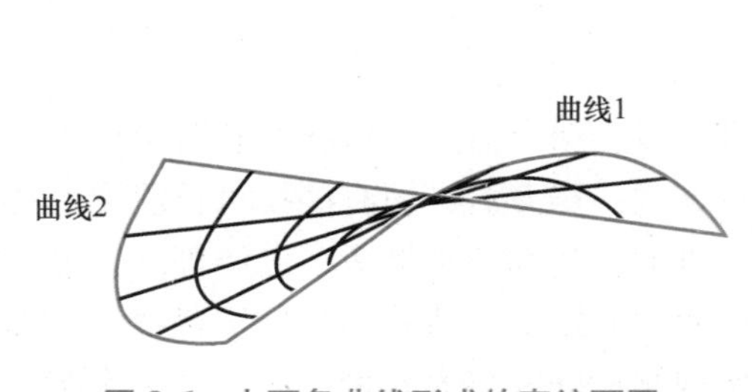

图 3-6　由两条曲线形成的直纹面图

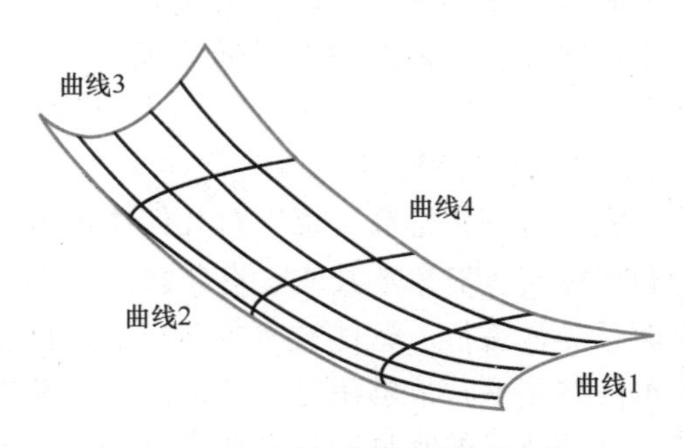

图 3-7　由 4 条曲线形成的矩形面

4）旋转面。一条曲线绕一条轴旋转后即可得到旋转面。旋转时可以控制旋转角度，要获得图 3-8 所示的曲面需要全程旋转，同时可以利用栅格使面看上去更加直观，还可以创建 Bezier 面、B 样条面等其他面。

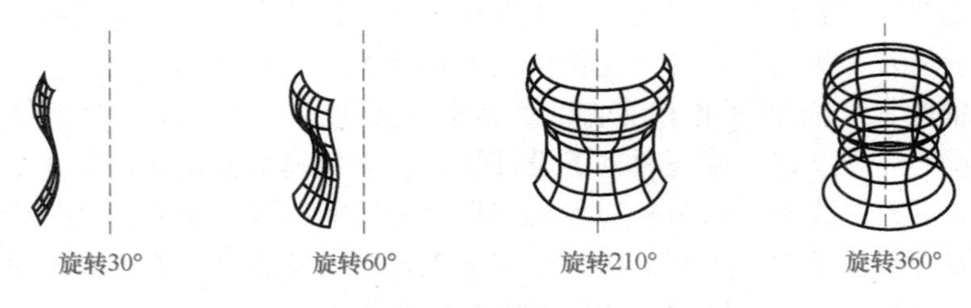

图 3-8　由相交曲线形成的平面

3.1.3　CAD 建模技术

1. 简介

在计算机辅助设计系统中，用于表示实体的最为常用的方法是线框、曲面造型和实体造型。

构造线框模型时相对简单些。线框模型是各种 CAD 系统的核心，特别适用于草图的绘制。虽然线框模型为零件提供了其表面不连续的位置的准确信息，但通常并不提供零件的完整描述。曲面造型通过一系列的点、曲线和（或）直线来创建面（即轮廓），它允许创建实体造型无法创建的更为复杂的形状。曲面造型通常用于与实体造型结合，以便在 CAD 中创建用于分析的零件。

各个不同的分支研究导致了用于表示和处理实体模型的计算机程序的开发。其中的程序开发方法之一是设计机械零件时，将零件看成是简单构建块（如立方体、圆柱体）的组合来处理。这样的程序称为实体造型器，它们可以对各种各样的实体对象给予完整准确的几何表示。实体模型中包含的信息完整性使得能够对各种形状自动生成逼真的图像，并能够自动进行干扰检验。实体造型系统可以对实体对象提供完整、准确的描述。可以将实体模型数据作为分析程序（如有限元）的输入数据，分析后的输出可以在实体模型上用不同的颜色来表示。创建出实体模型后，可以对其进行旋转、着色，甚至可以剖切对象来观看内部结构。实体对象还能够与存储在数据库中的其他零件组合在一起，以形成需要设计的零件的复杂组合体。此外，实体模型不仅描述尺寸和形状这样的内部特性，而且还描述质量这样的内部特性。

2. 实体构造技术

实体造型数学算法要求对几何体进行一些处理，以获得所需要的形状。有若干种用于构造和编辑实体对象的技术。有些技术有望在将来得到进一步发展，而有些技术目前则正在使用而且非常流行。这些技术包括布尔运算、扫略、自动创建圆角和倒角、微调等。上述各技术本身并不是都能够满足要求，因此，理想的实体模型系统应支持其中的若干种技术。本小节所介绍技术的常见特征是用最少的用户输入来实现某些修改能力。例如，通过一次布尔操作可能会实现传统 CAD 系统中使用的数十次操作。

（1）布尔操作　从理论上讲，交、差、并这些布尔操作提供了用于由简单图元构造复杂对象的非常有用的方法。图3-9说明了这三种布尔操作。

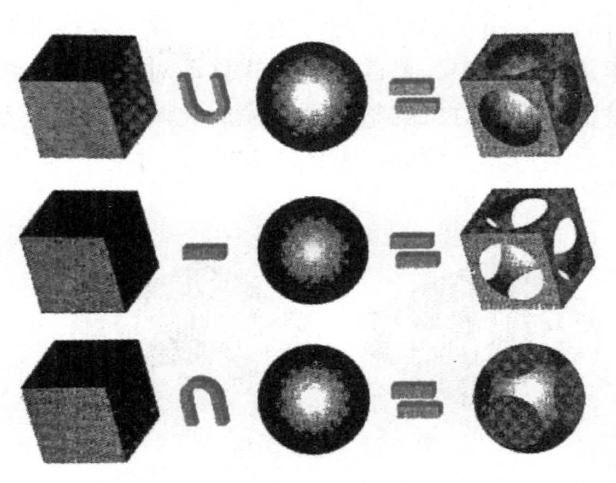

图3-9　对长方体和球体进行布尔操作

所构造的几何实体表示通常在内部以二叉树的形式存储。然而，系统用户可以一次对若干对象进行并操作，或同时用一个指定的对象与若干个对象进行差操作。有些系统采用基于堆栈的方法实现布尔算法，即将新创建的对象压入堆栈的顶部，再对堆栈中顶部的两个对象进行布尔操作。这种操作模式具有很大的灵活性。布尔操作形成了非常自然的构造技术，而且布尔差操作尤为突出。对于有材料去除经验的人来说，此方法是很普通的方法，可以将要被减掉的对象看成是要由切削刀具去除的实体部分。与此类似，并操作与粘接（如焊接、粘结）过程类似。

（2）扫略　在扫略操作中，对象即母体要沿一条曲线（即轨迹）运动来得到新对象。图3-10给出了一个简单的扫略例子。该例中，表示截面的面通过沿轨迹运动而创建出对应的对象。母体可以是曲线、面或实体对象，但轨迹只能是曲线。扫略时，路径几何形状与待操作的面的边界曲线决定着所生成侧面的形状。可以通过顶点的路径扫略或通过求面与侧面的交叉线的方式来确定侧面的边界曲线。

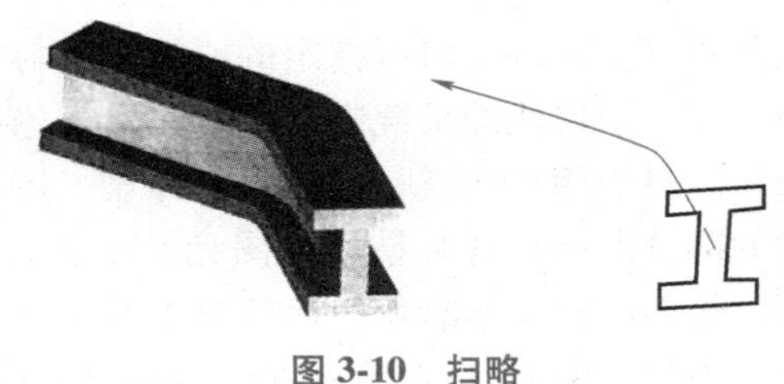

图3-10　扫略

扫略是非常简便的输入技术。对于许多对象而言，大部分构造可以只通过扫略操作来完成。例如，可以通过扫略操作方便地对拉伸或投影零件（其轨迹线为直线）建模，平切圆柱体的创建也如此。也可以利用扫略操作对弯曲零件建模，这时的轨迹是位于与中心线垂直的平面上的圆。图3-11、图3-12给出了通过旋转扫略建模的旋转零件。

图3-11　旋转　　　　图3-12　回转

（3）自动创建圆角和倒角　在只采用边界表示的系统中，顶点处有3个面的直线边缘很容易创建圆角。创建圆角时，要指定边界和圆角半径。系统能够创建有4条边的圆柱面，然后自动修改所有相邻的面与边（图3-13）。也可以采用类似的功能进行倒角。倒角的算法非常类似，但倒角时只需要创建特殊的图元来完成此操作。在构造性的基于几何实体的系统中，倒角以及圆角通常通过布尔操作来完成。有时要创建特殊的图元来完成此操作。

（4）微调　各种设计工具的大多数交互操作是对已有形状进行小的调整。对于这样的目的，采用布尔操作时开销较大。微调是用来调整面的形状的一种方法。微调是一个编辑操作，该操作中，要以某种形式移动对象的面。移动后，微调后的面和与其相邻的面要进行调整，以维持对象的整体性。完成此调整的最佳方式是重新计算这些面的交线，使交线变成新的公共边界。例如，在图 3-14 中，对象中位于上方的两个面被略微向上调整。

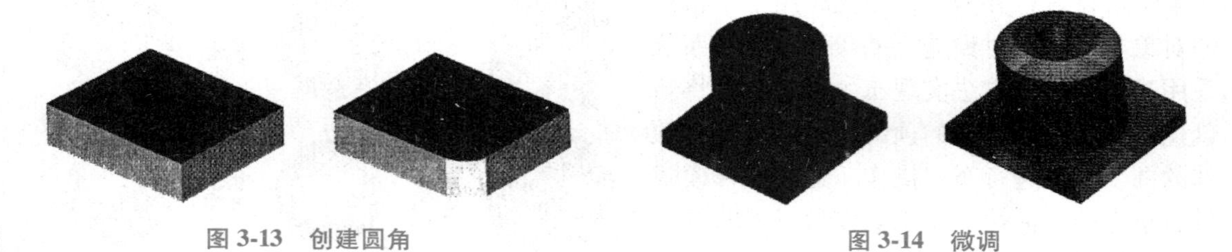

图 3-13　创建圆角　　　　图 3-14　微调

3. 表示方案

大多数实体造型系统能够创建、修改和检查三维实体对象。有若干种方法可用于在计算机中表示这样的模型，其中包括实例化法、边界表示法、构造实体几何法、网格分解法。

（1）实例化法　实例化法是创建几何体的传统方法。此方法的有效性取决于可用的图元范围以及实例化时可指定的值的数量与类型。

在一个现代的系统中，基本图元集包括可以任意确定方向的长方体、圆柱体、圆锥体和球体。对于用户而言，还可以有像楔、圆角、截锥这样的辅助图元。图 3-15 给出了系统提供的部分图元。这些易用的图元并不包含任何新面类型，因此，需要对它们给予描述。此外，这些图元非常有用，而且对于系统开发人员来说，其实现非常简单。

更复杂的 CAD 系统允许终端用户通过定义参数化对象来输入图元的主要尺寸特征。从本质上讲，当实例化几何体时，用户要编写描述新图元的结构的过程，然后指定所需要的参数，这些参数包括方向与位置、全局比例系数、独立的尺寸参数（如管子的内径和壁厚等）、特征形状参数（如某一螺栓应为方头或六角头）以及计数功能参数（如在一个盖板上应该有多少个孔）。图 3-16 给出了一个常见的盖板，用户可以通过新开发的图元技术来创建零件。与传统系统提供的图元相比，当开发实体对象时，这样做要快得多。

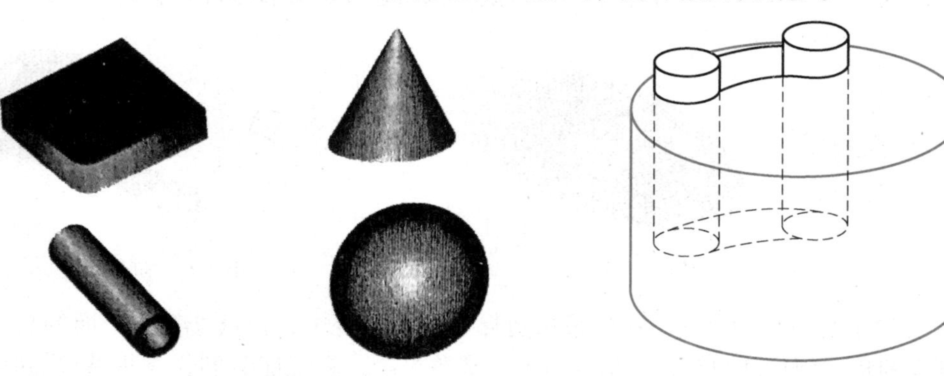

图 3-15　一些系统提供的部分图元　　　　图 3-16　用户定义的图元

（2）边界表示法　边界表示法是由封闭表面或边界来定义对象的方案。此技术涉及列出对象的所有面、顶点以及边。一旦构成了实体（Entity），就会在空间对其对应的面扫略，扫略方式是对各面创建所希望的深度，因此能够创建出最终的模型表示。从数学上讲，是通过使用给定的视图的一组数据点来定义边、面和顶点的方法来创建所谓的 B-REP 实体模型。

为了与 B-REP 造型器交互，设计者需要一些容易辅助构造和（或）修改设计的操作工具，这些操作技术包括布尔操作和扫略操作。布尔操作提供了用于在 B-REP 构造器中组合和构造实体的实用工具。通过布尔操作，可以对两个边界操作，并将这两个边界组合成一个或多个新边界。像并、交和差这样的基本布尔操作可用来组合不同的零件，从而能够得到所需要的形状。通过扫略和回转操作可以创建出棱形和平移对象。扫略操作要沿对象的横截面进行，而回转操作则用于旋转对称对象。图 3-17 说明了这两种操作。

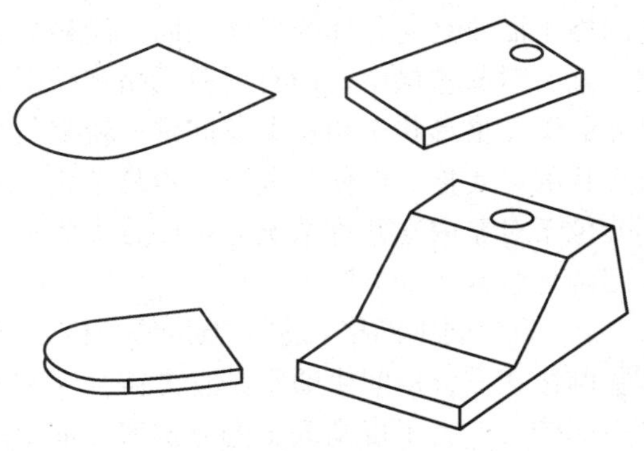

图 3-17　扫略操作和回转操作

（3）构造实体几何法　构造表示（C-REP）是一个树状结构，其中叶表示简单的图元对象，如长方体、圆锥、圆柱体，节点表示布尔操作。每一个节点表示树中位于该节点下方的两个子实体所执行的一组操作。C-REP 的基本原理是任何复杂零件可以通过将基本形状（如立方体、圆锥、圆柱体）放在适当的位置进行添加或去除的方式来设计。图 3-18 给出了简单的基本布尔操作的例子，如并、差和交。

构造实体几何表示非常紧凑，而且当通过一系列的操作来组合两个实体时，可以快速生成实体。图 3-19 给出了构造实体几何的概念。

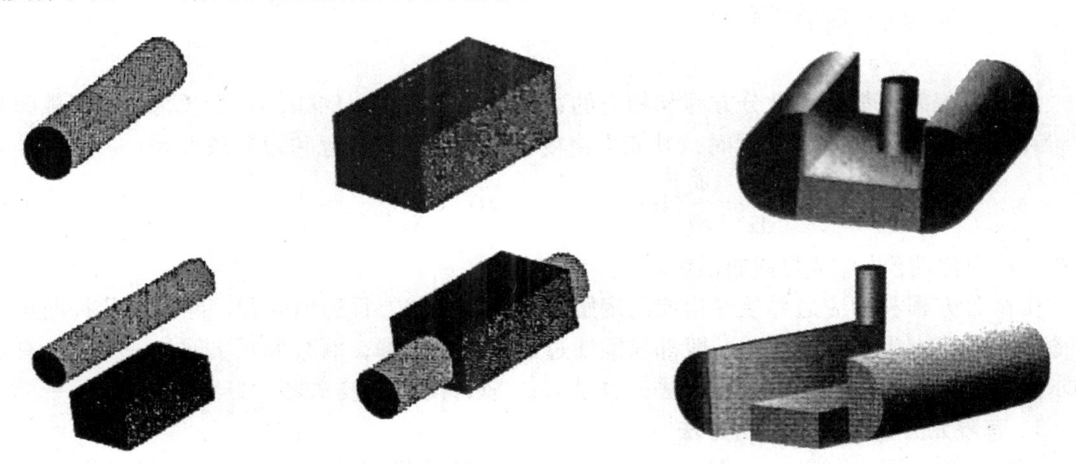

图 3-18　布尔操作（实体对象）　　　　图 3-19　构造实体几何

前面介绍的两种方法各有优缺点。C-REP 方法通常在初始化模型切割时有很大的程序优势，非常易于通过添加、去除和交叉组件的方法从规则实体图元中构造实体模型。作为构建块方法的结果，C-REP 方法在其数据库中的文件更为紧凑。B-ERP 系统的最大优点之一是它具有构造非常规形状的能力，而用 C-REP 系统的指令系统是无法实现这一点的。飞机机身、机翼、以及汽车车身的构造说明了这一点。B-ERP 方案使用面、边和顶点来定义对象。因此，要将对象的二维形状组合起来形成组件。这样做重构图像时需要较多的存储空间，但需要的时间较少。另外，C-REP 是一个将实体形状相组合来形成零件的方案，其需要较少的存储空间，但计算量大。

（4）网格分解法　实体对象可以通过将其体积分解成小的体积或网格来表示。分解后的网格不需要是立方体或形状相同。网格分解可用于近似表示对象，这是因为有些网格部分位于某一对象栅格中，而有些单元格将被丢弃，因此会创建出“空的空间”。可以通过不同尺寸的单元格形状来纠正上述问题，使它们与对象边界相一致。但当计算量很大时，描述复杂形状的单元格时会使问题进一步复杂化。根据单元格位于对象的外部、全部位于对象内或部分位于对象内这几种情况，可以分类为空、全部以及部分。单元格分解有多种方法，下面介绍两种最常用的方法。

1）简单规则网格。这种类型的网格是通过将给定的空间分解成许多规则网格产生的。这些网格在三维空间中通常是立方体，二维空间中一般为正方形。规则网格表示法要求的存储空间较大。为了提高表示的分辨率，需要减小单元格的尺寸，因此会引起存储问题，从而使分辨率变差。

2）八叉树自适性网格。八叉树编码以递归形式将立方体模型空间分成 8 个八分体，均匀的单元格为止。八叉树编码有经典八叉树编码和精确八叉树编码两种形式。

3.2 计算机辅助工程分析

3.2.1 有限元基本原理

不少工程问题都可用微分方程和相应的边界条件来描述。例如，一个长为 l 的等截面悬臂梁在自由端受集中力 F 作用时，其变形挠度 y 满足的微分方程和边界条件是：

$$\frac{\mathrm{d}^2y}{\mathrm{d}x^2}=\frac{F}{EI}(l-x),\quad y|_{x=0}=0,\quad \frac{\mathrm{d}y}{\mathrm{d}x}|_{x=0}=0 \tag{3-3}$$

式中，E 为弹性模量；I 为截面惯量。

由微分方程和相应边界条件构成的定解问题称为微分方程边值问题。除少数几种简单的边值问题可以求出解析解外，一般都只能通过数值方法求解，而有限元法就是一种十分有效的求解微分方程边值问题的数值方法，也是 CAE 软件的核心技术之一。

1. 有限元分析原理与分析方法

有限元法（Finite Element Method，FEM）是一种数值离散化方法，根据变分原理进行数值求解，因此适合于求解结构形状及边界条件比较复杂、材料特性不均匀等力学问题，能够解决几乎所有工程领域中的各种边值问题（平衡或定常问题、特征值问题、动态或非定常问题），如弹性力学、弹塑性与黏弹性、疲劳与断裂分析、动力响应分析、流体力学、传热、电磁场等问题。

有限元法的基本思想是：在对整体结构进行结构分析和受力分析的基础上，对结构加以简化，利用离散化方法把简化后的连续结构看成是由许多有限大小、彼此只在有限个节点处相连接的有限单元的组体；然后，从单元分析入手，先建立每个单元的刚度方程，再通过组合各单元，得到整体结构的平衡方程组（也称总体刚度方程）；最终引入边界条件并对平衡方程组进行求解，便可得到问题的数值近似解。

用有限元法进行结构分析的步骤是：结构和受力分析→离散化处理→单元分析→整体分析→引入边界条件求解。

有限元法分为以下 3 类：

1）位移法。取节点位移作为基本未知量的求解方法。利用位移表示的平衡方程及边界条件先求解位移未知量，然后根据几何方程与物理方程求解应变和应力。

2）力法。取节点力作为基本未知量的求解方法。

3）混合法。取一部分节点位移、一部分节点力作为基本未知量的求解方法。

其中位移法易于实现计算机自动化计算。

2. 有限元分析中的离散化处理

由于实际机械结构常常很复杂，即使对结构进行了简化处理，仍难用单一的单元来描述。因此，在对机械结构进行有限元分析时，必须选用合适的单元并进行合理的搭配，对连续结构进行离散化处理，以便使所建立的计算力学模型能在工程意义上尽量接近实际结构，提高计算精度。在结构离散化处理中需要解决的主要问题是：单元类型选择、单元划分、单元编号和节点编号。

（1）单元类型选择的原则　进行有限元分析时，正确选择单元类型对分析结果的正确性和计算精度具有重要的作用。选择单元类型通常应遵循以下原则：

1）所选单元类型应对结构的几何形状有良好的逼近程度。

2）要真实地反映分析对象的工作状态。例如，机床基础大件在受力时，弯曲变形很小，可以忽略，这时宜采用平面应力单元。

3）根据计算精度的要求，并考虑计算工作量的大小，恰当选用线性或高次单元。

（2）单元类型及其特点

1）杆状单元。一般把截面尺寸远小于其轴向尺寸的构件称为杆状构件。杆状构件通常用杆状单元来描述。杆状单元属于一维单元。根据结构形式和受力情况，杆状单元模拟杆状构件时，一般还应分为杆单元和梁单元两种形式。

杆单元有两个节点，每个节点仅有一个轴向自由度，如图 3-20a 所示，因而它只能承受轴向拉压载荷。常见的铰接桁架，通常就使用这种单元来处理。

平面梁单元也只有两个节点，每个节点在图示平面内具有 3 个自由度，即横向自由度、轴向自由度和转动自由度，如图 3-20b 所示。该单元可以承受弯矩切向力和轴向力，如机床的主轴、导轨可使用这种单元处理。

空间梁单元实际上是平面梁单元向空间的推广，因而单元的每个节点具有 6 个自由度，如图 3-20c 所示。当梁截面的高度大于 1/5 长度时，一般要考虑剪切应变对挠度的影响，通常的方法是对梁单元的刚度矩阵进行修正。

2）薄板单元。薄板构件一般是指厚度远小于其轮廓尺寸的构件。薄板单元主要用于薄板构件的处理，但对那些可以简化为平面问题的受载结构，也可使用这类单元。这类单元属于二维单元，按其承载能力又可分为平面单元、弯曲单元和薄壳单元 3 种。

常用的平面单元有三角形单元和矩形单元两种，它们分别有 3 个节点和 4 个节点，每个节点有两个平面内的平动自由度，如图 3-21 所示。这类单元不能承受弯曲载荷。

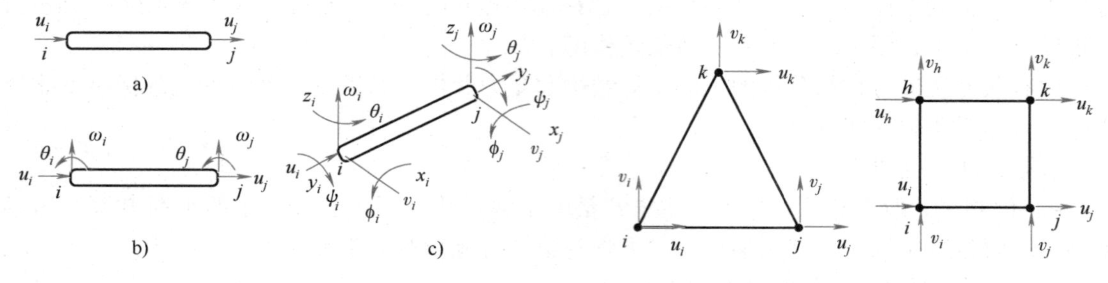

图 3-20　杆状单元

a）杆单元　b）平面梁单元　c）空间梁单元

图 3-21　平面单元

薄板弯曲单元主要承受横向载荷和绕两个水平轴的弯矩，它也有三角形和矩形两种单元形式，分别具有 3 个节点和 4 个节点，每个节点都有一个横向自由度和两个转动自由度，如图 3-22 所示。

所谓薄壳单元，实际上是平面单元和薄板弯曲单元的组合，它的每个节点既可承受平面内的作用力，又可承受横向载荷和绕水平轴的弯矩。显然，采用薄板单元来模拟工程中的板壳结构，不仅考虑了板在平面内的承载能力，而且考虑了板的抗弯能力，这是比较接近实际情况的。

3）多面体单元。多面体单元是平面单元向空间的推广。图 3-23 所示的多面体单元属于三维单元（四面体单元和长方体单元），分别有 4 个节点和 8 个节点，每个节点有 3 个沿坐标轴方向的自由度。多面体单元可用于对三维实体结构的有限元分析。目前大型有限元分析软件中，多面体单元一般都被 8~21 节点空间等参单元所取代。

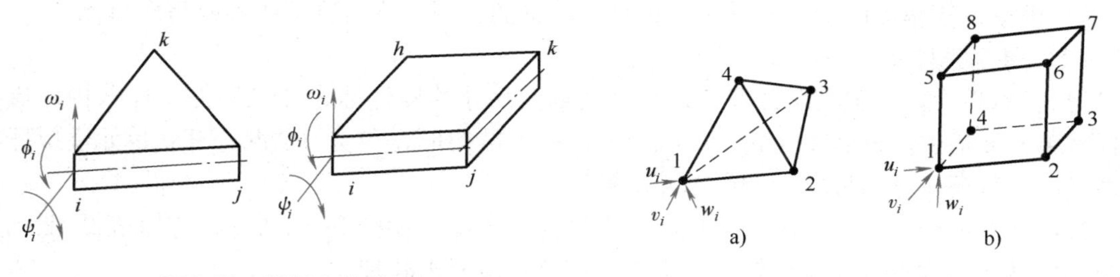

图 3-22　薄板弯曲单元

图 3-23　多面体单元

4）等参单元。在有限元法中，单元内任意一点的位移是用节点位移进行插值求得的，其位移插值函数一般称为形函数。如果单元内任一点的坐标值也用同一形函数，按节点坐标进行插值来描述，那么这种单元就称为等参单元。

等参单元有许多优点，它可用于模拟任意曲线或曲面边界，其分析计算的精度较高。等参单元的类型很多，常见的有平面 4~8 节点空间等参单元和 8~21 节点空间等参单元(图 3-24)。

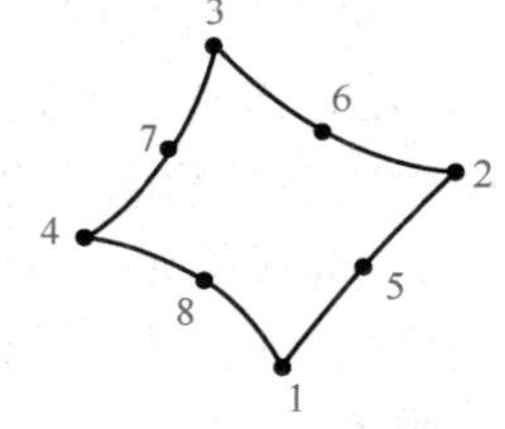

图 3-24　等参单元

（3）离散化处理　在完成单元类型选择之后，便可对分析模型进行离散化处理，将分析模型划分为有限个单元。单元之间仅在节点上连接，单元之间仅通过节点传递载荷。

在进行离散化处理时，应根据要求的计算精度、计算机硬件性能等决定单元的数量。同时，还应注意下述问题：

1）任意一个单元的顶点必须同时是相邻单元的顶点，而不能是相邻单元的内点，图 3-25a 正确，图 3-25b 错误。

2）尽可能使单元的各边长度相差不要太大。在三角形单元中最好不要出现钝角，图 3-26a 正确，图 3-26b 不妥。

3）在结构的不同部位应采用不同大小的单元来划分。重要部位网格密、单元小，次要部位网格稀、单元大。

4）对具有不同厚度或由几种材料组合而成的构件，必须把厚度突变线或不同材料的交界线取为单元的分界线，即同一单元只能包含一个厚度或一种材料常数。

5）如果构件受集中载荷作用或承受突变的分布载荷作用，应当把受集中载荷作用的部位或承受突变的分布载荷作用的部位划分得更细，并且在集中载荷作用点或载荷突变处设置节点。

6）若结构和载荷都是对称的，则可只取一部分来分析，以减小计算量。

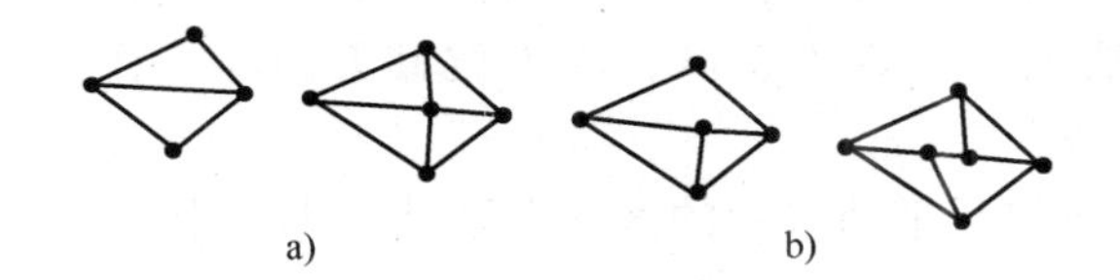

图 3-25　单元的顶点必须同时是相邻单元的顶点

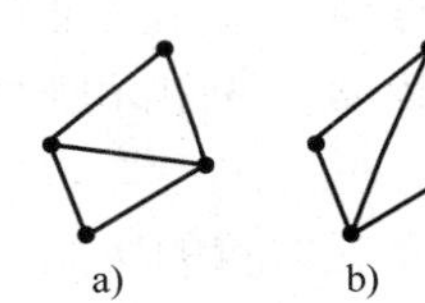

图 3-26　三角形单元中最好不要出现钝角

3. 单元处理

单元分析的目的是通过对单元的物理特性分析，建立单元的有限元平衡方程。

（1）单元位移插值函数　在完成结构的离散化后，就可以分析单元的特性。为了能用节点位移表示单元体内的位移、应变和应力等，在分析连续体的问题时，就必须对单元内的位移分布作出一定的假设，即假定位移是坐标的某种简单函数。这种函数就称为单元的位移插值函数，简称位移函数。

选择适当的位移插值函数是有限元分析的关键。位移函数应尽可能地逼近实际的位移，以保证计算结果收敛于精确解。位移函数必须具备 3 个条件：①位移函数在单元内必须连续，相邻单元之间的位移必须协调。②位移函数必须包含单元的刚体位移。③位移函数必须包含单元的常应变状态。

以图 3-27 所示三角形单元为例，节点 i，j，k 的坐标分别为（x_i,y_i），（x_j,y_j），（x_k,y_k），每个节点有两个位移分量，记为 $\boldsymbol{\delta}_i=(u_i \quad v_i)^{\mathrm{T}}$，下标 $i=i$，j，k，单元内任一点（x,y）的位移为 $\boldsymbol{f}=(u \quad v)^{\mathrm{T}}$。以 $\boldsymbol{\delta}^{(e)}=(u_i \quad v_i \quad u_j \quad v_j \quad u_k \quad v_k)^{\mathrm{T}}$ 表示单元节点位移列阵。取线性函数

$$\begin{cases}u=a_1+a_2x+a_3y\\v=a_4+a_5x+a_6y\end{cases}\tag{3-4}$$

作为单元的位移函数。将边界条件代入后可得

$$\begin{cases} u = N_i^e u_i + N_j^e u_j + N_k^e u_k \\ v = N_i^e v_i + N_j^e v_j + N_k^e v_k \end{cases} \tag{3-5}$$

写成矩阵形式为

$$\boldsymbol{f} = \begin{pmatrix} N_i^e & 0 & N_j^e & 0 & N_k^e & 0 \\ 0 & N_i^e & 0 & N_j^e & 0 & N_k^e \end{pmatrix} \boldsymbol{\delta}^{(e)} = \boldsymbol{N}\boldsymbol{\delta}^{(e)} \tag{3-6}$$

式中，N 为坐标的函数，仅与单元的形状有关，称为单元位移形状函数，简称形函数。

（2）单元刚度矩阵 单元刚度矩阵由单元类型决定，可用虚功原理或变分原理等导出。前述三角形单元的单元刚度矩阵为

$$\boldsymbol{K}^{(e)} = \begin{pmatrix} k_{ii}^e & k_{ij}^e & k_{ik}^e \\ k_{ji}^e & k_{jj}^e & k_{jk}^e \\ k_{ki}^e & k_{kj}^e & k_{kk}^e \end{pmatrix} \tag{3-7}$$

单元刚度矩阵的每一元素与单元的几何形状和材料特性有关，表示由单位节点位移所引起的节点力分量。单元刚度矩阵具有 3 个性质：①对称性，单元刚度矩阵是一个对称阵。②奇异性，单元刚度矩阵各行（列）的各元素之和为零，因为在无约束条件下单元可作刚体运动。③单元刚度矩阵主对角线上的元素为正值，因为位移方向与力作用方向一致。

（3）单元方程的建立 建立有限元分析单元平衡方程的方法有虚功原理、变分原理等。下面以虚功原理为例来说明建立有限元分析单元方程的基本方法。

图 3-27 所示三角形单元的 3 个节点 i，j，k 上的节点力分别为 (F_{ix}, F_{iy})，(F_{jx}, F_{jy})，(F_{kx}, F_{ky})。记节点力阵列为 $\boldsymbol{F}^{(e)}$。

$$\boldsymbol{F}^{(e)} = (F_{ix} \quad F_{iy} \quad F_{jx} \quad F_{jy} \quad F_{kx} \quad F_{ky})^{\mathrm{T}} \tag{3-8}$$

设在节点上产生虚位移 $\boldsymbol{\delta}^{*(e)}$，则 $\boldsymbol{F}^{(e)}$ 所做的虚功为

$$W^{(e)} = (\boldsymbol{\delta}^{*(e)})^{\mathrm{T}} \boldsymbol{F}^{(e)} \tag{3-9}$$

整个单元体的虚应变能为

$$U^{(e)} = \iiint_v (\varepsilon_x^* \sigma_x + \varepsilon_y^* \sigma_y + \gamma_{xy}^* \tau_{xy}) \mathrm{d}v = \iint \boldsymbol{\varepsilon}^{*\mathrm{T}} \boldsymbol{\sigma}^{(e)} t \mathrm{d}x \mathrm{d}y \tag{3-10}$$

式中，t 为单元的厚度。

由虚功原理有

$$W^{(e)} = U^{(e)} \tag{3-11}$$

将 $W^{(e)}$，$U^{(e)}$ 代入，并经整理可得

$$\boldsymbol{K}^{(e)} \boldsymbol{\delta}^{(e)} = \boldsymbol{F}^{(e)} \tag{3-12}$$

这就是有限元的单元方程。

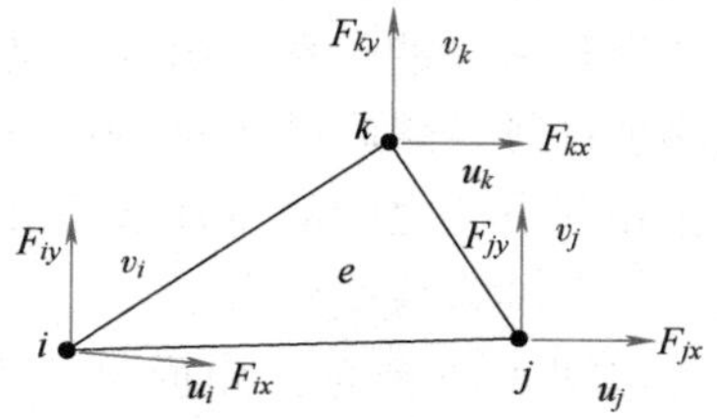

图 3-27 单元的节点力和位移

4. 后处理

后处理主要对分析结果进行综合归纳，并进行可视化处理，从分析数据中提炼出设计者最关心的结果，检验和校核产品设计的合理性。后处理主要包括：对应力和位移排序、求极值，校核应力和位移是否超出极限值或规定值；显示单元、节点的应力分布；动画模拟结构变形过程；显示应力、应变和位移的彩色云图或等值线、等位面、剖切面、矢量图，绘制应力应变曲线等。

3.2.2　建模与仿真分析

1. CAE 软件介绍

CAE 软件是迅速发展中的计算力学、计算数学、相关的工程科学、工程管理学与现代计算技术相结合而形成的一种综合性、知识密集型信息产品。CAE 软件可以分为专用和通用两类。针对特定类型的工程或产品所开发的用于产品性能分析、预测和优化的软件，称之为专用 CAE 软件；可以对多种类型的工程和产品的物理、力学性能进行分析、模拟、预测、评价和优化，以实现产品技术创新的软件，称之为通用 CAE 软件。

20 世纪 80 年代中期，计算机辅助工程分析逐步形成了商品化的通用和专用 CAE 软件。专用 CAE 软件和特定的工程或产品应用软件相连接，名目繁多；而通用 CAE 软件主要指大型通用有限元软件。1985 年前后，在可用性、可靠性和计算效率上已经基本成熟的、国际上知名的 CAE 软件有 NASTRAN、ANSYS、ASKA、MARC、ADINA、ABAQUS、MODULEF、DYN-3D 等。就软件结构和技术而言，这些 CAE 软件基本上是用结构化软件设计方法，采用 FORTRAN 语言开发的，其数据管理技术尚存在一定缺陷，运行环境仅限于当时的大型计算机和高档工作站。应用这些 CAE 软件对工程或产品进行性能分析和模拟时，一般要经历如下过程，如图 3-28 所示。

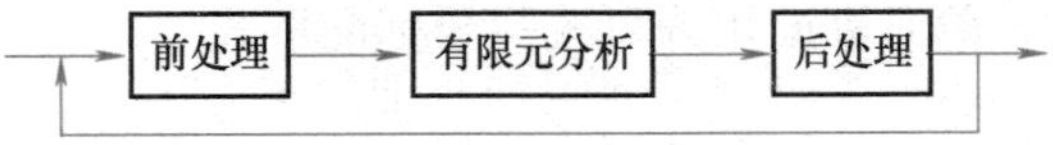

前处理 → 有限元分析 → 后处理

图 3-28　CAE 的一般步骤

（1）前处理　应用图形软件对工程或产品进行实体建模，进而建立有限元分析模型。

（2）有限元分析　针对有限元模型进行单元分析、有限元系统组装、有限元系统求解以及有限元结果生成。

（3）后处理　根据工程或产品模型与设计要求，对有限元分析结果进行用户所要求的加工、检查，并以图形方式提供给用户，辅助用户判定计算结果与设计方案的合理性。

近 15 年是 CAE 软件的商品化发展阶段，在满足市场需求和适应计算机硬、软件技术迅速发展的同时，软件的功能、性能，特别是用户界面和前、后处理能力，得到了大幅度扩充；软件的内部结构和部分软件模块，特别是数据管理和图形处理部分，得到了重大改造。新增的软件部分大都采用了面向对象的软件设计方法和 C++语言，个别子系统则是完全由面向对象的软件方法开发的。这就使得目前知名的 CAE 软件，在功能、性能、可用性、可靠性以及对运行环境的适应性方面，基本上满足了用户的需求。这些 CAE 软件可以在超级并行机，分布式微机群，大、中、小、微各类计算机和各种操作系统平台上运行。

2. 有限元分析基本步骤

下面以图 3-29a 所示的两段截面大小不同的悬臂梁为例来说明有限元分析的基本原理和步骤。该梁一端固定，另一端受一轴向载荷作用 $P_3=10\text{N}$，已知两段的横截面面积分别为 $A^{(1)}=2\text{cm}^2$ 和 $A^{(2)}=1\text{cm}^2$，长度为 $L^{(1)}=L^{(2)}=10\text{cm}$，所用材料的弹性模量 $E^{(1)}=E^{(2)}=1.96\times10^7\text{N/cm}^2$。以下是用有限元法求解这两段轴的应力和应变的过程。

（1）结构和受力分析　图 3-29 所示的结构和受力情况均较简单，可直接将此悬臂梁简化为由两根杆件组成的结构，一端受集中力 P_3 作用，另一端为固定约束，如图 3-29b 所示。

（2）离散化处理　将这两根杆分别取为两个单元，单元之间通过节点 2 相连接。这样，整个结构就离散为两个单元、3 个节点。由于结构仅受轴向截荷，因此各单元内只有轴向位移，现将 3 个节点的位移量分别记为 φ_1，φ_2，φ_3。

（3）单元分析 单元分析的目的是建立单元刚度矩阵。现取任一单元 e 进行分析。当单元两端分别受有两个轴向力 $P_1^{(e)}$ 和 $P_2^{(e)}$ 的作用时，如图 3-29c 所示，它们与两端节点 $1^{(e)}$ 和 $2^{(e)}$ 处的位移量 $\varphi_1^{(e)}$ 和 $\varphi_2^{(e)}$ 之间存在一定的关系，根据材料力学知识可知

$$\begin{cases} P_1^{(e)} = \dfrac{E^{(e)}A^{(e)}}{l^{(e)}}(\varphi_1^{(e)} - \varphi_2^{(e)}) \\ P_2^{(e)} = \dfrac{E^{(e)}A^{(e)}}{l^{(e)}}(-\varphi_1^{(e)} + \varphi_2^{(e)}) \end{cases} \tag{3-13}$$

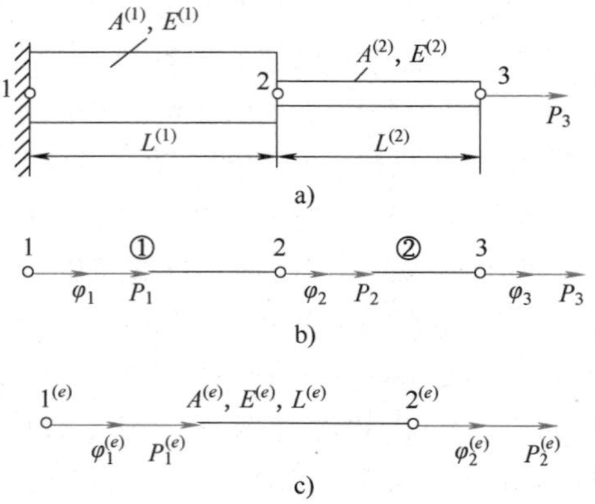

可将式（3-13）写成矩阵形式

$$\begin{pmatrix} P_1 \\ P_2 \end{pmatrix}^{(e)} = \frac{E^{(e)}A^{(e)}}{l^{(e)}}\begin{pmatrix} 1 & -1 \\ -1 & 1 \end{pmatrix}\begin{pmatrix} \varphi_1 \\ \varphi_2 \end{pmatrix}^{(e)} \tag{3-14}$$

或简记为

$$\boldsymbol{P}^{(e)} = \boldsymbol{K}^{(e)}\boldsymbol{\varphi}^{(e)} \tag{3-15}$$

图 3-29 阶梯轴结构及受力分析图

式中，$\boldsymbol{P}^{(e)}$ 为节点力向量；$\boldsymbol{\varphi}^{(e)}$ 为节点位移向量；$\boldsymbol{K}^{(e)}$ 为单元刚度矩阵。

单元刚度矩阵可改写为标准形式

$$\boldsymbol{K}^{(e)} = \frac{E^{(e)}A^{(e)}}{l^{(e)}}\begin{pmatrix} 1 & -1 \\ -1 & 1 \end{pmatrix} = \begin{pmatrix} \dfrac{EA}{l} & -\dfrac{EA}{l} \\ -\dfrac{EA}{l} & \dfrac{EA}{l} \end{pmatrix}^{(e)} = \begin{pmatrix} k_{11} & k_{12} \\ k_{21} & k_{22} \end{pmatrix} \tag{3-16}$$

该矩阵中任一元素 k_{ij}，都称为单元刚度系数。它表示该单元内节点 j 处产生单位位移时，在节点 i 处所引起的载荷。

（4）总体刚度方程 在整体结构中，3 个节点的节点位移向量和节点载荷向量分别为 $\boldsymbol{\varphi} = (\varphi_1 \quad \varphi_2 \quad \varphi_3)^{\mathrm{T}}$ 和 $\boldsymbol{P} = (P_1 \quad P_2 \quad P_3)^{\mathrm{T}}$。仿照式（3-15）有

$$\boldsymbol{P} = \boldsymbol{K}\boldsymbol{\varphi} \tag{3-17}$$

式中，$\boldsymbol{K} = \begin{pmatrix} k_{11} & k_{12} & k_{13} \\ k_{21} & k_{22} & k_{23} \\ k_{31} & k_{32} & k_{33} \end{pmatrix}$，称为总体刚度矩阵。

该矩阵中的各元素 k_{ij}，称为总体刚度系数，式(3-17)称为总体平衡方程。求出总体刚度矩阵是进行整体分析的主要任务。获得总体刚度矩阵的方法主要有两种：一种是直接根据刚度系数的定义求得每个矩阵元素，从而得到总体刚度矩阵；另一种是先分别求出各单元刚度矩阵，再利用集成法求出总体刚度矩阵。这里采用后一种方法。组合总体刚度之前，要先将各单元节点的局部编号转化为总体编号，再将单元刚度矩阵按总体自由度进行扩容，并将原单元刚度矩阵中的各系数按总体编码重新标记，如

$$\boldsymbol{K}^{(1)} = \begin{pmatrix} k_{11} & k_{12} \\ k_{21} & k_{22} \end{pmatrix}^{(1)} \rightarrow \boldsymbol{K}^{(1)} = \begin{pmatrix} k_{11} & k_{12} & 0 \\ k_{21} & k_{22} & 0 \\ 0 & 0 & 0 \end{pmatrix}^{(1)}$$

$$K^{(2)}=\begin{pmatrix}k_{11} & k_{12}\\ k_{21} & k_{22}\end{pmatrix}^{(2)} \rightarrow K^{(2)}=\begin{pmatrix}0 & 0 & 0\\ 0 & k_{22} & k_{23}\\ 0 & k_{32} & k_{33}\end{pmatrix}^{(2)} \tag{3-18}$$

将下标相同的系数相加，并按总体编码的顺序排列，即可求得总体刚度矩阵

$$K=K^{(1)}+K^{(2)}=\begin{pmatrix}k_{11}^{(1)} & k_{12}^{(1)} & 0\\ k_{21}^{(1)} & k_{22}^{(1)}+k_{22}^{(2)} & k_{23}^{(2)}\\ 0 & k_{32}^{(2)} & k_{33}^{(2)}\end{pmatrix} \tag{3-19}$$

（5）引入边界条件求解　本例的边界条件是节点 1 的位移为 0，即 $\varphi_1=0$。若将已知数据代入公式，经计算可得总体平衡方程为

$$1.96\times10^6\times\begin{pmatrix}2 & -2 & 0\\ -2 & 3 & -1\\ 0 & -1 & 1\end{pmatrix}\begin{pmatrix}0\\ \varphi_2\\ \varphi_3\end{pmatrix}=\begin{pmatrix}P_1\\ 0\\ 10\end{pmatrix} \tag{3-20}$$

求解式（3-19）可得

$$\varphi_2=0.255\times10^{-5}\text{cm},\quad \varphi_3=0.765\times10^{-5}\text{cm}$$

（6）各单元应力应变计算

1）各单元的应变：

$$\varepsilon^{(1)}=\frac{\varphi_2-\varphi_1}{l^{(1)}}=0.255\times10^{-6},\quad \varepsilon^{(2)}=\frac{\varphi_3-\varphi_2}{l^{(2)}}=0.51\times10^{-6}$$

2）各单元的应力：

$$\sigma^{(1)}=E^{(1)}\varepsilon^{(1)}=4.998\text{N/cm}^2,\quad \sigma^{(2)}=E^{(2)}\varepsilon^{(2)}=9.996\text{N/cm}^2$$

3.3　试验设计

试验设计（Design of Experiments，DOE）是以概率论、数理统计和线性代数等为基础理论，科学地安排试验方案，以便正确地分析试验结果，并尽快获得优化方案的一种数学方法。试验设计适用于解决多因素、多指标的优化设计问题，特别是当一些指标之间相互矛盾时，运用试验设计技术可以明确因素与指标间的规律性，并找出兼顾各指标的适宜的优化方案。

试验设计有 3 个要素，分别是试验指标、试验因素和试验水平。在试验设计中，根据试验目的而选定的用来考虑试验效果的特性值称为试验指标；对试验指标可能有影响的原因或要素称为试验因子或因素；试验设计中，选定因素处的状态和条件的变化，可能引起试验指标的变化，称各因素变化的状态或条件为水平或位级。在选取水平时，一般应注意如下 3 点：水平宜选取三水平或更高水平；水平取等间隔的原则；所选取的水平应是具体的，即水平应该是可以控制的，并且水平的变化要能直接影响试验指标并使其有不同程度的变化。

在近似建模过程中，通过试验设计可以在相同样本数量条件下更有效地获取精确模型信息，从而提高构造代理模型的精度和效率。目前，广泛研究和应用的试验设计方法包括全因子试验设计（Full Factorial Experimental Design）方法、部分因子试验设计（Fractional

Factorial Experimental Design）方法、中心组合设计（Central Composite Design，CCD）方法、蒙特卡罗法、正交试验设计（Orthogonal Array Sampling，OAS）方法、拉丁方设计（Latin Hypercube Design，LHD）方法等。

3.3.1 均匀设计

均匀设计的思想来源于总均值模型和数论方法。均匀性是一个几何概念，而不是一个从概率出发的准则。因此，从统计学角度为均匀设计建立一套坚实的理论是一件很困难的事情。直到 20 世纪 90 年代末才寻找到了突破口，而后均匀设计理论得以迅速发展。

为了便于均匀设计的实际应用，需要构造一批均匀设计表，包括下面 3 类：拟 Monte Carlo 法、组合方法和数值搜索法。

拟 Monte Carlo 法是常用的构造均匀设计的方法。其中，好格子点法和方幂好格子点法最先被使用，好格子点法的思想如下：若构造一个 n 个点、s 个因素的设计，首先寻找一个生成向量（$h_1,\cdots,h_s$），其中 h_i 与 n 互素且互不相同，则好格子点法生成的点集的第 i 行为 $d_{ij}=ih_j(mod\ n)$；给定偏差准则后，寻找一个最佳的生成向量使得相应的好格子点集的偏差值最小。因此，好格子点集完全取决于生成向量。然而，给定试验次数 n 和因素个数 s 等参数后，好格子点集的均匀性还有提高的空间。

该方法往往能构造离散偏差值达到偏差下界的均匀设计。一个具有相同行相遇数的非对称均匀设计与一个均匀可分解设计（Uniformly Resolvable Design，URD）是等价的，而组合方法中主要的工具即是利用这种等价性。因此，给出一个 URD，不需要任何计算和搜索而立得一个均匀设计。组合方法可以构造对称和非对称均匀设计，也可以构造超饱和均匀设计。

组合方法往往只能构造参数 n、s 和 q，…，q_s 在某些特定情形下的均匀设计。因此，需要给出适用于任何参数的构造算法。近几十年来研究人员发明了各类智能算法，例如，模拟退火算法及其各种改进算法、遗传算法、蚁群算法和粒子群算法等，这些方法可以处理离散优化问题。在给定某个偏差准则后，构造均匀设计本质上也可以变为一个离散优化问题。因此，可以考虑应用智能算法来构造均匀设计。Winker 和 Fang 首先应用门限接受法来构造星偏差意义下的均匀设计。

均匀设计在优化中有重要的应用。考虑约束优化问题

$$\begin{aligned} &\min f(\boldsymbol{x}) \\ &\text{s. t.}\quad f_i(\boldsymbol{x})\leqslant 0,\quad i=1,\cdots,m \\ &\qquad\quad h_j(\boldsymbol{x})=0,\quad j=1,\cdots,p \end{aligned} \tag{3-21}$$

其中函数 f，h_1，…，h_m，h_1，…，h_p：$\boldsymbol{R}^s\to\boldsymbol{R}$，即约束条件包括不等式约束和等式约束。当 $m=p=0$ 时，式（3-21）即为无约束优化问题。当 f，h_1，…，h_m，h_1，…，h_p 都是凸函数时，称式（3-21）为凸优化问题。显然，线性规划是一种特殊的凸优化问题。

常用的最速下降法、Newton 法和拟 Newton 法都要求目标函数至少一阶可微，然而有些目标函数并不满足这一条件，或者其可行域是一个离散区域。此时，式（3-21）变成一个离散优化问题，其求解过程比目标函数可微情形下往往更困难。记由式（3-21）的约束条件所

构成的搜索区域的可行域为 $\boldsymbol{X}$。求解优化问题的一种最简单的方法是在可行域 $\boldsymbol{X}$ 中采用 Monte Carlo 法产生 n 个样本，分别计算相应的目标函数值，其中使目标函数最小的点可作为最优解的近似。由于 Monte Carlo 法收敛速度慢，为此我们可以用均匀设计作为工具来求解，其主要思想是把试验区域中的随机样本替换为均匀散布的点集。

对于高维优化问题而言，一个有 n 个点的均匀设计，在可行域中仍较稀疏。一种考虑是增大 n，然而其充满整个可行域的速度仍显过慢。为此，Fang 和 Wang 提出了从数论角度得到的序贯均匀设计法（Sequential Number-Theoretic Optimization，SNTO）。该方法的思想如下：对于可行域为 $\boldsymbol{X}$ 的目标函数 $f(x)$，首先在 $\boldsymbol{X}$ 上均匀地安排 n 个点 x_1，…，x_n，得到 $f(x_1)$，…，$f(x_n)$；比较这些值并在取值最小点附近再安排一个均匀点集，比较这些值并得到新的取值最小点；然后根据一些准则再缩小试验区域，直到达到要求的精度为止。SNTO 可以处理非线性优化问题，对目标函数的可微性没有要求。

图 3-30 给出了 SNTO 求解优化问题的示意图。图 3-30a 和图 3-30b 分别为无约束和有约束优化问题的求解过程示意图，其中图 3-30b 的约束条件为 $2x_1+3x_2\leqslant6$，$x_1+5x_2^2\leqslant6$，$2x_1+2x_2\leqslant5$，$x_1\geqslant0$，$x_2\geqslant0$。从图中可知，经过几次缩小搜索区域之后，散布的均匀点集已越来越密，可以快速地得到近似最优解。此外，该方法可得到多峰优化问题的全局最优解，因为其初始的点集均匀地散布在搜索区域，总有一个点的函数值接近全局最优解。在 SNTO 中，也有可能出现全局最优解附近的点所对应的函数值没有局部最优解附近的函数值小，这会导致搜索方向有误。为此，通过 SNTO 的改进方法，可以尽量避免陷入局部最优解，同时保证收敛速度。均匀设计和 SNTO 可以快速有效地求解有约束和无约束的优化问题，例如，可应用于极大似然估计的求解等。

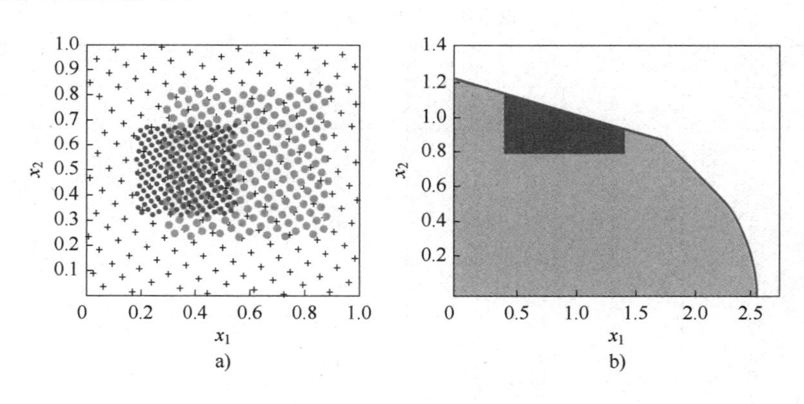

图 3-30　二维 SNTO 示意图

a）变量之间没约束　b）变量之间有非线性约束

均匀设计具有重要的理论意义和实用价值。均匀试验设计是一种模型未知的部分因子设计、计算机试验中的空间填充设计、模型稳健的设计和超饱和设计，该方法还可以应用于混料试验。特别地，在大数据时代，试验设计在大数据分析中仍将扮演重要角色，均匀设计也有这样的重要机会，例如，均匀设计在大数据的抽样问题中的应用等，这些方面仍有待进一步的研究。

3.3.2 正交设计

正交试验设计是按照一种已经拟定好的满足正交试验条件的表格来安排试验的试验设计方法，这种表格就是正交表。正交表具有均衡分散性的特点，能够实现各个因素各种水平的均衡搭配，适用于多因素、多水平的试验。三维两水平四次正交试验设计如图 3-31 所示。

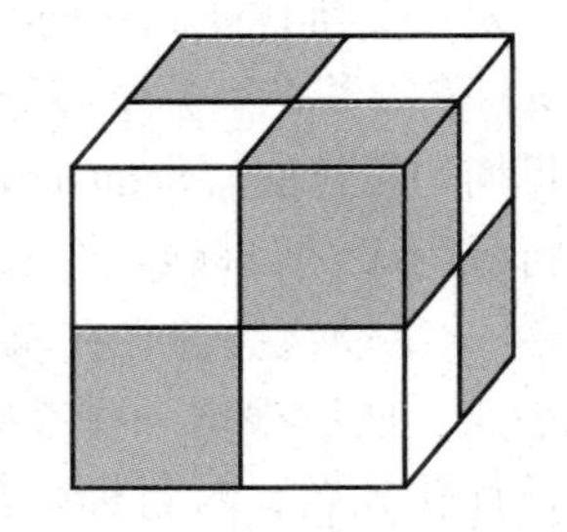

图 3-31 三维两水平四次正交试验设计

常用正交表的形式为 $L_A(p^q)$，其中 L 代表正交表，下标 A 表示表中有 A 个横行，也即总共所需要的试验次数，括号内的 p 表示因素的水平数，q 表示因素的个数。使用正交表通常要求各因素的水平数是相同的，当遇到各因素水平数不等的试验，即存在混合水平试验时，通常使用两种方法来安排正交试验，其中一种是直接套用不等水平正交表；另一种则是采用拟水平法，即在等水平正交表内安排不等水平的试验。

正交表是数学工作者为了方便设计人员选取设计样本点，挑选出具有代表性的因素、水平的搭配关系，而拟定出来的满足正交试验条件的设计表格。正交表是正交试验设计最基本最重要的工具，只要按照正交表安排试验，必然满足正交条件。例如，$L_8(2^7)$ 表示要做 8 次试验，最多允许安排 7 个因子，每个因子有 2 个水平数，见表 3-1；而采用 2 水平 7 因子的全因子试验设计的次数为 $2^7=128$ 次，远远大于正交试验设计的 8 次。

表 3-1 正交表 $L_8(2^7)$

试验号	因子						
	1	2	3	4	5	6	7
1	1	1	1	1	1	1	1
2	1	1	1	2	2	2	2
3	1	2	2	1	1	2	2
4	1	2	2	2	2	1	1
5	2	1	2	1	2	1	2
6	2	1	2	2	1	2	1
7	2	2	1	1	2	2	1
8	2	2	1	2	1	1	2

正交表是具有正交性、代表性和综合可比性的一种数学表格，并且在减少试验和计算工作量的情况下仍能得到基本反映全面情况的试验结果。

3.3.3 拉丁超立方设计

拉丁超立方抽样（Latin Hypercube Sampling，LHS）技术是一种约束随机地生成均匀样本点的试验设计和抽样方法，1979 年由 Mckay 和 Beckman 等创建并用于一维空间的设计仅限于单调函数的问题。随后，Keramat 和 Kielbasa 对 LHS 进行了修正研究并将其用于 n 维问题的抽样和设计。拉丁超立方设计具有样本记忆功能，能避免重复抽取已出现过的样本点，抽样效率较高，它能使分布在边界处的样本点参与抽样，该方法的优点是：可在抽样较少的情况下获得较高的计算精度。

设有 m 个设计变量 $x=(x_1,x_2,\cdots,x_m)$，需生成 n 个设计样本点，拉丁超立方抽样设计采用联合概率密度函数，基于相等的概率尺寸 $1/n$，首先将每个变量的设计区间同等地分成 n 个互不重叠的子区间，然后在每个子区间内分别发行独立的等概率抽样；第一个变量的 n 个值与第二个变量的 n 个值进行随机配对，并生成 n 个数据对，再用这 n 个数据对与第三个变量的 n 个值进行随机组合就生成每组包含三个变量的 n 个数据组，以此类推，直到生成每组包含 m 个变量的 n 个数据组。例如，设水平 $n=4$，因子 $s=2$，拉丁超立方试验设计布点的步骤如下：

1）将设计空间（不失一般性可设为单位正方形）每边均分为 $n-1$ 份，每边得到 n 个点，故整个区域共有 n^2 个点。

2）随机地取 $(1,2,\cdots,n)$ 的两个置换，例如将 $(1,2,3,4)$ 和 $(3,2,4,1)$ 排成一个矩阵，得

$$\begin{pmatrix}1 & 2 & 3 & 4\\ 3 & 2 & 4 & 1\end{pmatrix}^{\mathrm{T}} \tag{3-22}$$

由矩阵的每一列 $(1,3)$，$(2,2)$，$(3,4)$，$(4,1)$ 决定 4 个设计点，如图 3-32a 所示。均匀拉丁方试验设计是在拉丁超立方试验设计的基础上外加均匀性判据，使均匀性判据达到最大值的拉丁方试验设计，因此其生成的 n 个设计点将更加均匀地分散在设计空间中，如图 3-32b 所示。在此采用由 Hickernell 在 1998 年提出的均匀性判据，即

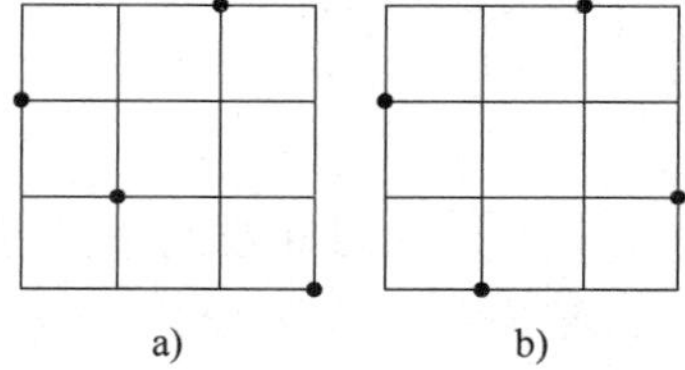

图 3-32　拉丁超立方试验设计与均匀拉丁方试验设计试验点分布
a）拉丁超立方试验设计
b）均匀拉丁方试验设计

$$D=\frac{4}{3}-\frac{2}{n}\sum_{k}^{n}\prod_{j}^{s}(1+2x_{kj}-2x_{kj}^2)+\frac{2^s}{n^2}\sum_{k}^{n}\sum_{j}^{n}\prod_{i}^{s}[2-\max(x_{kj},x_{ji})] \tag{3-23}$$

通过均匀拉丁方试验设计，不但可以减少试验次数，而且构造的代理模型精度较高。

在上述方法中，全因子试验设计方法、部分因子试验设计方法、中心组合设计方法和蒙特卡罗法存在试验点数随设计变量数和设计变量水平数增大而急剧增加的缺点，对于试验成本高、模型分析计算量大的问题，适用性有限。正交试验设计方法和拉丁超立方设计方法能够以较小的代价从设计空间获取散布性好、代表性强的设计点，因此能够更有效地获取精确模型信息。但正交试验设计方法需要以正交表为依据进行试验安排，试验点数由因素数和水平数确定，用户不能对试验点数进行自由确定，灵活性不强。因此，拉丁超立方设计方法具有更强的灵活性和更广泛的适用性。

对于拉丁超立方设计方法，由于选点的随机性，也有可能出现散布均匀性差的试验点设计组合，如图 3-33a 所示。为了得到均匀散布的拉丁超立方设计，出现了最优拉丁超立方设计方法，即通过优化准则（中心 L_2 偏差、极小极大距离、极大极小距离、总均方差、熵等）筛选拉丁超立方设计，得到满足准则的最优拉丁超立方设计，如图 3-33b 所示。

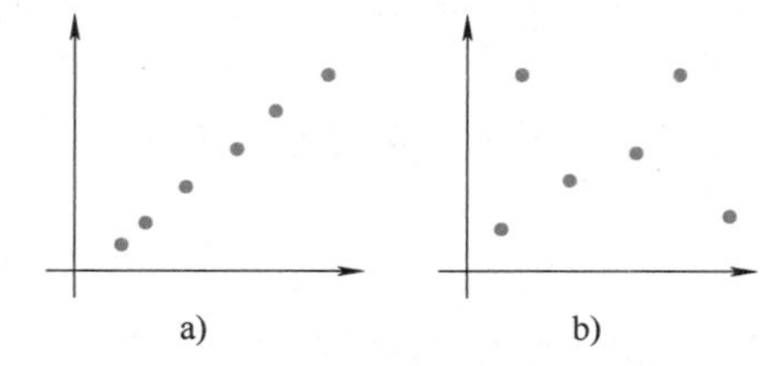

图 3-33　拉丁超立方设计结果对比
a）较差的拉丁超立方设计
b）较好的拉丁超立方设计

3.4 代理模型技术

3.4.1 多项式响应面

多项式响应面法（Response Surface Method，RSM）是试验设计与数理统计相结合，用于建立经验模型的优化方法，基本思想是在试验测量、数值分析或经验公式的基础上，对设计空间内的设计点进行试验求值，从而构造测定量（目标指标和约束指标）的全局近似。响应面法能够消除噪声效应，提高优化算法的收敛速度。在对接触-碰撞这样复杂的动力学问题进行车身抗撞性优化设计时，响应面法是一种快速、高效的近似方法。

在设计空间上，设计变量 x 与实际响应 $\boldsymbol{Y}$ 之间的函数关系可以写为

$$\boldsymbol{Y}=\tilde{y}(\boldsymbol{x})+\varepsilon=\sum_{j=1}^{N}a_j\varphi_j(\boldsymbol{x})+\varepsilon \tag{3-24}$$

式中，$\tilde{y}(\boldsymbol{x})$ 为目标或约束的近似函数，即响应面；ε 为综合误差，包含随机误差和建模误差等；N 为基函数 $\varphi_j(\boldsymbol{x})$ 的数目。每个设计点由 n 个独立变量 $x_j(j=1,2,\cdots,n)$ 组成，二次多项式回归模型逼近实际响应 $\boldsymbol{Y}$ 的近似函数为

$$\tilde{y}(\boldsymbol{x})=a_0+\sum_{j=1}^{n}a_jx_j+\sum_{\substack{j=1\\(j<k)}}^{n}a_{jk}x_jx_k+\sum_{j=1}^{n}a_{jj}x_j^2 \tag{3-25}$$

同理可得三次完全基函数的形式为

$$\begin{gathered}1;x_1,x_2,\cdots,x_n;x_1^2,x_1x_2,\cdots,x_1x_n,\cdots,x_n^2;x_1^3,x_1^2x_2,\cdots,x_1^2x_n,\\x_1x_2^2,\cdots,x_1x_n^2,\cdots,x_n^3\end{gathered} \tag{3-26}$$

四次完全基函数的形式为

$$\begin{gathered}1;x_1,x_2,\cdots,x_n;x_1^2,x_1x_2,\cdots,x_1x_n,\cdots,x_n^2;x_1^3,\\x_1^2x_2,\cdots,x_1^2x_n,x_1x_2^2,\cdots,x_1x_n^2,\cdots,x_n^3;\\x_1^4,x_1^3x_2,\cdots,x_1^3x_n,x_1^2x_2^2,\cdots,x_1^2x_n^2,\cdots,x_1x_2^3,\cdots,x_1x_n^3,\cdots,x_n^4\end{gathered} \tag{3-27}$$

对于低于二次的多项式模型，取不大于对应次数的项的和表达，而对于超过二次的回归模型，有时为了减少模型构造的计算量，也可以忽略变量交叉项的基函数项。完全基函数的项数 N 与设计空间维数 n 和回归模型的形式都有关系，对于线性回归模型有

$$N=n+1 \tag{3-28}$$

对于二次回归模型有

$$N=\frac{(n+2)\times(n+1)}{2\times1} \tag{3-29}$$

对于三次回归模型有

$$N=\frac{(n+3)\times(n+2)\times(n+1)}{3\times2\times1} \tag{3-30}$$

在设计空间上选 $M(M>N)$ 个设计样本点，并通过最小二乘法来确定式（3-25）中的系

数 $\boldsymbol{a}=(a_1,a_2,\cdots,a_N)^{\mathrm{T}}$。在第 i 个设计点 $x^{(i)}$ 处，响应面近似函数 $\tilde{y}^{(i)}$ 与有限元分析 $y^{(i)}$ 的绝对误差可表示为

$$\varepsilon_i=\tilde{y}^{(i)}-y^{(i)}=\sum_{j=1}^{N}a_j\varphi_j(x^{(i)})-y^{(i)} \tag{3-31}$$

$M(M>N)$ 个设计点处误差的二次方和为

$$E(\boldsymbol{a})=\sum_{i=1}^{M}\varepsilon_i^2=\sum_{i=1}^{M}\left[\sum_{j=1}^{N}a_j\varphi_j(x^{(i)})-y^{(i)}\right]^2$$

通过最小二乘法使式（3-31）取最小值，则得系数 $\boldsymbol{a}=(a_1,a_2,\cdots,a_N)^{\mathrm{T}}$ 的表达式为

$$\boldsymbol{a}=(\boldsymbol{X}^{\mathrm{T}}\boldsymbol{X})^{-1}(\boldsymbol{X}^{\mathrm{T}}\boldsymbol{y}) \tag{3-32}$$

式中

$$\boldsymbol{y}=(y^{(1)},y^{(2)},\cdots,y^{(M)})^{\mathrm{T}} \tag{3-33}$$

为系统响应分析所得的响应量；$\boldsymbol{X}$ 矩阵由 $M(M>N)$ 个设计点处的基函数组成，其表达式为

$$\boldsymbol{X}=\begin{pmatrix}\varphi_1(x^{(1)}) & \cdots & \varphi_N(x^{(1)})\\ \vdots & \vdots & \vdots\\ \varphi_1(x^{(i)}) & \cdots & \varphi_N(x^{(i)})\\ \vdots & \vdots & \vdots\\ \varphi_1(x^{(M)}) & \cdots & \varphi_N(x^{(M)})\end{pmatrix} \tag{3-34}$$

以两变量四次完全多项式基函数为例，则式（3-34）可以写成如下的完全展开形式：

$$\boldsymbol{X}=\begin{pmatrix}1\ x_1\ x_2\ x_1^2\ x_1x_2\ x_2^2\ x_1^3\ x_1x_2^2\ x_1^2x_2\ x_2^3\ x_1^4\ x_1^3x_2\ x_1^2x_1^2\ x_1x_2^3\ x_2^4\\ \vdots\\ 1\ x_1\ x_2\ x_1^2\ x_1x_2\ x_2^2\ x_1^3\ x_1x_2^2\ x_1^2x_2\ x_2^3\ x_1^4\ x_1^3x_2\ x_1^2x_1^2\ x_1x_2^3\ x_2^4\\ \vdots\\ 1\ x_1\ x_2\ x_1^2\ x_1x_2\ x_2^2\ x_1^3\ x_1x_2^2\ x_1^2x_2\ x_2^3\ x_1^4\ x_1^3x_2\ x_1^2x_1^2\ x_1x_2^3\ x_2^4\end{pmatrix}\begin{matrix}\text{第 1 个样本点}\\ \\ \text{第 } i \text{ 个样本点}\\ \\ \text{第 } M \text{ 个样本点}\end{matrix}$$

把矩阵 $\boldsymbol{X}$ 的具体形式和向量 $\boldsymbol{y}=(y^{(1)},y^{(2)},\cdots,y^{(M)})^{\mathrm{T}}$ 的具体数值形式代入式（3-33）可求出式（3-32）中系数 $\boldsymbol{a}$ 的具体数值，进而求出近似函数的表达式。

响应面法的特点：

1）响应面模型结构简单、计算量小，且模型曲线光滑。由于采用数理统计中的统计分析和参数拟合，这在很大程度上滤除了样本点的噪声，使设计空间的函数关系变得光滑而又简单，从而使设计优化收敛速度加快，并且容易求得全局最优解。

2）一般来说，提高响应面模型的阶次可以提高近似精度，但需要更多的训练样本点和训练时间。

3）在处理高度非线性问题时，限于多项式本身对此类问题表述能力的不足，响应面模型的近似精度大幅降低。

3.4.2　径向基函数

1. 径向基函数的定义

由 E. M. Stein 和 G. Weiss 所述定义，如果 $\|x_1\|=\|x_2\|$，那么 $\phi(x_1)=\phi(x_2)$ 的函数 ϕ 就

是径向函数，即仅由 $r=\|x\|$ 控制的函数（其中的范数是 Euclid 范数）。虽然其表述简单，但其内包含的理论知识却是丰富广泛的，不少专家学者对其进行过深入细致的研究。

径向基函数就是这样的函数空间：给定一个一元函数 ϕ：$R_+\to R$，在定义域 $x\in R^d$ 上，所有形如 $\psi(x)=\phi(\|x-c\|)$ 及其线性组合张成的函数空间称为由函数 ϕ 导出的径向基函数空间。

在一定的条件下，只要取 $\{x_j\}$ 两两不同，$\{\phi(x-x_j)\}$ 就是线性无关的，从而形成径向基函数空间中某子空间的一组基。当 $\{x_j\}$ 几乎充满 R 时，$\{\phi(x-x_j)\}$ 及其线性组合可以逼近几乎任何函数。

各类文献中常用的径向基函数有以下几种。

1）Kriging 方法的 Gauss 分布函数：

$$\phi(r)=\mathrm{e}^{-c^2r^2}$$

2）Kriging 方法的 Markoff 分布函数：

$$\phi(r)=\mathrm{e}^{-c|r|}\text{及其他概率分布函数}$$

3）Hardy 的 Multi-Quadric 函数：

$$\phi(r)=(c^2+r^2)^{\beta}\ \text{（其中}\beta\text{是正的实数）}$$

4）Hardy 的逆 Multi-Quadric 函数：

$$\phi(r)=(c^2+r^2)^{-\beta}\ \text{（其中}\beta\text{是正的实数）}$$

5）Duchon 的薄板样条：

$$d\text{ 为偶数时，}\phi(r)=r^{2k-d}\lg r$$

$$d\text{ 为奇数时，}\phi(r)=r^{2k-d}$$

6）紧支柱正定径向基函数：

$$\phi_{d,k}(r)\doteq(1-r)_+^n p(r)\quad(k\geqslant 0)$$

式中，$p(r)$ 为某一给定的多项式，$\doteq$ 的具体含义为

$$(1-r)_+^n\begin{cases}(1-r)^n & (0\leqslant r\leqslant 1)\\ 0 & (r>1)\end{cases}$$

对于 $k=0$，1，2，3，具有 $2k$ 阶连续倒数的紧支集径向基函数 $\phi_{l,k}(r)$ 的解析表达式见表 3-2，其中记 $\phi\in CS$，如果函数 ϕ 是紧支柱的，记 $\phi\in PD_n$，如果函数 $\Phi(\cdot)=\phi(\|\cdot\|)$ 是在空间 R^n 正定的，即对任何的 $\{x_1,\cdots,x_n\}\in R^n$,，矩阵 $\boldsymbol{A}=\phi(\|x_j-x_k\|)$ 都是正定的。

表 3-2　径向基函数的解析表达式

$\phi_{l,0}(r)\approx(1-r)_+^l$	$C^0\cap PD_d$
$\phi_{l,1}(r)\approx(1-r)_+^{l+1}[(l+1)r+1]$	$C^2\cap PD_d$
$\phi_{l,2}(r)\approx(1-r)_+^{l+2}[(l^2+4l+3)r^2+(3l+6)r+3]$	$C^4\cap PD_d$
$\phi_{l,3}(r)\approx(1-r)_+^{l+3}[(l^3+9l^2+23l+15)r^3+(6l^2+36l+45)r^2+(l+45)r+15]$	$C^6\cap PD_d$

2. 径向基函数的应用

（1）神经网络　人工神经网络（ANN）是理论化的人的大脑神经网络模型，是模拟人脑神经网络结构和功能建立起来的一种信息处理系统。人们首先假设某过程是某个函数空间的函数，然后连接成一个神经网络，之后通过运行一段时间使其电势趋于最小来达到某种动

态平衡，最后使用此方法解出这个函数，这就是神经网络构造的基本方法。而选择径向基函数空间是一个较简单的实现神经网络的方法。

（2）偏微分方程数值解　径向基函数插值法是逼近理论中一个较有效的工具。因为它节点配置灵活、计算格式简单、计算工作量小、精确度较高，所以它越来越被大家所关注，应用面也在持续扩展，也就成为解偏微分方程的一种有效方法。人们研究发现，与其他方法相比较，它不需要数值积分，求解思路直接明了，编程也相对简单。但因为它是一种比较新的方法，很多问题没有形成系统的理论，只能根据经验来解决，所以人们需要进一步研究用径向基函数插值法解决偏微分方程的数值解问题。

（3）用于数字图像处理　现在，在数字图像处理领域，许多问题已经在一定程度上被解决。但伴随着对数字图像处理的效率与效果的要求不断增加，已有的方法必须要被改进。用径向基函数对图像进行放大、修复和去噪，通过将上述问题转换成曲面重构的问题，根据实际效果选择 Multi-Quadric 函数或其他径向基函数对图像处理中损失的信息构造插值格式，再利用计算机自动选取待插值点和插值参考点并求解插值方程，从而得到处理后的图像。

3.4.3　Kriging

Kriging 模型是一种估计方差最小的无偏估计模型，它通过相关函数的作用，具有局部估计的特点。Kriging 方法是南非地质学者 Danie Krige 和法国地理数学家 Matheron 发明的一种地质统计学中用于确定矿产储量分布的插值方法。1997 年，Giunta 在其博士论文中对 Kriging 方法在多学科优化设计中的应用作了初步研究，并随后将该方法与多项式方法作了对比。近年来，Kriging 模型作为一种有代表性的代理模型技术，逐渐扩展了应用范围，特别是在工程优化领域得到了广泛应用。

Kriging 法通过相关函数的作用，可对区域化变量求最优、线性、无偏内插估计值，具有平滑效应及估计方差最小的统计特征。Kriging 法是建立在变异函数理论分析基础上，对有限区域内的区域化变量取值进行无偏最优估计的一种空间局部内插法。它利用对空间数据进行加权插值的权值设计，且通过引进以距离为自变量的变异函数来计算权值，这使得它既能反映变量的空间结构特性，又能反映变量的随机分布特性。从插值角度看，它是对空间分布的数据求线性最优、无偏内插估计的一种方法；从统计意义上看，它是从变量相关性和变异性出发，在有限区域内对区域化变量的取值进行无偏、最优估计的一种方法。它的适用条件是区域化变量之间存在空间相关性。

Kriging 模型由一个参数模型和一个非参数模型联合构成，其中，参数模型是回归分析模型，非参数模型是一个随机分布。Kriging 模型对某一点进行预测，主要借助于在该点周围已知变量的信息，通过对该点一定范围内的信息加权组合来估计该点的未知信息。加权选择则是通过最小化估计值的误差方差来确定的。Kriging 模型假设系统的响应值与自变量之间的真实关系可表示为如下形式：

$$f(x)=g(x)+z(x) \tag{3-35}$$

式中，$g(x)$ 是一个确定性部分，称为确定性漂移，一般用多项式表示；$z(x)$ 称为涨落，它具有如下统计特性：

$$E[z(x)]=0$$
$$Var[z(x)]=\sigma^2 \tag{3-36}$$
$$E[z(x^l),z(x)]=\sigma^2 R(c,x,x^l)$$

$z(x)$ 为稳定随机分布函数，它反映了局部偏差的近似，这也是它与多项式响应面模型的主要区别。Kriging 法建立在平稳性假设的基础上，即假设任一随机函数式 $z(x)$，其空间分布不因平移而改变。如果研究对象不满足平稳性假设，那么运用 Kriging 法会使该问题失真。

协方差是用于衡量两个随机变量如何共同变化的量，即它们之间的互动性。协方差可为正值、负值或零。正的协方差表明，当一个随机变量出现大于平均值的值时，另一个随机变量的值也会大于均值；负的协方差正相反，一个出现大于均值的值，与之相反，另一个则会出现小于均值的值；协方差为零，表明把两者的结果简单配对并不能揭示出什么固定模式。

上式中的 $R(c,x,x^l)$ 是以 c 为参数的相关函数，而 $R(c,x,x^l)$ 中常用的核函数有

高斯函数： $r(d_j)=\exp(-d_j^2/c_j^2)$

指数函数： $r(d_j)=\exp(-d_j/c_j)$

式中，d_j 为表征待测点与样本点之间距离关系的量；c_j 为核函数在样本点第 j 个方向的常数参量，各个方向 c_j 的值可以相同，也可以不同。

取 $d_j=|x_j-x_j^i|(j=1,2,\cdots,m;i=1,2,\cdots,n)$，其中 x_j 为待测点在第 j 个方向的坐标，x_j^i 为第 i 个样本点在该方向的坐标，相关函数为 $R(x)=\prod_{j=1}^{m}r(d_j)$。根据以上统计特征可以得到

$$E[f(x)]=g(x) \tag{3-37}$$

利用样本点 x^i 的响应值 y^i 的线性加权叠加插值来计算待测点 x 的响应值，可以得到如下结果：

$$f^*(x)=w(x)^{\mathrm{T}}\boldsymbol{Y} \tag{3-38}$$

式中，$w(x)$ 为待求权系数向量，$w(x)=(w_1,w_2,\cdots,w_n)^{\mathrm{T}}$；$\boldsymbol{Y}=(y^1,y^2,\cdots,y^n)$。利用式（3-38）求解时要满足无偏条件，所以有 $E[f^*(x)-f(x)]=0$，即 $E(\boldsymbol{w}^{\mathrm{T}}\boldsymbol{Y}-f)=\boldsymbol{w}^{\mathrm{T}}\boldsymbol{G}-g=0$，从而可得

$$\boldsymbol{G}^{\mathrm{T}}w(x)=g(x) \tag{3-39}$$

式中，$\boldsymbol{G}^{\mathrm{T}}=(g(x^1),g(x^2),\cdots,g(x^k))$，此时式（3-38）的方差为

$$\begin{aligned}\phi(x)&=E\{[f^*(x)-f(x)]^2\}\\&=E[(w^{\mathrm{T}}\boldsymbol{Z}-z)^2]\\&=\sigma^2(1+w^{\mathrm{T}}\boldsymbol{R}w-2w^{\mathrm{T}}\boldsymbol{r})\end{aligned} \tag{3-40}$$

式中，$\boldsymbol{R}=[R_{ij}]=[R(c,x^i,x^j)](i,j=1,2,\cdots,n)$，$\boldsymbol{r}=(R(c,x,x^1),R(c,x,x^2),\cdots,R(c,x,x^n))^{\mathrm{T}}$。

Kriging 模型要求模型的预测方差最小，因此式（3-38）中的权系数 w 的问题最后就转化为求解式（3-40）在式（3-38）等式约束下的极值问题。利用拉格朗日乘子法求解得到的最终结果如下：

$$\boldsymbol{w}(x)=\boldsymbol{R}^{-1}\{\boldsymbol{r}(x)-\boldsymbol{G}(\boldsymbol{G}^{\mathrm{T}}\boldsymbol{R}^{-1}\boldsymbol{G})^{-1}[\boldsymbol{G}^{\mathrm{T}}\boldsymbol{R}^{-1}\boldsymbol{r}(x)-g(x)]\} \tag{3-41}$$

将式（3-41）代入式（3-38）可得

$$f^*(x)=g(x)\beta^*+\boldsymbol{r}(x)^{\mathrm{T}}\boldsymbol{\gamma}^* \tag{3-42}$$

式中，$\boldsymbol{\beta}^*=(\boldsymbol{G}^{\mathrm{T}}\boldsymbol{R}^{-1})\boldsymbol{G}^{-1}\boldsymbol{R}^{-1}\boldsymbol{Y}$；$\boldsymbol{\gamma}^*=\boldsymbol{R}^{-1}(\boldsymbol{Y}-\boldsymbol{G}\beta^*)$。

从式（3-42）可以看出，在样本点一定的情况下，数值β^*和向量γ^*的值是固定不变的，因此求解待测点的系统响应值时只要计算 $g(x)$ 和 $r(x)$ 就可以了。$g(x)$ 通常是通过回归分析确定，所以实际应用中，计算工作主要是集中在求解向量 $r(x)$ 上。

在相关函数的作用下，Kriging 法具有局部估计的特点，这使其在解决非线性程度较高的问题时比较容易取得理想的拟合效果。另外，由于输入向量各方向的核函数的参数 c_j 可以取不同值，所以 Kriging 法既可以用来解决各向同性问题，也可以用来解决各向异性问题。可证明 Kriging 法中各方向的参数 c_j 存在最优值。不过对 c_j 的寻优会耗费大量计算时间，这在各向异性的高维问题中显得特别突出，这一点造成了构造 Kriging 模型所用时间要比其他几种模型多的问题。

Kriging 法的特点：

1）Kriging 模型是全局响应近似函数与局部导数的组合。全局响应近似函数根据平均响应而取常数项，局部导数根据任意两个取样点的相互关系用通行的高斯修正函数确定，取样点通过插值得到。由于 Kriging 模型是由一个参数模型和一个非参数随机过程联合构成的，它比单个参数化模型更具有灵活性，同时又克服了非参数化模型处理高维数据存在的局限性，比单个参数化模型具有更强的预测能力。

2）在相关函数的作用下，Kriging 模型具有局部估计的特点，这使其在解决非线性程度较高的问题时能够捕获简单多项式无法代表的某些非线性特征，比响应面法更容易取得理想的拟合效果。

3）由于输入矢量各方向的函数参数 c_j 可以取不同的值，因此 Kriging 法既可以用来解决各向同性问题，也可以用来解决各向异性问题。

4）对 c_j 的寻优会耗费大量的计算时间，这在各向异性的高维问题中显得特别突出，使构造 Kriging 模型所用的时间要比其他几种模型多，因此对于大型复杂工程问题的适应性差。

5）局部插值会造成代理模型曲线不够光滑。如果能够提供的样本点较少，相关矩阵的信息量不足，会使 Kriging 模型的预测效果很不理想。

3.4.4　混沌多项式展开

混沌多项式展开（Polynomial Chaos Expansions，PCE）方法主要基于混沌多项式（Polynomial Chaos，PC）理论，具有坚实的数学基础，能够精确地描述任意分布形式的随机变量的随机性，理论上当条件满足，可以获得指数收敛的速度，是一种非常有效的基于随机展开的不确定性分析方法。PCE 方法建立的基础是源于 Wiener 理论中的齐次函数，它在 19 世纪 60 年代被用于湍流问题，但是当时发现对于乱流场，混沌多项式展开收敛速度非常慢，因此混沌多项式理论很长一段时间没有引起足够的重视。直至 1991 年 Ghanem 和 Spanos 首次以专著的形式对 PCE 方法进行了介绍，他们运用有限元方法，将 PCE 应用于线弹性固体力学问题的不确定性分析，取得了良好的效果，PCE 方法才逐渐得到广泛应用。根据相关文献，PC 理论建立的前提准则是：如果任意随机变量的概率密度函数 $f_X(x)$ 具有较好特性（也就是二方可积），则该随机变量能够表示成若干相互独立的标准随机变量的函数。所谓

二方可积，其定义为

$$\int_{-\infty}^{+\infty} |f_X(x)|^2 \mathrm{d}x < \infty \tag{3-43}$$

如果满足这个不等式，可以说$f_X(x)$ 在区间（$-\infty$，$+\infty$）是二方可积的，当然也可以说$f_X(x)$ 在区间［a,b］上是二方可积的。通常，对于感兴趣的随机变量，上述二方可积性的要求基本都可以满足。PCE 方法还有一个最大的优势是，一旦 PCE 模型构建好，就相当于构建了一个原随机输出变量的代理模型，随机输出量的任意不确定性信息（统计矩、可靠性、概率密度函数等）都能很方便地得到，同时适用于稳健设计和基于可靠性的设计。而其他的不确定性分析方法，要么是用于统计矩估算，要么是用于可靠性估算。因此，现今 PCE 方法在不同的领域都得到了广泛应用。例如：有限变形问题、环境和声学问题、随机微分方程、热传导、流体力学问题和结构动力学问题。

最初始的 PCE 方法都是以埃尔米特正交多项式作为基函数，美国布朗大学的 Xiu 教授等运用包括埃尔米特正交多项式在内的各种不同形式的正交多项式作为基函数，将 PCE 方法扩展到了广义的 PCE 方法。总结现有研究，对 PCE 方法做一个大致分类。PCE 方法主要分为两大类：非干涉混沌多项式展开（Non-Intrusive Polynomial Chaos Expansion，NIPCE）和干涉混沌多项式展开（Intrusive Polynomial Chaos Expansion，IPCE），有文献也称作非侵入 PCE 和侵入 PCE。这两类方法最主要的不同之处在于：NIPCE 在进行不确定性分析时，将响应函数看作一个黑箱子，仅仅关注输入和输出随机变量之间的函数映射关系，无需涉入函数内部，因此称作“非干涉”；而 IPCE 必须知道响应函数明确的输入、输出函数表达式，且需要对原响应函数的形式做改动和变形，因此称作“干涉”。通常而言，NIPCE 主要用于静态问题的不确定性分析，形如 $Y=g(\boldsymbol{X})$，如结构可靠性分析、静态问题的不确定性分析。而 IPCE 一般用于动力学系统的不确定性传播，如火星着陆的着陆点位置精度分析、导弹击中目标位置精度分析等。由于 NIPCE 方法无需涉入函数内部，且简单方便，因此现已用来实现动力学系统的不确定性传播，相比于 IPCE，它在工程问题中应用更为广泛。

PCE 方法大致可以分为两步：第一，PCE 模型的构建，也就是将输入随机变量和输出随机变量分别表示为一组正交多项式基函数的加权线性组合；第二，PCE 系数的计算，也就是如何计算得到各正交多项式基函数对应的权值。第一步关于 PCE 模型的构建理论上相对较为简单，只需要按照规则选取合适的正交多项式基函数，并进行组合即可。第二步关于 PCE 系数的求取是 PCE 方法需要解决的主要问题和难点所在。对于 NIPCE，求取 PCE 系数最常见的方法是 Galerkin 投影方法，它巧妙地利用 PCE 模型中正交多项式基函数的正交性，将 PCE 模型依次投影到每项正交多项式上，从而得到各个 PCE 系数。除了 Glerkin 投影，另外一种方法是回归方法，基于这种方式求取 PCE 系数的 PCE 方法有其专门的名字，称为随机响应面方法（Stochastic Response Surfaces Method，SRSM）。它通过在随机空间中抽取一定数量的样本，在样本点上通过线性回归得到 PCE 系数。这种方式类似于确定性下的响应面方法（Response Surfaces Method，RSM），只不过 SRSM 是构建在随机空间，这也是其名字的由来。SRSM 由于构造简单且具有较高的精度和较强的稳健性，已经运用到众多领域来解决不确定性分析问题，如环境生物工程、容差设计、结构优化和金属成型过程的容差估算。最近，SRSM 广泛用于基于可靠性的优化设计和稳健优化设计，显著提高了设计的精度和效率。图 3-34 给出了混沌多项式展开方法的大致分类，本小节将主要对非干涉混沌多项式展开方法进行介绍。

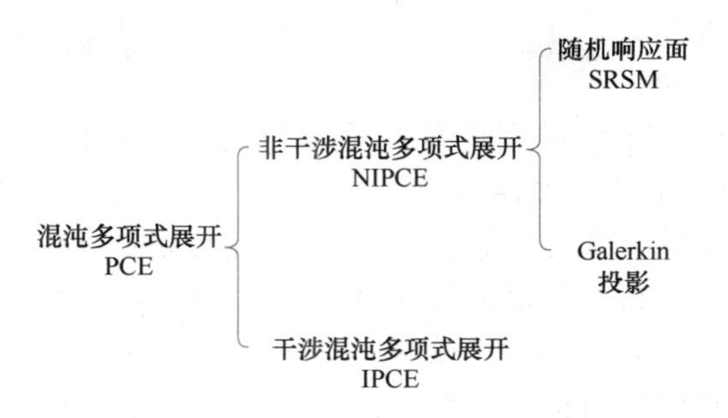

图 3-34　混沌多项式展开方法的大致分类

对于受独立随机变量向量 $\boldsymbol{X}$ 影响的 $\boldsymbol{Y}$，采用 PCE 可将其展开为

$$Y(\boldsymbol{x}) = q_0 H_0 + \sum_{i=1}^{n} q_1 H_1(x_i) + \sum_{i_1=1}^{n} \sum_{i_2=1}^{i_1} q_{i_1 i_2} H_2(x_{i_1}, x_{i_2}) + \sum_{i_1=1}^{n} \sum_{i_2=1}^{i_1} \sum_{i_3=1}^{i_2} q_{i_1 i_2 i_3} H_3(x_{i_1}, x_{i_2}, x_{i_3}) + \cdots \tag{3-44}$$

式中，q_i 为多项式系数；$H(\cdot)$ 为多项式函数。PCE 依均方收敛，依据 Cameron-Martin 定理，对于任意来自 Hilbert L_2 空间的函数皆可由 Hermite 多项式函数来拟合。此外，当 $i \neq j$ 时 H_i 与 H_j 正交，这种正交性极大地简化了均值及方差等信息的计算过程。在应用中，通常有更为简洁的表达形式：

$$Y(\boldsymbol{x}) = \sum_{i=0}^{\infty} q_i \psi_i(\boldsymbol{x}) \tag{3-45}$$

式中，ψ 为多项式项，是一维多项式函数的乘积形式。多项式形式依据输入随机变量的概率分布来确定，常见的概率分布和与其对应的正交多项式见表 3-3。对于不服从表 3-3 中的概率分布，可以采用概率分布变换或 λ-PDF 将其转化为常见的概率分布来进行处理。

表 3-3　概率分布和与其对应的正交多项式

概 率 分 布	正交多项式
均匀	勒让德（Legendre）
正态	埃尔米特（Hermite）
对数正态	
指数	拉盖尔（Laguerre）
威布尔	
瑞利	
伽马	
λ	盖根堡（Gegenbauer）

3.4.5　多保真度代理模型

构建代理模型所需样本点的数目极大地决定着代理模型的精度。而在实际工程优化设计中，通常会涉及复杂且费时的高精度仿真分析模型。传统的方法构建代理模型的数据完全来自于高精度分析模型，为了保证代理模型的近似精度，通常需要大量调用高精度分析模型，必然消耗大量的计算时间，实际工程设计中往往难以承受。为了应对该问题，可采用不同的方法对高精度分析模型进行简化以得到一系列高效率的中、低精度的近似分析模型。如图 3-35 所示的汽车设计模型，精度虽不如高精度分析模型高，但是计算量相对少很多，然后调用评估它们以获取一些中、低精度的样本点数据，最后结合少量的高精度样本点数据构建一个高效且精确的代理模型。该过程亦称为变保真度建模（Multi-fidelity Modeling）或变复杂度建模（Variable-complexity Modeling），通过充分融合不同精度模型的数据，降低构建代理模型的计算量，并保证其精度。在实际复杂的工程应用中，通常能够采用不同精度（不同计算量）的模型对系统响应进行仿真分析，例如，在估算飞行器气动力时，其仿真分析模型可基于不同的物理原理（如线性势流模型或者欧拉模型）、不同的数值求解器（如有限差分法或者有限元法）和不同粗细程度的网格来构建。此时，若能充分利用变保真度建模的优势，将能大为降低构建一个精确的气动力分析代理模型所需的计算量。

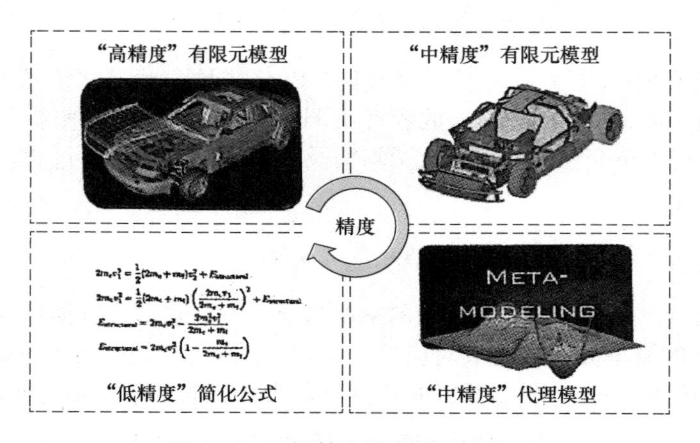

图 3-35　不同精度的汽车设计模型

随着试验与仿真技术的发展，目前变保真度建模技术已得到了广泛的研究，其中关键的一点是如何有效融合不同精度模型的数据，以更高效而精确地代替费时的高精度模型。较早的变保真度建模融合方法有 Haftka 等人提出的差值或比值模型，即对高精度模型 $y^h(x)$ 与低精度模型 $y^l(x)$ 求取差值 $\gamma(x)$ 或比值 $\beta(x)$，如下式

$$y^h(x)=y^l(x)+\gamma(x) \text{或} y^h(x)=\beta(x)y^l(x) \tag{3-46}$$

然后，基于已有的高、低精度模型的数据，对差值 $\gamma(x)$ 或比值 $\beta(x)$ 建立多项式响应面模型，并将其与低精度模型结合，最终构建一个相对高效且精确的代理模型 $\hat{y}^h(x)$，代替原先费时的高精度模型 $y^h(x)$ 用于优化设计。Watson 与 Keane 等人采取类似的差值模型融合方法，但他们分别使用神经网络和 Kriging 方法对模型差值构建代理模型。然而，上述基于模型差值（或比值）的变保真度建模方法需要高低精度模型的数据一一对应。为了保证差值（或比值）代理模型的精度，需要多次调用高精度模型以获得足够多的模型差值（或比值）数据，计算量依然较大。Kennedy 与 O'Hagan 等人基于上述差值（或比值）模型融合方法，提出对高低精度模型建立线性回归关系，如下式

$$y^h(x)=\beta y^l(x)+\gamma(x) \tag{3-47}$$

式中，β 为未知常数，分别对低精度模型 $y^l(x)$ 与差值模型 $\gamma(x)$ 建立高斯随机过程（Gaussian Process）模型，由式（3-47）合并两者可得到高精度模型 $y^h(x)$ 的高斯随机过程模型。然后根据高斯随机过程的特性，将高低精度的两个高斯随机过程模型组合在一起，并使用高低精度模型在不同输入样本点处的数据一并对所有高斯随机过程模型的未知参数（包括β）进行估计（可采用最大似然估计方法或者马尔科夫链蒙特卡罗方法），从而获得高效且精确的高斯随机过程预估模型 $\hat{y}^h(x)$。

为了能够捕捉高低精度模型之间更复杂的非线性关系，Qian 与 Wu 提出在式（3-47）中采用非常数的比值系数$\beta(x)$，即$\beta(x)$ 为输入变量 x 的函数，有

$$y^h(x)=\beta(x)y^l(x)+\gamma(x) \tag{3-48}$$

然后通过采用多项式响应面的方法或者随机过程来描述该比值系数$\beta(x)$。但是该方法亦增加了未知模型参数的个数，通常需要收集更多模型响应数据以准确地估计出这些未知参数，从而使得计算量极大提升。当存在多个层次型低精度模型 $y^{l\{i\}}(x)(i=1,2,\cdots Q)$ 时（即这些低精度模型的精度水平能够逐一按高低排列），为了减少未知模型参数的个数，降低计算量，通常取比值参数$\beta(x)=1$，从而可简化得到高低精度模型之间的关系式为

$$\begin{aligned} y^{l\{i\}}(x)&=y^{l\{i-1\}}(x)+\gamma_{i-1}(x) \\ y^h(x)&=y^{l\{1\}}(x)+\sum_{i=1}^{Q}\gamma_i(x) \end{aligned} \tag{3-49}$$

除了上述基于高低精度模型差值（或比值）的变保真度建模方法外，Osio 与 Amon 提出一种多阶段贝叶斯模型融合方法，通过对低精度模型建立非线性回归模型，然后结合高精度模型数据根据贝叶斯原理逐级更新代理模型的预估精度，但当存在多个仿真分析模型时，该方法的效率较低。EI-Beltagy 等人提出将低精度模型的响应作为高精度模型的额外输入变量，采用高斯随机过程方法对高精度数据建立代理模型。该方法虽通过低精度模型的响应能够一定程度上提高所构建代理模型的精度，但当高精度模型高度非线性时往往需要足够多的高精度数据点以保证代理模型的精度。Andrea 等人通过决定树策略将设计空间进行分块，然后基于各个小块设计空间的低精度模型数据，采用最小角度回归方法选取高精度模型的仿真样本点，用于校正低精度模型的误差，但该方法仅能够处理两个高低精度模型的融合，并不适用存在多个仿真分析模型的情况。

前述研究仅适用于各仿真分析模型的精度高低呈明显层次型的情况，可是在实际工程应用中，模型的精度很多时候不呈明显的层次结构，即非层次型，例如用于预测气候的仿真模型，由不同研究小组基于不同的理论以考虑大气层、海洋以及陆地对气候所产生的物理与化学影响来构建；或者用于飞行器气动分析的仿真模型，其能够由多个部门或单位根据其目前的软硬件条件以及在该领域积累多年的工程经验来构建。这些仿真模型有时精度水平非常接近，难分高低，如图 3-36a 所示；有时它们的精度水平随着设计空间的范围可能发生多种变化，如图 3-36b 所示。

目前，针对具有非层次型模型精度的变保真度建模方法的研究甚少。工程中通常的做法是根据经验直接对各模型分别赋予权值，以区别其精度的高低，然后采取线性加权算法构建代理模型。然而，该方法显然过于主观，且精度非常有限。因此，Chen 等人提出将所有低精度模型 $y^{l\{i\}}(x)(i=1,2,\cdots,Q)$（注意此处上标 i 的大小并不表示模型精度的高低）加权求

和，然后再与用于验证的高精度模型 $y^h(x)$ 求差值，如下式

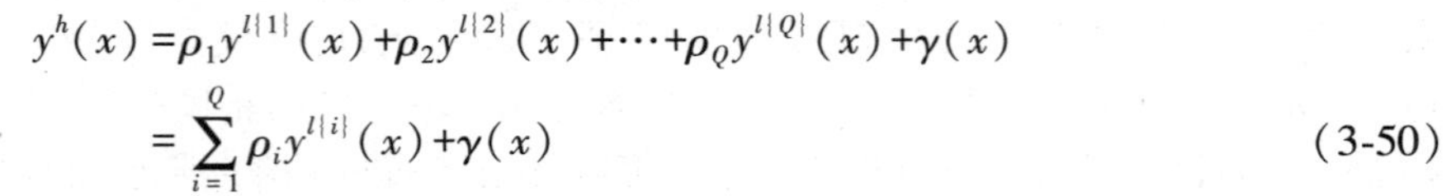

$$y^h(x)=\rho_1 y^{l\{1\}}(x)+\rho_2 y^{l\{2\}}(x)+\cdots+\rho_Q y^{l\{Q\}}(x)+\gamma(x)$$
$$=\sum_{i=1}^{Q}\rho_i y^{l\{i\}}(x)+\gamma(x) \tag{3-50}$$

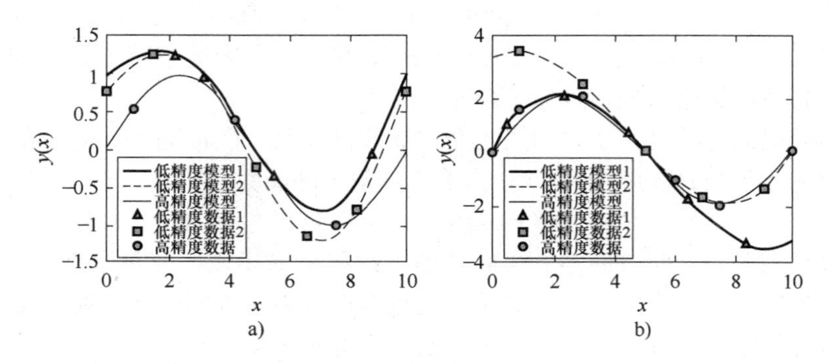

图 3-36 不同精度的模型

a）难分高低 b）随设计空间变化

采用高斯随机过程对所有低精度模型以及差值进行建模，并利用已收集的所有高低模型数据来一并估算未知的随机过程模型参数以及权系数 ρ_i。与传统工程中主观地选取模型权值相比，该方法不仅能够客观合理地根据响应数据为每个低精度模型分配权值，并且通过差值模型能够更加准确地模拟复杂的高精度模型。Chen 等人还提出将每个低精度模型对高精度模型单独求取差值：

$$y^h(x)=y^{l\{i\}}(x)+\gamma_i(x) \quad i=1,2,\cdots,Q \tag{3-51}$$

然后对所有低精度模型与所有模型差值分别建立两个不同的多响应高斯随机过程模型，同样利用已收集的高低模型数据来估算这两个随机过程模型的未知参数。该方法所采用的多响应高斯随机过程不仅考虑了单个低精度模型的响应数据之间的关联性，并且能够捕捉到各个仿真模型的响应数据之间的关联性，有利于挖掘响应数据中更多有用的信息以提高代理模型的精度与稳健性。

3.5 敏感性分析

在 MDO（多学科优化）领域，多学科灵敏度分析又称系统灵敏度分析（System Sensitivity Analysis，SSA）。SSA 是一种处理大系统问题的方法，它在多学科设计环境中进行，考虑各子系统之间的耦合影响，研究系统设计变量或参数的变化对系统性能的影响程度，建立对整个系统设计过程的有效控制。原则上，可使用一些学科灵敏度分析方法来进行整个 MDO 系统的多学科灵敏度分析（如复变量方法就可用于多学科灵敏度分析），但在实际应用中，将学科灵敏度分析方法通过简单扩展应用于 MDO 系统的多学科灵敏度分析并不现实。因为 MDO 系统的多学科灵敏度分析所需的数据远比单学科灵敏度分析复杂得多，即存在“维数灾难”，而且多学科灵敏度分析在 MDO 中更多地用于衡量学科（子系统）之间及学科与系统之间的相互影响，其计算方法和单学科灵敏度分析的计算方法差

别较大。

解决的办法是将含有多个学科的整个 MDO 系统按不同的分解策略分解为若干较小的子系统（学科），对各子系统分别进行学科灵敏度分析，然后对整个 MDO 系统再进行多学科灵敏度分析。利用不同的分解策略可将系统分解为层次系统、耦合系统和混合系统，相应地有不同的多学科灵敏度分析方法：最优灵敏度分析方法，可用于层次系统的灵敏度分析；全局灵敏度分析方法；滞后耦合伴随方法，可用于耦合系统的灵敏度分析。最优灵敏度分析与全局灵敏度分析、滞后耦合伴随方法结合可用于混合系统的灵敏度分析。

3.5.1　局部敏感性分析

最优灵敏度分析（Optimum Sensitivity Analysis，OSA）是由 Sobieszczanski-Sobieski 等于 1982 年提出的。多学科设计优化的最优结果除与设计变量有关外，通常还受到某些固定参数的影响。这些设计参数在某一次的优化过程中保持不变，但在设计过程中可能根据需要会发生角色的转变，变为可调节变量，并对优化目标造成影响。例如，电动车辆总体方案设计中的续驶里程和最高车速等设计指标的改变会影响车辆的最优质量；车身结构设计中车身刚度及强度指标的变化也会对最优结构质量产生影响。掌握固定参数对最优目标函数的影响程度，对设计指标的调整和设计质量的提高具有重要意义。为此，引入了最优灵敏度的概念，即优化问题的最优目标函数值对固定参数的导数。

在层次型和非层次型系统优化中，高层系统的设计变量往往在低层学科优化过程中被视为固定参数（如协同优化中系统级的设计变量）。最优灵敏度信息可以用来构造低层学科目标函数最优值随高层系统设计变量或者输出变量变化的线性近似关系。当高层系统的设计变量改变时，低层学科无需重新优化，可以直接利用最优灵敏度信息获得最优目标函数，从而达到降低计算量的目的。

如果直接用有限差分方法对固定参数进行扰动重新优化来计算最优灵敏度，依旧存在计算量大、精度难以保证的缺点。为此，Sobieszczanski-Sobieski 等从约束优化问题的 Kuhn-Tucker（K-T）条件出发，推导出了最优灵敏度分析方法。

对于含固定参数的非线性约束优化问题：

$$\begin{aligned}&\min f(\boldsymbol{x},\boldsymbol{p})\\&\text{s. t. } g_j(\boldsymbol{x},\boldsymbol{p})\leqslant 0\quad(j=1,2,\cdots,m_a)\end{aligned}\tag{3-52}$$

式中，f 和 g_j 分别为目标函数和约束条件；$\boldsymbol{x}=(x_1,x_2,\cdots,x_{n_v})$，为设计变量；$\boldsymbol{p}=(p_1,p_2,\cdots,p_{n_p})$，为固定参数向量。

定义最优点 x^* 处的拉格朗日函数如下：

$$\begin{aligned}\text{Lagrange}(\boldsymbol{x}^*,\lambda^*,\boldsymbol{p})&=f(\boldsymbol{x},\boldsymbol{p})+\sum_{j=1}^{m_a}\lambda_j^* g_j^*(\boldsymbol{x}^*,\boldsymbol{p})\\&=f(\boldsymbol{x},\boldsymbol{p})+\lambda^{*\mathrm{T}}g_a^*(\boldsymbol{x}^*,\boldsymbol{p})\end{aligned}\tag{3-53}$$

式中，$\boldsymbol{\lambda}^*$ 为拉格朗日乘子；g_a^* 为最优点 x^* 的主动约束，$g_a^*=\{g_j\mid g_j(\boldsymbol{x}^*,\boldsymbol{p})=0,j=1,2,\cdots,m_a\}$，其维数为 m_a。

因为 $g_a^*=0$，最优点处的目标函数还可以表示为

$$f^*=f^*+\boldsymbol{\lambda}^{*\mathrm{T}}g_a^* \tag{3-54}$$

将其对固定参数 $\boldsymbol{p}$ 求导，可得该问题的最优灵敏度为

$$\frac{\mathrm{d}f^*}{\mathrm{d}\boldsymbol{p}}=\frac{\mathrm{d}(f^*+\boldsymbol{\lambda}^{*\mathrm{T}}g_a^*)}{\mathrm{d}\boldsymbol{p}} \tag{3-55}$$

利用函数链式求导法则，上式可表示为

$$\frac{\mathrm{d}f^*}{\mathrm{d}\boldsymbol{p}}=\left(\frac{\partial f^*}{\partial \boldsymbol{p}}+\frac{\partial f^*}{\partial \boldsymbol{x}^*}\cdot\frac{\partial \boldsymbol{x}^*}{\partial \boldsymbol{p}}\right)+\boldsymbol{\lambda}^{*\mathrm{T}}\left(\frac{\partial g_a}{\partial \boldsymbol{p}}+\frac{\partial g_a^*}{\partial \boldsymbol{x}^*}\cdot\frac{\partial \boldsymbol{x}^*}{\partial \boldsymbol{p}}\right)+ g_a^*\left(\frac{\partial \boldsymbol{\lambda}^*}{\partial \boldsymbol{p}}+\frac{\partial \boldsymbol{\lambda}^{*\mathrm{T}}}{\partial \boldsymbol{x}^*}\cdot\frac{\partial \boldsymbol{x}^*}{\partial \boldsymbol{p}}\right) \tag{3-56}$$

因为 $g_a^*=0$，所以

$$\begin{aligned}\frac{\mathrm{d}f^*}{\mathrm{d}\boldsymbol{p}}&=\left(\frac{\partial f^*}{\partial \boldsymbol{p}}+\frac{\partial f^*}{\partial \boldsymbol{x}^*}\cdot\frac{\partial \boldsymbol{x}^*}{\partial \boldsymbol{p}}\right)+\boldsymbol{\lambda}^{*\mathrm{T}}\left(\frac{\partial g_a}{\partial \boldsymbol{p}}+\frac{\partial g_a^*}{\partial \boldsymbol{x}^*}\cdot\frac{\partial \boldsymbol{x}^*}{\partial \boldsymbol{p}}\right)\\&=\left(\frac{\partial f^*}{\partial \boldsymbol{p}}+\boldsymbol{\lambda}^{*\mathrm{T}}\frac{\partial g_a}{\partial \boldsymbol{p}^*}\right)+\frac{\partial g_a}{\partial \boldsymbol{p}}\left(\frac{\partial f^*}{\partial \boldsymbol{x}^*}+\frac{\partial g_a^*}{\partial \boldsymbol{x}^*}\right)\end{aligned} \tag{3-57}$$

根据 Kuhn-Tucker 条件，可得

$$\frac{\partial \mathrm{Langrange}(\boldsymbol{x}^*,\boldsymbol{\lambda}^*,\boldsymbol{p})}{\partial \boldsymbol{x}^*}=\frac{\partial f^*}{\partial \boldsymbol{x}^*}+\boldsymbol{\lambda}^{*\mathrm{T}}\frac{\partial g_a^*}{\partial \boldsymbol{x}^*}=0 \tag{3-58}$$

据此，可得最优灵敏度计算公式为

$$\frac{\mathrm{d}f^*}{\mathrm{d}\boldsymbol{p}}=\frac{\partial f^*}{\partial \boldsymbol{p}}+\boldsymbol{\lambda}^{*\mathrm{T}}\frac{\partial g_a^*}{\partial \boldsymbol{p}} \tag{3-59}$$

式中，

$$\frac{\mathrm{d}f^*}{\mathrm{d}\boldsymbol{p}}=\left(\frac{\mathrm{d}f^*}{\mathrm{d}p_1},\frac{\mathrm{d}f^*}{\mathrm{d}p_2},\cdots,\frac{\mathrm{d}f^*}{\mathrm{d}p_{n_p}}\right)$$

$$\frac{\partial f^*}{\partial \boldsymbol{p}}=\left(\frac{\partial f^*}{\partial p_1},\frac{\partial f^*}{\partial p_2},\cdots,\frac{\partial f^*}{\partial p_{n_p}}\right)$$

$$\frac{\partial g_a^*}{\partial \boldsymbol{p}}=\begin{pmatrix}\frac{\partial g_{a_1}^*}{\partial p_1} & \frac{\partial g_{a_1}^*}{\partial p_1} & \cdots & \frac{\partial g_{a_1}^*}{\partial p_{n_p}}\\ \frac{\partial g_{a_1}^*}{\partial p_1} & \frac{\partial g_{a_1}^*}{\partial p_2} & \cdots & \frac{\partial g_{a_1}^*}{\partial p_{n_p}}\\ \vdots & \vdots & \vdots & \vdots\\ \frac{\partial g_{a_{m_a}}^*}{\partial p_1} & \frac{\partial g_{a_{m_a}}^*}{\partial p_2} & \cdots & \frac{\partial g_{a_{m_a}}^*}{\partial p_{n_p}}\end{pmatrix}_{m_a\times n_p}$$

$$\boldsymbol{\lambda}^{*\mathrm{T}}=(\lambda_1^*,\lambda_2^*,\cdots,\lambda_{m_a}^*)$$

$\frac{\mathrm{d}f^*}{\mathrm{d}\boldsymbol{p}}$为最优目标函数对固定参数 $\boldsymbol{p}$ 的导数，即最优灵敏度；$\frac{\partial f^*}{\partial \boldsymbol{p}}$为目标函数对固定参数的偏

导数在最优点x^*处的值，可表示为$\left.\frac{\partial f^*}{\partial \boldsymbol{p}}\right|_{x=x^*}$。

由以上各式可知，求解系统的最优灵敏度需要最优点x^*处的如下3组信息，即$\frac{\partial f^*}{\partial \boldsymbol{p}}$、$\frac{\partial g_a^*}{\partial \boldsymbol{p}}$以及拉格朗日乘子$\boldsymbol{\lambda}^*$。许多优化算法（如序列二次规划等）直接提供了最优点处的拉格朗日乘子，因此只需要计算$\frac{\partial f^*}{\partial \boldsymbol{p}}$、$\frac{\partial g_a^*}{\partial \boldsymbol{p}}$即可，无需重新进行系统优化。如果采用有限差分方法计算$\frac{\partial f^*}{\partial \boldsymbol{p}}$、$\frac{\partial g_a^*}{\partial \boldsymbol{p}}$，需进行$n_p(m_a+1)$次系统分析，该计算量远小于对系统进行重新优化所需的计算量。

利用最优灵敏度信息可得系统最优目标函数与固定参数变化量$\boldsymbol{\Delta}$的线性近似关系：

$$f^*(\boldsymbol{x},\boldsymbol{p}+\boldsymbol{\Delta}) \approx f^*(\boldsymbol{x},\boldsymbol{p})+\boldsymbol{\Delta}\left(\frac{\mathrm{d}f^*}{\mathrm{d}\boldsymbol{p}}\right)^{\mathrm{T}} \tag{3-60}$$

由上式可知，利用最优灵敏度信息无需额外调用分析模型即可预测固定参数变化后的最优目标函数。但是最优灵敏度的使用需满足如下条件：

1）固定参数的变化量$\boldsymbol{\Delta}$不能过大，以保证线性近似条件成立。

2）由于最优灵敏度分析方法的推导依赖主动约束，因此固定参数的变化量$\boldsymbol{\Delta}$不能改变主动约束集。

算例　考虑如下非线性约束优化问题：

$$\begin{aligned} &\min f(\boldsymbol{x},\boldsymbol{p})=(x_1-3)^2+(x_2-p_1)^2 \\ &\text{s. t. } g_1(\boldsymbol{x},\boldsymbol{p})=x_1^2+x_2^2-p_2\leqslant 0 \\ &\quad g_2(\boldsymbol{x},\boldsymbol{p})=-x_1\leqslant 0 \\ &\quad g_3(\boldsymbol{x},\boldsymbol{p})=-x_2\leqslant 0 \\ &\quad g_4(\boldsymbol{x},\boldsymbol{p})=x_1+2x_2-4=0 \end{aligned} \tag{3-61}$$

该问题中，设计变量$\boldsymbol{x}=(x_1,x_2)$，固定参数量$\boldsymbol{p}=(p_1,p_2)$。当$\boldsymbol{p}=(2.0,5.0)$时，使用序列二次规划求得最优点为$x^*=(2.0,1.0)$，最优目标函数值为$f^*=2.0$，g_1为主动约束，对应的拉格朗日乘子$\boldsymbol{\lambda}^*=0.333$。

使用有限差分方法（步长取0.001），求得

$$\begin{aligned} &\frac{\partial f^*}{\partial \boldsymbol{p}}=\left(\frac{\partial f^*}{\partial p_1}\ \frac{\partial f^*}{\partial p_2}\right)=(2.0\quad 0) \\ &\frac{\partial g_a^*}{\partial \boldsymbol{p}}=\left(\frac{\partial g_1}{\partial p_1}\ \frac{\partial g_1}{\partial p_2}\right)=(0\quad -1.0) \end{aligned} \tag{3-62}$$

利用$\frac{\partial f^*}{\partial \boldsymbol{p}}$，$\frac{\partial g_a^*}{\partial \boldsymbol{p}}$以及拉格朗日乘子$\boldsymbol{\lambda}^*$可获得$x^*$处的最优灵敏度：

$$\frac{\mathrm{d}f^*}{\mathrm{d}\boldsymbol{p}}=\frac{\partial f^*}{\partial \boldsymbol{p}}+\lambda^{*\mathrm{T}}\frac{\partial g_a^*}{\partial \boldsymbol{p}}=(2.0\quad 0)+0.333(0\quad -1.0)=(2.000\quad -0.333) \tag{3-63}$$

3.5.2 全局敏感性分析

在车辆设计中，往往将各个子系统的设计问题进行简化，视这些子系统相互独立，在优化过程的梯度计算中没有或有很少的相互关联。但这样常常得不到最优解，所以为了获得最优解，必须考虑子系统之间的耦合。

为了解决耦合系统敏感分析和设计优化问题，Sobieszczanski-Sobieski 于 1988 年提出了全局灵敏度分析方法。全局灵敏度方程（Global Sensitivity Equation，GSE）是一组可联立求解的线性代数方程组，通过 GSE 可将子系统的灵敏度分析与整个系统的灵敏度分析联系起来，从而得到系统的而不是子系统（单一学科）的灵敏度导数，最终解决耦合系统灵敏度分析和在多学科环境下的设计优化问题。GSE 可分别由控制方程余项和基于单学科输出相对于输入的偏灵敏度导数推导而来，相应的灵敏度方程分别称为 GSE1 和 GSE2。由于 GSE1 难以应用于实践，本节所述的 GSE 均指 GSE2。

通过耦合，可以预测出一个子系统的输出（或者说是关键参数）对另一个子系统输出的影响，还可以确定该关键参数对特定的设计变量的导数。例如，在飞行器的设计中，起飞总质量相对于特定设计变量的导数通常是包含在只有质量子系统的有限差分过程中。当运用这种方法时，气动子系统的重要影响就不会得到重视与过多的考虑。求解起飞总质量是一个迭代的过程，这一过程与质量子系统和气动子系统两个子系统之间的联系有很大的关系。因此，这两个子系统之间的耦合影响必须量化，对 GSE 进行求解就可以得到这样的量化值。GSE 方法通过使用局部灵敏度反映了整个系统的响应，求解 GSE 所得的全导数反映了系统中各子系统之间的耦合。

设复杂系统的设计变量为 $\boldsymbol{x}=(x_1,x_2,\cdots,x_n)$，其中 n 为设计变量的维数；各学科的响应值向量（输出）为 $\boldsymbol{y}=(y_1,y_2,\cdots,y_m)^{\mathrm{T}}$，其中 m 为系统响应的个数。一般而言，对于耦合系统，任意响应值可表示为

$$y_i=f_i(x,y_1,y_2,\cdots,y_m)\ (i=1,2,\cdots,m) \tag{3-64}$$

根据函数链式求导法则，可以实现耦合系统灵敏度求解过程的解耦。将上式对 x 求导可得

$$\begin{aligned}\frac{\mathrm{d}y_i}{\mathrm{d}\boldsymbol{x}}=&\frac{\partial y_i}{\partial \boldsymbol{x}}+\frac{\partial y_i}{\partial y_1}\frac{\mathrm{d}y_1}{\mathrm{d}\boldsymbol{x}}+\frac{\partial y_i}{\partial y_2}\frac{\mathrm{d}y_2}{\mathrm{d}\boldsymbol{x}}+\cdots+\frac{\partial y_1}{\partial y_{i-1}}\frac{\mathrm{d}y_{i-1}}{\mathrm{d}\boldsymbol{x}}+\\&\frac{\partial y_i}{\partial y_{i+1}}\frac{\mathrm{d}y_{i+1}}{\mathrm{d}\boldsymbol{x}}+\cdots+\frac{\partial y_i}{\partial y_m}\frac{\mathrm{d}y_m}{\mathrm{d}\boldsymbol{x}}\\&(i=1,2,\cdots,m)\end{aligned} \tag{3-65}$$

进而整理可得

$$\begin{aligned}\frac{\partial y_i}{\partial \boldsymbol{x}}=&\frac{\mathrm{d}y_i}{\mathrm{d}\boldsymbol{x}}-\frac{\partial y_i}{\partial y_1}\frac{\mathrm{d}y_1}{\mathrm{d}\boldsymbol{x}}-\frac{\partial y_i}{\partial y_2}\frac{\mathrm{d}y_2}{\mathrm{d}\boldsymbol{x}}-\cdots-\frac{\partial y_i}{\partial y_{i-1}}\frac{\mathrm{d}y_{i-1}}{\mathrm{d}\boldsymbol{x}}-\\&\frac{\partial y_i}{\partial y_{i+1}}\frac{\mathrm{d}y_{i+1}}{\mathrm{d}\boldsymbol{x}}-\cdots-\frac{\partial y_i}{\partial y_m}\frac{\mathrm{d}y_m}{\mathrm{d}\boldsymbol{x}}\\&(i=1,2,\cdots,m)\end{aligned} \tag{3-66}$$

式中

$$\frac{\mathrm{d}y_i}{\mathrm{d}\boldsymbol{x}}=\left(\frac{\mathrm{d}y_i}{\mathrm{d}x_1},\frac{\mathrm{d}y_i}{\mathrm{d}x_2},\cdots,\frac{\mathrm{d}y_i}{\mathrm{d}x_n}\right)_{1\times n},\quad \frac{\partial y_i}{\partial \boldsymbol{x}}=\left(\frac{\partial y_i}{\partial x_1},\frac{\partial y_i}{\partial x_2},\cdots,\frac{\partial y_i}{\partial x_n}\right)_{1\times n}$$

将全局灵敏度方程改写为矩阵向量形式，可得

$$\begin{pmatrix} 1 & -\frac{\partial y_1}{\partial y_2} & -\frac{\partial y_1}{\partial y_3} & \cdots & -\frac{\partial y_1}{\partial y_m} \\ -\frac{\partial y_2}{\partial y_1} & 1 & -\frac{\partial y_2}{\partial y_3} & \cdots & -\frac{\partial y_2}{\partial y_m} \\ \vdots & \vdots & \vdots & \vdots & \vdots \\ -\frac{\partial y_m}{\partial y_1} & -\frac{\partial y_m}{\partial y_2} & \cdots & -\frac{\partial y_m}{\partial y_{m-1}} & 1 \end{pmatrix}_{m\times m} \begin{pmatrix} \frac{\mathrm{d}y_1}{\mathrm{d}\boldsymbol{x}} \\ \frac{\mathrm{d}y_2}{\mathrm{d}\boldsymbol{x}} \\ \vdots \\ \frac{\mathrm{d}y_m}{\mathrm{d}\boldsymbol{x}} \end{pmatrix}_{m\times n} = \begin{pmatrix} \frac{\partial y_1}{\partial \boldsymbol{x}} \\ \frac{\partial y_2}{\partial \boldsymbol{x}} \\ \vdots \\ \frac{\partial y_m}{\partial \boldsymbol{x}} \end{pmatrix}_{m\times n} \tag{3-67}$$

故而，可记作

$$\boldsymbol{JS}=\boldsymbol{L} \tag{3-68}$$

式中，$\boldsymbol{S}$ 为考虑学科间耦合关系的全局灵敏度矩阵；$\boldsymbol{J}$ 为响应值偏导数雅可比系数矩阵，反映学科之间的耦合关系；$\boldsymbol{L}$ 为局部灵敏度矩阵，是不考虑耦合关系时，设计变量对响应值的影响。

若 $\boldsymbol{J}$ 非奇异，则系统的灵敏度可通过各学科的局部灵敏度间接求出，即

$$\boldsymbol{S}=\boldsymbol{J}^{-1}\boldsymbol{L} \tag{3-69}$$

在实际工程应用中，设计变量和系统响应值在数值上可能存在量级的差异，为了避免量级差带来的计算误差，以及随之可能产生的雅可比系数矩阵病态或者奇异，可以通过归一化处理实现量级的统一。

利用全局灵敏度方程，可以掌握各学科之间耦合关系的强弱，在设计过程中可以去掉耦合程度较弱的分量，以期对分析模型实现简化，降低求解计算量。

相比有限差分方法存在计算量大、时效性差、精度难以保证、难以进行并行计算等缺点，全局灵敏度方程法具有以下优势：

1）系统级可以将各子系统作为“黑箱”看待，只需知道各黑箱的输入、输出耦合关系即可，而各个“黑箱”内部可以应用其学科分析工具进行学科输出性能以及各项偏导数计算，各学科的并行计算能够有效改善求解效率。

2）仅需对当前设计点进行一次完整的系统分析计算。

3）对于各个学科问题，其局部灵敏度的求解可以自主选用合适的求解方法，不必局限于有限差分方法。即使仍然利用有限差分方法求解，也不需要进行固定点迭代等需要反复迭代的系统分析，从而能够有效避免数值噪声对求解精度的影响。

4）局部灵敏度矩阵和雅可比系数矩阵的求解在各学科内部进行，无须考虑其他学科的影响。各学科的并行计算能够有效改善求解效率。

5）全局灵敏度方程能够反映各学科之间的耦合关系及其强度，有利于系统模型的简化工作。

6）全局灵敏度方程可作为一种局部近似方法进行使用。

7）全局灵敏度方程与各自多学科设计优化方法的有机结合可以有效改善多学科设计优化方法的求解效果。

但是，对于较大规模的系统，GSE 的求解十分复杂，导致求解异常困难。

算例 设某系统由两个相互耦合的学科组成。设计变量为 $\boldsymbol{x}=(x_1,x_2,x_3)$，响应值为 $\boldsymbol{y}=(y_1,y_2)^{\mathrm{T}}$。

$$y_1=x_1^2+x_2+x_3-0.2y_2 \quad \underset{y_2}{\overset{y_1}{\rightleftarrows}} \quad y_2=\sqrt{y_1}+x_1+x_3$$

雅可比系数矩阵：

$$\boldsymbol{J}=\begin{pmatrix} 1 & -\dfrac{\partial y_1}{\partial y_2} \\ -\dfrac{\partial y_2}{\partial y_1} & 1 \end{pmatrix}=\begin{pmatrix} 1 & 0.200 \\ -0.230 & 1 \end{pmatrix} \tag{3-70}$$

局部灵敏度矩阵：

$$\boldsymbol{L}=\begin{pmatrix} \dfrac{\partial y_1}{\partial x_1} & \dfrac{\partial y_1}{\partial x_2} & \dfrac{\partial y_1}{\partial x_3} \\ \dfrac{\partial y_2}{\partial x_1} & \dfrac{\partial y_2}{\partial x_2} & \dfrac{\partial y_2}{\partial x_3} \end{pmatrix}=\begin{pmatrix} 2.000 & 1.000 & 1.000 \\ 1.000 & 0 & 1.000 \end{pmatrix} \tag{3-71}$$

进而，可求解全局灵敏度矩阵：

$$\boldsymbol{S}=\boldsymbol{J}^{-1}\boldsymbol{L}=\begin{pmatrix} \dfrac{\mathrm{d}y_1}{\mathrm{d}x_1} & \dfrac{\mathrm{d}y_1}{\mathrm{d}x_2} & \dfrac{\mathrm{d}y_1}{\mathrm{d}x_3} \\ \dfrac{\mathrm{d}y_2}{\mathrm{d}x_1} & \dfrac{\mathrm{d}y_2}{\mathrm{d}x_2} & \dfrac{\mathrm{d}y_2}{\mathrm{d}x_3} \end{pmatrix}=\begin{pmatrix} 1.7208 & 0.9560 & 0.7648 \\ 1.3958 & 0.2199 & 1.1759 \end{pmatrix} \tag{3-72}$$

3.6 自适应序列采样

采用重要抽样法进行结构可靠性分析时，通常事先无法知道区域的重要程度。当然，用最初几次循环预抽样得到失效域的信息可以提高仿真的效率，这个发现促进了自适应抽样法（Adaptive Sampling，AS）的发展。自适应抽样法使用先前样本点仿真的结果来估算用于下一步仿真的条件抽样分布函数，即计算落在失效区域样本点的统计信息（均值与方差等）来构造新的条件概率密度函数，然后再采用该概率密度函数进行下一步抽样，如图 3-37 所示。首先第一次仿真采用基于 MPP 的重要抽样法，其概率密度函数为 $f_X^{(1)}(x)$，然后统计落在失效区域样本点的均值与方差，构造用于第二次抽样的概率密度函数 $f_X^{(2)}(x)$，根据此概率密度函数生成新的样本点用于第二次仿真分析，完成后估算出落在失

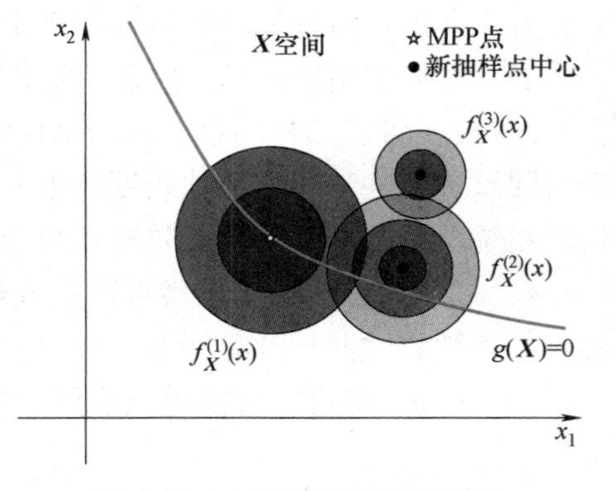

图 3-37 自适应抽样法示意图

效区域新样本点的均值与方差来构造第三次仿真的抽样概率密度函数 $f_X^{(3)}(x)$，如此类推，直到得到满足的结果。

最优重要性密度函数 $h_X^*(x)$ 在可靠区域的取值保持为零，而在失效区域为原先抽样函数 $f_X(x)$ 在失效区域部分的 $1/P_f$ 倍放大（为了保证概率密度函数在全域积分等于 1），当采用 $h_X^*(x)$ 进行重要性抽样时，失效概率估计值 $\hat{P}_f$ 的方差为零，然而其需要预先知道失效概率 P_f，因此在实际工程应用中不可能直接实现。自适应抽样能够根据先前抽样落在失效区域的样本构造出新的重要性密度函数，而失效区域中的样本能够反映先前抽样函数在失效区域中的分布情况，因此由这些样本拟合出的抽样密度函数更贴近最优重要性密度函数 $h_X^*(x)$。Au S K 等于 1999 年提出采用基于 Metropolis 准则的马尔可夫链来预先模拟失效区域的样本，然后通过核密度估计（Kernel Density Estimation，KDE）来构成新的重要性抽样函数，使其能够更加准确地趋于最优重要性密度函数，因而大大提高估算精度，但其每次更新重要抽样函数时都需要运用核密度估计，增加了计算量。由于基于核密度估计的重要抽样函数随着先前失效区域样本点的分布自适应调整，因此该方法也称为基于核密度估计的自适应重要性抽样法。

目前比较常用的自适应抽样法有两种：多通道抽样和基于曲率的抽样。两种方法都从围绕 MPP 点附近的抽样开始。在仿真过程中，不断更新抽样密度函数。在多通道抽样法中，抽样密度是集中在不同区域的概率密度函数的加权总和。Mahadevan 和 Dey 在 1997 年用这个概念进行系统可靠性分析，基于曲率的抽样技术所需评估的样本点响应的次数远比直接 MCS 少，效率要高得多。

3.7　应用案例

碳纤维复合材料零件的性能与其结构形式和铺层方式相关，合理的结构设计及铺层方式可充分发挥碳纤维复合材料效能。本小节以碳纤维复合材料汽车翼子板为研究对象，在保证性能要求的前提下，采用自由尺寸优化方法进行翼子板结构优化设计。在此基础上，将拉丁超立方采样与有限元方法相结合，获得翼子板设计空间的初始样本数据，建立以安装点刚度为目标的 Kriging 模型，并利用期望改进准则不断提高模型精度。基于构建的 Kriging 模型，采用遗传算法求解翼子板最佳铺层方式，使得优化后碳纤维复合材料翼子板的减重效果达到 43.1%。

3.7.1　翼子板结构优化设计

作为车身承力结构件，翼子板必须具有一定承受载荷和抵抗变形能力，其性能要求如下：①外板刚度。初始刚度≥30N/mm，施加 220N 后变形≤7.5mm。②抗凹性。施加 150N 的力后，永久变形≤0.15mm。③翼尖刚度。翼子板翼尖刚度≥50N/mm。④翼子板安装点刚度。翼子板安装点刚度≥50N/mm。

翼子板初始结构如图 3-38 所示，厚度为 4mm，重量为 2.274kg。制备翼子板所使用材料为平纹机织碳纤维复合材料，其单层厚度为 0.2mm，材料强度为 300MPa，性能见表

3-4。翼子板初始铺层为 $[0/45/90-45]_{5S}$，通过 Abaqus 软件仿真计算得到翼子板各性能均满足要求，且除安装点刚度外其他性能远远超过要求，表明翼子板存在很大优化设计空间。

表 3-4　碳纤维复合材料性能

E11/GPa	E22/GPa	ν_{12}	G12/MPa	$\rho/(g/mm^3)$
66.1	66.1	0.042	3025	1.5

应用优化设计方法进行翼子板结构轻量化设计，可以在保证翼子板性能要求的前提下，提高材料的利用率，实现汽车轻量化和控制成本的目的。在现有翼子板结构基础上进行结构优化设计，需保持翼子板造型面不变，因此选择板厚作为设计变量。为达到轻量化目的，选择翼子板质量作为目标函数，选择翼子板各性能要求作为约束条件。优化后翼子板结构不仅要满足性能要求，同时需要考虑结构的可制造性要求。

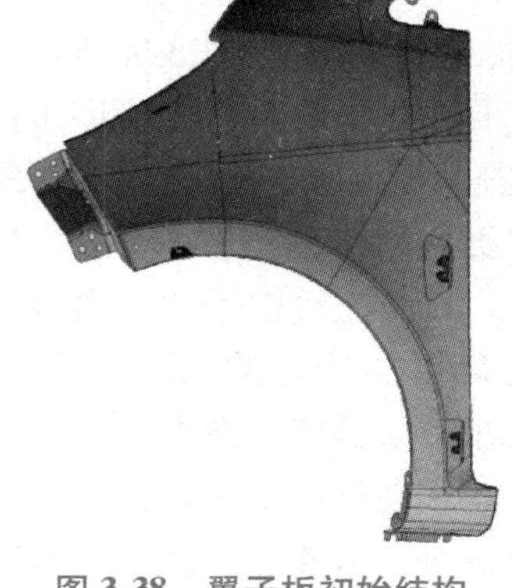

图 3-38　翼子板初始结构

基于性能要求和制造工艺限制的翼子板约束优化问题可表述为

$$
\begin{aligned}
&\text{find} \quad x \\
&\min \quad W(x) \\
&\text{s.t.} \quad g_i(x) \leqslant 0 \quad i=1,2\cdots,22 \\
&\qquad h(x) \leqslant 0 \\
&\qquad 0.2 \leqslant x \leqslant 7.5
\end{aligned} \tag{3-73}
$$

式中，x 为翼子板板厚，碳纤维复合材料层合板制造时最小厚度为 0.2mm，即单层碳纤维复合材料厚度，最大厚度不超过 7.5mm；$W(x)$ 为翼子板质量函数由零件板厚、面积和材料密度决定，优化计算的目标为翼子板质量最小；$g_i(x)$ 为翼子板刚度约束，包括外板刚度、安装点刚度等，在以有限元模型为基础的优化计算中，通过设定相应点的最大变形量来确保刚度满足要求；$h(x)$ 为复合材料的强度要求。

采用 Optisturct 软件中的自由尺寸优化方法进行碳纤维复合材料翼子板的结构优化设计，结果如图 3-39a 所示。根据设计经验并考虑制造工艺，修整改进优化结果，将翼子板按厚度划分为两个区域，使其适合生产要求，得到翼子板结构如图 3-39b 所示，重量为 1.294kg。

为验证优化后翼子板结构的可行性，对改进优化结构进行性能评估，区域 1 初始铺层为 $[0/45/90/-45/\bar{0}]_S$，区域 2 初始铺层为 $[0/45/90/-45/02/45/90/-45/02/-45/90/45/0]_T$，计算结果见表 3-5。

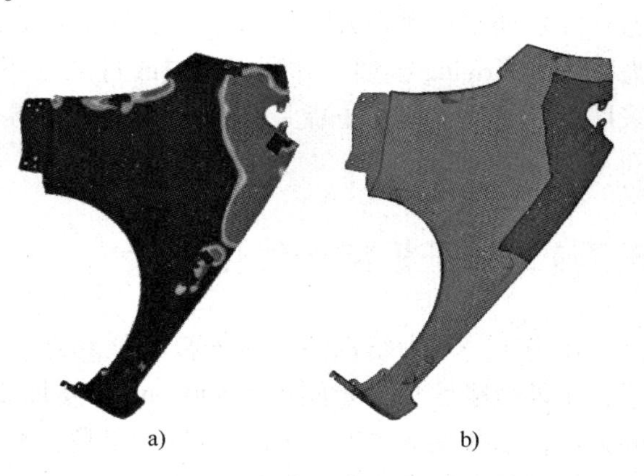

a)　b)

图 3-39　翼子板结构优化结果
a）优化结果　b）改进结果

表 3-5 翼子板结构优化后性能计算结果

性 能	设计要求	优化结构
安装点刚度/(N/mm)	50	53.8
初始刚度/(N/mm)	30	49.4
施加 220N 后变形/mm	7.5	4.5
翼尖刚度/(N/mm)	50	512.4
最大应力/MPa	300	115.9

由表 3-5 可以看出，优化后翼子板各性能均满足性能要求，说明优化后翼子板结构设计满足要求。但结构优化后的翼子板安装点刚度值与要求非常接近，制造偏差可能导致安装点刚度不满足要求，因此应在结构优化基础上进行铺层优化设计，以提高安装点刚度。

3.7.2 翼子板铺层优化设计方法

为研究铺层角度对翼子板性能影响，设置翼子板区域 1 和区域 2 的铺层角度分别全为 0°、45°、−45°和 90°。利用 Abaqus 软件计算碳纤维复合材料翼子板在这些铺层情况下的性能响应，结果如图 3-40 所示。

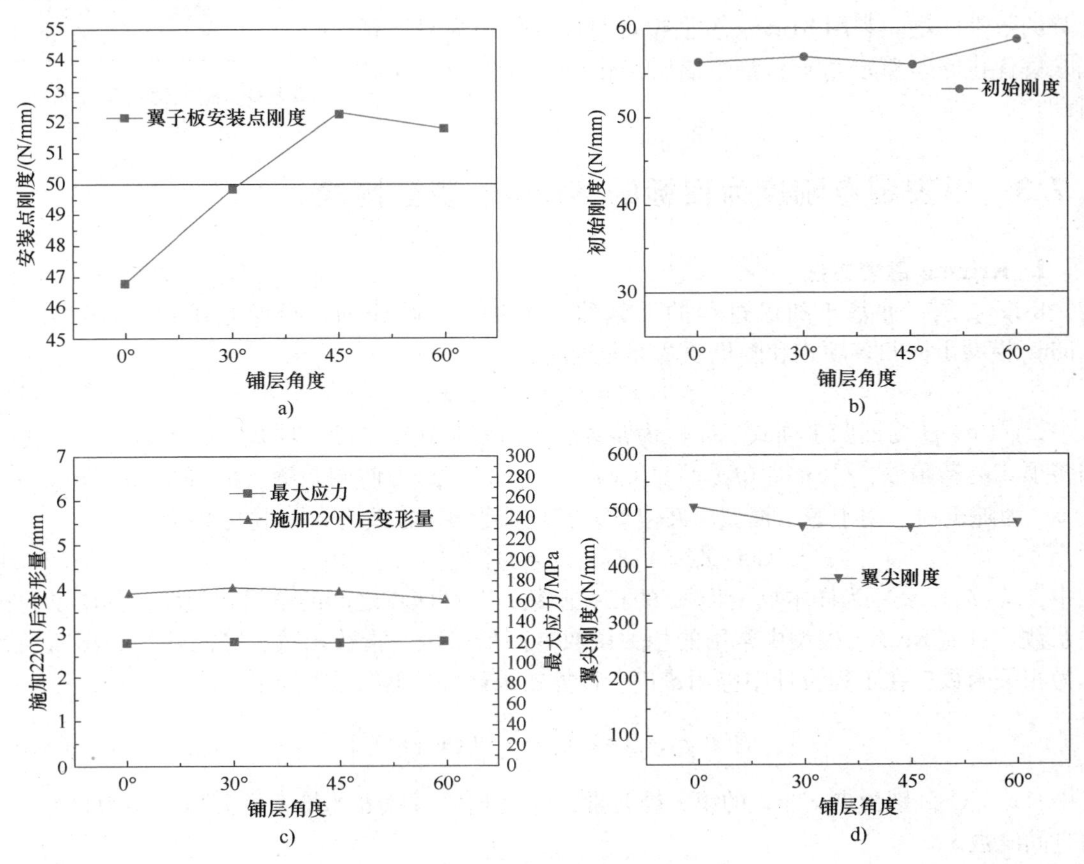

图 3-40 各角度铺层翼子板性能响应

a）安装点刚度 b）初始刚度 c）最大应力和最大变形 d）翼尖刚度

由图 3-40 可以看出：①不同铺层角度对翼子板安装点刚度有较大影响，不合理的铺层方式可能导致安装点刚度不满足要求，其中−45°铺层对安装点刚度增强作用最大。②除安装点刚度性能外，翼子板在 0°、±45°和 90°四种铺层角度情况下的初始刚度、翼尖刚度等性能远远超过标准要求，铺层角度对这些性能的影响较小，铺层角度变化不会导致翼子板失效。因此，选择安装点处刚度作为优化目标，以其他性能要求为约束，寻找碳纤维复合材料翼子板的最佳铺层顺序，在保证翼子板各性能均满足设计要求情况下，尽可能发挥材料的效能。

由于翼子板结构复杂，安装点刚度与铺层方式的函数关系无法通过公式推导获得。如果利用有限元软件结合遗传算法计算每个子代的刚度响应，会导致计算时间过长，不符合实际要求。Kriging 方法作为一种高效的近似建模技术，具有响应预测快、可重复性高等特点，已经广泛应用于结构优化设计中。Kriging 建模方法可根据一定数量的样本点，建立目标函数的高精度代理模型，从而将复杂的物理问题转化容易计算的数学问题。利用 Kriging 模型拟合目标函数，为遗传算法求解优化问题奠定基础，整个铺层优化设计流程如图 3-41 所示。

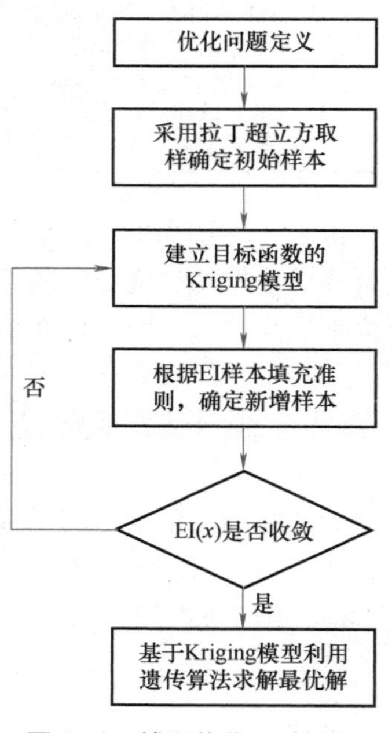

图 3-41　铺层优化设计流程

3.7.3　以安装点刚度为目标的 Kriging 模型构建

1. Kriging 建模方法

Kriging 是一种基于随机过程的无偏估计方法。与响应面、径向基函数等模型不同，Kriging 模型由回归多项式和随机项两部分组成：

$$y(\boldsymbol{x})=f^{\mathrm{T}}(\boldsymbol{x})\boldsymbol{\beta}+Z(\boldsymbol{x}) \tag{3-74}$$

式中，$f^{\mathrm{T}}(\boldsymbol{x})\boldsymbol{\beta}$ 为回归多项式，一般为常数、一阶多项式或二阶多项式，其中，$f^{\mathrm{T}}(\boldsymbol{x})$ 为回归多项式的基函数，$f^{\mathrm{T}}(\boldsymbol{x})=(f_1(\boldsymbol{x}),f_2(\boldsymbol{x}),\cdots,f_q(\boldsymbol{x}))^{\mathrm{T}}\boldsymbol{\beta}$ 为回归系数，$\boldsymbol{\beta}=(\beta_1,\beta_2,\cdots,\beta_q)^{\mathrm{T}}$；$Z(\boldsymbol{x})$ 为随机项，用于表示模型局部偏差，其均值为 0，方差为 σ^2，协方差为

$$\mathrm{Cov}[Z(x_i),Z(x_j)]=\sigma^2[R_{ij}(\theta,x_i,x_j)] \tag{3-75}$$

式中，$R_{ij}(\theta,x_i,x_j)$ 为样本点 x_i 与 x_j 的相关函数，表征两点之间的空间相关性，其中 θ 为相关系数。目前 Kriging 模型中常用的相关函数有高斯函数、指数函数、幂函数等。高斯函数作为相关函数，在工程设计中应用最广、计算效果最好，其公式如下：

$$R(\theta,x_i,x_j)=\exp\left(-\sum_{k=1}^{m}\theta_k(x_i^k-x_j^k)^2\right) \tag{3-76}$$

式中，x_i^k、x_j^k 分别为点 x_i、x_j 的第 k 维元素；θ_k 为相关系数 θ 的第 k 个元素；m 为自变量 x 的空间维数。

由初始样本点 $\boldsymbol{S}=(x_1,x_2,\cdots,x_n)^{\mathrm{T}}$及其响应 $\boldsymbol{Y}=(y_1,y_2,\cdots,y_n)^{\mathrm{T}}$构建的 Kriging 模型，任一点 x 的预测值 $\hat{y}(\boldsymbol{x})$ 为

$$\hat{y}(\boldsymbol{x})=f^{\mathrm{T}}(\boldsymbol{x})\beta+r^{\mathrm{T}}(\boldsymbol{x})\boldsymbol{R}^{-1}(\boldsymbol{Y}-\boldsymbol{F}^{\mathrm{T}}\boldsymbol{\beta}) \tag{3-77}$$

式中，$r^{\mathrm{T}}(\boldsymbol{x})$ 表示预测点 x 与所有已知样本点之间的相关函数，$r^{\mathrm{T}}(\boldsymbol{x})=(R(x,x_1),R(x,x_2),\cdots,R(x,x_n))^{\mathrm{T}}$；$\boldsymbol{R}$ 为 n 阶方阵，R_{ij}为样本点 x_i 与 x_j 之间的相关函数值；$\boldsymbol{F}$ 为样本点的回归向量矩阵，$\boldsymbol{F}=(f(x_1),f(x_2),\cdots,f(x_n))$；$\boldsymbol{\beta}$ 为多项式系数矩阵。Kriging 模型在获得任意点的预测值的同时，可以通过均方根误差来评估预测偏差状态，从而为模型预测响应提供有效的评价依据。

Kriging 模型精度过低会给优化设计结果带来较大误差。序列采样方法可以基于一个由较少的初始样本构建的 Kriging 模型，利用采样准则逐步增加最优解附近的样本点，对原始模型预测响应精度不断改进。目前，期望改进准则（Expected Improved function，EI）已成为广泛应用的样本填充准则，期望改进函数为

$$\mathrm{EI}(x)=\begin{cases}(y_{\min}-\hat{y}(x))\Phi\left(\dfrac{y_{\min}-\hat{y}(x)}{\sigma(x)}\right)+\sigma(x)\varphi\left(\dfrac{y_{\min}-\hat{y}(x)}{\sigma(x)}\right), & \sigma(x)>0\\ 0 & \sigma(x)=0\end{cases} \tag{3-78}$$

式中，$y_{\min}$为样本中响应的最小值，可表示为 $y_{\min}=\min(y_1,y_2,\cdots,y_n)$；$\varphi(x)$、$\Phi(x)$ 分别为标准正态分布的概率密度函数和累积分布函数；$\hat{y}(x)$、$\sigma(x)$ 分别为 Kriging 模型在 x 点处的预测均值和预测均方差。

EI 准则以 $\mathrm{EI}(x)$ 的最大值处的点作为新增样本点，并计算刚度响应，构造新的模型，不仅可以得到高精度代理模型，且使样本点尽可能分布在最优解附近区域提高计算效率，使得新增样本点实现最优解局部区域搜索能力与全局精度改进能力的平衡。本文以极限准则作为 EI 收敛条件，即当 $\mathrm{EI}(x)$ 的最大值小于 0.1 时 EI 准则收敛，循环迭代结束。

2. 安装点刚度响应的 Kriging 模型构造

由于制造工艺限制，碳纤维复合材料零部件通常采用标准铺层，即各单层角度限制为 0°、±45°、90°四种。碳纤维复合材料翼子板区域 1 铺层数为 9，区域 2 铺层数为 19。为避免层间应力和拉弯耦合效应，区域 1 采用对称铺层方式，因此使用 4 个变量可表示该区域的铺层方式。区域 2 为不对称铺层，但是为了制造加工方便，区域 2 顶端部分的铺层方式与区域 1 相同，其余铺层采用对称铺层方式，因此使用 5 个变量可表示该区域铺层方式。综上所述，用 9 个变量即可表示整个碳纤维复合材料翼子板铺层方式，所以自变量铺层方式共由九个变量构成，即 $\boldsymbol{x}=(x_1,x_2,x_3,x_4,x_5,x_6,x_7,x_8,x_9)$，其中每个变量有四种角度可供选择。

为构建拟合翼子板安装点刚度与铺层方式函数关系的 Kriging 模型，必须在设计空间选取一定数量样本点。基于拉丁超立方采样方法的空间填充试验设计方法，样本能够覆盖整个空间且具有较强的稳健性。为方便拉丁超立方采样方法的使用，分别对 0°、45°、-45°、90°四种角度编号为 0、1、2、3。

选择二阶多项式作为 Kriging 模型的回归项，选择高斯函数作为相关函数。模型中各参数表达式如下：

$$\begin{cases}\boldsymbol{\theta}=(\theta_1,\theta_2,\cdots\theta_9)^{\mathrm{T}}\\ f(\boldsymbol{x})=(1,x_1,x_2,\cdots,x_9,x_1^2,x_1x_2,\cdots,x_9^2)^{\mathrm{T}}\\ \boldsymbol{\beta}=(\beta_1,\beta_2,\cdots,\beta_{55})^{\mathrm{T}}\end{cases} \tag{3-79}$$

为求解回归多项式系数，初始样本点数目要大于 55。

在 MATLAB 中采用拉丁超立方取样方法选取 70 个样本点，并利用 Abaqus 计算各样本点的翼子板刚度响应，从而得到设计空间内的初始样本数据。根据初始样本，建立初始 Kriging 模型拟合目标函数。Kriging 模型中的回归系数 $\boldsymbol{\beta}$ 可通过最小二乘法计算得到：

$$\boldsymbol{\beta}=(\boldsymbol{F}^{\mathrm{T}}\boldsymbol{R}^{-1}\boldsymbol{F})^{-1}\boldsymbol{F}^{\mathrm{T}}\boldsymbol{R}^{-1}\boldsymbol{Y} \tag{3-80}$$

模型方差 σ^2 和高斯函数中的相关系数 θ 通过最大化响应值的似然估计来计算：

$$\sigma^2=\frac{(\boldsymbol{Y}-\boldsymbol{F}^{\mathrm{T}}\boldsymbol{\beta})^{\mathrm{T}}\boldsymbol{R}^{-1}(\boldsymbol{Y}-\boldsymbol{F}^{\mathrm{T}}\boldsymbol{\beta})}{n} \tag{3-81}$$

$$\theta=\max\left(-\frac{n}{2}\ln(\sigma^2)-\frac{1}{2}\ln(|R|)\right) \tag{3-82}$$

在初始 Kriging 模型的基础上，根据期望改进准则（EI）不断改进模型精度。经过 35 次迭代，期望改进准则（EI）收敛，得到最终的拟合翼子板安装点刚度与铺层方式函数关系的 Kriging 模型：

$$K(\boldsymbol{x})=f(\boldsymbol{x})^{\mathrm{T}}\boldsymbol{\beta}+r(\boldsymbol{x})^{\mathrm{T}}\boldsymbol{\gamma} \tag{3-83}$$

上面两式中，高斯函数中的相关系数 $\boldsymbol{\theta}$ 和多项式回归系数 $\boldsymbol{\beta}$ 的值见表 3-6，$\boldsymbol{\gamma}=\boldsymbol{R}^{-1}(\boldsymbol{Y}-\boldsymbol{F}^{\mathrm{T}}\boldsymbol{\beta})$。

表 3-6　目标函数 Kriging 模型参数值

参数	计算值
$\boldsymbol{\theta}$	(2.84,66.22,124.35,0.71,124.35,0.0036,0.26,0.011,0.034)
$\boldsymbol{\beta}$	(-1.24,-0.11,-0.028,-0.026,0.018,-0.16,-0.19,-0.14,-0.12,-0.12,0.16,0.29,0.29,0.18,0.0036,0.026,-0.052,-0.036,-0.097,0.21,0.23,0.19,-0.0035,-0.011,-0.046,-0.052,-0.12,0.14,0.22,-0.052,-0.0059,-0.043,-0.087,-0.063,0.20,-0.020,-0.042,-0.059,-0.055,-0.083,0.28,0.15,0.13,0.13,0.11,0.23,0.19,0.11,0.12,0.16,0.11,0.15,0.16,0.078,-0.016)

Kriging 模型精度直接影响最优化问题的结果，因此必须建立高精度的代理模型。通常采用均方根误差（RSME）与复相关系数（R^2）作为检验 Kriging 模型的指标，其公式如下：

$$\mathrm{RSME}=\sqrt{\frac{\sum_{i=1}^{n}(y_i-\hat{y}_i)^2}{n}} \tag{3-84}$$

$$R^2=1-\frac{\sum_{i=1}^{n}(y_i-\hat{y}_i)^2}{\sum_{i=1}^{n}(y_i-\bar{y}_i)^2} \tag{3-85}$$

式中，y_i 为样本点的有限元计算值；$\hat{y}_i$ 为样本点 Kriging 模型预测值；$\bar{y}_i$ 为所有样本点仿真结果的平均值；n 为检验样本点的数目。均方根误差越小、复相关系数越大，Kriging 模型精度越高。一般认为当复相关系数（R^2）大于 0.9 时，Kriging 模型精度满足要求。

利用拉丁超立方取样方法选择 20 个样本点，并计算其安装点刚度响应。将选取的 20 个样本作为检验样本，对构建的计算翼子板安装点刚度与铺层方式函数关系的 Kriging 模型的精度进行评价。初始 Kriging 模型的精度与经过期望改进准则（EI）改进后的 Kriging 模型精度比较见表 3-7。从表中可以看出，由 70 个样本点构造的初始 Kriging 模型的精度较低，经过期望改进准则（EI）改进后的 Kriging 模型的均方根误差（RSME）降低，复相关系数

（R^2）大大提高并超过 0.9，说明改进后 Kriging 模型精度满足要求。

表 3-7　Kriging 模型精度比较

精度指标	初始 Kriging 模型	EI 改进 Kriging 模型
RSME	0.0926	0.0110
R^2	0.0654	0.9211

3.7.4　翼子板铺层优化设计研究

翼子板铺层优化问题的数学模型可表示为

$$\begin{aligned}
&\text{find} \quad x=(x_1,x_2,\cdots,x_9)\\
&\max \quad K(x)\\
&\text{s.t.} \quad x_i=0,1,2,3 \quad i=0,1,\cdots,9\\
&\qquad g_1(x)\geqslant 30\\
&\qquad g_2(x)\geqslant 50\\
&\qquad g_3(x)\leqslant 7.5\\
&\qquad h(x)\leqslant 300
\end{aligned} \tag{3-86}$$

式中，x 为翼子板的铺层方式，共有 9 个变量，即 $x=(x_1,x_2,\cdots,x_9)$，每个变量有 0°、±45°、90°四种铺设角度，分别用 0、1、2、3 表示；$K(x)$ 为目标函数，可由构建的拟合翼子板安装点刚度与铺层方式函数关系的 Kriging 模型公式（3-83）表示；$g_1(x)$ 为翼子板外板初始刚度；$g_2(x)$ 为翼子板翼尖刚度；$g_3(x)$ 为施加 220N 后翼子板最大变形量；$h(x)$ 为翼子板结构的最大应力，由于碳纤维复合材料为脆性材料，当结构的最大应力小于材料强度时，翼子板不发生塑性变形，抗凹性要求自然满足。

遗传算法是通过模拟自然进化过程来搜索最优解。它利用编码技术，作用于被称为染色体的数字串，模拟由这些串组成的群体的进化过程。完整的遗传算法流程包括：编码、初始种群生成、适应度评价、选择、交叉、变异及终止判断。

遗传算法常用的编码方式有二进制编码、浮点数编码、整数编码等。碳纤维复合材料铺层优化为离散优化问题，每个铺层只有 0°、±45°、90°四种角度选择。考虑设计变量分布的均匀性和降低搜索空间，采用整数编码，将 0°、45°、−45°、90°铺层分别编码为 0、1、2、3，基因串长度为 9。

适应度用于衡量个体在优化计算中接近最优解的优良程度。适应度较高的个体遗传到下一代的概率较大。适应度函数通常是在目标函数的基础上变换而来的。在遗传算法中，个体适应度函数值越小，其适应度越大。为求解最大值问题，同时保证适应度函数非负，取目标函数的倒数为适应度函数。

遗传算法中初始种群数量设为 100，采用轮盘赌选择方法，交叉概率为 0.9，变异概率为 0.01，进化终止代数为 100。

利用 MATLAB 软件编写的遗传算法程序并结合构造的 Kriging 代理模型，进行翼子板铺层优化。求最优解过程如图 3-42 所示，遗传算法经历 23 代后收敛，得到优化问题的最优解为 60. 3N/mm。此时，区域 1 最优铺层方式为 $[90/45/0/-45/\bar{0}]_S$，区域 2 最优铺层方式为 $[90/45/0/-45/0/-45/0/45/90/-45_2/90/-45/0_2/-45/90/-45_2]_T$。利用 Abaqus 计算翼子板铺层优化后的各性能见表 3-8。从表 3-8 中可以看出：①优化后翼子板的安装点刚度、初始刚度等性能均满足设计要求。②铺层优化后，作为目标函数的碳纤维复合材料翼子板安装点刚度为 60. 4N/mm，与铺层优化前相比提高了 12. 3%，降低了制造误差导致零件失效的可能性。

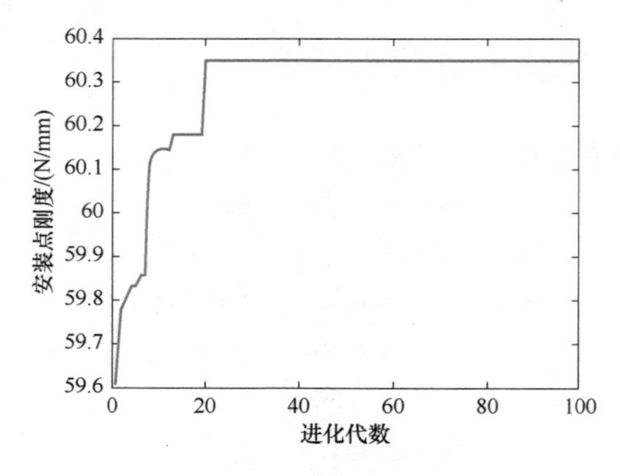

图 3-42　遗传算法求最优解过程

表 3-8　翼子板铺层优化后的各性能

性　能	设计标准	铺层优化
安装点刚度/(N/mm)	50	60. 4
初始刚度/(N/mm)	30	69. 7
施加 220N 后变形/mm	7. 5	3. 1
翼尖刚度/(N/mm)	50	535. 4
最大应力/MPa	300	111. 7

复习思考题

3-1　CAD 的定义是什么？CAD 系统应具备哪些功能？

3-2　CAD 支撑软件应包含哪些功能模块？请了解市场上商品化的 CAD 软件系统（如 Pro/E、UG 等），分析讨论某一软件的具体功能模块，写出相应的分析评述报告。

3-3　查阅文献资料，学习直线扫描的 DDA 算法、中点画线算法和 Bresenham 算法，并用程序实现 Bresenham 算法。

3-4　利用图形表示法说明对图 3-43 所示模型内腔倒角的效果。

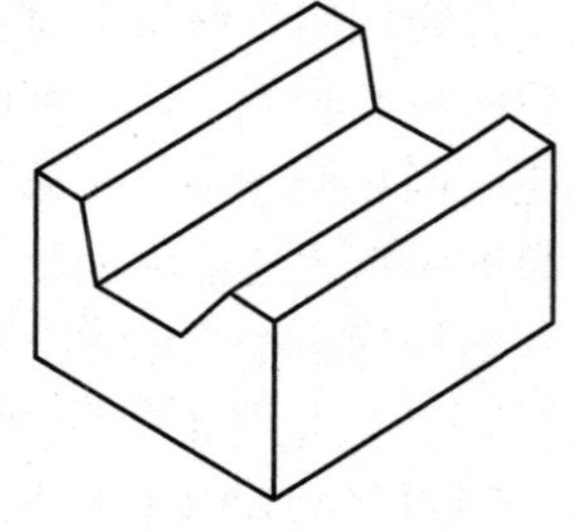

图 3-43　实体模型

3-5　一个关于活塞环—气缸套的问题，感兴趣的量是由于活塞环和气缸套间的摩擦带来的能量损失（Power Loss）的大小，它是四个变量（环面粗糙度、套面粗糙度、套的弹性模量和硬度）的函数。在本测试中，将前两个变量 X_1 和 X_2 作为随机变量，服从正态分布，具体为：$X_1 \sim N(4,1)$，$X_2 \sim N(6.1193,1)$，另外两个变量当成常量，其值分别为 80GPa 和 240BHV。那么响应函数可以写为：$Y=g(X_1,X_2)$。

应用随机响应面法（SRSM）计算能量损失变量 Y 的均值、标准差并绘制概率密度函数曲线。

3-6　参考 3.5.1 节，考虑如下非线性约束优化问题：

$$\min f(\boldsymbol{x},\boldsymbol{p})=(x_1-1)^2+(x_2-p_1)^2$$
$$\text{s. t. } g_1(\boldsymbol{x},\boldsymbol{p})=x_1^2+x_2^2-p_2\leqslant 0$$
$$g_2(\boldsymbol{x},\boldsymbol{p})=-x_1\leqslant 0$$
$$g_3(\boldsymbol{x},\boldsymbol{p})=-x_2\leqslant 0$$
$$g_4(\boldsymbol{x},\boldsymbol{p})=x_1+2x_2-4=0$$

求最优点处的灵敏度。

3-7　参考 3.5.2 节，设某系统由两个相互耦合的学科组成。设计变量为 $\boldsymbol{x}=(x_1,x_2,x_3)$，响应值为 $\boldsymbol{y}=(y_1,y_2)^{\mathrm{T}}$。求解其全局灵敏度矩阵。

$y_1=x_1^2+x_2+x_3-0.2y_2$	$\xrightarrow{y_1}$ $\xleftarrow{y_2}$	$y_2=y_1+x_1+x_3$

第4章 不确定性设计

4.1 基本概念和理论

不确定性广泛存在于自然世界、工程产品中，准确地定量评价不确定性对响应的影响已经成为工程中基于不确定性的分析及优化设计等所必不可少的一项内容。工程产品在其研发、生产到报废的整个寿命周期中都充满了不确定性，例如，对汽车而言存在诸如路面载荷、风阻、结构尺寸、工作环境等众多不确定性。不确定性因素对产品质量具有重要影响，而产品质量决定着企业的效益和生存，尤其对于一些重要的复杂程序系统，如飞行器、汽车等，若不考虑不确定性极有可能导致产品性能不稳定、可靠性降低，甚至带来灾难性事故。这不仅会导致经济损失，甚至可能引发政治、军事、文化等方面的社会问题。因此，必须在工程设计阶段就对不确定性予以重视和考虑，于此产生了不确定性优化设计，相关的不确定性分析和设计理论得到迅速发展和广泛应用。不确定性分析是不确定性设计优化中的一项关键技术，它一直都是工程优化领域最重要的理论课题之一。不确定性分析的精度和效率几乎决定了整个设计的精度和效率，高精度、高效率的不确定性分析是实现不确定性优化的基础和保障。然而，工程系统设计的复杂化、多学科化，以及仿真分析在优化设计中的盛行，给不确定性分析及优化设计带来了如维数灾难、计算效率低、精度低、可靠性差等诸多难题。因此，系统学习和深入研究不确定性分析及优化设计理论和方法具有重要的意义。

4.1.1 基本概念

不确定性大致分为两大类：随机不确定性（Aleatory Uncertainty）和认知不确定性（Epistemic Uncertainty）。前者表示自然界或物理现象中存在的随机性，设计者无法控制或减小这类随机性，也称统计不确定性或客观不确定性。随机不确定性在实际中广泛存在，例如：在飞机起飞的仿真中，即使可以完全精确地控制沿着跑道的风速，若让十架相同的飞机同时起飞，由于每架飞机制造上的差异，它们的飞行轨迹也将不同。类似地，如果平均风速相同，让同一架飞机做十次起飞，由于每次起飞的风速不同，每次的飞行轨迹也会不同。这里，飞机的制造差异和风速都具有随机不确定性。认知不确定性是指由于设计人员的主观认识不足或所获得的知识和信息缺乏而导致无法对某些参数取值或者某些不确定性变量的实际精确概率分布进行准确描述，由此产生的不确定性，也称为系统不确定性或主观不确定性，例如：建模时对问题的客观认识不足或人为主观简化而导致的模型不确定性和变量分布参数的不确定性。它的产生可能是由于对某个量未做足够精确的测量，或建模过程中未能或未完全能掌握系统运动的机理，或由于一些特殊的数据被刻意隐藏。随机不确定性是没法避免和减小的，而认知不确定性理论上是可以避免的。随机不确定性在工程设计中广泛存在，关于随机不确定性的理论研究较为完善成熟，应用空间广泛，因此，本书主要针对随机不确定性来介绍不确定性分析及优化设计方法。

广义的不确定性分析（Uncertainty Analysis，UA）包含不确定性量化（Uncertainty Quantification，UQ）、不确定性传递（Uncertainty Propagation，UP）、不确定性变换（Uncertainty Transformation，UT）等研究内容。不确定性量化特指基于数据对不确定性源进行表征和量化。表征不确定性的方法有很多：概率论、区间与凸模型理论、证据理论、粗糙集、模糊集等。通常将除概率论之外的方法统称为非概率方法。通常，随机不确定性可直接基于概率论进行描述，认知不确定性则基于不确定性和问题的特点选择相应的表征工具进行描述。基于概率论的不确定性量化通常是解决如何基于数据，如样本或统计矩，来获得产品随机变量的概率密度函数的问题。

不确定性传递是研究系统参数（泛指系统输入，包括产品的设计变量或系统参数）影响产品的系统性能的规律（泛指系统的输出，包括设计目标和约束）的方法。简而言之，不确定性传递就是给定输入的不确定性信息下估算输出响应的不确定性信息。需要说明的是，与不确定性传递相对应的理论为不确定性逆传递（也称为不确定性识别），即给定输出响应的不确定性信息来估算输入的不确定性信息。

经典的不确定性量化和传递方法都是基于输入随机变量相互独立的统计学假设基础上。但在实际工程问题中，很多情况下随机变量之间具有一定的相关性，例如：在结构分析和设计中，材料本构关系和疲劳特性等是统计相关的，并且这些变量和参数不一定完全服从正态分布。由于标准正态空间具有旋转对称性和指数衰减性，目前大多数不确定性分析（尤其是可靠度分析）方法，都在标准正态空间中进行。当系统响应函数的输入变量不满足独立性这个前提条件时，前面所介绍的不确定性传递方法往往都不能直接使用，而通常需要将相关的随机变量转换为独立的标准正态随机变量，并将系统响应函数表示为关于独立的标准正态随机变量的函数，在此基础上，再利用前述方法进行不确定性传递。

不确定性设计是分析不确定性对产品性能的影响，从而用于指导优化设计，使得设计的产品对不确定性的影响尽可能小，最终提高产品的稳健性和可靠性，避免系统失效从而引发灾难性的后果。此外，在概念设计阶段就考虑不确定性的影响，还可以避免重复设计，大大缩短设计周期，节省成本。

4.1.2　基本理论

工程优化中，最常用的不确定性分析理论是概率分析理论。随机性是最早认识到的一种不确定性，对随机性的分析及其相应理论概率论的建立开启了不确定性研究的先河，对随机性研究的深入以及其对应的表示理论（概率论）的发展完善经历了一个漫长的过程。概率统计法自 17 世纪由赌博游戏引出后，一直是处理随机不确定性强有力的工具，随着社会生产以及科学技术的发展，概率统计方法在工业过程中的应用越来越深入，其成熟的理论基础保证了它在处理随机不确定性时的有效性。例如用均值、方差、概率密度函数以及概率累积分布函数等构造概率模型来描述机械功率、电压、电流、温度等的波动；用贝叶斯方法定性分析检测概率参数不确定性问题。概率统计法用事件发生的概率来表征不确定性。一个事件发生的概率可以用该事件发生的频率来解释。当有大量样品或进行大量实验时，一个事件的概率被定义为样品或实验发生的次数与总数的比率。概率分析是物理系统中用于表征不确定性最广泛的方法，它可以描述随机扰动、多变条件和考虑风险产生的不确定性等。

本书主要针对随机不确定性、基于概率统计理论来介绍各种不确定性分析理论和方法，因此从概率统计学的角度，不确定性量化的定义为：在给定的数据下，如何估算随机变量的概率密度函数。从数学上描述具体为：给定输入 X 的大量样本 $\{x_1,\cdots,x_m\}$ 或者统计矩，如均值、方差、偏度、峰度，确定输入变量 X 的概率密度函数。不确定性传递的定义为：在给定的随机输入下，如何估算输出响应的随机不确定性。不确定性量化方法可以分为两类：

1）非参数估计方法。非参数估计方法不需要利用数据分布的先验知识，是一种从数据样本出发来研究数据分布特征的方法，最常用的非参数估计方法为核密度估计方法。

2）参数估计方法。参数估计方法需要先假定数据分布符合某种特定的形态，然后在目标函数族中寻找特定的解，即确定回归模型中的未知参数，包括最大熵原理、概率分布族逼近、鞍点逼近等。

从概率统计学的角度，不确定性传递的定义为：在给定的随机输入下，如何估算输出响应的随机不确定性。图 4-1 展示了概率不确定性传递的基本概念，从数学上描述具体为：在随机输入 $\boldsymbol{X}=(X_1,\cdots,X_d)^{\mathrm{T}}$ 存在不确定性的情况下（此时 X_1，…，X_d的不确定性可以用其概率密度函数、累积分布函数或均值和方差描述），计算响应函数 $\boldsymbol{Y}=g(\boldsymbol{X})$ 的不确定性信息，如均值、方差、失效概率、概率密度函数等。显然，若输入变量都是确定性变量，那么输出 Y 是一个确定性的值。国内外现已提出了许多概率不确定性分析方法，并已成功运用到了工程系统不确定性优化设计中。图 4-2 给出了概率不确定性分析方法的概述框图，主要可分为四类。

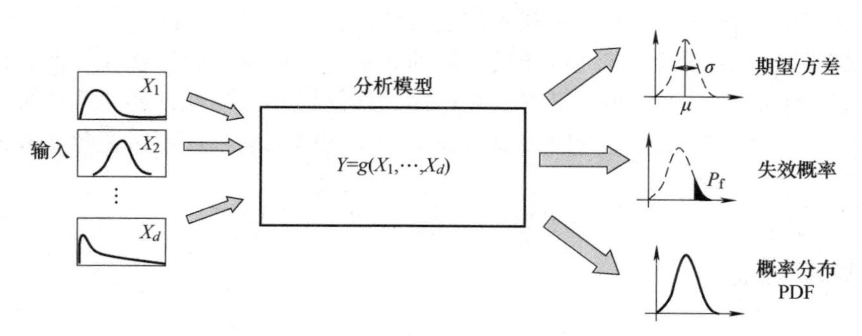

图 4-1　概率不确定性传递的基本概念

1）基于数字模拟的方法，通过抽样的方式来实现不确定性分析，在样本点上仿真得到大量的响应函数值，然后统计其概率随机特性。这类方法有：蒙特卡洛仿真、重要性抽样、自适应抽样。由于需要抽取大量样本，当性能响应函数的计算较为复杂费时时，数字模拟法存在计算量过大的问题。

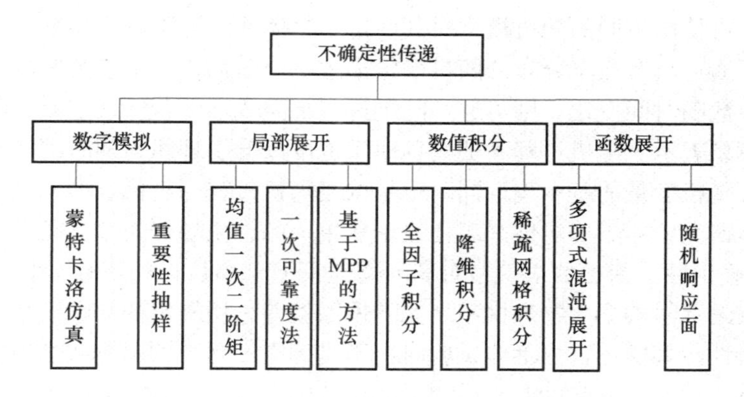

图 4-2　概率不确定性分析方法的概述框图

2）基于局部展开的方法，在参考点处基于泰勒展开对性能响应函数进行近似，且仅仅利用随机输入变量的均值和方差信息。这类方法适用于非线性程度不高且随机输入波动不大的问题。局部展开法需要计算函数的导数信息，因此，必须要求性能响应函数可导。特别地，在最可能失效点进行展开的方法常单独归纳为基于最可能失效点的方法。

3）基于数值积分的方法，主要基于数值积分求积分的思想，将不确定性分析求积分的问题利用数值积分来求解，如：全因子积分、降维积分和稀疏网格积分。这类方法无需计算函数的导数信息。

4）基于函数展开的方法，此类方法的典型代表即多项式混沌展开（Polynomial Chaos Expansion，PCE）方法，又称谱随机方法。其主要思想是：将随机变量表示为若干多项式的线性组合。该方法的精度较高，也无需计算函数的导数信息，最重要的是一旦将随机变量进行函数展开完成，随机变量的任意概率信息都可很方便地得到。

不确定性变换是将一组相关非正态随机变量 $\boldsymbol{X}=(X_1,\cdots,X_d)^{\mathrm{T}}$ 变换为一组独立标准正态随机变量 $\boldsymbol{U}=(U_1,\cdots,U_d)$。在工程不确定性分析中，正交变换、Rosenblatt 变换和 Nataf 变换是三种较为传统的不确定性变换方法。近年来，Copula 和 Vine Copula 理论因其在构造高维随机变量联合分布上的优势，在相关性分析领域中得到了广泛的应用。

1）正交变换，仅需要随机变量的边缘分布和相关系数，计算步骤简单，但是只有在随机变量服从正态分布时才是精确的。

2）Rosenblatt 变换，以随机变量的联合累积分布函数为基础，利用条件概率将相关的非正态分布转换为独立的标准正态随机变量。该方法是一种精确的转换，但是必须已知相关随机变量的联合累积分布函数。

3）Nataf 变换，仅需要随机变量的边缘分布和相关系数，其本质是高斯 Copula 函数构造随机变量联合分布的方法。然而 Nataf 变换仅考虑了变量间的线性相关性，只能在某些特定样本分布的情况下较好地度量变量间相关性

4）Copula 和 Vine Copula 理论，Copula 函数可以被视为一种边缘分布和联合分布之间的连接函数，能有效处理两个变量之间的相关性，Vine Copula 理论则为高维相关性处理提供解决途径，Copula 和 Vine Copula 理论具有强大处理随机相关性的能力。

实际工程中的不确定性通常复杂而多样。根据不确定性因素是否随时间或空间变化，可分为以下几类：参量不确定性、时变不确定性、空间不确定性。根据不确定参数是否随时间

或随空间变化，可使用不同的随机模型对其度量。具体地，若不确定参数既不随时间也不随空间变化，则可通过具有概率分布的随机变量描述单个参数，多个参数服从联合概率分布函数；若不确定参数随时间变化，则可通过随机过程模型表示；若不确定参数随空间变化，则可通过随机场模型表示。随机过程和随机场模型也可以分别理解为随时间和随空间变化的随机变量，因此，随机变量的基本理论同时也是构建随机过程和随机场的基础。

在工程具体研究中，不确定性来源往往不是单一的，主要分为以下几种：

1）模型不确定性。指由数学模型对实际物理模型刻画认识的不充分性，即对现实知识的认识不足造成的数学模型与物理模型之间的模型偏差，所提出的数学模型只是近似的描述物理系统内在特性，如描述自由落体试验时由于受到空气阻力的影响数学模型与实际物理模型往往存在差异。

2）算法不确定性。主要指数值误差。对于复杂数学模型的求解，当较难得到其理论解析解时，通常采用数值计算方法进行数值求解，由于数值计算上的近似而导致数值上的误差，如采用有限元方法或差分法进行对偏微分方程求解存在的数值误差等。

3）参数不确定性。主要指输入变量的不确定性引起的，如在加工制造过程中，由于环境因素的影响导致实际加工尺寸与名义设计值存在的差异。

4）试验不确定性。也称作观察误差，通常由试验测试仪器的测试参数设置、试验环境和人为因素等引起的试验测量参数的不确定性。

5）代理模型不确定性。实际可供试验的设计样本点具有稀疏性，导致无样本点处的代理模型预测响应具有不确定性。

在以上多种不确定性存在的条件下，较准确地建立描述实际物理系统的数学预测模型显得十分困难。因此如何量化和传递多源不确定性是进行产品不确定性设计的重大挑战。

不确定性设计对提高产品质量和保持产品性能稳定性具有重要的作用。稳健性设计、可靠性设计及可靠性稳健设计是不确定性设计领域下三种非常先进的设计理论。稳健性设计是使产品对设计变量的变化不敏感，即能抵抗一定程度的非预期不确定性干扰。可靠性是指在满足可靠性要求的前提下使产品性能指标达到最优。可靠性稳健设计则是将上述两种方法有机结合起来，充分考虑不确定性对性能的影响，设计出既满足稳健性又满足可靠性的产品。

4.2 不确定性量化

本章主要从概率、统计学的角度，介绍不确定性分析相关的理论基础和概念。首先介绍参数不确定性及基于随机变量的参数不确定量化，其次介绍非参数估计和参数估计代表性的方法，分别是核密度估计和最大熵原理，最后对代理模型不确定性进行介绍。

4.2.1 参数不确定性

对于很多实际工程中的随机物理参数而言，参数的观测或测量结果为数值，如结构的几何尺寸、运输装置的载重等。如果可获得此类随机参数充足的样本数据，即可基于概率方法构建随机参数的概率分布函数，此时该随机参数即称为随机变量。工程结构中不同随机参数的概率分布有高斯分布、伯努利分布、均匀分布、泊松分布、瑞利分布、Weibull 分布等；而高斯分布由于与实际中大多数物理参数和自然现象的本质分布规律吻合，且具有很好的数学性质，使用最为广泛。对于多维随机参数而言，理论上需获得多维参数的联合概率分布函数以完全描述其不确定性。然而在实际中，由于联合概率密度函数所要求的参数样本信息量较大，在很多情况下仅通过参数的前几阶矩（均值、方差等）、相关函数或边缘概率分布等不完全信息，加以部分主观假设对参数的随机性进行近似描述。例如，在多参数边缘分布已知的情况下，则可基于已有样本信息按照一定的准则确定随机变量的最优 Copula 函数，从而通过该 Copula 函数将多个随机变量的边缘概率分布联系起来，近似构成多参数联合概率分布函数。

1. PDF&CDF

随机变量用于表示概率不确定性，它是指在试验或观察的结果中能取得不同数值的量，它的取值随偶然因素而变化，但又遵从一定的统计学规律。随机变量可分为离散型和连续型。离散型随机变量的取值为有限个或可列无限个；连续型随机变量可取得某一区间内任何数值。在本书中主要介绍针对连续型随机变量的不确定性分析方法，且本书中所有的随机变量都统一用大写字母表示。

连续型随机变量 X 可用其概率密度函数（Probability Density Function，PDF）描述，通常表示为 $f_X(x)$。$f_X(x)$ 表示随机变量 X 的取值在某个确定的取值点 x 附近具有的可能性的大小。概率密度函数 $f_X(x)$ 具有以下性质，这也是其能够作为概率密度函数的充分必要条件：

$$f_X(x) \geqslant 0$$

$$\int_{\Omega} f_X(x)\,\mathrm{d}x = 1 \tag{4-1}$$

当 X 的维数 $d>1$ 时，X 成为随机向量 $\boldsymbol{X}=(X_1,\cdots,X_d)^{\mathrm{T}}$。此时 PDF 称为联合概率密度函数，通常写成 $f_{X_1\cdots X_d}(x_1,\cdots,x_d)$ 或 $f_X(x_1,\cdots,x_d)$。第 i 个随机变量 X_i 的边缘概率密度函数 $f_{X_i}(x_i)$ 与联合概率密度函数 $f_{X_1\cdots X_d}(x_1,\cdots,x_d)$ 之前的关系是

$$f_{X_i}(x_i) = \int_{\Omega}\int_{\Omega}\int_{\Omega}\cdots\int_{\Omega} f_{X_1,\cdots,X_d}(x_1,\cdots,x_d)\,\mathrm{d}x_1\cdots\mathrm{d}x_{i-1}\mathrm{d}x_{i+1}\cdots\mathrm{d}x_d \tag{4-2}$$

若 X_1，…，X_d 相互独立，则 $f_X(x_1,\cdots,x_d)$ 为各随机变量的边缘概率密度函数 $f_{X_i}(x_i)$ 的乘积：

$$f_X(x_1,\cdots,x_d) = \prod_{i=1}^{d} f_{X_i}(x_i) \tag{4-3}$$

与概率密度函数 PDF 相对应的是累积分布函数（Cumulative Distribution Function，CDF），它也能完全描述一个随机变量。随机变量 X 的累积分布函数 $F_X(x)$ 表示 X 的取值落在某个区域之内的概率，数值上它等于 PDF 在该区域上的积分。反过来，也可以说 PDF 是 CDF 的 1 阶导数，即

$$f_X(x) = \mathrm{d}F_X(x)/\mathrm{d}x \tag{4-4}$$

图 4-3 展示了正态分布变量的 PDF 和 CDF 曲线。虽然概率密度函数提供了随机变量的所有概率分布信息，但是仅仅根据概率密度函数难以快速、直接地获得随机变量直观的不确定性信息，尤其当概率密度函数不是常见的分布类型，而具有复杂的代数表达式时，此时，

随机变量的统计矩就较为直观地提供了概率分布的大量数学信息。

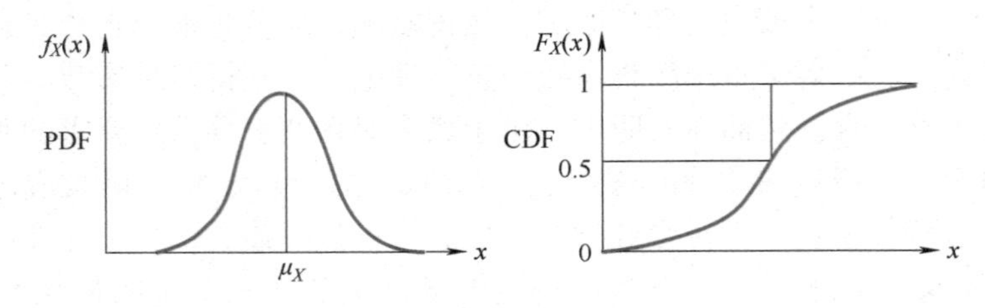

图 4-3 正态分布变量的 PDF 和 CDF 曲线

2. 统计矩

概率统计中经常会提到统计矩的概念，其中“矩”的概念由力学中移植而来，借以表征随机变量的某种分布特征。“矩”以较为简洁的方式提供了随机变量的数学分布信息，通过以下几个公式描述随机变量的矩。

(1) 期望或均值 μ 一般用来表示随机变量分布的均值。若考虑该分布的大量样本，分布期望值等于样本的算术平均数。数学上，随机变量 X 的均值 μ 为

$$\mu=\int_{\Omega} x f_X(x)\,\mathrm{d}x \tag{4-5}$$

(2) 方差 它表示随机变量分布相对于其均值的偏离程度，一般用 σ^2 来表示。较小的方差说明分布相对于均值点较集中，较大的值说明分布较为广泛，散布较大。随机变量的方差 σ^2 定义为

$$\sigma=E[(x-\mu)^2]=\int_{\Omega}(x-\mu)^2 f_X(x)\,\mathrm{d}x \tag{4-6}$$

而方差的平方根称为标准差 σ。随机变量 X 的标准差与均值之比称为变异系数，它是描述随机变量分散程度的无量纲因子，记作 $V_X=\sigma/\mu$。

(3) 偏度 在概率和统计论中，偏度是对随机变量的概率分布关于其均值的偏斜方向和程度的度量，是概率分布非对称程度的数字特征，它可以是正数或负数，表示为

$$\beta_1=\frac{1}{\sigma^3}E[(x-\mu)^3]=\frac{1}{\sigma^3}\int_{\Omega}(x-\mu)^3 f_X(x)\,\mathrm{d}x \tag{4-7}$$

若偏度为负，则随机变量均值左侧的离散度比右侧强；若偏度为正，则随机变量均值左侧的离散度比右侧弱，对于正态分布（或严格对称分布）偏度为零。图 4-4 展示了正、负偏度的两种分布。

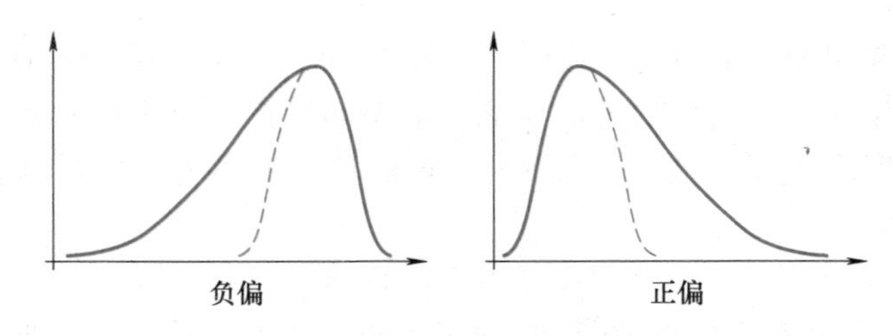

图 4-4 正、负偏度的两种分布

(4) 峰度 峰度表示分布相对于正态分布的平坦程度，表示为

$$\beta_2=\frac{1}{\sigma^4}E[(x-\mu)^4]=\frac{1}{\sigma^4}\int_\Omega(x-\mu)^4 f_X(x)\mathrm{d}x \tag{4-8}$$

对于正态分布，$\beta_2=3$。若 $\beta_2>3$，表示该分布较正态分布平坦；较小的 β_2 值意味着相对于正态分布，该分布的波形更突兀消瘦。

（5）原点矩与中心矩　随机变量 X 的 k 阶原点矩 m_k 表示为

$$m_k=E[x^k]=\int_\Omega x^k f_X(x)\mathrm{d}x \tag{4-9}$$

k 阶中心矩为

$$\mu_k=E[(x-\mu)^k]=\int_\Omega(x-\mu)^k f_X(x)\mathrm{d}x \tag{4-10}$$

显然，$m_0=1$，$m_1=\mu$，$\mu_0=1$，$\mu_1=0$，$\mu_2=\sigma^2$。可以看出，方差为 2 阶中心距，偏度和峰度分别是归一化的 3 阶和 4 阶中心矩。

（6）一些性质　设 a 和 b 为常数，若 $\boldsymbol{X}$ 和 $\boldsymbol{Y}$ 相互独立，则有

$$\begin{aligned}&E(a)=a\\&E(a\boldsymbol{X}+b\boldsymbol{Y})=aE(\boldsymbol{X})+bE(\boldsymbol{Y})\\&E(\boldsymbol{XY})=E(\boldsymbol{X})E(\boldsymbol{Y})\\&Var(a)=0\\&Var(a\boldsymbol{X}+b\boldsymbol{Y})=a^2Var(\boldsymbol{X})+b^2Var(\boldsymbol{Y})\end{aligned} \tag{4-11}$$

设 $\boldsymbol{Y}=g(\boldsymbol{X})$，则

$$\begin{aligned}&E(\boldsymbol{Y})=E(g(\boldsymbol{X}))=\int_\Omega g(\boldsymbol{x})f_X(\boldsymbol{x})\mathrm{d}x\\&Var(\boldsymbol{Y})=Var(g(\boldsymbol{X}))=\int_\Omega(g(\boldsymbol{x})-E(\boldsymbol{Y}))^2 f_X(\boldsymbol{x})\mathrm{d}x\end{aligned} \tag{4-12}$$

式中，$f_X(\boldsymbol{x})$ 为 $\boldsymbol{X}$ 的概率密度函数。

3. 非参数估计——核密度估计

设 X_1，…，X_d 是取自于某变量的独立同分布随机样本，其概率密度函数 $f(x)$ 未知，则在样本内任取一点 x 处的概率密度函数 $f(x)$ 的核密度估计的定义如下：

$$f_h(x)=\frac{1}{nh}\sum_{i=1}^{n}K\left(\frac{x-X_i}{h}\right) \tag{4-13}$$

式中，h 为窗宽；n 为样本的数目；$K\left(\frac{x-X_i}{h}\right)$ 为核函数。在估计随机变量的密度函数 $f(x)$ 时，为了更好地保证其合理性，所选取的核函数需满足：

1）归一性，即满足 $\int_{-\infty}^{+\infty}K(x)\mathrm{d}x=1$。

2）非负性，即满足 $K(x)\geqslant0$。

3）对称性，即满足 $K(x)-K(-x)=0$。

由上述一维核密度估计的定义可知，在利用核密度方法估计样本的密度函数时，数据拟合结果的优劣受核函数及窗宽设定值的影响，常用核函数有均匀核、三角核、四次核、三权核、高斯核、余弦核等。

4. 参数估计——最大熵原理

给定一组有限的统计矩作为约束，理论上存在无穷个 PDFs 满足该条件。本节采用最大熵原理找到一个“最佳的”满足该约束的 PDF。1948 年，Shannon 将热力学熵的概念引入到信息论中。最大熵原理则由 Edwin Jaynes 提出，在文章中他描述了统计力学与信息熵的对应关系。最大熵原理可以描述为在给定的条件下，所有可能的概率分布存在一个使信息熵取极大值的分布，该分布是最小偏见的，由此可以得到一种构造最佳概率分布的方法。

考虑参量空间 $\boldsymbol{X}$ 的任一参量 X，X 的信息熵为

$$H=-\int_{\Omega} f_X(x)\ln f(x)\,\mathrm{d}x \tag{4-14}$$

式中，$f_X(x)$ 是 X 的 PDF；H 是信息熵；Ω 是积分空间。

将随机变量 X 的前 k 阶中心矩作为约束条件

$$\mu_i=\int_{\Omega}(x-u)^i f_X(x)\,\mathrm{d}x,\qquad i=0,1,\cdots,k \tag{4-15}$$

式中，μ_i 为第 i 阶原点矩；u 为均值。通过最大熵原理可获得：

$$\begin{aligned}&\max\quad H\\&\text{s. t.}\quad \mu_i=\int_{\Omega}(x-u)^i f_X(x)\,\mathrm{d}x,\qquad i=0,1,\cdots,k\end{aligned} \tag{4-16}$$

利用拉格朗日乘子法，引进修正函数求解后得到最大熵 PDF 为

$$f_X(x)=\exp\left(\sum_{i=0}^{r}a_i x^i\right) \tag{4-17}$$

式中，a_i 为待定系数。

将式（4-17）代入到式（4-15），可得到非线性不等式

$$\mu_i=\int_{\Omega}(x-u)^i\exp\left(\sum_{i=0}^{r}a_i x^i\right)\mathrm{d}x,\qquad i=0,1,\cdots,k \tag{4-18}$$

通常采用随机变量的前四阶矩来进行求解，即 $k=4$，求解式（4-18）即可获得系数 a_i，最终能够得到最大熵 PDF。特别地，考虑到均值、标准差、偏度及峰度的范围设定的便捷性，该四个量被选作为外层优化问题的设计变量。给定一组均值、标准差、偏度及峰度，则被用来进行不确定性建模的前四阶中心矩为

$$\begin{cases}\mu_0=1\\\mu_1=0\\\mu_2=\sigma^2\\\mu_3=\beta_1\sigma^3\\\mu_4=\beta_2\sigma^4\end{cases} \tag{4-19}$$

式（4-17）中，待定系数的数目与方程个数一样，因此理论上存在唯一组最优解。一般将式（4-17）的非线性方程组转化为无约束优化问题求解。采用基于正态分布的初始点则能更快更准确地搜索到最大熵 PDF 系数。

4.2.2　代理模型不确定性

由于近似是在离散样本点的基础上，通过插值和拟合方法建立的真实响应的近似数学表达，因此代理模型不可能完全等效于真实模型。为了评价代理模型的预测效果，需要定义一些精度评价指标，对真实模型与代理模型之间的差异进行评价。代理模型不确定性评估是通过统计学方法，在建模过程中将真实响应定义成一个高斯随机过程，使得任意点的预测状态包含预测均值和预测方差两个部分，其中预测均值等同于精度评价指标中的预测值，而方差则表示的是预测状态偏离真实响应的状态。目前评估代理模型不确定性需要采用高斯随机过程方法进行近似建模，Kriging 法作为一种特殊形式的高斯随机过程法，可以在建立响应的代理模型的同时，得到空间中任意点的预测标准差状态。

图 4-5 所示为一个数学函数的 Kriging 模型，其中，实线为真实响应，虚线为 Kriging 模型的预测响应曲线，阴影部分是当前 Kriging 模型的预测置信区间。

$$[\hat{y}(\boldsymbol{x})-Z_{\alpha/2}\sigma_G(\boldsymbol{x})]\leqslant y(\boldsymbol{x})\leqslant[\hat{y}(\boldsymbol{x})+Z_{\alpha/2}\sigma_G(\boldsymbol{x})] \tag{4-20}$$

式中，$\hat{y}(\boldsymbol{x})$、$\sigma_G(\boldsymbol{x})$ 分别为 Kriging 模型的预测均值和预测标准差；$Z_{\alpha/2}$为标准正态分布的双侧 α 百分位数，当 $\alpha=0.05$、$Z_{\alpha/2}\approx 1.96$ 时，对应的是概率为 95%的置信区间，当 $\alpha=0.25$、$Z_{\alpha/2}\approx 1.15$ 时，对应的是概率为 75%的置信区间，对于相同的 Kriging 模型，置信度大的区间可以更大概率地将真实响应覆盖。由图 4-5 中可以发现确定性响应中代理模型不确定性的两个重要性质：

1）Kriging 模型通过所有已知样本点（图中圆圈处），且在已知样本点处的预测标准差为 0。

2）对于任意非样本点来说，离已知样本点距离越远，预测方差值越大。

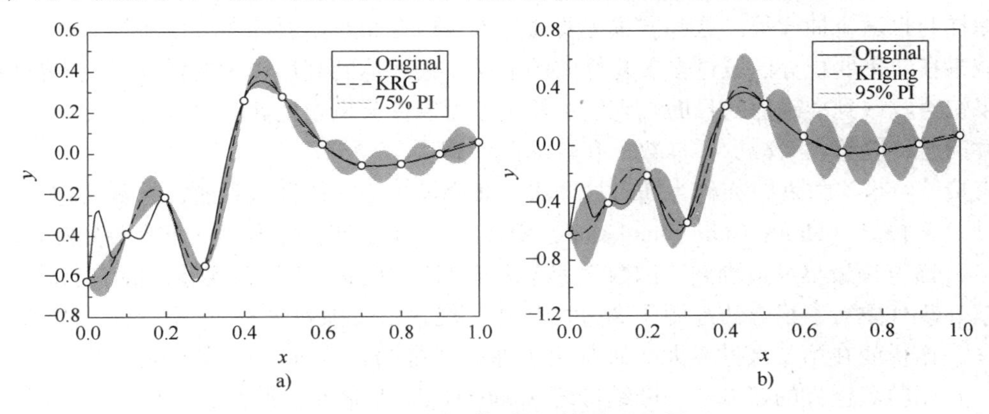

图 4-5　Kriging 模型预测状态示意图

a）75%置信区间　b）95%置信区间

在确定性设计问题中，代理模型不确定性通常用于表征确定性响应的预测误差，目前基于代理模型不确定性的两种精度指标主要包括最大均方根误差（Maximum Mean Square Error，MaxMSE）和总均方根误差（Integrated Mean Square Error，IMSE）：

$$\mathrm{MaxMSE}=\max_{\boldsymbol{x}\in D}[\mathrm{MSE}(\boldsymbol{x})] \tag{4-21}$$

$$\mathrm{IMSE}=\int_{\boldsymbol{x}\in D}\mathrm{MSE}(\boldsymbol{x})\mathrm{d}\boldsymbol{x} \tag{4-22}$$

4.3 不确定性传递

物理参数的随机性将引起结构系统响应（如位移、应力等）的随机性。在结构不确定性分析中，一个重要的研究内容即分析因结构系统输入参数的不确定性而引起系统输出响应的不确定性，通常称为不确定性传递。换言之，不确定性传递的目的即获得结构响应的随机特性，这些随机特性根据不同问题类型和设计要求可以为响应的低阶矩、高阶矩或概率密度分布等。

4.3.1 基于数字模拟的方法

数字模拟法是不确定性分析中相对比较简单和古老的方法，也可称作抽样法（Sampling Method），其主要思想实质等同于较为熟悉的蒙特卡洛仿真。通过采用某种方法抽取一定数量的样本，然后计算响应函数在这些样本点上的响应值，最后得到响应函数的随机统计特性。抽样法中最典型的方法为直接蒙特卡洛仿真法，它以大数定律与中心极限定理为统计依据，将多维积分问题转化为求解数学期望的形式，由样本的均值来估算数学期望。该方法思路简单，易于实现，对性能函数的维度以及非线性程度均无要求，同时适用于不确定性分析中的失效概率与统计矩估算，故其在理论研究中常作为标准来检验其他方法的有效性和精度。由于直接蒙特卡洛仿真法在随机输入变量的整个变化范围内随机抽样，为了保证结果的精度，通常需要抽取大量的样本，尤其当性能函数非常费时或可靠性较高时，计算量非常大。因此，产生了其他一系列改进的较为高效的抽样方法，如重要抽样、分层抽样、拉丁超立方抽样与自适应抽样等。这些方法主要通过人为地在相对重要的积分区域抽取较多的样本点，减少在非重要积分区域过多重复低效的抽样，最终达到利用较少的样本点使得数值估算的结果快速收敛到准确值的目的。它们主要用于可靠性分析中估算失效概率，尤其适用于高可靠性问题，能够大大减少样本数，有效降低计算量。

直接蒙特卡洛仿真，亦称为随机抽样法、概率模拟法或统计试验法，通常简称为蒙特卡洛仿真（Monte Carlo Simulation，MCS），它属于计算数学的一个重要分支。蒙特卡洛方法最早可追溯到法国数学家布丰于1777年提出用投针实验的方法求圆周率 π。现代蒙特卡洛方法起源于20世纪40年代，由美国科学家S. M. 乌拉姆和J. 冯·诺伊曼在第二次世界大战研制原子弹的“曼哈顿计划”中首先提出并应用。他们用驰名世界的赌城——摩纳哥的Monte Carlo来命名这种方法，从而为它蒙上了一层神秘色彩。由于蒙特卡洛仿真仅仅需要一些最基本的概率和统计论的知识，实现起来非常简单且方便，现在已经在金融工程学、宏观经济学、生物医学、计算物理学（如粒子输运计算、量子热力学计算、空气动力学计算、核工程）等领域得到广泛的应用。

利用蒙特卡洛方法进行不确定性分析的大致步骤如下：

1）根据随机输入 $\boldsymbol{X}=(X_1,\cdots,X_d)^{\mathrm{T}}$ 的概率分布 $f_X(\boldsymbol{x})$，产生 N 个样本 $\boldsymbol{x}_i=(x_{i1},\cdots,x_{id})$ $(i=1,2,\cdots,N)$。

2）将 x_i 分别代入到响应函数 $Y=g(\boldsymbol{X})$ 中，计算相应的响应函数的值 $y_i(i=1,2,\cdots,N)$。这完全都是基于不同输入下的多次确定性响应函数计算。

3）根据需要计算输出响应函数的概率随机特性，如均值、标准差、失效概率，当然也可以绘制出概率密度函数曲线。

关于样本点数目的选取，通常的做法是首先选取一定的 N 值，运行 MCS，估计输出响应函数的概率随机特性。然后，逐渐增加 N 的值，运行 MCS，得到新的概率随机特性。比较最近相邻两次所得的概率随机特性估计值的差异，若相差较小，则认为 MCS 的结果收敛，将最近一次的估计值作为最终的不确定性分析结果。

蒙特卡洛方法是一种以概率统计理论为指导、适用范围非常广泛的数字模拟方法，其最重要的特点就是简单方便，易于编程实现，对性能函数的形式和维度、基本随机输入变量的分布形式均无特殊要求，既适用于可靠性分析，亦能够用于估算响应的统计矩信息，并且如果随机样本数量足够多，其能够保证估算结果的高精度，因此在很多理论研究中经常作为基准来检验新提出的不确定性分析法的有效性和精度。然而对于通常大多数工程可靠性分析问题，其失效概率可能小于 10^{-5}（高可靠性），为了达到一定的精度水平，必须大大增加所需的仿真次数 N，因此，N 至少取为 10^5。为了得到更为可靠的失效概率，通常 N 设为 10 倍的最小值，也就是 10^6。如果涉及的系统存在复杂费时的仿真模型，如计算流体力学或有限元分析，单次仿真运算时间长达几小时，甚至几天，因此，MCS 的计算量通常难以接受，从而极大地限制了其广泛应用。因此，通过增加样本数量来保证精度的做法不可取，根据其误差公式，为了减小误差，除了可以增加样本数量 N，另外一种途径是可以通过降低方差来保证。基于此，产生了各种通过降低样本方差来减少计算量的方法，如重要性抽样、分层抽样、拉丁超立方抽样和自适应抽样等方法等。这些方法通过增加重要区域的样本数目，在获得相同精度的情况下，减少了样本的数量，提高了计算效率。

4.3.2　基于局部展开的方法

局部展开法也称为泰勒展开法，其基本思想是：在参考点处，通过泰勒展开将非线性的性能响应函数 $g(X)$ 进行一定程度地线性化，在此基础上近似得到性能函数的统计矩和失效概率。参考点的选取有两类，即随机输入变量的均值点和最可能失效点（Most Probable Point, MPP），以下将该点简称为 MPP 点，MPP 点示意图如图 4-6 所示。MPP 点处于极限状态函数的某条等高线上，也就是极限状态面上，且 MPP 点处对应的概率密度函数值最大。这就是最可能失效点处具有最大的概率密度函数值的原因。

从数学角度而言，在已知系统参数分布函数且性能函数连续可导的情况下，可靠性分析实质是一个多元函数求积分的问题。对于实际工程系统，绝大多数被积函数的积分边界都比较复杂，依靠直接数值积分法求积分是不现实的，因此对复杂积分边界进行近似的近似方法成为一种必然的选择。产生于半个多世纪前的局部展开法就是一种出现较早的近似方法，这种方法主要应用于非线性程度不高的土木工程系统结构可靠性分析中。

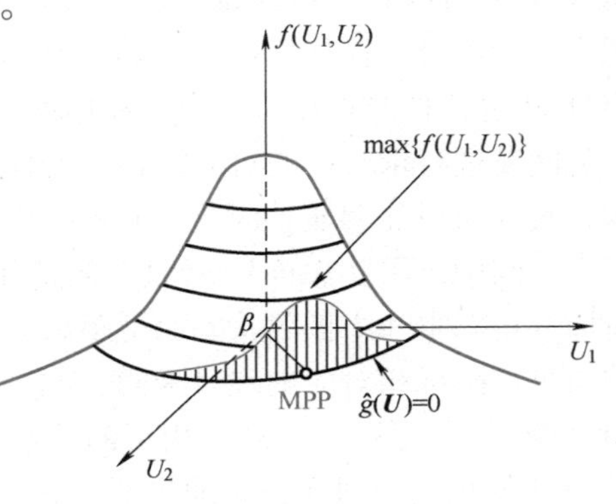

图 4-6　MPP 点示意图

最早出现的局部展开法在工程力学中也称为

摄动法，它通过将性能函数在随机输入变量的均值点处进行一阶或二阶泰勒展开近似，在此基础上根据随机输入变量的前二阶统计矩（均值和方差），得到性能函数的统计矩和失效概率。根据泰勒展开的阶数的不同，早期的局部展开法主要有一次二阶矩法（First Order Second Moment，FOSM）和二次二阶矩法（Second Order Second Moment，SOSM）。二者都基于均值点展开，用于估算前二阶统计矩，其中 FOSM 基于一阶泰勒展开，SOSM 基于二阶泰勒展开。由于进行一阶泰勒展开，数学形式简单、计算量小，故 FOSM 应用最为广泛。而且，由于在均值点处展开，很多文献中也将 FOSM 称为均值一次二阶矩法。在进行失效概率估算时，均值点处展开会带来诸如精度低、不一致性等众多问题，于是产生了基于 MPP 点的局部展开法，此种方法广泛应用于工程可靠性分析及基于可靠性的优化设计中。基于 MPP 点的局部展开法又分为一次可靠度法（First Order Reliability Method，FORM）和二次可靠度法（Second Order Reliability Method，SORM），FORM 对极限状态函数在 MPP 点处进行线性近似，在处理非线性程度较高的性能函数时误差较大，由此产生了 SORM。SORM 在线性化极限状态函数时还考虑了其二次曲率，改善了失效概率估算的精度，但由于要计算二阶导数所以增加了一定的计算量。FORM 和 SORM 在 MPP 点处近似极限状态函数，因此有些文献将二者归类于基于 MPP 点的不确定性分析方法。本节主要对 FORM 进行介绍。

1969 年美国教授布丰提出了可靠度指标的概念，将可靠度指标和失效概率相联系，将失效概率作为衡量结构安全度的一种统一数量指标，并建立了结构可靠度的二阶矩模式，即均值一次二阶矩法。均值一次二阶矩法也称均值法或者中心点法，是局部展开法中出现较早的一种可靠性分析方法，当然它也能估算统计矩。均值一次二阶矩法将性能响应函数（在可靠性分析中，称为极限状态函数）在均值点处进行一阶泰勒近似。顾名思义，“均值”也称为“中心点”，表明该方法在随机输入变量的均值点处进行泰勒展开；“一次”表明该方法仅取泰勒展开式中的一阶项，也就是说对极限状态函数进行线性近似；“二阶矩”表明该方法仅根据随机输入变量 $\boldsymbol{X}$ 的一阶矩（均值）和二阶矩（方差和协方差）来简单推导函数 $g(\boldsymbol{X})$ 的统计矩和失效概率，因此不必考虑随机输入变量的其他分布特征和参数。

为了克服均值一次二阶矩法的不一致性问题，Hasofer 和 Lind 提出了改进的一次二阶矩法（Advanced First-Order Second Moment，AFOSM）。AFOSM 与均值一次二阶矩法是类似的，也是通过将非线性极限状态函数线性展开，然后基于相同的思想，用线性极限状态函数的失效概率来近似原非线性极限状态函数的失效概率，与均值一次二阶矩法的不同之处在于 AFOSM 将极限状态函数线性化的点是失效域中的设计验算点，即极限状态面上距离均值点距离最短的点，而均值一次二阶矩法线性化的点是随机变量的均值点。因此在很多文献中 AFOSM 也称作验算点法。由于在标准正态空间内计算可靠度指标，计算过程可归结为约束优化问题进行求解，使可靠度指标的计算更为方便，特别是对于较复杂的可靠度指标计算问题，其优点更加明显，因此 Hasofer 和 Lind 于 1974 年对可靠度指标给出了新的定义：标准正态空间中极限状态面距离原点的最短距离。这里的可靠度指标也称为 H-L 可靠度指标，而标准正态空间中极限状态面上距离原点距离最短的点称为最可能失效点，显然，前面提到的与可靠指标相对应的设计验算点可由标准正态空间内的最可能失效点通过转换得到。在 AFOSM 产生之初，其只适用于随机输入为正态分布的情况。之后，Rackwitz 和 Fiessler 于 1978 年提出了应对非正态随机变量的方法，简称为 R-F 方法，并提出了当量正态化的思想。R-F 方法的基本思想是通过在设计点（或候选设计点，即迭代点）处使原非正态变量的累积分布函数（CDF）和概率密度函数（PDF）分别与等效正态变量的 CDF 和 PDF 相等来实现当量正态化，将非正态随机变量转换为标准正态随机变量。R-F 方法对 AFOSM 理论进行了完善，并由此产生了一次可靠度法，它实际上可以看作是均值一次二阶矩法的扩展。现今，提到 AFOSM 和 FORM，实质是同一种方法，都是指通常所说的 FORM。它与均值一次二阶矩法的不同之处：第一，FORM 是在 MPP 点处对极限状态函数进行泰勒线性展开，而均值一次二阶矩法是在均值点处进行展开；第二，FORM 是在标准正态空间进行展开，而均值一次二阶矩法是在原随机空间（也就是原随机输入变量 X 所在空间）进行展开。当然，对于一个给定的非线性性能响应函数，其 MPP 点是不能预先知道的，需要通过迭代或者直接优化来求得，后面将会对 MPP 点的求取方法进行介绍。

当极限状态函数为非线性函数时或输入变量为非正态随机变量时，或极限状态函数为非线性函数且输入变量为非正态随机变量时，首先需要将一般的随机变量转换为标准正态随机变量，然后需要对非线性极限状态函数线性化。按照这种思路实现 FORM 大致分为三步：变换、线性化、估算失效概率。

1. 从 $\boldsymbol{X}$ 空间到 $\boldsymbol{U}$ 空间的变换

若不做特殊说明，都假设随机输入变量是相互独立的。首先将随机输入变量 $X_i(i=1,\cdots,d)$ 变换为标准正态随机变量 U_i，也就是从原空间（X 空间）变换到标准正态空间（U 空间）（见图 4-7），最常用的转换是 Rackwitz-Fiessler 变换，即所谓的“当量正态化方法”，但是，当 X 的偏度（Skewness）较大时，Rackwitz-Fiessler 变换误差较大。

$$
\begin{gathered}
F_{X_i}(X_i)=\phi(U_i) \\
X_i=F_{X_i}^{-1}[\phi(U_i)],i=1,\cdots,d
\end{gathered}
\tag{4-23}
$$

式中，$F_{X_i}(X_i)$ 为 X_i 的概率累积分布函数；$F_{X_i}^{-1}$ 为 X_i 的概率累积分布函数的逆函数；$\phi(U_i)$ 为标准正态分布的累积分布函数。通过保证变换前后随机变量在 $\boldsymbol{X}$ 空间和 $\boldsymbol{U}$ 空间对应的概率累积分布值相等，来实现该变换。

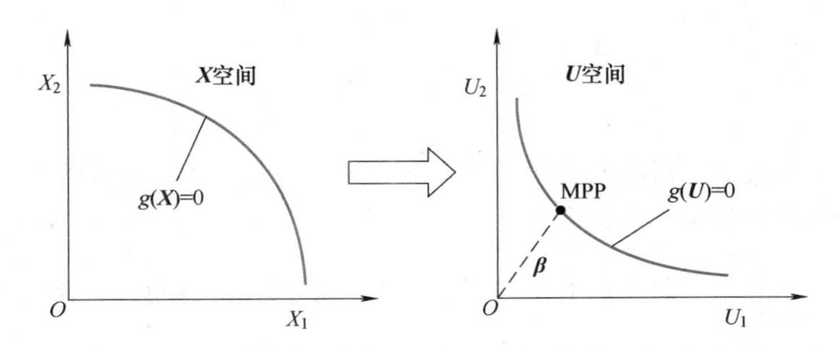

图 4-7　Kriging 模型预测状态示意图

2. 线性化

经过第一步中将随机输入变量变换为标准正态随机变量之后，$\hat{g}(\boldsymbol{U})$ 成为标准正态随机变量的函数。通常情况下，$\hat{g}(\boldsymbol{U})$ 必然是非线性的。即使原函数 $g(\boldsymbol{X})$ 是线性的，由于从 $\boldsymbol{X}$ 空间到 $\boldsymbol{U}$ 空间通常要经过非线性变换，$\hat{g}(\boldsymbol{U})$ 很可能也变成了非线性函数。因此，接下来需要对 $\hat{g}(\boldsymbol{U})$ 线性化，也就是说通过极限状态函数位于最可能失效点的一切平面对原极限状态函数对应的超单面进行近似。当然，线性化本身也存在近似，不可避免地会给失效概率的估计带来误差。此时最关键的问题是应该在哪个点上线性化极限状态函数 $\hat{g}(\boldsymbol{U})$。在 FORM 中，选取在 MPP 点处线性化极限状态函数。事实上，MPP 点没有任何物理意义，只是为了研究需要而产生。前面已经提到并证明过，MPP 点是 $\boldsymbol{U}$ 空间中位于极限状态面上的具有最大的联合概率密度函数值的点，因此可以说 MPP 点对失效概率的求解，也就是概率积分的贡献最大。因此，很自然地想到采用 MPP 点（$\boldsymbol{u}^*$）作为展开点，显然当 $d>1$ 时，$\boldsymbol{u}^*$ 是一个向量。根据 MPP 点的特性，即极限状态面 $\hat{g}(\boldsymbol{U})=0$ 上距离原点最近的点，因此，可以通过求解以下带约束的优化问题得到 MPP 点：

$$\begin{cases}\min\limits_{u}\beta=\min\|\boldsymbol{u}\|=\min\limits_{u}(\boldsymbol{u}^{\mathrm{T}}\boldsymbol{u})^{1/2}\\ \text{s. t.}\quad \hat{g}(\boldsymbol{u})=0\end{cases}\tag{4-24}$$

把 $\hat{g}(\boldsymbol{U})$ 在 $\boldsymbol{u}^*$ 处进行 1 阶泰勒展开，近似为

$$\hat{g}(\boldsymbol{U})\approx\hat{g}(\boldsymbol{u}^*)+\sum_{i=1}^{d}\left.\frac{\partial\hat{g}}{\partial U_i}\right|_{\boldsymbol{u}^*}(U_i-u_i^*)\tag{4-25}$$

式中，u_i^* 对应向量 $\boldsymbol{u}^*$ 中的第 i 个分量。

由于 $\boldsymbol{u}^*$ 位于极限状态面上，因此 $\hat{g}(\boldsymbol{u}^*)=0$，则式（4-25）变为

$$\hat{g}(\boldsymbol{U})\approx-\sum_{i=1}^{d}\left.\frac{\partial\hat{g}}{\partial U_i}\right|_{\boldsymbol{u}^*}u_i^*+\sum_{i=1}^{d}\left.\frac{\partial\hat{g}}{\partial U_i}\right|_{\boldsymbol{u}^*}U_i=b_0+\sum_{i=1}^{d}b_iU_i\tag{4-26}$$

式中，$b_0=-\sum\limits_{i=1}^{d}\left.\dfrac{\partial\hat{g}}{\partial U_i}\right|_{\boldsymbol{u}^*}u_i^*$，$b_i=\sum\limits_{i=1}^{d}\left.\dfrac{\partial\hat{g}}{\partial U_i}\right|_{\boldsymbol{u}^*}$。通过以上过程，对非线性极限状态函数实现了线性化。

3. 估算失效概率

可靠度指标为

$$\beta=\frac{b_0}{\sqrt{\sum\limits_{i=1}^{d}b_i^2}}=\frac{-\sum\limits_{i=1}^{d}\left.\dfrac{\partial\hat{g}}{\partial U_i}\right|_{\boldsymbol{u}^*}u_i^*}{\left(\sum\limits_{i=1}^{d}\left.\dfrac{\partial\hat{g}}{\partial U_i}\right|_{\boldsymbol{u}^*}\right)^2}\tag{4-27}$$

式（4-27）比较复杂，需对其进行简化。MPP 点（$\boldsymbol{u}^*$）是极限状态面 $\hat{g}(\boldsymbol{U})=0$ 上距离原点最近的点，所以向量 $\boldsymbol{u}^*$ 与超平面 $\hat{g}(\boldsymbol{U})=0$ 是垂直的。假设 $\hat{g}(\boldsymbol{U})$ 在 $\boldsymbol{u}^*$ 处的梯度为 $\nabla\hat{g}(\boldsymbol{U})=\left(\dfrac{\partial\hat{g}}{\partial U_1},\cdots,\dfrac{\partial\hat{g}}{\partial U_d}\right)$，则 $\nabla\hat{g}(\boldsymbol{U})$ 与 $\nabla\hat{g}(\boldsymbol{U})=0$是相互垂直的，且梯度 $\nabla\hat{g}(\boldsymbol{U})$ 的方向沿着 $\hat{g}(\boldsymbol{U})$ 增加最陡的方向。从图来看，显然 $\hat{g}(\boldsymbol{U})$ 增加的方向必然是朝着 $\hat{g}(\boldsymbol{U})>0$ 的区域，而 $\boldsymbol{u}^*$ 的方向是指向 $\hat{g}(\boldsymbol{U})<0$ 的区域，因此，$\boldsymbol{u}^*$ 与 $\nabla\hat{g}(\boldsymbol{U})$ 方向相反，继而可以推出 $\boldsymbol{u}^*$ 与 $\nabla\hat{g}(\boldsymbol{U})$ 的单位向量之间必然存在以下关系：

$$\frac{\boldsymbol{u}^*}{\beta}=-\frac{\nabla\hat{g}(\boldsymbol{U})}{\|\nabla\hat{g}(\boldsymbol{U})\|}\tag{4-28}$$

式中，$\dfrac{\boldsymbol{u}^*}{\beta}$和$\dfrac{\nabla\hat{g}(\boldsymbol{U})}{\|\nabla\hat{g}(\boldsymbol{U})\|}$分别为 $\boldsymbol{u}^*$ 与 $\nabla\hat{g}(\boldsymbol{U})$的单位向量。

将上式写为各维分量的形式，则对应 d 个等式，即

$$\frac{u_i^*}{\beta}=-\frac{\left.\dfrac{\partial\hat{g}}{\partial U_i}\right|_{\boldsymbol{u}^*}}{\sqrt{\sum_{i=1}^{d}\left(\left.\dfrac{\partial\hat{g}}{\partial U_i}\right|_{\boldsymbol{u}^*}\right)^2}},\quad i=1,\cdots,d \tag{4-29}$$

式（4-29）可继续变为

$$-\left.\frac{\partial\hat{g}}{\partial U_i}\right|_{\boldsymbol{u}^*}u_i^*=u_i^*\frac{u_i^*}{\beta}\sqrt{\sum_{i=1}^{d}\left(\left.\frac{\partial\hat{g}}{\partial U_i}\right|_{\boldsymbol{u}^*}\right)^2},\quad i=1,\cdots,d \tag{4-30}$$

当 i 分别取 1，…，d 时，得 d 个等式，将这个 d 个等式左边、右边求和，得

$$-\sum_{i=1}^{d}\left.\frac{\partial\hat{g}}{\partial U_i}\right|_{\boldsymbol{u}^*}u_i^*=\frac{1}{\beta}\sqrt{\sum_{i=1}^{d}\left(\left.\frac{\partial\hat{g}}{\partial U_i}\right|_{\boldsymbol{u}^*}\right)^2}\sum_{i=1}^{d}(u_i^*)^2 \tag{4-31}$$

将式（4-31）代入到式（4-27），整理得

$$\beta=\|\boldsymbol{u}^*\|=\sqrt{\sum_{i=1}^{d}(u_i^*)^2} \tag{4-32}$$

这样可靠度指标 β 就变为了最可能失效点 $\boldsymbol{u}^*$ 的函数，β 数值上实质就等于最可能失效点到原点的距离，这与前面推出的结论是一致的。得到了 β 后，就可根据 $P_f=\Phi(-\beta)$ 计算失效概率。

与均值一次二阶矩相比，FORM 在 MPP 点处线性展开性能函数，克服了不一致性问题。而且由于 MPP 点是对失效概率贡献最大的点，因此，比在均值点处线性化展开对失效概率的近似具有更高的精度。对于极限状态函数非线性程度不高的情况，FORM 精度较高。工程上不少问题满足 FORM 的适用范围，如结构设计、土木工程等，从而使其在工程上广泛应用，成为一种经典的可靠性分析方法。其缺点有，由于只对极限状态函数线性化，未考虑任何非线性特性，若系统具有相同的 MPP 点，不同的非线性，FORM 得到的失效概率是相同的，这显然是不合理的。另一方面，当极限状态函数非线性程度较高时，FORM 由于进行线性近似，会带来较大误差。

4.3.3　基于数值积分的方法

不确定性分析，也就是求解性能函数的均值、方差、失效概率等，数学上看都是一个求积分的问题。一般来讲，由于随机输入变量的个数大于 1，因此可以认为不确定性分析是一个求多重积分的问题，这个多重积分问题不存在封闭解析解，而数值积分方法通过利用高斯数值积分的思想，将多重积分问题转换为响应函数在若干节点上的响应值的加权求和，非常简单、直接。高斯型数值积分是以德国数学家高斯所命名的一种数值积分中的求积规则，由于具有较高的代数精度，因此被广泛采用。数值积分法不像 4.3.2 节中提到的局部展开法，如 FORM 和 SOSM，需要计算函数的 1 阶或 2 阶导数信息。而且，也不像 FORM 和 SOSM 仅仅利用随机输入变量的 1 阶矩和 2 阶矩信息，它对任意分布形式的随机输入都具有较高的精度。因此，数值积分法越来越广泛地用于不确定性分析。文献对各种基于数值积分的不确定性分析方法进行了介绍和比较分析。在数值积分法中，全因子数值积分（Full Factorial Numerical Integration，FFNI）和单变量降维法（Univariate Dimension Reduction Method，UDRM）

是两种较为常用的不确定性分析方法，它们分别适合于两种不同类型的问题：FFNI 适合于低维问题，存在“维数灾难”难题，计算量非常大；而 UDRM 在解决高维且变量间不存在强交互作用的问题时，显示出极大的优势。下面将对这些单变量降维法进行介绍。

降维法（Dimension Reduction Method，DRM）从其字面上理解就是可实现降维。这种方法是由美国爱荷华大学 Rahman 等提出来的，主要是为了解决 FFNI 方法由于存在“维数灾难”带来的计算量大的难题。降维法的主要思想就是对原多变元性能函数进行分解，表示为若干单变元，或双变元，或多变元函数的和，在此基础上再进行统计矩估算或可靠性分析。现在应用较多的是 UDRM，顾名思义就是对性能函数进行单变元分解近似。单变元降维法主要分为两种形式：基于均值点展开的单变元降维法（Mean-based UDRM，MUDRM）和基于最可能失效点的单变元降维法（MPP-based UDRM，MPP-UDRM）。前者在对性能函数进行单变元分解近似的基础上，运用高斯积分的思想计算统计矩，属于数值积分法的一种，已经被成功用在随机载荷、材料特性和几何不确定性条件下的结构系统的可靠性分析及优化中。而后者在对性能函数进行单变元分解近似的基础上，利用插值和蒙特卡洛仿真计算失效概率，属于基于 MPP 展开法的一种。后面将对基于均值点展开的单变元降维法进行介绍，以下将其简称为单变元降维法。UDRM 与 FFNI 的主要区别在于，FFNI 直接对性能函数应用数值积分计算统计矩，而 UDRM 首先需要对性能函数进行单变元分解近似，然后在近似函数的基础上运用数值积分计算统计矩。正是这个单变元分解近似，大为缓解了 FFNI 面临的“维数灾难”难题。

利用 UDRM 进行统计矩估算的具体步骤如下。

1）以随机变量的均值点为参考点，将原多变元性能函数进行单变元分解近似，将其表示为

$$g(\boldsymbol{X}) \approx \hat{g}(X_1,\cdots,X_d)=\sum_{i=1}^{d} g(u_1,\cdots,u_{i-1},X_i,u_{i+1},\cdots,u_d)-(d-1)g(u_1,\cdots,u_d) \quad (4\text{-}33)$$

式中，u_i 为第 i 维随机变量对应的均值；$g(u_1,\cdots,u_{i-1},X_i,u_{i+1},\cdots,u_d)$ 为第 i 个单变元函数，X_i 是其中唯一的变量，其他随机变量的值都固定在其均值处；$g(u_1,\cdots,u_d)$ 为性能函数在均值点处的响应值。

2）指定各维随机变量所对应的积分节点个数 m_i。

3）根据各维随机变量的概率分布类型、分布参数和步骤 2 中指定的节点个数，分别计算相应的 1 维高斯节点和权值。图 4-8 展示了不同分布类型的积分节点和权值，以及相应的概率密度函数曲线。

4）在步骤 3 中计算的 1 维节点和权值的基础上，利用数值积分的思想，依次计算单变元 1 维积分（相当于 d 个 1 维积分）。

5）计算性能函数的统计矩，其中通常所需要的前四阶统计矩为

$$\begin{aligned}
u_y &\approx \sum_{i=1}^{d} u_i-(d-1)g(\boldsymbol{\mu}_{\boldsymbol{x}}) \\
\sigma_y^2 &\approx \sum_{i=1}^{d} \sigma_i^2 \\
\beta_{1y} &\approx \sum_{i=1}^{d} \sigma_i^3\sqrt{\beta_{1i}}/\sigma_y^3 \\
\beta_{2y} &\approx \left(\sum_{i=1}^{d} \sigma_i^4\beta_{2i}+6\sum_{i=1}^{d-1}\sum_{j=i+1}^{d}\sigma_i^2\sigma_j^2\right)/\sigma_y^4
\end{aligned} \quad (4\text{-}34)$$

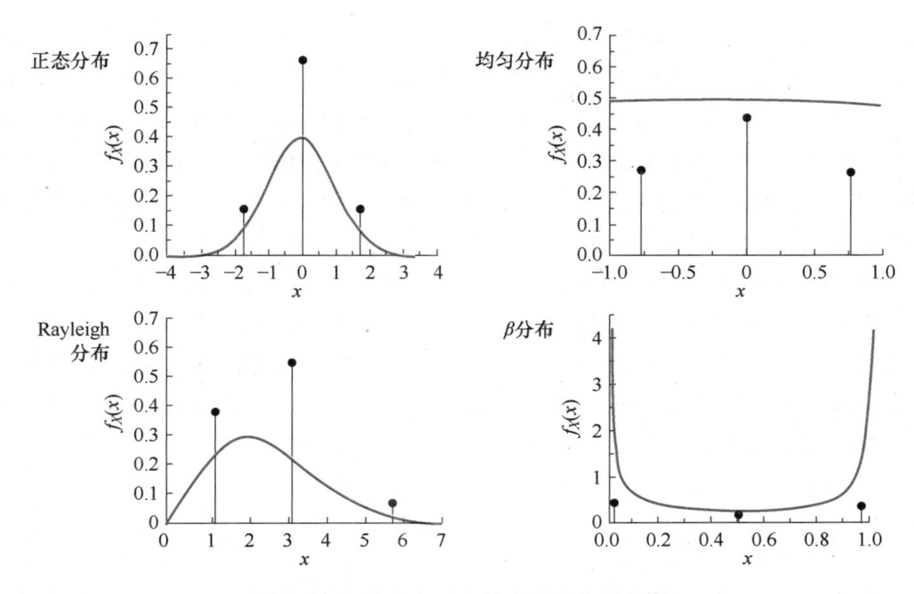

图 4-8　四种分布对应的积分节点和权值

式中，u_i、σ_i、β_{1i}、β_{2i}分别对应第 i 维上的前四阶统计矩，表达式为

$$
\begin{aligned}
\mu_i &\approx \sum_{j=1}^{m} W_{ij} y_{ij} \\
\sigma_i &\approx \sqrt{\sum_{j=1}^{m} W_{ij}(y_{ij}-\mu_i)^2} \\
\beta_{1i} &\approx \sum_{i=1}^{N} W_{ij}(y_{ij}-\mu_i)^3/\sigma_i^3 \\
\beta_{2i} &\approx \sum_{i=1}^{N} W_{ij}(y_{ij}-\mu_i)^4/\sigma_i^4, \quad i=1,2,\cdots,10
\end{aligned}
\tag{4-35}
$$

式中，W_{ij}和 $y_{ij}(j=1,\cdots,m)$ 分别为对应于第 i 维上的权值和节点处的函数响应值。如果要估算可靠性，可以在得到均值、标准差、偏度和峰度之后，基于最大熵原理计算失效概率。同样，这种计算失效概率的方式不推荐，其精度通常不如专门用于估算失效概率的方法高。所以，UDRM 主要用于统计矩计算。

4.3.4　基于函数展开的方法

基于函数展开的代表性方法是混沌多项式展开，该方法是不确定性分析中相对较新的一种方法，近几年来在学术界和工业界得到广泛关注，由于其坚实的数学基础和良好性能，在很多领域都得到广泛应用。混沌多项式展开实质上相当于对随机变量构建一个代理模型，只不过这个代理模型也具有随机性，不确定性分析就直接在这个代理模型上进行。它能够对具有任意分布形式的随机变量实现较为精确的近似，且一旦这个随机代理模型构建完成，统计矩、失效概率以及概率密度函数都能非常方便地得到，而前面介绍的几种不确定性分析方法，功能较为单一，专门用于统计矩估算或失效概率估算。

混沌多项式展开（Polynomial Chaos Expansions，PCE）方法主要基于混沌多项式（Polynomial Chaos，PC）理论，具有坚实的数学基础，能够精确地描述任意分布形式的随机变量的随机性，理论上当条件满足，可以获得指数收敛的速度，是一种非常有效的基于随机展开的不确定性分析方法。PCE 方法建立的基础是源于 Wiener 理论中的齐次函数，它在 19 世纪 60 年代被用于湍流问题，但是当时发现对于乱流场，混沌多项式展开收敛速度非常慢，因此混沌多项式理论很长一段时间没有引起足够的重视。

直至 1991 年 Ghanem 和 Spanos 首次以专著的形式对 PCE 方法进行了介绍，他们运用有限元方法，将 PCE 应用于线弹性固体力学问题的不确定性分析，取得了良好的效果，PCE 方法才逐渐得到广泛应用。根据相关文献，PCE 理论建立的前提准则是：如果任一随机变量的概率密度函数 $f_X(x)$ 具有较好特性（也就是平方可积），则该随机变量能够表示成若干相互独立的标准随机变量的函数。所谓平方可积，其定义为

$$\int_{-\infty}^{+\infty} |f_X(x)|^2 \mathrm{d}x < \infty \tag{4-36}$$

如果满足这个不等式，可以说 $f_X(x)$ 在区间（$-\infty,+\infty$）是平方可积的，当然也可以说 $f_X(x)$ 在区间［a,b］上是平方可积的。通常，对于感兴趣的随机变量，上述平方可积性的要求基本上都可以满足。PCE 方法还有一个最大的优势是，一旦 PCE 模型构建好，就相当于构建了一个原随机输出变量的代理模型，随机输出量的任意不确定性信息（统计矩、可靠性、概率密度函数等）都能很方便地得到，同时适用于稳健设计和基于可靠性的设计。而其他的不确定性分析方法，要么是用于统计矩估算，要么是用于可靠性估算。因此，现今 PCE 方法在不同的领域都得到了广泛应用，例如：有限变形问题、环境和声学问题、随机微分方程、热传导、流体力学问题和结构动力学问题。最初的 PCE 方法都是以埃尔米特正交多项式作为基函数，美国布朗大学的 Xiu 教授等运用包括埃尔米特正交多项式在内的各种不同形式的正交多项式作为基函数，将 PCE 方法扩展到了广义的 PCE 方法。

总结现有研究，对 PCE 方法做一个大致分类。PCE 方法主要分为两大类：非干涉混沌多项式展开（Non-Intrusive Polynomial Chaos Expansion，NIPCE）和干涉混沌多项式展开（Intrusive Polynomial Chaos Expansion，IPCE），有文献也称作非侵入 PCE 和侵入 PCE。这两类方法最主要的不同之处在于：NIPCE 在进行不确定性分析时，将响应函数看作一个黑箱子，仅仅关注输入和输出随机变量之间的函数映射关系，无需涉入函数内部，因此称作“非干涉”。而 IPCE 必须知道响应函数明确的输入、输出函数表达式，且需要对原响应函数的形式做改动和变形，因此称作“干涉”。通常而言，NIPCE 主要用于静态问题的不确定性分析，例如结构可靠性分析、静态问题的不确定性分析等，它们通常都具有 $Y=g(X)$ 的形式。而 IPCE 一般用于动力学系统的不确定性传播，如火星着陆的着陆点位置精度分析、导弹击中目标位置精度分析等。由于 NIPCE 方法无需涉入函数内部，且简单方便，因此现已用来实现动力学系统的不确定性传播，相比于 IPCE，它在工程问题中应用更为广泛。

PCE 方法大致可以分为两步：第一，PCE 模型的构建，也就是将输入随机变量和输出随机变量分别表示为一组正交多项式基函数的加权线性组合；第二，PCE 系数的计算，也就是如何计算得到各正交多项式基函数对应的权值。第一步关于 PCE 模型的构建理论上相对较为简单，只需要按照规则选取合适的正交多项式基函数，并进行组合即可。第二步关于 PCE 系数的求取是 PCE 方法需要解决的主要问题和难点所在。对于 NIPCE，求取 PCE 系数

最常见的方法是 Galerkin 投影方法，它巧妙地利用 PCE 模型中正交多项式基函数的正交性，将 PCE 模型依次投影到每项正交多项式上，从而得到各个 PCE 系数。除了 Galerkin 投影，另外一种方法是回归方法，基于这种方式求取 PCE 系数的 PCE 方法有其专门的名字，称为随机响应面方法（Stochastic Response Surfaces Method，SRSM）。它通过在随机空间中抽取一定数量的样本，在样本点上通过线性回归得到 PCE 系数。这种方式类似于确定性下的响应面方法（Response Surfaces Method，RSM），只不过 SRSM 是构建在随机空间，这也是其名字的由来。SRSM 由于构造简单且具有较高的精度和较强的稳健性，已经运用到众多领域来解决不确定性分析，如：环境生物工程、容差设计、结构优化和金属成型过程的容差估算。最近，SRSM 广泛用于基于可靠性的优化设计和稳健优化设计，显著提高了设计的精度和效率。

对于受独立随机变量向量 $\boldsymbol{x}$ 影响的 Y，采用 PCE 可将其展开为

$$Y(\boldsymbol{x})=q_0H_0+\sum_{i=1}^{n}q_1H_1(x_i)+\sum_{i_1=1}^{n}\sum_{i_2=1}^{i_1}q_{i_1i_2}H_2(x_{i_1},x_{i_2})+\sum_{i_1=1}^{n}\sum_{i_2=1}^{i_1}\sum_{i_3=1}^{i_2}q_{i_1i_2i_3}H_3(x_{i_1},x_{i_2},x_{i3})+\cdots \tag{4-37}$$

式中，q_i 为多项式系数；$H(\cdot)$ 为多维多项式函数。PCE 依均方收敛，依据 Cameron-Martin 定理，对于任意来自 Hilbert L_2 空间的函数皆可由 Hermite 多项式函数来拟合。此外，当 $i\neq j$ 时 H_i 与 H_j 正交，这种正交性极大地简化了均值及方差等信息的计算过程。在应用中，通常有更为简洁的表达形式：

$$Y(\boldsymbol{x})=\sum_{i=0}^{\infty}q_i\psi_i(\boldsymbol{x}) \tag{4-38}$$

式中，ψ 为多项式项，是一维多项式函数的乘积形式。多项式形式依据输入随机变量的概率分布来确定，常见的概率分布和正交多项式见表 3-3。对于不服从表 3-3 中的概率分布，可以采用概率分布变换将其转化为常见的概率分布来进行处理。

PCE 的展开式中待定系数的数目为随机变量维度 n 和多项式阶次 p 的函数，如下式如示：

$$N=\frac{(n+p)!}{n!p!} \tag{4-39}$$

表 4-1 给出了不同多项式维度和阶次下待定系数的个数。可以看出，当所考虑的随机变量较多且阶数较高时，多项式混沌的项数会显著增加，出现“维数灾难”问题，导致所需要的样本量呈指数上升，计算工作量会迅速增加。

表 4-1　不同 n 和 p 下待定系数的个数

p	n						
	0	1	2	3	4	5	6
2	1	3	6	10	15	21	28
3	1	4	10	20	35	56	84
4	1	5	15	35	70	126	210
5	1	6	21	56	126	252	462
6	1	7	28	84	210	462	924

4.4 不确定性变换

在前一节中所介绍的各种不确定性分析方法，均假设系统响应函数输入的随机变量在统计上是相互独立的，但在实际工程问题中，很多情况下随机变量之间存在一定的相关性，例如：在结构分析和设计中，材料本构关系和疲劳特性等是统计相关的，并且这些变量和参数不一定完全服从正态分布。由于标准正态空间具有旋转对称性和指数衰减性，目前大多数不确定性分析（尤其是可靠度分析）方法，都在标准正态空间中进行，当系统响应函数的输入变量不满足独立性这个前提条件时，前面所介绍的不确定性分析方法往往都不能直接使用，而通常需要将相关的随机变量转换为独立的标准正态随机变量，并将系统响应函数表示为关于独立的标准正态随机变量的函数，在此基础上，再利用前述方法进行不确定性分析。这种转换过程被称为相关随机变量的不确定性变换。在工程不确定性分析中，正交变换、Rosenblatt 变换、Nataf 变换和 Copula 及 Vine Copula 是使用最为普遍的不确定性变换方法，本章将主要介绍这几种方法。

目前，已有多种方法可以将相关随机变量转换为独立的标准正态随机变量，例如：Hermite 多项式变换、Winterstein 近似、Rosenblatt 变换、正交变换和 Nataf 变换。Hermite 多项式变换利用相关随机变量的统计矩，如均值、方差、偏度、峰度以及协方差，将相关随机变量表示为若干关于标准正态随机变量的埃尔米特（Hermite）多项式的线性组合。Winterstein 近似是 Hermite 多项式的一种特殊形式，它是三种类型的埃尔米特多项式的线性组合。上述两种变换方法计算结果的精度依赖于随机变量统计矩的精度，尤其是偏度和峰度这两个参数。当数据非常有限的情况下，偏度和峰度的计算精度是很难保证的。Rosenblatt 变换是 Rosenblatt 在 1952 年提出的，它以随机变量的联合累积分布函数为基础，利用条件概率将相关的非正态随机变量转换为独立的标准正态随机变量。虽然该方法是一种精确的变换，但它必须已知相关随机变量的联合累积分布函数（或概率密度函数），而在实际工程中要获取准确的联合累积分布函数（或概率密度函数）往往非常困难，因此该方法的应用范围具有一定局限。正交变换和 Nataf 变换仅需要随机变量的边缘分布（边缘概率密度函数或边缘累积分布函数）和相关系数便可将相关随机变量转变为独立的标准正态随机变量，并且随机变量的边缘分布和相关系数对样本数量的要求远小于联合概率密度函数和联合累积分布函数。其中，正交变换是由 Rackwitz 和 Fiessler 提出的，虽然该变换方法只有在随机变量服从正态分布时才是精确的，但由于其计算步骤简单，可用于随机变量服从任意分布类型的情况，因此得到了广泛应用。Nataf 变换其本质是根据随机变量的边缘分布和相关系数矩阵，由高斯 Copula 函数构造随机变量的联合分布的一种方法。在相关随机变量的联合累积分布函数难以精确获取的情况下，Nataf 变换是利用边缘分布和相关系数获取联合累积分布函数的有效方法。Der Kiureghian 和 Liu 将 Nataf 变换引入结构可靠度分析，给出了 Nataf 变换后的等效相关系数的经验计算公式。Vine Copula 理论则为高维相关性处理提供解决途径。接下来的各小节中，将详细介绍正交变换、Rosenblatt 变换、Nataf 变换、Copula 及 Vine Copula 理论的基本原理。

4.4.1　正交变换

若随机向量 $\boldsymbol{X}=(X_1,\cdots,X_d)^{\mathrm{T}}$ 表示为一组相关非正态随机变量；随机向量 $\boldsymbol{U}=(U_1,\cdots,U_d)$ 表示为一组独立标准正态随机变量。采用正交变换将相关随机变量 $\boldsymbol{X}$ 从非正态空间变换到独立标准正态空间，一般分以下两步进行：

1）利用当量正态化条件，将相关非正态变量转变为相关标准正态变量 $\boldsymbol{Y}=(Y_1,\cdots,Y_d)^{\mathrm{T}}$。其中，当量正态化条件为

$$\begin{cases}\phi(y_i)=F_{X_i}(x_i)\\ y_i=\phi^{-1}(F_{X_i}(x_i))\end{cases} \tag{4-40}$$

式中，$\phi(\cdot)$ 和 $\phi^{-1}(\cdot)$ 分别为标准正态分布的累积分布函数及其逆函数；$F_{X_i}(\cdot)$ 为随机变量 X_i 的累积分布函数。

若 $\boldsymbol{\rho}=[\rho_{ij}]_{d\times d}$ 为随机变量 $\boldsymbol{X}$ 的相关系数矩阵，表示为

$$\boldsymbol{\rho}=\begin{pmatrix}1 & \rho_{12} & \cdots & \rho_{1d}\\ \rho_{21} & 1 & \cdots & \rho_{2d}\\ \vdots & \vdots & \cdots & \vdots\\ \rho_{d1} & \rho_{d2} & \cdots & 1\end{pmatrix} \tag{4-41}$$

式中，ρ_{ij} 为矩阵的第 i 行、第 j 列的元素，其计算公式为

$$\rho_{ij}=\frac{\mathrm{cov}(X_i,X_j)}{\sigma_{X_i}\sigma_{X_j}} \tag{4-42}$$

式中，$\mathrm{cov}(X_i,X_j)$ 为随机变量 X_i 和 X_j 的协方差；σ_{X_i} 和 σ_{X_j} 分别为随机变量 X_i 和 X_j 的标准差。正交变换认为：经过上述当量正态化后的随机变量 $\boldsymbol{Y}$ 的相关系数矩阵相对于 $\boldsymbol{X}$ 保持不变，仍为 $\boldsymbol{\rho}$。值得指出的是，这里的相关系数矩阵为 Pearson 相关性系数矩阵，描述的是随机变量间的线性相关性，而并未考虑非线性相关性。

2）采用下式将相关标准整套随机变量 $\boldsymbol{Y}$ 转化为独立正态随机变量 $\overline{\boldsymbol{X}}$：

$$\overline{\boldsymbol{X}}=(\boldsymbol{A}\sqrt{\boldsymbol{\lambda}})^{-1}\boldsymbol{Y} \tag{4-43}$$

式中，$\boldsymbol{A}$ 为正交矩阵，其列向量为 $\boldsymbol{\rho}$ 的特征值 λ_i 所对应的特征向量 $\lambda=\mathrm{diag}(\lambda_1,\cdots,\lambda_d)$。

由上述介绍可以看出，正交变换的计算步骤简单且不受随机变量 $\boldsymbol{X}$ 的分布类型限制。但当变量从相关非正态空间变换到相关标准正态空间时，正交变换简单地认为变换前后随机变量 $\boldsymbol{X}$ 和 $\boldsymbol{Y}$ 的相关系数矩阵保持不变。但事实上，随机变量的变换会影响其相关性，只有当变量 $\boldsymbol{X}$ 均服从正态分布或相互独立时，正交变换的这种假设才完全成立，而对于其他非正态分布的情况都是一种近似处理。有关研究表明，在可靠性分析的应用中，当相关非正态变量的变异系数（随机变量的均值与标准差的比值称为变异系数，表示为 $\delta=\mu/\sigma$）较小时，通过正交变换将相关随机变量变换为相互独立的标准正态分布所计算得到的可靠度指标较为精确，但是当相关非正态变量的变异系数较大时，尤其是高度负相关（即 $\rho_{ij}\to-1.0$）的情况，经正交变换后所得的可靠度指标误差较大。

4.4.2 Rosenblatt 变换

若一组随机变量 $\boldsymbol{X}=(X_1,\cdots,X_d)^{\mathrm{T}}$ 具有联合累积分布函数 $F_X(x_1,\cdots,x_d)$，则该联合累积分布函数可以表示为一系列的条件累积分布函数的乘积，即

$$F_X(x_1,\cdots,x_d)=F_{X_1}(x_1)F_{X_2|X_1}(x_2|x_1)\cdots F_{X_d|X_1\cdots X_{d-1}}(x_d|x_1,\cdots,x_{d-1}) \tag{4-44}$$

式中，$F_{X_d|X_1\cdots X_{d-1}}(x_d|x_1,\cdots,x_{d-1})(i=2,\cdots,d)$ 为随机变量 $X_i(i=1,\cdots,d)$ 在 $X_i=x_1$，…，$X_{i-1}=x_{i-1}$ 条件下的条件累积分布函数；d 为随机变量 $\boldsymbol{X}$ 的维数。

Rosenblatt 变换直接将一组相关非正态变量 $\boldsymbol{X}=(X_1,\cdots,X_d)^{\mathrm{T}}$ 转化为一组独立的标准正态变量 $\boldsymbol{U}=(U_1,\cdots,U_d)^{\mathrm{T}}$。根据等概率边缘变换原则有

$$\begin{aligned}&\phi(u_1)=F_{X_1}(x_1)\\&\phi(u_2)=F_{X_2}(x_2|x_1)\\&\quad\vdots\\&\phi(u_d)=F_{X_1}(x_d|x_1,\cdots x_{d-1})\end{aligned} \tag{4-45}$$

上式表明，$X_i\leqslant x_i$ 满足的概率和 $U_i\leqslant u_i(i=1,\cdots,d)$ 满足的概率相等。

图 4-9 示意了等概率边缘变换原理，$f_X(x)$ 和 $\phi(u)$ 分别表示随机变量 X 和标准正态随机变量 U 的边缘概率密度函数；$F_X(x)$ 是随机变量 X 的累积分布函数。在变换过程中，应保证 $X\leqslant x$ 和 $U\leqslant u$ 满足的概率相等。由于 X 和 U 不一定存在线性关系，故 Rosenblatt 变换往往是一种非线性变换。

根据式（4-45）可得独立标准正态变量 $\boldsymbol{U}=(U_1,\cdots,U_d)^{\mathrm{T}}$，表示为

$$\begin{aligned}&u_1=\phi^{-1}[F_{X_1}(x_1)]\\&u_2=\phi^{-1}[F_{X_2}(x_2|x_1)]\\&\quad\vdots\\&u_d=\phi^{-1}[F_{X_1}(x_d|x_1,\cdots x_{d-1})]\end{aligned} \tag{4-46}$$

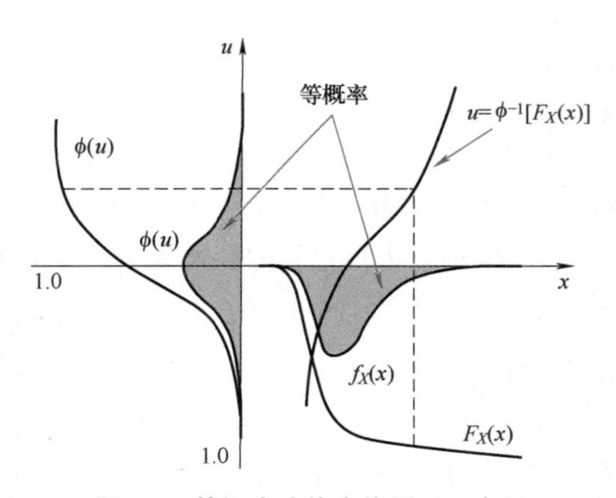

图 4-9　等概率边缘变换原理示意图

由式（4-46）可知，当随机输入变量 $\boldsymbol{X}=(X_1,\cdots,X_d)^{\mathrm{T}}$ 的联合累积分布函数已知时，Rosenblatt 变换可以将服从任意分布的相关随机变量转变为独立的标准正态随机变量，并且结果是完全精确的。当随机变量相互独立时，也可以使用 Rosenblatt 变换将一般分布情况下的独立随机变量转换为独立标准正态变量，而此时随机变量的联合累积分布函数等于各随机变量的边缘累积分布函数之积。另一方面，从式（4-45）和（4-46）可以看出，Rosenblatt 变换的结果并不受变量 $\boldsymbol{X}$ 排序先后的影响。因此，从理论上讲，对于可靠性分析，Rosenblatt 变换中 $\boldsymbol{X}$ 的排序先后并不会影响最终失效概率（或可靠度指标）的计算精度。根据前几章中的规定，$g(\boldsymbol{X})\leqslant 0$ 代表失效域，则失效概率的计算公式可表示为

$$P_f = \int_{g(X)\leq 0} \cdots \int f_{X_1 \cdots X_d}(x_1, \cdots, x_d)\,\mathrm{d}x_1 \cdots \mathrm{d}x_d$$

$$= \int_{g(X)\leq 0} \cdots \int f_{X_1}(x_1) \cdots f_{X_d \mid X_1, \cdots, X_{d-1}}(x_1)(x_d \mid x_1, \cdots, x_{d-1})\,\mathrm{d}x_1 \cdots \mathrm{d}x_d \tag{4-47}$$

显然，$\boldsymbol{X}$ 的排序先后并不会影响失效概率 P_f 的计算精度。但值得指出的是，若采用一次可靠度法（First Order Reliability Method，FORM）等方法近似计算失效概率时，Rosenblatt 变换中 $\boldsymbol{X}$ 排序的先后可能会影响其结果精度，其原因是 Rosenblatt 变换中 $\boldsymbol{X}$ 排序的不同，将导致 FORM 通过一阶泰勒近似后所生成的独立标准正态 $\boldsymbol{U}$ 空间中的极限状态函数在设计验算点（也就是最可能失效点，Most Probable Point）处的非线性程度不同，则失效概率的近似计算结果将有所不同，而这种偏差与 Rosenblatt 变换算法本身没有任何关系。

Rosenblatt 变换是最常用的不确定性变换方法，当随机变量 $\boldsymbol{X}$ 的联合累积分布函数已知时，Rosenblatt 变换是一种精确的变换。但在实际应用中，很难获取足量的统计数据以得到所需要的随机变量 $\boldsymbol{X}$ 的联合累积分布函数，所以 Rosenblatt 变换的适用范围有一定局限性。

4.4.3 Nataf 变换

Nataf 变换是将原随机空间（$\boldsymbol{X}$ 空间）转换到独立的标准正态空间（$\boldsymbol{U}$ 空间）的另一种方法，该方法不要求知道随机变量的联合概率密度函数，而只需知道每个随机变量的边缘概率密度函数和随机变量之间的相关系数。Nataf 变换主要分为两步：首先利用高斯 Copula 将相关输入变量转换为相关标准正态变量，然后通过线性变换将相关标准正态变量转换为独立的标准正态变量。

Nataf 变换基于相关变量 X_i 的边缘累积分布函数以及其相关系数矩阵，将 $\boldsymbol{X}$ 转变为独立的标准正态随机变量 $\boldsymbol{U}$（显然，$\boldsymbol{U}$ 的协方差矩阵为单位矩阵 $\boldsymbol{I}$）。该过程是基于高斯 Copula 原理，通过多元标准正态随机变量 $\boldsymbol{Y}$ 的联合分布函数及等效相关系数矩阵 $\boldsymbol{\rho}' = [\rho'_{ij}]_{d\times d}$来实现的。若有随机变量 $\boldsymbol{X} = (X_1, \cdots, X_d)^{\mathrm{T}}$，其中 $X_i(i=1, \cdots, d)$ 的概率密度函数和累积分布函数已知且分别表示为 $f_{X_i}(x_i)$ 和 $F_{X_i}(x_i)$，其相关系数矩阵为 $\boldsymbol{\rho} = [\rho_{ij}]_{d\times d}$。令 $\boldsymbol{Y}$ 表示 d 维标准正态随机变量 $\boldsymbol{Y} = (Y_1, \cdots, Y_d)^{\mathrm{T}}$，$\boldsymbol{Y}$ 的相关系数矩阵为 $\boldsymbol{\rho}' = [\rho'_{ij}]_{d\times d}$，$\boldsymbol{\rho}'$是未知的。此时，$\boldsymbol{Y}$ 为相关标准正态变量，根据等概率转换原则，可得 $\boldsymbol{X}$ 和 $\boldsymbol{Y}$ 中的变量有如下函数关系：

$$y_i = \phi^{-1}[F_{X_i}(x_i)] \quad (i=1, \cdots, d) \tag{4-48}$$

根据 Nataf 分布理论，利用隐式求导法则可以推导出变量 $\boldsymbol{X}$ 的联合概率密度函数为

$$f_{X_1 \cdots X_d}(\boldsymbol{x}) = \frac{f_{X_1}(x_1) \cdots f_{X_d}(x_d)}{\phi(y_1) \cdots \phi(y_d)} \phi_{\rho'}(y) \tag{4-49}$$

一般地，将式（4-49）构造的随机变量 X 的概率分布模型称为 Nataf 分布。

根据相关系数的定义以及式（4-48）和式（4-49）可得随机变量 $\boldsymbol{X}$ 的相关系数 $\boldsymbol{\rho}$ 与标准正态变量 $\boldsymbol{Y}$ 的等效相关系数 $\boldsymbol{\rho}'$之间的关系如下

$$\begin{aligned}\rho_{ij} &= \int_{-\infty}^{+\infty}\int_{-\infty}^{+\infty}\left(\frac{x_i-u_{X_i}}{\sigma_{X_i}}\right)\left(\frac{x_j-u_{X_j}}{\sigma_{X_j}}\right)f_{X_iX_j}(x_i,x_j)\,\mathrm{d}x_i\mathrm{d}x_j \\ &= \int_{-\infty}^{+\infty}\int_{-\infty}^{+\infty}\left(\frac{F_{X_i}^{-1}(\phi(y_i))-u_{X_i}}{\sigma_{X_i}}\right)\left(\frac{F_{X_j}^{-1}(\phi(y_j))-u_{X_j}}{\sigma_{X_j}}\right)\phi_{\rho'_{ij}}(y_i,y_j)\,\mathrm{d}y_i\mathrm{d}y_j \end{aligned} \tag{4-50}$$

式中，$f_{X_iX_j}(x_i,x_j)$ 为第 i 个（X_i）和第 j 个（X_j）随机变量的联合概率密度函数；u_{X_i} 和 u_{X_j} 分别为随机变量 X_i 和 X_j 的均值；$\phi_{\rho'_{ij}}(y_i,y_j)$ 是相关系数为 ρ'_{ij} 的二维标准正态分布的联合概率密度函数。

式（4-50）建立了相关随机变量 $\boldsymbol{X}$ 的相关系数矩阵 $\boldsymbol{\rho}$ 与相关标准正态随机变量 $\boldsymbol{Y}$ 的等效相关系数矩阵 $\boldsymbol{\rho}'$ 之间的函数关系。当 X_i 和 X_j 的边缘分布函数及相关系数 ρ_{ij} 已知时，通过求解式（4-50）所示的非线性方程就可以确定等效相关系数 $\boldsymbol{\rho}'$。然而，上述方程的求解过程一般相当繁琐，待求量 ρ'_{ij} 包含在非线性的二重积分中。Der Kiureghian 和 Liu 给出了当 X_i 和 X_j 服从一些常见分布时，ρ'_{ij} 的经验计算公式，即

$$\rho'_{ij} = F\rho_{ij} \tag{4-51}$$

式中，系数 $F \geqslant 1$，它与变量的分布类型、相关系数 ρ_{ij} 及变异系数有关。此外，另一种方法是通过二维 Nataf 变换的高斯-艾尔米特积分来计算，然后利用非线性求根方法求解相关系数 ρ'_{ij}。

在绝大多数工程问题中，变换得到的等效相关系数矩阵 $\boldsymbol{\rho}' = [\rho'_{ij}]_{d\times d}$ 为正定矩阵，且 $\boldsymbol{\rho}'$ 是一对称矩阵，对其进行 Cholesky 分解：

$$\boldsymbol{\rho}' = \boldsymbol{L}_0\boldsymbol{L}_0^{\mathrm{T}} \tag{4-52}$$

式中，$\boldsymbol{L}_0$ 为等效相关系数矩阵 $\boldsymbol{\rho}'$ 经 Cholesky 分解得到的下三角矩阵。利用 $\boldsymbol{L}_0$ 可将相关的标准正态随机变量 $\boldsymbol{Y}$ 转换为独立的标准正态随机变量 $\boldsymbol{U}$，即

$$\boldsymbol{U} = \boldsymbol{L}_0^{-1}\boldsymbol{Y} \tag{4-53}$$

以上实现了 Nataf 变换，将相关非正态随机变量 $\boldsymbol{X}$ 转化为一组独立的标准正态随机变量 $\boldsymbol{U}$。同样，可以建立 Nataf 变换的逆变换过程如下：

$$\boldsymbol{Y} = \boldsymbol{L}_0\boldsymbol{U} \tag{4-54}$$

$$X_i = F_{X_i}^{-1}(\phi(Y_i)),\ i=1,\cdots,d \tag{4-55}$$

以上两式表示由独立的标准正态随机变量 $\boldsymbol{U}$ 得到相关非正态随机变量 $\boldsymbol{X}$ 的过程。综上所述，Nataf 变换主要分为三步：

1）根据等概率边缘变换法则，将 $\boldsymbol{X}$ 的边缘分布转换到标准正态边缘分布 $\boldsymbol{Y}$，如式（4-48）。

2）估算等效相关系数矩阵 $\boldsymbol{\rho}' = [\rho'_{ij}]_{d\times d}$，可以通过求解式（4-50）得到，通常为了计算简便可参考经验公式，如式（4-51）。

3）对等效相关系数矩阵 $\boldsymbol{\rho}' = [\rho'_{ij}]_{d\times d}$ 做 Cholesky 分解，得到下三角矩阵 $\boldsymbol{L}_0$ 并计算逆矩阵 $\boldsymbol{L}_0^{-1}$。通过线性变换将相关标准正态变量 $\boldsymbol{Y}$ 转换到独立标准正态变量 $\boldsymbol{U}$，见式（4-53）。

Nataf 变换的关键在于如何求取步骤 2 中关于 $\boldsymbol{Y}$ 的等效相关系数矩阵 $\boldsymbol{\rho}'$，一旦得到 $\boldsymbol{\rho}'$，就能方便地通过线性变换得到独立标准正态变量 $\boldsymbol{U}$。

4.4.4 Copula 及 Vine Copula 理论

1. Copula

Copula 起源于拉丁语“link”或“tie”，表示“连接”的意思。Copula 函数能够建立一

维边缘累积概率分布和多维联合分布之间的联系。给定一个具有随机实现 $\boldsymbol{x}$ 的随机向量 $\boldsymbol{X}$，其累积分布函数为

$$F_X(\boldsymbol{x})=\Pr(X_1\leqslant x_1,X_2\leqslant x_2,\cdots,X_n\leqslant x_n) \tag{4-56}$$

式中，n 是变量维度数量，$\Pr(\cdot)$ 是累积概率算子。基于 Sklar's 定理，联合的 CDF 可以表示为一系列单变量边缘 CDF 的函数：

$$F_X(\boldsymbol{x})=C(F_1(x_1),F_2(x_2),\cdots,F_n(x_n)\mid\boldsymbol{\theta}),\quad \boldsymbol{x}\in R^n \tag{4-57}$$

式中，$C(\cdot)$ 表示 Copula 函数，当所有的边缘 CDF 都是连续函数时，Copula 函数是唯一的。$\boldsymbol{\theta}$ 表示 Copula 参数向量，$C(\cdot)$ 可以重写成：

$$C(\boldsymbol{u}\mid\boldsymbol{\theta})=F_X(F_1^{-1}(u_1),F_2^{-1}(u_2),\cdots,F_n^{-1}(u_n)),\quad \boldsymbol{u}\in[0,1]^n \tag{4-58}$$

式中，$\boldsymbol{u}=(u_1,u_2,\cdots,u_n)^{\mathrm{T}}$，$u_i=F_i(x_i)$。

Copula 函数有其对应的 Copula 密度函数，Copula 密度函数表述为

$$c(\boldsymbol{u}\mid\boldsymbol{\theta})=\partial^n C(\boldsymbol{u}\mid\theta)/(\partial u_1,\cdots,\partial u_n) \tag{4-59}$$

从而对应联合 CDF$F_X(\boldsymbol{x})$ 的联合 PDF $f_X(\boldsymbol{x})$ 可以推导为

$$f_X(\boldsymbol{x})=c(F_1(x_1),F_2(x_2),\cdots,F_n(x_n))\prod_{i=1}^{n}f_i(x_i) \tag{4-60}$$

Copula 理论为多变量相关性建模提供了一个合理的方法。当前的 Copula$f_X(\boldsymbol{x})=c(F_1(x_1),F_2(x_2),\cdots,F_n(x_n))\prod_{i=1}^{n}f_i(x_i)$ 函数主要针对双变量问题。对于相关性测度，采用能度量非线性相关性的 Kendall 相关系数。需要强调的一点是，相关模型的构造时基于累积概率空间的。因此，需要将随机向量 $\boldsymbol{X}$ 的数据 $\boldsymbol{x}$ 转化为对应的累积概率向量 $\boldsymbol{U}$ 的数据 $\boldsymbol{u}$，转换关系如下：

$$\boldsymbol{T}_{\mathrm{a}}:\boldsymbol{X}\rightarrow\boldsymbol{U} \tag{4-61}$$

为了展示 Copula 函数及其密度函数与联合 CDF 及 PDF 之间的关系，如图 4-10 所示边缘分布呈标准正态分布，相关系数为 0.5 的二元 Gumbel Copula 函数，其对应的联合 PDF 的云图如图 4-11 所示。

2. Vine Copula

Copula 函数可以完全描述多元相关性，但是随着维度的增加，构建合适的 Copula 函数变得越来越困难。而且，大多数非高斯相关的概率模型只能通过二元 Copula 函数来进行描述。近年来，为了克服上述局限性，Vine Copula 理论得到了很好的发展。通过 Vine Copula，可以将多维变量的联合 PDF 分解为多个二元 Copula 函数来对高维相关性进行建模。

$\boldsymbol{X}$ 的联合 PDF 可以分解如下：

$$f_X(\boldsymbol{x})=f_1(x_1)f_{2\mid 1}(x_2\mid x_1)\cdots f_{n\mid 1,2,\cdots,n-1}(x_n\mid x_1,x_2,\cdots,x_{n-1}) \tag{4-62}$$

式中，$f_{j\mid 1,2,\cdots,j-1}(x_j\mid x_1,x_2,\cdots,x_{j-1})$，$j=2,3,\cdots,n$ 是条件 PDF。为了便于理解，考虑一个具有三变量的联合分布的分解，

$$f(x_1,x_2,x_3)=f_1(x_1)f_{2\mid 1}(x_2\mid x_1)f_{3\mid 12}(x_3\mid x_1,x_2) \tag{4-63}$$

式中，

$$\begin{aligned}
&f_{2\mid 1}(x_2\mid x_1)=c_{12}(F_1(x_1),F_2(x_2))\\
&f_{3\mid 12}(x_3\mid x_1,x_2)=c_{3\mid 12}(F_{1\mid 2}(x_1\mid x_2),F_{3\mid 2}(x_3\mid x_2))f_{3\mid 2}(x_3\mid x_2)\\
&f_{3\mid 2}(x_3\mid x_2)=c_{23}(F_2(x_2),F_3(x_3))f_3(x_3)
\end{aligned} \tag{4-64}$$

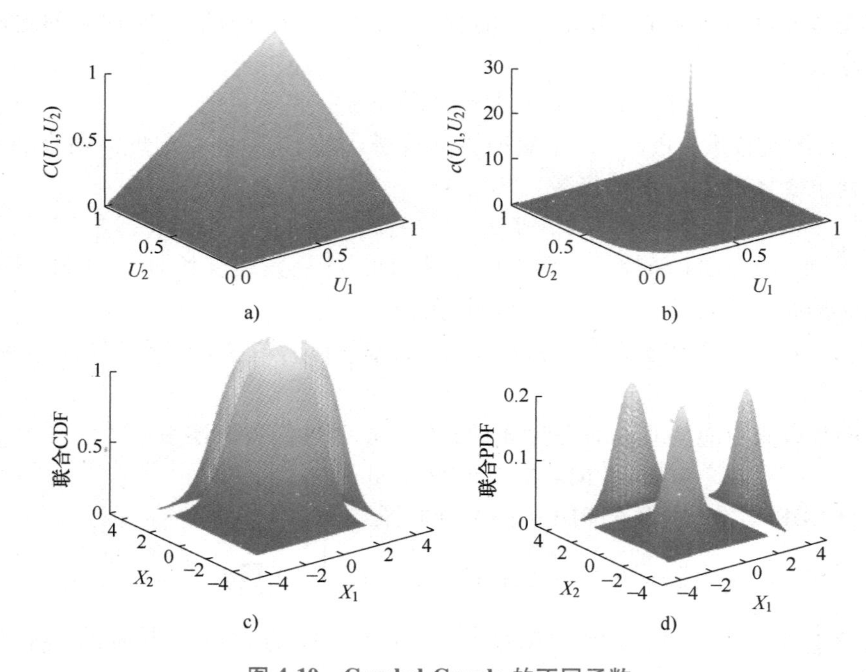

图 4-10　**Gumbel Copula 的不同函数**

a）Copula 函数　b）Copula 密度函数　c）联合 CDF　d）联合 PDF

通过将式（4-64）代入至式（4-63），$\boldsymbol{X}$ 的联合 PDF 可以重写为二元 Copula 密度函数与边缘条件 CDFs 的乘积形式

$$\begin{aligned} f(x_1,x_2,x_3)=&f_1(x_1)f_2(x_2)f_3(x_3)\\ &\times c_{12}(F_1(x_1),F_2(x_2))c_{23}(F_2(x_2),F_3(x_3))\\ &\times c_{3|12}(F_{1|2}(x_1|x_2),F_{3|2}(x_3|x_2)) \end{aligned} \tag{4-65}$$

式中，c_{12}和 c_{23}被称为无条件 Copula 函数，$c_{3|12}$则被称为条件 Copula 函数。对于条件 Copula 函数 $c_{3|12}$，其累积概率密度函数可以通过下式获得：

$$F_{i|j}(x_i|x_j)=\frac{\partial C_{ij}(u_i,u_j)}{\partial u_j} \tag{4-66}$$

对于一个 n 维联合分布，存在多种不同的分解方式来得到不同的 Vine 结构。Bedford 和 Cookie 提出了一种有效的图形模型，称为 Regular vine（R-vine），来实现不同的分解。此外，常用的 Vine 模型还包括 Canonical vine（C-vine）和 Drawable vine（D-vine）。C-vine 和 D-vine 有特殊的连接规则，C-vine 模型存在一个中心变量，D-vine 模型则以直线的形式进行连接。

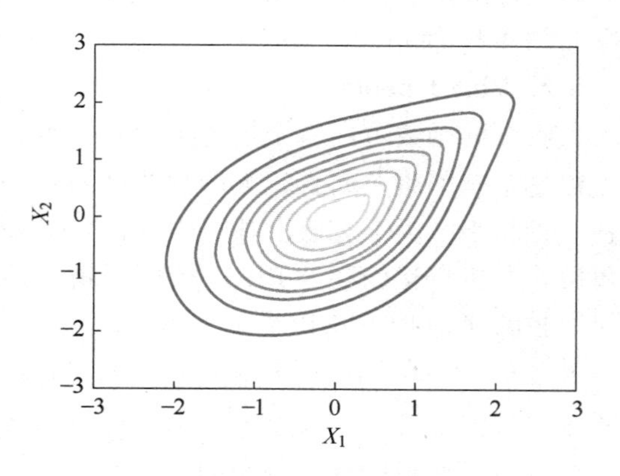

图 4-11　**Gumbel Copula 的云图**

R-vine 的变化多样，其拟合效果会优于 C-vine 和 D-vine，故采用 R-vine 模型进行高维相

关性建模。具有 n 维的 Vine 结构包括 $n-1$ 个树结构 T_j，$j=1, 2, \cdots, n-1$，其中树 T_j 有 $n-j+1$ 个节点和 $n-j$ 个边。每个边代表一个 Copula 密度函数。R-vine Copulas 的相关性建模一般包括三个方面：

1）Vine 结构的确定。

2）为每一对概率密度函数选择最优的二元 Copula 函数。

3）每对二元 Copula 函数所对应的 Copula 参数的估计。

此处的 R-vine 树结构通过最大生成树和 Kendall 系数来决定。一旦树被确定，联合 PDF 的建模问题最终归结于二元 Copula 函数的选择问题。对于给定的数据集，可通过多种方法来选择合适的 Copula 函数，其中最为常见的方法是赤池信息准则（Akaike Information Criterion，AIC）。与此同时，利用极大似然估计方法估计获得相应的 Copula 参数。对于任意一对无条件随机变量 X_1 和 X_2，其样本集为 $(x_{1i}, x_{2i}), i=1,2,\cdots,m$，$m$ 为样本数量。Copula 函数选择的似然函数为

$$L=\sum_{i=1}^{m}\ln c(F_1(x_{1i}), F_2(x_{2i}) \mid \boldsymbol{\theta}) \tag{4-67}$$

式中，$\boldsymbol{\theta}$ 为需要通过极大似然估计方法求解的参数，即 $\hat{\boldsymbol{\theta}}=\arg\max\limits_{\theta} L$。同理，对于一对条件随机变量，其条件累积概率可通过式（4-66）来获得，然后极大似然估计可以用来估计其 Copula 参数。

最优 Copula 函数可以通过 AIC 准则来进行选择，AIC 准则定义为

$$\mathrm{AIC}=-2L+2k_\theta \tag{4-68}$$

式中，k_θ表示需要估计的 Copula 参数的数量。极大似然估计方法和 AIC 准则被迭代使用以选择和确定每个树结构的最优 Copula 函数，直到得到完整的高维联合概率分布。

4.5 随机过程与随机场

目前工程中使用较多、研究也相对成熟的结构不确定性分析手段主要基于概率论与统计方法，其理论基础可追溯至 20 世纪 30 年代，当时主要是针对飞机航行的安全性进行研究。经过近百年的工程检验和不断完善，基于概率理论的结构不确定性分析方法目前已被应用于诸多实际工程领域，包括土木工程、机械工程、航空航天、海洋工程、交通运输、电力工程、水利工程等。根据不确定参数是否随时间或随空间变化，可使用不同的随机模型对其度量。具体地，若不确定参数既不随时间也不随空间变化，则可通过具有概率分布的随机变量描述单个参数，多个参数服从联合概率分布函数；若不确定参数随时间变化，则可通过随机过程模型表示；若不确定参数随空间变化，则可通过随机场模型表示。随机过程和随机场模型也可以分别理解为随时间和随空间变化的随机变量，因此，随机变量的基本理论同时也是构建随机过程和随机场的基础。

4.5.1 随机过程

动态激励所引起的结构动力学问题在许多工程领域都是至关重要且不可避免的，如大气

湍流引起的飞机振动、高速列车行驶中产生的气动噪声、深水海洋输流立管的涡激振动等。此类问题的一个共同点即结构所受到的激励为随时间变化的动态激励；并且，往往还是不确定的。现有相关研究通常将此类动态不确定激励描述为随机过程，并相应地开展随机动力学分析，以获得系统响应的动态统计特性。

随机过程也可理解为随时间变化的随机变量，可用来描述随时间变化的结构不确定参数。根据不同的准则，可对随机过程进行不同的分类。按其概率分布，随机过程可分为高斯过程、瑞利过程、泊松过程等；其中高斯过程应用最为广泛。按其谱密度的带宽，可分为窄带过程和宽带过程。带宽反映了动态参数所包含的谐波频率成分，一个谐和过程具有无限窄的带宽，而白噪声过程则具有无穷带宽。按其随时间演化的性质，可分为平稳过程和非平稳过程；平稳过程的概率密度和谱密度是不随时间变化的，任意两个时刻之间的相关性仅与时间间隔有关。在实际工程中许多动态物理参数均可表示为平稳随机过程，如风载、路面激励等。

设 T 是一无限实数集，把依赖于参数 $t\in T$ 的一族（无限多个）随机变量称为随机过程，记为 $\{X(t),t\in T\}$，这里对每一个 $t\in T$，$X(t)$ 是一随机变量。T 称为参数集，常把 t 看作为时间，称 $X(t)$ 为时刻 t 时过程的状态，而 $X(t_1)=x$（实数）说成是 $t=t_1$ 时过程处于状态 x。对于一切 $t\in T$，$X(t)$ 所有可能取的一切值的全体称为随机过程的状态空间。

对随机过程 $\{X(t),t\in T\}$ 进行一次试验（即在 T 上进行一次全程观测），其结果是 t 的函数，记为 $x(t),t\in T$，称它为随机过程的一个样本函数或样本曲线。所有不同的试验结果构成一族样本函数。随机过程可以看作是多维随机变量的延伸。随机过程与其样本函数的关系就像数理统计中总体与样本的关系一样。

1. 平稳随机过程

随机过程按统计特性可以分为平稳随机过程和非平稳随机过程。平稳随机过程是一类极为重要的随机过程，也是很基本的一类随机过程，工程领域中所遇到的过程有很多可以认为是平稳的。它的特点是过程的统计特性不随时间的平移而变化。严格地说就是：如果对于时间 t 的任意 n 个数值 t_1，…，t_n 和任意实数 ε，随机过程 $X(t)$ 的 n 维分布函数满足关系式：

$$F_n(x_1,\cdots,x_n;t_1,\cdots,t_n)=F_n(x_1,\cdots,x_n;t_1+\varepsilon,\cdots,t_n+\varepsilon),n=1,2,\cdots,n \tag{4-69}$$

则称 $X(t)$ 为平稳随机过程。当把 $X(t)$ 应用于一维概率密度并令 $c=-t_1$ 时有

$$E[X(t)]=\int_{-\infty}^{+\infty}x_1f_1(x_1)\mathrm{d}x_1=u_X \tag{4-70}$$

而 $X(t)$ 的均方值和方差分别为 Ψ_X^2 和 σ_X^2，均为常数。同样把 $X(t)$ 应用于二维概率密度并令 $\tau=t_2-t_1$ 时有

$$R_X(\tau)=E[X(t)X(t+\tau)]=\int_{-\infty}^{+\infty}x_1x_2f_2(x_1,x_2;\tau)\mathrm{d}x_1\mathrm{d}x_2 \tag{4-71}$$

所以得出平稳随机过程的数字特征是：均值为常数，自相关函数为单变量 $\tau=t_2-t_1$ 的函数。通常情况下，根据概率密度族来判断平稳过程十分困难，所以工程上常根据广义平稳过程的特征来进行判断：给定随机过程 $X(t)$，如果 $E[X(t)]=$常数，且 $E[X^2(t)]<+\infty$，$E[X(t)X(t+\tau)]<+\infty$，则称 $X(t)$ 为广义平稳随机过程。

平稳过程 $\{X(t),t\in T\}$ 的相关函数 $R_X(\tau)$ 是在时间域上描述过程的统计特性，根据随机过程理论，为在频率域上描述平稳过程的统计特征，需要引进谱密度的概念。而根据平

稳过程功率谱密度的性质，谱密度 $S_X(\omega)$ 和自相关函数 $R_X(\tau)$ 是一富里埃变换对。

若一个均值为零的平稳过程具有恒定功率谱密度，则称其为白噪声过程。白噪声在任意两个多么近的相邻时刻的取值都是不相关的。白噪声过程是一类特殊的平稳过程。因为白噪声是从过程的功率谱密度角度来定义的，并未涉及过程的概率密度。因此可以有不同分布规律的白噪声，如高斯分布的白噪声、瑞利分布的白噪声及矢量白噪声等。当随机的从高斯分布中获取采样值时，采样点所组成的随机过程就是“高斯白噪声”。

2. 高斯随机过程

随机过程按照概率分布特征分类时，有一类随机过程称为高斯随机过程（即正态随机过程），高斯随机过程是一类极为重要的随机过程，也是最常见、最易处理的随机过程。根据中心极限定理，凡是大量独立的、均匀微小的随机变量的总和都近似服从高斯分布，随机过程情况也是如此。高斯过程的特点在于能够得到易于处理的解。因此在某些情况下常直接采用高斯假定。

设 $\{X(t), t\in T\}$ 是一随机过程，若对于任意正整数 n 和 t_1，…，$t_n\in T$，$(X_{t_1},\cdots,X_{t_n})$ 是 n 维正态随机变量，则称 $X(t)$，$t\in T$ 是正态过程。结合平稳过程的特性，设 $X(t)$，$t\in T$ 是正态过程，如果 $E(X(t))=u_X$，而且 $R_X(s,s+\tau)=R_X(\tau)$，则 $X(t)$，$t\in T$ 是一平稳正态过程。高斯随机过程 $X(t)$ 的概率密度常用矩阵形式表示：

$$p_X(X)=\frac{1}{(2\pi)^{n/2}}\exp\left[-\frac{1}{2}(\boldsymbol{X}-\boldsymbol{a})^{\mathrm{T}}\boldsymbol{C}^{-1}(\boldsymbol{X}-\boldsymbol{a})\right] \tag{4-72}$$

式中，

$$\boldsymbol{X}=(x(t_1),\cdots,x(t_n))^{\mathrm{T}} \tag{4-73}$$

$$\boldsymbol{a}=(a(t_1),\cdots,a(t_n))^{\mathrm{T}},a(t_i)=E[X(t_i)] \tag{4-74}$$

$$C=\begin{pmatrix}C_{11} & C_{12} & \cdots & C_{1n}\\ C_{21} & C_{22} & \cdots & C_{2n}\\ \vdots & \vdots & \cdots & \vdots\\ C_{n1} & C_{n2} & \cdots & C_{nn}\end{pmatrix} \tag{4-75}$$

为了协方差矩阵，其元素为

$$C_{ih}=E\{[X(t_i)-a(t_i)][X(t_h)-a(t_h)]\}=R_X(t_i,t_h)-a(t_i)a(t_h) \tag{4-76}$$

由随机过程的基本理论，对于高斯过程，两个主要的数字特征是其均值和自相关函数。因此，建立高斯随机过程模型时，除了建立其概率密度函数外，同时要关注以上两个数字特征。

4.5.2　随机场

随机场理论是随机结构分析的基础，建立结构参数随机场模型可以提供有效的随机结构参数变化的描述方法，提供预测结构响应的理论依据，并提供合适的分析模型，以便于对各种随机问题分析方法的有效性进行评估。实际工程中的部分参数还呈现出一种空间不确定性，例如混凝土结构的弹性模量、层合板在固化过程中因热胀冷缩的不一致所引起的温度应力等。最具代表性空间不确定量即岩土体的材料参数；岩土体漫长的地质形成过程决定了岩土体中不同局部之间存在固有的不均匀性，因此岩土体材料参数的空间变异性是客观存在的。若按照传统方法将此类具有空间变异性的不确定参数简化表示为具有“点特性”的随机变量，在后续的结构可靠性分析中则可能导致计算得到的可靠度过低，使设计偏于保守。

设 $Y(x,y)$ 为二维均匀随机场，它可以表示为均值与偏量和的形式，即

$$Y(x,y)=Y_0+\delta Y(x,y)=Y_0[1+k_Y\varphi(x,y)] \tag{4-77}$$

式中，(x,y) 为平面上点的坐标；Y_0 为随机场的均值；$\delta Y(x,y)$ 为零均值均匀随机场；k_Y 为变异系数，$k_Y=\sigma_Y/Y_0$ 的变异系数，其中 σ_Y 为随机场 $Y(x,y)$ 的标准差；$\varphi(x,y)$ 为零均值归一化均匀随机场。

均匀随机场 $Y(x,y)$ 的均值 $Y_0=E[Y(x,y)]$ 为常数。均匀随机场 $Y(x,y)$ 的协方差函数 $\rho_Y(r)$，也即 $\delta Y(x,y)$ 的协方差函数 $\rho_{\delta_Y}(r)$，可以用 $\varphi(x,y)$ 的协方差函数 $\rho(r)$ 表示为

$$\rho_Y(r)=\rho_{\delta_Y}(r)=(k_YY_0)^2\rho(r) \tag{4-78}$$

式中，r 为随机场中两点的距离；$\rho(r)$ 也称为随机场 $Y(x,y)$ 的标准协方差函数。

$\rho(r)$ 有以下四种常用类型：

1）三角型。

$$\rho(r)=\begin{cases}1-\dfrac{|r|}{\theta} & |r|\leqslant\theta \\ 0 & |r|>\theta\end{cases} \tag{4-79}$$

2）指数型。

$$\rho(r)=\mathrm{e}^{-\frac{2|r|}{\theta}} \tag{4-80}$$

3）二阶型。

$$\rho(r)=\left(1+\frac{4|r|}{\theta}\right)\mathrm{e}^{-\frac{4|r|}{\theta}} \tag{4-81}$$

4）高斯型。

$$\rho(r)=\mathrm{e}^{-\frac{\pi r^2}{\theta^2}} \tag{4-82}$$

式中，θ 为随机场的相关长度。

由上述讨论可见，对于均匀随机场 $Y(x,y)$，所关心的统计特征包括均值 Y_0、变异系数 k 和协方差函数 $\rho(r)$。当 $Y(x,y)$ 是服从正态分布的均匀随机场时，则其统计特征可以完全由 Y_0、k 和 $\rho(r)$ 确定。当随机场离散为随机向量时，随机向量的协方差矩阵可以由随机场的协方差函数确定。

与随机过程的平稳性相似，随机场也有所谓的“平稳性”，在随机场中称为“齐次性”。若随机场的所有联合概率分布都不随参数坐标平移的改变而改变，则称为严格齐次随机场。由于严格齐次随机场的条件过于苛刻，在具体应用中，通常仅考虑随机场的二阶统计特性，因此，以下给出弱齐次随机场的定义，且以后谈到的齐次随机场均指弱齐次随机场。齐次随机场可以看作是平稳随机过程在参数域上的推广。因此，它也有与平稳随机过程类似的良好性质。

4.5.3 随机离散理论

随机过程和随机场理论在不确定性分析中具有重要作用，从 20 世纪 80 年代至今，随机

场离散方法得到广泛研究，本节将随机场离散方法归纳为以下三类。

1. 随机场的点离散法

该类方法将随机场划分成随机场网格，然后采用每个网格上的点值（即随机变量）来表征随机场中该单元的随机特性。常见的点离散法包括形函数法、中心点法、集成点法和最优线性估计法等。中心点法是点离散方法中最常用的一种，随机场在每个单元内部都视为随机变量，且等于中心点的值，在程序上容易实现。点离散法的主要优点是协方差矩阵容易获得，协方差矩阵为正定的，对于离散和连续的随机场具有相同的离散函数。点离散法的主要缺点是网格尺寸和相关长度比需足够小，所有网格具有相同形状和尺寸，粗网格不能满足精度要求，细网格需要较大计算量。因此，从随机场离散的效率和精度两方面综合考虑，点离散法仅适用于相关长度较长的随机场。

2. 随机场的平均离散法

该类方法也需要将随机场划分为随机场网格，采用每个网格上的平均值来表征随机场中该单元的随机特性。常见的平均离散法主要有局部平均法和加权积分法。在某种意义上，局部平均法可视为加权积分法的一种特殊情况，二者在离散随机场的精度和效率表现相当。由于平均离散法对相关函数并不敏感，故在采用平均离散法时可不考虑相关函数的具体形式，只需给出随机场的均值、方差和相关长度。平均离散法对随机场控制参数要求较低，离散精度较高，计算过程收敛速度快，因而平均离散法在随机有限元计算中有广泛的应用。与点离散法相比，平均离散法在较粗的网格下也可获得较高的离散精度。平均离散法的主要缺点是对于非矩形网格可能导致非正定的协方差矩阵，除高斯随机场外随机变量的分布函数很难获取。因此，平均离散法在实际中常用于离散高斯随机场。

3. 随机场的级数展开法

该类方法最大的特点是不需要对随机场进行网格划分，将随机场近似地表示为一系列随机变量和确定性连续空间函数的级数展开形式。目前随机场的级数展开法主要有 K-L（Karhunen-Loève）级数展开法、最优线性估计展开法（Expansion Optimal Linear Estimation，EOLE）、正交级数展开法（Orthogonal Series Expansion，OSE）等。上述级数展开法在离散随机场时各有特点，下面将分别对这几种级数展开法进行阐述。

（1）K-L 级数展开　设 $H(\boldsymbol{x},\theta)$ 是定义在概率空间 (Ω,P) 中的一元多维随机场，其均值为 $\mu_H(\boldsymbol{x})$，其 K-L 级数展开形式可表示为

$$H(\boldsymbol{x},\theta)=\mu_H(\boldsymbol{x})+\sum_{i=1}^{\infty}\sqrt{\lambda_i}\,\xi_i(\theta)f_i(\boldsymbol{x}) \tag{4-83}$$

式中，λ_i 和 $f_i(\boldsymbol{x})$ 分别为协方差函数矩阵 $C(\boldsymbol{x}_1,\boldsymbol{x}_2)$ 对应的特征值和特征函数；$\{\xi_i(\theta),i=1,2,\cdots\}$ 为随机变量。根据 Mercer 定理，协方差函数的频谱分解形式为

$$C(\boldsymbol{x}_1,\boldsymbol{x}_2)=\sum_{i=1}^{\infty}\lambda_i f_i(\boldsymbol{x}_1)f_i(\boldsymbol{x}_2) \tag{4-84}$$

式中，$C(\boldsymbol{x}_1,\boldsymbol{x}_2)$ 是一个有界对称且正定的函数；特征值 λ_i、特征函数 $f_i(\boldsymbol{x}_1)$ 和 $f_i(\boldsymbol{x}_2)$ 是第二类 Fredholm 积分方程的解，有

$$\int_{\Omega}C(\boldsymbol{x}_1,\boldsymbol{x}_2)f_i(\boldsymbol{x}_1)\,\mathrm{d}\boldsymbol{x}_1=\lambda_i f_i(\boldsymbol{x}_2) \tag{4-85}$$

式中，Ω 为随机场空间变量的定义域。由于协方差矩阵的对称正定性，式（4-85）中特征函

数$f_i(\boldsymbol{x}_1)$和$f_i(\boldsymbol{x}_2)$可形成一组完备的正交基且满足标准化形式

$$\int_{\Omega} f_i(\boldsymbol{x}) f_j(\boldsymbol{x}) \mathrm{d}\boldsymbol{x} = \delta_{ij} \tag{4-86}$$

式中，δ_{ij}为 Kronecker-Delta 函数。随机变量的均值和协方差函数为

$$E[\xi_i(\theta)] = 0 \tag{4-87}$$

$$E[\xi_i(\theta)\xi_j(\theta)] = \delta_{ij} \tag{4-88}$$

由式（4-83）可知，K-L 级数展开由一系列独立的标准正态随机变量和确定的正交函数构成。

在实际应用中，通常取级数的前 M 项来近似随机场

$$H(\boldsymbol{x},\theta) \approx \hat{H}(\boldsymbol{x},\theta) = \mu_H(\boldsymbol{x}) + \sum_{i=1}^{M} \sqrt{\lambda_i}\, \xi_i(\theta) f_i(\boldsymbol{x}) \tag{4-89}$$

式中，$\hat{H}(\boldsymbol{x},\theta)$为随机场的估计值。

采用 K-L 级数展开法模拟随机场，需计算协方差函数的特征值和特征函数，但实际中并不是所有的协方差函数（相关函数模型）均能获得积分方程式（4-83）对应的解析解，对于不能获得解析解的协方差函数可以通过数值方法求解积分方程。因此，在实际工程中应用 K-L 级数展开法时，对真实的协方差函数求解其特征值和特征函数常常会遇到困难。

（2）最优线性估计展开 设随机场 $H(\boldsymbol{x},\theta)$ 定义在概率空间 (Ω,P) 中，采用最优线性估计法，随机场可表示为随机场单元形函数和节点函数的线性叠加形式：

$$H(\boldsymbol{x},\theta) = a(\boldsymbol{x}) + \sum_{i=1}^{\infty} b_i(\boldsymbol{x}) v_i(\boldsymbol{x},\theta), \quad \boldsymbol{x} \in \Omega \tag{4-90}$$

式中，$a(\boldsymbol{x})$为随机场均值$\mu_H(\boldsymbol{x})$的函数；$b_i(\boldsymbol{x})$为随机场单元形函数；$v_i(\boldsymbol{x},\theta)$为随机场节点函数。类似地，选取式（4-90）中的前 M 项，则随机场可表示为

$$\hat{H}(\boldsymbol{x},\theta) = a(\boldsymbol{x}) + \sum_{i=1}^{M} b_i(\boldsymbol{x}) v_i(\boldsymbol{x},\theta) = a(\boldsymbol{x}) + \boldsymbol{b}^{\mathrm{T}}(\boldsymbol{x}) \boldsymbol{v}(\boldsymbol{x},\theta), \quad \boldsymbol{x} \in \Omega \tag{4-91}$$

式中，$\hat{H}(\boldsymbol{x},\theta)$为随机场的估计值；$\boldsymbol{b}(\boldsymbol{x})$为单元形函数向量，$\boldsymbol{b}(\boldsymbol{x}) = (b_1(\boldsymbol{x}), b_2(\boldsymbol{x}), \cdots, b_M(\boldsymbol{x}))$；$\boldsymbol{v}(\boldsymbol{x},\theta)$为节点函数向量，$\boldsymbol{v}(\boldsymbol{x},\theta) = (v_1(\boldsymbol{x},\theta), v_2(\boldsymbol{x},\theta), \cdots, v_M(\boldsymbol{x},\theta))$。根据最优线性估计理论，$a(\boldsymbol{x})$和$b(\boldsymbol{x})$可通过在保证$\hat{H}(\boldsymbol{x},\theta)$是$H(\boldsymbol{x},\theta)$均值意义上无偏估计的条件下最小化误差方差$Var[H(\boldsymbol{x},\theta) - \hat{H}(\boldsymbol{x},\theta)]$来获取，即

$$\begin{aligned} &\min\ Var[H(\boldsymbol{x},\theta) - \hat{H}(\boldsymbol{x},\theta)] \\ &\text{s.t. } E[H(\boldsymbol{x},\theta) - \hat{H}(\boldsymbol{x},\theta)] = 0, \boldsymbol{x} \in \Omega \end{aligned} \tag{4-92}$$

Li 和 Der Kiureghian 进一步推导出式（4-92）的优化解为

$$\begin{cases} a(\boldsymbol{x}) = \mu_H(\boldsymbol{x}) - \boldsymbol{b}^{\mathrm{T}}(\boldsymbol{x}) \boldsymbol{\mu}(\boldsymbol{x}) \\ \boldsymbol{b}(\boldsymbol{x}) = \boldsymbol{C}_{vv}^{-1} \boldsymbol{C}_{H(x)v} \end{cases} \tag{4-93}$$

式中，$\mu_H(\boldsymbol{x})$为随机场的均值函数；$\boldsymbol{\mu}(\boldsymbol{x})$为由均值函数$\mu_H(\boldsymbol{x})$组成的向量；$\boldsymbol{C}_{vv}$为向量$\boldsymbol{v}$的非奇异协方差矩阵；$\boldsymbol{C}_{H(x)v}$为向量$\boldsymbol{v}$的协方差向量。将式（4-93）代入式（4-91）得

$$\begin{aligned} \hat{H}(\boldsymbol{x},\theta) &= \mu_H(\boldsymbol{x}) + \boldsymbol{b}^{\mathrm{T}}(\boldsymbol{x}) \boldsymbol{v}(\boldsymbol{x},\theta) - \boldsymbol{b}^{\mathrm{T}}(\boldsymbol{x}) \boldsymbol{\mu}(\boldsymbol{x}) \\ &= \mu_H(\boldsymbol{x}) + \boldsymbol{C}_{H(x)v}^{\mathrm{T}} \boldsymbol{C}_{vv}^{-1} [\boldsymbol{v}(\boldsymbol{x},\theta) - \boldsymbol{\mu}(\boldsymbol{x})]\ \boldsymbol{x} \in \Omega \end{aligned} \tag{4-94}$$

Li 和 Der Kiureghian 将式（4-94）进一步简化为

$$\hat{H}(\boldsymbol{x},\theta)=\mu_H(\boldsymbol{x})+\sum_{i=1}^{r}\frac{\xi_i(\theta)}{\sqrt{\lambda_i}}\boldsymbol{\Phi}_i^{\mathrm{T}}\boldsymbol{C}_{H(\boldsymbol{x})\boldsymbol{v}} \tag{4-95}$$

因此，式（4-95）为最优线性估计展开法模拟随机场的表达式。式（4-95）中随机场离散的精度与展开项数 $r(r<M)$ 有关，通过对特征值 λ_i 进行降序排列，选出特征值最大的前 r 项近似随机场的真实值。随着展开项数 r 的增加，随机场的估计值 $\hat{H}(\boldsymbol{x},\theta)$ 越接近随机场的真实值 $H(\boldsymbol{x},\theta)$，但同时也导致较大的计算量。

（3）正交级数展开　为了避免 K-L 级数展开法中求解特征值问题，正交级数展开法采用一组正交多项式离散随机场，有效避免了求解积分方程，提高了随机场离散的计算效率。连续的随机场 $H(\boldsymbol{x},\theta)$ 定义在概率空间（Ω,P）中，采用正交级数展开法，随机场可表示为广义的傅里叶级数形式

$$H(\boldsymbol{x},\theta)=\mu_H(\boldsymbol{x})+\sum_{i=1}^{\infty}a_i\zeta_i(\theta)h_i(\boldsymbol{x}) \tag{4-96}$$

式中，$\mu_H(\boldsymbol{x})$ 为随机场的均值；$\boldsymbol{a}$ 为常系数向量，$\boldsymbol{a}=(a_1,a_2,\cdots,a_\infty)$；$\zeta_i(\theta)$ 为零均值的随机变量；$h_i(\boldsymbol{x})$ 为任意正交的确定性函数，$h(\boldsymbol{x})=(h_1(\boldsymbol{x}),h_2(\boldsymbol{x}),\cdots,h_\infty(\boldsymbol{x}))$，满足以下关系

$$\int_\Omega h_i(\boldsymbol{x})h_j(\boldsymbol{x})\mathrm{d}\Omega=\delta_{ij} \tag{4-97}$$

式中，δ_{ij}为 Kronecker-Delta 函数。随机场的协方差函数为

$$C(\boldsymbol{x}_1,\boldsymbol{x}_2)=E\{[H(\boldsymbol{x}_1,\theta)-\mu_H(\boldsymbol{x}_1)][H(\boldsymbol{x}_2,\theta)-\mu_H(\boldsymbol{x}_2)]\} \tag{4-98}$$

将式（4-96）代入式（4-98）得

$$C(\boldsymbol{x}_1,\boldsymbol{x}_2)=\sum_{i=1}^{\infty}\sum_{j=1}^{\infty}a_ia_jE[\zeta_i(\theta)\zeta_j(\theta)]h_i(\boldsymbol{x}_1)h_j(\boldsymbol{x}_2) \tag{4-99}$$

式（4-99）两边同时乘以 $h_k(\boldsymbol{x}_1)$ 且在定义域 Ω 中对 $\boldsymbol{x}_1$ 求积分，由函数 $h_i(\boldsymbol{x})$ 的正交性得

$$\int_\Omega C(\boldsymbol{x}_1,\boldsymbol{x}_2)h_k(\boldsymbol{x}_1)\mathrm{d}\boldsymbol{x}_1=\sum_{j=1}^{\infty}a_ka_jE[\zeta_k(\theta)\zeta_j(\theta)]h_j(\boldsymbol{x}_2) \tag{4-100}$$

式（4-100）两边同时乘以 $h_l(\boldsymbol{x}_2)$ 且在定义域 Ω 中对 $\boldsymbol{x}_2$ 求积分得

$$\iint_{\Omega\Omega}C(\boldsymbol{x}_1,\boldsymbol{x}_2)h_k(\boldsymbol{x}_1)h_l(\boldsymbol{x}_2)\mathrm{d}\boldsymbol{x}_1\mathrm{d}\boldsymbol{x}_2=a_ka_lE[\zeta_k(\theta)\zeta_l(\theta)] \tag{4-101}$$

式中，l，$k=1$，$2,\cdots,\infty$。理论上，只要有一组完备正交函数基 $\boldsymbol{h}(\boldsymbol{x})=[h_1(\boldsymbol{x}),h_2(\boldsymbol{x}),\cdots,h_\infty(\boldsymbol{x})]$、常系数 $\boldsymbol{a}=(a_1,a_2,\cdots,a_\infty)$ 和满足式（4-100）的一组随机变量 $\boldsymbol{\zeta}(\theta)=[\zeta_1(\theta),\zeta_2(\theta),\cdots,\zeta_\infty(\theta)]$，则随机场 $H(\boldsymbol{x},\theta)$ 可用正交级数的形式进行展开。

选取式（4-96）中前 M 项级数，随机场估计值可表示为

$$\hat{H}(\boldsymbol{x},\theta)=\mu_H(\boldsymbol{x})+\sum_{i=1}^{M}a_i\zeta_i(\theta)h_i(\boldsymbol{x}) \tag{4-102}$$

式（4-102）对应的协方差函数为

$$\hat{C}(\boldsymbol{x}_1,\boldsymbol{x}_2)=\sum_{i=1}^{M}\sum_{j=1}^{M}a_ia_jE[\zeta_i(\theta)\zeta_j(\theta)]h_i(\boldsymbol{x}_1)h_j(\boldsymbol{x}_2) \tag{4-103}$$

随机场真实值的协方差函数和随机场估计值的协方差函数的误差可表示为

$$\varepsilon_M(\boldsymbol{x}_1,\boldsymbol{x}_2)=C(\boldsymbol{x}_1,\boldsymbol{x}_2)-\hat{C}(\boldsymbol{x}_1,\boldsymbol{x}_2) \tag{4-104}$$

根据确定性函数基 $\boldsymbol{h}(\boldsymbol{x})$ 的正交性，式（4-96）中随机变量可表示为

$$\zeta_i(\theta)=\int_{\Omega}[H(\boldsymbol{x},\theta)-\mu_H(\boldsymbol{x})]h_i(\boldsymbol{x})\mathrm{d}\boldsymbol{x} \tag{4-105}$$

当 $H(\boldsymbol{x},\theta)$ 为高斯随机场时，$\zeta_i(\theta)$ 为零均值且彼此相关的正态随机变量，在实际中需要将其转换为独立的正态随机变量。

随机场真实值和估计值的误差方差为

$$\begin{aligned}Var[H(\boldsymbol{x},\theta)-\hat{H}(\boldsymbol{x},\theta)]&=E\{[H(\boldsymbol{x},\theta)-\hat{H}(\boldsymbol{x},\theta)]^2\}\\&=E[H^2(\boldsymbol{x},\theta)]-2E[H(\boldsymbol{x},\theta)\hat{H}(\boldsymbol{x},\theta)]+E[\hat{H}^2(\boldsymbol{x},\theta)]\end{aligned} \tag{4-106}$$

式（4-104）和式（4-106）从两个方面评估了正交级数展开法离散随机场的误差。

Zhang 和 Ellingwood 将勒让德多项式作为一组正交函数基离散一维连续随机场，其中确定性正交函数基 $h_i(x)$ 的具体形式为

$$h_i(x)=\sqrt{\frac{2i-1}{2l}}P_i\left(\frac{x}{l}\right),-l\leqslant x\leqslant l,\quad i=1,2,\cdots,\infty \tag{4-107}$$

式中，$P_i(\cdot)$ 为第 i 个勒让德多项式；$-l\leqslant x\leqslant l$ 为随机场的定义域。

前面讨论了三种不同随机场离散方法，分别给出了 K-L 级数展开法、最优线性估计展开法和正交级数展开法模拟随机场的级数表达式，并对三种离散随机场的方法进行了误差分析。上述三种离散随机场的级数法可以归纳为随机场均值与级数和的形式

$$H(\boldsymbol{x},\theta)\approx\hat{H}(\boldsymbol{x},\theta)=\mu_H(\boldsymbol{x})+\sum_{i=1}^{M}\eta_i(\theta)\omega_i(\boldsymbol{x}) \tag{4-108}$$

式中，$\mu_H(\boldsymbol{x})$ 为随机场的均值；$\eta_i(\theta)$ 为离散得到的随机变量；$\omega_i(\boldsymbol{x})$ 可称为随机场离散的形函数；M 为离散后随机变量的个数。每种级数离散方法在确定形函数 $\omega_i(\boldsymbol{x})$ 时采用的数学工具不同，并且离散得到的随机变量 $\eta_i(\theta)$ 的概率分布信息不同。在相同的随机场离散精度下，三种随机场离散方法所需离散的随机变量个数不同。

4.6 多源不确定性分析

4.6.1 不确定性源

在结构的设计过程中，结构的不确定性普遍存在，如由于结构在设计、加工、装配、测量过程中可能存在的各种误差和不确定性因素。这些不确定因素将使得结构的几何尺寸、物理参数、外部载荷及边界条件甚至计算模型本身（内因）亦具有不确定性，从而导致结构的力学性能亦产生不确定性。

不确定性的产生主要是因果关系不充分所致，表现为因果规律的不完整造成结果的不可预知性。在结构的模型化过程中，可能遇到的参数不确定的实例有：

1）几何尺寸的不确定性。加工、制造、安装和调试等的误差（尺寸公差、加工误差、

测量误差、装配误差等）使结构的几何尺寸如杆、梁、柱的长度、横截面积、惯性矩、板的厚度具有不确定性。

2）材料特性的不确定性。由于制造环境、技术条件、材料的多相特征等因素的影响（如铸造过程中的缩孔、缩松，热处理工艺等），工程材料的弹性模量、泊松比、质量密度、强度和疲劳极限等具有不确定性。

3）结构载荷和边界条件的不确定性。由于结构实际工作环境的复杂性而引起结构所受载荷，结构之间的装配和约束，构件与构件的连接等边界条件等亦具有不确定性（如加工过程中的残余应力、装配过程中的初始裂纹、使用过程中的随机载荷等）。

4）结构的物理性质的不确定性。由于系统的复杂性而引起系统阻尼特性、摩擦系数、非线性特性等具有不确定性。

然而，结构的分析和设计主要依赖计算成本高的计算机仿真模型，如有限元模型；再考虑到不确定性因素的影响，整体优化过程的计算时间呈几何级的激增。为了进一步减轻计算负担，复杂系统设计领域广泛采用代理模型技术来对原子系统模型进行近似替代，从而提高优化寻优效率。代理模型的基本思想是基于数据构造插值模型，如 Kriging 模型、径向基函数；或拟合模型，如多项式回归、支持向量回归、人工神经网络；或混合模型，如基于多项式的 Kriging、混合多项式相关函数展开等，然后在所构造的代理模型基础上进行响应预测。因此，在处理复杂多层次系统时，代理模型技术有很大的优势。

由于缺乏实验或计算法仿真数据，代理模型技术可能会在未采样点引入仿真模型与代理模型之间的差异，这种差异被定义为代理模型不确定性。特别地，当采用插值模型来进行构造时，代理模型不确定性被称为插值不确定性。Kriging 模型，作为一种特殊形式的高斯回归过程，由于能得到预测响应均值以及对应的方差，成为考虑代理模型不确定时最常用的代理建模方法之一。

传统的基于代理模型的不确定性分析方法忽视了代理模型的不确定性，必然会导致设计误差，因此产生了诸多改进的方法。这些方法的基本思想都是相同的，都是以高斯随机过程为基础，简单点讲实质上以 Kriging 方法为基础，利用 Kriging 能够量化由于样本不足而带来的代理模型不确定性的特点，本书中统一将其称为基于 Kriging 的不确定性分析方法。Kriging 方法能够量化由于样本不足而导致的预测不确定性，而其他近似方法，如多项式响应面、神经网络等都没有这个功能。基于 Kriging 的不确定性分析方法能够同时量化传统参数不确定性和代理模型的不确定性，从而改善了设计的精度和可靠性。在基于代理模型的确定性优化设计中，有研究已经提出利用高斯随机过程来描述代理模型的不确定性，然而不确定性设计下，还存在参数的不确定性，这使得代理模型的不确定性变得更加不透明，如何在不确定性设计中同时考虑并有效综合参数和代理模型这两种不确定性对设计的影响值得深入探讨。

4.6.2　耦合量化与分析

以响应函数 $y=g(\boldsymbol{X})$ 为例进行说明，对应的 Kriging 代理模型为 $y\approx\hat{g}(\boldsymbol{X})$。为简单起见，这里直接将代理模型 $y\approx\hat{g}(\boldsymbol{X})$ 记为 $y=g(\boldsymbol{X})$。不确定性分析的关键就是如何估算响应函数均值（u_g）、标准差（σ_g）以及失效概率 P_f。传统的不确定性分析方法通常仅考虑参数不确定性，也就是输入参数 $\boldsymbol{X}$（设计参数）的不确定性，因此 u_g、σ_g 和 P_f 也完全取决于 X 的不确定性信息。前面已经提到，代理模型仅仅只是真实模型的近似，一方面，由于仿真模型过于费时，实际中基本不可能无限制地增加样本点来提高代理模型的精度；另一方面，通常情况下任何一种代理模型技术都无法完全无误差地近似真实模型，因此代理模型与真实模型之间必然存在误差。传统的直接在代理模型的基础上估算 u_g、σ_g 和 P_f 的不确定性分析方法必然会给设计带来误差。因此，不确定性分析中除了考虑参数的不确定性，还要量化代理模型不确定性的影响。因此，产生了改进的基于 Kriging 的不确定性分析方法，它通过将代理模型不确定性看作是与参数不确定性并列存在的另一类不确定性，来综合量化这两类不确定性对性能函数的影响。该方法的主要思想是：首先，在仅考虑参数不确定性的情况下，代理模型预测点上的每一个响应值不再是确定性的值，而是服从正态分布的随机变量，其均值和方差分别为 Kriging 代理模型的预测函数值和方差。这些方法中有基于半解析形式的，有基于仿真形式的，但其原理实质都是完全一样的，所得结果理论上是完全相同的。由于简单、直接、易懂，以下介绍一种完全基于蒙特卡洛仿真的方法，其具体步骤如下：

1）根据随机输入变量 $\boldsymbol{X}$ 的变化范围，产生 N 个样本点 $\boldsymbol{x}_s=\{x_1,\cdots,x_N\}$，计算样本点的真实函数响应值 $\boldsymbol{y}_s=\{y_1,\cdots,y_N\}$，为性能函数构建 Kriging 代理模型 $y=g(\boldsymbol{X})$。当然，要是代理模型精度不满足要求，就要重新构造。

2）根据给定的 $\boldsymbol{X}$ 的概率分布信息，产生 N_1 个样本点 x'_1，…，x'_{N_1}。

3）对于每一个样本点 $x'_i(i=1,\cdots,N_1)$，调用构建好的 Kriging 代理模型，估算该样本点处的函数响应值 $y'_i(i=1,\cdots,N_1)$，以及相应的代理模型不确定性的大小 s_i。

4）对于每个响应值 y'_i，将其看作一个正态分布变量，相应地产生服从正态随机分布 $y'_i\sim u(y'_i,s_i)$ 的 M 个样本点 y'_{i1}，…，y'_{iM}。

Kriging 方法实质上是一个关于空间位置变量的高斯随机过程，因此可以看成在每个预测点 x'_i 处，Kriging 的预测函数响应值 y'_i 存在不确定性，且服从高斯正态分布 $y'_i\sim u(y'_i,s_i)$。这里正态分布的均值正是代理模型预测值 y'_i，而标准差正是对应的 Kriging 模型计算得到的 s_i。为了更清楚地进行说明，将预测点 $\boldsymbol{x}^*$ 处的响应值 $y(\boldsymbol{x}^*)$ 和相应的代理模型不确定性绘制于图 4-12。显然，预测点处的代理模型响应值 $y(\boldsymbol{x}^*)$ 不再是一个确定值，而是服从正态分布，而在传统代理模型确定性分析方法中，$y(\boldsymbol{x}^*)$ 被看作一个确定值来处理，未考虑代理模型不确定性。图 4-12 中这种对 $y(\boldsymbol{x}^*)$ 进行处理的方式，正是考虑了代理模型不确定性的影响。

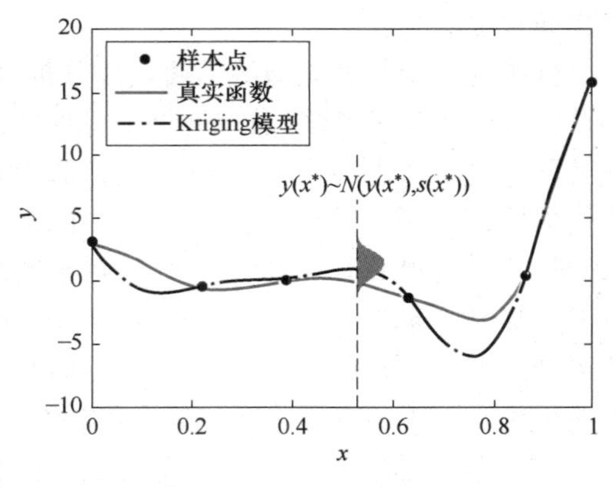

图 4-12　代理模型不确定性量化示意图

5）将所有样本集合，基于此计算性能函数的不确定性特性。在不确定性分析时，对于任一设计点 u_X，对应有 N_1 个代理模型函数响应值（$i=1,2,\cdots,N_1$），并假设这些响应值 y'_i 出现的概率相同。每个响应值 y'_i 由于具有随机性，又对应 M 个样本，最终关于性能函数值 y 一共有 $M\times N_1$ 个样本，集合在一起表示为 $T=[y'_{11},\cdots,y'_{1M},y'_{21},\cdots,y'_{2M},y'_{N_11},\cdots,y'_{N_1M}]$。其中，$y'_{11}$，…，$y'_{1M}$ 为对应响应值 y'_1 上的样本。对 T 求均值 u_T、标准差 σ_T 或者失效概率，则得到

设计点 u_X 处同时考虑两种不确定性时输出响应的不确定性信息。

这里需要说明的是，在步骤 1 中要产生 N 个样本，此时由于调用的是真实性能函数值，N 的值需要根据计算量和精度的要求合理选取。而在步骤 2 中，此时函数响应值是基于 Kriging 代理模型得到的，相对真实模型而言非常廉价，因此样本点 N_1 可以选取得足够大。

传统的基于代理模型的不确定性分析方法将代理模型等同于真实模型，直接在其基础上进行不确定性分析，而改进的方法通过充分利用 Kriging 能够量化代理模型不确定性的优势，额外地计入了代理模型的不确定性，更为可靠。且改进的方法是一种完全基于蒙特卡洛抽样的方法，简单易行，所有计算都是在代理模型基础上进行，没有增加任何额外的函数调用。当然当样本数目严重不足、代理模型精度较差的时候，传统方法必然得不到精度较高的结果，此时改进的方法即使可以考虑代理模型的不确定性，由于代理模型本身精度不高，代理模型不确定性的量化实质没有意义，因此也必然得不到精度较高的不确定性分析结果。

4.7 不确定性优化设计

确定性条件下的优化技术已经成功运用到诸多工程设计问题中，但是设计条件的变化，例如载荷、材料特性和操作环境的变化，往往使得工程系统存在很大的不确定性。以往由于数学处理和计算速度等方面的原因，通常将这些不确性量作为确定性量处理，设计性能对这些不确定性因素非常敏感，设计的可靠性、稳健性低，极有可能导致灾难性的后果。因此，产生了不确定性下的优化设计（Design Optimization under Uncertainty），根据设计理念的不同可分为稳健设计优化（Robust Design Optimization，RDO）和基于可靠性的设计优化（Reliability-Based Design Optimization，RBDO），当然也有将二者结合，产生所谓的基于可靠性的稳健优化（Reliability-Based Robust Design Optimization，RBRDO）。

从确定性优化设计问题出发：

$$\begin{aligned} \min \quad & f(\boldsymbol{x},\boldsymbol{p}) \geqslant 0 \\ \text{s.t.} \quad & g_j(\boldsymbol{x},\boldsymbol{p}) \geqslant 0, j=1,\cdots,N_C \\ & \boldsymbol{x}^L \leqslant \boldsymbol{x} \leqslant \boldsymbol{x}^U \end{aligned} \tag{4-109}$$

式中，$\boldsymbol{x}=(x_1,\cdots,x_d)^{\mathrm{T}}$ 为设计变量，其变化范围被限制在上界 $\boldsymbol{x}^L$ 和下界 $\boldsymbol{x}^U$ 之间。$\boldsymbol{p}=(p_1,\cdots,p_d)^{\mathrm{T}}$ 为设计参数，其值预先给定，是常值；f 为目标函数，g_j 为不等式约束向量。由于等式约束可化为一对不等式约束，故式（4-109）中未列出等式约束。确定性设计优化的设计变量、设计参数以及数学模型皆为确定性的。

在不确定性环境下，当设计变量 $\boldsymbol{x}$ 和参数 $\boldsymbol{p}$ 等存在不确定性而发生波动，确定性情况下的最优目标性能函数 f 可能在确定性最优解处对这些变化非常敏感，波动特别大，导致产品性能不稳定，或某些约束（尤其是主动约束）在最优解处得不到满足，导致系统设计失效。因此，产生了不确定性优化设计，通过在设计过程中考虑设计变量、设计参数、设计决策和系统分析模型等不确定性因素的影响，来降低波动对系统性能的影响，图 4-13 展示了不确定性优化和确定性优化的流程图。从中可以看出，二者最关键的地方在于不确定性优化多了一个不确定性分析模块，通过后面介绍可知不确定性分析是不确定性优化中非常重要的内容。

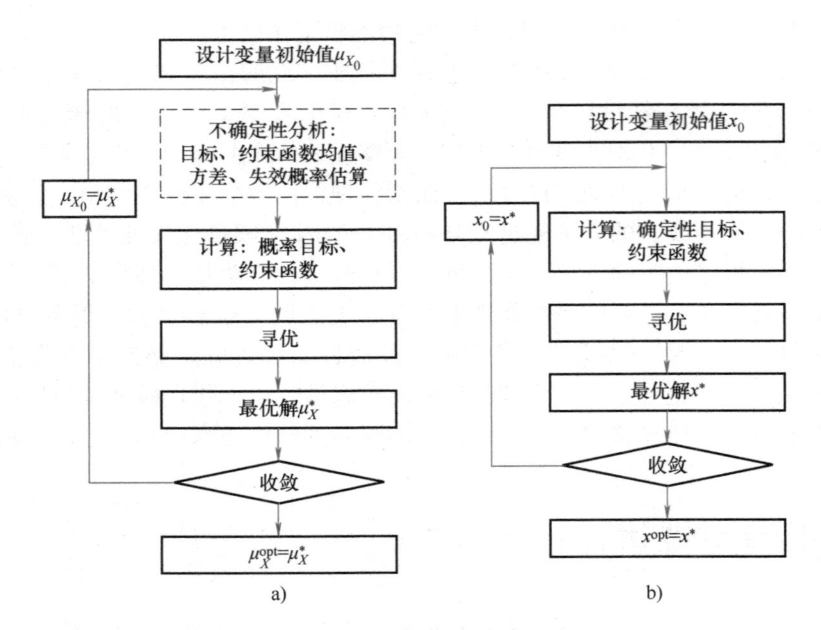

图 4-13　不确定性优化和确定性优化的流程图

a）不确定性优化　b）确定性优化

在确定性优化中，设计变量都是确定性变量，在优化的每一次迭代中，都要在设计变量值处计算目标和约束函数，通常仅仅需要调用目标和约束函数各一次。当然，在寻优过程中由于要计算梯度、海赛矩阵等，因此调用目标和约束函数的次数通常绝对不止各一次。而在不确定性优化设计中，设计变量存在随机性，那么此时设计变量准确说是随机设计变量的均值$\boldsymbol{\mu}_X$，在优化的每一次迭代中，都需要评估目标和约束在设计点$\boldsymbol{\mu}_X$处的概率特性，若采用蒙特卡洛方法则需要调用目标和约束函数成千上万次，这个目标和约束的概率特性评估的过程就是优化中的不确定性分析。若优化迭代的次数相同，采用蒙特卡洛仿真进行不确定性分析，不确定性设计优化的计算量将至少是确定性优化的成千上万次。因此，降低不确定性分析的计算量是不确定性优化设计中要解决的关键问题之一。

4.7.1　稳健性设计

所谓稳健性（Robustness）是指系统在不确定性影响下的稳定程度。稳健设计优化（RDO）是使所设计的产品或工艺在制造和使用中，当参数发生变化，或者在规定寿命内结构发生老化和变质时，在一定范围内都能保持产品性能稳定的一种工程设计方法。稳健设计通常认为源自于日本 Taguchi 博士在 20 世纪提出的产品质量管理思想。Taguchi 设计方法的基本思想是在不消除和减小不确定性源的前提下，通过设计使不确定性因素对产品质量的影响尽可能小。稳健设计在 20 世纪 80 年代后逐步发展成为机械设计领域的重要分支。

在稳健优化设计中，设计变量 $\boldsymbol{X}$ 和参数 $\boldsymbol{P}$ 都可能存在不确定性，因此都用大写字母来表示。$\boldsymbol{X}$ 和 $\boldsymbol{P}$ 都会在其均值点处波动，$\boldsymbol{X}$ 的均值是设计变量，而 $\boldsymbol{P}$ 的均值是给定的常数。因此系统性能函数 $f(\boldsymbol{X},\boldsymbol{P})$ 是一个随机函数。对稳健性的要求体现在两方面：目标稳健性和可行稳健性，目标稳健性力求在最小化目标函数$f(\boldsymbol{X},\boldsymbol{P})$期望$u_f$的同时，尽量使目标函数对不确定性因素不敏感，即标准差σ_f尽可能小。图 4-14 展示了目标稳健设计的概念，在确定性最优解处X^*，虽然性能函数是最优的，但是对于设计变量的变化特别敏感，波动较为剧烈。但是在稳健设计最优解处$\boldsymbol{X}^{R*}$，虽然f略次于确定性优化所得的值，但是它不会因为设计变量的变化而剧烈改变，因此该设计对比确定性下的设计要稳健可靠。

稳健优化设计的数学模型为

$$
\begin{aligned}
\text{find}\quad & u_{X_i}, i=1,\cdots,d\\
\min\quad & F=u_f+k\sigma_f\\
\text{s. t.}\quad & C_j=u_{g_j}-k\sigma_{g_j}, j=1,\cdots,N_C\\
& \boldsymbol{X}^L+k\sigma_X\leqslant u_X\leqslant \boldsymbol{X}^U-k\sigma_X
\end{aligned}
\tag{4-110}
$$

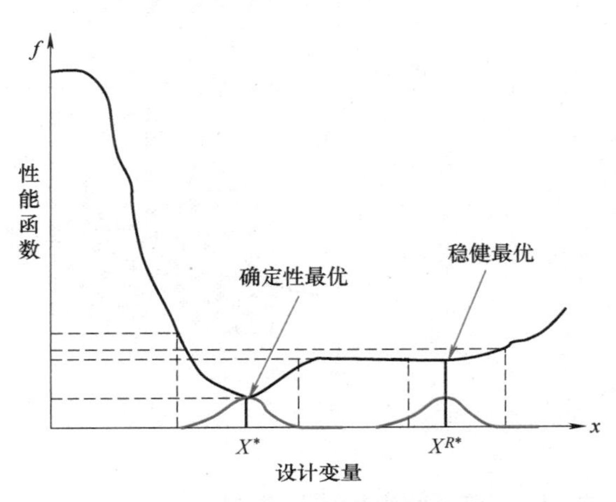

图 4-14　确定性最优和稳健性最优

式中，k 为设计者自定义的常数，通常根据设计要求确定（例如 $k=2$，对应可靠度为 $p_0=0.9772$；$k=3$，对应可靠度为 $p_0=0.9987$），显然 k 越大系统越稳健，但是寻优过程中所需的计算量就越大，且当 k 太大时，式（4-110）极有可能无解，因此通常取 $k=3$。注意到这里的设计变量 u_{X_i} 的变化范围也做了相应的变化，变得更窄，以保证设计的稳健性。当然优化目标不一定要采取这里的单目标优化的形式，也可以是多目标优化，如同时最小化目标函数的期望 u_f 和标准差 σ_f，最终可以采用多目标优化算法（如非支配多目标遗传算法）进行求解。

在稳健设计中，一项重要任务就是如何估算目标和约束函数的低阶统计矩（均值和标准差），也就是 u_f、σ_f、u_{g_j} 和 σ_{g_j}，基于此就可以计算概率目标 F 和概率约束 C_j，从而进行优化。

4.7.2　可靠性设计

所谓可靠性（Reliability）是指规定条件下和规定时间内完成规定功能的能力。基于可靠性的设计优化（RBDO）着重于保证概率约束的可行性，通常表示为将约束的失效概率限制在某个值以内。RBDO 典型的优化形式如下：

$$
\begin{aligned}
\text{find}\quad & u_{X_i}, i=1,\cdots,d\\
\min\quad & u_f\\
\text{s. t.}\quad & \Pr(g_j\leqslant 0)\leqslant P_f^j, j=1,\cdots,N_C
\end{aligned}
\tag{4-111}
$$

式中，Pr 为 $g_j\leqslant 0$ 满足的概率，即约束 g_j 不满足的概率，也就是通常所说的失效概率；P_f^j 为事先给定的常值。

概率约束使得约束 g_j 的失效概率小于给定的值 P_f^j。实际中 P_f^j 通常要求非常小，使得约束函数的尾端概率分布估算的精确性远比其低阶统计矩估算的精确性重要。某些约束在确定性最优解处是主动约束，若不考虑不确定性因素的影响，将导致系统设计失效，图 4-15 展示了这种情况。在确定性最优解处，由于设计变量存在不确定性，违反约束的概率约为75%。可靠性最优解离约束边界相对较远，虽然一定程度上可能会导致设计的保守，但是能始终保证设计落在可行性区域内，系统是安全的。在可靠性设计优化中，一项重要任务就是如何估算约束的失效概率 $\Pr(g_j \leqslant 0)$。

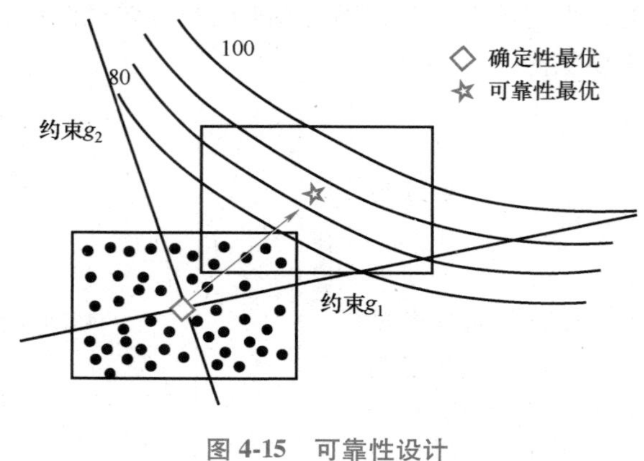

图 4-15　可靠性设计

4.7.3　可靠性稳健设计

以上介绍的 RDO 和 RBDO 分别考虑了目标的稳健性和约束的概率可行性，旨在分别降低目标函数响应值对不确定性影响的敏感度和保证不确定性影响下最优解的可行性。除了这两类典型的不确定性优化设计形式，还产生了基于 RBRDO，同时借鉴了 RDO 和 RBDO 的思想，在最小化目标函数的均值和方差的同时，对约束所满足的概率施加约束，使其满足期望的概率，最终以满足最优解的概率可行性。其典型的优化形式为

$$\begin{aligned} &\text{find} \quad u_{X_i}, i=1,\cdots,d \\ &\min \quad F=u_f+k\sigma_f \\ &\text{s.t.} \quad \Pr(g_j \leqslant 0) \leqslant P_f^j, j=1,\cdots,N_C \\ &\qquad \boldsymbol{X}^L+k\boldsymbol{\sigma}_X \leqslant u_X \leqslant \boldsymbol{X}^U-k\boldsymbol{\sigma}_X \end{aligned} \tag{4-112}$$

可靠性稳健优化设计在优化过程中不仅要考虑目标函数的稳健性，同时还需保证约束函数满足可靠度指标。在可靠性稳健设计中，目标函数的稳健性需求导致了优化过程为多目标求解，而可靠性约束的存在则要求在求解过程中进行约束性能函数的可靠度分析，从而较大程度上增加了优化求解的复杂度，提高了优化求解的计算成本，这已成为制约其广泛应用于大型工程优化设计问题的直接因素。

4.8　应用案例

本节选取某新能源轿车车身轻量化设计案例进行工程应用研究，在满足车身刚度、模态、碰撞安全性以及 NVH 等车身性能设计要求的情况下，降低车身结构质量。根据车身轻

量化设计要求，轻量化方案需要满足刚度、模态、碰撞安全性以及 NVH 等性能响应的约束要求，因此在轻量化过程中，需要首先建立各个车身响应的有限元仿真模型，主要包括车身刚度，模态模型，100%正面碰撞模型，40%偏置碰撞模型，侧面碰撞模型，追尾碰撞模型，NVH 模型等。车身轻量化设计的约束工况如图 4-16 所示。

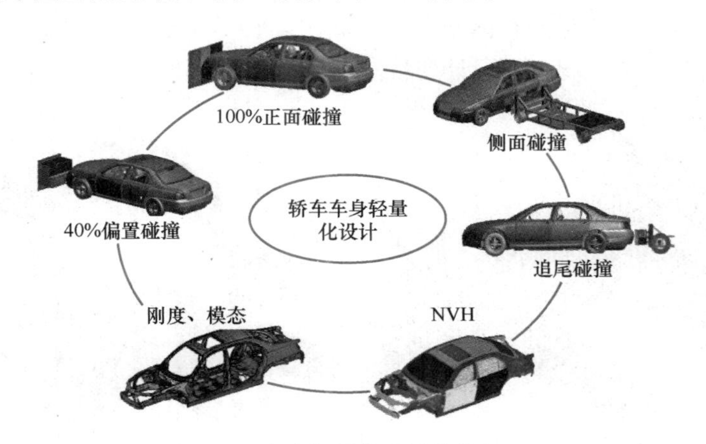

图 4-16　车身轻量化设计的约束工况

在轻量化过程中，分别选取对各性能指标影响较大的结构板厚作为设计变量进行优化设计。首先对刚度、模态工况而言，挑选整个车身部件中质量大于 0.6kg 的零件进行优化设计，同时考虑到零件的对称性，80 个零件板厚最终被定义为刚度、模态工况的设计变量。

而对于 NVH 分析工况而言，乘员舱内大型薄壁板件是影响室内噪声传递的主要因素，因此在确定 NVH 工况的设计变量时，主要选取的是乘员室底板、前围板以及前后车门内板，如图 4-17 所示。考虑零件的对称性，最终 10 个零件板厚被选择作为 NVH 工况的设计变量。

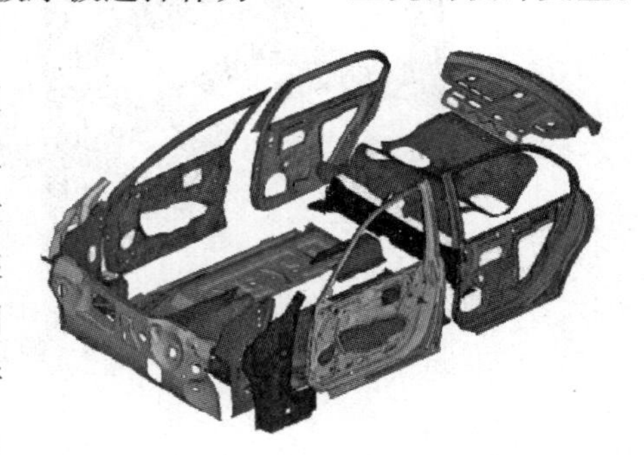

图 4-17　NVH 工况的设计变量

碰撞是一个大变形、强非线性的问题，对于不同的碰撞类型，承载的车身部件各不相同，需要分别定义各种冲击工况下的设计变量。首先，对于 100%正面碰撞问题，冲击能量由车身前部左右两侧结构进行承载，通过结构变形来吸收能量，缓解前部冲击对乘员舱的影响。车身承载部件主要包括前纵梁、前围板、A 柱等。将这些对正面碰撞性能影响最大的部件作为设计变量，如图 4-18 所示，考虑零件的对称性，最终 12 个零件被选为正碰工况下的设计变量。而对于 40%偏置碰撞问题，冲击载荷需要通过左前部单侧结构进行承担，结构变形情况较 100%正碰问题要更加严重，在碰撞过程中需要考虑更多的车身结构来实现吸收能量和抵抗变形的作用：结构吸能主要通过左侧前纵梁和上指梁结构来实现，而抵抗冲击对乘员舱的变形则是通过前纵梁底板延伸段、前围板、A 柱、门槛、底板中央通道等。将这些部件选为偏置碰撞工况的设计变量，考虑零件的对称性，最终 21 个零件板厚被选择作为 40%偏置碰撞的设计变量。

而对于侧面碰撞问题，乘员舱侧面结构是碰撞中吸收和分散冲击载荷的主要部件，由于侧面结构相对简单、可变形吸能的空间较小，因此在设计过程中需要充分考虑几个关键部件对侧碰性能的贡献情况，如 B 柱、门槛、底板横梁等，考虑零件的对称性，最终 15 个零件被作为侧碰工况下的设计变量。对于轿车追尾碰撞问题，这里研究的新能源轿车使用氢气取代了汽油作为驱动能源，储氢瓶布置于后部行李舱空间中，在追尾碰撞中需要避免车身结构对氢瓶的过度挤压作用，以避免发生瓶体破裂或者爆炸的危险情况。影响追尾碰撞性能的车身结构主要包括后纵梁、后保险杠两个零件，如图 4-19 所示，考虑对称性，最终 8 个零件板厚被选择作为追尾碰撞工况下的设计变量。

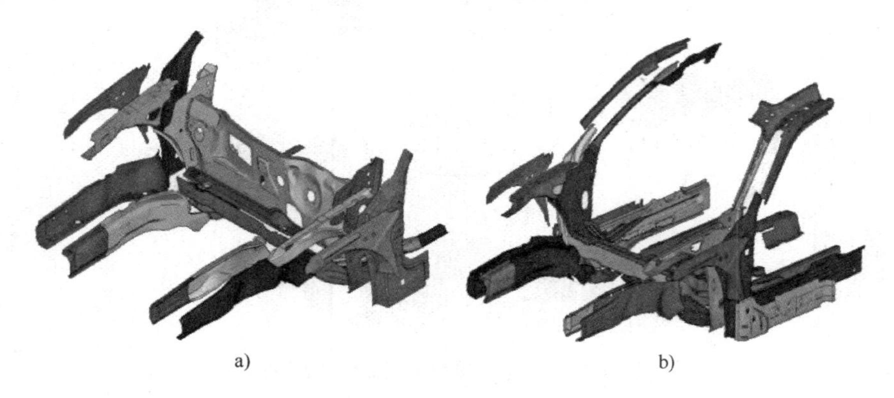

a)　　b)

图 4-18　正面碰撞工况的设计变量

a）100%正面碰撞　b）40%偏置碰撞

a)　　b)

图 4-19　侧面和追尾碰撞工况的设计变量

a）侧面碰撞　b）追尾碰撞

综合上面的分析，选定了各载荷工况下的设计变量，考虑各个工况下零件的共用情况，最终车身轻量化问题中共包括 88 个零件板厚作为设计变量。车身轻量设计问题是指在保证车身各项性能要求的前提下，实现最小化车身结构质量的目标。对于车身刚度、NVH 以及碰撞等约束性能指标而言，均无法得到准确的解析表达式，在车身稳健设计过程中，需要建立这些性能指标的代理模型。根据各个车身分析工况的设计变量数量和非线性程度不同的情况，采用拉丁超立方方法分别进行初始试验设计，零件板厚设计空间下限为 0.6mm，上限为原始板厚的 1.1 倍。

在获取各工况下的试验设计样本点后，分别采用对应的有限元仿真模型对各初始训练样本点的真实响应状态进行计算，建立各性能指标的初始 Kriging 代理模型。车身板件的实际板厚通常偏离真实设计值，这种板厚的不确定性对车身性能会产生很大的影响，在车身轻量化设计过程中需要充分考虑车身板厚偏差的影响，提高轻量化设计方案的准确性和可靠性。根据前面建立的车身各性能响应的 Kriging 代理模型，考虑车身板厚的波动情况，建立轻量化问题的稳健设计数学方程。

在高维、多约束的车身轻量化问题中，初始试验设计样本点无法保证各车身性能 Kriging 模型在全局均具有很高的预测精度。特别是在寻优过程中，稳健解附近区域的局部精度是直接影响车身轻量化设计方案准确性和有效性的关键因素，因此需要通过面向稳健目标的多点序列采样方法逐步增加序列样本点，提高稳健解可能存在的区域的预测精度，保证车身稳健设计方案的可靠性。建立此车身轻量化案例的序列采样准则为：

$$\begin{aligned}&\text{find}:\boldsymbol{x}^*=(\boldsymbol{x}_1,\boldsymbol{x}_2,\cdots,\boldsymbol{x}_{88})\\&\max:\text{GREI}_{LWT}(\boldsymbol{x})=\text{REI}M(\boldsymbol{x})\cdot\prod_{i=1}^{3}\Phi\left(\frac{\mu_{\psi_i\mid G}(\boldsymbol{x})-\beta_i}{\sigma_{\psi_i\mid G}(\boldsymbol{x})}\right)\cdot\prod_{j=4}^{21}\Phi\left(\frac{\beta_j-\mu_{\psi_j\mid G}(\boldsymbol{x})}{\sigma_{\psi_j\mid G}(\boldsymbol{x})}\right)\end{aligned}\tag{4-113}$$

式中，REI$M(x)$ 为样本点对目标响应 $M(x)$ 的期望改进；$\mu_{\psi_j\mid G}$、$\sigma_{\psi_j\mid G}$分别为第 j 个稳健约束响应预测偏差状态。根据前面的介绍可知，目标响应 $M(x)$ 由解析表达式计算得到，不存在代理模型预测不确定性的影响，因此增加样本点对质量目标函数 $M(x)$ 没有改进效果，因此车身轻量化案例中仅需要研究新增样本对稳健约束边界的改进效果。此时式（4-113）中的序列采样准则可以改为

$$\begin{aligned}&\text{find}:\boldsymbol{x}^*=(\boldsymbol{x}_1,\boldsymbol{x}_2,\cdots,\boldsymbol{x}_{88})\\&\max:\text{GREI}_{LWT}(\boldsymbol{x})=\prod_{i=1}^{3}\Phi\left(\frac{\mu_{\psi_i\mid G}(\boldsymbol{x})-\beta_i}{\sigma_{\psi_i\mid G}(\boldsymbol{x})}\right)\cdot\prod_{j=4}^{21}\Phi\left(\frac{\beta_j-\mu_{\psi_j\mid G}(\boldsymbol{x})}{\sigma_{\psi_j\mid G}(\boldsymbol{x})}\right)\end{aligned}\tag{4-114}$$

在这个多约束的序列采样过程中：

1）序列采样流程如图 4-20 所示，序列采样准则为 GREI_{LWT}（如式（4-114））。

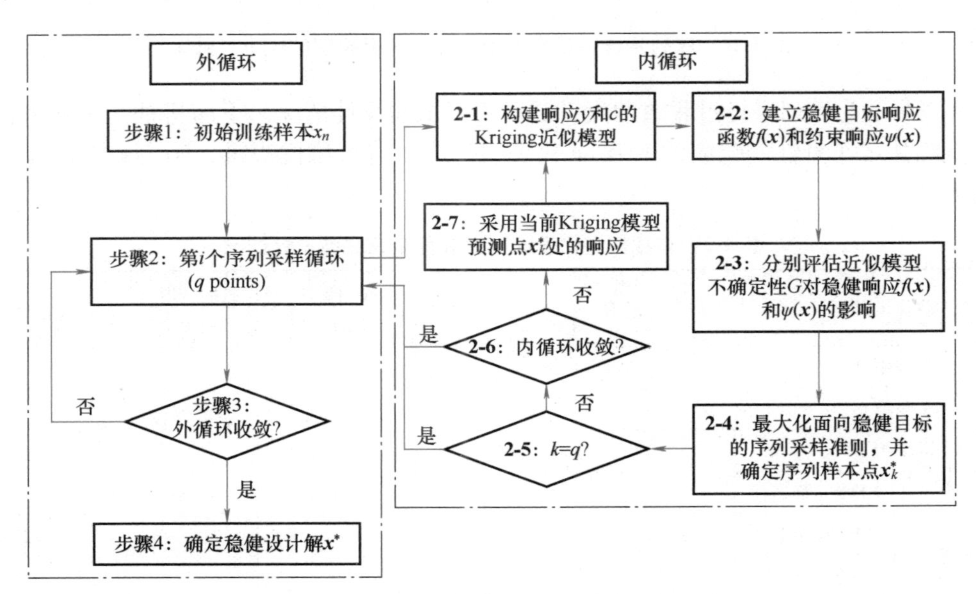

图 4-20　面向稳健目标的多约束序列采样流程图

2）在单个内循环中，利用序列采样确定 10 个样本点，内循环停止的准则为新的样本点与已有样本点之间的距离小于各变量最小设计空间长度的 5%。各设计变量中，最小设计空间长度为（0. 8×1. 1−0. 6=0. 28），即内循环距离为 0. 014，取整后为 0. 02。

3）考虑到车身样本点的仿真计算成本较高，外循环收敛准则为外循环次数达到 10 次后，序列采样过程停止。

图 4-21 所示为 10 个序列采样过程中各个循环内实际确定的样本点数，可以发现经过 5 个循环后，单个循环所能确定的新样本点数量不再是最大值 10。这是由于车身轻量化案例经过若干序列采样循环后，各稳健响应指标已经有了明显的改善，在单个内循环中取得一定数量的样本后，新的样本点的位置开始与前面的样本点重合，这就表明序列采样过程无法找到新的样本点来对稳健设计过程进一步进行改进，所以内循环在未找到 10 个样本点的情况下就发生收敛的情况。

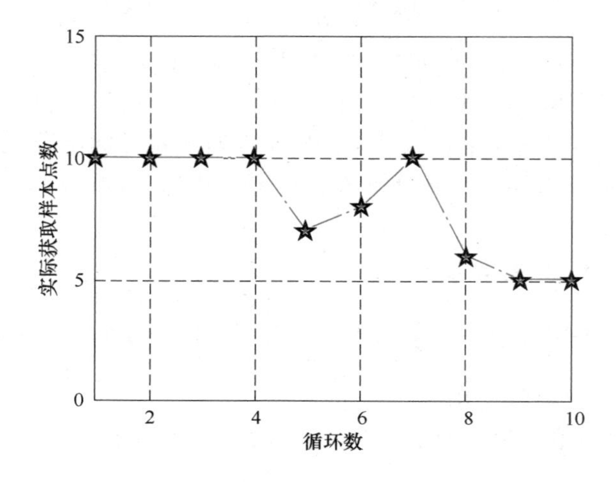

图 4-21　序列采样过程中各个循环内实际确定的样本点数

表 4-2 所示为序列采样过程收敛后各载荷工况试验设计情况。下面将基于序列采样后的总样本点构建各车身性能响应的 Kriging 代理模型，并进行稳健决策，确定最终的车身轻量化设计方案。

表 4-2　车身轻量化设计中各载荷工况试验设计情况

载荷工况		设计变量数	初始样本数	序列采样循环数	实际获取序列样本点数	总样本点数
车身刚度		80	300	10	81	381
车身模态						
NVH		10	80			161
车身碰撞	100%正面碰撞	12	60			141
	40%偏置碰撞	21	120			201
	侧面碰撞	15	100			181
	追尾碰撞	8	50			131

上面的序列采样过程可以逐步改进车身稳健性能响应的预测状态，提高车身稳健解可能出现区域的预测精度。然而由于代理模型预测不确定对稳健性能的影响不可能完全消除，在进行稳健设计决策时，需要充分考虑各约束性能响应中参数不确定和残余的代理模型不确定对稳健解的影响，避免轻量化方案发生失效的情况。

在进行优化求解的过程中，考虑到本案例中设计变量数量大（88 个）、约束响应多（21 个），采用全局优化算法（如遗传算法等）直接进行求解的时间过长，因此为提高优化效率，本案例中选择 Matlab Toolbox 中的 fmincon 算法进行稳健求解。由于 fmincon 算法对寻优开始点要求很高，为保证车身轻量化稳健解的全局性，在进行寻优过程时，在初始设计空间中生成 100 个均匀的寻优开始点，分别得到每个开始点下的寻优结果，最后对比选取全局最优点。

车身轻量化设计方案各性能指标状态见表 4-3，表中各稳健响应约束指标均能满足车身设计约束要求。轻量化前，车身原始结构总质量为 450kg，基于表 4-2 中的初始训练样本得到的轻量化方案 x_{Pre}^* 的结构总质量下降为 433.65kg，实现减重效果为 3.63%；而经过 10 个序列采样循环后，车身轻量化设计方案 x_{Aft}^* 的减重效果有了明显的提高，结构总质量下降到 424.06kg，减重比例达到 5.76%。从序列采样前后的轻量化方案的减重效果对比可以发现，序列采样过程可以提高稳健响应的预测状态，最终找到更加接近全局最优解的稳健设计方案。

表 4-3　车身轻量化设计方案各性能指标状态

工况	性能指标	符号	约束阈值 β_i	x_{Pre}^*	x_{Aft}^*
				预测值	预测值
刚度	弯曲刚度	ψ_1	≥11000N/mm	11666.73	11441.15
	扭转刚度	ψ_2	≥12000N/m	12144.43	12082.67
模态	一阶扭转模态频率	ψ_3	≥34Hz	34.21	34.60
NVH	左前轮激励下最大声压	ψ_4	≤110dB	101.51	103.07
	右后轮激励下最大声压	ψ_5	≤110dB	103.89	109.01
100% 正面碰撞	左侧 B 柱最大加速度	ψ_6	≤40g	35.49	35.33
	左侧搁脚板最大入侵量	ψ_7	≤80mm	55.50	52.01
	右侧搁脚板最大入侵量	ψ_8	≤80mm	58.91	53.26
偏置碰撞	左侧 B 柱最大加速度	ψ_9	≤40g	30.06	27.83
	A 柱最大后向变形量	ψ_{10}	≤80mm	78.10	72.29
	左侧搁脚板最大入侵量	ψ_{11}	≤80mm	74.05	46.14
	右侧搁脚板最大入侵量	ψ_{12}	≤80mm	57.40	76.38
侧面碰撞	假人下肋骨最大变形量	ψ_{13}	≤32mm	30.49	31.15
	假人下肋骨黏性指标	ψ_{14}	≤0.6m/s	0.58	0.59
	假人腹部作用力	ψ_{15}	≤1.5kN	1.43	1.48
	假人盆骨作用力	ψ_{16}	≤4.0kN	2.29	2.75
	B 柱最大变形速度	ψ_{17}	≤9m/s	6.95	8.76
	车门最大变形速度	ψ_{18}	≤9m/s	8.54	8.88

（续）

工况	性能指标	符号	约束阈值 β_i	x_{Pre}^*	x_{Aft}^*
				预测值	预测值
追尾碰撞	后氢瓶左侧最大接触力	ψ_{19}	≤50kN	43.58	47.54
	后氢瓶中部最大接触力	ψ_{20}	≤50kN	41.26	39.41
	后氢瓶右侧最大接触力	ψ_{21}	≤50kN	40.15	44.89
结构总质量		***M***	**最小化/kg**	**433.65**	**424.06**

复习思考题

4-1　简述不确定性量化、不确定性传递和不确定性变换的内容，并说明三者之间的关系。

4-2　工程中不确定性的来源有哪些？

4-3　说明中心矩与原点矩的关系。

4-4　不确定性传递获取的信息一般有哪些？

4-5　请查阅相关资料，简述在数字模拟法中，直接蒙特卡洛仿真法、重要抽样法、分层抽样法、拉丁超立方抽样法和自适应抽样法的区别和联系。

4-6　请写出随机变量的均值、方差、偏度和峰度的表达式。

4-7　给定均值和标准差，试基于最大熵原理推导出概率分布形式。

4-8　已知 $X_1\sim N(1,0.1)$，$X_2\sim N(2,0.2)$，$Y=X_1^2+X_1X_2$。试分别基于蒙特卡洛法、泰勒展开、单变元降维求解 Y 的均值和方差。

4-9　已知某机构的最大应力 S 和极限应力 R 均服从正态分布，即：$S\sim N(2,1.1547)$；$R\sim N(7,8.6603)$。如果最大应力 S 大于或等于极限应力 R，该机构失效，即其失效区域可表示为 $\{(S,R)\mid g(S,R)=R-S\leqslant 0\}$，尝试使用不同方法求该机构的失效概率。

4-10　如果第 9 题中的失效区域改为 $\{(S,R)\mid g(S,R)=(R+4)^3-S\leqslant 0\}$，其他条件保持不变，尝试使用不同方法求该机构的失效概率。

4-11　函数 $Y=g(X)=X_1X_2+2X_3^4$，各输入变量都服从正态分布，具体为：$X_i\sim N(1,0.2^2)(i=1,2,3)$。现求 Y 的前四阶统计矩（均值、方差、偏度和峰度）。

4-12　请写出二维 Hermite 正交多项式的前四阶表达式。

4-13　简述 C-Vine，D-Vine，R-Vine 的区别与联系。

4-14　请画出四维与五维问题的 C-Vine，D-Vine，R-Vine 所有可能的图形。

4-15　简述三种常用的随机场级数展开方法。

4-16　何谓 MPP 点？MPP 点具有什么特性？

4-17　当发生 MPP 点存在多个的情况，局部展开法应该如何处理？

4-18　说明稳健性设计、可靠性设计、可靠性稳健设计的区别与联系。

第5章 多子系统层级设计

5.1 基本概念和理论

现代工业随科学技术的迅猛发展而日新月异，系统的分析和设计日益复杂，然而开发设计周期却在不断缩短，这对现代设计理论和方法提出了更高的要求，复杂系统的分析与设计也因此受到了越来越多的关注。复杂系统，如汽车、航空航天器、风机，通常规模很大，一个系统包含众多子系统，子系统又由众多零部件组成，整个系统呈现出递阶多层的结构形式。而且，子系统在实现其各自独立功能的基础上，与其他子系统通过若干连接变量来传递信息，子系统之间既独立又关联。此外，不确定性普遍存在于实际工程问题中，不确定性信息的传递与交流会影响子系统的决策过程，从而最终影响整个系统的分析和设计。因此，复杂系统的分析和设计模型具有高变量维度、高维相关性、强非线性、信息不确定、复杂耦合等特性。这些特性使得系统的分析和设计越发困难，也使得该领域一直是国内外研究的热点。

5.1.1 基本概念

针对复杂系统设计问题，传统的研究常采用“All In One（AIO）”策略，把整个系统看成一个黑箱（Black Box）来进行处理。在此策略下，整个系统的分析模型被统一地建立起来，开发主要以串行模式进行。AIO 策略实际上是一种直接的简化处理方式，对于变量少、非线性弱的简单系统来说，该策略不失为一个快速有效的方法。然而，复杂系统往往是多变量多子系统问题，优化设计问题的设计域十分庞大，学科之间关系复杂，变量还可能带有不确定性信息。采用 AIO 策略来进行不确定性分析和设计时，存在以下难点：首先，复杂系统的精细化模型的构建成本和计算代价均难以承受，计算任务无法分散，分析工作难以进行；其次，一体化的策略难以很好地与并行设计相结合，分析和设计不具备柔性和灵活性，开发周期较长；而且，以整个系统的形式进行数值优化的求解效率较低，若与不确定性量化方法相结合，效率则更为低下；最后，复杂系统设计问题的设计域复杂，约束众多，在海量且有条件的备选设计方案中容易顾此失彼，极易得到不理想的甚至失效的设计结果。

基于分解的策略是以前馈耦合（层次型）或后馈耦合（非层次型）的形式，如图 5-1 所示，按照产品流程、物理结构、尺度和学科等特征将复杂系统分解为多个子系统，在对单个子系统进行分析和优化的同时，协调各个子系统之间因耦合关系而产生的作用来获得系统的整体分析结果和最优解，从而缩短开发周期，提高产品设计质量。基于分解的策略包含两个过程，先是化整为零，子系统的变量维度、非线性都有一定程度的降低，改善了分析和设计水平，对于不同学科的子系统此时可采用相应的学科知识、分析方法和优化策略来进行处理；再是合零为整，通过集成公式或者协调策略来保证子系统的解集收敛于整个系统的解集。特别地，对于多层次系统，上层的子系统还可以分解成下层的一些子系统，故协调策略是通过上下层之间的信息交换来实现的。

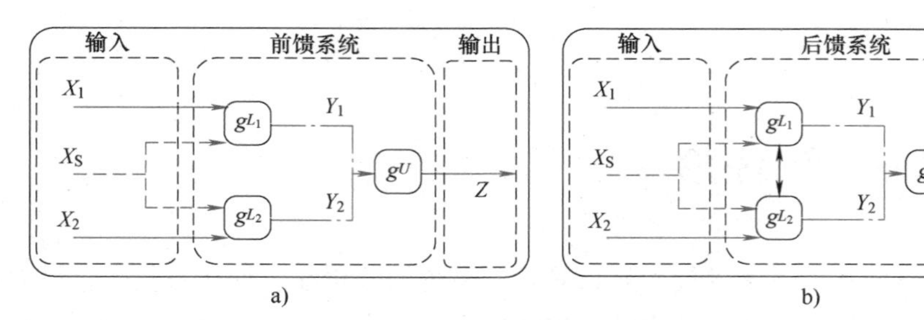

图 5-1 系统的结构形式

a）前馈系统（层次型） b）后馈系统（非层次型）

复杂系统的开发过程中存在多种不确定性：一方面是由制造技术、加工装配或采用复合材料所引起的几何尺寸、材料属性等参数的不确定性，这种不确定性属于随机不确定性，描述了物理系统固有的数据随机性；另一方面是代理模型技术的采用会引入代理模型的不确定性，这种不确定性属于认知不确定性，是由于缺乏足够的认知或数据而导致的不确定性，可以通过补充信息来降低。这些不确定性因素即使在很小的情况下也会导致响应评估产生较大的偏差。近二十年来，单层系统的不确定性分析和设计已得到了广泛的研究。对于多层次系统，多个子系统会具有相同的不确定性输入变量，也被称作共享变量，而导致响应具有相关性，传统的多层次不确定性量化方法往往会忽略这种相关性或采用极为简单的方法来进行处理，这就会给每层次的响应评估带来误差，而这种误差经过多级传播和耦合作用会进一步放大，从而影响整个系统的不确定性分析结果。

此外，复杂多层次系统具有子系统多、变量维度高等问题，在进行考虑不确定性的分析和设计时计算负担会很大。层级敏感性分析（Hierarchical Sensitivity Analysis，HSA）是研究系统输出受输入变化影响的技术，能够有效地识别出重要变量和无关变量。通过对无关变量的去除，敏感性分析可以大幅度降低模型的复杂程度，因此该方法通常被作为模型简化和分析优化的前提。基于方差的全局敏感性（Global Sensitivity Analysis，GSA）分析法通过子方差占总方差的比值来定量评估该子项的敏感性程度，由于这类方法能够检验多参量同时变化以及交叉作用对响应的影响，故得到了广泛的理论及应用研究，尤以 Sobol 敏感性分析为著。

基于分解的方法可以从系统结构的角度降低复杂性。然而，子系统的分析和设计主要依赖计算成本高的计算机仿真模型，如有限元模型；再考虑到不确定性因素的影响，整体优化过程的计算时间呈几何级的激增。为了进一步减轻计算负担，复杂系统设计领域广泛采用代理模型技术来对原子系统模型进行近似替代，从而提高优化寻优效率。代理模型的基本思想是基于数据构造插值模型，如 Kriging 模型、径向基函数；或拟合模型，如多项式回归、支持向量回归、人工神经网络；或混合模型，如基于多项式的 Kriging、混合多项式相关函数展开等，然后在所构造的代理模型基础上进行响应预测。因此，在处理复杂多层次系统时，代理模型技术有很大的优势。但是由于缺乏实验或计算法仿真数据，代理模型技术可能会在未采样点引入仿真模型与代理模型之间的差异，这种差异被定义为代理模型不确定性。特别地，当采用插值模型来进行构造时，代理模型不确定性被称为插值不确定性。Kriging 模型，作为一种特殊形式的高斯回归过程，由于能得到预测响应均值以及对应的方差，成为考虑代理模型不确定时最常用的代理建模方法之一。多层次系统的代理模型不确定性是各子系统代理模型不确定性的集合，较低层代理模型不确定性将会以参数不确定性的形式参与到较高层模型中。由于低层子系统的代理模型不确定性可能会通过逐级传播而被进一步放大，故代理模型不确定性对系统响应预测、安全评价和设计，特别是多层次系统的设计都有很大的影响。

最后，由于不同学科的仿真工具和软件平台的不兼容性、层次子系统之间的联系复杂、计算成本大、变量维数高，综合方法设计复杂系统（如飞机、汽车等）一般难以实现。基于协调策略的分解方法将复杂系统的设计分解为一系列易于解决的子系统设计，从而实现并行设计，节约成本。这些子系统通过连接变量或响应以非分层或分层的方式交换数据，在子系统的求解中必须考虑到这一点，以保证子系统的最优解集是整个系统的最优解。

5.1.2　基本理论

如上所述，复杂系统按照协调策略可以分解为前馈系统和后馈系统。从学科的角度来看，多子系统层级设计与多学科设计方法具有相通性。前馈系统层级设计优化策略主要为目标级联分析（Analytical Target Cascading，ATC）。目前国内外学者对于耦合情况复杂的后馈系统进行层级设计优化时基本上都采用两级优化策略，包括协同优化法（Collaborative Optimization，CO）、两级集成系统综合法（Bi-Level Integrated System Synthesis，BLISS）、并行子空间优化法（Concurrent Subspace Optimization，CSSO）。上述方法细节将在 5.2 节进行阐述。

图 5-2 给出了一个典型的双层前馈系统。该层次系统有 3 个低层次的子系统，分别记为 g^{L_1}、g^{L_2}、g^{L_3}，和一个高层次的子系统，记为 g^U。系统级输入和输出分别为 $\boldsymbol{X}=(X_1,X_2,X_3,X_4,X_5)$ 和 Z，中间变量 $\boldsymbol{Y}=(Y_1,Y_2,Y_3)$ 将系统的输入变量映射到输出上。对于受不确定性影响的输入变量，中间变量和系统输出也是随机的，且输入变量可以分为以下三类：

1）局部变量，记为 $\boldsymbol{X}_L$。每个低层次子系统都有局部变量，如 X_1、X_2 和 X_3。

2）同层次的共享变量，记为 $\boldsymbol{X}_{sL}$，如变量 X_4。

3）跨层次的共享变量，记为 $\boldsymbol{X}_{sU}$。如变量 X_5。

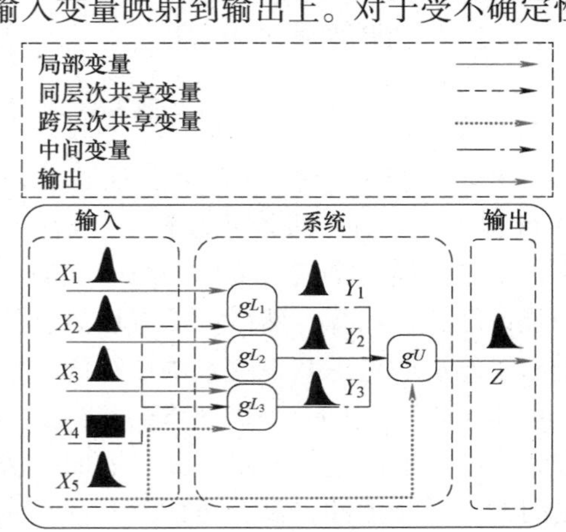

图 5-2　典型的双层前馈系统

系统不确定性分析的定义为：在给定的 $\boldsymbol{X}$ 随机输入下，如何估算系统输出响应 Z 的随机不确定性。由于中间变量 Y_1、Y_2、Y_3 共享输入变量 X_4，且 X_5 同时也是 Y_3 的输入，故高层次子系统的输入 Y_1、Y_2、Y_3 和 X_5 是完全相关的。共享变量引起的相关性可能是多维的、非线性的，当忽略真实的相关性关系时，可能会在不确定性分析结果中带来较大偏差。此外，中间变量的 PDF 未知，传统方法采用的高斯分布假设为变量相关性处理带来了计算便利。然而，当真实的 PDF 偏离假设的 PDF 时，同样也会在估计结果中带来误差，尤其是多层次传递后的系统级结果。5.3 节将介绍一种将 Vine Copula 与稀疏 PCE 相结合的层次结构分析框架，来处理具有高维变量和高维相关性的多层次系统不确定性问题。

基于分解的策略可以把多层次系统分解为跨层次的耦合子系统的集合。图 5-3 所示为图 5-2 中多层次系统的层次分解子系统，每个子系统对应一个输入输出关系。低层次子系统的映射关系被定义为 g^{L_i}：$\boldsymbol{X}_i \rightarrow Y_i$，高层次子系统的映射关系被定义为 g^U：$\boldsymbol{Y} \rightarrow Z$。系统级的输入都是相互独立的。对于子系统 1~3，用敏感性分析方法可以求出独立变量的一阶敏感性指标 $\boldsymbol{S}_X^Y$。但是对于子系统 4，输入变量 Y_1、Y_2、Y_3 和 X_5 是完全相关的，因此需要建立考虑变量相关性的敏感性分析方法来获得指标 $\boldsymbol{S}_Y^Z$。通过对 $\boldsymbol{S}_X^Y$ 和 $\boldsymbol{S}_Y^Z$ 进行合理巧妙的集成，最终能够获得系统级敏感性指标 $\boldsymbol{S}_X^Z$。层级敏感性分析的目标可以简要表述为，在给定输入随机变量的 PDF 和各层次输入输出数据时，如何通过子系统敏感性指标的层次集成方法获得系统级的敏感性指标。

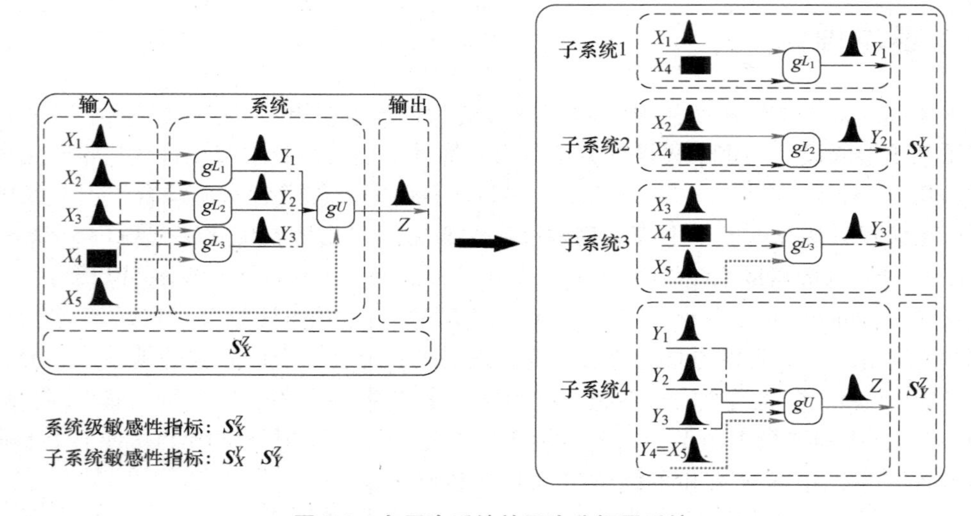

图 5-3 多层次系统的层次分解子系统

HSA 方法是一种集成子系统敏感性指标来获得系统敏感性指标的方法。X Yin 和 W Chen 提出了一种层级统计敏感性分析（Hierarchical Statistical Sensitivity Analysis，HSSA）方法，该方法通过集成公式合并跨尺度的子模型统计敏感性分析结果，从而获得多层系统的全局统计敏感性指标。然而，该方法只能处理具有独立子系统的多层次系统。随后，Y Liu 等提出了改进的考虑共享变量的层级统计敏感性分析（Hierarchical Statistical Sensitivity Analysis with Shared Variables，HSSA-SV）方法，用于处理由共享变量引起的子系统响应相关性。该方法将相关响应进行分组，并将响应的协方差分解为个体共享变量的贡献，但其只考虑变量之间的二元相关性，没有考虑跨尺度相关性及高维相关性。C Xu 等在前人研究的基础上，提出了一种基于映射的 MHSA（Mapping-based HSA，MHSA），以获取任意输入变量对感兴趣的多级系统性能的敏感性指标。MHSA 方法将在 5.4 节进行介绍。

当采用代理模型逼近多层系统的子系统时，将在每一层引入代理模型不确定性。代理模型不确定性从低层子模型逐步传播到高层子模型。图 5-4 所示为一个双层系统中代理模型不确定性的传递，低层子系统 G_L的输出为上层子系统 G_U的输入。由于 Kriging 模型能得到预测响应的均值和相应的方差，故采用 Kriging 模型对两层子系统进行构造。子系统未采样点位置的预测响应与实际值存在偏差。当在 G_L 未采样点 x_0 处给定确定性输入，将得到一个不确定性响应 Y，其均值为 y_0。同样，在 G_L 未采样点 y_0 处给定确定性输入，将得到一个不确定性响应 Z。两个子系统的代理模型不确定性将保留到最终的系统响应 Z_{L+U} 中。需要强调的是，单个子系统的代理模型不确定性所得到子系统响应 Y 和 Z，可以用正态分布来进行量化。但在一般情况下，由于多个代理模型不确定性的耦合作用，系统响应 Z_{L+U}通常不服从正态分布。针对上述问题，5.5 节将介绍一种基于敏感性分析的面向模型的自适应采样策略来降低整个系统代理模型的不确定性。

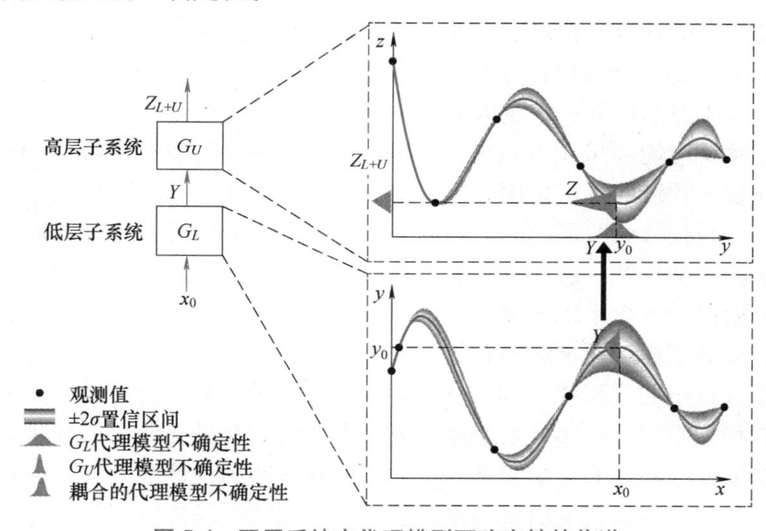

图 5-4　双层系统中代理模型不确定性的传递

基于协调策略的分解方法将复杂系统的设计分解为一系列易于解决的子系统设计，从而实现并行设计，节约成本。这些子系统通过连接变量或响应以非分层或分层的方式交换数据，在子系统的求解中必须考虑到这一点，以保证子系统的最优解集是整个系统的最优解。概率 PATC（Probabilistic Analytical Target Cascading，PATC）是最具代表性的多层次前馈系统不确定性优化方法。然而当多层次不确定性优化设计过程中采用代理模型替代仿真模型时，代理模型不确定性会与参数不确定性相互影响，导致不确定性设计结果偏离真实解。传统设计方法主要以代理模型具有良好的预测能力为假设前提，从而忽略代理模型不确定性，该方法容易获得一个失效的设计解；此外就是评估参数和代理模型不确定性的复合影响，然后往往会找到一个比传统方法更“安全”的解决方案，但是该方法会违背设计本意。

为了获得近似真实解的解，需要结合多学科优化理论、序列采样技术来降低代理模型的不确定性。尽管序列采样方法得到的解会更可靠，但在处理参数和代理模型不确定性下的稳健设计仍然存在一些困难。首先，考虑两种不确定性下的稳健性设计的目标或约束函数不再是个确定性的值，而是随机变量，因此有必要建立一种有效、准确的方法来量化代理模型不确定性对稳健性响应的影响。此外，与5.5节提出的面向模型的序列采样策略不同，该序列抽样方法是面向目标的。现有的面向目标的采样方法主要考虑参数不确定性单独作用下的优化问题，需要将其扩展到代理不确定性和参数不确定性同时作用下的优化设计领域。5.6节将介绍一种基于自适应序列采样技术的PATC方法，以用于多层次系统的分层优化。

5.2 多子系统分解策略

复杂系统的分解与协调，以及复杂工程问题本身的复杂性会造成对系统难以认知和求解，其设计开发过程往往包含多个相互耦合的子系统。系统分解的任务是依据某些规则，将系统分解成一系列独立的子系统。系统分解的主导思想是通过改变多学科设计优化问题的结构，使其在改进性能的同时减少复杂性，以此来减少计算时间。系统分解产生一些较简单的子问题，这些子问题的计算工作量之和远小于其分解前整个系统的计算量，同时子问题之间保持着协调，不会忽略耦合与协同作用，这就极大地缩短了多学科设计优化工作的计算时间，从而使计算成本降至最低，它也因此成为复杂系统设计优化技术的核心内容。

分解后的子系统应能够采用并行的方式进行处理，提高并行计算能力和整体的计算效率，易于各专业技术领域的专家采用已有的学科分析技术和相应的工具进行分析设计。与经典优化不同的是，系统分解所形成的一系列子问题很适合采用已有的分析工具进行分析，并且能够达到要求的详细程度，这就改善了子系统的设计水平，进一步提高了复杂系统设计优化的精确度，进而提升整个系统的设计效果。

分解协调是复杂工程问题求解的有效方法，分解是基础，协调对应于分解。分解是将一个复杂系统分割成较小的子系统（如图5-1所示，这些子系统为层次型或非层次型），并且确定它们之间的相互作用。这些子系统通常通过少量的耦合设计变量相互联系，因此必须执行系统协调以保证所有的耦合变量收敛。子问题通过共同的设计变量和分析上的相互作用联系在一起。子问题的求解必须考虑这些联系，使得各个子问题最优解的集合仍然是整个系统的最优解，这个工作叫作协调。对于非层次系统，所有的子系统在同一层次通过耦合变量互相联系。对于层次系统，上面层次的每个子系统可能分解成下面层次的一组它的子系统，相同层次的子系统可能共享一些共同变量，协调通常不是通过相同层相互交换数据，而是通过与它们上面层次的系统交换数据实现。层次型子系统的多级设计优化策略主要为目标级联分析（ATC）。非层次型子系统的多级设计优化策略，包括协同优化法、两级集成系统综合法、并行子空间优化法。

5.2.1 目标级联分析

ATC法最初由密歇根大学的Papalambros和Michelena于1999年借助协同优化法的思想并结合汽车产品开发流程的理念提出，属于层次型多级优化方法，是解决复杂工程系统设计优化的新方法。在目标分流法中，初始的约束被分解到多个较低层次的子问题中；响应和联系变量被引入以描述垂向的和水平向的不同子问题间的交互作用；在给定层次上的优化目标是通过使得由它较高层次和较低层次计算得到的响应之间的偏差最小化得到的。目标分流法能够在产品开发早期阶段以一种有效和协调的方式得以实施。

对于汽车这样的复杂产品的研发工作，需要在满足用户需求和有关法律法规的前提下，优化地确定大量整车、系统、子系统以及零部件的设计变量。对整车的诸多性能要求，如动力性、经济性、安全性等转化为可以度量的设计目标。原始的设计问题（整车级别）可以被解释为：在满足所有约束的前提下，找到一个设计方案，使得所有设计指标和响应之间的偏差量达到最小。复杂系统确定设计问题一般可表达如下：

$$\begin{aligned} &\text{given} \quad f_0 \\ &\text{find} \quad \boldsymbol{x} \\ &\min \quad \| f(\boldsymbol{x}) - f_0 \| \\ &\text{s.t.} \quad \boldsymbol{g}(\boldsymbol{x}) \leqslant 0 \end{aligned} \tag{5-1}$$

式中，$\boldsymbol{x}$ 为确定性设计变量；$f(\boldsymbol{x})$ 为目标函数；$\boldsymbol{g}(\boldsymbol{x})$ 为约束函数；f_0 为给定的目标值；$\|\cdot\|$表示某种形式的范数。

1. 基本思想

ATC 法的基本思想是，在层次型设计问题的顶层定义期望的设计目标，并将这些目标向下传递；对每层上的每个子系统设计问题，最小化本单元与上层传递的目标之间的偏差。反复更新与比较设计目标和分析响应，使单元之间达到一致性。协调所有的子问题决策，进而满足整个产品设计目标。优化设计模型和分析模型存在于目标分流过程的建模结构中。优化设计模型用于召集分析模型求解车辆、系统、子系统和部件的响应。因此，分析模型占用设计变量和参数以及较低层次的响应，并返回设计问题的响应。响应和联系变量被引入以描述垂向的和水平向的不同子问题间的交互作用，响应被定义为一个分析模型的输出，联系变量被定义为一个存在于两个或更多设计模型间的通用设计变量。

ATC 法在车辆工程领域基于部件进行分解，分解后为树型结构，树型结构中的节点称为单元，其中包括汽车零部件的设计优化模型和分析模型。一个单元只能有一个母单元，但可以有多个子单元。上下级之间的联系变量是设计目标和分析响应。在层次型设计问题的顶层定义期望的设计目标，并将这些目标向下传递；对每层上的每个子系统设计问题，最小化本单元与上层传递的目标之间的偏差。反复地更新与比较设计目标和分析响应使单元之间达到一致性。协调所有的子问题决策，进而满足整个产品设计目标。通用的 ATC 层次 i 子系统 j 设计问题（O_{ij}）的信息流如图 5-5 所示。

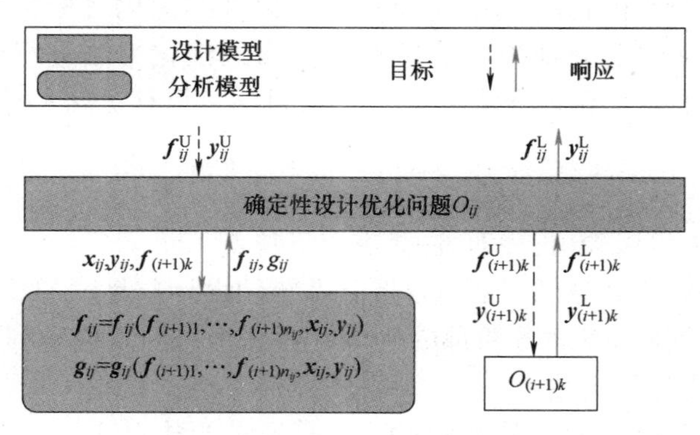

图 5-5　ATC 的信息流

对于一个层次化结构中第 i 层上的第 j 个子问题 O_{ij}，由较高层次 $i-1$ 给定了所在层次 i 上的响应目标值和该层次上联系变量的目标值，通过与该层次上求解得到的响应目标值相比较，使其之间的偏差最小作为优化的目标函数来进行优化求解。

$$
\begin{aligned}
&\text{given}\ \boldsymbol{f}_{ij}^{\mathrm{U}},\boldsymbol{y}_{ij}^{\mathrm{U}},\boldsymbol{f}_{(i+1)k}^{\mathrm{L}},\boldsymbol{y}_{(i+1)k}^{\mathrm{L}}\quad k=1,\cdots,n_{ij}\\
&\text{find}\quad \boldsymbol{x}_{ij},\boldsymbol{f}_{(i+1)k},\boldsymbol{y}_{ij},\boldsymbol{y}_{(i+1)k},\varepsilon_{ij}^{f},\varepsilon_{ij}^{y}\\
&\min\quad \|\boldsymbol{f}_{ij}-\boldsymbol{f}_{ij}^{\mathrm{U}}\|+\|\boldsymbol{y}_{ij}-\boldsymbol{y}_{ij}^{\mathrm{U}}\|+\varepsilon_{ij}^{f}+\varepsilon_{ij}^{y}\\
&\text{s. t.}\quad \sum_{k=1}^{n_{ij}}\|\boldsymbol{f}_{(i+1)k}-\boldsymbol{f}_{(i+1)k}^{\mathrm{L}}\|\leqslant\varepsilon_{ij}^{f},\sum_{k=1}^{n_{ij}}\|\boldsymbol{y}_{(i+1)k}-\boldsymbol{y}_{(i+1)k}^{\mathrm{L}}\|\leqslant\varepsilon_{ij}^{y},\boldsymbol{g}_{ij}\leqslant 0\\
&\text{where}(\boldsymbol{f}_{(i+1)1},\cdots,\boldsymbol{f}_{(i+1)n_{ij}},\boldsymbol{x}_{ij},\boldsymbol{y}_{ij})\\
&\qquad \boldsymbol{g}_{ij}=\boldsymbol{g}_{ij}(\boldsymbol{f}_{(i+1)1},\cdots,\boldsymbol{f}_{(i+1)n_{ij}},\boldsymbol{x}_{ij},\boldsymbol{y}_{ij})
\end{aligned}
\tag{5-2}
$$

式中，$\boldsymbol{f}_{ij}$，$\boldsymbol{g}_{ij}$分别是由具有局部变量 $\boldsymbol{x}_{ij}$、联系变量 $\boldsymbol{y}_{ij}$和低层次子系统响应$\boldsymbol{f}_{(i+1)k}(k=1,\cdots,n_{ij})$ 的分析模型决定的目标和约束。$(\boldsymbol{f}_{ij},\boldsymbol{y}_{ij})$ 的特征变量的目标由上层次子系统分配为$\boldsymbol{f}_{ij}^{\mathrm{U}}$和 $\boldsymbol{y}_{ij}^{\mathrm{U}}$。而低层次子系统的可实现值则通过$\boldsymbol{f}_{(i+1)k}^{\mathrm{L}}$和 $\boldsymbol{y}_{(i+1)k}^{\mathrm{L}}$进行反馈以建立一致性约束。优化问题 O_{ij}的目的是寻找 $\boldsymbol{x}_{ij}$的最优值，并为低层次子系统分配目标$\boldsymbol{f}_{(i+1)k}^{\mathrm{U}}$和 $\boldsymbol{y}_{(i+1)k}^{\mathrm{U}}$。子系统优化问题表达式如式（5-2）所示。式中，上标 U 和 L 分别代表高层次和低层次；$\boldsymbol{f}_{ij}(\cdot)$，$\boldsymbol{g}_{ij}(\cdot)$ 分别是求解目标和约束的模型；n_{ij}表示低层次子系统的数目；ε_{ij}是一致性约束的误差阈值。

ATC 法应用于汽车设计的结构框架可看作一个四步过程：

1）定义顶层的优化目标。

2）通过恰当的方式将顶层的优化目标分解到子系统上形成各个子系统的优化目标，并对此进行协调性判断。

3）如果该分解结果是协调的，可以进行下阶段的优化设计工作，否则重复这一分解过程直至实现协调的分解工作。针对所得到的分解结果，对系统、子系统和部件分别进行优化设计以实现其各自相应的优化设计目标。

4）校验设计出的产品满足整体产品设计目标，形成最终设计。顶层的设计目标被分流为各个子系统设计目标，对各个子问题分别进行求解。如果分流到子系统上的优化目标不能达到要求或者是不协调的，那么就需要重新进行目标分流过程。反之，如果目标分流结果是协调的，分解得到的子系统能够达到各自的优化目标，那么针对每个子系统的优化模型，根据实际情况分别为之选用最为恰当的优化方法进行优化设计，并形成最终设计。这样就形成了一个目标分流方法“定义目标—目标分流—分别设计—协调统一”的四步过程。

2. 特点

由目标分流法理论可以看出，ATC 法具有以下特点。

1）ATC 法符合系统工程思想，能有效提高系统的设计质量。ATC 法要求把工程问题看作一个系统，强调从整体出发对各局部的协调，有利于充分发现和利用各子系统的协同效应，设计出综合性能更好的产品。

2）ATC 法的模块化结构使产品开发过程具有很强的独立性。由于其具有相对独立性，各学科分析问题变更不易引起其他部分设计问题的关联变化。每个学科的设计人员可选用各自最适宜的分析方法（软件）、优化方法和专家知识，有利于设计任务高效进行。

3）通常协同优化法（CO 法）仅适用于两级（系统级及子系统级）设计问题，ATC 法则可应用在三层及三层以上的层次优化模型中，其使用范围更为广泛。CO 法的优化流程为两级嵌套式优化，系统级每迭代一步，子系统级完成一次优化，而 ATC 的优化方法为多级交替优化，通过交替求解上级单元和下级单元来协调，较之 CO 法更为简便，收敛效率更高。

4）有研究表明，ATC 法具有全局收敛性，满足最优性必要条件，能够收敛到最原始设计优化问题的最优解。

5）ATC 法促成了产品开发及生产的并行工程：一旦系统、子系统、部件满足了设计目标，较低层次的元素（零件）就可以在细节上被独立设计，允许零部件供应商独立进行设计、制造工作，然后再由主机厂来进行模块化集成。

5.2.2　协同优化法

CO 法是 Braun 和 Kroo 等在一致性约束优化法基础上提出的一种两级优化策略。在 CO 法中，各子系统之间不仅要进行分析，而且要进行设计优化。Braun 在其博士论文中提出了两种形式的 CO 方法，被广为研究和使用的是 CO2。

1. 基本思想

CO 法的基本思想是构造一个系统层，以协调各子任务求解结果的不一致性。各子任务（学科）在进行优化时，可以暂时不考虑其他学科的影响，而只需满足本学科的约束。学科级优化的目标是使该学科优化结果与系统级优化提供给该学科的目标值的差异达到最小；而各个学科级优化结果的不一致性由系统级优化来协调，通过系统级优化和学科级优化之间的多次迭代，最终收敛到一个符合学科间一致性要求的系统最优设计方案。

CO 的顶层为系统级优化器，对多学科变量进行优化（系统级的设计变量 Z）以满足学科间约束的一致性 J^*，同时最小化系统目标 F。每一个子系统优化器在子空间设计变量 X_i 子集与子空间分析的计算结果 Y_j 间以最小均方差作为子系统优化目标进行优化。在满足子空间约束 g_j 的同时，求系统级设计变量 Z。在子空间优化过程中，系统级设计变量作为固定值来处理。实际应用中，子系统间一致性约束 J_j 通常采用不等式处理，J_j 定义如下：

$$J_j = |X_j - Z_j^s|^2 + |Y_j - Z_j^c|^2 \tag{5-3}$$

式中，Z_j^s 为系统设计变量；Z_j^c 为系统耦合变量。

协同优化的求解流程如图 5-6 所示。协同优化过程中最重要的环节是相容性约束。系统层的优化器在满足系统层优化目标函数的前提下，为学科层各学科设计问题提供一组目标值。子系统层的优化器在满足本学科约束条件的前提下，寻求设计方案以满足本学科的状态值与目标之间的差异最小化。

CO 法的优点是消除了复杂的系统分析，各个子系统能并行地进行分析和优化。然而，虽然 CO 法消除了复杂的系统分析，但子系统优化目标不直接涉及整个系统的目标值。另外，许多算例表明，CO 法会使子系统分析的次数大大增加，因此总的计算量很有可能并不减少。另外，这种方法只有当系统级所有的等式约束都满足时才能找到一个可

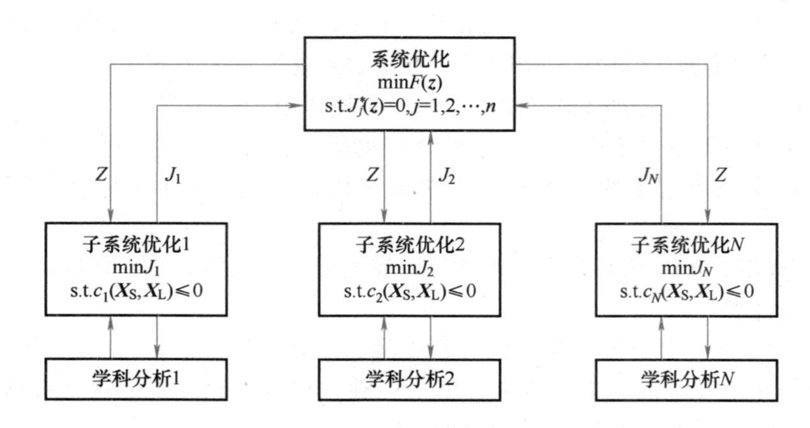

图 5-6　CO 求解流程

行的优化解，而不像并行子空间优化算法每次迭代都能在可行域内找到一个更好的设计结果。

CO 法的优化流程如下：

1）系统级向各学科级分配系统级变量的目标值 z。

2）进行学科优化。

3）将学科级优化后的最优值 $\boldsymbol{J}$ 传回系统级。

4）进行系统级优化。

5）检查收敛性。如果收敛，则终止，否则转入步骤 1。

通过系统级优化和学科级优化之间的多次迭代，最终得到一个学科间一致性的系统最优设计方案。由于协同优化具有独特的计算结构，一般情况下，要经过多次系统级优化才可能达到学科间的一致或相容。

由于设计人员可以使用子系统级求解器或优化器，这样就对子系统的设计有了更大的决策权，并且在优化问题的规模扩大时，CO 并行优化方法比较适合解决大规模复杂工程系统的多学科设计优化问题。

2. 特点

根据上述对 CO 法基本知识的介绍，可将其主要优点归纳如下：

1）其算法结构与现有工程设计分工的组织形式一致，各学科级优化问题代表了实际设计问题中的某一学科领域，如动力学、结构、经济性等，模块化设计使得各学科级保持了各自的分析设计自由，即在进行本学科的分析优化过程中可以不考虑其他学科的影响，这是协同优化最显著的特点。

2）在每次系统层优化问题的优化迭代过程中，子系统层的一系列学科优化问题得以求解，由于每个学科子问题的优化工作是相对独立于其他学科子问题的，各学科子问题的并行优化设计成为可能，这样能够显著降低整个系统优化设计工作的计算时间。

3）协同优化法的框架体系能实现各学科子问题的自治性，使之根据实际情况选取适合的建模和计算工具，以及适当的优化算法。这一特性也有助于各学科计算工具的软件集成，使来自不同软件平台的软件集成成为可能。各学科已有的分析设计软件能够很容易地移植到相应学科的分析设计过程中，不需要做进一步的变动，有利于分析设计的继承性。

4）当各学科之间的耦合较弱，也就是说当各学科之间共享的耦合变量较少时，相对于单级策略优化等方法，CO 法具有更高的计算效率。

相应地，CO 法的主要缺点如下：

1）研究表明，在使用 CO 法得到的最优点处，系统层一致性约束的雅可比矩阵是奇异矩阵。在最优点处，由于一致性约束以及它们的梯度均为 0，与一致性约束相关的拉格朗日乘子也就为 0，正是因为这一问题的存在，如果系统层优化问题中采用基于梯度信息的优化算法，将导致整个优化问题收敛困难。针对这一问题，可用约束松弛法等方式进行处理。

2）当系统耦合变量数目较多时，CO 框架下的系统层及子系统层优化问题将变得非常复杂，这将使得计算量迅速增加，并导致收敛困难。

5.2.3　两级集成系统综合法

CO 法不适用于变量耦合严重的多学科问题，CSSO 法不适用于多变量问题，这使得人们想找到一种更能有效解决多学科优化问题的方法。两级集成系统综合法（Bi-Level Integrated System Synthesis，BLISS）是 Sohieszczanski-Sobieski、Agte 和 Sandusky 在 1998 年提出的一种基于分解技术的工程系统多学科设计优化方法，由于其具有可以处理多变量并较易人为干预优化过程等优点，被认为是一种具有较强发展潜力的 MDO 方法。

BLISS 法采用 GSE 进行灵敏度分析，子系统内的优化自治使各模块在局部约束下最小化系统目标，而协调问题则只涉及相对少量的各模块公有的设计变量。协调问题的解由系统目标对全局设计变量的导数来控制。这些导数可以用两种不同的方法计算，由此产生两种版本的 BLISS。

BLISS 法将多学科问题的设计变量分成两层，系统级设计变量（System Variable）和学科级设计变量（Modular Variable），相应地存在系统级优化过程和学科级优化过程。其中，系统级优化过程优化少量的全局设计变量，并行的学科优化则优化本学科的局部设计变量。

在 BLISS 优化过程中，用最优灵敏度分析数据将学科优化结果和系统优化联系起来。类似于 CSSO 法，在优化过程开始时，需要进行一次完全的系统分析来保证多学科可行性，并且用梯度导向提高系统设计，在学科设计空间和系统设计空间之间进行交替优化。

1. 基本思想

BLISS 法的基本策略是将系统层优化从潜在的众多子系统优化中分离出来，使系统层设计变量显著减少。BLISS 运行伊始，要先对系统设计变量赋初始值，然后通过循环来改进设计变量以达到最优。每次循环都由两步组成：第一步，冻结系统层变量，对子系统层内的局部设计变量进行独立的、并行的、自主的优化；第二步，在第一步的基础上，优化系统层变量以达到更进一步的优化。

基本的 BLISS 法采用全局灵敏度方程进行灵敏度分析，子系统内的优化自治使各模块在局部约束下最小化系统目标，而协调问题则只涉及相对少量的各模块公有的设计变量。协调问题的解由系统目标关于子系统状态变量与子系统设计变量的导数来控制。这些导数可以用两种不同的方法计算，由此产生两种版本的 BLISS：BLISS/A 和 BLISS/B。

对于一个有 n 个子系统的问题：

$$\begin{aligned}&\min_{\boldsymbol{Z},\boldsymbol{Y},\boldsymbol{X}} F=f_0(\boldsymbol{Z},Y_0,\boldsymbol{Y})\\&\text{s. t. } E_0(\boldsymbol{Z},Y_0,\boldsymbol{Y})=0\\&\qquad E_i(\boldsymbol{Z},X_i,Y_{ji},Y_i)=0,(i,j=1,\cdots,n;j\neq i)\\&\qquad G_0\leqslant 0,G_i\leqslant 0\end{aligned}\tag{5-4}$$

基于 BLISS 法，可表述为以下形式。

系统级：

$$\begin{aligned}&\min_{Z} F_0=y_{1,j}=(y_{1,j})_0+D(y_{1,j},\boldsymbol{Z})_0^{\mathrm{T}}\Delta\boldsymbol{Z}\\&\text{s. t. } E_0(\boldsymbol{Z},Y_0,\boldsymbol{Y})=0\\&\qquad G_0\leqslant 0,G_{yz}\leqslant 0\\&\boldsymbol{Z}_L\leqslant\boldsymbol{Z}+\Delta\boldsymbol{Z}\leqslant\boldsymbol{Z}_U,\Delta\boldsymbol{Z}_L\leqslant\Delta\boldsymbol{Z}\leqslant\Delta\boldsymbol{Z}_U\end{aligned}\tag{5-5}$$

子系统级：对于第 i 个子问题，给定 $\boldsymbol{Z}$，Y_{ji}，$(i,j=1,\cdots,n;j\neq i)$，优化问题定义为

$$\begin{aligned}&\min_{X_i} F_i=D(y_{1,j},X_i)^T\Delta X_i\\&\text{s. t. } E_i(\boldsymbol{Z},X_i,Y_{ji},Y_i)=0\\&\qquad G_i\leqslant 0,\Delta X_{iL}\leqslant\Delta X_i\leqslant\Delta X_{iU}\end{aligned}\tag{5-6}$$

式中，子系统优化目标中的 $D(y_{1,j},X_i)$ 满足 GSE 方程。在 BLISS/A 过程中，系统优化目标中的 $D(y_{1,j},X_i)$ 满足 GSE/OS 方程：

$$\begin{pmatrix}\boldsymbol{M}_{yy} & \boldsymbol{M}_{yx}\\ \boldsymbol{M}_{xy} & \boldsymbol{M}_{xx}\end{pmatrix}\begin{pmatrix}\dfrac{\mathrm{d}\boldsymbol{Y}}{\mathrm{d}z_k}\\ \dfrac{\mathrm{d}\boldsymbol{X}}{\mathrm{d}z_k}\end{pmatrix}=\begin{pmatrix}\dfrac{\partial\boldsymbol{Y}}{\partial z_k}\\ \dfrac{\partial\boldsymbol{X}}{\partial z_k}\end{pmatrix}\tag{5-7}$$

BLISS/B 过程利用拉格朗日条件对 $D(y_{1,j},X_i)$ 进行了简化：

$$D(y_{1,i},\boldsymbol{Z})_0^{\mathrm{T}}=\sum_{r=1}^{n}\left(\boldsymbol{L}^{\mathrm{T}}\frac{\partial G_i}{\partial\boldsymbol{Z}}\right)_r+\sum_{r=1}^{n}\left[\left(\boldsymbol{L}^{\mathrm{T}}\frac{\partial G_i}{\partial\boldsymbol{Y}}\right)_r\cdot\frac{\mathrm{d}\boldsymbol{Y}}{\mathrm{d}\boldsymbol{Z}}\right]+D(y_{1,i},\boldsymbol{Z})^{\mathrm{T}}\tag{5-8}$$

式中，$\dfrac{\partial G_i}{\partial\boldsymbol{Z}}$和$\dfrac{\partial G_i}{\partial\boldsymbol{Y}}$由 CA 获得，由 GSE 获得，拉格朗日乘子由子系统最优化条件获得，为矩阵中对应的列向量。

BLISS/B 的计算流程如图 5-7 所示，BLISS/A 的流程与 BLISS/B 类似。

BLISS 法求解流程可用下列步骤表述：

Begin “SO”

1）初始化 $\boldsymbol{X}$ 与 $\boldsymbol{Z}$。

2）执行系统分析获得 $\boldsymbol{Y}$ 和 $\boldsymbol{G}$，系统分析中包括各子系统的分析。

3）检测收敛准则，若满足收敛条件，则终止程序获得系统目标；否则重载结果、修改问题表述，继续执行。

4）执行 SSSA，获得$\dfrac{\partial\boldsymbol{Y}}{\partial\boldsymbol{Z}}$、$\dfrac{\partial Y_i}{\partial Y_j}$、$\dfrac{\partial\boldsymbol{G}}{\partial\boldsymbol{Z}}$、$\dfrac{\partial\boldsymbol{G}}{\partial\boldsymbol{Y}}$与执行系统灵敏度分析，获得$\dfrac{\partial\boldsymbol{Y}}{\partial\boldsymbol{X}}$（在 BLISS/A 中为

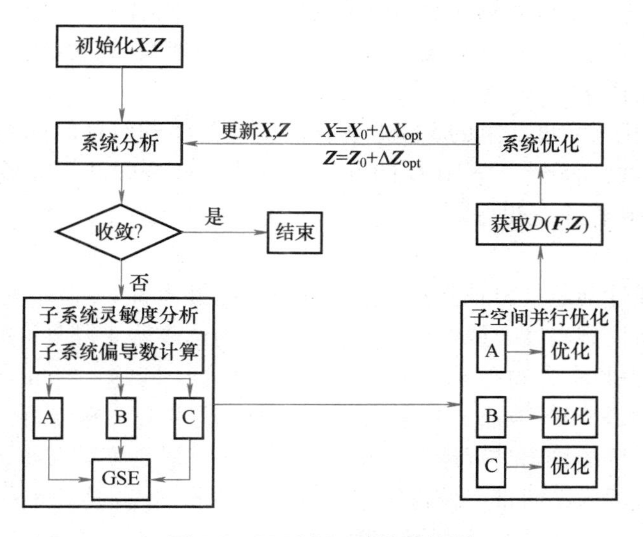

图 5-7 BLISS/B 的计算流程

$\left.\frac{\partial \boldsymbol{Y}}{\partial \boldsymbol{Z}}\right)$。

Begin “SSO”

5）表述各子系统的目标函数 F_i，执行子系统局部最优化，获得 F_{iopt} 和 $\Delta \boldsymbol{X}_{opt}$；获得 $\boldsymbol{G}$ 的拉格朗日乘子 $\boldsymbol{L}$（在 BLISS/A 中跳过 $\boldsymbol{L}$）。

End

6）计算得到 $D(\boldsymbol{F},\boldsymbol{Z})$ $\left(\text{在 BLISS/A 中执行子系统最优灵敏度分析，获得}\frac{\mathrm{d}\boldsymbol{X}}{\mathrm{d}\boldsymbol{Z}}\text{和}\frac{\mathrm{d}\boldsymbol{X}}{\mathrm{d}\boldsymbol{Y}}\text{，构造并求解 GSE/OS 以产生}\frac{\mathrm{d}\boldsymbol{Y}}{\mathrm{d}\boldsymbol{Z}}\right)$。

7）执行 SOPT 获得 $\Delta \boldsymbol{Z}_{opt}$。

8）更新各变量 $\boldsymbol{X}=\boldsymbol{X}_0+\Delta \boldsymbol{X}_{opt}$，$\boldsymbol{Z}=\boldsymbol{Z}_0+\Delta \boldsymbol{Z}_{opt}$，转到步骤 2。

End

2. 特点

根据上述对 BLISS 法基本知识的介绍，可将其主要优点归纳如下：

1）BLISS 是一个两级优化框架，系统层的优化过程通过引导子系统层的优化问题求解来实现整个系统设计方案的改善。通过将原始的复杂设计优化问题分解为多个子系统层的优化问题，系统层优化器所需要处理问题的维度得以大幅度减少，进而改善了优化求解的效率和效果。

2）由于子系统层的优化设计工作是在执行了多学科分析之后进行的，各学科问题之间具有相容性，因此能够保证学科优化问题的并行开展，也就能够减少优化求解的计算时间。

3）另外，BLISS 法特别适合解决具有较少系统级设计变量而具有大量局部设计变量的线性设计优化的工程问题。

相应地，其劣势主要体现在：

1）在 BLISS 法中，学科目标函数是由系统层目标函数得到的，因此单个学科并不具有选取自身目标函数的自治性。BLISS 的系统层优化问题可能具有很强的不连续性，如果采用基于梯度信息类型的优化算法，将会导致收敛困难。

2）由于基于最优灵敏度信息的 BLISS 优化的实质是将非线性问题线性化，其有效性取决于 MDO 问题的非线性程度。若 MDO 问题为高度非线性或非凸，收敛性对于初始点非常敏感，BLISS 法的鲁棒性不是很好。

3. BLISS/RS

对于一般的非线性问题，BLISS 法尚能收敛于系统最优解。BLISS 法的收敛性对初始点非常敏感，如果分析模型高度非线性或非凸，初始点的选取就变得至关重要。对于高度非线性的多学科问题，BLISS 法的鲁棒性不好。为解决这个问题，Sobieszc-zanski-Sobieski 和 Kodiyanlam 提出了 BLISS/RS 方法。其做法是在 BLISS 法中引入响应面，对系统级优化问题采用响应面对各子系统的输出进行近似，从而避免了最优灵敏度的求解，响应面模型成为系统层优化和子系统层的联系纽带，使得原问题变得“平滑”。响应面的引入改善了系统层优化的收敛特性，也减小了优化陷入局部最优的可能性，提高了 BLISS 法的鲁棒性。BLISS/RS 方法与原始 BLISS 方法基本一致，只是 BLISS/RS 方法运用响应面来近似系统目标函数和系统约束关于系统级设计变量的关系，如图 5-8 所示。

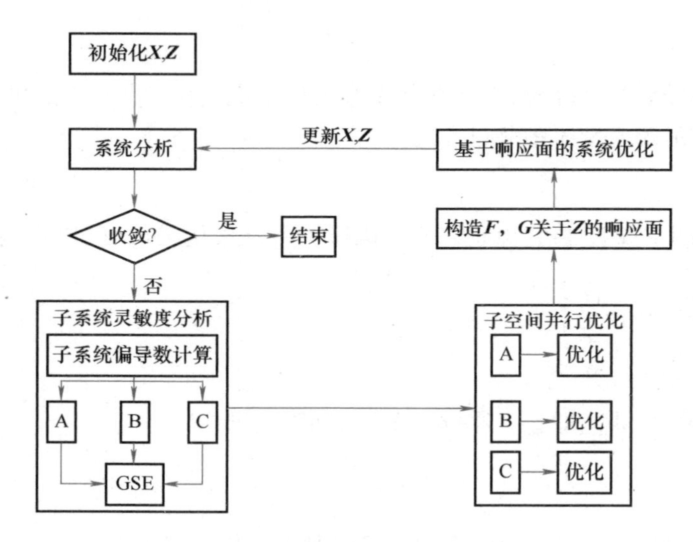

图 5-8　BLISS/RS 的计算流程

对前面所述的两种 BLISS 过程 BLISS/A 和 BLISS/B 进行修改，可得到采用 RS 的 BLISS 过程：BLISS/RS1 和 BLISS/RS2。这两种算法的主要区别是：BLISS/RS1 中 RS 由系统分析所得数据构造和更新，而 BLISS/RS2 中 RS 则用子系统最优化所得数据对变量 Y 进行线性插值来构造。BLISS/RS 较原始的 BLISS 方法简便，且 BLISS/RS2 方法进一步近似子系统级输出，减少了系统级分析次数和整个 BLISS 计算的时间。

在 BLISS 中引入响应面来求解系统级优化问题，可减少总的计算量。在系统级优化问题中运用响应面，可不必对系统优化问题进行表述，也无须求解最优灵敏度导数，并消除了对有效约束的拉格朗日乘子的依赖。而且，用 RS 产生的平滑操作可改进数值优化方法的收敛特性，从而减小陷入局部最优的可能性。响应面技术对 BLISS/RS 过程相当重要，其质量直接影响整个优化过程的质量。

4. BLISS 2000

BLISS 2000 方法是 Sohieszczanski-Sobieski 和 Altus 在 BLISS 方法基础上提出的一种新的 MDO 方法。BLISS 2000 方法用响应面模型代替了灵敏度分析，并对 BLISS 方法的系统级优化和子系统优化都进行了修改。子系统优化的目标函数为本子系统各个输出耦合状态变量的加权和，权重系数代表本子系统各个输出耦合状态变量对系统目标函数的影响程度，这种表示形式省去了灵敏度分析。设计变量只包括本子系统的局部设计变量。系统级优化在 BLISS 法的基础上增加了耦合状态变量的一致性约束，并把系统级优化设计变量从 BLISS 法中的只包含共享设计变量扩充为包含共享设计变量、耦合状态变量和权重系数三种变量。学科层优化目标函数形式的变化和权重系数的不同确定方式，是 BLISS 2000 方法区别于 BLISS 方法的关键所在。系统层和学科层子问题间的信息交换是通过学科优化方案的代理模型来进行的。标准的 BLISS 方法需要多学科分析，而在 BLISS 2000 方法中，由于引入了系统级一致性约束，每次迭代时不需要多学科分析。

采用响应面近似技术的 BLISS 2000 方法则是原 BLISS 方法的“升级版”，而同样结合响应面代理模型的改进型 BLISS 方法只能说是基本型 BLISS 方法的“改进版”，这是因为改进型 BLISS 方法仅对系统层优化问题采用响应面对各子系统的输出进行近似，而 BLISS 2000 方法彻底地用响应面模型代替了灵敏度分析，并对 BLISS 方法的系统级优化和子系统优化都进行了修改。

BLISS 2000 方法在继承原 BLISS 方法的优点的基础上，同时克服了原 BLISS 方法的一些缺陷，它通过响应面模型建立起系统层和学科层的联系，从而避免了原 BLISS 方法需要求全局灵敏度信息、最优灵敏度信息等繁琐的计算，使 BLISS 方法的计算性能提升不少，实施也更加方便。不过在使用响应面模型近似学科输出时，要注意代理模型的选择，选用所需试验设计样本点少且精度高的代理模型是 BLISS 2000 方法成功收敛的关键。BLISS 2000 优化过程主要包括三个部分：子系统优化、子系统响应面构造和系统级优化。

（1）子系统优化　对于第 i 个子系统，给定 Z，Y_{ji}，$(i,j=1,\cdots,n;j\neq i)$，优化问题定义为

$$\begin{aligned}&\min_{X_i} F_i = W_i Y_i\\&\text{s. t. } E_i(\boldsymbol{Z},X_i,Y_{ji},Y_i)=0\\&\quad G_i\leqslant 0,\Delta X_{iL}\leqslant \Delta X_i\leqslant \Delta X_{iU}\end{aligned} \tag{5-9}$$

式中，$\boldsymbol{W}$ 为权值系数向量，作为系数级变量用以连接子系统优化和系统级优化。

子系统优化获得 Y_{iopt}，并将其传递给系统优化，而不必将最优的 F_i 传给系统优化。子系统优化在空间 $\{\boldsymbol{Z} \mid Y_{ji} \mid W_i\} \equiv Q_i$ 中某些分散点上进行，可以利用试验设计技术构造点的分布模式，以加快优化收敛。从系统角度看，各子系统可自主确定其优化求解方法。

（2）子系统响应面构造　为了降低总的计算量，对子系统的优化结果构造响应面近似，以便用于系统级优化中。将各响应面构成响应面族（SRS），SRS 即子系统最优化的代理模型，如下：

$$\begin{aligned}&\hat{Y}_{\rm opt}=\hat{Y}_{\rm opt}({\rm SRS}(Q))\\&\hat{U}_{\rm opt}=\hat{U}_{\rm opt}({\rm SRS}(Q)),U_{\rm opt}\equiv\{X_{\rm opt}\mid Y_{\rm opt}\}\\&Q_{\rm L}\leqslant Q\leqslant Q_{\rm U}\end{aligned}\tag{5-10}$$

式中，上标“ ˆ ”表示近似值；$\hat{Y}_{\rm opt}$表示由上一迭代步得到的 SRS 所获得的近似值。Q 的边界值根据各边界约束、内部迭代所需的移动限制进行最佳估算获得。SRS 可称为域近似，因为它在上述边界内包含了整个 Q 空间。在子系统最优化后，通过上式构造各子系统的响应面，然后可进行系统级优化。

（3）系统级优化 利用各子系统的响应面近似，可方便地进行系统级优化。给定 $\hat{Y}_{\rm opt}$，优化问题定义为

$$\begin{aligned}&\min_{Q}F_0=y_{1,j}\approx(\hat{y}_{1,j})_{\rm opt}\\&{\rm s.t.}\ E_0(\boldsymbol{Z},Y_0,Y)=0\\&\qquad Y-\hat{Y}_{\rm opt}=0\\&G_0\leqslant 0,\quad Q_{\rm L}\leqslant Q\leqslant Q_{\rm U}\end{aligned}\tag{5-11}$$

在非线性系统中，从 SRS 获得的数据误差为 $\varepsilon=Y_{\rm opt}-\hat{Y}_{\rm opt}$，对 ε 的控制需要通过子系统优化和系统优化迭代来实现。在系统优化中，还需要考虑 Q 的移动限制 $Q_{\rm L}$ 和 $Q_{\rm U}$。这些移动限制在每次迭代中都需要调整，有时其可能与 SRS 的边界条件冲突，如此则需要在子系统优化中增加新的点以重新拟合 SRS。

BLISS 2000 方法求解流程可用下列步骤表述：

Begin “SO”

1）初始化 Z，W，以及边界 U、L。

2）执行初始的系统分析以获得 Y 的初始值，以及构造响应面边界。

3）构造或更新各子系统的代理模型，可并行进行。

① 采用数据压缩技术减少各子系统 Q 空间的维数。

② 在 Q 空间中用 DOE 技术处理确定响应面近似所需的最少的点。

③ 进行各子系统的最优化，可并行实现。

④ 根据②和③的结果拟合一组响应面。

⑤ 用随机取样检验 SRS 质量，若有必要，可增加新的点或抛弃旧的点，改进 SRS 的质量。

⑥ 各系统优化后，通过转换、扩展或收缩 Q 空间，避免偏离 SRS 边界，并保持近似质量。

4）利用 SRS 数据在空间 Q 中进行系统优化。

5）检查终止准则，End 或继续。

6）利用步骤 4 中更新的 Q，转到步骤 3。

End

5.2.4 并行子空间优化法

并行子空间优化（Concurrent Subspace Optimization，CSSO）法是一种非分层的两级 MDO 方法，由 Sobieszczanski-Sobieski J 首先提出。CSSO 法自提出后被不断改进和补充。其中，Renaud 和 Gabriele 在原 CSSO 法的基础上提出了改进的基于灵敏度分析的 CSSO 法；

Sella 等又提出了基于响应面的 CSSO 法，大大减少了计算量，并应用于飞行器的概念设计优化中，取得了很好的设计结果；Huang 和 Bloebaum 等提出了多目标 CSSO 法。

CSSO 法包含一个系统级优化器和多个子空间优化器（Subsystem Optimizer，SSO）。CSSO 法将系统设计变量分配到各子空间，不同学科领域内的专家采用适合自身的优化算法对各个子空间并行优化设计，各科的优化变量互不重叠，学科分析所需的已分配给其他学科的系统全局变量可以通过耦合函数形式来传递。每个子空间（子系统）的优化需满足当前子系统的约束，也可以包含其他子系统的约束。

1. 基本思想

CSSO 法的基本思想是，通过对设计变量进行分解，并采取代理模型技术，以便在设计优化过程中的每一步都能够保证多学科的可行性。CSSO 法的基础是基于灵敏度信息的线性规划方法，所采用的策略是，在一个可行解基础上用线性规划方法在很小的邻域（小到可以用线性化近似）内找到一个更优的可行解，不断重复这个过程，最终找到一个较优的解。CSSO 优化过程相当于把整体优化过程中的一步拆分成几个连续的小步骤来进行。系统和子空间的优化目标相同，但设计变量和约束不同。

与 CO 法不同，在进行系统层和子系统层优化问题的优化目标函数选取时，没有特定的显著区别。系统层的优化问题也可看作另一个学科问题，并且每个学科问题均有自己的优化器。在子空间的优化过程中，通过使用全局灵敏度方程（Global Sensitivity Equation，GSE）对目标函数和约束函数进行协同评估，建立子空间目标函数与系统目标函数之间的关联。子空间的约束包括学科约束和学科一致性约束。CSSO 法使得每个循环中的多学科分析变得可行，将所有设计变量在系统水平同步进行处理，优化过程在子空间优化和系统级优化间交替进行。

在 CSSO 法中，每个子空间独立优化一组互不相交的设计变量。在每个子空间（子系统）的优化过程中，凡涉及该子空间目标函数的计算，用该学科的分析方法进行分析，而其他目标函数和约束则采用基于 GSE 的近似计算。每个子空间只优化整个系统设计变量的一部分，各个子空间的设计变量互不重叠。各个子空间的设计优化结果联合组成 CSSO 法的一个新设计方案，这个方案被作为迭代过程的下一个初始值。

CSSO 法的优化过程由以下 7 个步骤组成：

1）系统分析。首先给出一组基准设计点，对应于每个设计点，进行一次系统分析。这里的系统分析类似于多学科分析的迭代过程，其目的是在所给的设计点上，通过迭代达到学科之间的一致或相容。系统分析包含多个贡献分析（Contributing Analysis，CA），贡献分析也就是多学科分析中的学科分析。系统分析的结果用于建立系统分析的代理模型。系统分析的输入参数为系统的设计变量，输出参数由各个学科的输出参数组成。

2）建立系统分析的代理模型。当采用响应面方法时，代理模型的精度与响应面样本大小（即基准点个数）、响应面模型的阶数等因素相关；当采用灵敏度分析方法时，代理模型的精度与灵敏度分析的步长、精度等因素相关。

3）进行子空间优化。一个子空间对应于一个学科，在子空间中进行优化时，其设计变量是系统设计变量中与本学科相关的部分，约束为本学科的约束，分析模型为步骤 2 中产生的模型。由于子空间之间没有联系，所以子空间优化可以并行执行，这就是 CSSO 命名的原因。每个子空间优化结束后都会得到一个最优点，对于 N 个学科来说，就会有 N

个最优点。

4）再次进行系统分析。此系统分析的设计点为步骤 3 中产生的 N 个最优点，目的是对这 N 个点进行精确分析。

5）更新响应面模型或全局灵敏度方程。以步骤 4 产生的 N 个最优系统分析结果为样本，采用一定的算法对响应面模型或全局灵敏度方程进行更新。

6）进行系统级优化。系统级优化分析模型为更新后的响应面模型或全局灵敏度矩阵，约束为所有的学科约束。

7）检查收敛性。如果收敛，则终止，否则转入步骤 1，该情况下，选取的设计点为系统级优化后的设计点。

根据构建模型的不同，CSSO 法主要有以下几种：基于灵敏度分析的 CSSO 法和基于响应面的 CSSO 法。由 CSSO 的执行过程可以看出，采用响应面近似或灵敏度分析技术使得 CSSO 在执行优化时无须进行过多的学科分析或者系统分析。子空间并行优化的策略也为快速搜索到最优解提供了保障，但由于响应面或者 GSE 构造的计算量随设计变量和耦合变量的增加而急剧增长，对变量规模较大的问题，性能急剧下降。

基于响应面的 CSSO 结构如图 5-9 所示。

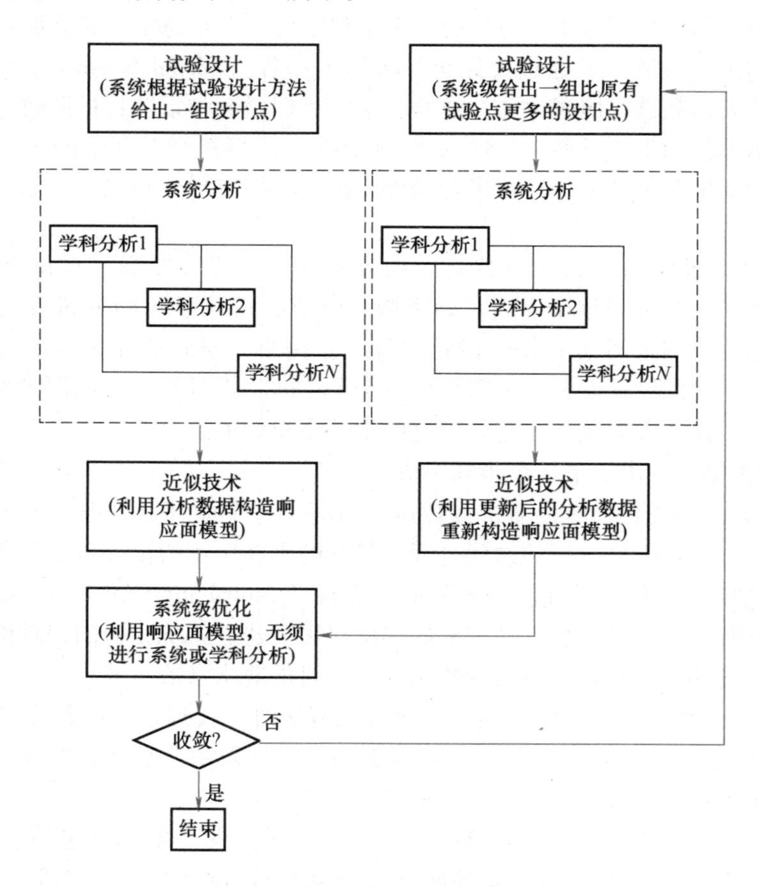

图 5-9　基于响应面的 CSSO 结构

2. 特点

在 CSSO 法中，每个子空间独立优化一组互不重复的设计变量，在该子系统优化过程中，凡涉及其中间状态变量的计算，用该子系统分析方法进行处理，而涉及来源于其他子系统的耦合因素时，则采用一些近似方法进行处理。通过近似分析，考虑各个子空间相互影响和耦合特性的前提下，每个子空间能同时进行设计优化，实现并行设计的思想。

根据上述对 CSSO 法基本知识的介绍，可将其主要优点归纳如下：

1）由于 CSSO 法能够并行计算，子系统层的计算时间能够大幅度减少。

2）每个子空间能够同时进行设计优化，实现了并行设计的思想，同时通过基于 GSE 的近似分析和协调优化，考虑了各个学科的相互影响，保持了原系统的耦合性。

3）在 CSSO 法框架下，系统层及子系统层的优化问题是彼此独立地进行求解的，这一特点保证了在一个集成的软件环境中对混杂的优化过程进行求解成为可能。

4）不同精度等级的代理模型能够被构建用于系统层的优化问题，同时结合有效的代理模型管理体系，CSSO 法能够为设计和优化问题提供不同精度的求解结果。

相应地，CSSO 法的主要缺点如下：

1）由于 CSSO 法是基于 GSE 的线性近似，所以子空间设计变量的变化范围较窄。

2）子空间中设计变量互不重叠的要求不太合理，因为在实际设计问题中有些设计变量对几个子系统的设计同时有很大影响。

3）CSSO 法在系统层和子系统层优化问题中采用代理模型，通常情况下，这些代理模型仅能保证在近似点附近小范围内具有较好的精度。故而，在 CSSO 优化迭代过程的每一步迭代中，都需要对代理模型的有效性进行检验和保证。这就要求采用恰当的模型和参数约束管理，如果没有这样的代理模型管理策略，所得到的优化结果可能与实际方案相去甚远。

4）CSSO 法在实际问题中的应用表明，对于系统设计变量超过 20 的问题，其求解效率很低。

5）该方法不一定能保证收敛，可能会出现振荡现象。

5.3 系统不确定性分析

复杂多层次系统中广泛存在着因材料离散性、尺寸公差、测量误差、仿真模型和运行环境等因素导致的不确定性。这些不确定性直接影响系统设计的性能指标，从而影响产品的稳健性、可靠性和安全性。现有研究大多采用传统的 AIO 框架，在变量较少、系统简单的情况下该计算框架是一种有效的方法。在该框架中，多层次系统被视为一个整体，或一个黑盒子。AIO 方法不能有效地处理高维问题，严重制约了复杂系统的设计与应用。与 AIO 相比，将多层次系统看成一个个子系统的集成的层次分解框架是一种有效的方法。但是，由于层次框架中共享变量的存在，低层级子系统的响应具有相关性，而该响应同时也作为高层级子系统的输入。高维相关性对结果的不确定性有很大的影响，特别是多级传递后的系统级结果。Nataf 变换和 Rosenblatt 变换常被采用于处理相关性。然而，当概率分布函数不遵循高斯分布时，Nataf 变换会产生较大误差；Rosenblatt 变换需要基于精确的联合 PDF，在绝大多数情况下，联合 PDF 是未知的。因此，这两种方法的工程应用存在一定的局限性。此外，对于多层次系统的不确定性传递，PCE 已被证明是复合材料结构不确定性分析的一种强有力的技术。但是经典的 PCE 方法面临“维度灾难”问题，难以应用于高维变量的多层级问题。

本章讨论了一种将 Vine Copula 与稀疏 PCE 相结合的层次结构框架来处理具有高维变量和高维相关性的多层次不确定性问题。通过 R-vine copula 函数来构造高维联合概率分布。根据所建立的联合分布函数，通过 Rosenblatt 变换将相关变量转化为独立的标准正态变量。然后基于稀疏 PCE 方法进行单尺度的不确定性传递。由于 PCE 的正交性和随机性，可以通过多项式系数的后处理解析得到响应统计矩，并采用 λ-PDF 拟合技术来逼近作为下一个层次子系统随机输入的 PDF。将上述分析集成在一个层次框架中，依次在每个层级上进行直到得到系统级的响应不确定性。

5.3.1 相关性建模

基于 4.4.4 节的 Vine Copula 理论构造出高维联合分布，设定原始数据集 $\boldsymbol{x}=(x_1,x_2,\cdots,x_n)$ 通过式（4-61）转化来的 Copula 数据集为 $\boldsymbol{u}=(u_1,u_2,\cdots,u_n)$，基于 R-vine Copulas 构造得到的联合概率分布，可以通过 Rosenblatt 变换得到精确的独立性转换结果，Rosenblatt 变换如下式所示：

$$
\begin{aligned}
\hat{u}_1 &= u_1 \\
\hat{u}_2 &= C(u_2 \mid u_1) \\
&\vdots \\
\hat{u}_n &= C(u_n \mid u_1,u_2,\cdots,u_{n-1})
\end{aligned}
\tag{5-12}
$$

式中，$\hat{\boldsymbol{u}}=(\hat{u}_1,\hat{u}_2,\cdots,\hat{u}_n)$ 是变量 $\hat{\boldsymbol{U}}=(\hat{U}_1,\hat{U}_2,\cdots,\hat{U}_n)$ 的数据向量，$\hat{U}_i$ 独立且均匀分布在区间 [0,1] 上。$C(u_j \mid u_1,u_2,\cdots,u_{j-1})$ 是 U_j 的条件 Copula 函数。上述变换可简述为

$$\boldsymbol{T}_{\mathrm{b}}:\boldsymbol{U}\to\hat{\boldsymbol{U}} \tag{5-13}$$

考虑到不确定性传递的需要，式（5-13）中 $\hat{\boldsymbol{U}}$ 的需要进一步逆变换，

$$\hat{x}_i=\boldsymbol{\Phi}^{-1}(\hat{u}_i) \tag{5-14}$$

式中，$\hat{\boldsymbol{x}}=(\hat{x}_1,\hat{x}_2,\cdots,\hat{x}_n)$ 是变量 $\hat{\boldsymbol{X}}=(\hat{X}_1,\hat{X}_2,\cdots,\hat{X}_n)$ 的数据向量，变量 $\hat{X}_i$ 服从相互独立的标准正态分布。式（5-13）可以简述为

$$\boldsymbol{T}_{\mathrm{c}}:\hat{\boldsymbol{U}}\to\hat{\boldsymbol{X}} \tag{5-15}$$

基于式（4-61）和式（5-12）~（5-15），在 $\boldsymbol{X}$ 空间相关的样本集可以转化为 $\hat{\boldsymbol{X}}$ 空间中相互独立的样本集。

5.3.2 λ-PDF 拟合技术

一旦随机响应的前四阶矩可以推导出来，就能采用衍生的 λ-PDF 来拟合需要作为下一层级输入的变量的 PDFs。在实际工程中，随机变量通常是有界的，衍生的 λ-PDF 具有有界特性，因此其对于工程中不确定性的传递是合理且适用的。

λ-PDF 是在区间 [−1,1] 上对称分布的一类有界 PDFs，可以用随机变量 ς 定义为

$$f_\lambda(\varsigma)=\begin{cases}\kappa(1-\varsigma)^{\lambda-1/2} & |\varsigma|<1\\ 0 & |\varsigma|\geqslant 1\end{cases} \tag{5-16}$$

式中，参数 λ 是非负的。归一化系数 κ 可以表示为 Gamma 函数 $\Gamma(\cdot)$ 的组合形式，即 $\kappa=\Gamma(\lambda+1)/[\Gamma(0.5)\Gamma(\lambda+0.5)]$。$\lambda$-PDF 可以扩展为在任意区间的非对称概率分布，称为衍生的 λ-PDF。特别地，ς 的线性函数，即 $\tau=b_0+b_1\varsigma$，将被扩展为 $[b_0-b_1,b_0+b_1]$。线性衍生 λ-PDF 依然关于轴 $\tau=b_0$ 对称。考虑到 ς 的二次衍生形式，即 $\tau=b_0+b_1\varsigma+b_2\varsigma^2$，如果 $b_2>0$，$b_1>2b_2$，PDF 为

$$f_\lambda(\tau)=\begin{cases}\dfrac{\kappa\left(1-\left(\dfrac{-b_1-\sqrt{b_1^2-4b_2(b_0-\tau)}}{2b_2}\right)^2\right)^{\lambda-1/2}}{\sqrt{b_1^2-4b_2(b_0-\tau)}} & \begin{pmatrix}b_2+b_0-b_1<\tau\\<b_2+b_0+b_1\end{pmatrix}\\ 0 & 其他\end{cases} \tag{5-17}$$

如果 $b_2<0$，$b_1<2b_2$，PDF 为

$$f_\lambda(\tau)=\begin{cases}\dfrac{\kappa\left(1-\left(\dfrac{-b_1-\sqrt{b_1^2+4b_2(\tau-b_0)}}{2b_2}\right)^2\right)^{\lambda-1/2}}{\sqrt{b_1^2+4b_2(\tau-b_0)}} & \begin{pmatrix}b_2+b_0+b_1<\tau\\<b_2+b_0-b_1\end{pmatrix}\\ 0 & 其他\end{cases} \tag{5-18}$$

不同 λ 下的二次衍生 λ-PDFs 如图 5-10 所示，可以看出，二次衍生 λ-PDFs 是不对称的，且随参数 λ 的减少，PDF 的不对称性在增强。通过线性或二次衍生形式，衍生的 λ-PDFs 可以有效处理具有任意概率分布的随机变量。在给定前四阶矩的约束条件下，需要估计四个参数 (λ,b_0,b_1,b_2) 来拟合二次衍生的 λ-PDF。首先，通过序列二次规划优化下式可以估计出参数 λ：

$$\begin{aligned}\min\quad & (C_s(\lambda,\zeta)-C_{s0})^2+(C_k(\lambda,\zeta)-C_{k0})^2\\ \text{s.t.}\quad & \lambda\geqslant 0,\zeta\geqslant 2\end{aligned} \tag{5-19}$$

式中，$\zeta=b_1/b_2$。然后 b_0，b_1，b_2 可以通过下式计算得到：

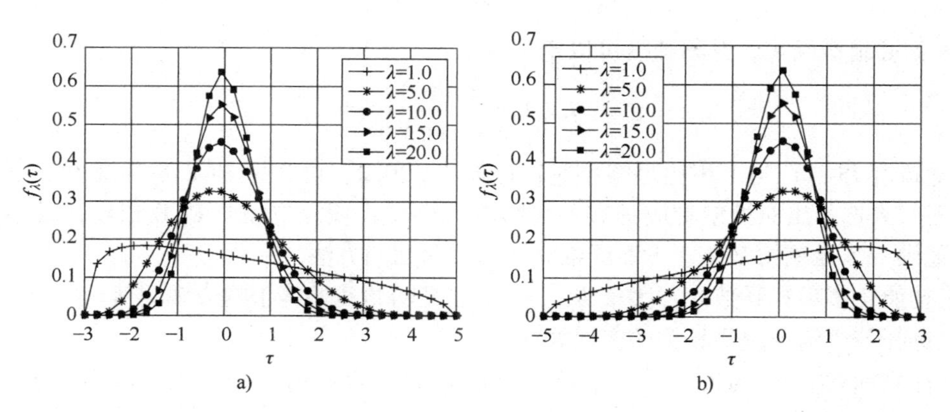

图 5-10　不同 λ 下的二次衍生 λ-PDFs

a）正偏　b）负偏

$$u_0=b_0+b_2C_2$$
$$\sigma_0=|b_2|\sqrt{\zeta^2C_2+C_4-C_2^2} \tag{5-20}$$

式中，u_0、σ_0、C_{s0}和C_{k0}为通过对 PCE 系数后处理得到的前四阶矩；C_2 和 C_4为标准 λ-PDF 的原点矩。更详细的关于 λ-PDF 参数估计的信息可以从文献中获得。

$$C_i=\left(\frac{i-1}{2}\right)!!\times\left(\frac{1}{\lambda+(i-1)/2}\right)!!\times\kappa\times\frac{\Gamma(0.5)\Gamma(\lambda+0.5+i/2)}{\Gamma(\lambda+1+i/2)} \tag{5-21}$$

5.3.3 子系统不确定性分析

1. 基于稀疏 PCE 的不确定性传递

经典的 PCE 理论面临“维度灾难”问题，为了克服这一局限性，B. Sudret 等提出了一种新的基于逐步回归非嵌入式方法构造稀疏 PCE 来量化和传递不确定性，相比传统方法具有更少的计算代价。随后，Sudret 等对构造算法进行了改进，提出了基于最小角回归的稀疏 PCE。随后，大量学者对稀疏 PCE 进行了广泛深入的研究，提出了改进的逐步回归、贝叶斯方法、支持向量回归、子空间追踪等方法。与经典 PCE 相比，稀疏 PCE 对样本尺寸的依赖性更小，有助于降低多层次不确定性传递的计算代价。

对于从 $\boldsymbol{X}$ 转换来的独立变量 $\hat{\boldsymbol{X}}$，关于响应的截断 PCE 可以在正交多项式基础上进行如下展开：

$$Q=G(\hat{\boldsymbol{X}})\approx\sum_{j=0}^{P-1}q_{\alpha_j}\psi_{\alpha_j}(\hat{\boldsymbol{X}}),\ |\boldsymbol{\alpha}|=\sum_{i=1}^{n}\alpha_i,0\leqslant|\boldsymbol{\alpha}|\leqslant p \tag{5-22}$$

式中，q_α为多项式系数；ψ_α为多项式项；p 为多项式阶数；n 为输入变量维度；P 为阶数小于或等于 p 的多项式项的总数，对应于式（5-22）的截断集为

$$A^p=\{\boldsymbol{\alpha}\in ¥^n,\ |\boldsymbol{\alpha}|\leqslant p\} \tag{5-23}$$

多项式项数目可以进一步地减少，从而得到一个稀疏表达：

$$G(\hat{\boldsymbol{X}})\approx\sum_{\alpha\in A}q_\alpha\psi_\alpha(\hat{\boldsymbol{X}}) \tag{5-24}$$

式中，A 为稀疏截断集，其稀疏度可以定义如下：

$$IS(A)=\frac{\mathrm{card}(A)}{\mathrm{card}(A^p)} \tag{5-25}$$

当稀疏度 $IS(A)$ 与 1 相比足够小时，比如小于 0.2，可认定 PCE 是稀疏的。下面采用最小角回归来选择出对模型响应具有重要影响的多项式项。与经典 PCE 相比，最小角回归最终会提供一个稀疏的 PCE。下面详细介绍最小角回归方法。

1）初始化多项式系数 q_{α_0}，…，$q_{\alpha_{P-1}}=0$，定义初始残差等于响应观测值。

2）选择与当前残差最相关的多项式项 ψ_{α_j}。

3）往当前残差 ψ_{α_j}的最小二乘系数方向移动 q_{α_j}，直到另一个多项式项 ψ_{α_k}与当前残差 ψ_{α_j}具有相同的相关性。

4）往当前残差 $\{\psi_{\alpha_j},\psi_{\alpha_k}\}^{\mathrm{T}}$的联合最小二乘系数方向移动 $\{q_{\alpha_j},q_{\alpha_k}\}^{\mathrm{T}}$，直到一些其他多项式与当前残差 $\{\psi_{\alpha_j},\psi_{\alpha_k}\}^{\mathrm{T}}$具有相同的相关性。

5）循环上述过程，直到选择足够的多项式项。

关于最小角回归方法更详细的内容可以参考相关文献。由于 $\hat{\boldsymbol{X}}$ 的元素是相互独立的，多元多项式 $\psi(\hat{\boldsymbol{X}})$ 的一般形式可以改写为单变量多项式的张量积：

$$\psi(\hat{\boldsymbol{X}})=\prod_{i=1}^{n}H_{\boldsymbol{\alpha}_i}(\hat{x}_i) \tag{5-26}$$

式中，$\boldsymbol{\alpha}_i$ 表示向量的第 i 个元素。此外，考虑到正交性且多项式项均被标准化的基础上，可以得到

$$E[\psi_\alpha\psi_\beta]=\delta_{\alpha\beta} \tag{5-27}$$

式中，$\delta_{\alpha\beta}$是 Kronecker 符号；$E(\cdot)$ 是数学期望算子。

PCE 多项式系数经过后处理可以得到统计矩。响应均值的表达式为

$$\mu=\int G(\hat{X})f_{\hat{X}}(\boldsymbol{x})\,\mathrm{d}\boldsymbol{x} \tag{5-28}$$

k 阶中心矩 M_k 表达式为

$$M_k=\int(G(\hat{\boldsymbol{X}})-\mu)^k f_{\hat{X}}(\boldsymbol{x})\,\mathrm{d}\boldsymbol{x},k\geqslant 2 \tag{5-29}$$

利用正交性质，前四阶矩为

$$\begin{aligned}
&\mu=E[Q]=q_0\\
&\sigma=\sqrt{E[(Q-\mu)^2]}=\sqrt{\sum_{\alpha\in \tilde{A}}q_\alpha^2E[\psi_\alpha]^2}\\
&C_s=\frac{E[(Q-\mu)^3]}{\sigma^3}=\frac{1}{\sigma^3}\sum_{\alpha\in\tilde{A}}\sum_{\beta\in\tilde{A}}\sum_{\gamma\in\tilde{A}}E[\psi_\alpha\psi_\beta\psi_\gamma]q_\alpha q_\beta q_\gamma\\
&C_k=\frac{E[(Q-\mu)^4]}{\sigma^4}=\frac{1}{\sigma^4}\sum_{\alpha\in\tilde{A}}\sum_{\beta\in\tilde{A}}\sum_{\gamma\in\tilde{A}}\sum_{\eta\in\tilde{A}}E[\psi_\alpha\psi_\beta\psi_\gamma\psi_\eta]q_\alpha q_\beta q_\gamma q_\eta
\end{aligned} \tag{5-30}$$

式中，$\tilde{A}=A\backslash\{\boldsymbol{0}\}$。将式（5-26）代入期望 $E[\psi_\alpha\psi_\beta\psi_\gamma]$ 和 $E[\psi_\alpha\psi_\beta\psi_\gamma\psi_\eta]$，可以得到

$$E[\psi_\alpha\psi_\beta\psi_\gamma]=\prod_{i=1}^{n}E[H_{\alpha_i}H_{\beta_i}H_{\gamma_i}] \tag{5-31}$$

$$E[\psi_\alpha\psi_\beta\psi_\gamma\psi_\eta]=\prod_{i=1}^{n}E[H_{\alpha_i}H_{\beta_i}H_{\gamma_i}H_{\eta_i}] \tag{5-32}$$

$E[\psi_\alpha\psi_\beta\psi_\gamma]$ 和 $E[\psi_\alpha\psi_\beta\psi_\gamma\psi_\eta]$ 可以通过正交多项式解析获得，同理，式（5-30）也可以被解析求解。

2. 单层次不确定性分析

假设多层次模型具有 N_l 个层次，其中 l 为层次指标，最低层次为 $l=1$，最高层次为 $l=N_l$。多层次框架中，高层次性能的变动性被认为是低层次输入不确定性的影响结果。$l=2$，3，…，N_l 层次模型的输入变量可能会包含从低层次传递过来的响应变量 $\boldsymbol{Y}^l$。对于第一层次的模型，其函数表达式为 $\boldsymbol{Y}^1=\boldsymbol{g}(\boldsymbol{X}_\mathrm{e}^1)$，式中，下标 e 表示不包含变量 $\boldsymbol{Y}$ 的输入。对于第 $l(l=2,3,\cdots,N_l)$ 层次的模型，可以有以下两种方式来处理，一种是从较低层次直接地建立 Y^l和 $\boldsymbol{Y}^{l-1}$的关系。

$$\boldsymbol{Y}^l=\boldsymbol{g}^l(\boldsymbol{X}_e^l,\boldsymbol{Y}^{l-1}) \tag{5-33}$$

另一种是通过所有较低层次的输入来进行表示，即

$$\boldsymbol{Y}^l=\boldsymbol{g}^l(\boldsymbol{X}_e^l,\boldsymbol{X}_e^{l-1},\cdots,\boldsymbol{X}_e^1) \tag{5-34}$$

两种方式都可以通过构造稀疏 PCE 实现各层次的随机变量与宏观性能之间的映射关系。特别地，AIO 框架实际上是第二种方式的一个特例。这里旨在基于逐层分析的方式来处理多层次不确定性。在信息充足的情况下，可以采用概率分布方法来对进行随机变量的不确定性量化、变换和传递。在进行下一步研究前，需要对变量的相关性进行求解。

实际的工程系统不确定性分析中，随机变量的概率分布形式可以是任意的，$\boldsymbol{X}$ 的元素可以是相互相关的。考虑到相关性的强弱，提出了两种不同情况下的单层次模型不确定性传递方法。

1）对于相关性较弱或变量之间不存在相关性的强开，采用 Rosenblatt 变换将非正态分布转换为标准正态分布，然后将其对应的 Hermite 多项式作为基函数来构造多项式。所用到的转换为 $\boldsymbol{X}\rightarrow\hat{\boldsymbol{X}}$，对应的转换函数为 $F(\boldsymbol{X})=\boldsymbol{\Phi}(\hat{\boldsymbol{X}})$。

2）对于相关性足够大的情况，必须先采用基于 Copula 函数的多元相关性建模和多元概率积分变换方法获得互相独立的数据集，转换关系为 $\boldsymbol{X}\rightarrow\boldsymbol{U}\rightarrow\hat{\boldsymbol{U}}\rightarrow\hat{\boldsymbol{X}}$。

在每种情况下，基于最小角回归构造的稀疏函数可以表达为

$$\boldsymbol{Y}^l=\sum_{i=0}^{N_l}\boldsymbol{q}_i^l\psi_i(\hat{\boldsymbol{X}}^l) \tag{5-35}$$

由于第 l 层模型的输出可能是第 $l+1$ 层模型的输入，这意味着需要 λ-PDF 拟合技术。采用式（5-30）的后处理方法来获得前四阶矩，然后基于 SQP 方法确定 $\boldsymbol{Y}^l$的衍生 λ-PDFs。

5.3.4 系统分析框架

对于多层次模型，上述方法需要逐层次进行，直到达到最大层次。所提出的多层次不确定性分析框架流程如图 5-11 所示。具体步骤总结如下：

1）定义每层次的模型以及每个模型的输入 $\boldsymbol{X}$ 及输出 $\boldsymbol{Y}$。

2）基于现有的试验数据及专家知识等确定输入 $\boldsymbol{X}$ 的 PDFs。

3）基于拉丁超立方设计产生输入样本集，并基于确定性仿真模型获得响应数据。

4）从第一层级开始多层次不确定性分析，计算输入变量的 Kendall 相关系数。如果存在二元相关性的绝对值大于 0.3 则进入步骤 5，否则，实施不确定性转换 $\boldsymbol{X}\rightarrow\hat{\boldsymbol{X}}$ 并进入步骤 9。

5）获得对应于 $\boldsymbol{X}$ 的累积概率 $\boldsymbol{U}$。

6）基于 Vine Copula 构造联合 PDF。

7）$\boldsymbol{U}$ 的 Rosenblatt 变换得到独立的累积概率 $\hat{\boldsymbol{U}}$。

8）逆变换 $\hat{\boldsymbol{U}}$ 得到标准独立的正态变量 $\hat{\boldsymbol{X}}$。

9）基于数据 $\hat{\boldsymbol{X}}$ 并使用最小角回归计算得到稀疏 PCE 系数。

10）对稀疏 PCE 的表达式进行后处理得到响应前四阶统计矩。

11）根据统计矩的约束条件拟合得到输出的 λ-PDFs。

12）如果 $l<N_l$则返回步骤 4，否则程序结束。

所提出的多层次不确定性分析框架可以分为四个部分：①样本采集。②不确定性转换。③不确定性传递。④不确定性量化。每个部分所包含的步骤如图 5-11 所示。

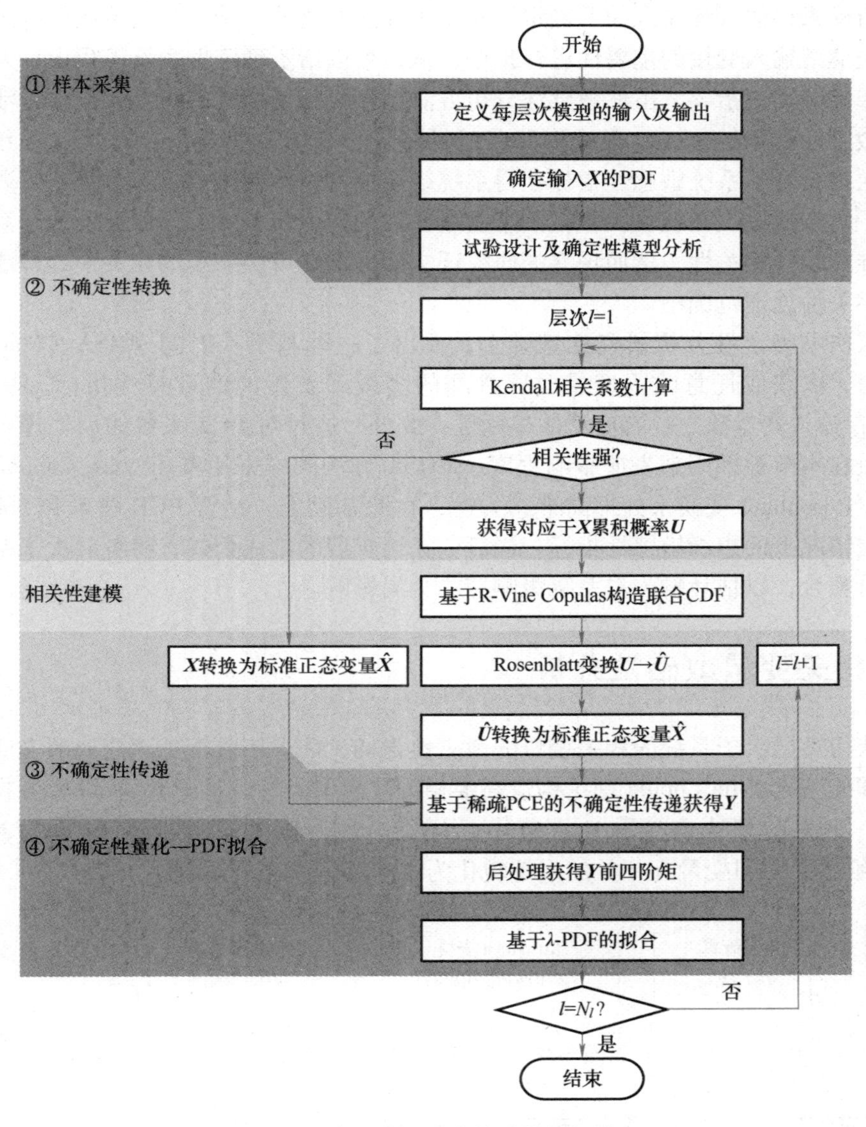

图 5-11　多层次不确定性分析框架流程

5.4 层级敏感性分析

复杂多层次系统具有子系统多、变量维度高等问题，在进行不确定性设计时计算负担会很大。敏感性分析是除了不确定性分析之外的另一个重要研究。敏感性分析研究模型输出受输入变化的影响，能够有效地识别出重要变量和无关变量。通过对无关变量的去除，敏感性分析可以大幅度降低模型的复杂程度，因此该方法通常被作为模型简化和分析优化的前提。

本节的关注点在于研究基于分解策略的多层次系统的敏感性分析问题，即基于各子系统的敏感性指标来评估系统输入的不确定性对系统性能变化的影响。复杂系统的敏感性分析能够给各层次模型输入变量的重要性进行排序，从而可以给不确定性系统工程设计人员提供关于参数选择和降维的指导。虽然敏感性分析方法已经得到了很好的研究，但由于涉及相关变量分析和敏感性指标的集成，很难将经典的敏感性分析方法直接应用于层次系统中。HSA作为一种通过组合子系统敏感性指标获得系统级敏感性指标的集成技术，受到了研究人员的关注。由于复杂多层次系统往往存在共享变量导致的响应相关性，当所涉及的子系统较多时将产生高维非线性相关性，然而现有的研究还主要局限在单层系统的相关性处理或多层次系统的二元相关性处理范围中。

在多层次不确定性分析研究的基础上，提出了一种基于映射的 MHSA（Mapping-based HSA）方法，以获取任意输入变量对感兴趣的多级系统性能的敏感性指标。基于方差的 Sobol 指标在输入变量独立具有广泛的适用性；此外，通过对 PCE 系数的后处理可直接得到该指标，故在本节被采用来表征影响程度。MHSA 方法同样采用基于 Vine Copula 的高维相关性建模、Rosenblatt 变换来处理高维相关性；在此基础上，结合 PCE 技术和 Sobol 指标可以获得独立情况下的边缘敏感性指标。最后，提出扩展的集成公式，将各层次子系统的敏感性指标进行整合，以估计输入对系统级响应的全局影响。

5.4.1 相关变量敏感性分析

为了获得高层次子系统的相关变量的敏感性指标，需采用基于独立变换的方法来得到独立变量，即先基于 Vine Copula 理论构造高维相关性模型，然后基于 Rosenblatt 变换得到标准正态分布。相关的理论内容在 4.4 节中已详细介绍。图 5-12 总结了数据转换的流程，图 5-13 则给出了中间变量互相关的系统转化为中间变量独立的系统结构图。

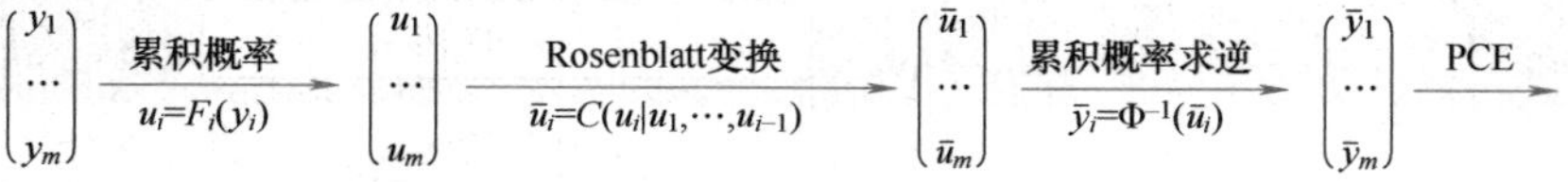

$$\begin{pmatrix} y_1\\ \cdots \\ y_m\end{pmatrix} \xrightarrow[u_i=F_i(y_i)]{\text{累积概率}} \begin{pmatrix} u_1\\ \cdots \\ u_m\end{pmatrix} \xrightarrow[\bar{u}_i=C(u_i|u_1,\cdots,u_{i-1})]{\text{Rosenblatt变换}} \begin{pmatrix} \bar{u}_1\\ \cdots \\ \bar{u}_m\end{pmatrix} \xrightarrow[\bar{y}_i=\Phi^{-1}(\bar{u}_i)]{\text{累积概率求逆}} \begin{pmatrix} \bar{y}_1\\ \cdots \\ \bar{y}_m\end{pmatrix} \xrightarrow{\text{PCE}}$$

图 5-12　数据转换的流程示意图

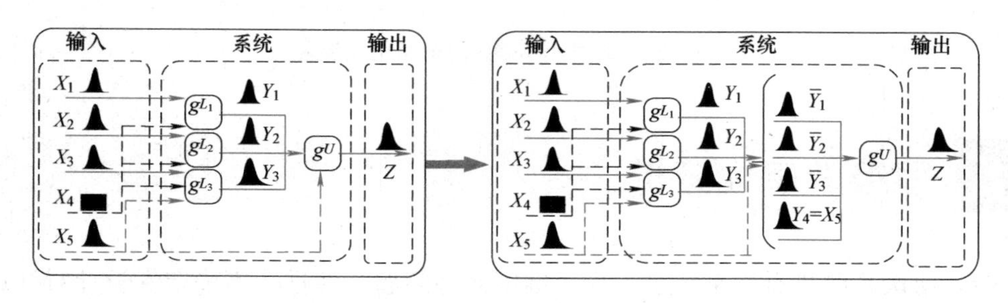

图 5-13　具有独立中间变量的多级系统

针对相关变量的敏感性分析，Mara 等提出了边缘敏感性指标。首先通过相关变量生成独立样本集，然后利用 PCE 对独立变量进行基于方差的敏感性分析，得到的敏感性指标即为边缘敏感性指标。采用边缘敏感性指标的原因有二，一是边缘敏感性指标可以区分输入对模型响应方差的相关贡献和独立贡献，二是其很容易与 Sobol 指标进行集成来获得系统级的敏感性指标。

边缘敏感性指标为

$$\overline{S}_i = \frac{Var(E(Z \mid \overline{Y}_i))}{Var(Z)}, \quad i = 1, 2, \cdots, m \tag{5-36}$$

式中，$\overline{S}_i$ 是 $\overline{Y}_i$ 的敏感性指标。然而，根据变量转换的顺序，可以获得一系列边缘敏感性指标。例如对于序列（$1,2,\cdots,m$），$\overline{S}_1 = S_1$ 是 Y_1 对响应方差的全边缘贡献。$\overline{S}_2 = S_{2\text{-}1}$是排除了与 Y_1 的相关贡献后的 Y_2 对响应方差的边缘贡献。同理，$\overline{S}_k = S_{k-(k-1)\cdots 1}(k = 2, \cdots, m)$ 是排除了与（$Y_1, Y_2, \cdots, Y_{k-1}$）的相关贡献后的 Y_k 对响应方差的边缘贡献。

当中间变量 $\boldsymbol{Y}$ 转化为 $\overline{\boldsymbol{Y}}$，映射关系 g^U：$\boldsymbol{Y} \to Z$ 则转化为 $\overline{g}^U$：$\overline{\boldsymbol{Y}} \to Z$。PCE 模型可以重写为

$$\overline{g}^U(\overline{\boldsymbol{Y}}) = \overline{q}_0 + \sum_{\alpha \in A_\gamma} \overline{q}_\alpha \overline{\psi}_\alpha(\overline{\boldsymbol{Y}}) \tag{5-37}$$

则可以推导出对应的边缘敏感性指标：

$$\overline{S}_i = \frac{\sum_{\alpha \in A_i} \overline{q}_\alpha^2}{\sum_{\alpha \in A \setminus \{\boldsymbol{0}\}} \overline{q}_\alpha^2} \quad A_i = \{\boldsymbol{\alpha} \in A : \alpha_i > 0, \alpha_{i \neq j} = 0\} \tag{5-38}$$

5.4.2　集成策略

1. 同层次共享变量

本节提出一种基于 Sobol 指标和边缘敏感性指标的集成方法来估计系统级输入，包括局部变量、同层次共享变量和跨层次共享变量的敏感性指标。高层次模型被定义为 $Z = g^U(\boldsymbol{X}_L^U, \boldsymbol{X}_{sU}, \boldsymbol{Y})$，具有局部变量 $\boldsymbol{X}_L^U$、中间变量 $\boldsymbol{Y}$ 和跨层次共享变量 $\boldsymbol{X}_{sU}$。低层子系统共享变量 $\boldsymbol{X}_{sL}$的存在，使得 $\boldsymbol{Y}$ 的元素互相关；同时，$\boldsymbol{Y}$ 的某些元素与 $\boldsymbol{X}_{sU}$也存在相关性。为了让表达式更为简洁，定义 PDF 的表达式为 $f_X = f_X(\boldsymbol{x})$。联合 PDFs$f_{Y+X_{sU}}$可以通过 Vine Copula 理论进行构造，采用 Rosenblatt 变换来获得关于 $\boldsymbol{X}_{sU}$独立的中间变量 $\overline{\boldsymbol{Y}}$，从而高层次模型转化为 $\overline{g}^U(\boldsymbol{X}_L^U, \boldsymbol{X}_{sU}, \overline{\boldsymbol{Y}})$。当转化后的模型是 $\overline{\boldsymbol{Y}}$ 和 $\boldsymbol{X}_{sU}$的线性模型时，该模型可以重新表述为

$$\overline{g}^U = T_0(\boldsymbol{X}_L^U) + \sum_{i=1}^{m} T_i(\boldsymbol{X}_L^U)\overline{Y}_i + \sum_{j=1}^{k} T_{m+j}(\boldsymbol{X}_L^U) X_{sUj} \tag{5-39}$$

式中，$T_i(\boldsymbol{X}_L^U), i = 0, 1, \cdots, m+k$ 是关于 $\boldsymbol{X}_L^U$的任意可积函数。通过对式（5-39）进行积分，可得

$$\overline{g}_0^U = t_0 + \sum_{i=1}^{m} t_i E(\overline{Y}_i) + \sum_{j=1}^{k} t_{m+j} E(X_{sUj}) \tag{5-40}$$

其中，

$$t_0=\int[T_0(\boldsymbol{X}_L^U)]\times f_{\boldsymbol{X}_L^U}f_{\boldsymbol{X}_{sU}}f_{\overline{\boldsymbol{Y}}}\mathrm{d}\boldsymbol{X}_L^U\mathrm{d}\boldsymbol{X}_{sU}\mathrm{d}\overline{\boldsymbol{Y}}$$
$$t_i=\int[T_i(\boldsymbol{X}_L^U)]\times f_{\boldsymbol{X}_L^U}f_{\boldsymbol{X}_{sU}}\mathrm{d}\boldsymbol{X}_L^U\mathrm{d}\boldsymbol{X}_{sU} \tag{5-41}$$
$$t_{m+j}=\int[T_{m+j}(\boldsymbol{X}_L^U)]\times f_{\boldsymbol{X}_L^U}f_{\overline{Y}}\mathrm{d}\boldsymbol{X}_L^U\mathrm{d}\overline{\boldsymbol{Y}}$$

式中，$t_i(i=0,1,\cdots,m+k)$ 是函数 $T_i(\boldsymbol{X}_L^U)$ 的均值。同理可得方差：

$$V_Z=\sum_{i=1}^{ny}t_i^2V_{\overline{Y}_i}^Z+\sum_{j=1}^{nx}t_{m+j}^2V_{X_{sUj}}^Z \tag{5-42}$$

从而，$\overline{Y}_i$ 或 X_{sUj}的敏感性指标可以表达为

$$\overline{S}_{\overline{Y}_i}^Z=\frac{V_{\overline{Y}_i}^Z}{V_Z},\quad S_{X_{sUj}}^Z=\frac{V_{X_{sUj}}^Z}{V_Z} \tag{5-43}$$

低层次模型的表达式为

$$\overline{Y}_i=\overline{g}^{L_i}=\overline{g}^{L_i}(\boldsymbol{X}_L^{L_i},\boldsymbol{X}_{sL},\boldsymbol{X}_{sU}) \tag{5-44}$$

式中，$\boldsymbol{X}_L^{L_i}$是第 i 个低层次模型的局部变量。此时，高层次模型可以重写为

$$\overline{g}^U=T_0(\boldsymbol{X}_L^U)+\sum_{i=1}^{ny}T_i(\boldsymbol{X}_L^U)\overline{g}^{L_i}+\sum_{j=1}^{nx}T_{m+j}(\boldsymbol{X}_L^U)X_{sUj} \tag{5-45}$$

上式的均值为

$$f_0=t_0+\sum_{i=1}^{m}t_i\overline{g}_0^{L_i}+\sum_{j=1}^{k}t_{m+j}E(X_{sUj}) \tag{5-46}$$

式中，$\boldsymbol{X}_L^U$是局部变量向量；$\overline{g}_0^{L_i}$ 是第 i 个低层次模型的均值。为了计算式（5-42）中的方差，需要如下函数：

$$\phi_{X_{sL}}(x_{sL})=\sum_{i\in\Gamma_{sL}}t_i\left[\int\overline{g}^{L_i}(\boldsymbol{X}_{sL})f_{\widetilde{\boldsymbol{X}}_{sL}}\mathrm{d}\widetilde{\boldsymbol{X}}_{sL}-\overline{g}_0^{L_i}\right] \tag{5-47}$$

式中，$\widetilde{\boldsymbol{X}}_{sL}$表示没有变量 X_{sL}的向量。X_{sL}对 Z 的方差的全局贡献为

$$V_{X_{sL}}^Z=\int\phi_{X_{sL}}^2(x_{sL})f_{X_{sL}}\mathrm{d}X_{sL}=\sum_{i\in\Gamma_{sL}}t_i^2V_{X_{sL}}^{\overline{Y}_i} \tag{5-48}$$

因此，可以推导出 X_{sL}的敏感性指标为

$$S_{X_{sL}}^Z=\sum_{i\in\Gamma_{sL}}\left(t_i^2\times S_{X_{sL}}^{Y_i}\times\overline{S}_{\overline{Y}_i}^Z\times\frac{V_{X_{sL}}^{\overline{Y}_i}}{V_{X_{sL}}^{Y_i}}\times\frac{V_{Y_i}}{V_{\overline{Y}_i}^Z}\right) \tag{5-49}$$

式中，Γ_{sL}为包含变量 X_{sL}的指标元素集合；$S_{X_{sL}}^{Y_i}$ 为共享变量 X_{sL}关于第 i 个中间变量 Y_i 的敏感性指标；$\overline{S}_{\overline{Y}_i}^Z$为第 i 个中间变量关于输出 Z 的边缘敏感性指标；$V_{X_{sL}}^{Y_i}$和 $V_{X_{sL}}^{\overline{Y}_i}$为变量对第 i 个中间变量 Y_i 以及其对应的独立变量 $\overline{Y}_i$ 的贡献方差；V_{Y_i}为第 i 个中间变量 Y_i 的总方差；$V_{\overline{Y}_i}^Z$为第 i 个中间独立变量 $\overline{Y}_i$ 对输出 Z 的贡献方差。

2. 跨层次共享变量

同理，跨层次共享变量 X_{sU}的贡献方差求解公式为

$$\phi_{X_{sU}}(x_{sU})=\sum_{i\in\Gamma_{sU}}t_i\left(\int\overline{g}^{L_i}(\boldsymbol{X}_{sU})f_{X_{sU}}\mathrm{d}X_{sU}-\overline{g}_0^{L_i}\right)+t_{sU}(X_{sU}-E(X_{sU})) \tag{5-50}$$

$$V_{X_{sU}}^{Z}=\sum_{i\in\Gamma_{sU}}t_i^2V_{X_{sU}}^{\overline{Y}_i}+t_{sU}V_{sU}^{Z} \tag{5-51}$$

经过推导，得到对应的敏感性指标为

$$S_{X_{sU}}^{Z}=\sum_{i\in\Gamma_{sU}}\left(t_i^2\times S_{X_{sU}}^{Y_i}\times\overline{S}_{\overline{Y}_i}^{Z}\times\frac{V_{X_{sU}}^{\overline{Y}_i}}{V_{X_{sU}}^{Y_i}}\times\frac{V_{Y_i}}{V_{\overline{Y}_i}^{Z}}\right)+t_{sU}\frac{V_{sU}^{Z}}{V_Z} \tag{5-52}$$

式中，Γ_{sU}为包含变量 X_{sU}的指标元素集合；V_{sU}^{Z}为高层次模型的 X_{sU}对输出 Z 的贡献方差；V_Z 为 Z 的总方差。

3. 局部变量

对于低层次模型的任意局部变量，其贡献方差求解公式为

$$\phi_{X_L^{L_i}}(x_L^{L_i})=t_i\left(\int\overline{g}^{L_i}(X_L^{L_i})\,\mathrm{d}X_L^{L_i}-\overline{g}_0^{L_i}\right) \tag{5-53}$$

$$V_{X_L^{L_i}}^{Z}=\int\phi_{X_L^{L_i}}^2(x_L^{L_i})f_{X_L^{L_i}}(x_L^{L_i})\,\mathrm{d}X_L^{L_i}=t_i^2V_{X_L^{L_i}}^{\overline{Y}_i} \tag{5-54}$$

局部变量的敏感性指标经推导为

$$S_{X_L^{L_i}}^{Z}=t_i^2\times S_{X_L^{L_i}}^{Y_i}\times\overline{S}_{\overline{Y}_i}^{Z}\times\frac{V_{X_L^{L_i}}^{\overline{Y}_i}}{V_{X_L^{L_i}}^{Y_i}}\times\frac{V_{Y_i}}{V_{\overline{Y}_i}^{Z}} \tag{5-55}$$

式中，$S_{X_L^{L_i}}^{Z}$为第 i 个低层次子模型的局部变量 $X_L^{L_i}$关于输出 Z 的敏感性指标。

当高层次模型关于独立转化后的中间变量呈非线性关系时，可采用多元线性回归来获取高层次模型的全局趋势。

$$\overline{g}^{U}\approx\tilde{t}_0+\sum_{i=1}^{m}\tilde{t}_i\overline{Y}_i+\sum_{j=1}^{k}\tilde{t}_{m+j}X_{sUj} \tag{5-56}$$

式中，$\tilde{t}_0$ 为常数项；$\tilde{\boldsymbol{t}}$ 为中间变量 $\overline{\boldsymbol{Y}}$ 和共享变量 $\boldsymbol{X}_{sU}$ 的线性回归系数，$\tilde{\boldsymbol{t}}=(\tilde{t}_0,\tilde{t}_1,\cdots,\tilde{t}_{m+k})^{\mathrm{T}}$，可通过下式求得：

$$\tilde{\boldsymbol{t}}=(\boldsymbol{\xi}^{\mathrm{T}}\boldsymbol{\xi})^{-1}\boldsymbol{\xi}^{\mathrm{T}}\boldsymbol{Z} \tag{5-57}$$

式中，$\boldsymbol{\xi}$ 为包含 $\overline{\boldsymbol{Y}}$ 和 $\boldsymbol{X}_{sU}$的矩阵，$\boldsymbol{\xi}=(1,\overline{\boldsymbol{Y}}_1,\overline{\boldsymbol{Y}}_2,\cdots,\overline{\boldsymbol{Y}}_m,\boldsymbol{X}_{sU1},\boldsymbol{X}_{sU2},\cdots,\boldsymbol{X}_{sUk})$。当高层次模型为非线性模型时，可将回归系数代入式（5-49）、式（5-52）和式（5-55）近似获得系统级输入的敏感性指标。

4. 计算步骤

对于具有复杂共享变量的多层次系统，需要组合使用多种计算工具来获得一系列指标，这些指标包括四部分：

1）来自于映射 g^L：$\boldsymbol{X}\to Y$ 的指标，包括敏感性指标 S_X^Y、方差 V_Y和贡献方差 V_X^Y。

2）来自于映射 $\overline{g}^U$：$\overline{\boldsymbol{Y}}\to Z$ 的指标，包括敏感性指标 $S_{\overline{Y}}^Z$和贡献方差 $V_{\overline{Y}}^Z$。

3）来自于映射 $\overline{g}^L$：$\boldsymbol{X}\to\overline{\boldsymbol{Y}}$ 的指标，包括贡献方差 $V_X^{\overline{Y}}$。

4）来自于映射 $\overline{g}^U$：$\overline{\boldsymbol{Y}}\to Z$ 的回归系数 $\tilde{\boldsymbol{t}}$。

所提出的多级系统的 MHSA 方法流程如图 5-14 所示。该方法主要有五个步骤，前四步用来获取子系统指标，第五步是将获得的子系统指标集成得到系统级指标。具体步骤为：

1）构造每个低层次子系统的 PCE，通过对 PCE 系数的后处理得到每个低层次子系统的

敏感性指标 S_X^Y、方差 V_Y和贡献方差 V_X^Y。

2）考虑到中间变量的相关性，采用 Vine Copula 来构造高维联合 PDFs。所需的样本则基于所建立的 PCE 模型并采用 MCS 方法来得到。然后，基于联合分布和 Rosenblatt 变换可获得独立转换后得中间变量；最后基于 PCE 的敏感性分析方法获得敏感性指标 $S_{\overline{Y}}^Z$和贡献方差 $V_{\overline{Y}}^Z$。

3）针对独立转换后的中间变量，构造其关于变量 $\boldsymbol{X}$ 的 PCE 模型得到贡献方差 $V_X^{\overline{Y}}$。

4）多元线性回归分析得到回归系数向量 $\tilde{\boldsymbol{t}}$ 。

5）根据步骤 1~4 中各子系统的指标，采用本章节提出的局部变量、共享变量的集成公式，得到输入变量对系统性能变化的影响。

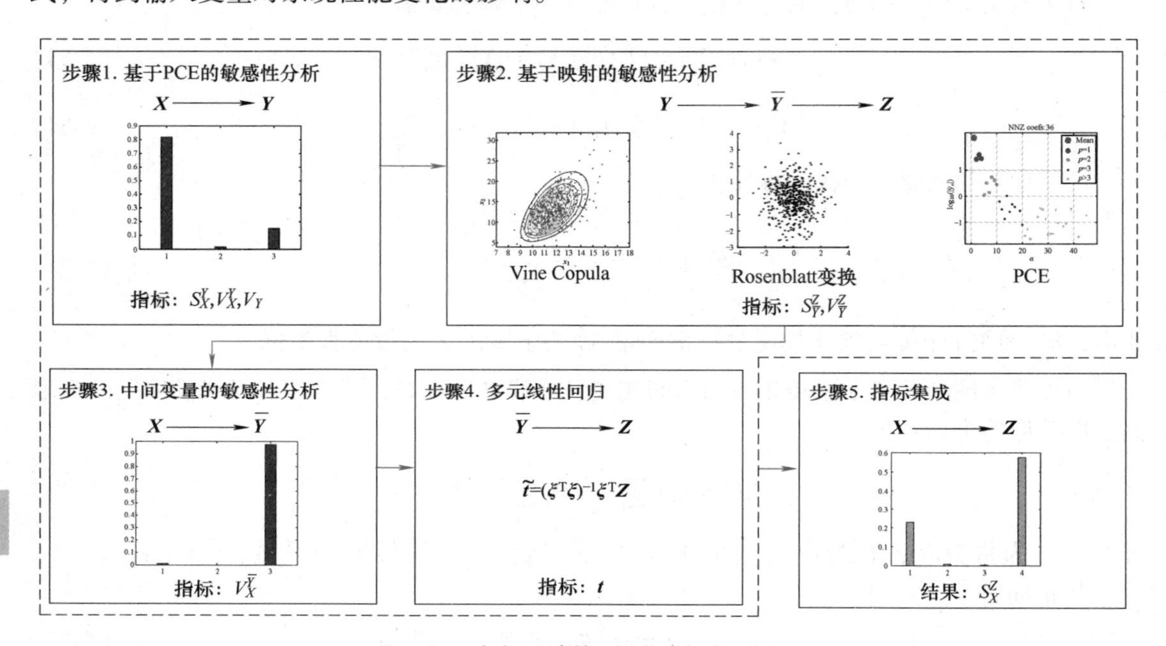

图 5-14　多级系统的 MHSA 方法流程图

与 HSSA 和 HSSA-SV 方法相比，这里提出的 MHSA 方法考虑了两种共享变量，并基于 Vine Copula 理论处理了高维相关性。传统的 HSSA 方法只能处理独立变量，而 HSSA-SV 只考虑了来自低层子系统的共享变量所引起的相关响应的二元相关性。因此，MHSA 方法能够保证输入相关性的准确描述，具有较高的适用性和精度。同时，采用了 PCE 方法来构建随机模型，需要的样本要少得多。因此，该方法更适合计算成本较高的问题，如多尺度复合材料问题和包含高精度仿真模型得零件-部件-产品涉及问题。

该方法的误差主要来自三个方面：一是利用 PCE 来进行模型逼近获得子系统的敏感性指标；二是基于 Vine Copula 理论和 Rosenblatt 变换建立相关性模型；最后一种，也是最重要的一种，是集成公式的线性假设。如果样本数量足够多，可以得到一个精确的代理模型，则第一种误差可以最小化。推荐构造具有独立变量相关变量的 PCE 模型的样本数为 $10n$ 或 $20n$（n 为变量维数）；同时，样本数量也要结合问题的非线性和计算代价来综合考虑。PCE 模型精度可以通过一些验证方法来评价。对于来自于相关性建模的误差，可以在足够的样本基础上选择合适的树结构和 Copula 函数来减少相关性建模带来的误差。相关样本是基于所建立的 PCE 模型来生成的，理论上基本没有计算成本。Vine Copula 理论和 PCE 方法来预测均值和方差的准确度足够高，而均值和方差正好与敏感性指标有关。如果高层次模型相对于转换后的中间变量是强非线性的，那么来自线性假设的误差将成为精确预测的主要阻碍。这种强非线性会带来变量间的强相互作用，因此需要高阶敏感性指标来进行量化。

5.5 系统代理模型构建

基于分解策略可以从系统结构的角度降低计算复杂度。然而，对于子系统的分析主要依赖于耗时的计算机仿真模型，如精细的有限元模型。采用代理模型替代原始仿真模型可以进一步减轻计算负担。由于缺乏试验或计算机仿真数据，代理模型可能会在未采样点引入试验或仿真模型和代理模型之间的差异，这种差异被定义为代理模型不确定性。多层次系统的代理模型不确定性是各子系统代理模型不确定性的集合，低层子系统的代理模型不确定性可能会通过层级传递被进一步放大，故对多层次系统的响应预测、安全性评价和设计都有很大的影响。

合适代理模型的选择、最优模型参数的训练及基于序列采样技术新增样本信息都可以提高代理模型的预测精度。由于数据决定了模型预测的上限，因此序列采样技术是最有效地降低代理模型不确定性的手段。对于多层次系统来说，降低其代理模型不确定性存在以下两个挑战：一是如何有效、准确地传递和集成各子系统的代理模型不确定性，从而获得系统级响应的不确定性，该挑战的解决能够帮助人们决定在什么空间位置新增样本，以尽可能减少整个系统的代理模型不确定性；二是如何评估各子系统代理模型不确定性对系统响应不确定性的影响程度，因为各子系统代理模型不确定性对系统响应不确定性的贡献程度是不等的，该挑战的解决可以决定在哪些子系统新增样本。

本章针对多层次系统代理模型的不确定性的降低，提出了一种基于敏感性分析的自适应采样决策策略。首先，通过分别构造 Kriging 模型响应预测均值和方差的 PCE 随机表达式来传递各子系统的代理模型不确定性。然后，将不确定性正向传递方法与基于最大方差准则的优化方法相结合，搜索得到系统方差最大的输入位置。其次，采用 K-L 展开法将随机场分解为一系列随机变量。最后，随机变量的敏感性可以集成来获得代理模型不确定性的敏感性，以决定哪些子系统需要新增样本。上述优化、K-L 展开和敏感性分析过程被迭代执行直到达到停止准则。在序列采样过程中，由于采用了均方误差准则且考虑了各层次代理模型的不确定性，可以综合评估各子系统的模型保真度，并以较低的计算代价来进行序列采样。

5.5.1 子系统代理模型构造

1. 代理模型不确定性量化

多层次系统中低层子系统的输出可能会充当上层子系统的输入，代理模型不确定性将自下而上地进行传递和累积，从而会对系统性能的预测响应产生较大影响。因此，有必要对具有多个子系统代理模型不确定性的系统不确定性进行量化研究。为简单起见，采用图 5-15 所示的典型的双层次系统来说明代理模型不确定性的传递。由于低层子系统的变量是确定性的，输出 Y 的不确定性只受低层代理模型不确定性的影响。

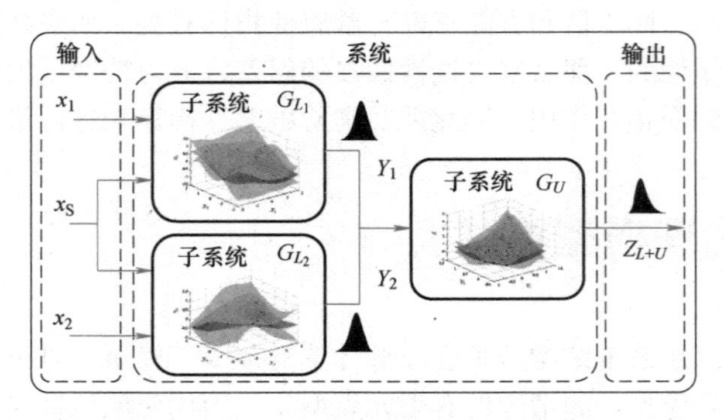

图 5-15　具有代理模型不确定性的概念多层次系统

当采用 Kriging 模型来近似子系统时，任一输出 Y_i 均服从高斯分布，可以表示为

$$Y_i = u_{Y_i}(\boldsymbol{x}_i) + \delta_{Y_i}(\boldsymbol{x}_i) \tag{5-58}$$

式中，$u_{Y_i}(\boldsymbol{x}_i)$ 表示 Y_i 的均值；$\delta_{Y_i}(\boldsymbol{x}_i): N(0, \sigma^2_{Y_i}(\boldsymbol{x}_i))$ 量化了低层模型的预测响应不确定性。$u_{Y_i}(\boldsymbol{x}_i)$ 和 $\sigma^2_{Y_i}(\boldsymbol{x}_i)$ 通过 Kriging 预测模型可以求解得到。同样地，仅考虑高层代理模型不确定性，高层响应 Z 也服从高斯分布，表示为

$$Z = u_Z(\boldsymbol{y}) + \delta_Z(\boldsymbol{y}) \tag{5-59}$$

式中，$u_Z(\boldsymbol{y})$ 表示 Z 的均值：$\delta_Z(\boldsymbol{y}): N(0, \sigma^2_Z(\boldsymbol{y}))$ 量化了高层模型的预测响应不确定性。当同时考虑低层和高层代理模型不确定性情况下，系统预测响应的均值和方差可以表示为

$$u_{L+U} = E[Z(u_Y(\boldsymbol{x})) \mid \delta_Y, \delta_Z] \tag{5-60}$$

$$\sigma^2_{L+U} = Var[Z(u_Y(\boldsymbol{x})) \mid \delta_Y, \delta_Z] \tag{5-61}$$

式中，$\delta_Y = \sum_{i=1}^{N_L} \delta_{Y_i}$；$E(\cdot)$ 为期望算子；$Var(\cdot)$ 为方差算子。首先考虑高层子模型的代理模型不确定性，则式（5-60）可以重新表述为

$$\begin{aligned} u_{L+U} &= E\{E[Z(u_Y(\boldsymbol{x}) + \delta_Y(\boldsymbol{x})) \mid \delta_Z]\} \\ &= E\{u_Z(u_Y(\boldsymbol{x}) + \delta_Y(\boldsymbol{x}))\} \end{aligned} \tag{5-62}$$

仔细观察式（5-62），可以发现 Z_{L+U} 的均值等于 Z 的均值。考虑均值和方差之间的如下关系：

$$Var(Z) = E(Z^2) - E(Z)^2 \tag{5-63}$$

式（5-61）可重新表达为

$$\begin{aligned} \sigma^2_{L+U} &= Var[Z(u_Y(\boldsymbol{x})) \mid \delta_Y, \delta_Z] \\ &= E[Z^2(u_Y(\boldsymbol{x})) \mid \delta_Y, \delta_Z] - E[Z(u_Y(\boldsymbol{x})) \mid \delta_Y, \delta_Z]^2 \end{aligned} \tag{5-64}$$

同样地，首先考虑式（5-63）中的高层子模型的代理模型不确定性，可以得到

$$\sigma^2_{L+U} = E\{E[Z^2(u_Y(\boldsymbol{x}) + \delta_Y(\boldsymbol{x})) \mid \delta_Z]\} - E\{E[Z(u_Y(\boldsymbol{x}) + \delta_Y(\boldsymbol{x})) \mid \delta_Z]\}^2 \tag{5-65}$$

再次利用式（5-63）的关系式，式（5-65）可以改写为

$$\sigma^2_{L+U} = E\{\sigma^2_Z(u_Y(\boldsymbol{x}) + \delta_Y(\boldsymbol{x}))\} + Var\{u_Z(u_Y(\boldsymbol{x}) + \delta_Y(\boldsymbol{x}))\} \tag{5-66}$$

式（5-66）包含两个部分：其中一个表示 σ^2_Z 的均值，另一个为 u_Z 的方差。很明显，u_Z 和

σ_Z^2均为不确定性变量，其随机实现可很容易地通过所建立的 Kriging 模型得到。式（5-62）和（5-66）可以通过引入非嵌入式不确定性传递方法来求得，例如 MCS、线性近似等。这里采用前面章节引入的稀疏 PCE 方法，原因有二：一是 PCE 方法可以直接应用于敏感性分析，可与后续的随机场分解方法结合使用；二是新样本的序列增加实际上是一个连续迭代的反问题，需要通过优化方法来获取。PCE 的计算代价相对较低，有利于加快这个迭代过程。此外，还使用 MCS 方法来验证所提出的基于 PCE 的代理模型不确定性量化方法的准确性，处理多层次代理模型不确定性的 MCS 方法步骤可归纳如下：

1）对于一组确定性输入 $\boldsymbol{x}$，基于低层次 Kriging 模型计算其预测响应 $\boldsymbol{Y}$ 的均值 $u_Y(\boldsymbol{x})$ 和方差 $\sigma_Y^2(\boldsymbol{x})$。

2）基于高斯分布 $N(u_Y(\boldsymbol{x}),\sigma_Y^2(\boldsymbol{x}))$ 生成 n^l组 Y 的随机样本 y_i，$i=1$，…，n^l。

3）基于高层次 Kriging 模型计算步骤 2 的随机样本所对应的预测响应 $\boldsymbol{Z}$ 的均值 $u_Z(\boldsymbol{y}_i)$，$i=1,\cdots,n^l$和方差 $\sigma_Z^2(\boldsymbol{y}_i),i=1,\cdots,n^l$；样本集 $\{u_Z(y_i)\}$ 被定义为 A。

4）对于每个高斯分布 $N(u_Z(\boldsymbol{y}_i),\sigma_Z^2(\boldsymbol{y}_i))$ 生成 n_j^u 组随机样本 z_j，$j=1$，…，n_j^u，最终获得 $\sum_{j=1}^{nl} n_j^u$ 个样本；样本集被定义为 B。

5）基于统计分析获得 Z_{L+U}的均值 μ_{L+U}和方差 σ_{L+U}^2。

在多层次代理模型不确定性量化中有两个事项需要说明。首先，多层次代理模型不确定性的量化问题从数学上可以看作参数和代理模型不确定性的耦合量化问题。低层代理模型不确定性产生的随机变量 $\boldsymbol{Y}$ 可以视为高层模型的参数不确定性。由于是两种不确定性共同作用下的量化问题，故当使用 MCS 方法来量化响应不确定性时需要执行两次随机抽样，所对应的样本集为 B。相比之下，传统的 MCS 方法将会忽略高层模型的代理模型不确定性，所对应的样本集为 A。生成样本集的 MCS 方法称为多级 MCS（Multilevel-MCS，M-MCS），以区别于生成样本集 A 的简化 MCS（Simplified-MCS，S-MCS）方法。其次，代理模型不确定性传递可以通过自下而上的方法应用于任何层次的系统。一般情况下，由于多层次模型不确定性的耦合作用，经过两级传递的响应不确定性不再服从高斯分布，因此，需要引入额外的概率分布拟合方法，例如 5.3.2 节的 λ-PDF 拟合技术。

为了直观地展示多级代理模型不确定性的耦合效应。选取一个如图 5-4 所示的双层系统 $G_U:z=(y-1)^2\sin(12y-4)$，$G_L:y=(x-1)^2\sin(12x-6)$ 来解释不同情况下的系统不确定性。基于 LHS 方法生成的样本（$0,0.0190,0.3100,0.5305,0.8505,1$）来构造低层子系统的 Kriging 模型。给定确定性输入 $x_0=0.2$，Y 的不确定性服从高斯分布 $N(0.2418,0.0031)$。图 5-16 展示了采用 MCS 进行 10^5 次采样的不同代理模型不确定性下的系统响应不确定性对比结果；图 5-16a 和图 5-16b 的响应不确定性是由单一子系统的代理模型不确定性产生，另一个子系统则为真实模型；图 5-16c 则展示了两个子模型代理模型不确定性同时作用下的响应不确定性。与只考虑单一层次代理模型不确定性的结果相比，受多级代理模型不确定性影响的响应不确定性变化很大。因此，有必要在分析过程中充分考虑各层次子系统的代理模型不确定性。

2. 基于 PCE 的代理模型不确定性量化

不确定性变量 u_Z和 σ_Z^2的统计矩可以通过构造对应的 PCE 模型来获得，表达式如下：

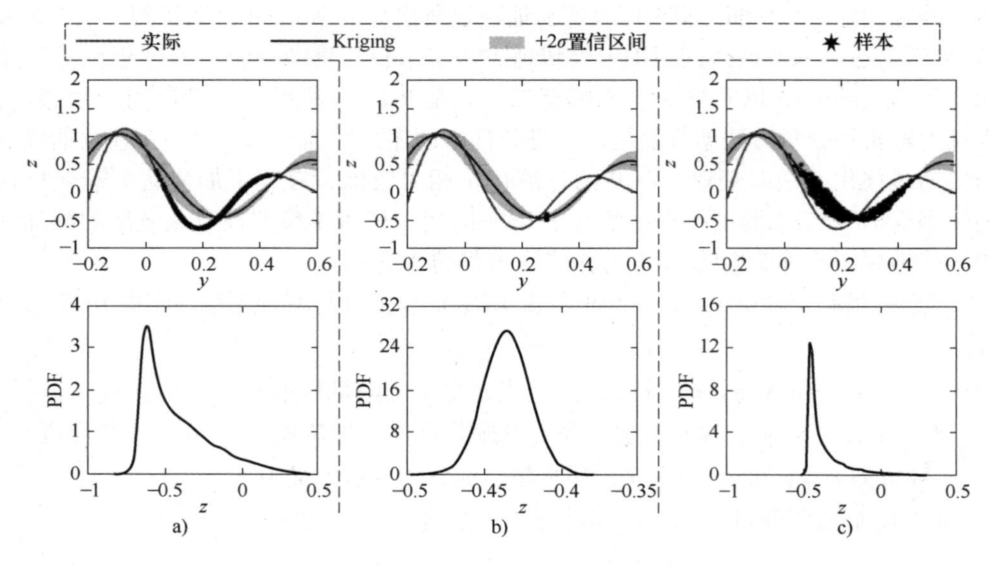

图 5-16　不同情况下的系统响应不确定性

a）G_L产生的不确定性　b）G_U产生的不确定性　c）G_L和G_U同时产生的不确定性

$$u_Z = \sum q_\alpha^u \psi_\alpha^u(\boldsymbol{Y}) \tag{5-67}$$

$$\sigma_Z^2 = \sum q_\alpha^{\sigma^2} \psi_\alpha^{\sigma^2}(\boldsymbol{Y}) \tag{5-68}$$

式中，q_α^u和$q_\alpha^{\sigma^2}$分别为多项式项ψ_α^u和$\psi_\alpha^{\sigma^2}$的系数。通过对PCE系数的后处理可以得到u_Z的均值和方差：

$$E(u_Z) = q_0^u \tag{5-69}$$

$$Var(u_Z) = \sum_{\alpha \in \Lambda \setminus \{\mathbf{0}\}} (q_\alpha^u)^2 E(\psi_\alpha^u)^2 \tag{5-70}$$

同样地，σ_Z^2的均值为

$$E(\sigma_Z^2) = q_0^{\sigma^2} \tag{5-71}$$

式（5-62）和（5-66）可进一步推导为

$$u_{L+U} = q_0^u \tag{5-72}$$

$$\sigma_{L+U}^2 = q_0^{\sigma^2} + \sum_{\alpha \in \Lambda \setminus \{\mathbf{0}\}} (q_\alpha^u)^2 E(\psi_\alpha^u)^2 \tag{5-73}$$

基于PCE模型可很容易地计算得到随机变量u_Z和σ_Z^2的均值和方差。PCE模型中的正交多项式可根据随机变量的PDF来进行确定，由于$\boldsymbol{Y}$服从高斯分布，故双层次系统仅需要用到Herimite多项式。对于两级以上的系统可以采用λ-PDF拟合技术来获得中间变量的PDF。基于PCE的代理模型不确定性量化结合优化算法可以快速、准确地确定能尽可能提高模型保真度的样本位置，从而大大提高自适应采样的计算效率。

5.5.2　子系统保真度提高

本节提出一种基于上述技术来降低多级代理模型不确定性的自适应采样策略。在采样过

程中，首先构造初始代理模型，然后利用基于 PCE 的量化方法定位备选样本空间。最后，结合 Sobol 敏感性分析和 K-L 展开方法来选择对系统响应影响最大的子模型，所提策略如图 5-17 所示。该策略主要包括代理模型构造、备选样本集的定位以及子模型选择三个步骤。

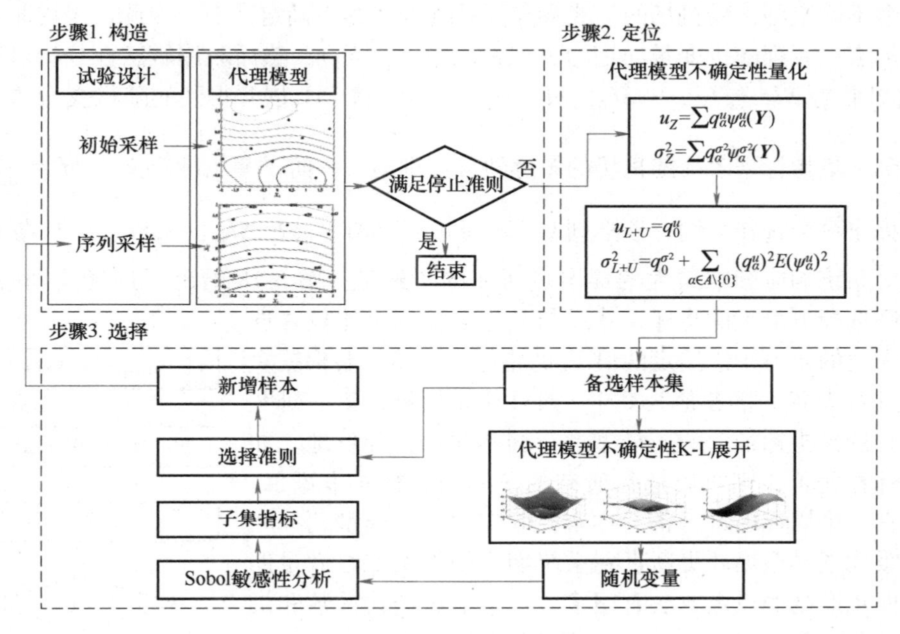

图 5-17　自适应采样策略

基于初始样本并利用 Kriging 模型建立了各个子系统的初始代理模型，初始样本通过 LHS 方法生成并基于有限元仿真等方法获得响应数据。每个子模型的样本数量可以不同，取决于子系统的非线性和输入变量的维度。子模型会通过以下两步骤逐步添加新样本直到满足模型保真度要求。

1. 备选样本集的定位

相关准则包括均方误差（Mean Square Error，MSE）和积分均方误差（Integrated Mean Square Error，IMSE）准则等。Y Liu 等采用了 IMSE 准则来寻找下一个样本点，但是该方法需要对每个子模型进行优化，因此随着子模型数量的增加，该方法的计算成本会很高。MSE 准则等价于系统响应方差，即式（5-74），所以选择 MSE 准则来定位新样本。寻找最优样本空间的优化问题可以表示为

$$\max \quad \sigma_{L+U}^2(\boldsymbol{x}_1,\cdots,\boldsymbol{x}_{N_L}) \tag{5-74}$$

需要注意的是，输入变量是确定性的，而目标函数是系统响应在未采样点的方差。因此，所提的基于 PCE 的量化被嵌入到计算方差的优化过程中。通过求解优化问题，可以直接得到低层子系统的最优输入空间（$\boldsymbol{x}_1^*,\cdots,\boldsymbol{x}_{N_L}^*$），然后将其代入到代理模型中可得高层子模型的确定性输入 $\boldsymbol{y}^*$ 及随机变量 $\boldsymbol{Y}^*$。

2. 子模型的选择

从优化结果得到的最优样本空间称为备选样本空间，虽然在该样本组合（$\boldsymbol{x}_1^*,\cdots,\boldsymbol{x}_{N_L}^*$，$\boldsymbol{y}^*$）下，系统响应的不确定性最大。但是由于成本的限制，无法基于该样本组合对所有的

子模型进行仿真模拟。而且，每个子模型中代理模型不确定性对响应方差的贡献是不一致的，因此选择对系统响应方差影响大的子模型来进行序列采样可以减少计算成本。低层子系统的代理模型不确定性以随机变量 $\boldsymbol{Y}^*$ 的形式参与到系统响应的不确定性中，而高层子模型的代理模型不确定则以随机场的形式参与到系统响应的不确定性中。因此，采用K-L展开将随机场分解为一系列随机变量，记为 $\boldsymbol{\xi}=(\xi_i,i=1,\cdots,N_S)$。然后利用敏感性分析可得到一阶Sobol敏感性指标 $\boldsymbol{SI}=(SI_{Y_1},\cdots,SI_{Y_{N_L}},SI_{\xi_1},\cdots,SI_{\xi_{N_S}})$。将K-L展开得到的随机变量的敏感性进行集成得到子集指标来表征随机场的敏感性。特别地，一阶子集指标定义为 $SI_{\xi}=\sum_{i=1}^{N_S}SI_{\xi_i}$。

本节提出一个选择准则，该准则基于子集指标 $\boldsymbol{SSI}=\{SI_{\xi},SI_{Y_1},\cdots,SI_{Y_{N_L}}\}$ 从备选样本空间中选择对系统响应影响最大的样本点所在的子模型。图5-18给出了选择准则的流程图。首先该准则选择值最大的指标，然后与其他指标逐个比较并选择出与最大值的差值小于给定阈值 ε_{SI} 的指标。阈值需要根据实际情况来进行设置，推荐值为0.1。如果计算代价过高，研究人员可以只选择指标最大的子模型进行样本添加；相反地，如果不考虑计算代价，则可以选择所有的子模型进行样本添加。所提策略在一个周期内进行备选样本空间定位、子模型选择和更新。多级代理模型循环更新直到系统响应的不确定性满足停止准则。停止准则的设定方法有很多，包括最大迭代次数和最近 N_{last} 次未采样点的MSE值小于给定的方差阈值 ε_{σ^2}：

$$\sum_{k=0}^{N_{\text{last}}-1}\text{MSE}_{N_{\text{current}}-k}\Big/N_{\text{last}}\leqslant\varepsilon_{\sigma^2}\tag{5-75}$$

式中，N_{current} 表示当前代数的编号。

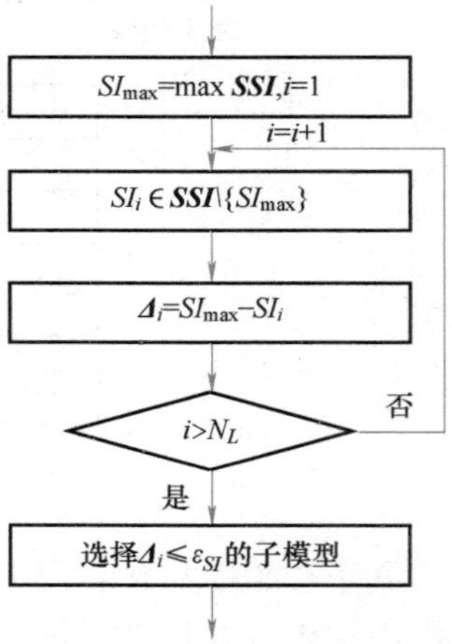

$SI_{\max}$=max $\boldsymbol{SSI}$, i=1
i=i+1
$SI_i\in\boldsymbol{SSI}\backslash\{SI_{\max}\}$
Δ_i=$SI_{\max}$−SI_i
i>N_L
否
是
选择 $\Delta_i\leqslant\varepsilon_{SI}$ 的子模型

图5-18 选择准则的流程图

所提的策略在执行自适应序列采样过程的一个循环里仅需要一次优化，一次随机场展开和一次敏感性分析。所以子系统的数量不影响优化的次数，极大地降低了优化过程带来的计算成本。此外，敏感性分析方法使得仅选择对系统响应影响重要的子模型进行加点，从而最小化了仿真的次数。尽管本节仅选取了双级系统来说明所提的策略，但是本方法可以与第5.4节的HSA方法结合扩展到三层次及以上的复杂系统中。

5.6 基于系统分解的设计方法

5.6.1 前馈耦合系统

忽略代理模型不确定性会导致优化问题的约束失效，同时处理参数和代理模型不确定性会得到一个过于保守的解。本节为减少代理模型不确定性，提出了一种面向目标的序列采样策略，以获得更接近真实解的值。图5-19所示为所提出的自适应采样策略流程。该流程包括三个主要部分。第一部分是基于代理模型的PATC，包括试验设计、Kriging模型的构建、

PATC 和停止准则。第二部分是面向目标的序列采样技术的建立。本部分中，首先将确定性的面向目标的序列采样技术扩展到稳健性设计中。此外，还采用 K-L 展开和 PCE 来有效和准确地量化代理模型不确定性对稳健性响应或约束的影响。第三部分是在备选样本集的基础上选择需要新增样本的子模型，该部分内容详见 5.5.2 节，本节不再赘述。

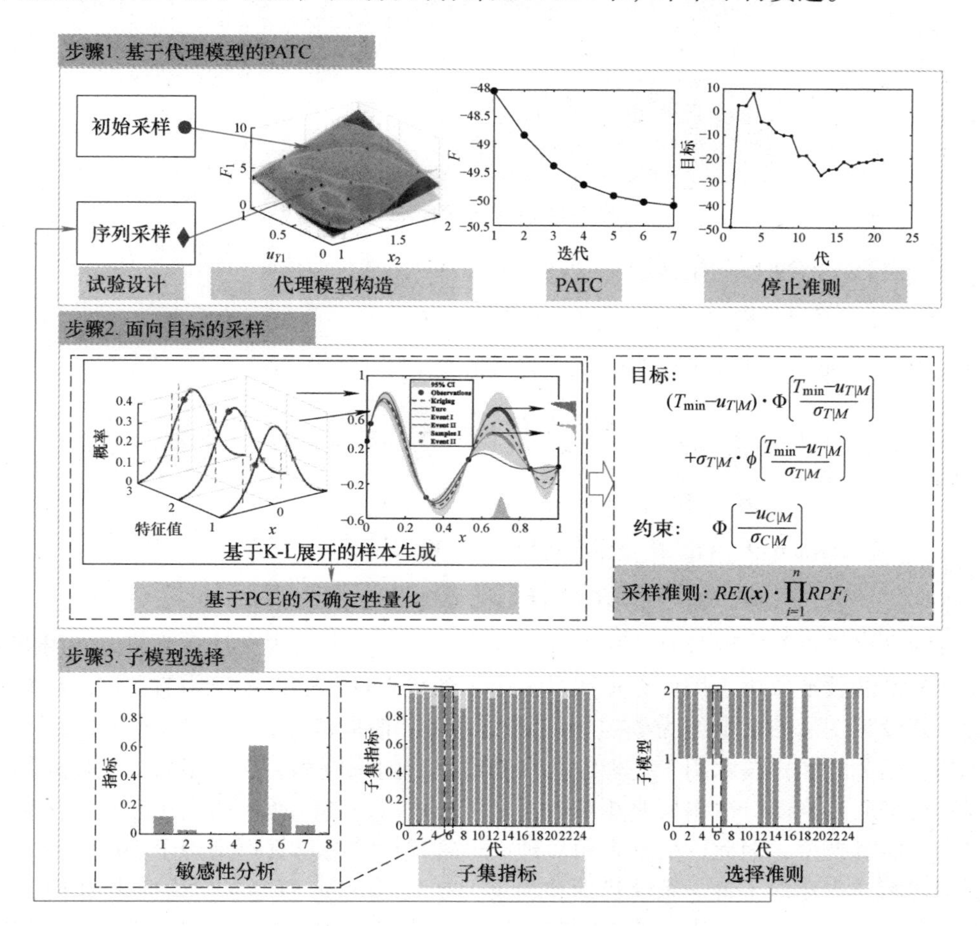

图 5-19 自适应采样策略流程

1. 基于代理模型的 PATC

H. Liu 等提出了通过匹配响应和联系变量的均值和方差的 PATC 方法来实现考虑不确定性的层次多级优化问题的求解。之后，众多学者针对不确定性 ATC 问题开展了大量的理论及应用研究。

总的来说，PATC 方法一般匹配一致性约束中相关响应和联系变量的特征变量，如统计矩或多项式系数。图 5-20 描述了通用的 PATC 层次 i 子系统 j 设计问题（O_{ij}）的信息流。$\boldsymbol{F}_{ij}$，$\boldsymbol{G}_{ij}$分别是由具有局部变量 $\boldsymbol{X}_{ij}$，联系变量 $\boldsymbol{Y}_{ij}$和低层次子系统响应 $\boldsymbol{F}_{(i+1)k}(k=1,\cdots,n_{ij})$ 的分析模型决定的随机目标和约束。（$\boldsymbol{F}_{ij},\boldsymbol{Y}_{ij}$）的特征变量的目标由上层次子系统分配为 $\theta^{\mathrm{U}}_{\boldsymbol{F}_{ij}}$和 $\theta^{\mathrm{U}}_{\boldsymbol{Y}_{ij}}$。而低层次子系统的可实现值则通过 $\theta^{\mathrm{L}}_{\boldsymbol{F}_{(i+1)k}}$和 $\theta^{\mathrm{L}}_{\boldsymbol{Y}_{(i+1)k}}$进行反馈以建立一致性约束。优化问题 O_{ij}的目的是寻找 $\boldsymbol{X}_{ij}$的最优值，并为低层次子系统分配目标 $\theta^{\mathrm{U}}_{\boldsymbol{F}_{(i+1)k}}$和 $\theta^{\mathrm{U}}_{\boldsymbol{Y}_{(i+1)k}}$。子系统优化问题表达式如式（5-76）所示。

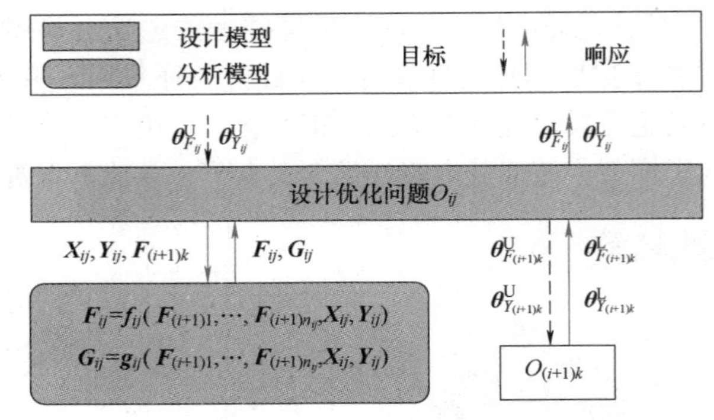

图 5-20 PATC 的信息流

$$
\begin{aligned}
&\text{given}\ \theta^{U}_{F_{ij}},\theta^{U}_{Y_{ij}},\theta^{L}_{F_{(i+1)k}},\theta^{L}_{Y_{(i+1)k}}\quad k=1,\cdots,n_{ij}\\
&\text{find}\quad \boldsymbol{X}_{ij},\theta_{F_{(i+1)k}},\theta_{Y_{ij}},\theta_{Y_{(i+1)k}},\varepsilon^{F}_{ij},\varepsilon^{Y}_{ij}\\
&\min\quad \|\theta_{F_{ij}}-\theta^{U}_{F_{ij}}\|+\|\theta_{Y_{ij}}-\theta^{U}_{Y_{ij}}\|+\varepsilon^{F}_{ij}+\varepsilon^{Y}_{ij}\\
&\text{s.t.}\quad \sum_{k=1}^{n_{ij}}\|\theta_{F_{(i+1)k}}-\theta^{L}_{F_{(i+1)k}}\|\leqslant\varepsilon^{F}_{ij},\ \sum_{k=1}^{n_{ij}}\|\theta_{Y_{(i+1)k}}-\theta^{L}_{Y_{(i+1)k}}\|\leqslant\varepsilon^{Y}_{ij}\\
&\qquad\ \boldsymbol{u}_{G_{ij}}+3\boldsymbol{\sigma}_{G_{ij}}\leqslant 0\\
&\text{where}\ \boldsymbol{F}_{ij}=\boldsymbol{f}_{ij}(\boldsymbol{F}_{(i+1)1},\cdots,\boldsymbol{F}_{(i+1)n_{ij}},\boldsymbol{X}_{ij},\boldsymbol{Y}_{ij})\\
&\qquad\ \boldsymbol{G}_{ij}=\boldsymbol{g}_{ij}(\boldsymbol{F}_{(i+1)1},\cdots,\boldsymbol{F}_{(i+1)n_{ij}},\boldsymbol{X}_{ij},\boldsymbol{Y}_{ij})
\end{aligned}
\tag{5-76}
$$

本节的 PATC 并不是特指 H. Liu 等提出的方法，而是表示从文献中总结出通用的优化框架。设计变量的数量取决于用什么描述量来表示随机变量。如果采用均值和标准差来表示随机变量，则设计变量的数量约为确定性问题的两倍。根据该公式，采用 MCS 进行不确定性分析，基于相关的抽样技术用于处理由共享变量引起的响应相关性。序列二次规划等基于梯度的方法与增广拉格朗日协调策略相结合，求解如式（5-76）所示的优化问题，优化的计算代价取决于仿真模型，因此，故常采用代理模型替代计算机仿真模型用于响应预测。

利用初始样本建立了各子系统目标和约束的初始 Kriging 模型。初始样本由 LHS 方法生成，通过实验或计算机仿真模型获得对应的目标和约束值。子系统的初始样本大小与变量维度和系统非线性有关，需要根据经验知识来确定。因此，每个子系统的样本尺寸可以不同。将 PATC 方法与所建立的 Kriging 模型相结合得到最优值。

迭代生成序列样本并更新子系统的 Kriging 模型，直到代理模型不确定性降低到满意的水平，从而得到接近真实解的值。在序列采样过程中，采样准则和停止准则是影响采样效果的两个重要因素。其中，采样准则是确定样本位置和子模型选择的依据。停止准则是另一个重要因素，其决定序列采样过程的终止。现有研究中常用的停止准则有距离准则、方差准则、极限准则等。停止准则与采样策略无关，可根据实际情况自由选择。本节采用迭代过程中的最优值相对误差小于给定误差阈值 ε_{SC}。

2. 面向稳健目标的采样技术

本节提出了一种面向稳健目标的序列采样方法，与第四章中面向模型的序列采样方法不同的是，面向模型的序列采样方法旨在提高代理模型的预测精度，提高模型在全域空间内的预测精度，而面向目标的序列采样方法则以寻找到最优解为目标，在最优解最可能出现的区域进行搜索并新增对寻优过程贡献大的样本点。面向模型的序列采样方法由于会将过多的样本用于提高全局模型的精度，因为对设计来说计算效率不高。面向目标的序列采样技术平衡了局部最优搜索和全局精度改进两种功能，使新增样本逐渐分配到对优化贡献较大的区域。

高效全局优化算法（Efficient Global Optimization，EGO）是研究最多，应用最为广泛的面向目标的序列采样方法。EGO 算法通过建立 EI 函数作为样本填充准则，研究在预测误差大的区域和当前最优解附近区域出现最优解的概率。对于寻求目标为 f 的全局最小值的无约束确定性优化问题，一般 EI 准则被定义为

$$\mathrm{EI}(\boldsymbol{x})=\begin{cases}(f_{\min}-u_f)\cdot\Phi\left(\dfrac{f_{\min}-u_f}{\sigma_f}\right)+\sigma_f\cdot\phi\left(\dfrac{f_{\min}-u_f}{\sigma_f}\right), & \text{if}\quad \sigma_f>0\\ 0, & \text{if}\quad \sigma_f=0\end{cases} \tag{5-77}$$

式中，$f_{\min}$ 为当前最小值；$\phi(\cdot)$ 和 $\Phi(\cdot)$ 分别为标准正态分布的概率密度算子和累积概率算子；u_f 和 σ_f 分别为未采样点的预测均值和预测方差。EI 准则主要包括两部分：第一部分是 x 的预测响应小于当前最优解的概率，表示在最优解可能出现区域的搜索能力；第二部分是 x 的预测误差项，反映了搜索具有最大误差位置的能力。目前 EI 函数已成为最为广泛应用的面向目标的序列采样准则。尽管面向目标的采样方法已经得到了很好的研究，但参数和代理模型不确定性的耦合作用，导致稳健目标和约束不再是确定性的值，而是均值和方差的组合，故很难将其直接应用于稳健性设计。S. L. Zhang 等在 RDO 领域扩展了 EI 准则，定义为稳健性期望改进（Robust Expected Improvement，REI）准则：

$$\mathrm{REI}(\boldsymbol{x})=\begin{cases}(T_{\min}-u_{T|M})\cdot\Phi\left(\dfrac{T_{\min}-u_{T|M}}{\sigma_{T|M}}\right)+\sigma_{T|M}\cdot\phi\left(\dfrac{T_{\min}-u_{T|M}}{\sigma_{T|M}}\right), & \text{if}\quad \sigma_{T|M}>0\\ 0, & \text{if}\quad \sigma_{T|M}=0\end{cases} \tag{5-78}$$

式中，$T_{\min}$ 为考虑参数不确定性的预测得到最小稳健目标；$u_{T|M}$ 和 $\sigma_{T|M}$ 分别为代理模型不确定性下稳健目标 T 的预测均值和标准差。稳健目标 $T(\boldsymbol{x})$ 是由参数不确定性下的均值和标准差组成的，可表示为

$$T(\boldsymbol{x})=u_{F|P}+3\sigma_{F|P} \tag{5-79}$$

对于实际工程问题，通常存在一些约束条件，PF 准则常被用来衡量新样本对约束边界改进效果的影响。确定性约束的 PF 公式表示为

$$\mathrm{PF}(g(\boldsymbol{x})\leqslant 0)=\Phi(-u_g/\sigma_g) \tag{5-80}$$

式中，u_g 和 σ_g 分别为约束函数在未采样点的预测均值和预测方差。与 REI 函数类似，PF 函数同样可扩展到稳健约束。此外，为了使约束边界附近的解有更大的机会被选择，定义稳健性可行概率（Robust Probability of Feasible，RPF）函数如下：

$$\mathrm{RPF}(C(\boldsymbol{x})\leqslant 0)=\begin{cases}2-\Phi\left(\dfrac{-u_{C|M}}{\sigma_{C|M}}\right), & \text{if}\quad \dfrac{-u_{C|M}}{\sigma_{C|M}}\geqslant 0\\ \Phi\left(\dfrac{-u_{C|M}}{\sigma_{C|M}}\right), & \text{if}\quad \dfrac{-u_{C|M}}{\sigma_{C|M}}<0\end{cases} \tag{5-81}$$

式中，$C(\boldsymbol{x})=u_{G|P}+3\sigma_{G|P}$，$u_{G|P}$ 和 $\sigma_{G|P}$ 分别为考虑参数不确定性的约束 $G(\boldsymbol{x})$ 的均值和标准差；$u_{C|M}$ 和 $\sigma_{C|M}$ 分别为代理模型不确定性下稳健约束函数 $C(\boldsymbol{x})$ 的预测均值和标准差。通过使 RPF 函数和 REI 函数的乘积最大化，可以在采样过程中同时考虑样本对稳健目标和

约束的改进效果，

$$\max \quad \mathrm{REI}(\boldsymbol{x})\cdot\prod_{i=1}^{n}\mathrm{RPF}_i(C(\boldsymbol{x})\leqslant 0) \tag{5-82}$$

求解上式获取的解被作为备选样本集，此优化的关键问题是求解（$u_{T|M},\sigma_{T|M}$）和（$u_{C|M},\sigma_{C|M}$）的精度和效率。基于 MCS 方法的不确定性传递计算成本是负担不起的，故本节继续采用 K-L 展开方法分解代理模型不确定性，并在此基础上基于 PCE 的不确定性量化方法来进行求解。以（$u_{T|M},\sigma_{T|M}$）为例，其可通过对所构造的 PCE 系数进行后处理获取，

$$\begin{aligned} &u_{T|M}=E(T)=q_0 \\ &\sigma_{T|M}=\sqrt{E[(T-u_{T|M})^2]}=\sqrt{\sum_{\boldsymbol{\alpha}\in\Lambda\setminus\{\boldsymbol{0}\}}q_{\alpha}^2E(\psi_{\alpha})^2} \end{aligned} \tag{5-83}$$

本计算流程最重要的内容是通过优化式（5-82）中的表达式来获取面向目标的序列样本。该优化嵌入了基于 K-L 展开和 PCE 技术的不确定性量化方法。K-L 展开可以将代理模型不确定性分解为一组随机变量。PCE 则与之前用途一致，一是提高计算效率，二是以一种简单的方法来获取敏感性指标。随机变量的敏感性指标将在下一步中被集成到子集指标中，为需要序列采样的子模型的选择提供参考。子模型的选择可以进一步地减少物理试验或计算仿真的次数。因此，序列采样技术可以较低的计算代价得到接近真实解的设计值。

5.6.2　后馈耦合系统

后馈耦合系统由于各子系统之间存在相互的信息交流，往往需要在子系统之间进行迭代计算才能求得各子系统的响应。图 5-21 给出了后馈耦合系统常见的一种结构形式。式（5-84）给出了后馈耦合系统不确定性设计优化问题的一般形式（这里以可靠性设计优化问题为例）。

$$\begin{aligned} &\text{find} \quad \boldsymbol{x} \\ &\min \quad E[f(\boldsymbol{x},\boldsymbol{U},\boldsymbol{Y}(\boldsymbol{x},\boldsymbol{U}))] \\ &\text{s.t.} \quad P(g_i(\boldsymbol{x},\boldsymbol{U},\boldsymbol{Y}(\boldsymbol{x},\boldsymbol{U}))\leqslant 0)<p_i, \quad \text{for} \quad i=1,2,\cdots,k \\ &\qquad \boldsymbol{x}_{\min}\leqslant\boldsymbol{x}\leqslant\boldsymbol{x}_{\max} \end{aligned} \tag{5-84}$$

式中，$\boldsymbol{x}$ 为设计变量；$\boldsymbol{U}$ 为不确定性参数；$\boldsymbol{Y}$ 为子系统间耦合变量，$\boldsymbol{Y}=\{y_{ij}\}$，$y_{ij}$表示子系统 i 输出到子系统 j 的耦合变量；f 为目标函数；g_i 为概率约束。

本节针对后馈耦合系统，提出了一种能同时处理参数和代理模型不确定性的计算策略。图 5-22 给出了所提出的计算策略流程。该流程包括两个主要部分。第一部分是耦合变量代理模型的建立，包括试验设计、Kriging 模型的构建。第二部分是系统的不确定性设计优化，其是一个迭代过程，在每次迭代中包含不确定性分析和一致性约束计算。

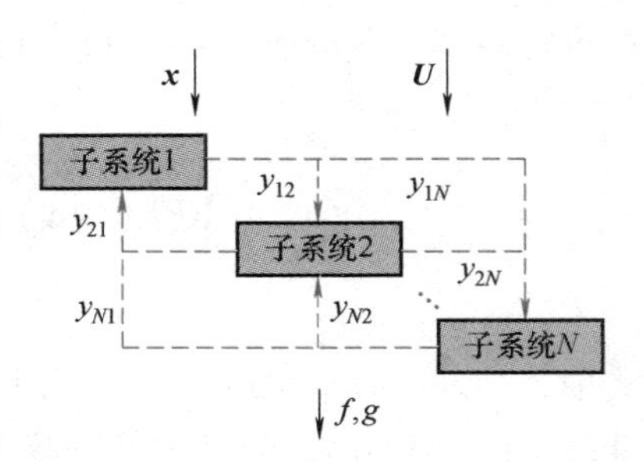

图 5-21　后馈耦合系统结构形式

图 5-22 所示计算流程的基本思想是将子系统间耦合变量 y_{ij}看成是设计变量，同时增加子系统之间的一致性约束 $y_{ij}=\hat{y}_{ij}$，其中 $\hat{y}_{ij}$表示子系统 i 在当前设计变量取值下向子系统 j 输出的值。由于系统含有不确定性参数，因此 y_{ij}和 $\hat{y}_{ij}$实际上是随机变量，为了表示两随机变量的相等关

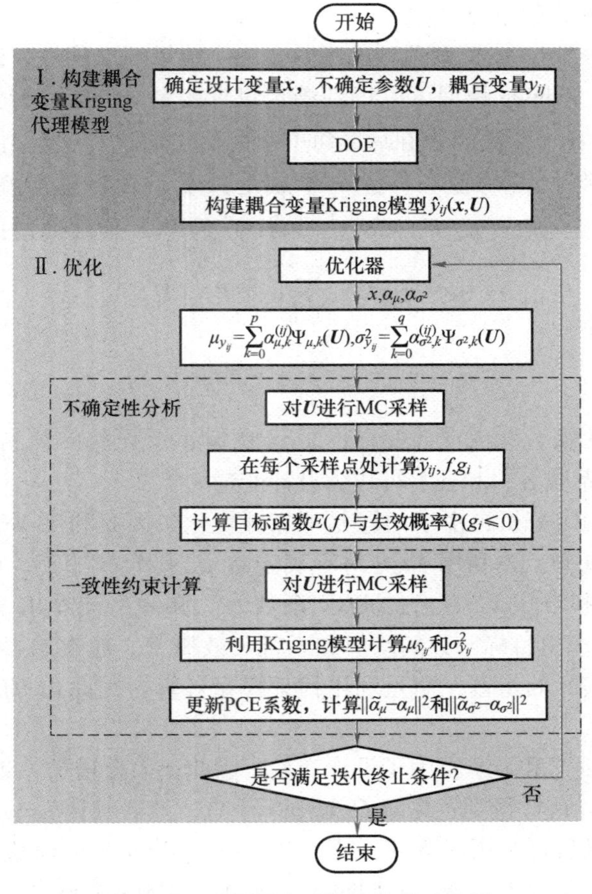

图 5-22　后馈耦合系统计算策略流程

系，以相同的基函数构造 y_{ij}和 $\hat{y}_{ij}$的 PCE：

$$y_{ij}(\boldsymbol{U},\boldsymbol{\alpha}^{(ij)})\text{；}\sum_{k=0}^{p}\alpha_p^{(ij)}\Psi_p(\boldsymbol{U}) \tag{5-85}$$

$$\hat{y}_{ij}(\boldsymbol{U},\tilde{\boldsymbol{\alpha}}^{(ij)})\text{；}\sum_{k=0}^{p}\tilde{\alpha}_p^{(ij)}\Psi_p(\boldsymbol{U}) \tag{5-86}$$

这样一来，设计变量 y_{ij}可以用其 PCE 系数 $\boldsymbol{\alpha}^{(ij)}$来表示，同时一致性约束就都可以用 PCE 的系数来表示：

$$\|\tilde{\boldsymbol{\alpha}}^{(ij)}-\boldsymbol{\alpha}^{(ij)}\|=0,\forall i,j\in\{1,2,\cdots,N\},i\neq j \tag{5-87}$$

式中，N 为子系统的数量。

这样一来，后馈耦合系统不确定性设计优化就可以表示如下：

$$\begin{aligned}
&\text{find} && \boldsymbol{x},\boldsymbol{\alpha}\\
&\min && E[f(\boldsymbol{x},\hat{\boldsymbol{Y}},\boldsymbol{U})]\\
&\text{s.t.} && P(g_i(\boldsymbol{x},\hat{\boldsymbol{Y}},\boldsymbol{U})\leqslant 0)<p_i,\quad \text{for}\quad i=1,2,\cdots,k\\
& && \forall i,j\in\{1,2,\cdots,N\},\quad i\neq j,\quad \|\tilde{\boldsymbol{\alpha}}^{(ij)}-\boldsymbol{\alpha}^{(ij)}\|=0\\
& && \boldsymbol{x}_{\min}\leqslant\boldsymbol{x}\leqslant\boldsymbol{x}_{\max}
\end{aligned} \tag{5-88}$$

式中，$\boldsymbol{\alpha}$ 是耦合变量 PCE 的系数。

由于耦合变量是由 Kriging 模型预测得到的，为了结果的准确性，还应当将 Kriging 模型的不确定性纳入考虑。Kriging 模型可以得到给定设计变量 $\boldsymbol{x}_0$ 和不确定参数 $\boldsymbol{U}_0$ 处响应的均值 $\mu_{y_{ij}}(\boldsymbol{x}_0,\boldsymbol{U}_0)$ 和方差 $\sigma^2_{y_{ij}}(\boldsymbol{x}_0,\boldsymbol{U}_0)$。在后续每一次的优化迭代步中，由于设计变量 $\boldsymbol{x}$ 是固定的，因此 Kriging 模型预测的均值和方差可看成是关于不确定量 $\boldsymbol{U}$ 的函数 $\mu_{y_{ij}}(\boldsymbol{x}_0,\boldsymbol{U})$ 和 $\sigma^2_{y_{ij}}(\boldsymbol{x}_0,\boldsymbol{U})$。然后再建立起 $\mu_{y_{ij}}(\boldsymbol{x}_0,\boldsymbol{U})$ 和 $\sigma^2_{y_{ij}}(\boldsymbol{x}_0,\boldsymbol{U})$ 的 PCE 代理模型：

$$\mu_{y_{ij}}(\boldsymbol{x}_0,\boldsymbol{U}) ; \sum_{k=0}^{p} \alpha^{(ij)}_{\mu,k}\Psi_{\mu,k}(\boldsymbol{U}) \tag{5-89}$$

$$\sigma^2_{y_{ij}}(\boldsymbol{x}_0,\boldsymbol{U}) ; \sum_{k=0}^{p} \alpha^{(ij)}_{\sigma^2,k}\Psi_{\sigma^2,k}(\boldsymbol{U}) \tag{5-90}$$

因为上面将耦合变量 y_{ij} 看成设计变量，而 y_{ij} 由 Kriging 模型的预测均值和方差决定，因此均值和方差的 PCE 系数 $\boldsymbol{\alpha}^{(ij)}_{\mu}$ 和 $\boldsymbol{\alpha}^{(ij)}_{\sigma^2}$ 可作为设计变量。

接下来再进行不确定分析，由于问题是可靠性优化，因此利用 MCS 方法来求出目标函数的均值和系统失效概率。先利用 MCS 对不确定量 $\boldsymbol{U}$ 采样 M 个点，然后对于某个采样点 $\boldsymbol{U}_0$，根据 $\mu_{y_{ij}}(\boldsymbol{x}_0,\boldsymbol{U})$ 和 $\sigma^2_{y_{ij}}(\boldsymbol{x}_0,\boldsymbol{U})$ 的 PCE 系数 $\boldsymbol{\alpha}^{(ij)}_{\mu}$ 和 $\boldsymbol{\alpha}^{(ij)}_{\sigma^2}$ 计算出 $y_{ij}(\boldsymbol{x}_0,\boldsymbol{U}_0)$ 的估计值 $\tilde{y}_{ij}(\boldsymbol{x}_0,\boldsymbol{U}_0)$。这样就能求出目标函数的均值和系统失效概率。通常 M 取 10000～1000000，由于这里并不需要进行实际的仿真，而是利用代理模型计算，因此 M 的采样点并不会耗费太多时间。

由于将 PCE 系数 $\boldsymbol{\alpha}^{(ij)}_{\mu}$ 和 $\boldsymbol{\alpha}^{(ij)}_{\sigma^2}$ 视为了设计变量，因此还需要增加关于 $\boldsymbol{\alpha}^{(ij)}_{\mu}$ 和 $\boldsymbol{\alpha}^{(ij)}_{\sigma^2}$ 的约束条件。新的 PCE 系数可以这样得到：先对 $\boldsymbol{U}$ 采样 N 个点；然后利用 Kriging 模型求出 N 个点处的响应均值和方差；最后再利用这 N 组数据求出 Kriging 模型预测响应均值和方差新的 PCE 系数。计算系数的方法是最小二乘法，同时这里的 N 取 100～1000。

本计算流程最重要的内容是将 Kriging 模型预测均值和方差的 PCE 系数看成设计变量，从而将整个不确定性优化问题解耦成一个优化问题，并通过一致性约束来保证最后最优解满足子系统之间的一致性要求。

5.7 应用案例

本案例旨在研究所提采样策略在处理一个受抛物线载荷 $p=p_0(1-l^2/L^2)$ 影响的悬臂组合梁的重量最小化，其中 $l=0$ 是固定端。图 5-23 展示了所对应的设计结构，详细的设计参数可参考相关文献。该问题有三个随机设计变量，分别是面积二阶矩 I、梁深度 d 和纤维体积分数 v，以及三个概率约束。所有的随机设计变量服从高斯分布，变异系数为 0.05。I、d、v 的均值分布范围分别为 [0.1,2.1]×10^{5}mm^4、[2,5]×10mm、[0.4 0.9]。如图 5-23 所示，PATC 方法可以将问题划分为两个层次，在底层有两个学科，可以将随机变量和概率约束分配给这两个学科。变量 d，v 分别为学科 1 和 2 的局部变量，I 为共享变量。在学科 1 中有两个约束，其中一个为最大应力约束。学科 2 有最大挠度约束。选取均值和标准差来表示随机变量并传递信息。将所提出的采样策略的算法参数分别设置如下：$\varepsilon_{SC}=0.05$，$\varepsilon_{SI}=$

0.1，用于 PCE 的不确定性量化样本数则设置为 100。

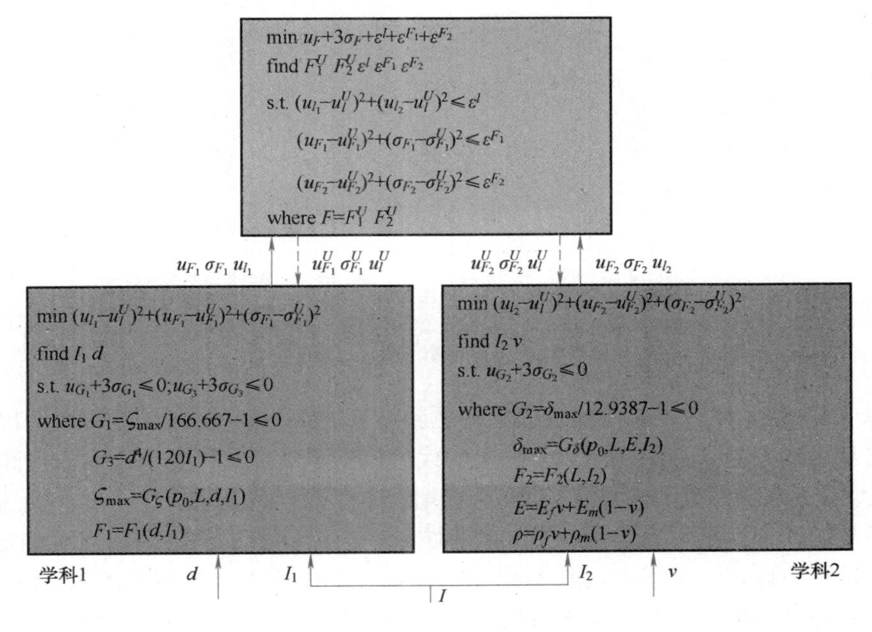

图 5-23　梁的设计结构

采用 LHS 技术生成的 30 个样本构建学科响应，即 F_1 和 F_2，以及约束，即 G_1 和 G_3 的代理模型。学科 1 和 2 的代理模型不确定性被分别分解为 11 和 4 个随机变量。图 5-24 所示为 F_1 和 F_2 的截断误差，观察可以发现截断误差均小于 5%，说明 11 个随机变量能够很好地表示 F_1 的代理模型不确定性，4 个随机变量同时也能够很好地表示 F_2 的代理模型不确定性。目标函数值的收敛过程如图 5-25 所示，迭代的早期过程存在一些振荡，从第 7 代来时有明显的收敛趋势。产生振荡的原因是在迭代开始时，真实解附近的代理模型不确定性仍然较强，序列采样处于探索性搜索阶段。经过 20 代，目标值从 6.542 减少到 5.634，非常接近于真实值 5.485，表明所提出的序列采样策略在降低代理模型不确定性以搜索到接近真实解的方面起到了有效的作用。

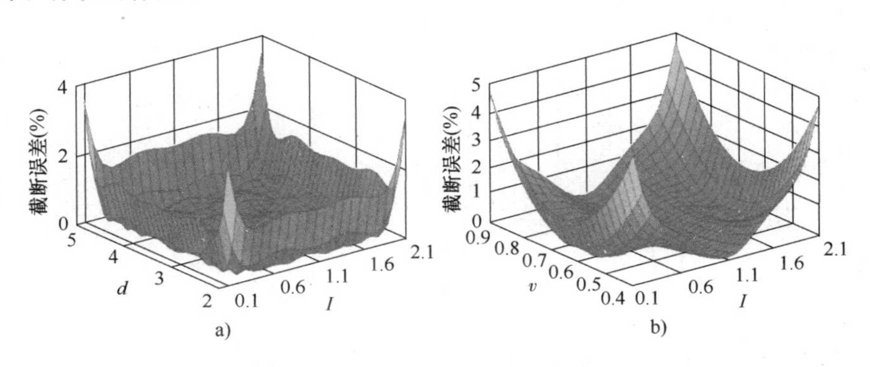

图 5-24　K-L 展开的截断误差

a）学科 1　b）学科 2

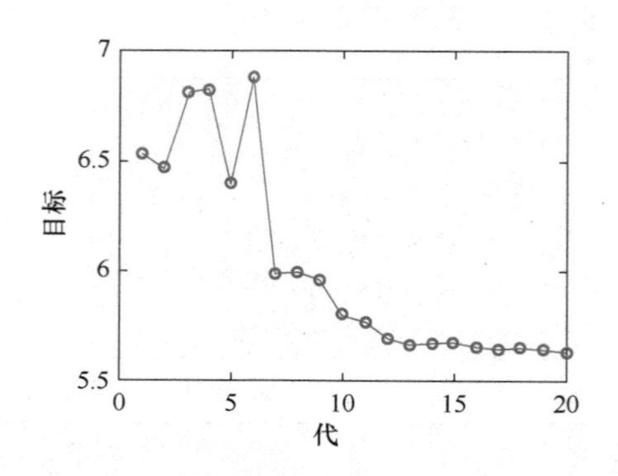

图 5-25　目标函数值的收敛过程

经过 20 次序列采样后，初始代理模型的更新结果如图 5-26 所示。图 5-27 给出了初始代理模型和更新后的方差。结果表明，学科 1 的代理模型不确定性得到了很大的提高，而学科 2 的代理模型几乎没有变化。学科 1 有 20 个新增样本，而学科 2 只有 3 个。产生这种情况的原因是学科 2 的代理模型不确定性对结果的影响较小，因此所提出的策略尽可能地向学科 1 新增样本。该策略体现了子模型贡献不相等时样本分配的优点。观察图 5-28 可以得到，序列采样后得到的优化解与真实解几乎重合。大多数样本（20 个样本中的 15 个）被添加到代理模型的左侧区域，这是因为真实解在左边区域，所有提出的策略将样本分配在真实解可能出现的区域。

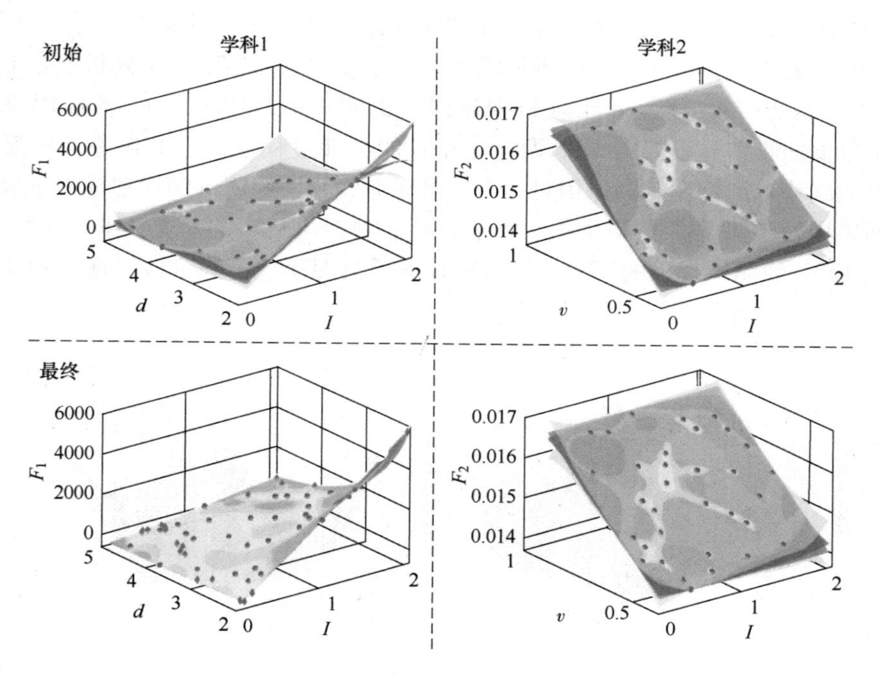

图 5-26　梁的初始和最终代理模型

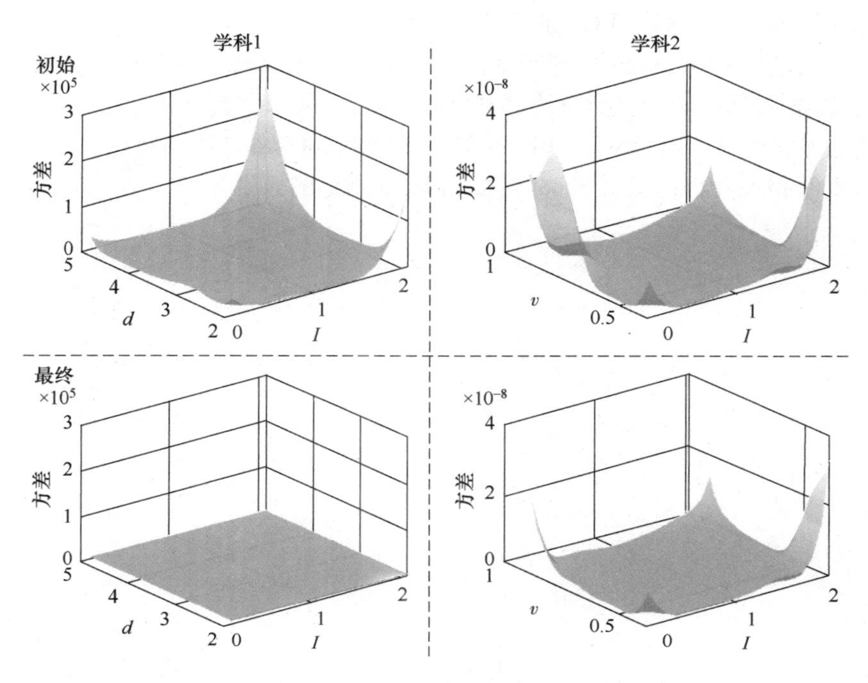

图 5-27　梁的初始和最终方差

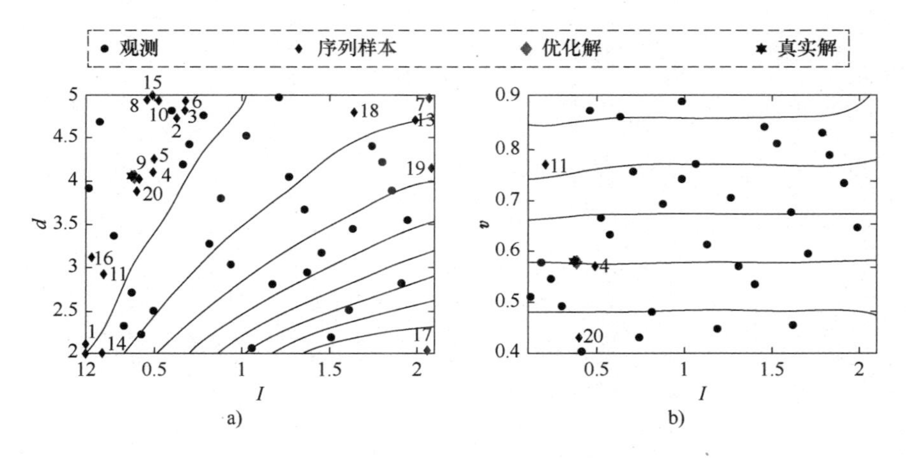

图 5-28　序列样本的序号和位置

a）底层子系统 1　b）底层子系统 2

复习思考题

5-1　简述前馈系统和后馈系统的区别。

5-2　结合第 3 章的敏感性分析方法，简述敏感性分析和层级敏感性分析的区别与联系。

5-3　说明系统中高维相关性产生的原因。

5-4　后馈系统中两级优化策略的常用方法有哪些？并说明这些方法的基本思想。

5-5　相比经典 PCE，稀疏 PCE 的优势有哪些?

5-6　请写出基于 PCE 的随机变量的均值、方差、偏度和峰度的解析表达式。

5-7　简述面向目标和面向稳健目标的序列采样技术的区别与联系。

5-8　简述 BLISS/A，BLISS/B，BLISS/RS，BLISS 2000 各方法的特点。

5-9　请查阅相关资料，说明 Sobol 指标和 Mara 指标的区别。

第6章 多尺度建模与设计

6.1 基本概念和理论

复合材料是由两种或多种不同性质的材料用物理或化学方法在不同尺度上经过一定的空间组合而形成的多相材料系统，它既能保留原组分材料的主要特色，又能通过复合效应获得原组分所不具备的性能，可以通过材料设计使各组分的性能互相补充并彼此关联，从而获得新的优越性能。复合材料的性能与各组分材料的含量、性能、分布形式以及界面特性等密切相关。近年来，随着复合材料工艺水平的进步和纳米技术的发展，碳纳米管、石墨烯等纳米材料成为新的增强增韧相，复合材料的研究逐步拓展到纳米尺度。微纳观组分的引入，能够进一步提升材料的性能，同时也使得材料的组分更加丰富、层级更加复杂。对于这些多层级、多尺度的复合材料，经典的连续介质理论和层合板理论难以考虑其细微观特征，细观力学适用的尺度范围也有待探索。因此需要在复合材料的研究分析中同时考虑多个尺度，建立其宏观性能与细观、介观等各级结构之间的定量关系，实现复合材料的性能预测与设计优化。由此，多尺度复合材料力学分析与设计是解决上述问题的有效手段。

6.1.1 基本概念

多尺度复合材料力学，是综合考虑复合材料在宏观、细观、微观等不同尺度结构特性，运用多尺度分析方法，全面、综合地研究复合材料的组分、分布等微纳米特征与力学性能之间关系的学科。其研究目的在于建立复合材料的宏观性能同其组分材料性能及各尺度结构之间的定量关系，并揭示材料各尺度的不同组织形式导致其宏观性能不同的内在机制。其研究对象为具有多个尺度结构特征的非均匀材料，主要包括两大类，一类是由两种或多种不同性能的材料所组成的非均匀材料，即通常所说的多相材料；另一类是由材料在空间分布不连续而形成的非均匀材料，例如以碳纳米管、石墨烯等微纳米材料为代表的离散材料，这类材料也可以看成其中一相为空的多相材料。对于前者，在研究中通常需要对其进行均质化处理，而对于后者，则常常需要对其进行连续化处理。值得指出的是，实际的复合材料可能同时具有组分非均质性和空间不连续性，而且不同尺度可能具有不同的特点，例如纳米复合材料，在纳米尺度既具有离散性（空间不连续性），又具有组分非均质性，在细微观尺度则可以看作仅具有组分非均质性的材料。

在多尺度复合材料力学的研究中，需要根据材料的结构特征，结合量子力学、分子力学、细观力学以及宏观力学等不同尺度的基础理论和方法进行分析，这就需要用到多尺度分析方法。多尺度分析方法是一类涉及多个尺度并在不同尺度之间进行协同分析的方法，它能够充分利用宏观尺度的高效性和微观尺度的精确性，已成为分析复合材料力学性能的重要方法。多尺度分析方法按照分析思路的不同可以分为两大类。

第一类是多层级分析方法，即按照不同的时间或空间尺度，将实际问题划分为多个层级，并选取适当的参数实现不同层级之间的联系。根据所研究的问题，或从微观结构出发进行逐级等效，自下而上获得材料的宏观等效性能，然后根据求解得到的宏观物理场逐级反演，自上而下获得微观物理场；或在各层级分析的基础上，从宏观性能要求出发，自上而下对材料各层级结构进行优化设计。在其中某一层级的具体分析中，可借助相关尺度的理论分析方法或者数值模拟方法，建立相邻层级的性能参数与重要的结构参数之间的关系。不同尺度之间，通过选取某几个关键参数进行信息传递。因此使用该方法时，需要对整体分析过程及材料基本性能有全面透彻的理解，才能抓住主要的影响参数，保证分析的合理性及全面性。

第二类是并发多尺度分析方法，这类方法主要针对数值模拟，是指在一个计算实验中同时考虑多个不同尺度的模拟，在连续介质模型的计算区域中同时引入介观、微观，甚至纳米尺度离散粒子的计算区域，不同尺度区域之间通过建立一定的数学关系实现耦合。一般而言，该方法在常规区域采用连续介质模型，在某些关键区域，如裂纹尖端，采用分子力学模型甚至量子力学模型，通过一定的耦合方式实现区域的连接，从而在保证精度的情况下大大降低计算量，实现多个尺度的并行计算。该方法的终极目标是实现具有普适性的，跨越纳米尺度、微米尺度、细观尺度和宏观尺度的全尺度模拟。

表 6-1 列出了多尺度分析中常用的理论和模拟方法。理论方法简单，易于实现，而且可以显式地表达复合材料的力学性能参数与组成相力学性能参数之间的关系。但是理论方法简化了复合材料的各尺度结构，并且难以描述组成相材料力学性能的非线性、损伤以及断裂失效等。与有限元技术相结合的模拟方法，可以很好地描述复合材料的各尺度结构以及组成相材料的损伤失效情况，从而准确地预测复合材料的宏观损伤失效情况。因此，基于模拟的多尺度建模方法已经成为复合材料设计与力学性能研究领域的前沿和热点。

表 6-1　多尺度分析中常用的理论和模拟方法

		非均质→均质	离散→连续
多层级分析方法	理论	Voigt 近似，Reuss 近似 Hashin-Shtrikman 上下限法 稀疏方法 自洽法 广义自洽法 微分法 有效自洽法 IDD 方法 Mori-Tanaka 方法 剪滞理论 内聚力模型等	Cauchy-Born 准则 非局部理论等

（续）

		非均质→均质	离散→连续
多层级分析方法	模拟	有限元（FEM） 扩展有限元法（XFEM） 边界元（BEM） 有限体积法（FVM） 离散元（DEM） 无网格方法 渐近展开均匀化方法 胞元法 Voronoi 单元有限元法（VCFEM） 快速傅里叶变换模型（FFT Model）等	密度泛函理论（DFT） 从头算分子动力学（AIMD） 蒙特卡罗模拟（MC） 分子动力学（MD） 原子尺度有限元方法（AFEM） 近场动力学（PD） 粗粒化方法（CG） 分子结构力学方法（MSM） 分子统计热力学方法（MST） 集团统计热力学（CST） 广义均匀化方法（GMH）等
并发多尺度分析方法		双尺度有限元法（FE2） 多尺度有限元法（MsFEM） 多尺度有限体积法（MsFV） 扩展多尺度有限元方法（EMsFEM）等	FEAt MAAD CADD AFEM-FEM 连续介质-分子动力学交叠层方法 桥接尺度方法（BSM） 桥接区域方法（BDM） 三层网格桥接区域模型（TBDM） 准连续方法（QC） 粗粒化分子动力学（CGMD） 混合分子/集团统计热力学（HMCST） 异质多尺度方法（HMM）等

对于复合材料零部件结构，由于其特殊的加工工艺，可以根据结构的载荷特性设计不同的结构厚度以及铺层顺序等以满足结构性能要求，这属于材料与结构一体化成型加工方法。在进行复合材料零部件结构设计时，需要进行复合材料的设计，因此，设计变量多。以平纹机织碳纤维复合材料为例，包括如结构尺寸、铺层厚度和分布等结构参数，以及铺层顺序等材料参数。其次，铺层厚度和铺层顺序等均为离散设计变量。设计变量的离散性，以及材料的失效等导致结构响应非线性强。因此，优化问题的定义、代理模型的选取和更新，以及优化问题的求解是实现复合材料零部件结构优化设计的难点。同时，考虑复合材料的可预测性，基于多尺度建模和优化技术，建立复合材料零部件结构优化设计流程是复合材料结构设计的发展方向。

6.1.2　基本理论

多尺度分析通常以代表单元（Representative Volume Element，RVE；或 Representative Area Element，RAE）为研究对象，因而合理地选取代表单元对多尺度分析十分重要。一般而言，复合材料结构的尺度（设结构最小尺度为 L）与其内部组分的特征尺度（设组分最大

特征尺度为 A，如夹杂的最大尺度）相差巨大，即 $L \gg A$。例如，一般航空复合材料结构尺度在厘米到米的量级，而增强相尺度约为微米量级。对于这样的结构进行分析时，不可能将所有微观结构考虑其中，因此需要引入一个微元（设其尺度为 l），通过该微元上的微观结构获得复合材料宏观等效性能，从而将结构计算和复合材料的等效性能计算解耦，大大简化问题的求解。该微元称为复合材料代表单元。代表体积单元示意图如图 6-1 所示。为了使代表单元能够更好地代表复合材料，一般要求宏观结构尺度、代表单元尺度和微观结构尺度满足 $L \gg l \gg A$。这意味着，代表单元相对于结构尺度要充分小，在宏观结构中可以看作一个点，以保证其处于均匀载荷状态；同时代表单元相对于微观结构要充分大，包含尽量多的微观结构信息，因此其平均性质能够描述复合材料的宏观等效性能。注意这里所说的结构尺度 L 不仅是指结构的实际几何尺度，还要考虑结构所受载荷或变形的特征尺度。

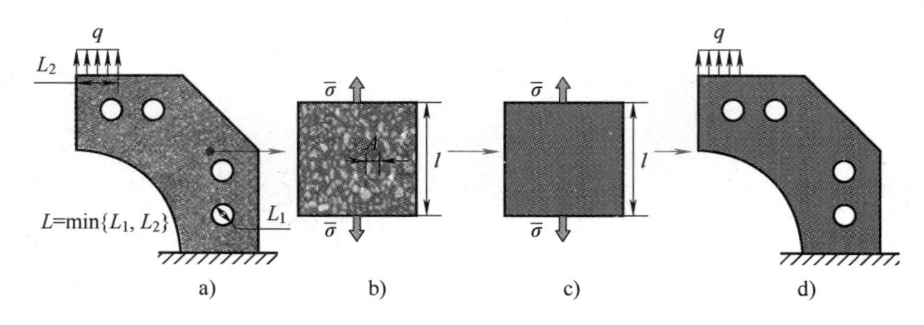

图 6-1　代表体积单元示意图

遵循上述原则，可以选择出合理的代表单元并得到较为准确的分析结果。然而，代表单元中所含夹杂很多，使得理论分析难度较大，同时数值模拟的时间成本较高。而且，该代表单元主要适用于有明确的夹杂或增强相的材料，对于一些特殊的复合材料，例如双连续相复合材料、编织复合材料等，无法利用上述原则选取代表单元。实际上，大部分复合材料的微结构具有周期性或近似周期性，而且很多微结构还具有对称性，因此充分利用这些性质，一方面，可以缩小代表单元的尺度，降低理论分析的难度并减小数值模拟的计算规模，另一方面，也可以解决双连续相复合材料等特殊材料的代表单元选取问题。能够通过对称以及空间无限延拓（无重叠、无缝隙）重现真实材料微结构的代表单元称为周期性代表单元。如图 6-2a 所示的周期性微观结构，可以选取图 6-2b 所示的矩形周期性代表单元，还可以根据对称性进一步缩小，选取如图 6-2c 及图 6-2d 所示的矩形和三角形代表单元。一般而言，对于二维周期性微结构总可以选取到一个平行四边形的周期性代表单元，对于三维周期性微结构总可以选取到一个平行六面体的周期性代表单元。

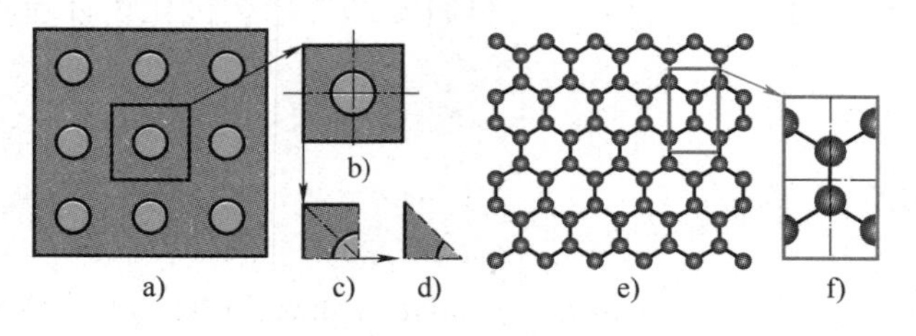

图 6-2　周期性结构代表单元的选取

a)～d) 连续体　e)～f) 离散体

在实际计算中，为了方便施加周期性边界条件，通常也会选取平行四边形或平行六面体的代表单元。周期性代表单元需要施加周期性边界条件，如图 6-3a 所示的平行四边形周期性代表单元，在载荷作用下变为如图 6-3b 所示的曲边平行四边形。

为了保证无缝无重叠填充，等同边界点 G 和 H（$X_H-X_C=X_G-X_A$）需要满足如下边界条件：

$$\boldsymbol{U}_H-\boldsymbol{U}_C=\boldsymbol{U}_G-\boldsymbol{U}_A \tag{6-1}$$

其中 $\boldsymbol{X}$ 代表初始构型的坐标，$\boldsymbol{U}$ 代表位移，H 点相对于 C 点的位置始终与 G 点相对于 A 点的位置一样。在实际计算中，只需要给定 A 点、B 点和 C 点的位移，其他点在满足周期性边界约束条件下通过能量极小即可求得。

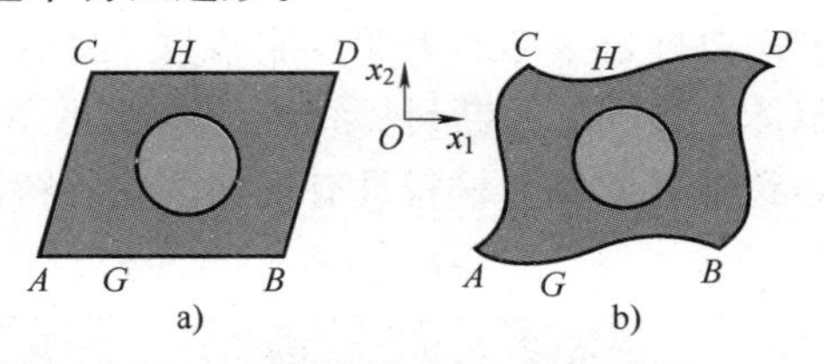

图 6-3　周期性边界条件示意图

对于不具备周期性微结构的复合材料，由于代表单元存在边界效应，则需要采用较大的代表单元，并需要进行收敛性验证。代表单元是连接宏观和微观两个尺度的桥梁，它的引入，可以将复合材料等效性能的分析转移到一个微元上，从而简化问题的求解。值得指出的是，代表单元的方法虽然是在多相复合材料的研究中发展起来的，但也适用于离散非均匀材料的研究，如图 6-2e～f 所示。

与传统的金属材料相比，复合材料具有复杂的力学性能。首先，其宏观力学性能具有随机性。以三维正交碳纤维复合材料（Three-dimensional Orthogonal Woven carbon fiber reinforced Composite，3DOWC）为例，其制备需要经历织造、运输、成型、固化和剪裁等工序，这些工序会引起纤维束几何变动、组成相性能变化、基体内部孔隙以及材料残余热应力等诸多潜在缺陷（不确定性源）。这些随机缺陷（不确定性源）的综合作用造成了碳纤维复合材料结构宏观力学性能的随机性。作为一种具有典型多尺度特征的复合材料，碳纤维复合材料一般按纤维丝、纤维束和结构可分为三个尺度：细观尺度（Micro-scale），介观尺度（Meso-scale）和宏观尺度（Macro-scale），如图 6-4 所示。

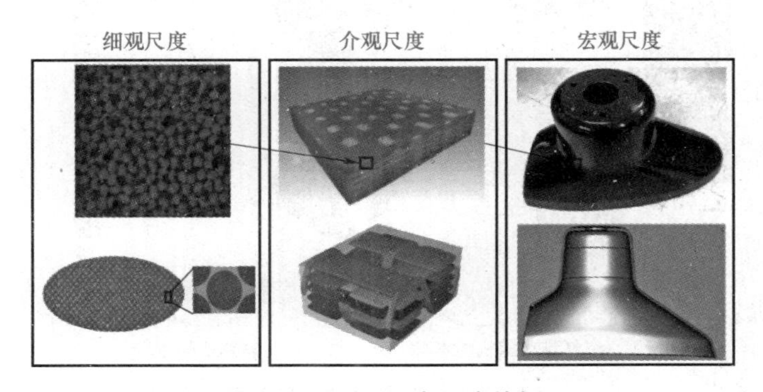

图 6-4　3DOWC 多尺度特征

上述提到的不确定性源分布在复合材料的各个尺度之中，如图 6-5 所示。在细观尺度上，纤维丝在基体中的分布、纤维丝的形状和力学性能、基体孔隙以及纤维丝-基体结合效果（界面相）等都存在随机分布特性；在介观尺度上，存在的不确定性源有纤维束截面尺寸和空间走向、纤维束间距、基体性能以及残余热应力等；在宏观尺度上，复合材料尺寸、厚度和铺设方向等都存在不确定性。由于细观、介观和宏观尺度的不确定性源对各个尺度下材料力学性能的作用机理十分复杂，因而其宏观力学性能的随机性是在多种因素作用下，通过多个尺度的耦合及传递而产生的综合结果。其次，由于碳纤维增强体在复合材料内部分布并不均匀，因此碳纤维复合材料也呈现各向异性和拉压非对称性等力学特性。与此同时，在不同载荷方向下材料力学性能完全不同，完整描述碳纤维复合材料力学性能需要确定众多的力学性能参数。最后，碳纤维复合材料受载后会经历多种失效模式，包括基体开裂、纤维断裂、纤维-基体脱胶等，这些失效模式在不同加载形式下以不同顺序出现，导致碳纤维复合材料具有损伤演化的特性。

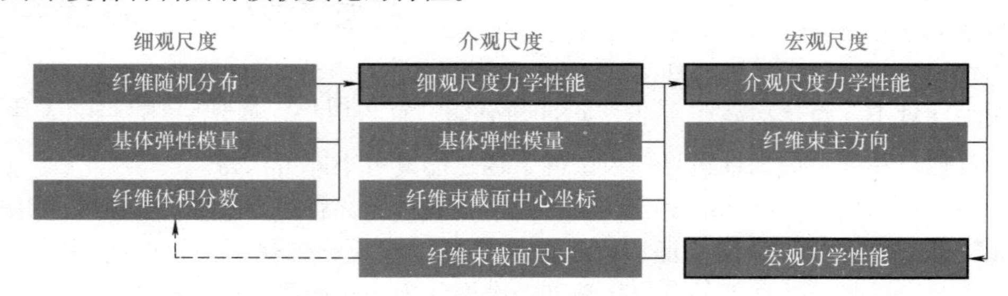

图 6-5　多尺度仿真中考虑的不确定性源

由于碳纤维复合材料宏观力学性能的随机性，且其力学性能取决于碳纤维和基体的类型、碳纤维体积分数、增强体结构形式、工艺过程以及多尺度不确定源分布规律等众多参数，仅通过材料试验来获取其详尽的力学性能耗时且成本高昂。针对这个问题，结合了有限元方法和细观力学的计算细观力学方法通过自底向上的多尺度仿真建模策略，如图 6-6 所示，建立碳纤维复合材料多尺度增强体空间结构，并赋予组成相力学性能与损伤演化过程，可以预测考虑多尺度不确定性源的材料力学性能。

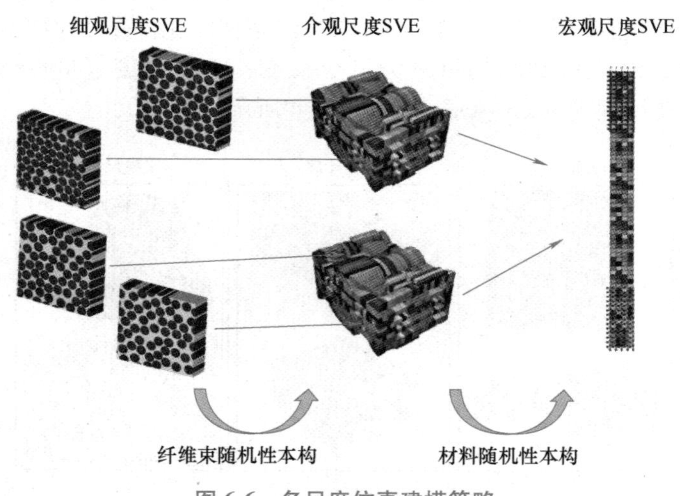

图 6-6　多尺度仿真建模策略

6.2　细观尺度建模

复合材料具有典型的多尺度特性且其力学性能呈现随机性。在材料的细观尺度，介观尺度和宏观尺度上都具有不确定性源，因此有必要建立一个准确合理的多尺度预测模型，研究各个尺度上不确定性源造成的力学性能的离散程度，并探究尺度间力学性能参数的传递方法，从而预测宏观力学性能的随机性。以纤维增强复合材料为例，在经过增强体织造和成型固化等复杂工艺过程后，实际细观尺度中存在着大量影响纤维束力学性能的不确定性源，如纤维束内纤维体积分数、纤维丝在基体中的随机分布、基体孔隙造成的基体力学性能变化以及纤维和基体之间的结合力等。考虑影响显著的细观尺度不确定性源，采用 Micro-CT 扫描等方法获取细观电子显微镜图，并统计与不确定性源有关的参数尺寸并基于概率模型进行表征。在此基础上，基于纤维随机分布特点，提出细观尺度纤维随机分布几何重构算法，并建立考虑界面效应的三相细观尺度统计体积单元有限元模型，实现组分材料的损伤演化与失效过程仿真，进而预测细观尺度纤维束力学性能。

6.2.1　细观尺度随机性表征

细观尺度随机性表征是基于试验等获得的数据，采用图像处理、统计学方法对与细观尺度不确定源有关的参数进行统计，从而获得该参数的分布。纤维增强复合材料的细观尺度为纤维丝尺度，图 6-7 所示为 3DOWC 纤维束扫描电子显微镜（Scanning Electron Microscope, SEM）图。由图 6-7 的纤维空间分布可以看出，在纤维束一定长度内，所有纤维丝基本沿着纤维束轴线方向并相互平行。如图 6-8 所示，若截取连续纤维束内一段长度，其纤维束段可以类比为一种纤维相互平行的单向复合材料。而纤维束复杂的空间走向，则是在介观尺度中进行考虑。那么所考虑的细观尺度的模型即可简化为对图 6-8 中的单向复合材料模型。

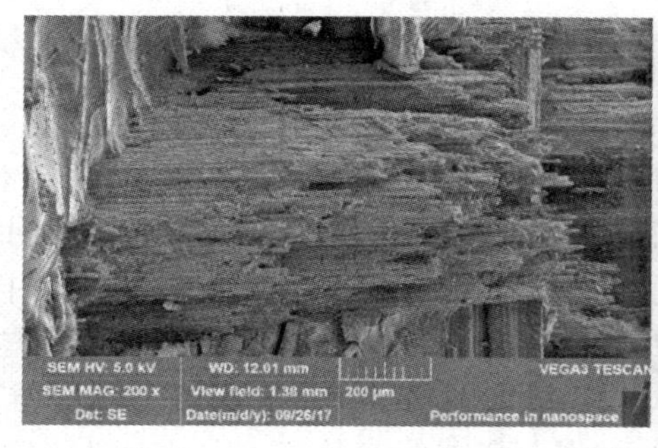

图 6-7　3DOWC 纤维束扫描电子显微镜图

计算细观力学方法基于有限元方法和细观力学方法，通过建立单向复合材料代表性体积单元，结合组成相本构模型，能够有效预测考虑随机性的单向复合材料的力学性能。通常假设单向复合材料代表性体积单元内部的纤维在基体内规则排列，并满足图 6-9 的四边形排布或者六边形排布。单向复合材料由碳纤维和基体复合而成，但两者不仅力学特性迥异，而且弹性和强度的力学性能参数相差甚远。从承载力在复合材料组成相间传递的角度考虑，组成相碳纤维丝和基体之间一般认为存

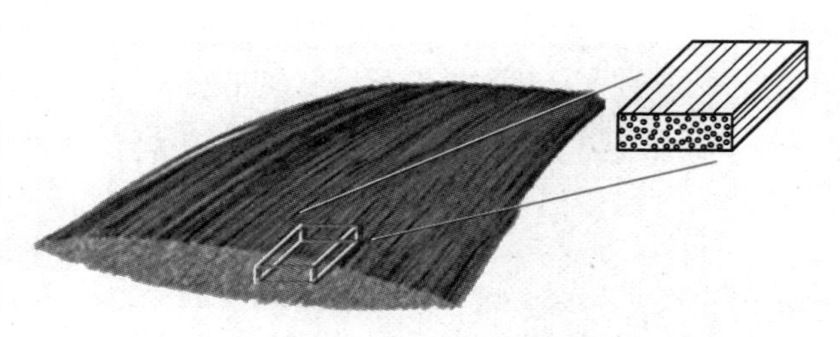

图 6-8　3DOWC 纤维束

在着过渡区域。该过渡区域被称为纤维-基体界面相，如图 6-9a 所示。界面相的力学性能有别于碳纤维和基体，在预测单向复合材料代表性体积单元力学性能时，必须考虑界面相的影响。

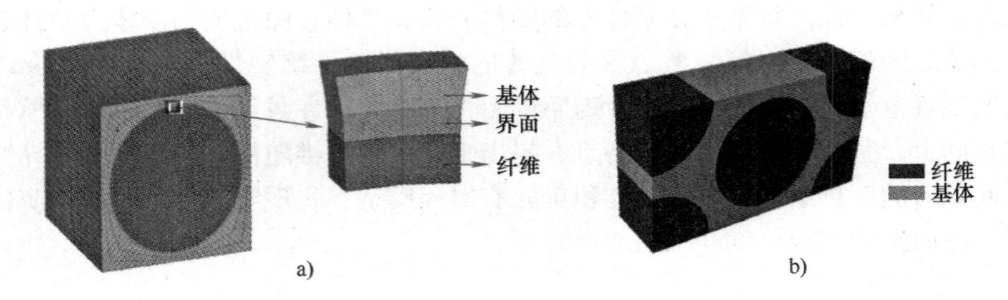

图 6-9　单向复合材料代表性体积单元
a）四边形排布　b）六边形排布

在经过织造、成型和固化等复杂工艺过程后，实际细观尺度中存在着大量影响纤维束力学性能的不确定性源，如纤维体积分数、纤维丝在基体中的随机分布、纤维丝形状、基体力学性能以及纤维/基体界面结合力等。众多细观尺度不确定性源，造成了纤维束力学性能的不确定性。在本章中，主要考虑的不确定性源为纤维束内纤维体积分数、纤维丝的随机分布和基体弹性模量。这三个不确定性源对细观尺度力学性能参数的综合影响最为显著。

纤维束内纤维体积分数的确定通常基于截面面积法（Cross-sectional Area Method）：

$$V_{f}=A_{f}/A_{ft} \tag{6-2}$$

$$A_{f}=K\pi r_{f}^{2} \tag{6-3}$$

式中，A_f 为纤维束中纤维总面积；A_{ft}为纤维束截面面积；K 为纤维束中纤维丝数量；r_f 为纤维半径。对于本例，$K=6000$，$r_f=3.5\mu m$。纤维束截面面积可通过 Micro-CT 扫描技术得到。图 6-10 所示为 3DOWC 纤维束截面 Micro-CT 扫描图片。从图 6-10 中可以看到，不同纤维束的截面形状与尺寸各异。通过多次选取不同截面进行测量，确定该 3DOWC 纤维束内纤维体积分数在 56%～70%区间内。基体弹性模量由材料供应商 Huntsman 公司提供，范围是2.73～3.0GPa。图 6-11 所示为高倍显微镜下的纤维束截面显微图像，图中灰色部分为纤维束，深色部分为基体。可以看出，纤维丝在纤维束空间中处于随机分布状态。因此有必要建立纤维随机分布的细观尺度模型来预测纤维束力学性能。

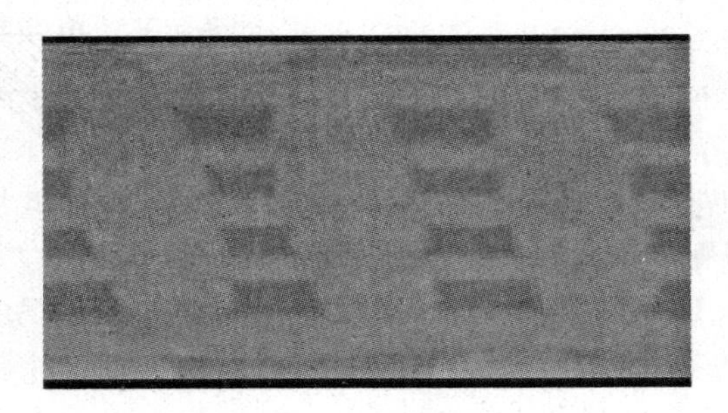

图 6-10　3DOWC 纤维束截面 Micro-CT 扫描图片

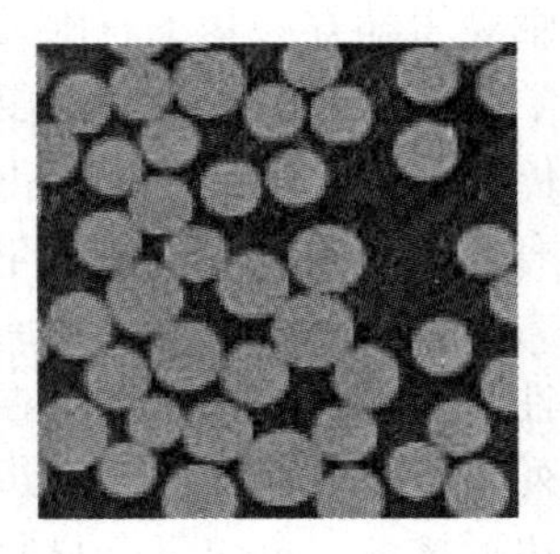

图 6-11　高倍显微镜下的纤维束截面显微图像

6.2.2　细观尺度随机性重构

细观尺度随机性重构是指生成与实际细观结构具有相同统计学性质的细观随机几何结构。在通过计算细观力学方法进行细观尺度力学性能预测时，具有确定性纤维几何结构的代表性体积单元只能反映该尺度上的材料平均力学性能，而无法描述其力学行为的离散性。而对包含结构和组成相性能随机特征的统计体积单元（Statistical Volume Element，SVE）进行仿真建模分析，可以预测和量化其力学性能的不确定性。

在基于计算细观力学方法进行 SVE 性能仿真预测前，需要建立任意体积分数下的纤维随机分布几何结构。基于将纤维束段类比为单向复合材料的假设，首先在 2D 平面中生成纤维随机分布的截面，然后通过拉伸操作使其成为包含纤维随机分布的 3D 几何模型。针对所研究材料较高的纤维束内纤维体积分数，基于序列随机扰动（SRP）算法生成纤维随机分布结构。其方法流程图如图 6-12 所示，具体操作步骤如下：

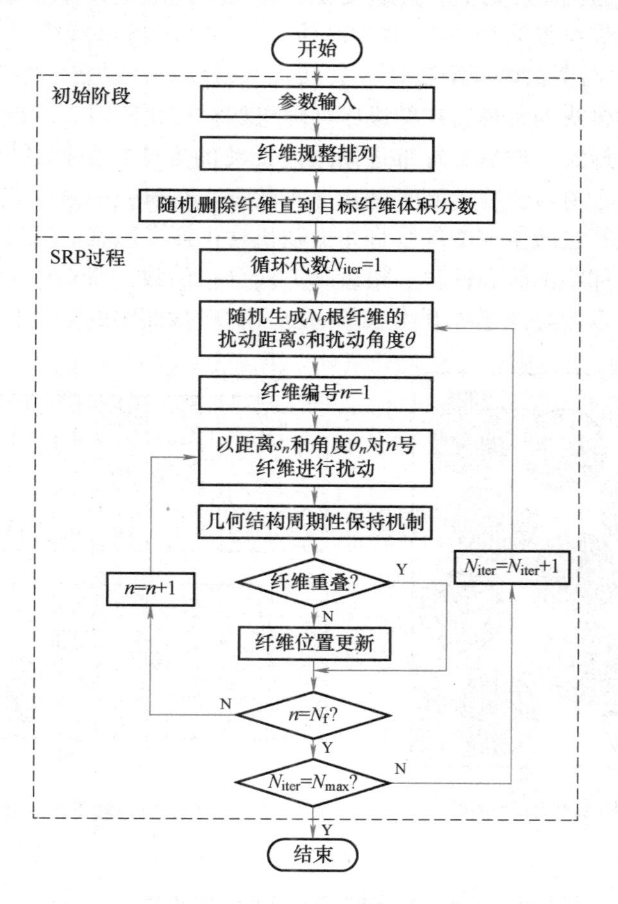

图 6-12　基于 SRP 算法的纤维随机分布结构生成流程图

1）参数输入。将纤维随机分布的窗口设置为正方形，并设定序列随机扰动算法所需要的参数：窗口宽度 w，纤维半径 r_f，纤维之间最小距离 l_{min}，算法循环迭代次数 N_{max}。

2）初始分布状态。纤维在初始阶段以最小距离 l_{min} 相互紧密排列，达到最高的初始纤维体积分数（在已有的参数设置下，纤维体积分数上限高于75%）。依据目标体积分数 V_f，计算得到需要留下的纤维数量 N_f。在紧密排列的纤维中随机去除一部分纤维，直到保留的纤维数量为 N_f。

3）纤维序列随机扰动。对保留下的纤维进行编号，并随机生成 n 号（$n=1,2,3\cdots,N_f$）纤维的扰动距离 s_n 和扰动角度 θ_n，以距离 s_n 和角度 θ_n 对 n 号纤维进行扰动。通过九宫格方法（Nine-rectangle grid pattern）保持 n 号纤维扰动后的几何结构周期性，即将窗口作为九宫格中心，将扰动后的 n 号纤维平移复制到周围8个窗口中，保证扰动后的纤维在窗口边缘上保持周期性。若扰动后的 n 号纤维与其他所有纤维的边缘距离大于或等于 l_{min}，则说明纤维并不重叠，更新 n 号纤维位置；若距离小于 l_{min}，则 n 号纤维位置不更新。纤维的随机扰动示意图如图6-13所示。

4）结果输出。在一次迭代循环之内，对窗口内的所有纤维按照编号顺序进行一次随机扰动。在进行 N_{max} 次迭代循环之后，算法终止，并输出窗口中所有纤维的位置坐标。

SRP算法中的参数设置见表6-2，其中纤维半径取T700S碳纤维半径3.5μm。SRP算法中的纤维体积分数 V_f 与窗口内纤维数量 N_f，按设计目标进行设定。图6-14展示了不同体积分数下的纤维序列随机扰动过程。在纤维序列随机扰动初始阶段，纤维在窗口中紧密排列并从中随机删除了一些纤维；然后，纤维逐渐通过扰动的方式向空置区域移动；在最终阶段，纤维几乎填充满了整个窗口，并达到了随机分布状态。在研究中采用点分布相关的统计函数对该类序列随机生成算法所生成的纤维分布的随机性进行了验证。通过与文献中试验数据的对比后发现，在最近邻距离分布函数、最近邻方向分布函数、Eipley's K函数和径向分布函数等统计指标下，可以较好地还原纤维在单向复合材料截面中的随机分布特性。

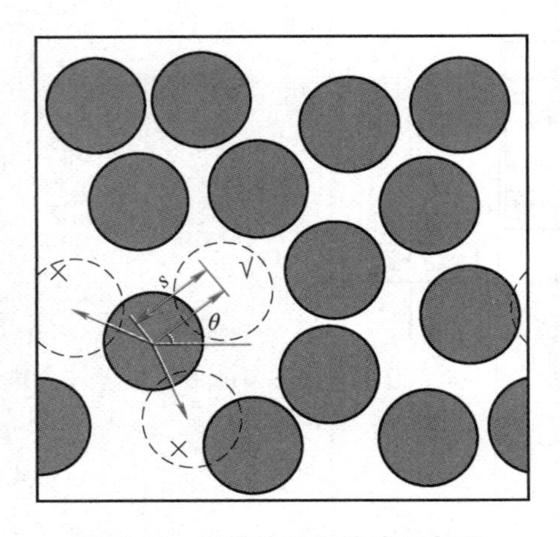

图6-13　纤维的随机扰动示意图

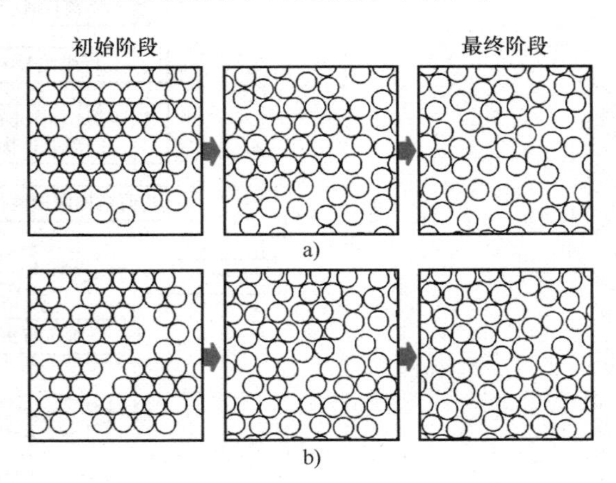

图6-14　不同体积分数下的纤维序列随机扰动过程

a）56.7%　b）63.0%

表6-2　SRP算法中的参数设置

w/μm	r_f/μm	l_{min}/μm	N_{max}/次	s/μm	θ/(°)
60	3.5	0.2	500	[0,0.2]	[0,360]

6.2.3　细观尺度随机性建模

细观尺度随机性建模是在重构算法得到的几何模型基础上，通过划分网格和施加周期性边界条件，结合组成相的渐进损伤本构关系，进行细观尺度SVE的建模与仿真分析。

1. 细观尺度纤维束有限元建模

采用表6-2中SRP算法的设置参数，得到任意纤维体积分数下纤维随机分布的2D截面。结合CAD建模软件UG，沿着纤维轴向进行几何拉伸处理便可得到细观尺度SVE几何模型。经参数敏感性验证，细观尺度SVE沿轴向的厚度对代表性体积单元的力学性能影响很小，综合考虑仿真精度与计算效率，SVE沿轴向厚度设定为15μm。

由于碳纤维和基体之间的界面相对复合材料的力学性能具有重要影响，因此在仿真建模时需予以考虑。在有限元前处理软件Hypermesh中对细观尺度SVE进行有限元网格划分。如图6-15所示，细观尺度代表性体积单元的网格模型包含3类组成相：碳纤维、界面相和基体。碳纤维和基体的网格采用四面体网格划分，网格类型为C3D6，网格尺寸为0.75μm；而界面相网格采用内聚力单元划分，网格类型为COH3D8，网格厚度为0.1μm。细观尺度代表性体积单元的网格模型共包含约30万个网格。由于纤维随机分布截面满足几何边界的周期性，因此网格模型的相对面上能保证网格节点的一一对应，为周期性边界条件的施加打下基础。

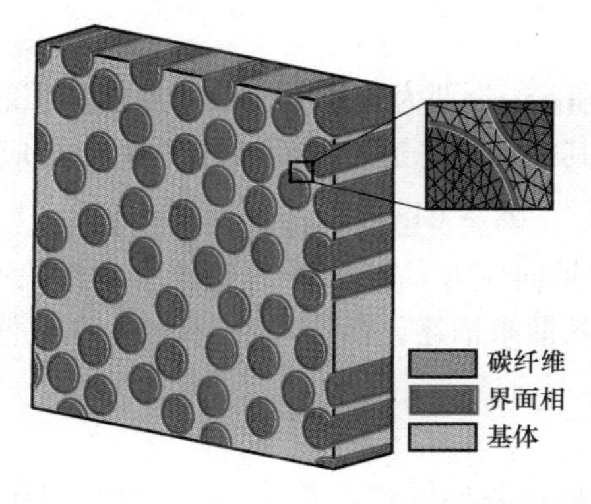

图6-15　细观尺度代表性体积单元网格模型

周期性宏观结构由代表性体积单元排列组成。代表性体积单元在受载荷时并非处于自由变形状态，而是要求代表性体积单元在边界处满足应力连续和变形协调的条件，称为周期性边界条件（Periodic Boundary Conditions，PBC）。周期性边界条件施加的前提条件是需要SVE平行相对边界面上网格节点一一对应，然后可通过商业软件ABAQUS中的线性约束方程组来实现约束。在ABAQUS施加约束的过程中，SVE棱边节点和顶点之间需要满足多组非独立的约束方程，导致对棱边节点和顶点无法直接施加多组周期性边界约束。采用张超提出的方法，选取某条棱边作为平行棱边的参考边，并以某顶点作为其他顶点的参考点，将棱边和顶点约束方程合并，从而成功施加完整的周期性边界条件。

2. 碳纤维本构关系建模

碳纤维是典型的横观各向同性材料，在未发生失效时表现出线弹性的力学性能特点。那么，碳纤维在弹性段的应力应变关系可用广义胡克定律来表达：

$$\begin{pmatrix}\varepsilon_{11}\\ \varepsilon_{22}\\ \varepsilon_{33}\\ \gamma_{12}\\ \gamma_{23}\\ \gamma_{31}\end{pmatrix}=\begin{pmatrix}1/E_{11}^{\mathrm{f}} & -\nu_{12}^{\mathrm{f}}/E_{11}^{\mathrm{f}} & -\nu_{13}^{\mathrm{f}}/E_{11}^{\mathrm{f}} & 0 & 0 & 0\\ & 1/E_{22}^{\mathrm{f}} & -\nu_{23}^{\mathrm{f}}/E_{22}^{\mathrm{f}} & 0 & 0 & 0\\ & & 1/E_{33}^{\mathrm{f}} & 0 & 0 & 0\\ & & & 1/G_{12}^{\mathrm{f}} & 0 & 0\\ \mathrm{sym.} & & & & 1/G_{23}^{\mathrm{f}} & 0\\ & & & & & 1/G_{31}^{\mathrm{f}}\end{pmatrix}\begin{pmatrix}\sigma_{11}\\ \sigma_{22}\\ \sigma_{33}\\ \tau_{12}\\ \tau_{23}\\ \tau_{31}\end{pmatrix} \tag{6-4}$$

式中，1 方向为碳纤维轴向，2 和 3 方向为横向。由于碳纤维是横观各向同性材料，那么式中的参数满足

$$E_{22}^{\mathrm{f}}=E_{33}^{\mathrm{f}},G_{12}^{\mathrm{f}}=G_{13}^{\mathrm{f}},\nu_{12}^{\mathrm{f}}=\nu_{13}^{\mathrm{f}},G_{23}^{\mathrm{f}}=E_{22}^{\mathrm{f}}/[2(1+\nu_{23}^{\mathrm{f}})] \tag{6-5}$$

考虑到碳纤维丝的主要失效形式是轴向的脆性断裂失效，因此在建立碳纤维材料仿真建模时主要考虑轴向失效模式，并取最大应力准则作为碳纤维的轴向失效准则。此外，碳纤维在轴向具有拉压非对称性，即在拉伸和压缩状态下的轴向弹性模量或强度不同。那么，在轴向拉伸和压缩的失效载荷下，碳纤维的失效判据为

$$f_{\mathrm{T}}=\frac{\sigma_{11}}{S_{11\mathrm{T}}^{\mathrm{f}}}\qquad \sigma_{11}\geqslant 0 \tag{6-6}$$

$$f_{\mathrm{C}}=\frac{-\sigma_{11}}{S_{11\mathrm{C}}^{\mathrm{f}}}\qquad \sigma_{11}<0 \tag{6-7}$$

式中，σ_{11}为轴向应力；$S_{11\mathrm{T}}^{\mathrm{f}}$和 $S_{11\mathrm{C}}^{\mathrm{f}}$分别为碳纤维的轴向拉伸和压缩强度。当$f_{\mathrm{T}}$或$f_{\mathrm{C}}$等于 1 时，碳纤维进入损伤演化阶段，其损伤状态通过损伤演化变量 d_{f} 与应力折减方式来描述：

$$\sigma_{11}=(1-d_{\mathrm{f}})\overline{\sigma}_{11}\qquad 0\leqslant d_{\mathrm{f}}\leqslant 1 \tag{6-8}$$

其中，$\overline{\sigma}_{11}$表示没有损伤时的轴向应力。图 6-16 为碳纤维本构关系示意图。损伤变量的演化通过裂纹扩展过程中的能量耗散来描述，而临界断裂能 G_{f} 在数值上等于应力-应变曲线包围面积。

3. 基体本构关系建模

环氧树脂基体力学性能呈现各向同性与静水压力特性（Hydrostatic stress dependency），即在不同方向的载荷作用下，材料的应力-应变曲线和损伤失效过程有明显差异。本书采用 Drucker-Prager 屈服准则来描述环氧树脂的静水压力特性。Drucker-Prager 准则是 Von Mises 准则的一种改进形式，其偏应力 g 可以表示为

$$g=\frac{1}{2}q\left[1+\frac{1}{k}-\left(1-\frac{1}{k}\right)\left(\frac{r}{q}\right)^{3}\right] \tag{6-9}$$

式中，q 为等效 Mises 应力；k 为三轴拉伸和三轴压缩的屈服应力之比；r 为第三偏应力不变量。图 6-17 中展示了 Drucker-Prager 准则中不同 k 值下的屈服面变化。

Drucker-Prager 准则中屈服面可定义为

$$F=g-p\tan\beta-m=0 \tag{6-10}$$

$$p=\frac{1}{3}(\sigma_{11}+\sigma_{22}+\sigma_{33}) \tag{6-11}$$

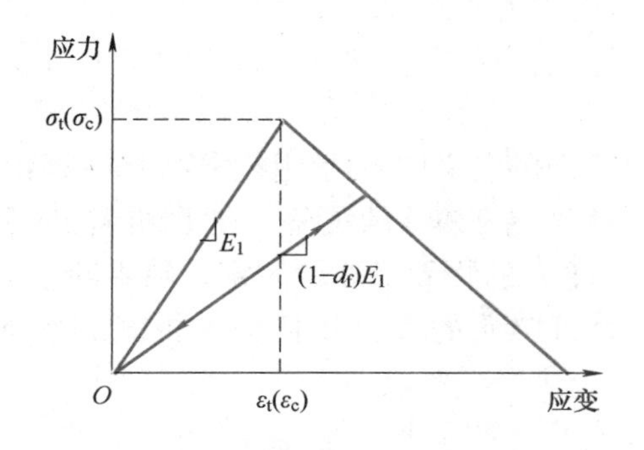

图 6-16 碳纤维本构关系示意图

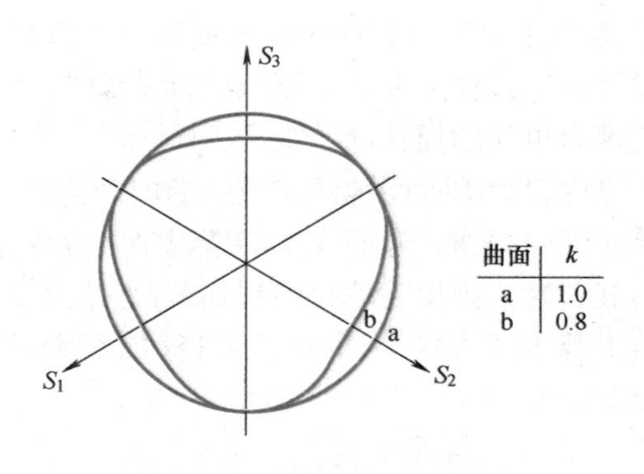

图 6-17 Drucker-Prager 准则偏应力平面内的屈服面

式中，p 为静水压力；β 为在 p-g 应力平面上线性屈服面的斜率；m 为材料的凝聚力。当环氧树脂的硬化过程由拉伸、压缩和剪切应力定义时，m 依次可以表示为

$$m=\left(\frac{1}{k}+\frac{1}{3}\tan\beta\right)\sigma_t \tag{6-12}$$

$$m=\left(1-\frac{1}{3}\tan\beta\right)\sigma_c \tag{6-13}$$

$$m=\sigma_s \tag{6-14}$$

式中，σ_t为材料的单轴拉伸屈服应力；σ_c材料的单轴压缩屈服应力；σ_s材料的剪切屈服应力。Drucker-Prager 准则在 p-g 平面上的硬化和流动法则如图 6-18 所示。

考虑到环氧树脂的静水压力特性，采用与应力三轴度相关的剪切失效准则来判断材料是否发生失效。当材料等效塑性应变 $\bar{\varepsilon}^{pl}$ 达到 ε_0^{pl} 后，基体开始进入损伤演化阶段，其损伤演化过程如图 6-19 所示。在损伤阶段，基体的损伤程度由损伤变量 d_m 控制，其应力状态变化如下式：

$$\begin{cases}\sigma=(1-d_m)\bar{\sigma},0\leqslant d_m\leqslant 1\\ d_m=\bar{u}^{pl}/\bar{u}_f^{pl}\\ \bar{u}_f^{pl}=2G_m/\sigma_0\\ \Delta\bar{u}^{pl}=L\Delta\bar{\varepsilon}^{pl}\end{cases} \tag{6-15}$$

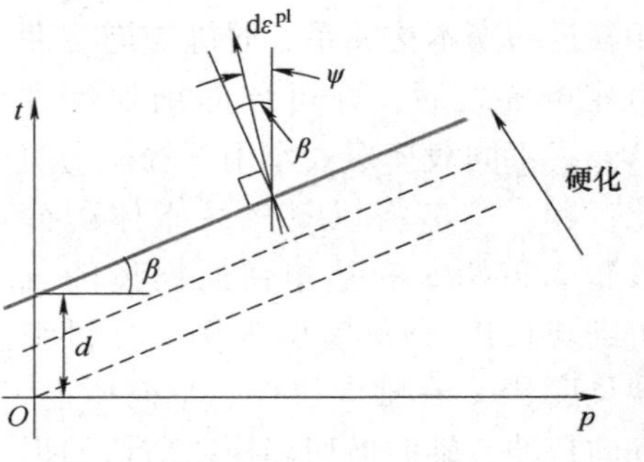

图 6-18 Drucker-Prager 准则在 p-g 平面上的硬化和流动法则

式中，σ_0 为基体的屈服应力；$\bar{u}^{pl}$为等效塑性位移；$\bar{u}_f^{pl}$ 为失效时刻的等效塑性位移；$\bar{\varepsilon}^{pl}$为等效塑性应变；L 为单元的特征长度；G_m为材料的临界断裂能。环氧树脂的力学性能参数由材料供应商 Huntsman 公司提供。

4. 界面相本构关系建模

内聚力模型（Cohesive Zone Modeling，CZM）由弹塑性断裂力学发展而来，能够准确预测材料在开裂路径上的裂纹萌生和扩展过程，是研究界面相的力学性能和失效过程的一种较完备和成熟的方法。在单元内可以存在小于临界值的某方向上的位移 δ 和相应的张力 t。因此，内聚力单元的力学行为通常使用裂纹面上各方向的张力和位移之间的关系来描述，即张

力-位移关系（Traction-Separation law）。内聚力模型的张力-位移关系曲线包含多项式、梯形和双线性等多种类型。采用双线性曲线作为界面相的本构模型，如图 6-20 所示，图中 A 点为内聚力单元的损伤起始点。

当内聚力单元受纯法向或纯切向载荷时，若某方向的名义应力达到该方向强度，则内聚力单元开始损伤。然而在实际情况中，界面相通常受到混合模式的载荷。在受到纯法向和纯切向载荷时，内聚力单元的损伤变量 d_i 由该方向下单元的临界断裂能决定，临界断裂能在数值上等于图 6-20 中的张力-位移曲线面积。内聚力单元的混合损伤失效模式如图 6-21 所示。

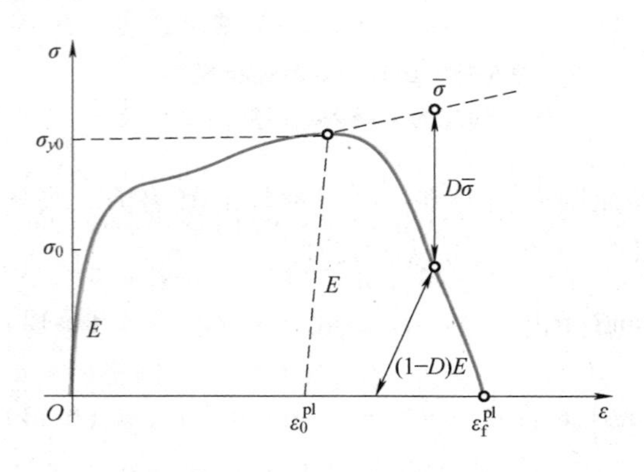

图 6-19　基体材料损伤演化过程

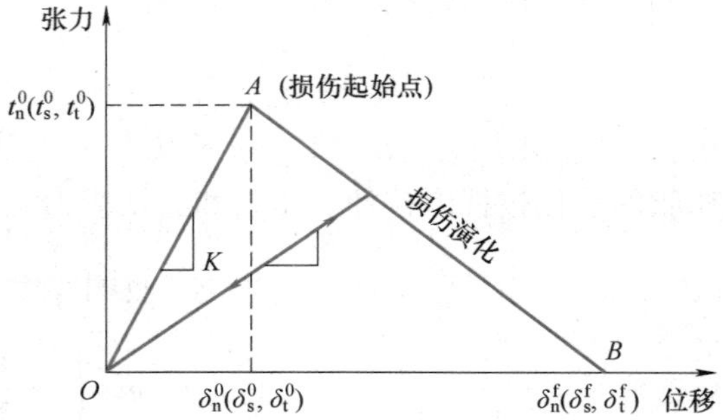

图 6-20　双线性张力-位移本构关系曲线

5. 不同载荷下纤维束损伤演化分析

通过对 SVE 网格模型赋予组成相渐进损伤本构关系，并施加周期性边界条件之后，即可预测细观尺度 SVE 在不同载荷形式作用下的损伤演化过程。本节将以 63% 纤维体积分数和 2.91GPa 的基体弹性模量的三组细观尺度 SVE 模型为例，分析细观尺度 SVE 在轴向拉伸、轴向压缩、横向拉伸、轴向剪切和横向剪切的损伤演化和失效过程。通过对 SVE 在不同载荷下损伤演化过程的分析，可以定性了解纤维随机分布对 SVE 不同弹性参数和强度参数的影响。

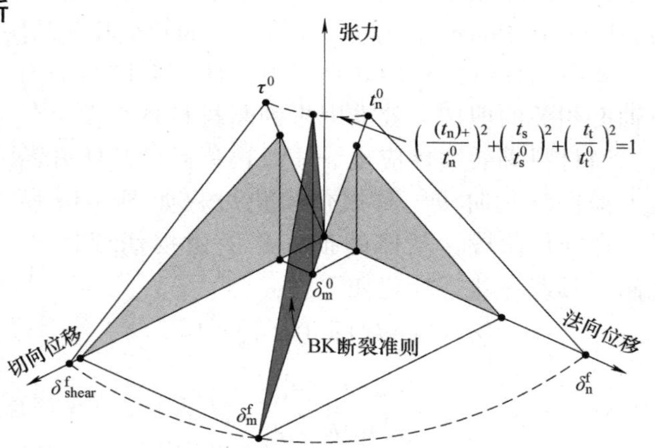

图 6-21　内聚力单元的混合损伤失效模式

图 6-22 和图 6-23 所示为 3 组细观尺度 SVE 在轴向拉伸和压缩过程中应力-应变曲线和失效前轴向应力分布云图，可以得出，SVE 在轴向拉伸下的应力-应变曲线形式及应力分布特点和轴向压缩载荷下一致。在轴向载荷作用下，碳纤维是最主要的承载组分，而界面相和基体在受载过程中主要起支撑碳纤维的作用，并没有进入损伤状态。因此，在轴向载荷作用下，SVE 呈现出与碳纤维相似的力学性能特点：①线弹性特征，图 6-22a 和图 6-23a 中其应力与应变呈现明显的线性关系。②脆性断裂，当碳纤维的轴向应力满足最大应力准则而脆断

时，应力-应变曲线骤降至零。③拉压非对称性，轴向拉伸和压缩的弹性模量与强度不同。如图 6-22b 和图 6-23b 所示，碳纤维虽然在 SVE 内随机分布，但在承受轴向载荷时，不同位置纤维的轴向应力都近乎完全一致（差别小于 0.1%）。这说明在轴向载荷下，纤维的随机排列对纤维内部轴向应力分布的影响微小。考虑到碳纤维是轴向载荷下最主要的承载组分，因此在图 6-22a 和图 6-23a 中，不同载荷方向下的 3 组应力-应变曲线近乎完全重合，即纤维的随机排列对轴向拉伸和压缩的弹性与强度参数影响很小。

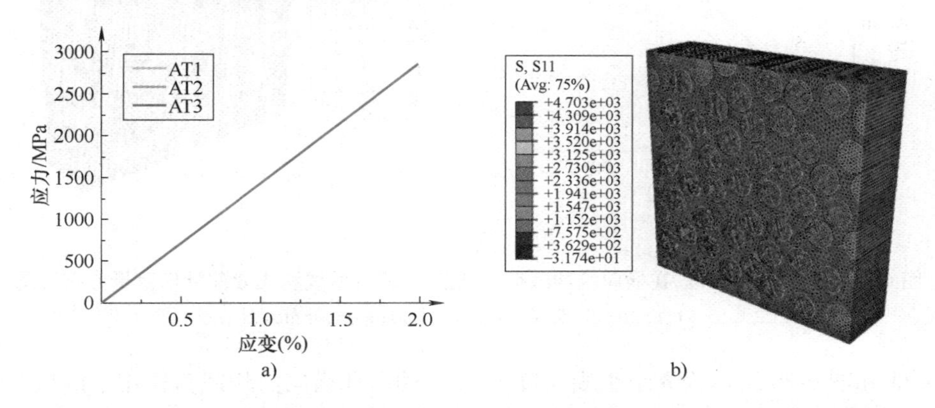

图 6-22　细观尺度 SVE 在轴向拉伸过程中应力-应变曲线和失效前轴向应力分布云图

a）应力-应变曲线　b）失效前轴向应力分布云图

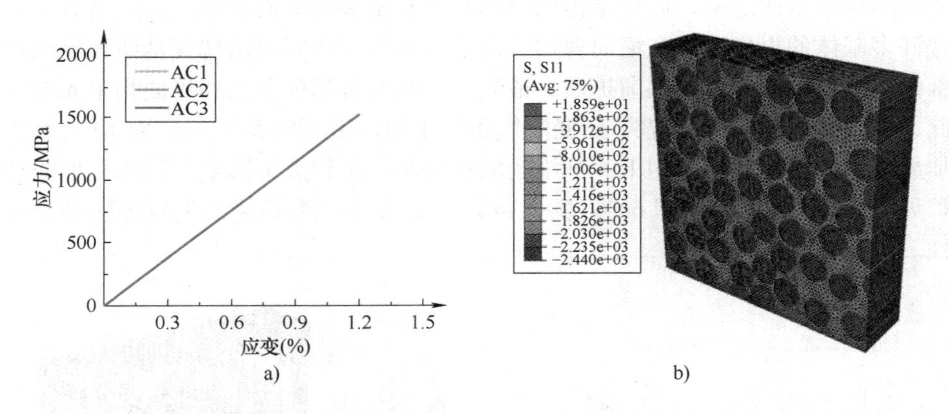

图 6-23　细观尺度 SVE 在轴向压缩过程中应力-应变曲线和失效前轴向应力分布云图

a）应力-应变曲线　b）失效前轴向应力分布云图

图 6-24 所示为 3 组细观尺度 SVE 在横向拉伸载荷下的应力-应变曲线和失效前损伤变量分布云图。在横向载荷下，由于碳纤维在其本构关系中假设不会发生横向失效，因此细观尺度 SVE 在横向拉伸下的损伤演化过程与承载能力主要由基体和界面相决定。在横向拉伸位移逐渐增大过程中，材料损伤首先出现在分布紧密的纤维之间的基体中，进而沿着碳纤维的外轮廓逐渐扩展至其他基体单元和界面相。组成相的损伤在承载过程中逐渐扩展，导致 SVE 整体刚度降低，因而最终的应力-应变曲线呈现非线性的特征。细观尺度 SVE 的最终失效面与载荷方向基本垂直。由于基体和界面相的损伤失效更倾向于在纤维排列紧密或局部体积分数较高处产生，因此纤维随机分布对损伤的形成和扩展都有一定影响，并造成了图 6-24a 中

3 组应力-应变曲线在损伤发生后出现偏离的情况。最终失效时刻，3 组 SVE 的横向拉伸强度具有显著区别。

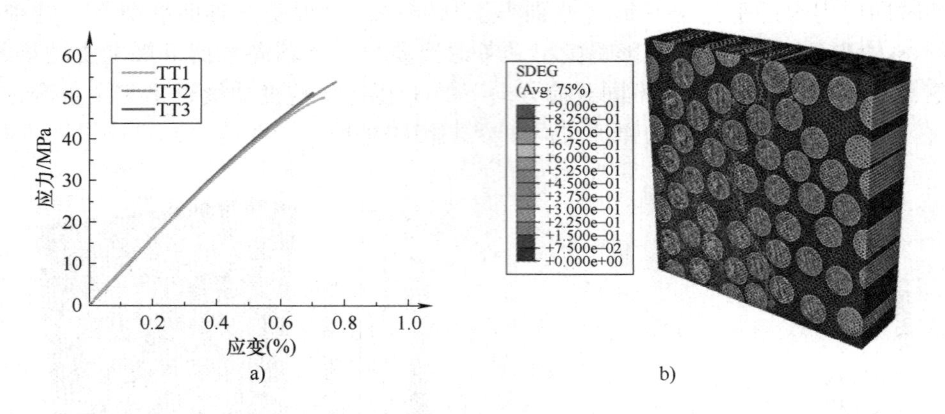

图 6-24 细观尺度 SVE 在横向拉伸载荷下的应力-应变曲线和失效前损伤变量分布云图

a）应力-应变曲线 b）失效前损伤变量分布云图

图 6-25 和图 6-26 所示为 3 组细观尺度 SVE 在轴向和横向剪切载荷作用下的应力-应变曲线和失效前损伤变量分布云图。与横向载荷作用类似，在剪切载荷作用下同样认为碳纤维不会发生失效，SVE 的剪切失效和损伤演化过程主要由基体和界面相决定。在轴向剪切中，材料损伤主要出现在基体之中，而且基体的损伤并没有出现明显的扩展，而是沿着某一失效面突然出现许多基体的损伤。而在横向剪切载荷下，材料损伤同时出现在基体和界面相中，并沿着纤维体积分数较高的方向逐渐扩展，最终失效时大量基体单元和界面相单元都发生了损伤。因此，横向剪切载荷下的应力-应变曲线相比于轴向剪切载荷下的应力-应变曲线非线性程度更加显著。在剪切载荷作用下，纤维的随机分布一定程度下影响了基体及界面相的损伤形成和扩展，因此图 6-25a 和图 6-26a 的 3 条应力-应变曲线和最终的失效强度都呈现较显著的离散性。

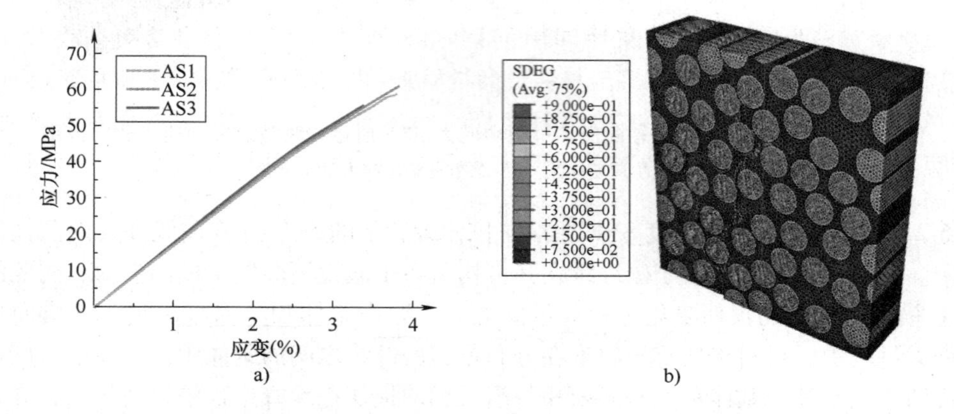

图 6-25 细观尺度 SVE 在轴向剪切载荷作用下的应力-应变曲线和失效前损伤变量分布云图

a）应力-应变曲线 b）失效前损伤变量分布云图

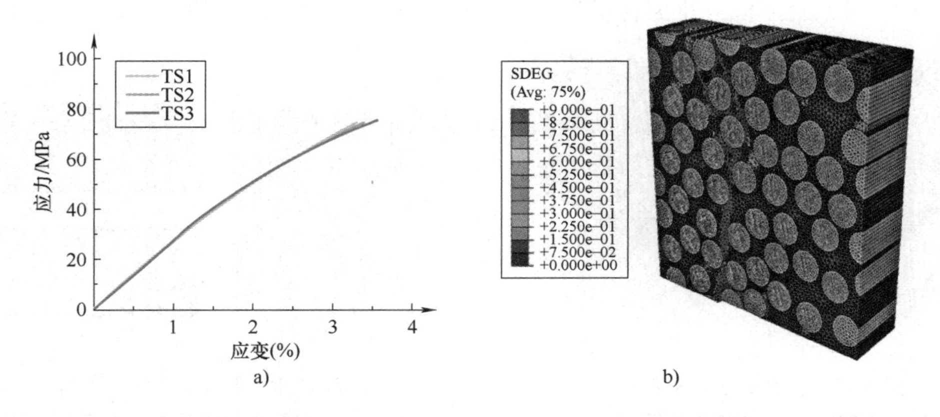

图 6-26　细观尺度 SVE 在横向剪切载荷作用下的应力-应变曲线和失效前损伤变量分布云图

a）应力-应变曲线　b）失效前损伤变量分布云图

6.3　介观尺度建模

纤维增强复合材料的介观尺度上，其增强体的空间走向和截面变化复杂且具有一定随机性。因此，建立考虑纤维束空间随机性的介观尺度统计体积单元几何模型，并基于计算细观力学方法研究材料介观尺度力学性能及其不确定性。用 Micro-CT 等无损探测实验方法可以准确还原复合材料内部三维空间结构，并可以用来构建真实的介观尺度几何模型。在介观几何重构中，如何构建考虑多变量相关性的随机场依旧是难题。除此之外，纤维束空间复杂的特点导致在纤维束空间结构表征和重构中会遇到更多挑战。

6.3.1　介观尺度随机性表征

1. 数据获取与处理

介观尺度随机性表征之前需要进行增强体特征数据采集，主要包括 X 射线微型计算机断层扫描技术（Micro-CT）实验，图像数据获取以及图像数据处理等流程。Micro-CT 是一种非破坏性的三维成像技术，即可以在不破坏样本的前提下可以获得清晰的样本内部 3D 结构。为了保证所采集数据的完整性，每一块 Micro-CT 样板需要包含足够多的介观尺度体积单元，然而成像效果和分辨率的要求又限制了样本体积。以 3DOWC 为例，综合考虑所研究 3DOWC 的周期性长度和成像效果，采用的样本尺寸为长 20mm、宽 20mm、高 3mm。为了增强数据的代表性，共截取了 4 块来自 3DOWC 样板不同位置的材料样本进行 Micro-CT 扫描实验。通过多次调整设备参数，最终确定 Micro-CT 扫描的分辨率为 16.3μm，在此时设备呈现了较好的增强体空间结构成像效果。

图 6-27 所示为典型的复合材料样本 3D Micro-CT 成像图，其中 X 轴为经向，Y 轴为纬向，Z 轴为厚度方向。图 6-28 所示为复合材料样本沿着不同坐标轴的 2D 切面，其中较浅色的部分为纤维束截面而较深色的部分为基体。通过对不同方向 2D 切面上的纤维束截面进行

测量和统计，可以对不同纤维束在空间中的走向以及截面形状变化数据进行量化分析。

图 6-27 典型的复合材料样本 3D Micro-CT 成像图

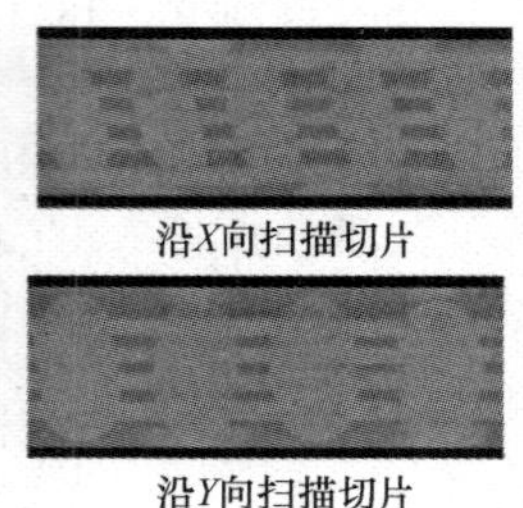

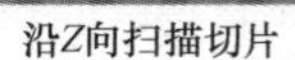

图 6-28 复合材料样本沿着不同坐标轴的 2D 切面

准确识别复合材料增强体（纤维束）的几何特征参数是重构高精度介观尺度 SVE 几何模型的关键一步。增强相特征参数数据来自于 Micro-CT 扫描获得的 3D 图像。获取增强相几何数据之前，需要对纤维束进行分类。属于同一类的纤维束应该有相同特性的纤维束特征参数。对于所研究的三维正交机织复合材料，纤维束的形态和空间分布受到增强体织造和成型固化等流程的影响。由于材料结构是周期性的，处于在增强体中处于同一层的纤维束名义上承受相同的来自上下层纤维束的周期性接触。因此，本书中的 3DOWC 纤维束按层分类，共包含了 4 类经向（Warp）纤维束、5 类纬向（Weft）纤维束和 1 类 Z 向（Binder）纤维束。图 6-29 展示了不同纤维束类别的命名方式，经向和纬向纤维束由上至下分别命名为 Warp1～Warp4 和 Weft1～Weft5。

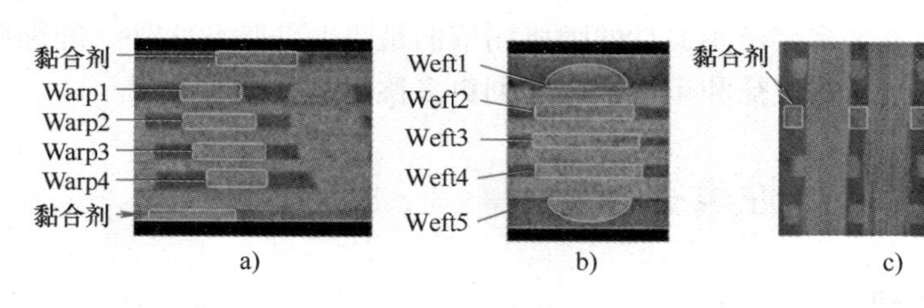

图 6-29 纤维束分类与特征参数获取

a）垂直 X 轴切面 b）垂直于 Y 轴切面 c）垂直于 Z 轴切面

通过 Micro-CT 扫描获得的 3D 图像可以通过离散化成为一系列垂直于坐标轴且均匀间隔的 2D 切面，如图 6-30 所示。由于整个数据提取过程基本是人工操作，因此在权衡纤维束几何描述精度和数据提取效率之后，采用的 2D 切面间距为 0.179mm。通过识别 2D 切面上不同种类纤维束的截面，并使用开源 Java 图像处理程序 ImageJ 来提取纤维束特征参数。程序 ImageJ 可以测量图像中自定义区域的距离以及角度。本例子中采用的纤维束特征参数包括纤维束中心坐标和纤维束的截面尺寸。在图 6-29 中可以观察到，由于经向和纬向纤维束截面形状的上下边界基本垂直于厚度方向，因此纤维束截面在切面上的旋转角度可以忽略。由于经向和纬向纤维束的轴向基本与 X 轴和 Y 轴重合，因此经向和纬向纤维束的特征参数可以在垂直 X 轴的切面和垂直 Y 轴的切面上提取。然而 Z 向纤维束呈现一个正弦形式的走向，为了保证 Z 向纤维束特征参数的精度，其特征参数需要提取于垂直 X 轴和垂直 Z 轴的切面上。纤维束截面形状如图 6-29 所示，Weft1 和 Weft5 纤维束的截面是半椭圆形状，其它纤维束截面近似认为是矩形。因此宽度和高度两个参数足以描述纤维束的截面形状。

纤维束的特征参数从垂直于坐标中的 2D 切面之中提取并量化，如图 6-30 所示。但是，2D 切面并不完全都垂直于纤维束的走向，这导致了获得的切面参数与法向截面特征参数的偏离，如图 6-31 所示。对于在空间内走向复杂的 Z 向纤维束，切面和法向截面的偏差尤其显著。为了呈现实际中的纤维束统计学特性，来自于切面的数据需要转换成法向截面特征参数。

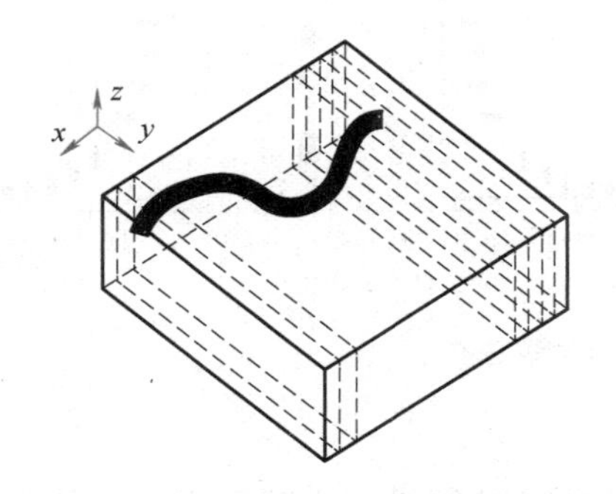

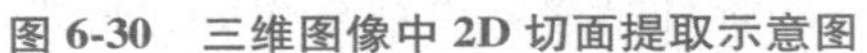
图 6-30　三维图像中 2D 切面提取示意图

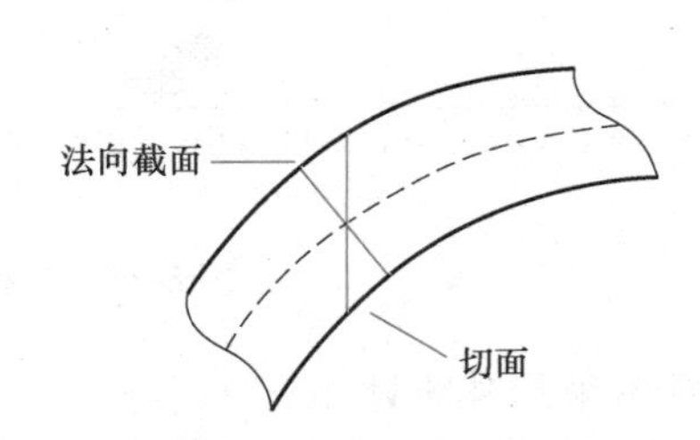

图 6-31　切面和纤维束法向截面偏离的示意图

由于增强相的周期性，连续的纤维束可以按周期长度进行分段。在分割纤维束之前，需要确定纤维束段的起始切面。如图 6-31 所示，经向纤维束和 Z 向纤维束的起始切面相同，为 Z 向纤维束中心点 Z 坐标最小的切面。纬向纤维束的起始切面为首次出现 Z 向纱线顶部的垂直 Y 轴的切面。依据织造时纤维间距的设定，经向和 Z 向纤维束的周期性长度为 5mm，纬向纤维束的周期性长度为 4mm。各类纤维束的周期性长度和介观 SVE 的尺寸相同。在一个介观 SVE 中，沿着 X 轴、Y 轴和 Z 轴各有 29 个、24 个和 18 个切面。为了保证 SVE 的周期性边界，SVE 在 X、Y 和 Z 向的第一个切面与最后一个切面的纤维束特征参数相同。样本中所有同类的纤维束可以平移至一个 SVE 中，并且实现基本重合。

在完成数据采集之后，4 个样本中复合材料增强体的特征参数集合至一个四维数据集 Ω 之中：

$$\Omega=(t,\varepsilon,s,j) \tag{6-16}$$

式中，t 为纤维束类型，$t\in$（Warp1，Warp2，Warp3，Warp4，Weft1，Weft2，Weft3，Weft4，Weft5，Binder）；ε 为各纤维束的特征参数，$\varepsilon\in(X,Y,Z,W,H)$，$X$、$Y$ 和 Z 表示中心点坐标，W 和 H 代表纤维束法向截面的宽度与高度；s 为各类纤维束的切面编号，$s=1$，…，N_{s}，其中 N_{s} 为纤维束段中切面数量；j 为第 j 个纤维束，$j=1$，…，N_{j}，其中 N_{j} 为纤维束段的数量。在数据集中，共有 50 个特征参数（10 类纤维束，每类纤维束 5 个特征参数），对于每一类纤维束的采样点总数多于 2200。

2. 中心坐标统计

将对采集得到的 10 类纤维束的特征参数（中心点坐标和截面尺寸）进行统计学分析。图 6-32 展示了各类纤维束中心坐标位置分布，其中每一点代表了一个切面上的纤维束中心点。由图 6-32 可知，每一类纤维束中心点都不重合而是散布在一定空间范围内。所有纤维束中心点的分布呈现了显著的随机性，但不同类型的纤维束在三个坐标轴方向上的随机程度不一致。

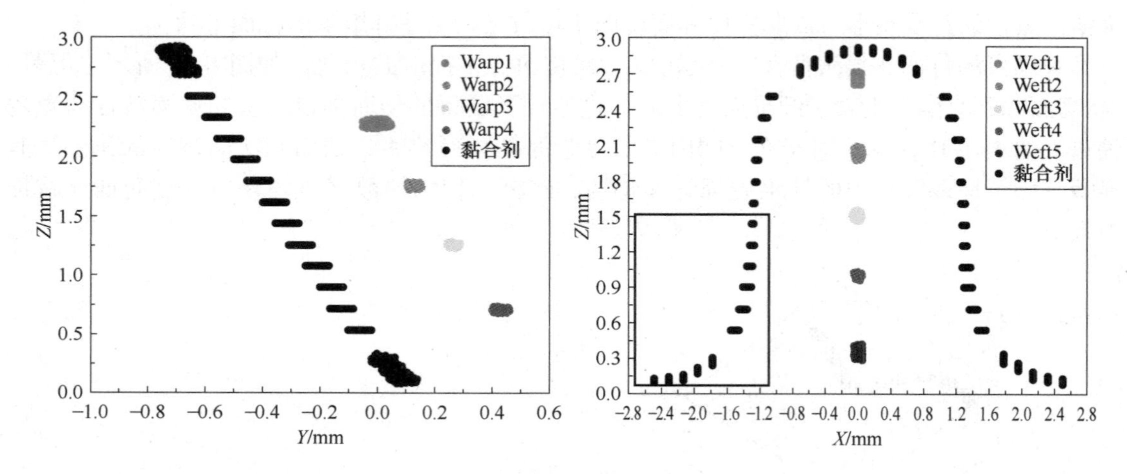

图 6-32　各类纤维束中心坐标位置分布

3. 纤维束尺寸统计

图 6-33 所示为经向纤维束和纬向纤维束截面尺寸的统计结果。可观察得到，纤维束的宽度和高度均值与纤维束所处层数有关，位于外层的纤维束（如 Warp1 和 Warp4）具有相似的宽度均值和高度，位于内层的纤维束（如 Warp2 和 Warp3）也具有相近的宽度和高度。然而位于内层的经向纤维束和外层的经向纤维束拥有截然不同的纤维束截面尺寸。内层经向纤维束的宽度均值比外层宽 16%，而内层经向纤维束的高度均值比外层小 14%。对纬向纤维束也观察到了类似的情况，内层纬向纤维束（Weft2，Weft3 和 Weft4）的宽度均值比外层（Weft1 和 Weft5）宽 25%，而内层纬向纤维束的高度均值比外层小 80%。这是由于内层纤维束在内部受到更多来自上下层纤维束约束所致。同一类纤维束的宽度和高度呈现负相关关系。除此之外，外层纬向纤维束尺寸的标准差也大于内层纤维束。同时，纬向纤维束的标准差显著高于经向纤维束，即纬向纤维束的截面尺寸波动比经向更大。

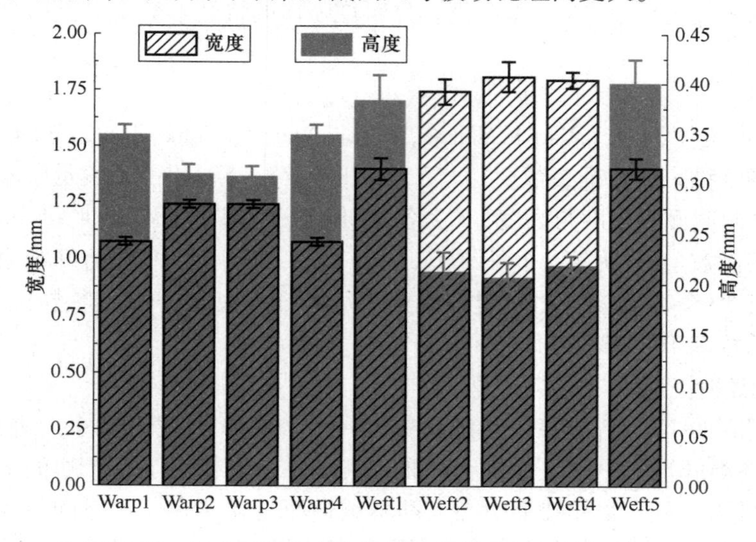

图 6-33　经向纤维束和纬向纤维束截面尺寸的统计结果

图 6-34 所示为纬向纤维束各切面上截面尺寸的均值，其中横坐标为切面编号。从图 6-34 中可以看到，各纤维束的宽度和高度随着前面编号的变化而有规律地波动，且在每一切面上宽度和高度呈负相关。对于纬向纤维束所有切面，纤维束高度均值的最大差别达 10%，宽度均值的差别为 4%。同时，纤维束高度和宽度的波动与上下层纤维束相交位置（与经向或 Z 向纤维束交错处）密切相关。外层纬向纤维束（Weft1 和 Weft5）和 Z 向纤维束的相交处如图 6-34 中的箭头处所示。可以看到在相交的切面上，Weft1 和 Weft5 的宽度达到了最大值而高度达到了最小值。图 6-35 所示为经向纤维束各切面上截面尺寸的均值。虽然经向纤维束的宽度和高度依旧存在波动，但其波动比纬向纤维束小同时对相交位置也不敏感。经向纤维束所有切面的高度均值的最大差别为 5%，而宽度均值的差别为 3%。

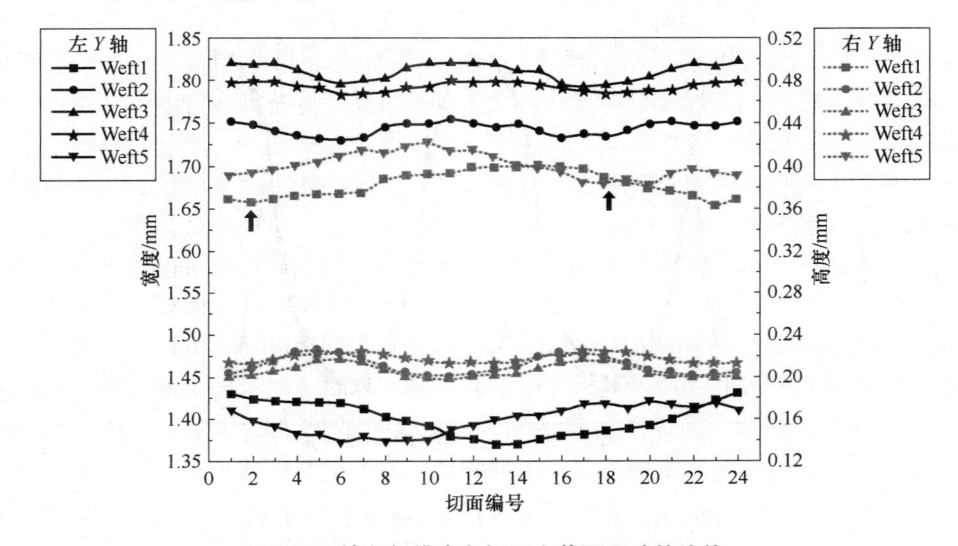

图 6-34　纬向纤维束各切面上截面尺寸的均值

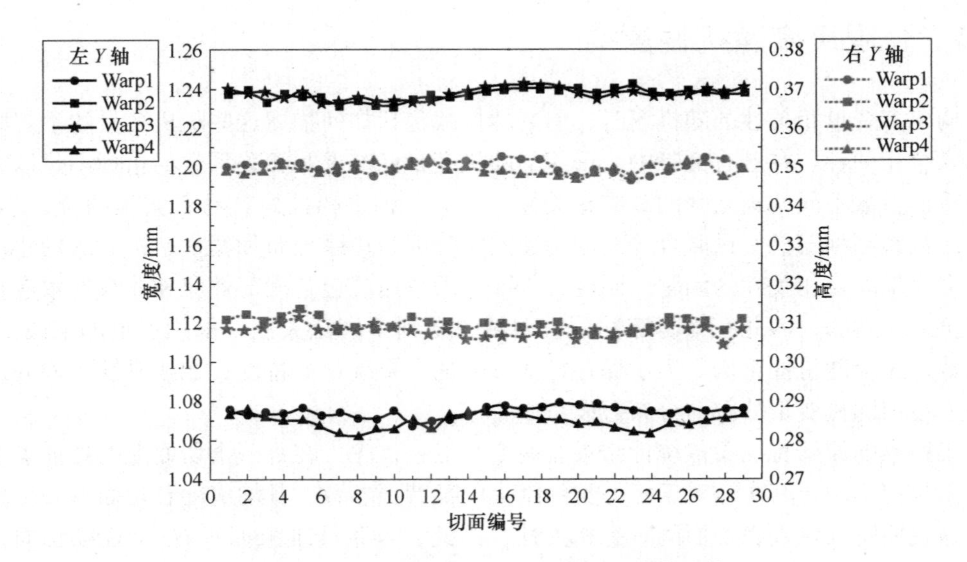

图 6-35　经向纤维束各切面上截面尺寸的均值

图 6-36 展示的是 Z 向纤维束各切面上截面尺寸的均值。由图 6-36 可见，Z 向纤维束的宽度和高度随着切面发生剧烈变化，宽度和高度的最大值分别为其最小值的 2~3 倍。由于 Z 向纤维束空间走向复杂，其法向平面和切面夹角较大，数据修正过程将对其截面尺寸造成较大影响。由图 6-36 可见，数据修正之后，Z 向纤维束在复合材料内部的高度下降了 30% 左右，而宽度基本不变；Z 向纤维的尺寸呈现正弦波动的特性。在复合材料表面时，纤维束同时达到宽度最大值和高度最小值；而处于内部时，其截面形状更接近于正方形。

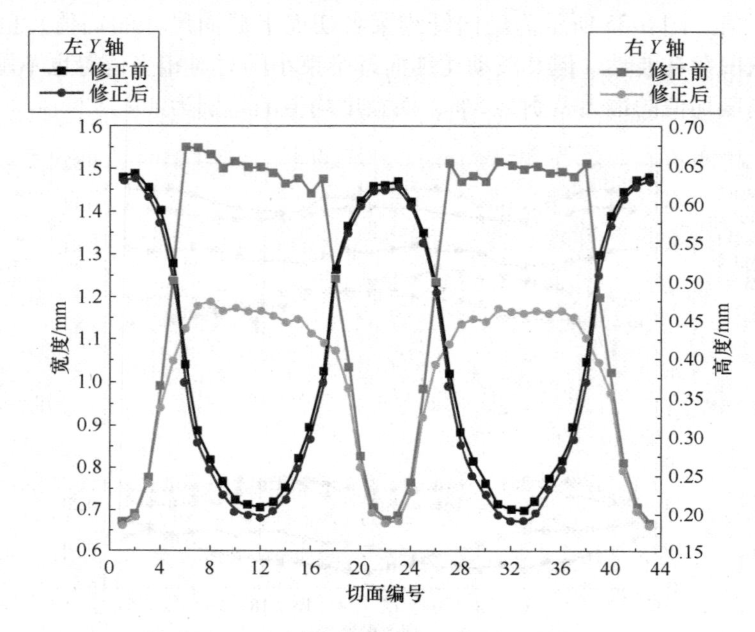

图 6-36　Z 向纤维束各切面上截面尺寸的均值

6.3.2　介观尺度随机性重构

在构建多变量相关性的随机场时，遇到的挑战包括如何描述这些随机变量的不规则边缘分布和联合相关性。在已有文献中，采用的随机变量标准差和相关系数的指标不足以完整描述同一特征参数不同切面之间的高维相关性。作为一种鲁棒性好且易于实施的统计学方法，Copula 函数将高维随机变量联合分布的构建问题分解为边缘分布和变量结构树的构建，很好地解决多变量联合相关性的问题。同时，Copula 函数适应包含尾部效应和非线性效应在内的任意变量分布状态，因此在不确定性分析领域中受到了广泛关注。采用 Copula 函数来对特征参数数据进行随机性重构。为了保存特征参数的主要统计学特性，在随机性重构的过程中没有引入任何随机变量分解与分布假设。

采集得到的原始特征参数统计结果有两个特点：首先，在每一个切面上的特征参数的概率密度函数都不同；其次，对于任一类纤维束的某特征参数，其均值随着切面编号呈现规律变化，这说明特征参数在切面间具有相关性。因此，若某纤维束拥有 N_s 个连续切面，那么在数据重构过程中这 N_s 个连续切面上的特征参数被视为 N_s 维随机变量。

总结来说，D-vine Copula 方法的实施步骤如下：

1）将各类纤维束的特征参数视为 N_s 个随机变量，其联合概率密度函数分解为二维的 Copula 函数和边缘概率密度函数。

2）基于采集得到的特征参数原始数据，依据 AIC 准则和最大似然估计方法，选择最优的 Copula 函数和对应的 Copula 参数。

3）基于 D-vine Copula 获得高维联合概率密度函数，并抽样生成任意数量的 N_s 维特征参数。

10 类纤维束的特征参数都通过 D-vine Copula 方法独立重构完成，对于特征参数的任一切面上都有 1000 个重构的样本点，足够进行 SVE 几何模型的生成。在完成数据重构之后，即可得到重构后的四维数据集 Ω'：

$$\Omega' = (t, \varepsilon, s, j) \tag{6-17}$$

式中，t 为纤维束类型，$t \in$ (Warp1, Warp2, Warp3, Warp4, Weft1, Weft2, Weft3, Weft4, Weft5, Binder)；ε 为各纤维束的特征参数，$\varepsilon \in (X, Y, Z, W, H)$；$s$ 为各类纤维束的切面编号，$s=1, \cdots, N_s$，其中 N_s 为纤维束段中切面数量；j 为第 j 个纤维束，$j=1000$。在数据集中，共有 50 个特征参数（10 类纤维束，每类纤维束 5 个特征参数）。

考虑到显示所有 50 个特征参数的重构结果过于冗杂，接下来将选取 Weft2 的宽度（Weft2W），进行重构数据集有效性的验证。特征参数在某一切面上的分布可视为一类随机变量。对给定样本集合求解随机变量的概率密度函数问题的解决方法主要包括参数估计和非参数估计方法。参数估计方法需要先假定数据分布符合某种特定的形态，非参数估计方法不需要利用数据分布的先验知识。考虑到特征参数多且分布不规则，因此采用非参数估计方法中的核密度估计方法来求解随机变量的边缘概率密度函数。核密度估计方法中的核函数有 Uniform、TRangular、Biweight 和 Normal 等，本书采用正态分布核函数。图 6-37 所示为原始数据和重构数据中特征参数 Weft2W 在不同切面上的统计频次直方图和通过核密度估计得到的概率密度函数。

在图 6-37 中，可以看到特征参数的分布形式是不规则不统一的。原始数据和重构数据的光滑的概率密度函数具有相当高的重合。为了更好地揭示切面之间特征参数的相关性，图 6-38 中展示了原始数据和重构数据中特征变量在相邻切面上的分布图。如图 6-38 所示，原始样本点和生成样本点拥有相近的分布，且都与相应 Copula 云图一致。虽然特征参数的边缘分布不规则且不一致，但本书采用的 D-vine Copula 方法依旧表现出较好的表征和重构变量之间非线性相关性的能力。

为了更宏观地判断切面之间的相关性，采用 Kendall 相关系数来衡量切面之间的相关性。Kendall 相关系数是一种不依赖于边缘分布的非线性相关系数，因此比较适合作为衡量本书中不规则不一致的特征参数边缘分布。在统计学中，Kendall 相关系数通常是用于测量两个随机变量之间序数关联的统计量：当两个变量之间具有类似的秩，那么两个变量的 Kendall 相关系数较高，相反则相关系数较低。

图 6-39 给出了原始数据和重构数据中变量 Weft2W 相关系数矩阵的对比。矩阵对角线的编号代表了矩阵行或列所代表的切面编号，如 V1 表示第一行和第一列为纬向纤维束的 1 号切面。图 6-39 黑框中的圆代表 1 号切面与 3 号切面之间的 Kendall 相关系数。矩阵中圆的颜色与大小表示两切面之间的相关性强弱：红色代表正相关，蓝色代表负相关；圆越大或颜色越深代表相关性越强。矩阵对角线左下部分的相关系数来自于重构数据，对角线右上部分的

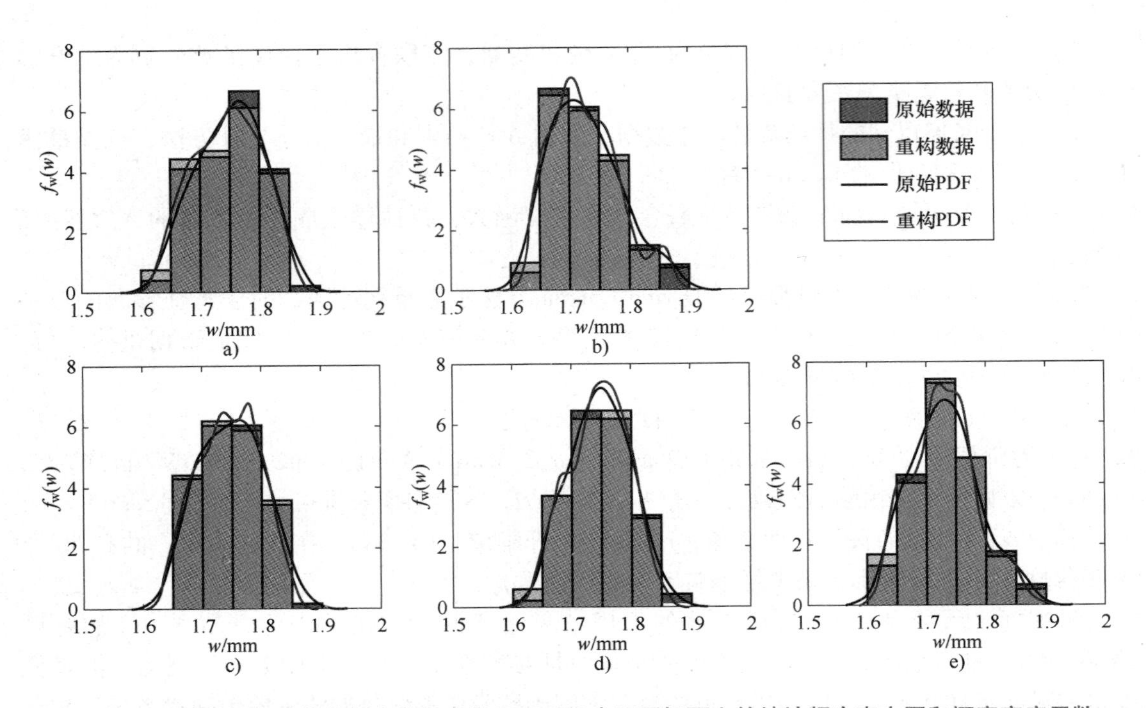

图 6-37 原始数据和重构数据中特征参数 Weft2W 在不同切面上的统计频次直方图和概率密度函数

a）切面 1 b）切面 5 c）切面 9 d）切面 13 e）切面 17

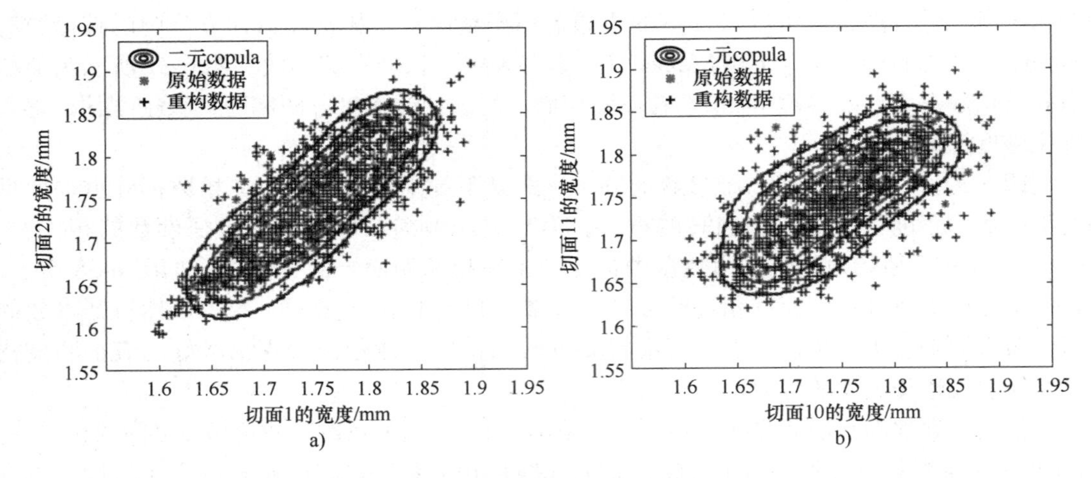

图 6-38 原始数据和重构数据中特征变量在相邻切面上的分布

a）Weft2W1-2 b）Weft2W10-11

相关系数来自于原始数据。如图 6-39 所示，切面数据之间大部分为正相关。此外，在图 6-39 中，两切面越接近相关性越高，相关性最强的两切面位于矩阵对角线两侧。同时也可以在图中观察到，下三角矩阵中圆圈与上三角矩阵中的大小和颜色关于对角线对称，这说明重构得到数据的相关性分布与原始数据的相关性一致。

综上所述，重构数据的边缘概率密度函数、相邻切面之间的分布和相关系数矩阵与原始数据误差极小，进而验证了 D-vine Copula 方法的准确性与合理性。

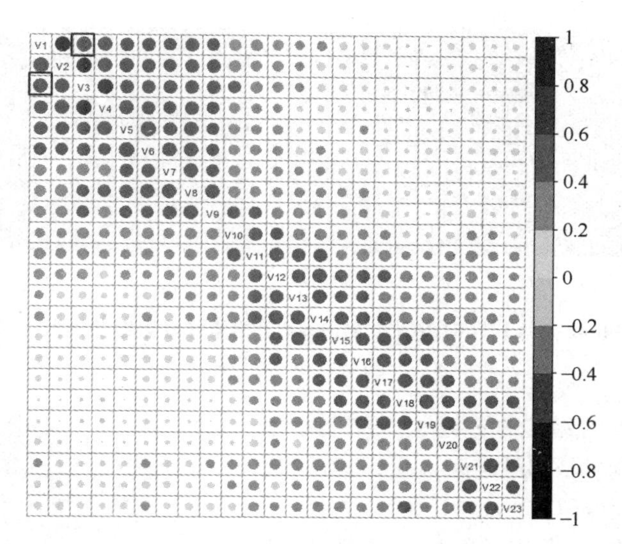

图 6-39　原始数据和重构数据中变量 Weft2W 相关系数矩阵的对比

6.3.3　介观尺度随机性建模

通过 D-vine Copula 进行特征参数随机性重构，得到了包含重构特征参数的新四维数据集 Ω′。通过逆向设计将新特征参数转化为介观尺度 SVE 的几何模型。采用开源软件 TexGen 生成三维正交机织碳纤维复合材料的介观尺度 SVE 几何模型。TexGen 可以通过定义纤维束路径上中心点三维坐标和中心点的横截面形状尺寸，并结合样条曲线插值方法（如 B 样条曲线和自然立方样条曲线等），得到表面光滑的纤维束，并且能够反映纤维束的真实空间结构变化。

通过所提出的随机性重构方法，能够得到各类纤维束沿着纤维束路径上各切面的特征参数（中心点坐标和截面尺寸）。随机重构得到的纤维束中心点分布如图 6-40 所示。因此，只需要确定纤维束的截面形状即可在 TexGen 中建立相应特征参数下的纤维束几何模型。

图 6-41 所示为所生成 SVE 几何模型在垂直经向和垂直纬向切面上纤维束截面与 Micro-CT 扫描结果的对比。从图 6-41 中可以看到，所建立的介观尺度几何模型较好地还原了不同切面上的纤维束形状。图 6-42 所示为介观尺度 SVE 空间内部 Z 向纤维束的空间走向与形状。由图 6-42 可知，所提出的几何重构方法还原了 Z 向纤维束较光滑的表面形状。

图 6-40　随机重构得到的纤维束中心点分布

介观尺度 SVE 几何模型构建的主要步骤如下：

1）假设 j_1 代表重构数据集 Ω′中的一根 t 类型纤维束，基于纤维束 j_1 的 N_s 个中心点的坐标值，可以在 TexGen 中建立该纤维束的中心点走向。再依据 Micro-CT 观察得到的纤维束截面形状，并结合纤维束法向切面的尺寸，在 Texgen 中建立每个切面的截面形状。

2）由于一个介观 SVE 包含两条相同类型的纤维束，另一条 t 类型纤维束 j_2 同样从数据集 Ω′

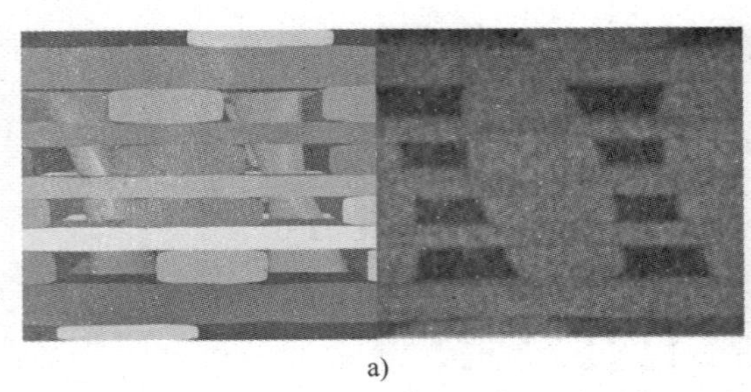

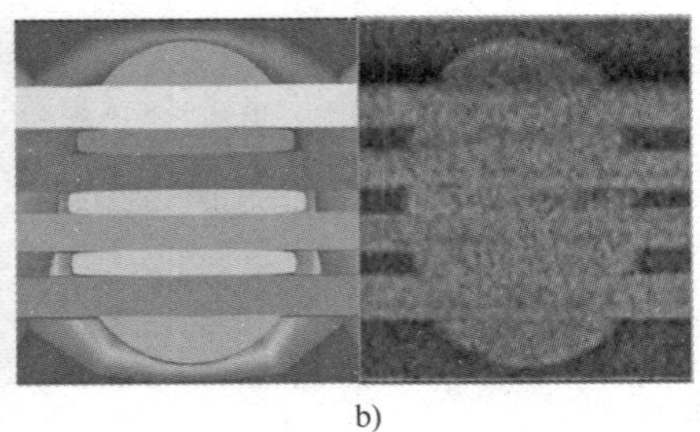

图 6-41　SVE 几何模型和 Micro-CT 扫描纤维束截面形状对比

a）垂直经向　b）垂直纬向

中随机选择。考虑到 SVE 结构的周期性，纤维束 j_2 需要被复制平移；在复制并平移纤维束 j_2 后，其在 SVE 外侧的部分被舍去，仅保留在 SVE 内部的纤维束。

3）对于所有纤维束类型重复实施步骤 1～2。考虑了增强体空间随机性的统计学等价 SVE 即可在 TexGen 中建立完成，如图 6-43 所示。

4）通过随机选取数据集 Ω' 中的纤维束，可以产生任意数量的介观尺度 SVE。

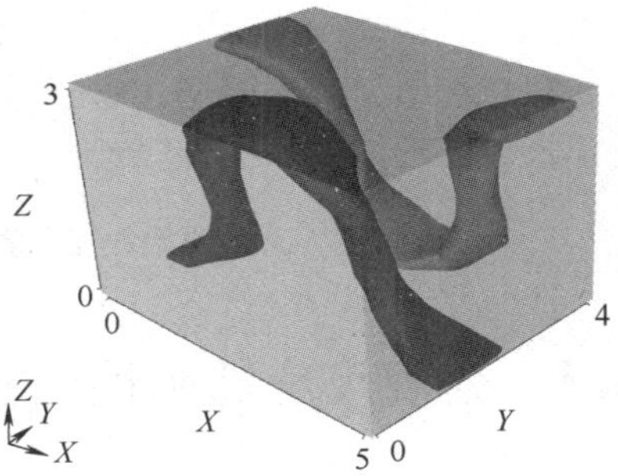

图 6-42　Z 向纤维束的空间走向与形状

在 MATLAB 软件中实现了操作流程的程序化，并通过修改 TexGen 软件的输入文件，实现了自动化生成 SVE 几何模型。由于介观 SVE 相对面的纤维束特征参数一致，因此该 SVE 满足周期性边界，可以直接用于接下来的有限元分析与力学性能预测。

考虑到体素单元较高的网格划分效率和较好的力学性能预测精度，采用体素网格划分技术来自动化划分介观尺度 SVE 网格。图 6-44 展示了介观尺度 SVE 的体素单元网格模型。图 6-44 中 SVE 网格模型由 TexGen 生成，单元类型为八节点线性缩减积分单元（C3D8R），单元数量可由三个坐标轴上的节点数量来进行控制。复杂走向的纤维束的材料主方向在划分网格过程中自动赋予每一个体素单元。

图 6-43　在 TexGen 中生成的 SVE 几何模型

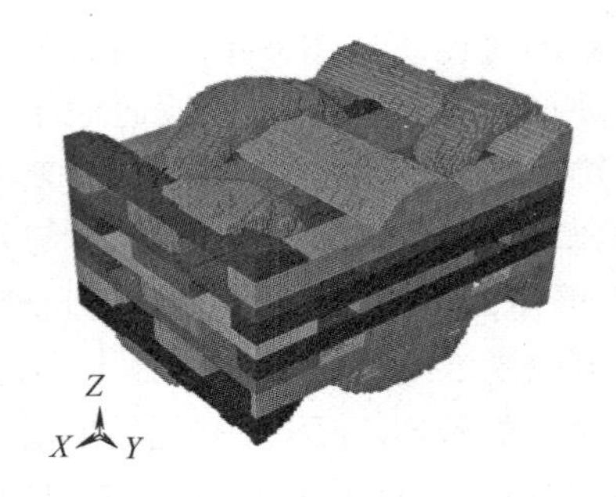

图 6-44　介观尺度 SVE 的体素单元网格模型

通过对介观尺度 SVE 施加周期性边界条件，通过有限元仿真提取介观尺度 SVE 的宏观平均应变，即能得到 SVE 的有效力学性能。由于 SVE 在经向和纬向保持周期性，在厚度方向无约束，因此周期性边界条件仅施加在经向和纬向面上。

基于介观尺度 SVE 有限元模型，结合纤维束随机性本构模型和基体本构模型，通过 ABAQUS 软件的显式计算方法，可以预测介观尺度 SVE 的力学性能，并获得介观尺度力学性能参数的分布。虽然体素单元划分方法对复合材料整体弹性性能有较强的预测能力，然而阶梯形体素网格造成的应力集中现象对于复合材料损伤和失效过程预测的影响仍需要进一步讨论研究。其中网格尺寸大小对有限元计算的收敛性和最终得到的材料强度特性都有显著影响，因此需要先做网格尺寸敏感性分析。图 6-45 所示为在不同网格数量下，纬向拉伸载荷作用时介观 SVE 纬向纤维束轴向应力分布，其中基础网格数量为 12 万，Y 轴为纬向，X 轴为经向。为了介观尺度不确定性源对分析结果的影响，图 6-45 中的 SVE 拥有相同纤维束结构、基体性能和纤维束段力学性能参数。由图 6-45 可见，纤维束外轮廓的变动导致其边缘处网格的材料主方向和载荷施加方向有一定偏差，因此靠近纤维束中心轴的网格具有更高的应力水平。相邻的纤维束段之间纤维体积分数的变化，导致了相邻纤维束段力学性能参数不同，进而在图 6-45 中可观察到轴向应力在纤维束段之间出现跃进的现象。随着网格数量的增加，纤维束几何外形的变化被更细致地还原出来。在介观尺度 SVE 中，网格尺寸的设置会影响纤维束段的网格单元体积，进而导致了纤维束段之间力学性能的差异。因此在图 6-45 的案例中可以看到，增加网格数量和减小网格尺寸并不能保证提高应力预测的精度和有效性。相比较而言，图 6-45 中，4 倍基础网格的划分方案具有较连续的应力分布和最低的最大轴向应力值。综合其他载荷作用下的应力分布情况，最终选择的网格划分方案为沿着 X 轴、Y 轴和 Z 轴的节点数量分别为 100、80 和 60，共 48 万体素网格。

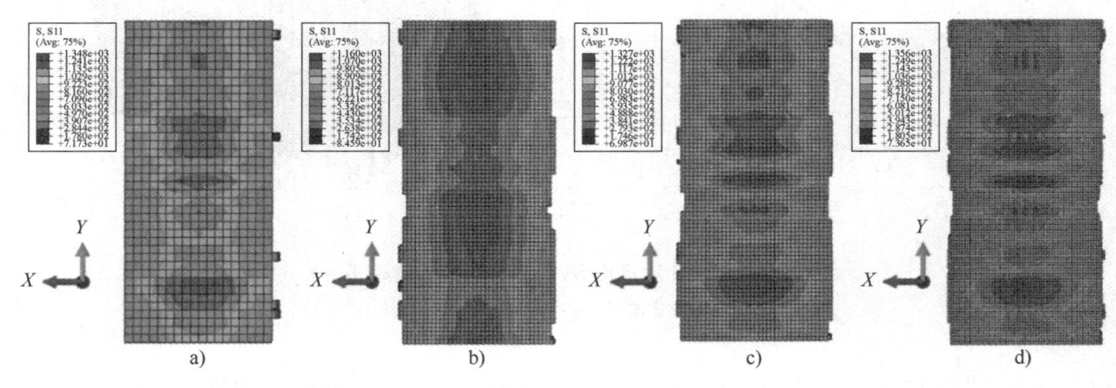

图 6-45　不同体素网格数量下纬向纤维束轴向应力分布

a）基础　b）4 倍　c）8 倍　d）18 倍

图 6-46a 和图 6-47a 所示为介观尺度 SVE 在经向拉伸和纬向拉伸载荷作用下的应力-应变曲线。介观尺度 SVE 在拉伸载荷作用下，应力-应变曲线基本呈线弹性，体积单元基本不发生损伤，而承载纤维的拉伸损伤失效造成了 SVE 的最终断裂。同时，图 6-46a 和图 6-47a 中随机选取了三个介观尺度 SVE 的应力-应变曲线，可以观察到三条应力-应变曲线呈现一定分散性。图 6-46b 和图 6-47b 所示为 SVE 失效前轴向拉伸损伤变量的分布云图，损伤值为 0 说明单元并未发生损伤，而损伤值为 1 代表单元已完全失效。具有较高损伤值的网格基本以纤维束段的形式出现，这是由于纤维束段内本构模型的随机性所致。图 6-48 和图 6-49 所示为介观尺度 SVE 在经向压缩和纬向压缩载荷作用下的应力-应变曲线和纤维束压缩损伤变量分布云图。由图 6-48 和图 6-49 可知，介观尺度 SVE 在压缩载荷下的应力-应变曲线也呈现出

近似线性和分散性的特征。同时，在介观尺度 SVE 中，纤维压缩损伤值较高的网格也以纤维束段的形式出现。通过对相应载荷方向下的介观尺度 SVE 应力-应变曲线进行数据处理后，即可获得介观尺度 SVE 在各载荷方向下的力学性能参数，如弹性模量和强度等。

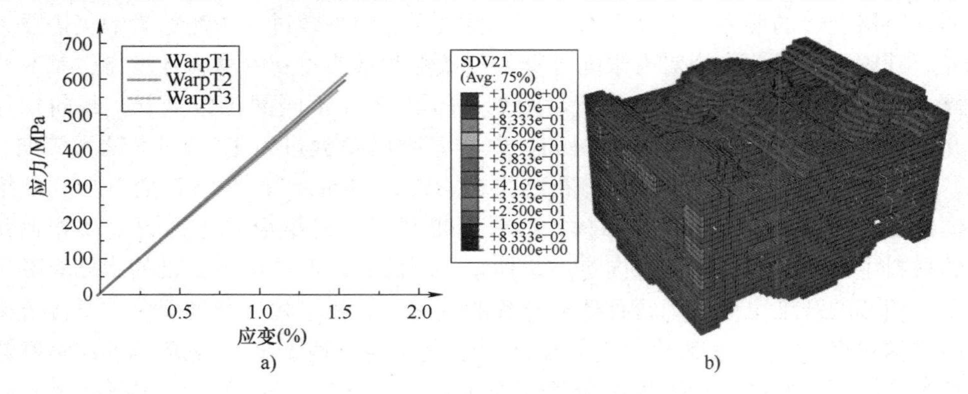

图 6-46　介观尺度 SVE 在经向拉伸载荷下

a）应力-应变曲线　b）失效前损伤分布云图

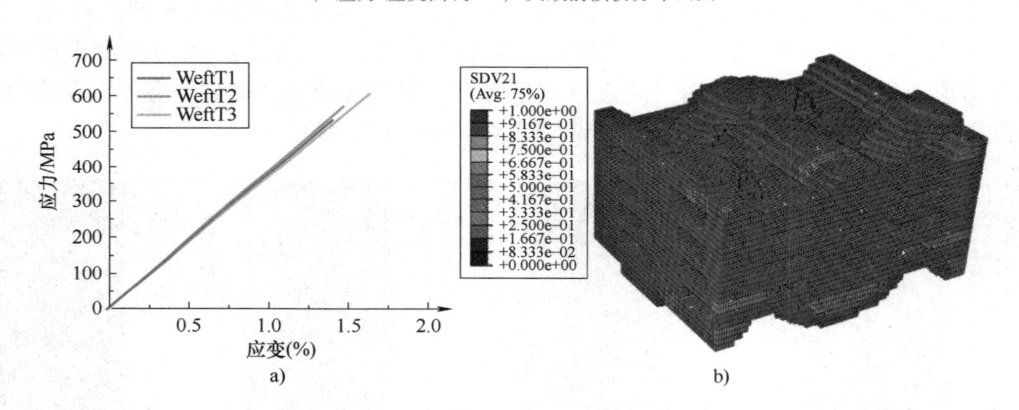

图 6-47　介观尺度 SVE 在纬向拉伸载荷下

a）应力-应变曲线　b）失效前损伤分布云图

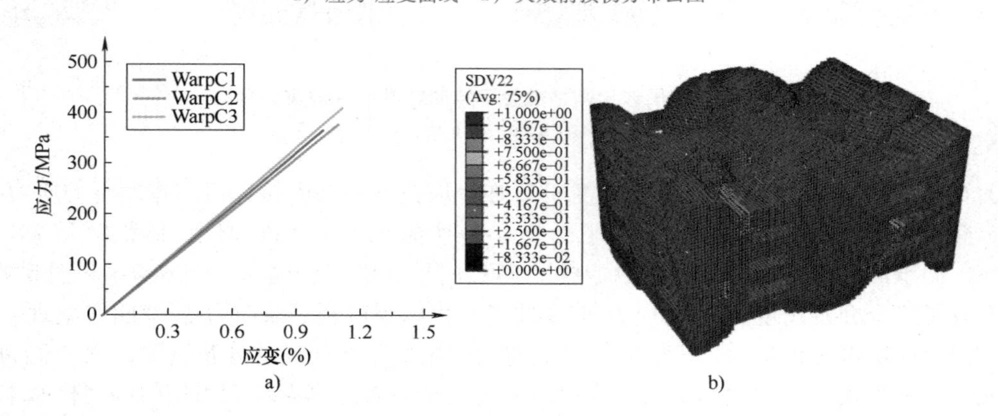

图 6-48　介观尺度 SVE 在经向压缩载荷下

a）应力-应变曲线　b）失效前损伤分布云图

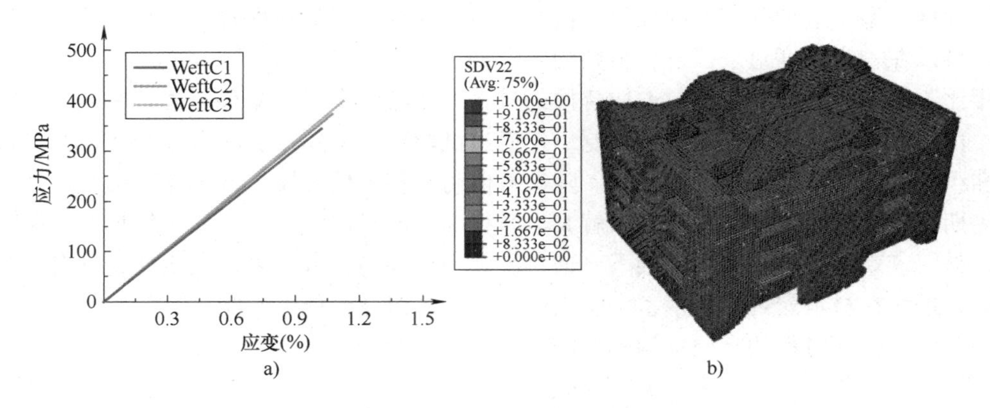

图 6-49　介观尺度 SVE 在纬向压缩载荷下

a）应力-应变曲线　b）失效前损伤分布云图

6.4　多尺度本构建模

复合材料是典型的多相材料，在增强体空间结构和组分力学性能参数等方面都具有一定不确定性；且复合材料具有典型的多尺度特性，在各个尺度上都具有不确定性源和独特的力学性能。细观尺度存在纤维束内纤维体积分数、纤维丝在基体中的随机分布、基体孔隙造成的基体力学性能变化以及纤维和基体之间的结合力等。而在介观尺度上，存在的不确定性源有纤维束截面尺寸和空间走向、纤维束间距和基体力学性能等。在宏观尺度上，复合材料尺寸、厚度和铺设方向等都存在不确定性。依据细观力学观点，复合材料细观结构及组分力学性能与宏观力学性能紧密相关，那么材料多尺度随机特性的耦合及传递作用下，势必最终造成了其宏观力学性能的离散性。而复合材料宏观力学性能的随机特性会影响复合材料产品结构的稳健性和可靠性。

实现各尺度力学性能参数不确定性的量化以及尺度间力学性能参数的传递是预测宏观性能随机性的两个关键问题。针对尺度内力学性能的预测，可采用基于计算细观力学的统计体积单元建模分析方法。而对于力学性能参数在尺度间的传递，一般通过将低尺度的材料本构模型引入高尺度来实现。通常基于材料力学性能试验或仿真分析，可以建立材料的唯象确定性本构模型，描述材料平均意义上从弹性段到最终失效时的力学特征。但是确定性本构模型忽视了材料力学性能参数的不确定性，在进行力学性能尺度间传递和具体工程应用时难以全面地把握材料的力学性能随机性特点。因此，能体现材料力学性能离散性的随机性本构建模方法是实现材料力学性能尺度间传递和结构性能表征中的重要一环。

6.4.1　唯象本构

工程材料的本构行为是工程技术界和学术界关注的焦点。材料本构模型是影响结构仿真中性能响应准确度的重要因素。唯象本构是基于现象学的试验本构建模方法，所建立的是确定性的本构模型。这种确定性的唯象本构可以描述复合材料从弹性阶段到损伤演化与失效的过程，可以在一定程度上表征复合材料的力学特点。

相比于均质材料，复合材料本构建模的难点在于其力学行为复杂，而且受到多重因素的影响。由于经济成本和时间成本的限制，仅通过试验方法采集得到的有限个样本点考虑细观结构和组分性能的影响是不切实际的。随着数值仿真技术的发展，基于计算细观力学方法对满足周期性边界的代表性体积单元求解其力学行为，已经广泛应用于复合材料本构模型的建立。在材料宏观本构解析式的框架下，通过细观力学均匀化方法可以大量补充材料力学性能样本点，进而在材料宏观本构模型中引入细观结构和组分性能的影响。

一般地，任何材料的唯象本构模型的通用表达式为

$$\boldsymbol{\sigma}(t)=\boldsymbol{\sigma}(\boldsymbol{\varepsilon}(t),\boldsymbol{T}(t),\boldsymbol{\kappa},\cdots) \tag{6-18}$$

式中，$\boldsymbol{\sigma}$ 和 $\boldsymbol{\varepsilon}$ 分别为材料某点处的应力和应变张量；$\boldsymbol{T}$ 为材料某点温度；t 为时间；$\boldsymbol{\kappa}$ 为确定性本构模型中定义的本构参数所组成的向量。对于多尺度复合材料，每个尺度上都为非均质介质，那么在尺度 n 上的材料本构关系可以表示为

$$\boldsymbol{\sigma}^n(t)=\boldsymbol{\sigma}^n(\boldsymbol{\varepsilon}^n(t)-\boldsymbol{\varepsilon}(t),\boldsymbol{T}(t),\boldsymbol{\kappa}^n,\cdots) \tag{6-19}$$

$$\overline{\boldsymbol{\sigma}}^n(t)=\overline{\boldsymbol{\sigma}}^n(\boldsymbol{G}^n(t),\boldsymbol{T}(t),\overline{\boldsymbol{\kappa}}^n,\cdots) \tag{6-20}$$

式中，微观应力 $\boldsymbol{\sigma}^n$、微观应力耦 $\overline{\boldsymbol{\sigma}}^n$、微观应变 $\boldsymbol{\varepsilon}^n$、微观应变梯度 $\boldsymbol{G}^n$ 可以通过对尺度 n 上的 SVE 模型进行体积平均来获取：

$$\boldsymbol{\sigma}^n(\boldsymbol{x})=\frac{1}{V_n}\int_{V_n}\boldsymbol{\sigma}_n^*\,\mathrm{d}V_n \tag{6-21}$$

$$\overline{\boldsymbol{\sigma}}^n(\boldsymbol{x})=\frac{1}{V_n}\int_{V_n}\boldsymbol{\sigma}_n^*\otimes\boldsymbol{y}\,\mathrm{d}V_n \tag{6-22}$$

$$\boldsymbol{\varepsilon}^n(\boldsymbol{x})=\frac{1}{V_n}\int_{V_n}\boldsymbol{\varepsilon}_n^*\,\mathrm{d}V_n \tag{6-23}$$

$$\boldsymbol{G}^n(t)=\vec{\nabla}(\boldsymbol{\varepsilon}^n(t)-\boldsymbol{\varepsilon}(t)) \tag{6-24}$$

式中，$\boldsymbol{\sigma}_n^*$ 和 $\boldsymbol{\varepsilon}_n^*$ 为尺度 n 上 SVE 模型的局部应力和应变场。

复合材料在制备过程中各种因素的综合作用导致其微观结构和组分性能具有一定随机特性，最终导致复合材料的宏观力学性能呈现离散特性。此时，确定性的材料本构模型不足以描述其力学性能的随机性。若用随机特征参数 θ 来表征这些随机特性，将 θ 映射到确定性本构参数向量中，形成随机性本构参数向量 $\boldsymbol{\kappa}(\theta)$，即可得到随机性本构模型的通用表达形式：

$$\boldsymbol{\sigma}(t)=\boldsymbol{\sigma}(\boldsymbol{\varepsilon}(t),\boldsymbol{T}(t),\boldsymbol{\kappa}(\theta),\cdots) \tag{6-25}$$

式中，随机性本构参数向量 $\boldsymbol{\kappa}(\theta)=(\kappa_1,\kappa_2,\cdots,\kappa_m)$ 具有任意的边缘概率分布和联合概率分布：

$$\boldsymbol{\kappa}_i\sim f_{\boldsymbol{\kappa}_i}(\kappa_i,\theta) \tag{6-26}$$

$$\{\kappa_1,\kappa_2,\cdots,\kappa_n\}\sim f_{\boldsymbol{\kappa}}(\boldsymbol{\kappa},\theta) \tag{6-27}$$

式中，$f_{\boldsymbol{\kappa}_i}(\kappa_i,\theta)$ 为本构参数 κ_i 的一维边缘概率密度函数；$f_{\boldsymbol{\kappa}}(\boldsymbol{\kappa},\theta)$ 为本构参数向量 $\boldsymbol{\kappa}(\theta)$ 的联合概率密度函数。

材料确定性本构框架基于试验或仿真数据点来建立。那么，构建随机性本构模型的重点在于如何获得随机性本构参数向量 $\boldsymbol{\kappa}(\theta)$ 的分布规律。如前所述，可以通过计算细观力学方法大量获得材料性能样本点，从而描绘随机性本构参数向量的分布。一般来说，复合材料的代表性体积单元 RVE 的增强体结构具有不变性，通过 RVE 的仿真模拟会获得一致的性能响应结果。而统计体积单元 SVE 中引入了空间结构和组分性能不确定性，一定程度上反应了材料内部的随机属性。基于 SVE 的数值仿真不仅能够给出在特定随机属性下的宏观应力-应变响应，同时也能预测材料力学性能的离散性。那么通过大量 SVE 的数值仿真，并曲线拟合或者数学换算，即可以得到随机性本构参数向量 $\boldsymbol{\kappa}(\theta)$ 的分布。

基于计算细观力学方法和 SVE 性能仿真的随机性本构建模流程如图 6-50 所示。

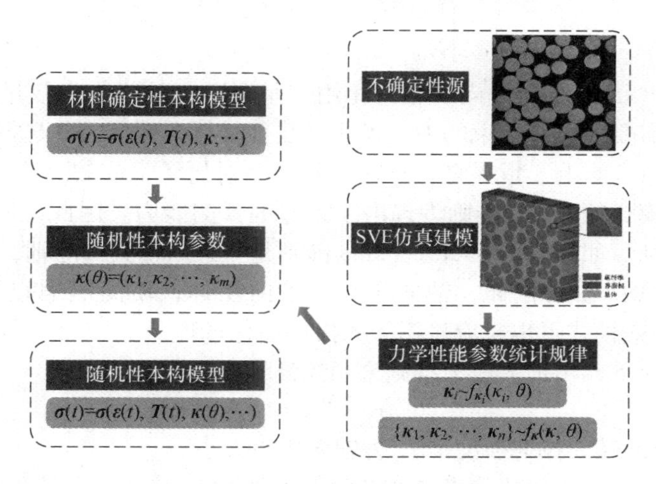

图 6-50　随机性本构建模流程

随机性本构建模具体步骤如下：

1）建立材料确定性本构模型，定义随机性本构参数。

2）定义材料的不确定性源，建立包含随机特性的 SVE 有限元模型，通过对一定数量的 SVE 进行仿真分析，获取其应力-应变响应。

3）通过对应力-应变响应进行曲线拟合或者数学计算等方法得到每一个 SVE 仿真模型的材料随机性本构参数样本。对随机性本构参数样本进行统计学分析，得到本构参数的统计特征和分布规律。

对标定后的随机本构参数统计特性进行重采样，结合材料确定性本构模型，构建材料随机性本构模型。

6.4.2　细观尺度随机性本构

以 3DWOC 为例，细观尺度随机性本构指的是细观尺度下获得的纤维束随机性本构，如图 6-6 所示，纤维束随机性本构模型实现了力学性能从细观尺度到介观尺度的传递。细观尺度纤维束具有和碳纤维类似的力学性能，如横观各向同性与拉压不对称性，假设纤维束呈线弹性特征，那么其在线性段的应力-应变关系为

$$\begin{pmatrix}\varepsilon_{11}\\ \varepsilon_{22}\\ \varepsilon_{33}\\ \gamma_{12}\\ \gamma_{23}\\ \gamma_{31}\end{pmatrix}=\begin{pmatrix}1/E_{11} & -\nu_{12}/E_{11} & -\nu_{13}/E_{11} & 0 & 0 & 0\\ & 1/E_{22} & -\nu_{23}/E_{22} & 0 & 0 & 0\\ & & 1/E_{33} & 0 & 0 & 0\\ & & & 1/G_{12} & 0 & 0\\ \text{sym.} & & & & 1/G_{23} & 0\\ & & & & & 1/G_{31}\end{pmatrix}\begin{pmatrix}\sigma_{11}\\ \sigma_{22}\\ \sigma_{33}\\ \tau_{12}\\ \tau_{23}\\ \tau_{31}\end{pmatrix} \tag{6-28}$$

其中，1 方向为纤维束轴线方向，2 方向和 3 方向为纤维束横向，且

$$E_{22}=E_{33}, G_{12}=G_{31}, \nu_{12}=\nu_{13}, G_{23}=E_{22}/[2(1+\nu_{23})] \tag{6-29}$$

$$\begin{cases}E_{11}=E_{11\mathrm{T}}, & \text{if } \sigma_{11}\geqslant 0\\ E_{11}=E_{11\mathrm{C}}, & \text{if } \sigma_{11}<0\end{cases} \tag{6-30}$$

由于细观尺度 RVE 在不同方向的载荷作用下呈现不同的损伤失效过程和失效形式，因此纤维束本构模型需要考虑纤维束的失效模式。复合材料失效模式的选择对最终预测的复合材料力学性能具有重大影响。世界复合材料失效大会对比了目前较为广泛应用的失效准则，其中考虑多种失效模式的 Pinho 准则表现出了较好的预测能力。因此，采用 Pinho 准则作为纤维束损伤失效准则。如图 6-51 所示，Pinho 准则是三维损伤失效准则，考虑了不同方向载荷作用下的失效模式：轴向拉伸，轴向压缩，横向拉伸，横向压缩以及剪切失效。同时 Pinho 准则在各种失效模式下也对应着不同的损伤演化过程。

在轴向拉伸载荷下，用最大应力准则来预测纤维束的失效：

$$\sigma_{11}/S_{11\mathrm{T}}=1 \tag{6-31}$$

式中，$S_{11\mathrm{T}}$为纤维束的轴向拉伸强度；σ_{11}为轴向应力大小。

在轴向压缩载荷下纤维束的失效模式现在学界还没有统一定论，但是在单向复合材料压缩试验后观察到扭结带的出现，如图 6-52 所示。纤维束的扭结带一般认为是由纤维的微屈曲引发的。

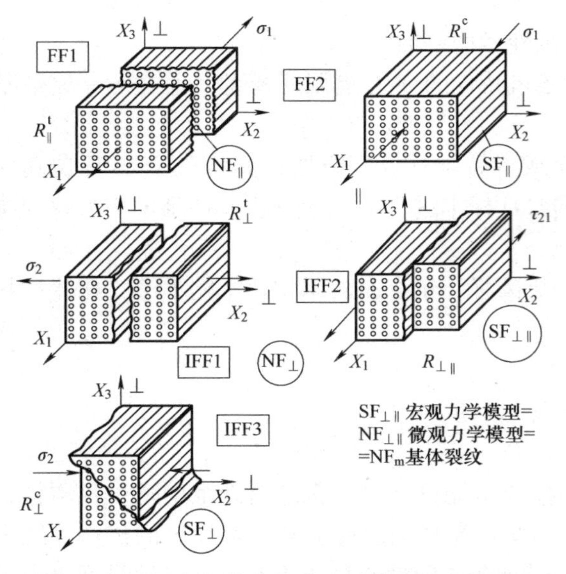

图 6-51　不同方向载荷作用下纤维束的失效模式

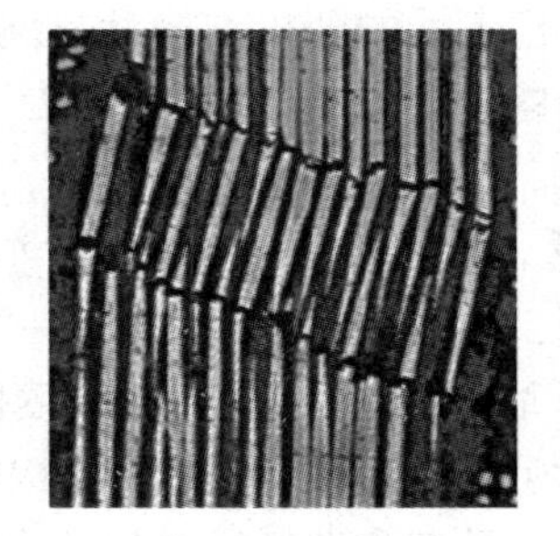

图 6-52　在轴向压缩载荷下纤维束扭结带的形成

考虑到纤维束的扭结，其轴向压缩失效准则为

$$\left(\frac{\tau_{23}^{\mathrm{m}}}{S_{23}^{\mathrm{is}}-\mu_{\mathrm{T}}\sigma_2^{\mathrm{m}}}\right)^2+\left(\frac{\tau_{12}^{\mathrm{m}}}{S_{12}^{\mathrm{is}}-\mu_{\mathrm{L}}\sigma_2^{\mathrm{m}}}\right)^2+\left(\frac{\langle\sigma_2^{\mathrm{m}}\rangle_+}{S_{22\mathrm{T}}^{\mathrm{is}}}\right)=1 \tag{6-32}$$

式中，S_{12}和 S_{23}分别为纤维束的轴向和横向剪切强度；$S_{22\mathrm{T}}$为纤维束横向拉伸强度；μ_{T}和 μ_{L}为失效平面的摩擦系数，当失效面受压应力时，需要予以考虑。$\langle\ \rangle_+$为 McCauley 符号，且

$$\langle x\rangle_+=\max\{0,x\} \tag{6-33}$$

上标 is 表示原位（in-situ）强度，Pinho 准则中相应推荐值为

$$S_{22\mathrm{T}}^{\mathrm{is}}=1.12\sqrt{2}S_{22\mathrm{T}},S_{12}^{\mathrm{is}}=\sqrt{2}S_{12},S_{23}^{\mathrm{is}}=\sqrt{2}S_{23} \tag{6-34}$$

扭结带的旋转坐标系如图 6-53 所示，依据坐标旋转公式在扭结带平面 ψ 上应力分量为

$$\begin{cases}\sigma_2^{\psi}=\sigma_2\cos^2\psi+\sigma_3\sin^2\psi+2\tau_{23}\sin\psi\cos\psi\\ \tau_{12}^{\psi}=\tau_{12}\cos\psi+\tau_{31}\sin\psi\\ \tau_{23}^{\psi}=-\sigma_2\sin\psi\cos\psi+\sigma_3\sin\psi\cos\psi+\tau_{23}(\cos^2\psi-\sin^2\psi)\\ \tau_{31}^{\psi}=\tau_{31}\cos\psi-\tau_{12}\sin\psi\end{cases} \tag{6-35}$$

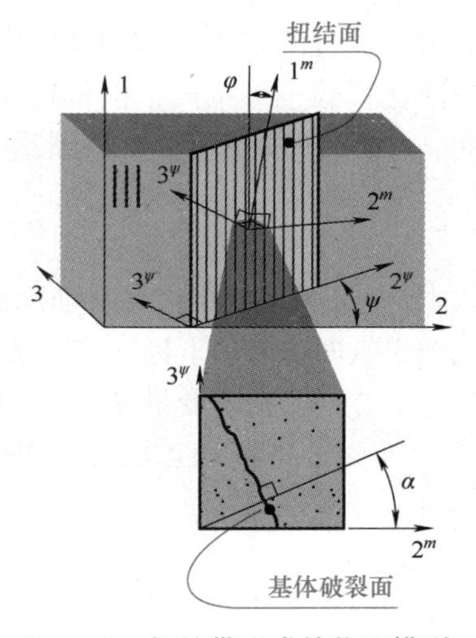

图 6-53　扭结带形成的物理模型

考虑在扭结面内纤维偏转角度 φ 之后，在失效平面上纤维束应力分量为

$$\begin{cases}\sigma_2^{m}=\sigma_1\sin^2\varphi+\sigma_2^{\psi}\cos^2\varphi-2\tau_{12}^{\psi}\sin\varphi\cos\varphi\\ \tau_{12}^{m}=-\sigma_1\sin\varphi\cos\varphi+\sigma_2^{\psi}\sin\varphi\cos\varphi+\tau_{12}^{\psi}(\cos^2\varphi-\sin^2\varphi)\\ \tau_{23}^{m}=\tau_{23}^{\psi}\cos\varphi-\tau_{31}^{\psi}\sin\varphi\end{cases} \tag{6-36}$$

式中，扭结面角度 ψ 为式（6-36）取最大值时的角度，$0°\leqslant\psi\leqslant180°$。纤维偏转角 φ 由初始偏转角 φ^0 和由剪应变 τ_{m^0}引发的纤维旋转角度决定：

$$\varphi=\sin(\tau_{12}^{\psi})\varphi^0+\gamma(\tau_{\mathrm{m}^0}) \tag{6-37}$$

$$\varphi^0=\arctan\left(\frac{1-\sqrt{1-4\left(\frac{S_{12}}{S_{11\mathrm{C}}}+\eta_{\mathrm{L}}\right)\frac{S_{12}}{S_{11\mathrm{C}}}}}{2\left(\frac{S_{12}}{S_{11\mathrm{C}}}+\eta_{\mathrm{L}}\right)}\right)-\gamma\left(\frac{1}{2}\sin(2\varphi^0)S_{11\mathrm{C}}\right) \tag{6-38}$$

式中，$S_{11\mathrm{C}}$为纤维束的轴向压缩强度。

纤维束的横向以及剪切载荷下，基体首先发生失效。此时，对应于基体的拉伸和压缩失效。纤维束的失效准则定义为

$$\left(\frac{\tau_{\mathrm{T}}}{S_{23}^{\mathrm{is}}-\mu_{\mathrm{T}}\langle\sigma_{\mathrm{n}}\rangle_+}\right)^2+\left(\frac{\tau_{\mathrm{L}}}{S_{12}^{\mathrm{is}}-\mu_{\mathrm{L}}\langle\sigma_{\mathrm{n}}\rangle_+}\right)^2+\left(\frac{\langle\sigma_{\mathrm{n}}\rangle_+}{S_{22\mathrm{T}}^{\mathrm{is}}}\right)^2=1 \tag{6-39}$$

式中，σ_{n}、τ_{T}和 τ_{L}为失效面上的法向应力分量与切向应力分量，这些应力分量可通过坐标变换得到：

$$\begin{cases}\sigma_{\mathrm{n}}=\dfrac{\sigma_{22}+\sigma_{33}}{2}+\dfrac{\sigma_{22}-\sigma_{33}}{2}\cos(2\theta)+\tau_{23}\sin(2\theta)\\ \tau_{\mathrm{T}}=-\dfrac{\sigma_{22}-\sigma_{33}}{2}\sin(2\theta)+\tau_{23}\cos(2\theta)\\ \tau_{\mathrm{L}}=\tau_{12}\cos\theta+\tau_{13}\sin\theta\end{cases}\tag{6-40}$$

式中，θ 为失效平面与坐标轴的夹角，θ 为式（6-40）取最大值时的角度。μ_{T}和 μ_{L}的取值由压缩载荷下失效面与横断面夹角 α 的决定：

$$\mu_{\mathrm{T}}=-\frac{1}{\tan(2\alpha)},\quad \mu_{\mathrm{L}}=S_{12}\frac{\mu_{\mathrm{T}}}{S_{23}}\tag{6-41}$$

当式（6-31）、式（6-32）或式（6-39）成立时，纤维束内部开始损伤演化。在本构模型中，通过的张力大小的调整实现模拟损伤扩展的过程。对于不同的失效模式，纤维束的损伤演化形式也不相同，但都遵循同样的过程：在失效面上的张力逐渐减小到零。若损伤变量为 d，那么失效面上的应力张量 σ_{lmn}为

$$\sigma_{\mathrm{lmn}}=\left\{\sigma_{\mathrm{l}},\sigma_{\mathrm{m}},\left(1-d\frac{\langle\sigma_{\mathrm{n}}\rangle_{+}}{\sigma_{\mathrm{n}}}\right)\sigma_{\mathrm{n}},\tau_{\mathrm{lm}},(1-d)\tau_{\mathrm{mn}},(1-d)\tau_{\mathrm{nl}}\right\}\tag{6-42}$$

式中，σ_{lmn}为从纤维束材料坐标系下有效应力张量 σ_{123}旋转至失效断裂面上换算得到。下标 n 代表失效面法向，下标 m 与 l 代表失效面的切向。对于不同的失效模式，损伤变量 d 拥有不同的定义方式。损伤变量 d 演化过程由损伤导致的能量耗散决定。当 $d=0$ 时，损伤还未发生；当 $d=1$ 时，材料完全失效。如图 6-54 所示，可用双线性法则来描述损伤变量 d 的演化过程：

$$d^{\mathrm{inst}}=\max\left\{0,\min\left\{1-\frac{\sigma^{0}}{\overline{\sigma}}\frac{\varepsilon^{\mathrm{f}}-\varepsilon^{\mathrm{el}}}{\varepsilon^{\mathrm{f}}-\varepsilon^{0}},1\right\}\right\}\tag{6-43}$$

$$d=\max_{\mathrm{time}}\{d^{\mathrm{inst}}\}\tag{6-44}$$

$$\varepsilon^{\mathrm{f}}=\frac{2G_{\mathrm{c}}}{\sigma^{0}l}\tag{6-45}$$

式中，d^{inst}为即时的损伤变量，上标 0 和 f 分别代表损伤开始时刻和材料完全失效时刻；ε^{0} 和 ε^{f}分别代表损伤开始时的应变和材料失效应变；$\overline{\sigma}$为即时有效应力张量；$\varepsilon^{\mathrm{el}}$为失效面上弹性应变张量的值；$G_{\mathrm{c}}$ 为临界断裂能，l 为与网格尺寸相关的单元特征长度。

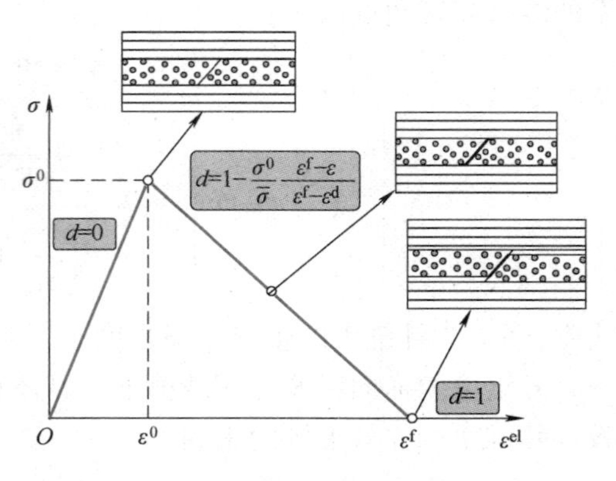

图 6-54　双线性损伤演化过程示意图

上述纤维束确定性本构模型考虑了纤维束的横观各向同性和拉压非对称性，并结合了不同失效模式下的失效准则与损伤演化过程。在所提出的纤维束确定性本构中，共包含 10 个未确定的本构参数，都选定为随机性本构模型参数：

$$\boldsymbol{\kappa}_{\mathrm{ft}}(\theta)=(E_{11\mathrm{T}},E_{11\mathrm{C}},E_{22\mathrm{T}},G_{12},\nu_{12},\nu_{23},S_{11\mathrm{T}},S_{22\mathrm{T}},S_{23},S_{12})\tag{6-46}$$

这 10 个随机性本构参数的分布规律可以通过纤维束力学性能 RBF 代理模型和变异系数确定。通过对随机性本构参数进行重采样，可以建立在任意纤维体积分数和基体弹性模量下

的纤维束随机性本构模型。

由于目前商业软件中并没有相应的纤维束随机性本构模型，因此通过 ABAQUS 用户自定义子程序 VUMAT 实现了上述纤维束随机性本构模型的程序化。

6.4.3　介观尺度随机性本构

介观尺度不确定性源包括细观尺度纤维束力学性能、基体弹性模量、增强相空间走向和截面尺寸变动。细观尺度纤维束力学性能来自于上节所建立细观尺度随机性本构模型。本节建立 3DOWC 的随机性本构模型。

考虑到 3DOWC 的应用结构通常为厚度相对较薄的板件，在仿真过程中通常采用壳单元来模拟，主要考虑的是复合材料材料面内性能。因此，建立的材料确定性本构为关注材料面内性能的二维本构模型。

三维正交机织碳纤维复合材料的准静态力学性能呈现各向异性与拉压非对称性。材料弹性段的应力应变关系可以用正交各向异性的刚度矩阵来描述：

$$\begin{pmatrix}\varepsilon_{11}\\ \varepsilon_{22}\\ \gamma_{12}\end{pmatrix}=\begin{pmatrix}1/E_{11} & -\nu_{12}/E_{11} & 0\\ -\nu_{21}/E_{11} & 1/E_{22} & 0\\ 0 & 0 & 1/2G_{12}\end{pmatrix}\begin{pmatrix}\sigma_{11}\\ \sigma_{22}\\ \tau_{12}\end{pmatrix} \tag{6-47}$$

其中 1 方向为三维正交机织复合材料经向，2 方向为纬向，12 方向为材料的面内剪切方向。由于复合材料具有拉压不对称性，那么

$$\begin{cases}E_{11}=E_{\mathrm{WarpT}}, & \text{if } \sigma_{11}\geqslant 0\\ E_{11}=E_{\mathrm{WarpC}}, & \text{if } \sigma_{11}<0\\ E_{22}=E_{\mathrm{WeftT}}, & \text{if } \sigma_{22}\geqslant 0\\ E_{22}=E_{\mathrm{WeftC}}, & \text{if } \sigma_{22}<0\end{cases} \tag{6-48}$$

式中，E_{WarpT}、E_{WeftT}、E_{WarpC}和 E_{WeftC}分别为经向拉伸、纬向拉伸、经向压缩和纬向压缩下的弹性模量。

随着载荷的增加，3DOWC 会经历组分材料损伤直至最终失效。从准静态拉伸和压缩的应力-应变曲线来看，都呈现出较显著的线性特性，且失效形式主要为脆性失效。在应用较广泛的准则中，Hashin 准则考虑了在不同承载形式下的失效。

对于材料拉伸失效（$\sigma_{\mathrm{Warp}}\geqslant 0$，$\sigma_{\mathrm{Weft}}\geqslant 0$）：

$$F_{\mathrm{WarpT}}=\left(\frac{\sigma_{\mathrm{Warp}}}{S_{\mathrm{WarpT}}}\right)^2,F_{\mathrm{WeftT}}=\left(\frac{\sigma_{\mathrm{Weft}}}{S_{\mathrm{WeftT}}}\right)^2 \tag{6-49}$$

对于材料压缩失效（$\sigma_{11}<0,\sigma_{22}<0$）：

$$F_{\mathrm{WarpC}}=\left(\frac{\sigma_{\mathrm{Warp}}}{S_{\mathrm{WarpC}}}\right)^2,F_{\mathrm{WeftC}}=\left(\frac{\sigma_{\mathrm{Weft}}}{S_{\mathrm{WeftC}}}\right)^2 \tag{6-50}$$

式中，F_{WarpT}、F_{WeftT}、F_{WarpC}和 F_{WeftC}分别为经向拉伸、纬向拉伸、经向压缩和纬向压缩下的失效指标，当失效指标等于 1 时，复合材料发生失效；σ_{Warp}和 σ_{Weft}分别为经向和纬向的应力分量；S_{WarpT}、S_{WeftT}、S_{WarpC}和 S_{WeftC}分别为经向拉伸、纬向拉伸、经向压缩和纬向压缩下的强度。

在以上的材料确定性本构中共包含 10 个本构参数，而其中复合材料面内泊松比 ν 与剪

切模量 G 可认为是常量，依据材料实验结果，分别设定为 0.02 和 9.4GPa。那么在材料随机性本构模型中随机本构参数可以定义为

$$\boldsymbol{\kappa}_{\mathrm{m}}(\theta)=(E_{\mathrm{WarpT}},E_{\mathrm{WeftT}},E_{\mathrm{WarpC}},E_{\mathrm{WeftC}},S_{\mathrm{WarpT}},S_{\mathrm{WeftT}},S_{\mathrm{WarpC}},S_{\mathrm{WeftC}}) \tag{6-51}$$

这 8 个随机本构参数通过介观尺度 SVE 仿真确定其分布规律。基于介观 SVE 有限元模型建模流程，共建立了 80 个介观尺度 SVE 模型来统计不同力学性能参数的分布规律。表 6-3 给出了由介观尺度 SVE 仿真得到的 3DOWC 介观尺度力学性能预测结果。由表 6-3 可以看出，材料的力学性能表现出拉压非对称性和各向异性，同时也呈现出了一定随机性。图 6-55 和图 6-56 分别为拉伸和压缩载荷下 SVE 模量和强度的概率密度分布图。由图 6-55 和图 6-56 可知，各力学性能参数的概率密度分布近似服从高斯分布。通过对满足表 6-3 分布的随机性本构参数进行重采样，结合所提出的材料确定性本构模型，即可建立材料随机性本构模型。通过 ABAQUS 用户自定义子程序 VUMAT 可实现上述材料随机性本构模型的程序化。

表 6-3 3DOWC 介观尺度力学性能预测结果

性能参数	E_{WarpT}/GPa		S_{WarpT}/MPa		E_{WeftT}/GPa		S_{WeftT}/MPa	
	Mean	STD	Mean	STD	Mean	STD	Mean	STD
预测值	39.21	0.63	587.25	18.02	37.75	0.56	572.83	21.77
性能参数	E_{WarpC}/GPa		S_{WarpC}/MPa		E_{WeftC}/GPa		S_{WeftC}/MPa	
	Mean	STD	Mean	STD	Mean	STD	Mean	STD
预测值	35.19	0.54	385.92	10.49	34.79	0.53	368.62	15.14

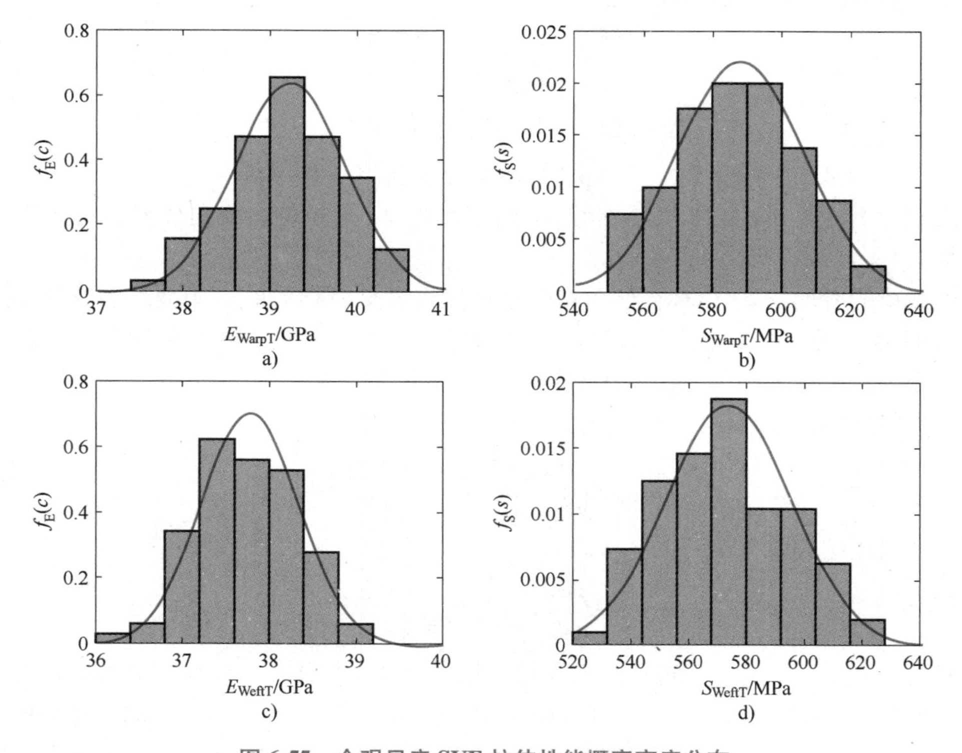

图 6-55 介观尺度 SVE 拉伸性能概率密度分布

a）经向拉伸模量 b）纬向拉伸模量 c）经向拉伸强度 d）纬向拉伸强度

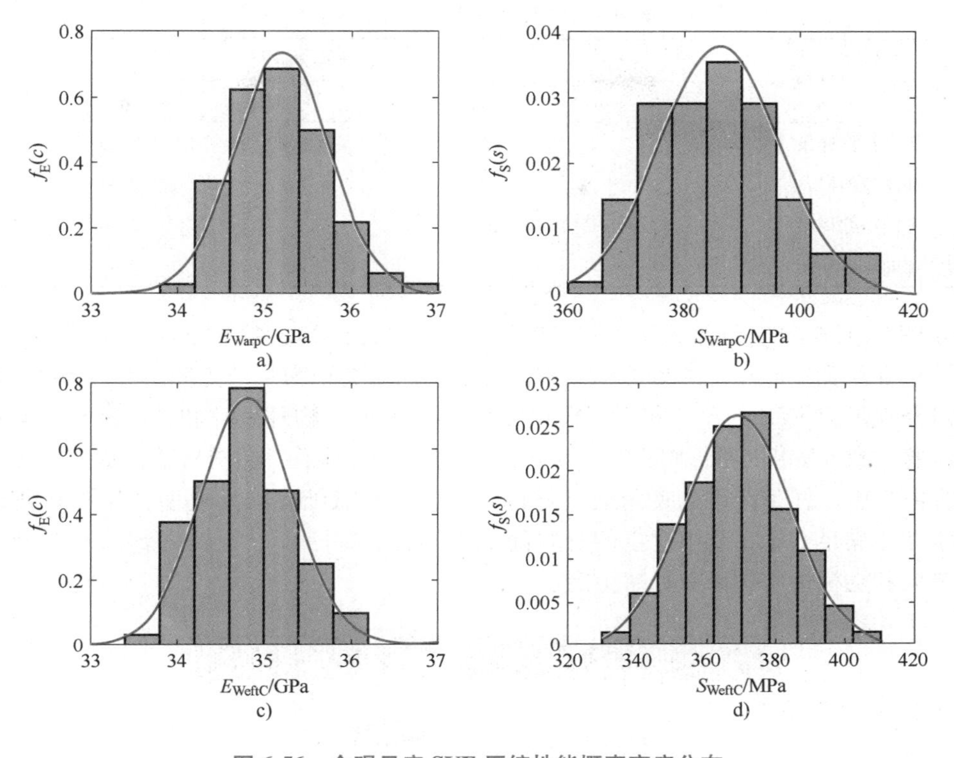

图 6-56　介观尺度 SVE 压缩性能概率密度分布

a）经向压缩模量　b）纬向压缩模量　c）经向压缩强度　d）纬向压缩强度

6.4.4　宏观尺度随机性预测

在宏观尺度中，确定宏观结构的综合力学性能及其随机性是研究复合材料产品可靠性与稳健性的基础。以材料力学性能试验样条作为宏观尺度模型，考虑的宏观尺度不确定性源有介观尺度材料性能和样条纤维束夹角。在宏观尺度中，在成型、制造和剪裁等因素综合作用下，材料力学性能试验样条的承载纤维束与样条边缘存在一定夹角，如图 6-57 所示。尽管纤维束和样条边缘的夹角相对较小，但夹角的存在会在样条受载时对承载纤维束引入一定应力集中现象，进而对拉伸和压缩试验结果产生较为显著的影响。通过测量，各类样条的纤维束夹角统计参数见表 6-4。

图 6-57　宏观样条纤维束夹角示意图

表 6-4　样条纤维束夹角统计参数

样条类型	纤维束方向/(°)	
	均　值	标 准 差
经向拉伸样条	0.55	0.25
纬向拉伸样条	1.12	0.33
经向压缩样条	1.25	0.36
纬向压缩样条	1.32	0.45

图 6-58 和图 6-59 分别展示了宏观尺度拉伸样条和压缩样条的 SVE 有限元模型，X 轴表示经向，Y 轴表示纬向。宏观尺度 SVE 有限元模型网格类型为 4 节点壳单元（S4），单元网格尺寸与介观尺度 SVE 的尺寸相同。宏观尺度 SVE 模型的物理尺寸和载荷条件，与第 2 章中材料试验一致，如图 6-58 和图 6-59 所示。拉伸和压缩样条一端网格节点固定，另一端仅沿载荷方向自由。样条纤维束夹角通过材料局部坐标系赋予有限元模型，如图 6-58a 所示；材料力学性能满足 6.4.3 节中建立的材料随机性本构。在一个宏观尺度 SVE 中，所有网格纤维束方向和随机性本构参数保持恒定。

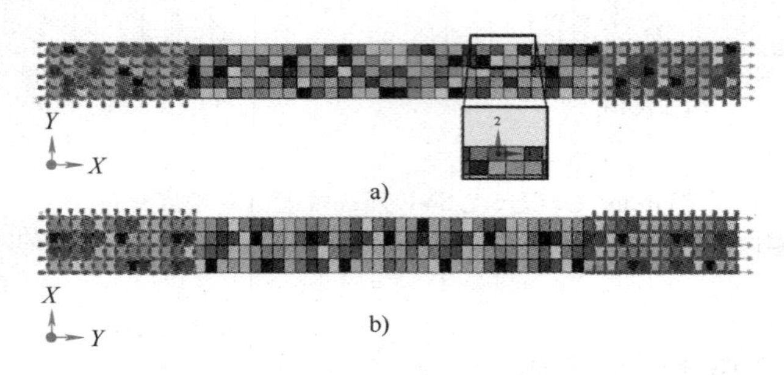

图 6-58　拉伸样条有限元模型
a）经向拉伸　b）纬向拉伸

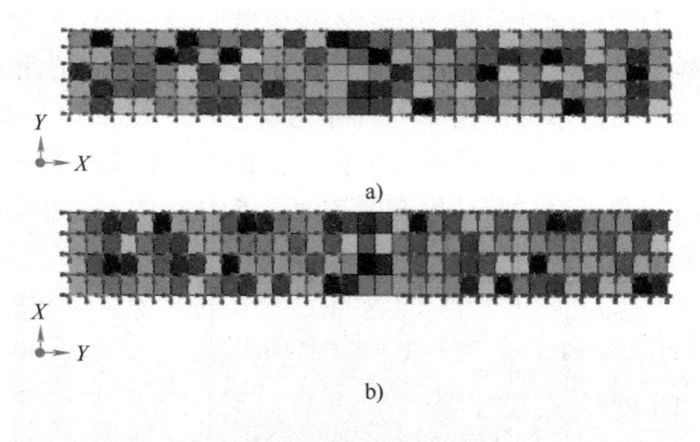

图 6-59　压缩样条有限元模型
a）经向压缩　b）纬向压缩

图 6-60 和图 6-61 分别为宏观尺度样条 SVE 拉伸和压缩失效指标云图。由图可见，纤维束夹角的引入导致了样条夹持端边缘材料的局部应力集中，一定程度上削弱了宏观样条的力

学性能。对于每一类样条都立了 80 组宏观尺度 SVE 进行力学性能仿真，量化其宏观力学性能的不确定性。

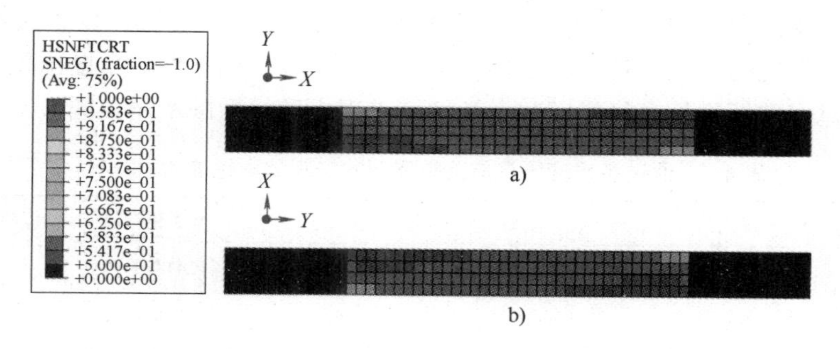

图 6-60　宏观尺度 SVE 拉伸失效指标云图

a）经向拉伸　b）纬向拉伸

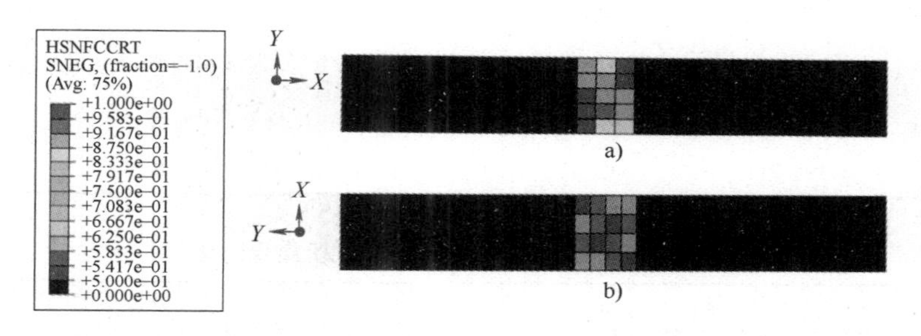

图 6-61　宏观尺度 SVE 压缩失效指标云图

a）经向压缩　b）纬向压缩

在传统多尺度建模方法中，并未将多尺度不确定性纳入考虑，通过建立各个尺度代表性体积单元（RVE），并结合组成相本构模型，预测各尺度上的平均力学性能，然后基于均匀化假设完成力学性能参数在尺度间的力学性能传递。本节中基于传统多尺度建模框架预测了材料力学性能：在细观尺度上，基于纤维束规则分布的细观尺度 RVE 模型来预测不同体积分数下纤维束的力学性能；在介观尺度中，不考虑增强体空间结构波动和纤维束力学性能变化，各类纤维束截面尺寸与纤维束中心点坐标为统计样本均值且保持恒定，经向和纬向纤维束走向与坐标轴平行；在宏观尺度上，不考虑宏观尺度不确定性源，样条内的承载纤维束与剪裁边保持平行；所有尺度上 RVE 的网格划分方式和组成相材料本构模型与本书多尺度模型保持一致。表 6-5 为宏观尺度上本书模型预测性能均值、传统多尺度模型预测结果与试验结果的对比。从表 6-5 可知，对于所有方向的力学性能，通过本书模型预测得到的弹性模量和强度误差分别小于 3% 和 6%，预测得到的力学性能均值也与试验结果吻合较好。通过传统多尺度模型预测得到的力学性能误差分别小于 6% 和 26%。因此，相比于传统多尺度模型，本书所提出的考虑多尺度不确定性的多尺度仿真模型具有更高的力学性能预测精度。

图 6-62 所示为通过多尺度仿真与材料试验得到的宏观应力-应变曲线，其中仿真应力应变曲线为彩色实线。由图 6-62 可知，相较于传统多尺度仿真模型，本书所提出的多尺度模型的应力-应变曲线与试验结果的分布更为接近。除此之外，本书多尺度模型的应力-应变曲线和试验结果的具有相近的覆盖区域。表 6-6 为多尺度仿真预测的力学性能范围与材料试验

结果的对比。在表6-6中，对于拉伸模量和压缩模量极值的预测误差分别小于1%和3%，而对于拉伸强度和压缩强度极值的预测误差分别小于4%和6%。总体来看，对于拉压模量和强度变化范围的预测误差均小于15%。因此本书所提出的多尺度仿真技术较好地预测了复合材料宏观力学性能的均值及其不确定性。本书从多尺度不确定性的角度出发，在机理上解释了三维正交机织碳纤维复合材料宏观力学性能表现出随机性的本质原因。

表6-5 通过多尺度仿真与试验得到的宏观力学性能结果对比

性能参数	试验值	本书模型	本书模型误差（%）	传统模型	传统模型误差（%）
E_{WarpT}/GPa	39.28	38.82	-1.17	41.61	5.93
S_{WarpT}/MPa	595.91	569.16	-4.52	749.32	25.74
E_{WeftT}/GPa	37.56	37.25	-0.83	39.69	5.67
S_{WeftT}/MPa	565.22	542.63	-4.00	702.67	24.32
E_{WarpC}/GPa	35.02	34.17	-2.42	36.77	5.00
S_{WarpC}/MPa	373.14	352.86	-5.43	429.06	14.99
E_{WeftC}/GPa	34.65	34.02	-1.82	36.08	4.13
S_{WeftC}/MPa	354.91	340.42	-4.08	402.83	13.50

表6-6 多尺度仿真结果和材料试验结果对比

类　别	E_{WarpT}/GPa			S_{WarpT}/MPa		
	最小值	最大值	范围	最小值	最大值	范围
仿真	37.67	40.90	3.23	548.87	615.89	67.02
实验	37.89	40.84	2.95	560.07	635.97	75.90
误差	-0.58%	0.15%	9.49%	-2.00%	-3.15%	-11.70%
类　别	E_{WeftT}/GPa			S_{WeftT}/MPa		
	最小值	最大值	范围	最小值	最大值	范围
仿真	36.18	38.90	2.72	511.01	572.07	61.06
实验	35.98	38.95	2.97	527.60	594.79	67.19
误差	0.56%	-0.13%	-8.42%	-3.14%	-3.82%	-9.12%
类　别	E_{WarpC}/GPa			S_{WarpC}/MPa		
	最小值	最大值	范围	最小值	最大值	范围
仿真	32.62	35.71	3.09	331.03	380.74	49.71
实验	33.55	36.29	2.74	347.85	391.22	43.37
误差	-2.77	-1.60	12.77%	-4.84%	-2.68%	14.62%
类　别	E_{WeftC}/GPa			S_{WeftC}/MPa		
	最小值	最大值	范围	最小值	最大值	范围
仿真	32.47	35.35	2.88	317.12	367.77	50.65
实验	33.02	36.18	3.16	334.71	380.48	45.77
误差	-1.66	-2.29	-8.86%	-5.26%	-3.34%	10.66%

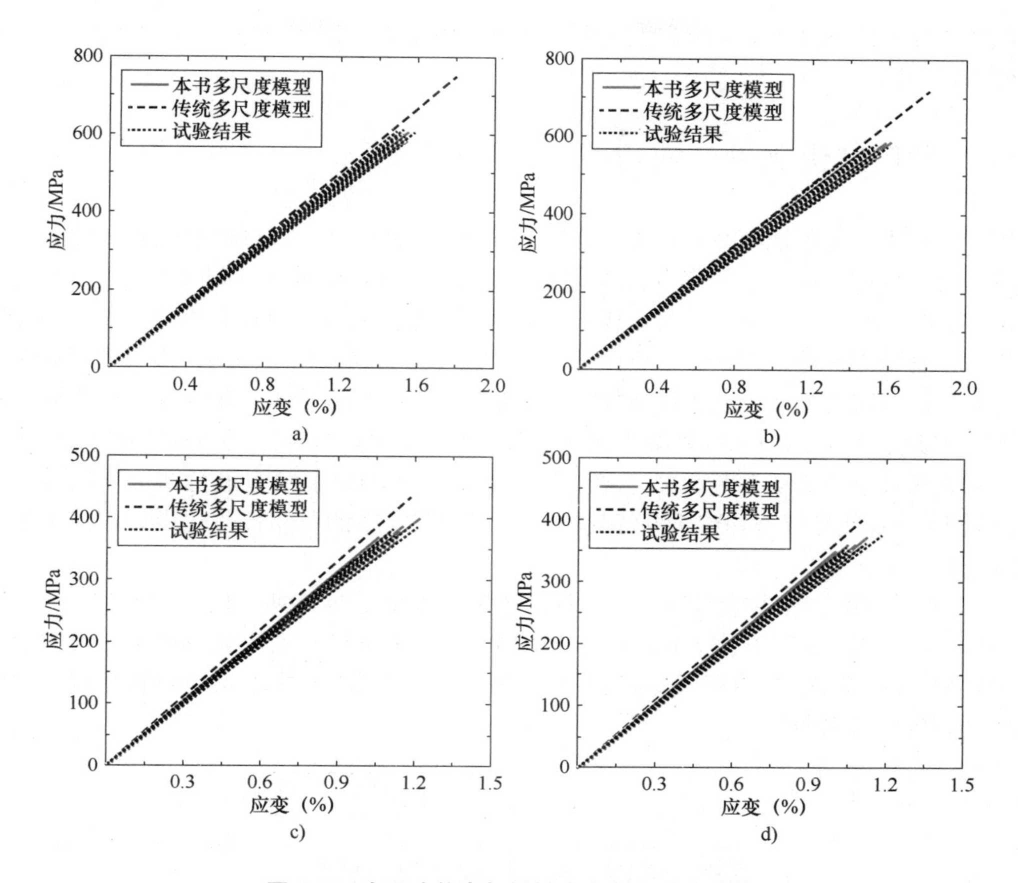

图 6-62　多尺度仿真与材料试验应力-应变曲线

a）经向拉伸　b）纬向拉伸　c）经向压缩　d）纬向压缩

6.5 多尺度优化设计及应用案例

本节以 3DOWC 为例，介绍其多尺度优化设计具体流程。3DOWC 以其优异的力学性能和良好的成型效率，在汽车轻量化领域中得到了越来越广泛的重视。同时 3DOWC 在厚度方向有纤维束增强，因此具有优异的抗分层和抗冲击性能，适合作为汽车结构件材料。从结构优化设计方面来看，3DOWC 具有材料与结构一体化的特点，可设计性强。从介观尺度的材料机织参数和宏观尺度结构尺寸参数入手，可实现对复合材料零部件的多尺度优化设计，充分挖掘结构的轻量化潜力。然而，3DOWC 的多尺度优化设计目前仍存在一定挑战：首先，3DOWC 的优化设计问题中设计变量包含材料机织参数，因此需要一种快速输出不同机织参数下材料各向异性性能的方法；其次，3DOWC 的材料参数和结构参数具有不确定性，因此需要验证结构性能的可靠度；此外，3DOWC 的结构优化设计问题设计变量众多，同时包含连续和离散变量，且分布在多尺度系统之中，导致其传递关系复杂。因此，在进行 3DOWC 结构优化设计时，需要考虑其力学性能参数和结构参数的不确定性，针对不同机织参数和结构承载要求提出适合多尺度系统的优化设计框架和优化算法，从而求解 3DOWC 结构多尺度可靠性优化问题。

6.5.1 多尺度优化设计流程

实际结构不可避免地存在着各种不确定性（Uncertainties），如材料性能离散性和结构尺寸的波动等。这些不确定性的存在会影响结构可靠度（Structural Reliability）。可靠性优化设计是使产品在满足性能要求和可靠度要求的前提下，达到最优的设计状态。实现可靠性优化设计需要结合可靠性分析理论和优化设计方法。以复合材料避震塔为例，多尺度可靠性优化设计流程如图 6-63 所示。考虑到在材料-性能-结构多层级问题中可靠度传递是一个复杂的高维问题，因此采用 Monte Carlo 模拟方法来计算结构响应的可靠度。在可靠性优化设计流程中，运用多尺度仿真方法预测材料力学性能，采用 Monte Carlo 模拟进行结构响应可靠度分析，通过 Kriging 代理模型和粒子群优化算法来实现避震塔的可靠性优化设计。其实施具体步骤如下：

1）采用 OLHD 方法在设计变量的设计域中采样获得足够训练样本点和验证样本点。

2）基于细观尺度和介观尺度力学性能预测方法，依据样本点中材料机织参数构建相应的介观尺度 SVE 模型，结合纤维束随机性本构模型，预测不同样本点中材料密度、弹性性能参数和强度性能参数。

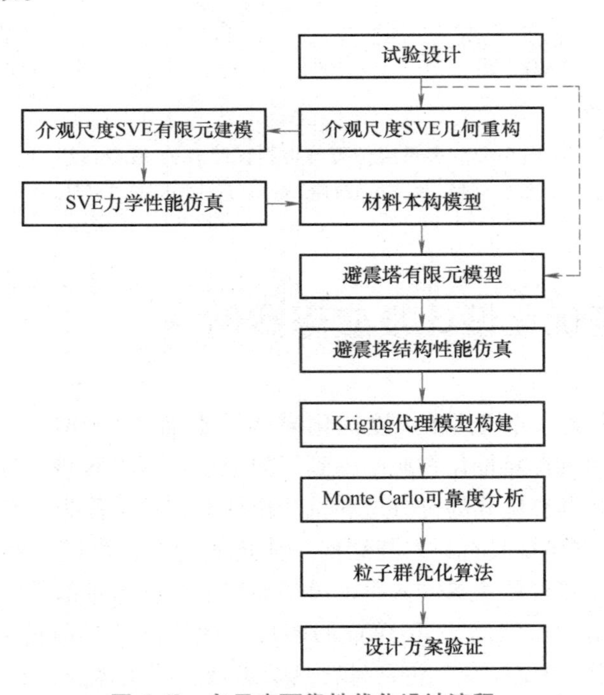

图 6-63 多尺度可靠性优化设计流程

3）依据样本点中的材料性能参数和结构参数，构建相应的避震塔有限元模型，结合材料随机性本构模型框架，预测避震塔结构响应并提取相应结构性能指标。

4）在完成采样点的性能仿真之后，即可建立设计变量与避震塔结构响应的 Kriging 代理模型，并用 R^2 来验证代理模型的精度。

5）采用双层优化策略来进行可靠性优化设计。在内层，基于所建立的代理模型，通过 Monte Carlo 模拟方法计算特定样本点下的避震塔结构性能的可靠度。为了保证样本点可靠度的计算精度，Monte Carlo 模拟采样数量 N 取 10^5。在外层中，采用粒子群算法进行迭代寻优，得到避震塔可靠性优化设计结果。

6）对优化结果建立避震塔有限元模型，进行优化设计方案验证。

6.5.2　应用案例

1. 初始设计

本节的主要研究对象为某款汽车避震塔。作为汽车内的关键承载件，避震塔连接悬架系统的减振器与车身，对汽车的舒适性和操作稳定性有重要作用。避震塔一般安装在减振弹簧上方，吸收来自于减振器的复杂冲击载荷，要求具有良好的刚度、强度和抗疲劳性能。避震塔顶部设计有通孔，与悬置的固定螺母与定位销相连接；底部复杂形状满足与车身结构相匹配的要求；周边的加强筋起到提升避震塔刚度的作用。避震塔顶部与底部连接结构为设计硬点，其空间位置不能发生变动。所研究的避震塔结构原始材料为钢，初始重量为 4.5kg。与避震塔顶部连接的悬置主要材料为铸铝与橡胶，与避震塔底部连接的车身主要材料为钢。

材料替换与结构设计是实现结构轻量化设计的重要途径。本案例中，避震塔的替换材料为碳纤维复合材料。相比平纹机织复合材料，3DOWC 具有优异的抗厚度方法分层的性能。因此本案例采用 3DOWC 作为复杂承载结构件避震塔的材料。但考虑到 3DOWC 在编织、成型与脱模的要求，原避震塔结构的加强筋与局部凸起需要去除。重新设计的 3DOWC 避震塔几何模型如图 6-64 所示，新结构保留了避震塔顶部与底部的设计硬点，同时也满足了复合材料在编织、成型与脱模过程的要求。

3DOWC 避震塔的制造过程可分为编织，成型和固化等。图 6-65 所示为 3DOWC 避震塔预制体编织结构，其几何尺寸大致为 Z 轴高度 300mm，X 轴宽度 500mm。

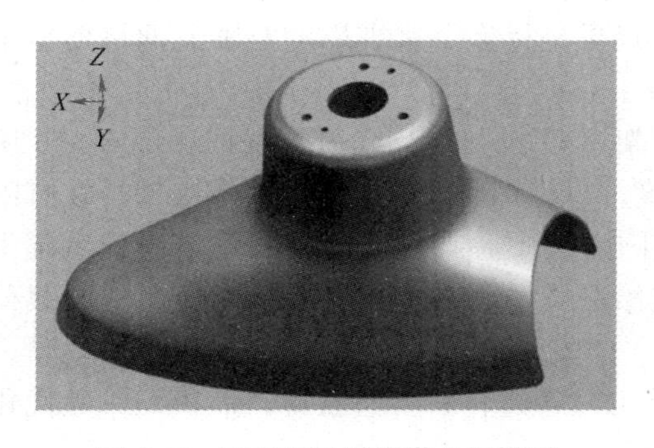

图 6-64　3DOWC 避震塔几何模型

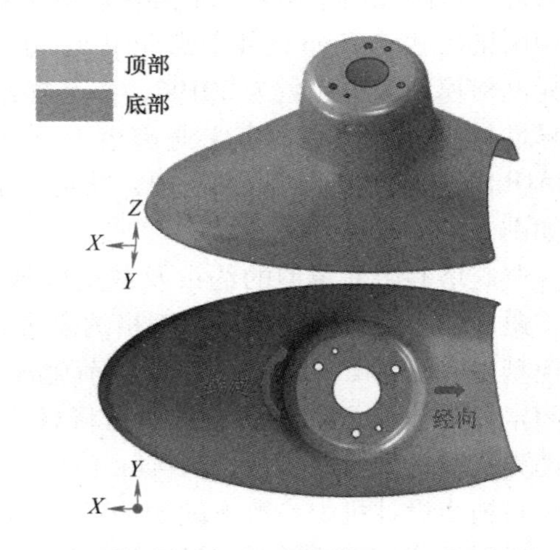

图 6-65　3DOWC 避震塔预制体编织结构

复合材料避震塔采用的碳纤维类型为东丽T700s，每一束中包含6000根碳纤维丝。依据避震塔结构在受载时内部应力的分布特点，复合材料避震塔被分为顶部与底部，如图6-65所示。避震塔环向为纬纱方向，母线方向为经纱方向。通过一定编织技术，可以保证避震塔经纱密度不变，而顶部与底部的纬纱密度可以不同。

在进行优化设计之前，依据等强度的经验设计初步拟定了避震塔的机织参数，见表6-7。制备得到的初步设计避震塔如图6-66所示，其最终质量为1.93kg。

图6-66　3DOWC避震塔

表6-7　初步设计避震塔的机织参数

机织参数	值	机织参数	值
经纱间距/mm	1	顶部厚度/mm	7.0
纬纱间距/mm	3.33	底部纬纱层数	5
顶部纬纱层数	9	底部厚度/mm	4.0

按照避震塔性能要求，初步设计避震塔在台架上承受了4次台架试验载荷循环。台架试验后，未发现异常，未见到避震塔开裂或失效，由此可见初步设计的避震塔满足性能要求。从台架试验结果来看，由于初步设计的避震塔在结构设计时基于等强度的经验设计，拥有较大的轻量化设计空间和潜力；同时为了保证避震塔结构性能的可靠度，有必要进行可靠性优化设计。

2. 模型建立与精度验证

本节将建立避震塔的有限元模型，进而对其力学性能进行仿真分析。避震塔有限元网格模型在前处理软件Hypermesh中进行。首先对初步设计的避震塔几何模型进行抽中面操作，提取避震塔的几何中面。考虑到避震塔是薄板结构，其厚度方向相对于其他方向较小，因此采用网格尺寸为3mm的4节点壳单元（网格类型为S4）来划分避震塔几何模型。避震塔有限元网格模型的单元数为30196，节点数为30333，三角形单元少于2%。考虑3DOWC为各向异性材料，因此需要定义避震塔上不同位置的材料主方向。局部材料的方向性通过在ABAQUS中定义局部坐标系实现，共定义了88个局部坐标系。避震塔的有限元网格模型定义如图6-67a所示。

避震塔有限元模型的约束及载荷施加参考台架试验的夹持及载荷工况，如图6-67b所示。避震塔有限元模型的底部网格约束所有自由度，以模拟台架试验中的底端夹持。在有限元模型中，沿着Z轴方向的实验载荷施加在刚性圆盘的中心。通过刚性圆盘与避震塔模型之间定义的节点-面接触，刚性圆盘将载荷力传递给避震塔。在避震塔有限元模型中的载荷传递方式较好地模拟了台架的实际工况。

在初步设计机织参数下的3DOWC的力学性能已经通过材料实验获得；而机织参数优化后的材料性能，需要通过多尺度建模方法预测得到。

避震塔的力学性能仿真通过有限元软件ABAQUS中的隐式计算完成。在有限元软件后

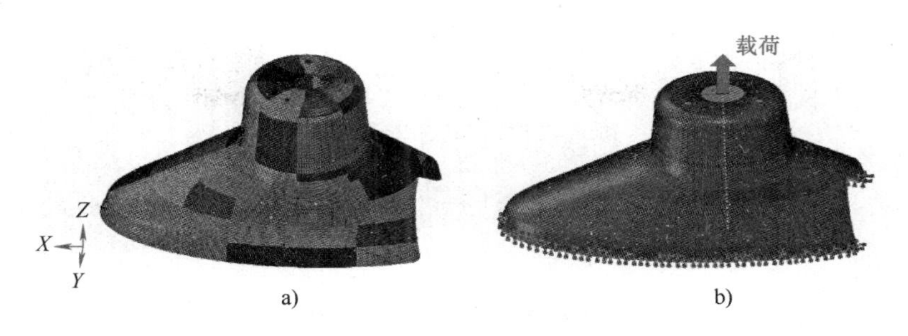

图 6-67　避震塔有限元模型

a）有限元网格　b）约束与载荷

处理模块中提取避震塔应力分布和位移分布云图。初步设计避震塔模型的经向拉伸应力最大处在避震塔顶部装配孔与底部夹持处，而经向压缩应力最大处在顶部圆角处。避震塔有限元模型的应变分布、强度分析结果和疲劳寿命分析结果都和台架试验一致，因此认为该有限元模型有较高的预测精度。在进行避震塔的可靠性优化设计过程中，将基于此有限元模型来获取不同材料和结构设计变量下的避震塔响应。

3. 可靠性优化设计

初步设计的 3DOWC 避震塔虽然通过材料替换已经实现了一定程度的减重，但是依旧有较大的轻量化空间。在避震塔可靠性优化问题中，目标是最小化避震塔质量。碳纤维复合材料避震塔可以优化的设计变量主要有材料机织参数和结构参数。材料机织参数包括经纱间距、纬纱间距和纱线层数等，其中纱线层数与复合材料厚度呈线性相关。避震塔结构由于受力类型的不同被分为顶部结构和底部结构，现有的编织技术可以让两区域的纬纱间距和纱线层数实现差异化。考虑到避震塔结构设计硬点的分布，最终选择避震塔顶部圆孔的直径为结构设计变量。避震塔纬向最大应力集中在顶部圆孔附近。由此可见，对顶部圆孔直径的优化设计可以有效控制避震塔顶部结构的纬向应力。综合考虑预制体编织能力、避震塔装配要求和实际性能需求，最终选择了 6 个来自材料和结构的设计变量，如图 6-68 和表 6-8 所示。在表 6-8 中，复合材料厚度由纱线层数决定，因此其为离散变量。顶部与底部厚度相对应的纬纱层数分别为 4~8 层与 3~7 层。在多尺度可靠性优化过程中，所有设计变量假设为满足高斯分布且变异系数为 2%。针对表 6-8 中的 6 个设计变量，采用 OLHD 方法在设计域中采样生成 100 个训练样本点和 10 个验证样本点。

表 6-8　设计变量及其设计域

设计变量	变量描述	设计域	概率分布	变异系数
x_1	经纱间距/mm	[1.2,3]	高斯	2%
x_2	顶部纬纱间距/mm	[1.2,3]	高斯	2%
x_3	底部纬纱间距/mm	[1.8,4.5]	高斯	2%
x_4	顶部厚度/mm	[2.4,3,3.6,4.2,4.8]	高斯	2%
x_5	底部厚度/mm	[1.8,2.4,3,3.6,4.2]	高斯	2%
x_6	圆孔直径/mm	[45,65]	高斯	2%

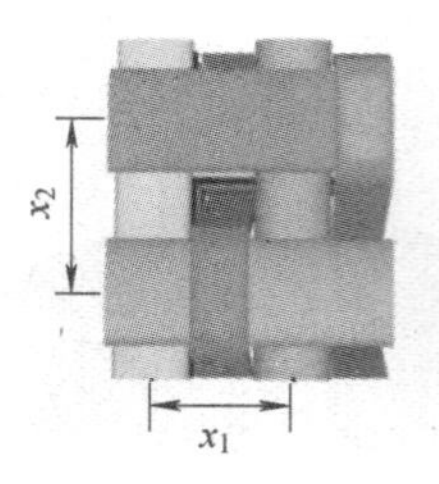

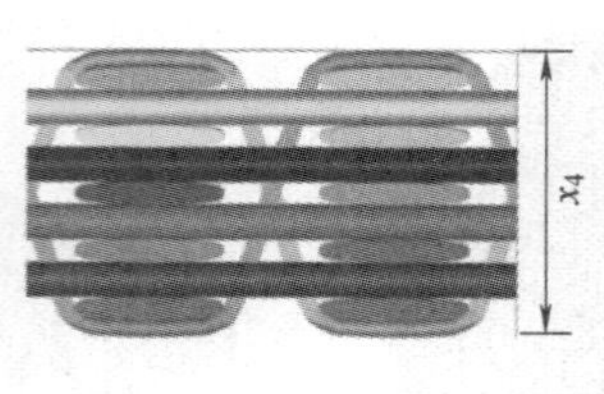

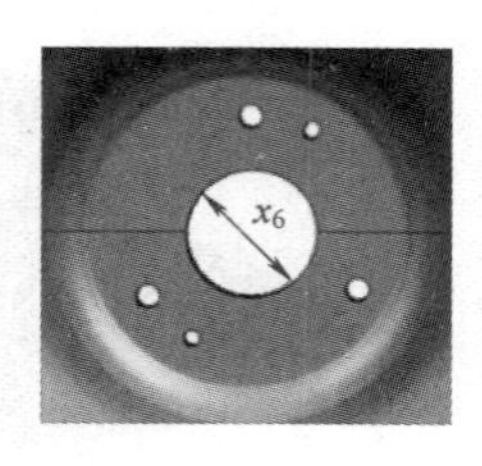

图 6-68　设计变量示意图

如 6.3.2 节所述，3DOWC 避震塔的台架试验要求包含强度性能、刚度性能和疲劳性能要求。本案例中取材料在经向和纬向的强度因子来判断材料是否发生准静态下的失效：

$$\text{factor}_1=\frac{\sigma^+_{\text{Warp}}}{X^+_{\text{Warp}}},\ \text{factor}_2=\frac{\sigma^-_{\text{Warp}}}{X^-_{\text{Warp}}},$$
$$\text{factor}_3=\frac{\sigma^+_{\text{Weft}}}{X^+_{\text{Weft}}},\ \text{factor}_4=\frac{\sigma^-_{\text{Weft}}}{X^-_{\text{Weft}}} \tag{6-52}$$

式中，factor 表示各方向的强度因子；上标+和−分别表示拉伸和压缩状态；σ 表示避震塔结构中的最大应力；X 表示材料的强度；Warp 和 Weft 分别表示材料的经向和纬向。

在本案例中将疲劳性能设计转化为应力约束，故对这些强度因子性能指标设置了一定约束，见表 6-9。设置的强度因子约束低于实验获得的 3DOWC 的疲劳极限（0.84），那么可认为避震塔在该约束下不会发生疲劳失效。同时，选取了避震塔在全局坐标系 Z 轴与 Y 轴的位移最大值作为结构的刚度约束。此外，避震塔的所有性能指标都有可靠度的要求，见表 6-9。

表 6-9　避震塔性能约束指标

性能指标		约　束	可 靠 度
factor_1	经向拉伸强度因子	≤0.75	≥95%
factor_2	经向压缩强度因子	≤0.75	≥95%
factor_3	纬向拉伸强度因子	≤0.75	≥95%
factor_4	纬向压缩强度因子	≤0.75	≥95%
$U_{3\max}$	Z 轴最大位移（mm）	≤7.5	≥95%
$U_{2\max}$	Y 轴最大位移（mm）	≤3	≥95%

综上所述，本案例所定义的 3DOWC 避震塔多尺度可靠性优化设计的优化问题可以表达为

$$\begin{aligned}
&\text{Min}\quad \text{Mass}\\
&\text{s.t.}\quad \text{Strength factor constraints}\\
&\qquad\ \ \text{Displacement constraints}\\
&\qquad\ \ \text{Prob(constraint satisfied)}\geqslant 95\%\\
&\qquad 1.2\leqslant x_1,x_2\leqslant 3,1.8\leqslant x_3\leqslant 4.5,45\leqslant x_6\leqslant 65\\
&\qquad \{x_4\mid 2.4,3,3.6,4.2,4.8\},\{x_5\mid 1.8,2.4,3,3.6,4.2\}
\end{aligned} \tag{6-53}$$

4. 设计方案评估

由于可靠性优化过程基于 Kriging 代理模型开展，因此有必要对代理模型的精度进行验证。本案例中代理模型精度用 R^2 系数来表示，R^2 系数越接近 1，代理模型精度越高。表 6-10 展示了结构性能指标 Kriging 代理模型 R^2 系数。避震塔结构质量与避震塔性能指标的 R^2 系数都大于 0.95，因此认为此代理模型具有足够的精度来指导可靠性优化设计。

表 6-10　结构性能指标 Kriging 代理模型 R^2 系数

结构性能指标		样本点	R^2
Mass	质量	100	0.999
$factor_1$	经向拉伸强度因子		0.984
$factor_2$	经向压缩强度因子		0.974
$factor_3$	纬向拉伸强度因子		0.959
$factor_4$	纬向压缩强度因子		0.972
U_{3max}	Z 轴最大位移		0.956
U_{2max}	Y 轴最大位移		0.965

在验证了 Kriging 代理模型精度之后，通过可靠性优化设计流程，结合可靠性分析方法和粒子群优化算法，对避震塔进行可靠性优化设计。表 6-11 中展示了初步设计、确定性优化和可靠性优化下的设计变量值，其中确定性优化得到的设计方案只考虑了性能约束但未考虑可靠度，而可靠性优化得到的设计方案同时考虑了结构性能约束与可靠度约束。

表 6-11　避震塔多尺度优化设计方案

设计变量	变量描述	初步设计	确定性优化	可靠性优化
x_1	经纱间距/mm	1.00	1.65	1.91
x_2	顶部纬纱间距/mm	3.33	2.11	2.26
x_3	底部纬纱间距/mm	3.33	3.31	1.90
x_4	顶部厚度/mm	7.0	3.6	4.2
x_5	底部厚度/mm	4.0	2.4	2.4
x_6	圆孔直径/mm	65.0	45.5	55.2

由于确定性优化设计方案和可靠性优化设计方案皆由 Kriging 代理模型优化得到，因此仍需要建立表 6-11 中设计变量下的避震塔有限元模型，通过有限元仿真来对优化设计方案进行验证与评估。图 6-69 与图 6-70 分别为可靠性优化设计方案和确定性优化设计方案下的避震塔结构性能有限元仿真结果云图。

表 6-12 展示了通过有限元仿真验证得到的初步设计方案、确定性优化设计方案和可靠性优化设计方案下的避震塔性能指标与可靠度验证。由表 6-12 可知，确定性优化和可靠性优化设计方案的所有性能指标都满足要求，并且两个方案都实现了轻量化效果。图 6-71 给出了两种设计方案下复合材料避震塔轻量化效果及可靠度。确定性优化方案虽然显著降低了避震塔的质量，但是其性能指标的平均可靠度仅为 69.5%，不能满足 95%可靠度的设计要求。由可靠性优化设计得到的设计方案不仅相比于初步设计实现了 37.83%的减重，同时其平均可靠度达到了 98.07%，满足了所有结构性能的可靠度要求。

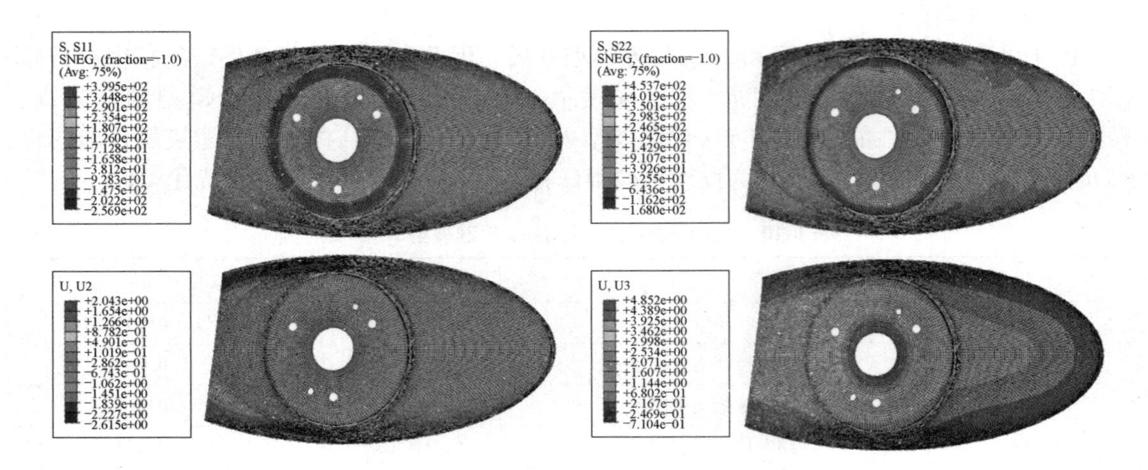

图 6-69 可靠性优化设计方案下的避震塔结构性能有限元仿真

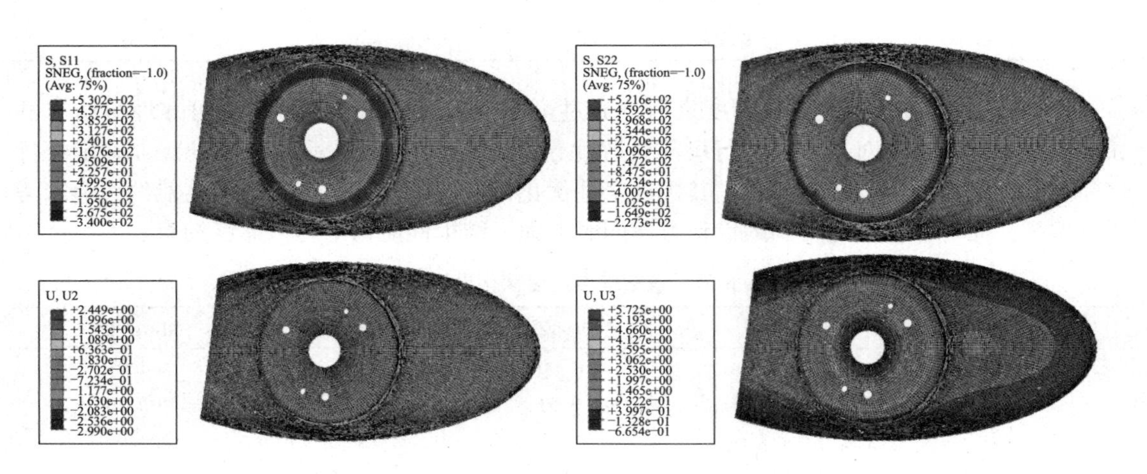

图 6-70 确定性优化设计方案下的避震塔结构性能有限元仿真

表 6-12 避震塔性能指标与可靠度验证

性能指标	约束	初步设计		确定性优化		可靠性优化	
		性能	可靠度	性能	可靠度	性能均值	可靠度
$factor_1$	≤0.75	0.297	100%	0.711	73.4%	0.619	98.0%
$factor_2$	≤0.75	0.336	100%	0.745	49.9%	0.649	99.5%
$factor_3$	≤0.75	0.565	100%	0.749	67.6%	0.706	95.9%
$factor_4$	≤0.75	0.211	100%	0.505	100%	0.405	100%
U_{3max}	≤7.5	1.844	100%	5.725	73.6%	4.852	99.5%
U_{2max}	≤3	1.133	100%	2.990	52.5%	2.615	95.5%
质量	—	1.993	—	1.179	—	1.239	—

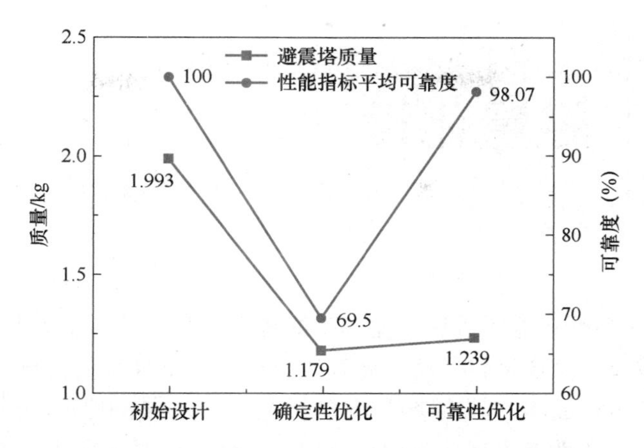

图 6-71　复合材料避震塔轻量化效果及可靠度

复习思考题

6-1　简述多层次分析和并发多尺度分析的区别与联系。

6-2　以纤维增强复合材料为例，其各个尺度的不确定性来源有哪些？

6-3　说明随机性表征和随机性重构之间的关系。

6-4　说明确定性有限元建模与随机性有限元建模的区别。

6-5　以纤维增强复合材料为例，其细观尺度建模中包括哪些本构关系？

6-6　简述随机性本构建模的基本步骤。

6-7　简述序列扰动算法的基本步骤。

6-8　简述多尺度优化设计的一般流程。

6-9　从应用案例来看，说明可靠性优化设计结果相比确定性优化设计结果的优势。

6-10　说明唯象本构与随机性本构之间的关系。

6-11　说明考虑随机性的多尺度建模与设计的优势与困难。

第7章 轻量化设计

随着21世纪以来各行各业的发展，尤其是能源短缺和环境污染等普遍存在问题的出现，轻量化设计在航空航天、交通运输、桥梁建筑等方面的重要性日益凸显。轻量化设计首先节约了原材料，降低了生产成本，其次降低了飞行器、汽车、船舶等的能量消耗，最后优化了零件结构，提高了它们的性能表现，符合社会效益和经济效益的要求，在现代设计中具有重要价值。

汽车轻量化对汽车节油、降低排放、改善性能、汽车产业健康发展都有重要意义，尤其是为近年来新能源汽车的蓬勃发展赋予了更深的内涵。因此，本章以汽车轻量化设计为例，介绍轻量化设计的理论、方法和技术。

7.1 轻量化设计流程

汽车轻量化技术是设计、材料与制造技术的集成应用。在汽车轻量化过程中，普遍采用优化车身结构与新型材料应用相结合的技术方案，应用更先进的车身骨架结构以及轻质材料，使得强度合理分配到车身上，可以实现在既定成本内提高整个车身的强度、刚度，同时减小车身质量的目的。实现汽车车身轻量化的主要途径及技术体系如图7-1所示。从其技术体系可知，目前的轻量化更多地达到了结构静态、碰撞安全以及NVH特性的要求，对结构的可靠性尚考虑很少，对在概念开发过程中的轻量化开发方法也缺乏研究和有效的应对。

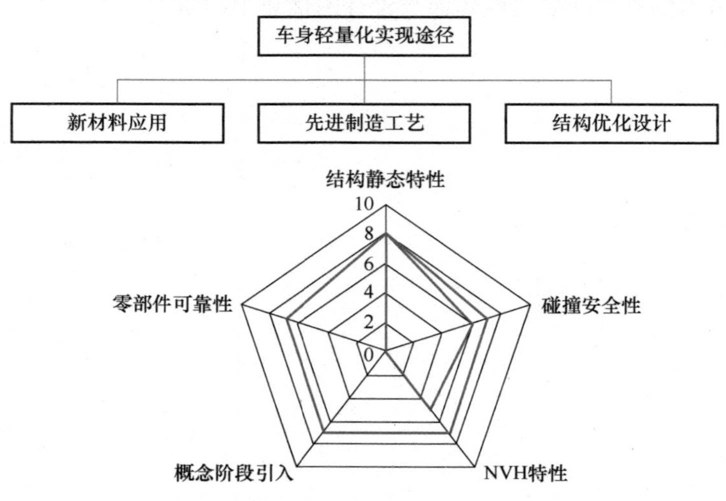

图7-1 实现汽车车身轻量化的主要途径及技术体系

7.1.1　设计问题定义

1. 新材料应用

轻量化材料是指可用来减轻汽车自重的材料，它有两大类：一类是低密度的轻质材料，如铝合金、镁合金、钛合金、塑料和复合材料等；另一类是高强度材料，如高强度钢。与传统的钢铁材料相比，轻量化材料在物理化学特性等诸多方面存在着显著差异，导致在实际应用中难以完全照搬原有的设计理念和传统的制造技术。因此，新材料的应用绝不是对原有材料的简单替代，而是一项涉及技术、经济、安全、环境等诸多方面的复杂系统工程，需要解决从材料到零部件直至使用维修和回收全过程中所出现的各种问题。也就是说，要通过新材料的应用实现汽车的轻量化，并最终为社会和用户所接受。

除了材料的开发外，还离不开一系列相应的技术支持，包括材料试验与检测技术、零部件设计技术、相关的制造技术、零部件维修技术、材料回收与再生技术等。

2. 先进制造工艺

采用新材料生产汽车零部件所需的特殊加工技术主要有先进的成形技术、连接技术、表面处理技术和切削技术等。利用新的工艺技术，使车身的一些结构件和附件，通过有效的断面设计和合理的壁厚设计形成复杂的整体式结构，不仅减小了结构质量，同时强度、刚度及局部硬度都得到相应的提高，并且具有较强的成形自由性和设计工作的灵活性。

3. 结构优化设计

结合有限元法与结构优化方法，对零部件进行结构优化，也是实现零部件轻量化的一个重要研究方向。例如，采用优化设计除去零部件的冗余部分（使零部件薄壁化、中空化），部件零件化、复合化以减少零件数量等。通过整合零部件，减少其数量，实现零件结构轻量化，这种方法减少了零部件之间的连接，车身刚度得以加强，在提高车身舒适性的同时也达到了减重的目的。

目前，新一轮的汽车轻量化潮流主要是大量应用新材料，但是这种趋势与我国经济比较落后的市场状况不太协调。虽然很多结构轻量化设计的实例都采用有限元法使结构应力分布更合理，但是由于缺少明确可行的轻量化设计评价准则，只是将设计应力控制在许用应力之下，这些结构仍是无限寿命。因此，这种“更合理”的结构仍有较大的减重空间。结构优化的常见内容有：

1）优化并排焊点。布置两排或多排焊点的翻边肯定比布置单排焊点的翻边宽，因此在设计中应充分利用模拟分析来优化焊点的布置形式和数量，以降低车身质量。

2）避免用增加零件整体厚度的办法来解决零件本身局部刚度或模态问题。一般可以采用优化加强筋的形状和位置、局部增加加强板的方法来加以解决。

3）减重孔的优化设计。通过减重孔的设计去掉不必要的质量，以达到减重的目的。

以上三个途径是相辅相成的，实际的轻量化汽车设计过程中必须采取新材料、新工艺的应用与结构优化相结合的方法，对汽车的质量、性能和成本进行权衡。

7.1.2 设计流程

全新架构的“性能-材料-结构”一体化设计方案，从材料本构出发，对多材料本构与数据库进行研究，将“合适的材料用于合适的地方”的轻量化理念应用于开发初期，综合考虑多种工况下的静态刚度、强度以及频率动态特性，将碰撞安全性、NVH、耐久性作为设计中考虑的约束与目标，进行多学科多目标优化，材料配置与结构整体和部件拓扑，形成轻量化结构“性能-材料-结构”一体化、参数化、模块化设计，其技术路线如图 7-2 所示。对一体化设计技术综合考虑加工工艺，则形成图 7-3 所示的集成材料、工艺、结构的“性能-材料-工艺-结构”一体化技术方案流程。

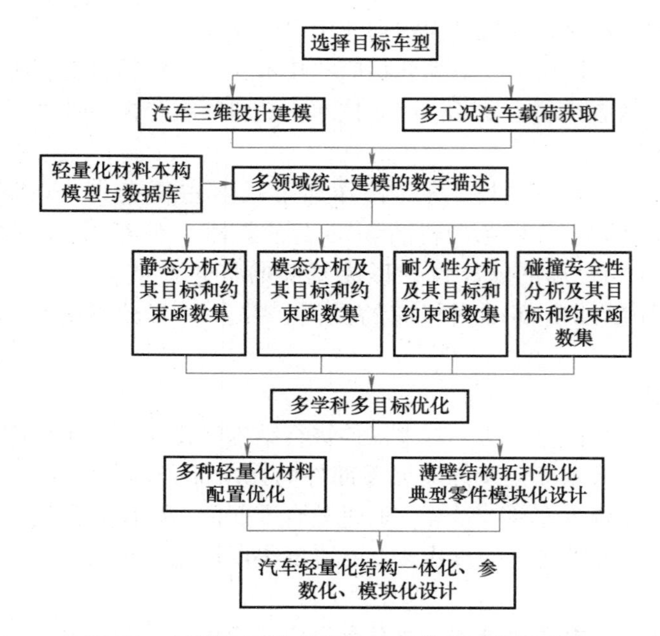

图 7-2 “性能-材料-结构”一体化设计技术路线

一种车型一旦上市，其在市场上的定位也就基本决定了它应当具备的主要性能指标，因此合理的性能参数和布置尺寸是车身轻量化设计的基础。性能参数一般包括发动机的配置范围、操控性能、安全级别和噪声控制等。在整车的主要性能参数确定以后，才能在此基础上应用轻量化的设计技巧（如优化断面尺寸、优化钣金厚度等），同时根据实际的生产条件来设计可用于制造的轻量化车身结构。车身结构轻量化设计流程如图 7-4 所示。

车身的结构优化是指在车身设计阶段应用 CAD/CAM/CAE/CAO 一体化技术，用数值模拟技术代替实车试验，对车身进行静刚度、振动、疲劳和碰撞等结构性能分析，得到车身的力学结构性能，并应用现代优化技术对车身结构进行优化，在确保车身的功能、性能和质量的前提下，去除冗余材料，使车身部件精简化、小型化、薄壁化和中空化，以达到降低车身质量的目的。轻量化车身有限元分析的主要内容如图 7-5 所示。

近年来，随着高性能计算机技术的不断发展和数值计算方法的深入研究，结构分析和优化技术日趋成熟，并逐渐应用到车身各个设计阶段。以有限元法为主体的车身结构分析，避

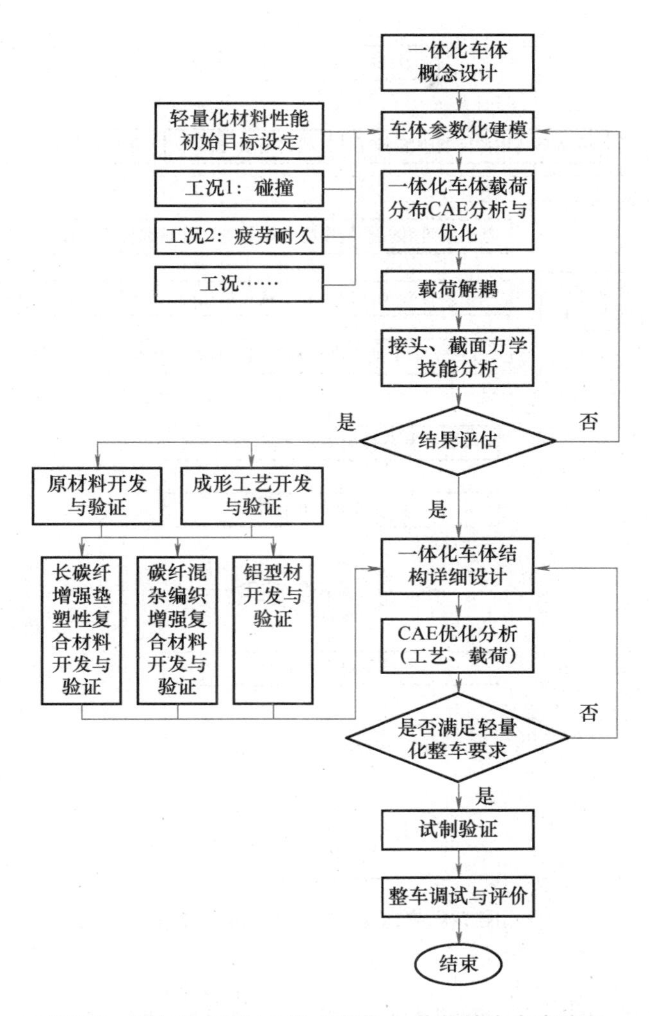

图 7-3 “性能-材料-工艺-结构”一体化技术方案流程

免了设计的盲目性，减少了设计成本以及缩短了车身结构的开发周期。以有限元法为基础的车身结构分析已成为一种面向车身结构设计全过程的分析方法，车身结构设计的过程也成为一种设计、分析和优化并行的过程，优化的思想在设计的各个阶段被引入。有限元法在汽车结构分析上的使用可以追溯到 20 世纪 60 年代中期，并在 20 世纪 80 年代得到普及。但是，早期的有限元分析多用于车身模态或静刚度等线弹性分析，而汽车耐撞性计算机模拟技术直至 1985 年之后才开始迅猛发展并得到大量应用。在这之前，限于当时的理论水平，人们还不可能对汽车碰撞这种复杂的力学问题有深入全面的了解，当时主要依靠多刚体系统动力学方法和机械振动学方法进行汽车碰撞响应分析。1985 年之后，显式有限元法研究获得突破，标志着汽车碰撞仿真研究新时期的开始。动态非线性显式有限元法采用中心差分法，可以用来计算具有大位移、大变形、复杂接触和高速撞击等特性的复杂力学问题，常用的动态显式有限元软件有 LS-DYNA、MCRASH、RADIOSS 等。动态显式有限元法的发展为汽车整车碰撞安全性及部件的耐撞性研究提供了有力工具，许多学者借此对汽车碰撞安全性进行了深入研究和分析，主要包括整车的碰撞安全性分析、关键零部件的吸能模式和机理研究等。

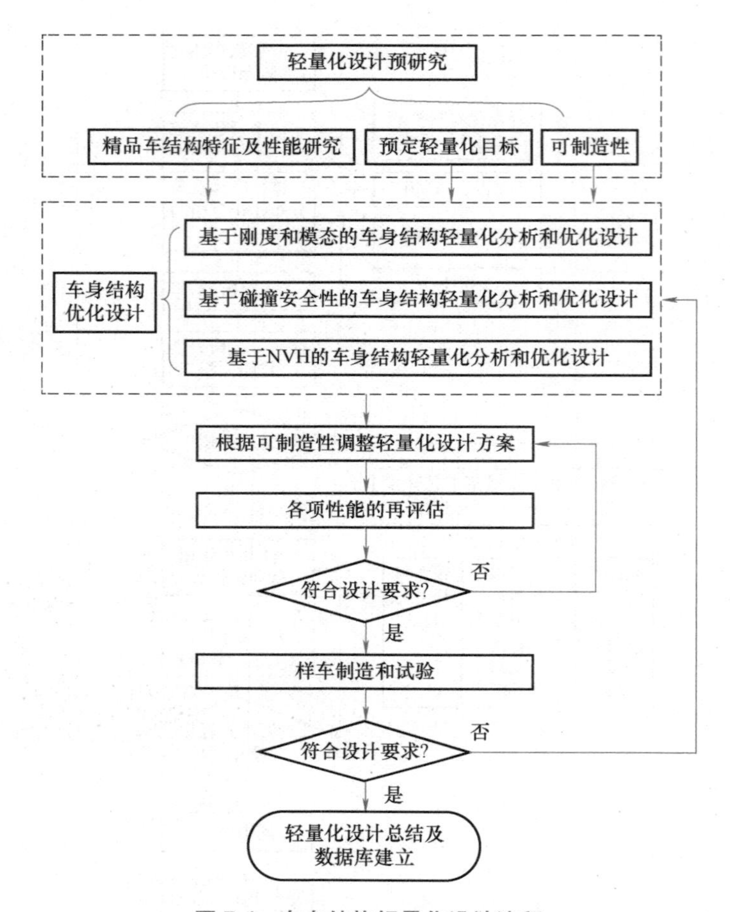

图 7-4　车身结构轻量化设计流程

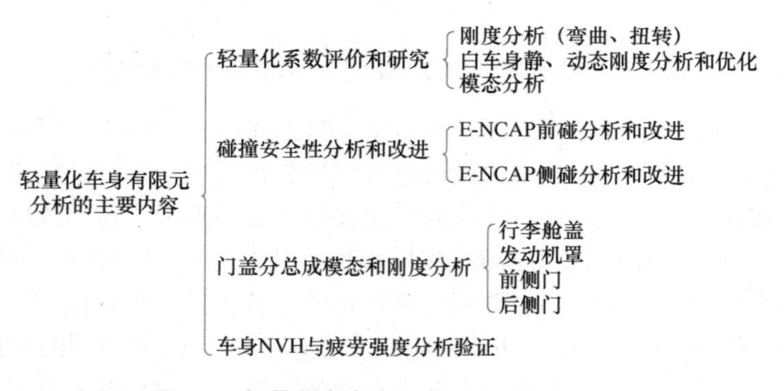

图 7-5　轻量化车身有限元分析的主要内容

有限元法作为一种分析手段，其主要功能是对给定设计进行精确评价和校核。传统的车身结构设计过程为：设计人员根据分析结果，依靠经验和直觉提出改进方案，然后重新分析和校核，直到找到一个满意的设计。这种设计过程不仅耗时费力而且容易出错，并且得到的结果仅仅是一个可行方案，而非最优设计。随着计算机技术的发展，有限元分析方法与计算机辅助优化技术相结合成为车身结构优化设计的有效方法，并开始在车身开发中得到应用。

早期的车身结构优化的基本思想是：将数学规划理论与有限元法相结合，构建车身结构优化设计模型，基于数学规划算法进行迭代计算，直到找到最优解。随着结构分析能力和手段的不断完善，以及现代优化理论的不断发展，车身结构优化的研究范围已从基于刚度及模态等单一准则优化发展到考虑结构耐撞性优化在内的多学科优化设计。近年来，车身结构的耐撞性优化得到广泛研究并取得重要进展。由于显式有限元分析需要非常小的积分时间步长，借助显式有限元法进行汽车碰撞仿真分析的计算时间相当长，而优化设计通常需要经过多次反复迭代计算才可以完成，这样使得完全集成有限元分析进行优化迭代变得不太可能。此外，由于碰撞分析的响应函数的导数大多不是连续函数，直接应用序列二次规划等基于梯度的优化算法进行求解变得困难。鉴于此，研究人员针对薄壁构件、车身部件乃至整车结构的耐撞性优化设计技术开展了广泛的研究。

现代承载式车身结构几乎承受轿车在使用过程中的所有载荷，主要包括扭转和弯曲载荷，因此轿车车身的刚度特性具有非常重要的作用。此外，车身结构低阶弹性模态不仅是控制汽车常规振动的关键指标，而且反映了汽车车身的车身结构设计不仅要考虑汽车的耐撞性，而且需要同时考虑整体刚度性能。因此，需要分析车身的刚度以及动态特性。随着结构优化技术在汽车设计中的应用不断深入，一些学者开始关注考虑车身刚度、NVH 以及结构耐撞性等性能在内的多学科优化设计。

总而言之，车身结构优化技术已经取得显著进步并且日趋深入。过程中，就车身结构分析而言，已从解析法和经验设计法发展到采用有限元方法分析车身结构性能；就车身结构优化而言，已从传统优化设计中仅限于基于刚度、强度或模态单一准则优化发展到考虑结构耐撞性优化在内的多学科优化设计，已从对车身单一零部件的分析和优化发展到对白车身乃至整车进行结构优化。然而可以看到，对于结构耐撞性优化设计问题，目前在试验设计方法和代理模型的选择上具有一定的随意性和不确定性，需要在兼顾计算效率和准确性的基础上合理评价和选择试验设计方法与代理模型。

7.2　材料轻量化设计

7.2.1　车身材料强度理论

1. 材料的基本力学指标

无论概念设计还是详细设计，对车身设计合理性的判断都基于材料和结构共同作用的结果。分析计算前，需要根据实验或手册获取所选材料的力学性能作为输入参数；分析计算后，需要将结构响应量与材料许用值进行比较，从而判断设计是否合理。准确地掌握材料主要力学性能指标的物理意义、计算方法和工作范围，是获取正确分析结果并对设计是否合理做出正确判断的前提。

下面将介绍经常用到的一些基本概念。

表 7-1 列出了各种材料最基本的参数。弹性模量和泊松比是静力分析必不可少的。

如果要考虑惯性，密度必须给定。对结构安全性进行判断，必须事先知道该材料的应力许用值。

表 7-1　材料的基本参数

名　称	符号/单位	含　义
密度	$\rho/(\mathrm{kg/m^3})$	材料在单位体积内的质量
弹性模量	E/GPa	一般指拉伸弹性模量。当受拉材料的纵向变形在弹性范围内时，其纵向应力与应变的比值
泊松比	μ	受轴向载荷时，试件横向应变与纵向应变的比值。通常情况，泊松比 $\mu=1/3$；对于弹性体，泊松比 $\mu=1/2$
许用应力	$[\sigma]$/MPa	极限强度与安全系数的比值

弹性模量是力学性能中最稳定的指标，表征材料对变形的抗力，即材料的刚度，用 K 表示。一般常说的弹性模量是指拉伸弹性模量。车身结构中，零件不仅会受拉，还可能受压或受剪，剪切模量用 G 表示。

对各向同性材料，E、G、K 中只有两个是独立的，它们之间的关系为

$$E=\frac{3G}{1+G/3K}$$
$$G=\frac{E}{2(1+\mu)} \tag{7-1}$$
$$K=\frac{E}{3(1-2\mu)}$$

经过静态或动态有限元分析后，可以得到结构上任何一点的各种应力。应力大不一定破坏，它由所用材料的强度极限决定。在车身零件冲压过程中，成形性好坏取决于材料变形能力，与金属板冲压成形性相关的主要材料参数有伸长率、硬化指数、屈强比等。材料受冲击载荷后的吸能及抵抗变形能力指标主要有断裂韧性、损失系数等。

此外，还需要注意的是：不同批次的材料毛坯以及加工后的结构件，其应力-应变关系会有不同程度的随机变化。除线弹性材料外，加工硬化、残余应力、蠕变（应变不仅是应力的函数，也随时间而变化，但对应的应变不可恢复）、弹性后效（卸载后应变落后于应力的现象，例如金属镁）、黏滞性（随时间产生的弹性，如高聚合物）等也会使材料的应力-应变关系具有不唯一性。例如：用应力-应变曲线的斜率测量模量可能由于材料的蠕变、滞弹性和其他因素，使测量值比实际值低。

2. 车身材料模型

应力-应变曲线是指工程应力与工程应变之间的关系，它与真实应力和真实应变之间的比较如图 7-6 所示，其差异在于应力计算时所采用的不同截面积。车身材料常见的应力-应变曲线形状主要有四种，如图 7-7 所示。

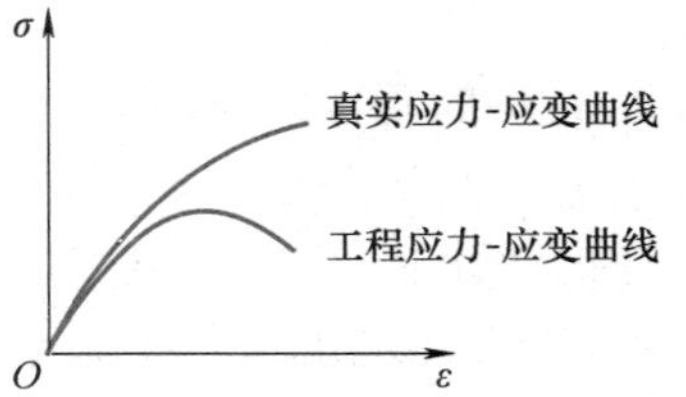

σ
真实应力-应变曲线
工程应力-应变曲线
O
ε

图 7-6　两种应力-应变曲线示意图

（1）理想弹性（纯弹性）材料　对于理想弹性材料，$\sigma=E\varepsilon$，如图 7-7a 所示。低温金属、大部分玻璃、横向交联很好的聚合物属于此类。结构小变形时可近似认为属于此类。

（2）弹性-均匀塑性材料　超过弹性极限后，材料将进入塑性，应力-应变关系如图 7-7b

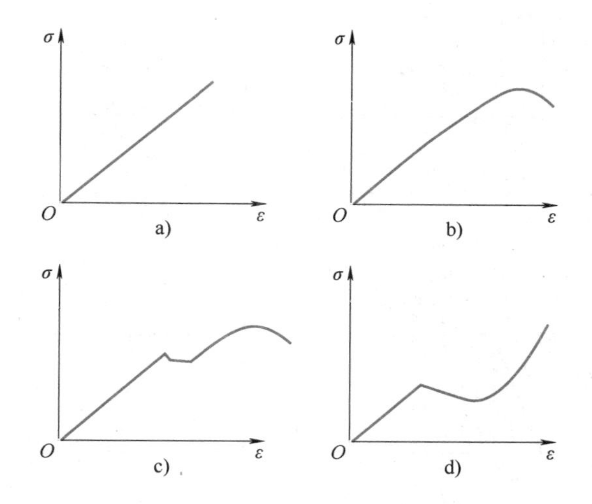

图 7-7　车身材料常见的应力-应变曲线形状

a）理想弹性材料　b）弹性-均匀塑性材料　c）弹性-不均匀塑性-均匀塑性材料
d）弹性-均匀塑性-均匀塑性材料

所示，可用多种幂函数表示，理想材料可看成是其中的特例。许多金属和合金、非晶态高分子聚合物属于此类。

流变应力-应变可以，用以下三种幂函数表达：

1）Swift 公式。

$$\sigma=K(\varepsilon_0+\varepsilon)^n \quad (0\leqslant n\leqslant 1) \tag{7-2}$$

式中，K 为强化系数；n 为硬化指数。

2）Ludwick 公式。

$$\sigma=\sigma_s+K\varepsilon^n \quad (0\leqslant n\leqslant 1) \tag{7-3}$$

式中，K 为强化系数；n 为硬化指数。

当 $n=1$ 时，为刚塑性线性强化材料，例如：$K=E_t$ 时，$\sigma=\sigma_s+E_t\varepsilon$，如图 7-8b 所示。

当 $n=0$ 时，为理想刚塑性材料，例如：$K=0$ 时，$\sigma=\sigma_s$，如图 7-8a 所示。

3）Hollomon 公式。

$$\sigma=K\varepsilon^n \quad (0\leqslant n\leqslant 1) \tag{7-4}$$

式中，K 为强化系数，即 $\varepsilon=1$ 时的真实应力；n 为硬化指数，表明材料抵抗变形的能力，可以证明其大小为拉伸试验中最大载荷点对应的真实应变，即 $n=\varepsilon_b$。当 $n=1$ 时为理想弹塑性材料，如图 7-8d 所示；当 $n=0$ 时为理想刚塑性材料，如图 7-8a 所示。对于幂函数，如果以折线代替曲线，还可近似为图 7-8b、c 所示的两种材料模型。

对于弹塑性双线性强化材料，有

$$\sigma=\begin{cases}E\varepsilon & (\varepsilon\leqslant\varepsilon_s)\\ \sigma_s+E_t(\varepsilon-\varepsilon_s) & (\varepsilon>\varepsilon_s)\end{cases} \tag{7-5}$$

对于理想弹塑性材料，有

$$\sigma=\begin{cases}E\varepsilon & (\varepsilon\leqslant\varepsilon_s)\\ \sigma_s & (\varepsilon>\varepsilon_s)\end{cases} \tag{7-6}$$

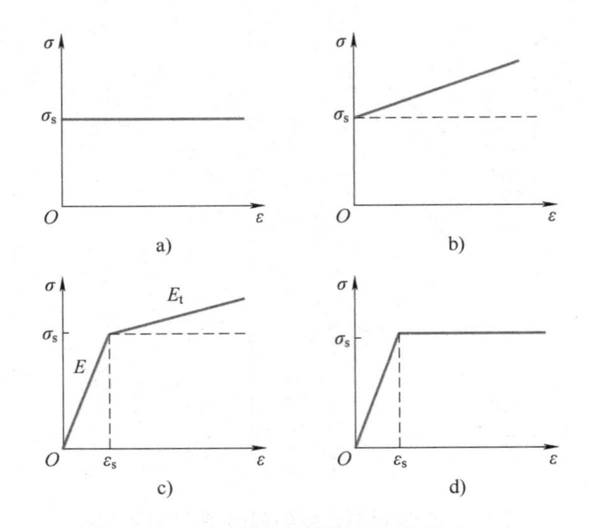

图 7-8　几种理想材料的简化材料模型

a）理想刚塑性材料　b）刚塑性线性强化材料　c）弹塑性双线性强化材料 d）理想弹塑性材料

（3）弹性-不均匀塑性-均匀塑性材料　过了弹性极限（比例限）后，经过局部屈服进入塑性阶段，如图 7-7c、d 所示。铁基金属、若干有色金属以及结晶态高分子聚合物分别属于图 7-7c 或 d 类。对于车身金属板冲压成形，就是利用屈服后进入均匀塑性变形阶段使零件加工成形。对于车内饰高分子塑料件，模压成形主要是利用其可塑性（可流动性、可溶性等）并借助各种现代化的成形加工机械，通过挤出、注塑、压延、模塑、吹塑等方法加工而成。

（4）弹性-均匀塑性-均匀塑性材料　经过弹性极限后，材料的某一层发生均匀塑性变形，然后下一层按新的刚度继续塑性变形，以此类推。用于汽车碰撞吸能的泡沫铝材料属于此类，如图 7-9 所示。

对于钢板材料的小变形静态分析，可按图 7-7a 选取线弹性各向同性模型模拟钢板材料；对于承受冲击载荷的车身结构，需考虑应变率效应，并进行大变形碰撞分析，可以选用以下模型进行描述：

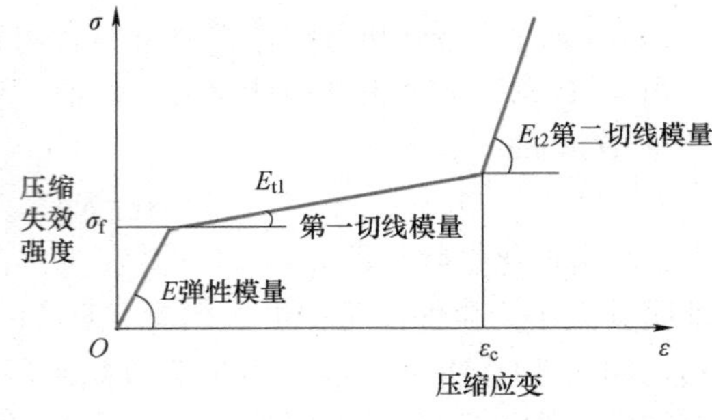

图 7-9　压缩载荷下泡沫铝的特性曲线

1）Cowper-Symonds 模型。

动态流动应力为

$$\sigma_y' = \sigma_y\left[1+\left(\frac{\dot{\varepsilon}}{C_1}\right)\right]^{1/C_2} \tag{7-7}$$

式中，C_1、C_2 分别为动态拉伸或压缩试验确定的材料常数；$\dot{\varepsilon}$ 为应变率；σ_y 为静态流动应力。

2）Johnson-Cook 模型（简称 J-C 模型）。

动态流动应力为

$$\begin{aligned}\sigma_y' &= (A+B\varepsilon^b)(1+C\ln\dot{\varepsilon})(1-T^{*m})\\ T^* &= (T-T_{室})/(T_{熔}-T_{室})\end{aligned} \tag{7-8}$$

式中，T、$T_{室}$、$T_{熔}$ 分别为实验温度、室温和熔化温度；A、B、C 为拟合常数；b 为材料常数；ε 为应变；$\dot{\varepsilon}$ 为应变率；C 值表征了应变速率敏感性，其值越高则应变率敏感性越高。

3. 车身强度设计中的材料屈服与破坏准则

"强度"是结构在正常工作时所能承受的最大应力载荷。对于使用不同材料、在不同受力状态（如静态拉伸、弯曲、剪切、动态压缩冲击等）下工作的结构，其失效机理不同，选择的强度准则也不同。车身设计结果的正确性在很大程度上取决于所选用的强度理论（屈服或破坏准则），它描述了车身材料弹性的极限应力状态，或塑性的初始变形状态，是车身材料及结构研究的重要基础。

在 20 世纪，已有上百个材料模型（准则）被提出，但没有一种适合所有材料。这些准则大体上可分为单剪应力准则（SSS）、双剪应力准则（TSS）和八面体剪应力准则（OSS）三种，其屈服面从小到大依次为 SSS、OSS、TSS。依参数的多少，又可分为单参数、双参数和三参数准则。单参数准则适合拉压强度相同的材料，如 Tresca 准则、Von Mise 准则、双剪屈服准则和统一屈服准则属于此类；双参数准则适合 SD 效应（抗拉、抗压强度不同）和静水效应的材料，一般压缩强度高于拉伸强度，如高强度钢、铝合金等；三参数准则适合单向拉、压及双轴压缩强度均不等的一般材料。

车身轻量化材料主要有高强度钢、铝合金、镁合金、塑料、固体泡沫、复合材料等。下面，对常用的准则做一介绍。

（1）屈雷斯加（Tresca）屈服准则　属于单参数 SSS 准则，又称"最大剪应力准则""第三强度理论"或"单剪强度理论"。该准则认为：当材料中的最大剪应力达到单向拉伸（压缩）屈服强度时，材料就屈服。假设 $\sigma_1 \geqslant \sigma_2 \geqslant \sigma_3$，则最大剪应力为 $\tau_{\max}=(\sigma_1-\sigma_3)/2$，该准则表达为 $\sigma_1-\sigma_3=\sigma_s$。

由于只考虑了第一及第三主应力而忽略了第二主应力，该准则只适用于抗拉与抗压强度相同，且最大剪切强度为拉伸强度 1/2 的韧性材料，如某些低碳钢、铝合金等。该理论与某些韧性材料的实验结果较为吻合，且应用简单。

（2）米赛斯（Von Mises）屈服准则　属于单参数三剪屈服准则，又称"J2 理论""八面体剪应力屈服准则""剪应变能准则""等效应力准则""平方根剪应力准则""统计平均剪应力准则""平方主应力差准则""弹性形变能不变条件"或"第四强度理论"。

该准则认为：任意应力状态下，只要该点应力状态的等效应力达到某一与应力状态无关的临界值时材料就会屈服。表达式为

$$\sigma_{eq}=\frac{\sqrt{2}}{2}\sqrt{(\sigma_1-\sigma_2)^2+(\sigma_1-\sigma_3)^2+(\sigma_2-\sigma_3)^2}\leqslant[\sigma] \tag{7-9}$$

由于考虑了中间应力 σ_2 的影响，大多数情况下比屈雷斯加准则更准确，适用于抗拉与抗压强度相同，且剪切屈服强度为单向拉伸屈服强度 58%的情况，如某些低碳钢、铝合金、镁合金、聚合物等。

对于各向同性硬化屈服材料，可以认为其初始屈服仍然服从上述两个各向同性理想塑性材料的屈服准则，但屈服后材料发生硬化，屈服准则也将发生变化。由于变化复杂，目前只有几种近似的假说。比较常用的是：假设材料在硬化后仍保持各向同性，且硬化后屈服轨迹的中心位置和形状都不变，但随变形的进行而均匀扩大，即 $f(\sigma_{ij})=C$，σ_{ij}为应力张量，C 为常数。

关于上述等式右端常数的取值有两种假设：

1）各向同性硬化的单一曲线假说。假设 C 只是等效应变的函数，与应力状态无关，因此可用单向拉伸等比较简单的试验来确定。

2）各向同性硬化的能量条件假说。假设 C 只是变形过程中塑性变形功的函数，与应力状态及加载路径无关。该假说已在更广泛的情况下得到验证，具有更一般的性质。

（3）希尔（Hill）屈服准则

$$F(\sigma_y-\sigma_z)^2+G(\sigma_z-\sigma_x)^2+H(\sigma_x-\sigma_y)^2+2L\tau_{yz}^2+2M\tau_{zx}^2+2N\tau_{xy}^2=1 \tag{7-10}$$

式中，F、G、H、L、M、N 为瞬时各向异性状态的特征参数。

若三个各向异性主轴方向的拉伸屈服应力分别为 X、Y、Z，三个剪切屈服应力分别为 R、S、T，则有

$$\frac{1}{X^2}=G+H',\quad \frac{1}{Y^2}=H+F,\quad \frac{1}{Z^2}=F+G,\quad \frac{1}{R^2}=2L,\quad \frac{1}{S^2}=2M,\quad \frac{1}{T^2}=2N \tag{7-11}$$

（4）三参数屈服准则 它是希尔准则在 $F=G=H$ 及 $A=B=C$ 情况的特例，可用于各种抗拉强度、抗压强度及双轴抗压强度均不等的各向异性材料。

（5）最大伸长线应变理论 又称“最大拉应变理论”“第二强度理论”“圣维南（Saint-Venant）准则”。该理论认为最大伸长线应变是引起断裂的主要因素，无论什么应力状态，只要最大伸长线应变等于单向拉伸极限应变，$\varepsilon_1=\varepsilon_b$，材料就要发生脆性断裂破坏。

由广义胡克定律得

$$\varepsilon_1=[\sigma_1-\mu(\sigma_2+\sigma_3)]/E \tag{7-12}$$

所以，强度条件为

$$\sigma_1-\mu(\sigma_2+\sigma_3)=\sigma_b \tag{7-13}$$

该理论仅在脆性材料受双向拉伸-压缩状态下，且压应力大于拉应力时，与试验结果大致吻合，而大多数情况与试验结果不符，目前很少使用。

（6）最大拉（或压）应力理论 又称“第一强度理论”“脆性断裂强度理论”。该理论认为引起材料脆性断裂破坏的因素是最大拉（或压）应力。无论什么应力状态，只要构件内一点处的最大拉（或压）应力达到单向应力状态下的极限应力，材料就要发生脆性断裂。于是，危险点处于复杂应力态的构件不发生脆性断裂破坏的条件是

$$\sigma_1\leqslant\sigma_b \tag{7-14}$$

该理论由于没考虑 σ_2 和 σ_3，对三向压缩及剪断不适用。对脆性材料在二向或三向拉伸断裂时，与试验相当吻合。当存在压应力时，若仍发生脆性拉断失稳，与试验也比较接近。

7.2.2 车身材料选择原则

车身材料的选择一般要考虑材料成本、成形难易及制造成本、生产效率、焊装难易、回收与环保等问题。对承载件要满足强度、刚度、韧性的要求；对外覆盖件，要满足美观、耐腐蚀、易涂漆、抗冲击、易修复、防雷击（低导电性）、隔声、隔热、密封性好的要求；对寒冷或高热地区使用的车辆，还必须具备低导热性、低热膨胀系数、抗高温老化和低温脆断等；对非承载、形状复杂的零件要满足成形性要求；对于冲击吸能区零件（如保险杠外罩、横梁、前纵梁、车门、仪表板、头枕等），则要有很好的吸能特性。从节能与环保角度，所有材料最好都具有较低的密度，以减轻车身重量。

对于不同载荷类型（如弯曲、扭转、拉伸、压缩、剪切），需要利用材料的不同力学特性，并综合考虑合理的结构设计，使材料发挥最大效益而不增加车身重量，实现轻量化设计。

材料选择流程如下：

1）根据设计要求建立材料优化模型，描述“功能”“约束”“目标”和“自由变量”。

2）用“约束”条件进行筛查，去掉不合适材料。

3）用“目标”对经过筛查的材料进行排序，找到最优。

4）寻求支撑信息，对排序在前的候选材料的详细牌号进行研究。

5）选出最终材料。对结构件可能使用的各种材料进行比较，选择需要查询的曲线，例如图 7-10～图 7-12 所示的材料弹性模量-密度、强度-密度、比模量-比强度曲线。

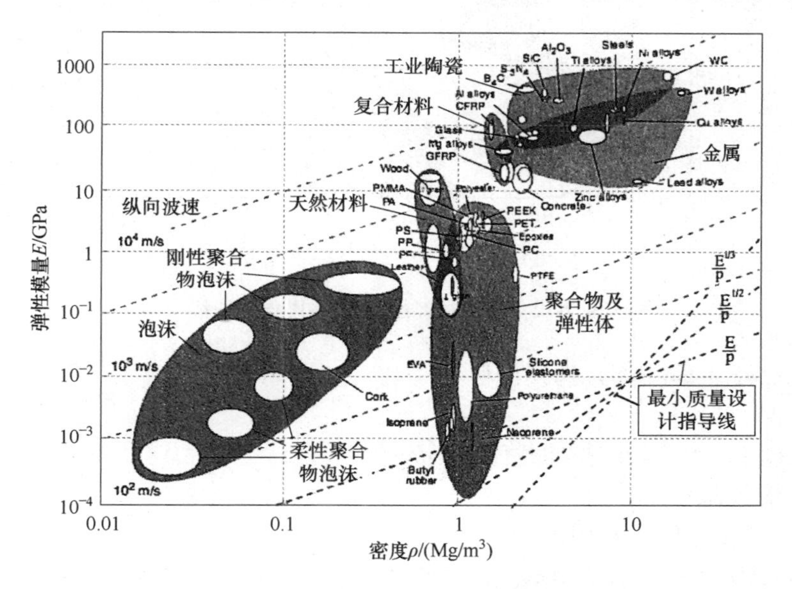

图 7-10　各种材料的弹性模量-密度曲线

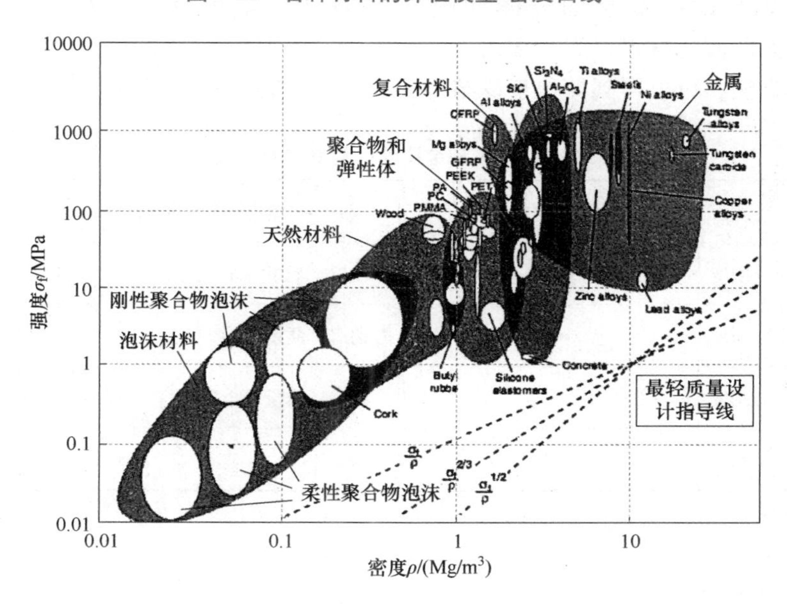

图 7-11　各种材料的强度-密度曲线

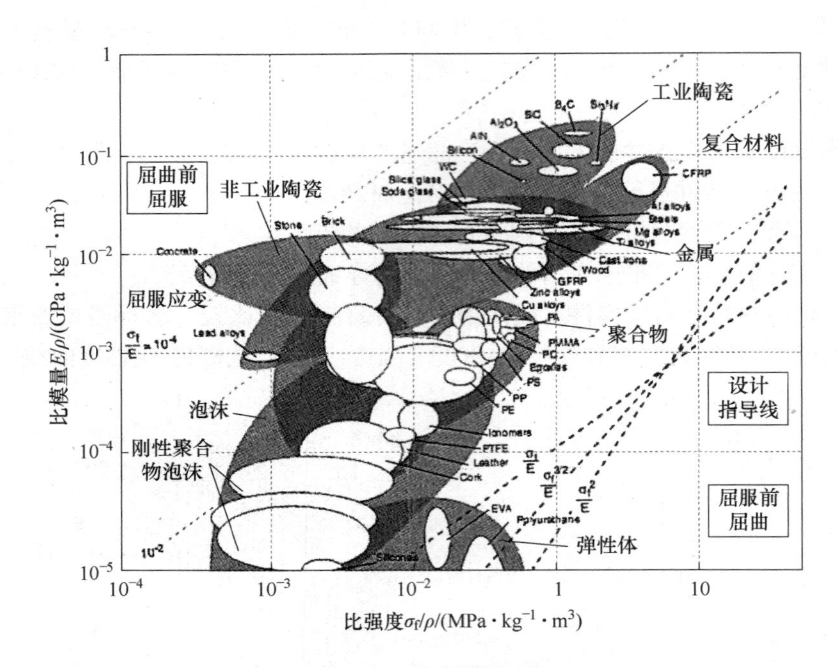

图 7-12 各种材料的比模量-比强度曲线

算例 为拉杆（Tie-Rod）选择材料。

功能：拉伸。

约束：长度 L，承受轴向拉伸载荷 F 不失效。

目标：质量 m 最小。

自由变量：截面积 A，材料种类。

解：使 $m=AL\rho$ 最小，且 $F/A\leqslant\sigma_f$，条件的材料即为所求。将两式合并，得 $m\geqslant FL\rho/\sigma_f$，所以，使 ρ/σ_f 最小即 σ_f/ρ 最大的材料就是最后的选择。利用图 7-11 中的“强度-密度”曲线选纵坐标较大区域的材料，如 CFRP。

用同样的方法，可以得到其他车身结构件如拉杆、梁、柱的材料选择指标，见表 7-2。

表 7-2 车身结构件的材料选择指标

功能	目标	约束	最大值指标	功能	目标	约束	最大值指标
拉杆	质量最小	刚度	E/ρ	弯曲梁	质量最小	刚度	$\sqrt{E}/C_m\rho$（C_m 为材料的成本）
拉杆	质量最小	强度	σ_f/ρ	弯曲梁	质量最小	强度	$\sigma_y^{2/3}/C_m\rho$（C_m 为材料的成本）
弯曲梁	质量最小	刚度	$\sqrt{E}/\rho$	柱	质量最小	屈曲	$\sqrt{E}/C_m\rho$（C_m 为材料的成本）
弯曲梁	质量最小	强度	$\sigma_y^{2/3}/\rho$				

7.3 结构轻量化设计

7.3.1 形状优化

形状优化是指在给定的结构拓扑前提下，通过调整结构内外边界形状来改善结构的性能。以轴对称零件的圆角过渡形状设计为例进行说明。形状设计对边界形状的改变没有约束，与尺寸优化相比，其初始条件得到了一定的放宽，应用的范围也得到了进一步扩展。

在形状优化中，其设计变量为边界点的坐标，为考虑网格的变化，有基向量法和摄动向量法两种方法可以应用。以整个结构质量最小为目标函数，以节点坐标作为设计变量，约束条件一般包括强度、变形、稳定性等，数学模型为

$$\begin{cases}\text{形状设计变量}: X=(X_1,X_2,\cdots,X_m)^{\mathrm{T}} \\ \text{目标函数}: \min W(X)=\sum_{i=1}^{n}\rho_i A_i L_i \\ \text{约束条件}: \sigma_i \leqslant [\sigma]\ (i=1,2,3,\cdots) \\ \qquad X_i^{\mathrm{L}} \leqslant X_i \leqslant X_i^{\mathrm{U}}\ (i\in m)\end{cases} \tag{7-15}$$

式中，X 为形状设计变量；W 为杆系结构质量；ρ_i 为各杆密度；A_i 为各杆截面积；L_i 为各杆长度；σ_i 为各杆应力；$[\sigma]$ 为许用应力。

7.3.2 拓扑优化

拓扑设计方法是一种创新型的设计方法，能为人们提供一些新颖的结构拓扑。在研发设计早期阶段，拓扑设计的初始约束条件很少，设计者只需要提出设计域而不需要知道具体的结构拓扑形态。由于有充分的自由设计空间和时间来改变设计方案，这时可选择拓扑优化方法对整车或零部件结构进行概念设计，以得到结构的最优拓扑形式。整车结构拓扑形式概念设计上的错误将导致最终设计的失败。

拓扑优化用来确定结构的最优形状和质量分布，在给定材料品质和设计域内，通过优化设计方法可得到既满足约束条件又使目标函数最优的结构布局形式及构件尺寸。拓扑优化计算每一单元的材料特性并改变材料分布，在一定的约束条件下实现优化目标。目前人们已经认识到，与拓扑结构不变的优化方法相比，拓扑优化能极大地改进结构设计。因此，拓扑优化方法受到了极大的重视并取得了快速发展。

结构拓扑优化的目标是在设计可行空间 Ω 中找到一个给定体积 V（或质量 m）的子空间 Ω^{mat}，使得该空间相应的目标函数 Φ 取得极值，其目标可以是结构刚度、形变值或者多个目标的综合函数。$\forall x\in\boldsymbol{\Omega}$，引入材料密度函数

$$\rho(x)=\begin{cases}1, & x\in\Omega^{\mathrm{mat}} \\ 0, & x\in\Omega \mid \Omega^{\mathrm{mat}}\end{cases} \tag{7-16}$$

则结构拓扑优化数学模型可以表达为

$$\begin{aligned}&\min_{\rho}\Phi(\rho)\\&\text{s. t. }\int_{\Omega}\rho\mathrm{d}\Omega\leqslant V\\&\rho(x)=0\text{ 或 }1(\forall x\in\Omega)\end{aligned}\tag{7-17}$$

结合有限元分析的思路，可以将结构设计空间 Ω 离散为 n 个单元，将整体结构密度函数近似写为 n 维的向量 $X=(x_1,x_2,\cdots,x_n)$，其中 x_i 为单元 i 的密度数值。此时的优化问题为 0~1 整数变量优化模型：

$$\begin{aligned}&\min_{X}\Phi(\boldsymbol{X})\\&\text{s. t. }V(\boldsymbol{X})=\sum_{i=1}^{n}\rho_i v_i\leqslant V\\&\rho_i=0\text{ 或 }1(i=1,2,\cdots,n)\end{aligned}\tag{7-18}$$

式中，ρ_i 为单元 i 的密度；v_i 为单元 i 的体积。

由于整数模型的求解计算十分困难，通常采用连续变量方法，将 0 或 1 整数变量问题转化为 [0,1] 区间上的连续变量优化模型：

$$\begin{aligned}&\min_{X}\Phi(\boldsymbol{X})\\&\text{s. t. }V(\boldsymbol{X})=\sum_{i=1}^{n}\rho_i v_i\leqslant V\\&0\leqslant\delta\leqslant\rho_i\leqslant 1(i=1,2,\cdots,n)\end{aligned}\tag{7-19}$$

式中，δ 为一个极小的数，以避免刚度矩阵奇异。

对连续体结构拓扑优化的研究比较经典的方法有变密度法、均匀化法、水平集法、独立连续映射法、渐进结构优化法等。均匀化法是将三维实体单元的设计变量作为单元内部某一三维空间的尺寸 a、b、c 和方位角 θ，板壳单元作为单元内部某一二维区域的尺寸 a、b；而变密度法中，其设计变量则为单元的材料密度 ρ。

1. 变密度法

变密度法连续体结构拓扑优化方法的主要思想是建立材料参数和结构密度之间的函数关系，一般情况下设定单元相对密度（即设计变量）和弹性模量之间的非线性解析关系，但材料泊松比保持不变。通过结构离散单元的设计变量变化控制单元刚度的变化，进而调整结构总体刚度矩阵的变化，经过优化使结构刚度达到最佳，材料分布趋于最优。

在基于变密度法的拓扑优化中，优化的变量是单元的密度，变量连续化以后的模型是一个病态问题时，优化过程中会出现“中间密度单元”，即密度值介于 0~1 的情况，需要引入惩罚因子来将每个单元的密度最终强制为 0 或 1。常用的中间材料密度惩罚模型有固体各向同性惩罚微型结构模型（SIMP 模型）和合理近似材料属性模型（RAMP 模型）。其他一些材料插值模型还包括 Voigt、Hashin-Shtrikman、Reuss-Voigt 等。

（1）SIMP 材料插值　通过 SIMP 材料插值方式引入连续变量，可以解决拓扑优化离散变量不连续问题，SIMP 的材料插值公式如下：

$$E_e(x_e)=E_{\min}+x_e^p(E_0-E_{\min})\quad x_e\in[0,1]\tag{7-20}$$

式中，x_e 为单元设计变量（即相对密度）；p 为惩罚因子；E_e 为单元设计变量 x_e 对应的单元弹性模量，为经过插值更新后的单元弹性模量；E_0 为原始材料弹性模量；E_{min} 为空洞材料弹性模量，一般为 E_0 的 1/1000。

当 x_e 时，单元为实体结构；当 $x_e=0$ 时，单元为空洞结构。通过控制惩罚因子 p 的大小可以使单元密度或快或慢地逼近 0 或者 1，这样便使目标函数接近理想状态下 0~1 的离散结构，并取得最优材料分布结构。

SIMP 材料插值模型中对结构单元弹性模量等属性的控制参数为相对密度 x_e 和惩罚因子 p。当取不同的 p 值时，不同的中间单元材料密度导致单元弹性模量等性能参数逼近 0 或 E_0 的趋势如图 7-13 所示。

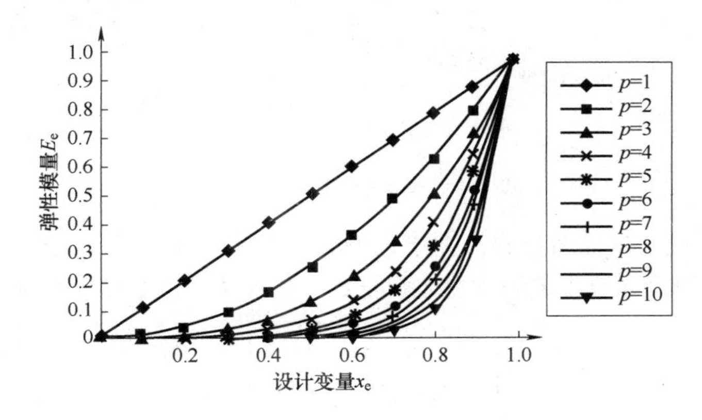

图 7-13　SIMP 材料插值模型

以图 7-14 所示的简支梁为算例对 SIMP 变密度法的惩罚因子 p 进行讨论，发现当 p 取值过小时，将达不到惩罚效果，会出现大量中间密度单元；而当 p 取值过大时，将导致柔度初始值过大，无法计算，得不到优化结果。故 p 通常取 2~5 之间的一个值，在这个范围内 p 取值越大，中间密度单元越少，优化结构越明确，如图 7-15 所示。

在拓扑优化求解器 Optistruct 中，拓扑优化开始阶段的一般惩罚因子 $p=2$，而新能源汽车结构概念设计旨在获得桁架形式的结构，即更倾向于图 7-15 中 $p=3$ 或 $p=5$ 的结果。为此，通过改变迭代优化过程中惩罚因子 p 取值的技术，即最小组成尺寸控制的技术，来获得桁架概念更明显的优化结果。

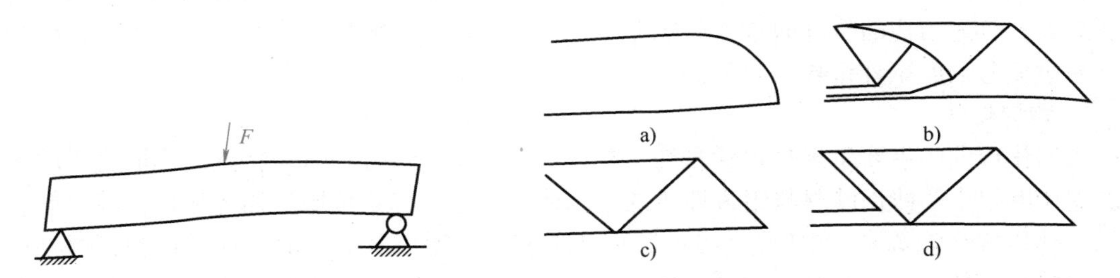

图 7-14　简支梁算例的初始结构

图 7-15　不同惩罚因子下的优化结果

a) $p=1.5$　b) $p=2.5$　c) $p=3$　d) $p=5$

（2）**RAMP 材料插值**　RAMP 刚度密度插值模型为

$$E_q(x_j)=E_{min}+\{x_j/[1+q(1-x_j)]\}(E_0-E_{min}) \tag{7-21}$$

式中，E_q 为插值以后的弹性模量；E_0 和 E_{min} 分别为材料固体部分和空洞部分的弹性模量，$\Delta E=E_0-E_{min}$，$E_{min}=E_0/1000$。RAMP 材料插值模型如图 7-16 所示。

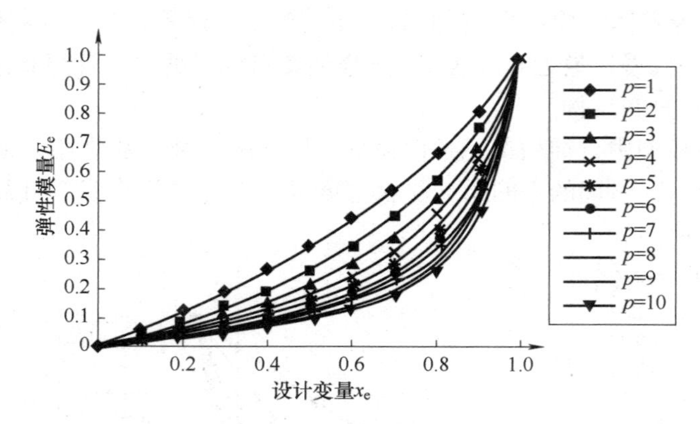

图 7-16　RAMP 材料插值模型

基于 RAMP 刚度密度插值格式，在给定的载荷和边界条件下，目标函数为结构柔度的最小化，约束条件为设计域规定的材料体积分数。拓扑优化的数学模型为

$$\begin{cases}\min C(x)=\boldsymbol{U}^{\mathrm{T}}\boldsymbol{K}\boldsymbol{U}\\ \text{s. t. } V(\boldsymbol{X})=\sum\limits_{j=1}^{N}V_j-V\leqslant 0\\ 0<x_{min}\leqslant x_j\leqslant 1\end{cases}\tag{7-22}$$

RAMP 模型的刚度矩阵、柔度函数和敏度为

$$\begin{aligned}K(x)&=\sum_{j=1}^{N}\left[E_{min}+\frac{x_j}{1+q(1-x_j)}\Delta E\right]K(x_j)\\ C(x)&=\sum_{j=1}^{N}\left[E_{min}+\frac{x_j}{1+q(1-x_j)}\Delta E\right]\boldsymbol{U}^{\mathrm{T}}\boldsymbol{K}\boldsymbol{U}\\ C'(x)&=-\sum_{j=1}^{N}\frac{1+q}{[1+q(1-x_j)]^2}\Delta E\boldsymbol{U}^{\mathrm{T}}\boldsymbol{K}\boldsymbol{U}\end{aligned}\tag{7-23}$$

式中，$\boldsymbol{K}$ 为结构的刚度矩阵；$K(x_j)$ 为第 j 个单元刚度矩阵除以其弹性模量得到的“单位”刚度矩阵；$\boldsymbol{U}$ 为结构的位移向量；x 为设计变量；N 为单元数目；C 为结构的柔度；C' 为敏度。为避免总刚度矩阵奇异，取 $x_{min}=0.001$。

2. 均匀化法

均匀化理论的主要思想是针对非均匀复合材料的周期性分布这一特点，选取适当的相对于宏观尺度很小并能反映材料组成性质的单胞建立模型，确定单胞的描述变量，写出能量表达式（势能或余能等），利用能量极值原理计算变分，得出基本求解方程，再利用周期性条件和均匀性条件及一定的数学变换，便可以联立求解，最后通过类比可以得到宏观等效的弹性系数张量、热膨胀系数张量、热弹性常数张量等一系列等效的材料系数。

利用均匀化方法对结构进行优化设计，其设计变量是微单元结构的尺寸 α、β 以及方位角 θ。求解目标函数的关键是对弹性矩阵进行计算，因为弹性矩阵是设计变量的函数。在求解弹性矩阵之前，首先通过虚功方程求得结构材料特征参数 χ，即

$$\int_Y (E_{ijkl}\chi^{kl}_{g,h} - E_{ijkl})\frac{\partial v_i}{\partial x_j}\mathrm{d}y = 0 \tag{7-24}$$

式中，Y 为微结构求解区域。下标 i，j 分别取 1 和 2 求解出特征参数 χ。

求出特征参数 χ 之后，可通过式（7-25）求出微结构的等效弹性模量 E^H_{ijkl}：

$$E^H_{ijkl} = \frac{1}{|Y|}\int_Y E_{ijkl}(\delta_{gk}\delta_{hl} - \chi^{gh}_{k,yl})\mathrm{d}y \tag{7-25}$$

式中，$\delta_{gk} = \{1(g=k);0(g\neq k)\}$。

如图 7-17 所示，α、β 是位置 x 的函数，所以单元弹性矩阵在设计域 Ω 中是变化的。计算特征参数 χ 时，可以先选择特殊的点（α_i,β_i），其中 $i=1$，2，…，n，通过多项式插值得出结果。

因此，对于均匀化方法而言，通过改变设计变量，即微结构的尺寸参数（α，β，θ）来优化实体和孔洞的分布，形成带孔的结构，实现对结构的拓扑优化设计。

3. 水平集法

水平集起初是作为研究界面在速度场中演化的一种方法，通过融合结构界面信息构造速度函数，连续体结构拓扑优化中的许多问题可以转化到水平集框架下解决。水平集法是将二维的曲线演化问题转化为隐含在三维空间中的水平集函数演化问题。这种方法解决了以往算法中不能解决的拓扑结构变化问题，具有跟踪拓扑结构变化、计算稳定、优化边界清晰光滑等优点。2000 年，Sethian 和 Wiegmann 将水平集首次引入结构优化领域中，用来进行等应力结构的设计，其后 Allaire、Jouve、Toader 和 Wang 等也开展了水平集方法应用于拓扑优化领域的研究，并取得了较好的效果。基于水平集法的结构优化技术以其独特的优势，引起了学者们的高度关注和研究热情。

应用水平集法进行结构拓扑优化，首先定义一个足够大的固定参考区域 $\overline{\boldsymbol{D}}$，使它完全包含被优化的结构 $\boldsymbol{D}$。结构边界表面 $\partial\boldsymbol{D}$ 隐含地定义为嵌入的函数 $\boldsymbol{\Phi}(x)(R^n\rightarrow R)$ 的一个等值表面，即 $\partial\boldsymbol{D} = \{x \mid x\in\overline{\boldsymbol{D}}, \boldsymbol{\Phi}(x)=0\}$，如图 7-18 所示。

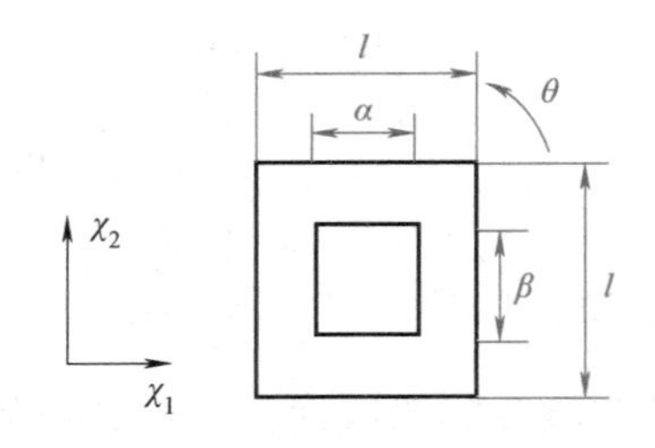

图 7-17　微结构单元参数

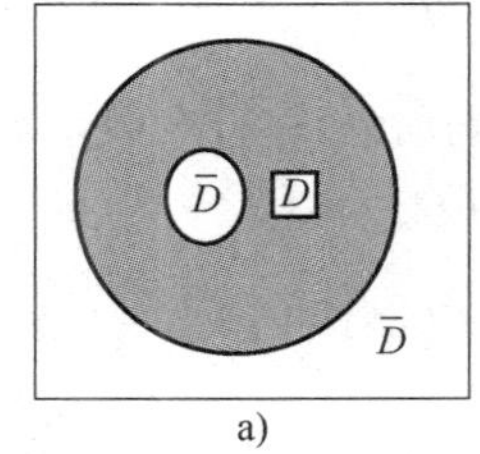

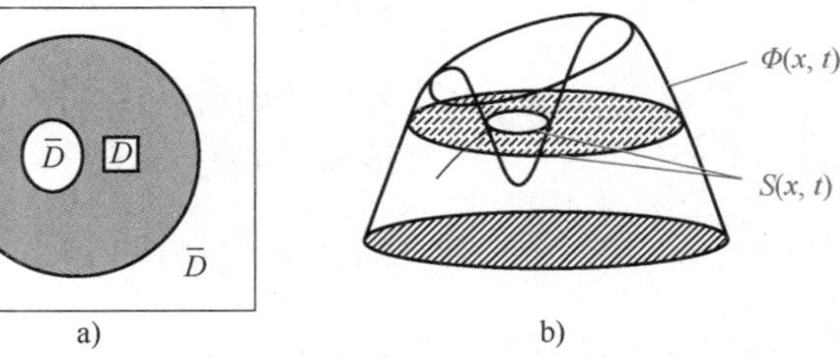

图 7-18　设计域与水平集模型

a）设计域 D 与它的镶嵌域 $\overline{D}$　b）嵌入函数 Φ 与水平集模型 S

采用局部符号来定义边界的内、外区域：

$$\boldsymbol{\Phi}(x)=0, \forall x\in\partial D\begin{cases}\boldsymbol{\Phi}(x)>0, \forall x\in D \mid \partial D\\ \boldsymbol{\Phi}(x)<0, \forall x\in\overline{D} \mid D\end{cases} \tag{7-26}$$

$\boldsymbol{\Phi}(x)$ 确定了结构的拓扑形式，它动态地随时间变化，能够描述结构优化的过程。其动态模型表示为

$$\Gamma(x,t) = \{x(t) \mid \boldsymbol{\Phi}(x(t),t)=k\} \tag{7-27}$$

结构优化问题包括最小柔度问题、最小应力问题、最大固有频率问题和最大位移问题等，以第一类问题为例进行研究。通常结构拓扑优化最小柔度问题可写成如下形式：

$$
\begin{aligned}
&\min_{\partial D} J(u)=\int_D F(u)\,\mathrm{d}\Omega \\
&\text{s.t.}\ \int_D E_{ijkl}\varepsilon_{ij}(u)\varepsilon_{kl}(v)\,\mathrm{d}\Omega=\int_D pv\,\mathrm{d}\Omega+\int_{\partial D}\tau v\,\mathrm{d}S \\
&u\mid \partial \boldsymbol{D}_u=u_0,\ \forall v\in U \\
&\int_D \mathrm{d}\Omega\leqslant V_{\max}
\end{aligned}
\tag{7-28}
$$

式中，$J(u)$ 为目标函数；Ω 为设计域；$\boldsymbol{D}$ 为所设计的结构；$\partial\boldsymbol{D}$ 为结构边界；$F(u)$ 为应变能密度，由给定设计问题的几何和力学特性给定；u 为载荷作用下的位移场，它满足弹线性平衡方程，并可由弱形式表示；E 为弹性张量；ε 为应变张量；p、t 分别为给定的体积力和边界分布载荷；u_0 为边界 Γ_D 上的初始位移；v 为虚位移。

应变能密度 $F(u)$ 为

$$
F(u)=\varepsilon(u)E\varepsilon(v)/2 \tag{7-29}
$$

建立式（7-26）所示的隐式标量函数，即水平集函数 $\boldsymbol{\Phi}(x)$ 以后，就可以应用水平集法进行拓扑优化。

为了使优化问题表述方便，采用下面定义的 Heaviside 函数 H 和 Dirac delta 函数 δ：

$$
H(\boldsymbol{\Phi})=\begin{cases}1,\varphi\geqslant 0\\ 0,\varphi<0\end{cases} \tag{7-30}
$$

$$
\delta(\boldsymbol{\Phi})=\frac{\mathrm{d}H}{\mathrm{d}\boldsymbol{\Phi}} \tag{7-31}
$$

将 $\boldsymbol{\Phi}(x)$ 作为拓扑设计变量代入优化问题的表达式，则相应地以 $\boldsymbol{\Phi}(x)$ 为设计变量的优化问题数学模型为

$$
\begin{aligned}
&\min_{\Phi} J(u,\boldsymbol{\Phi})=\int_{\bar{D}} F(u)H(\boldsymbol{\Phi})\,\mathrm{d}\Omega \\
&\text{s.t.}\ a(u,v,\boldsymbol{\Phi})=\boldsymbol{L}(v,\boldsymbol{\Phi}) \\
&u(x)\mid \partial D_u=u_0(x),\ \forall v\in U \\
&G(u)=V(\boldsymbol{\Phi})-V_0=\int_D H(\boldsymbol{\Phi})\,\mathrm{d}\Omega-V_0=0
\end{aligned}
\tag{7-32}
$$

式中，$V(\boldsymbol{\Phi})$ 为结构的体积；$a(u,v,\boldsymbol{\Phi})$、$\boldsymbol{L}(v,\boldsymbol{\Phi})$ 分别为结构能量的双线性泛函和载荷的线性泛函，有

$$
\begin{aligned}
a(u,v,\boldsymbol{\Phi})&=\int_{\bar{D}} E_{ijkl}\varepsilon_{ij}(u)\varepsilon_{kl}(v)H(\boldsymbol{\Phi})\,\mathrm{d}\Omega \\
\boldsymbol{L}(v,\boldsymbol{\Phi})&=\int_{\bar{D}} pvH(\boldsymbol{\Phi})\,\mathrm{d}\Omega+\int_{\bar{D}} \tau vH\mid\nabla\boldsymbol{\Phi}\mid\delta(\boldsymbol{\Phi})\,\mathrm{d}\Omega
\end{aligned}
\tag{7-33}
$$

为了使水平集函数曲面 $\boldsymbol{\Phi}(x)$ 的演化结果与闭合曲线的演化方程相关，$\boldsymbol{\Phi}(x)$ 的演化要遵循如下 H-J 方程：

$$
\frac{\partial\boldsymbol{\Phi}}{\partial c}=V_n(x)\mid\nabla\boldsymbol{\Phi}(x)\mid \tag{7-34}
$$

要保证上式的计算精度，要求 Φ 满足

$$0<c\leqslant |\nabla \Phi| \leqslant C \tag{7-35}$$

式中，c 为 $\Phi(x)$ 与 $V(x)$ 夹角的最小值；C 为 $\Phi(x)$ 与 $V(x)$ 夹角的最大值。

优化过程的指导性原则就是依照水平集相对于目标函数的变分灵敏度来移动水平集模型表示的设计边界。关键问题是寻找一个合适的法向速度场 $V_n(x)$，使得该法向速度场 V_n 能驱动设计结构达到考虑目标函数和约束条件要求的最佳拓扑。

4. 独立连续映射法

在分析了各种拓扑优化方法的特点之后，隋允康等于 1996 年提出了独立、连续和映射方法（Independent Continuous and Mapping Method，ICM）。以一种独立于单元具体物理参数的变量来表征单元的“有”与“无”，将拓扑变量从依附于面积、厚度等尺寸优化层次变量中抽象出来，为模型的建立带来了方便，同时为了求解简捷，构造了过滤函数和磨光函数，把本质上是 0~1 离散变量的独立拓扑变量映射为区间［0,1］上的连续变量，在按连续变量求解之后再把拓扑变量反演成离散变量。ICM 方法吸取了变厚度法和变密度法不再构造微结构的优点，同时定义了连续的拓扑变量，从而可以吸纳数学规划中卓有成效的连续光滑的解法。ICM 方法以结构质量为目标，有效地解决了应力、位移和频率等约束下的连续体结构拓扑优化问题，从而更有利于工程实际应用。另外，ICM 方法引入对偶规划方法，大大减少了设计变量的数目，提高了优化的效率。然而该方法仅对简单二、三维结构进行了应用，对复杂结构和大规模有限单元模型的工程结构的拓扑优化设计问题，仍需进一步开展研究工作。

下面以位移约束下质量最小为目标的连续体结构拓扑优化为例说明 ICM 方法的建模过程。单元的拓扑设计变量与位移约束的显示关系由莫尔定理给出：

$$u_j \sum_{i=1}^{N} \int (\boldsymbol{\sigma}_i^v)^{\mathrm{T}} \boldsymbol{\varepsilon}_i^R \mathrm{d}v = \sum_{i=1}^{N} (\boldsymbol{F}_i^v)^{\mathrm{T}} \boldsymbol{\delta}_i^R \tag{7-36}$$

式中，$\boldsymbol{\sigma}_i^v$ 及 $\boldsymbol{\varepsilon}_i^R$ 分别为 i 单元虚、实载荷对应的应力与应变；$\boldsymbol{F}_i^v$ 及 $\boldsymbol{\delta}_i^R$ 为 i 单元在虚工况下的单元节点力向量及在实工况下的单元节点位移向量。

由此定义位移关于拓扑变量的近似显函数如下：

$$u_j = \sum_{i=1}^{N} [(t_i^{(k)})^{\alpha_k}/t_i^{\alpha_k}] \boldsymbol{F}_i^v \boldsymbol{\delta}_i^R = \sum_{i}^{N} \boldsymbol{A}_{ij} (t_i^{(k)})^{\alpha_k}/t_i^{\alpha_k} = \sum_{i=1}^{N} c_{ij}/t_i^{\alpha_k} \tag{7-37}$$

式中，$t_i^{(k)}$ 为第 k 步迭代时 i 单元对应的拓扑变量值；$\boldsymbol{A}_{ij}$ 为单元对位移的贡献系数，$\boldsymbol{A}_{ij}=(\boldsymbol{F}_i^v)^{\mathrm{T}}\boldsymbol{\delta}_i^R$；$c_{ij}$ 为位移约束方程系数，$c_{ij}=(t_i^{(k)})^{\alpha_k}\boldsymbol{A}_{ij}$。

$J=L\times R$，为优化模型中位移约束条件总数，L 为工况数，R 为用户定义的位移约束总数。由此可得有限元离散后的拓扑优化模型为

$$\begin{aligned} &\min\ W = \sum_{i=1}^{N} t_i^{\alpha_\omega} \omega_i^0 \\ &\text{s. t.}\ \sum_{i=1}^{N} c_{ij}/t_i^{\alpha_\omega} \leqslant u_j \quad (j=1,2,\cdots,J) \\ &0 \leqslant t_i \leqslant 1 \end{aligned} \tag{7-38}$$

5. 渐进结构优化法

渐进结构优化方法（Evdutionary Structural Optimization，ESO）是根据一定的优化准则，将无效或者低效的材料（对目标函数贡献小）一步步去掉，从而使结构逐渐趋于优化的一

种方法。在优化迭代中，该方法采用固定的有限元网格，对存在的材料单元，其材料数编号为非零的数；而对不存在的材料单元，其材料数编号为零。当计算结构刚度矩阵等特性时，不计材料数编号为零的单元特性，通过这种零和非零模式实现结构拓扑优化。该方法采用已有的有限元分析软件，通过迭代在计算机上实现，通用性较好。

ESO 首先是针对应力优化而提出的，受力分析表明结构中应力分布不均匀，有些区域应力较高，是结构破坏的主要区域；有些区域应力较低，材料未充分利用，如果去掉该区域材料，对整个结构的受力影响很小，同时还可以减小结构的质量，是轻量化的重要方法之一。ESO 应力优化的准则为：逐渐去掉结构中的低应力材料，使剩下的结构更有效地承担载荷，从而使应力分布更加均匀。绝对的优化结构当然是每点的应力完全相同，但这种理想情况在实际结构中很难达到。设计目标是尽可能减小各处应力值的差距，使之分布尽可能均匀。具体步骤如下：

1）在给定的载荷和边界条件下，定义设计区域，称为初始设计，用有限元网格离散该区域。

2）对离散的结构进行静力分析。

3）明确强度理论，例如，对平面应力状态下的各向同性材料，可采用 von Mises 应力准则，求出每点的应力值，单元的 von Mises 应力 σ_{e}^{VM} 和最大的单元应力 σ_{max}^{VM}，如果满足

$$\frac{\sigma_{e}^{VM}}{\sigma_{max}^{VM}}<RR_{i} \tag{7-39}$$

则认为该单元处于低应力状态，可从结构中删除，其中 RR_i 为删除率。

4）以上有限元分析和单元删除重复进行，直到上述强度公式无法满足为止。也就是说，对应于 RR_i 稳定状态已经达到，为使迭代继续进行，引进另一参数进化率 ER，从而下一稳定状态的删除率修改为

$$RR_{i+1}=RR_{i}+ER \quad i=0,1,2,\cdots \tag{7-40}$$

5）重复 2 至 4 步，直到结构质量或最大应力达到给定值。根据数值计算经验，迭代过程中初始删除率 RR_i 和进化率 ER 通常采用 1%。

下面以一工程实例进一步说明 ESO 方法的应用，如图 7-19 和图 7-20 所示。图 7-20 所示为设计区域，是一块长、宽、厚度均已知的矩形板件。板件所受载荷 F 及其材料物性参数均为已知，倘若已经知道 L，求满足约束条件下使结构最轻的解 H。

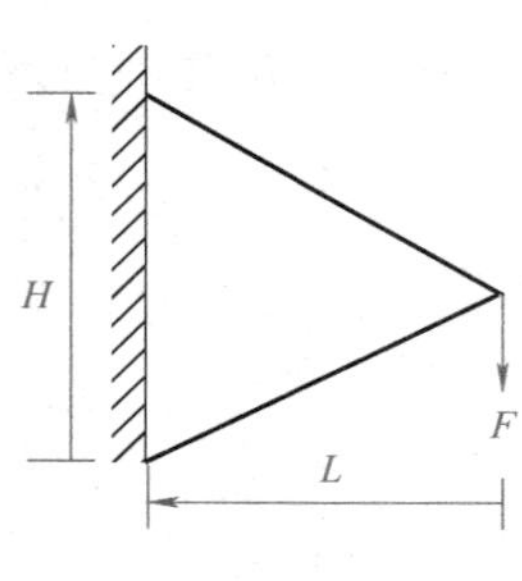

图 7-19　双杆件桁架

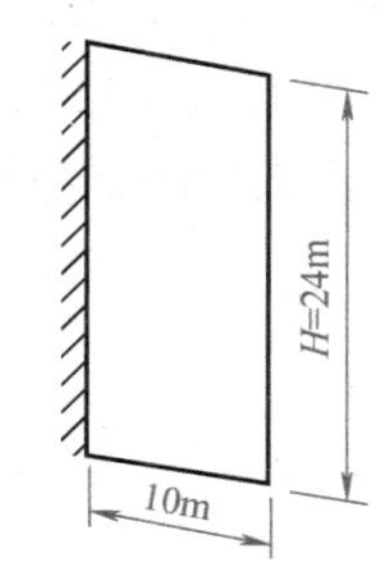

图 7-20　双杆件桁架设计区域

图 7-21 所示为采用不同 RR 值和 $ER=1\%$ 的设计参数进行求解的过程，可以看到板结构进化到最后的杆结构的整个过程。图中黑色部分是被保留的单元，可以看到随着删除率的增

加，被删除的单元也增加，最后的优化结构是 $H=2L$。

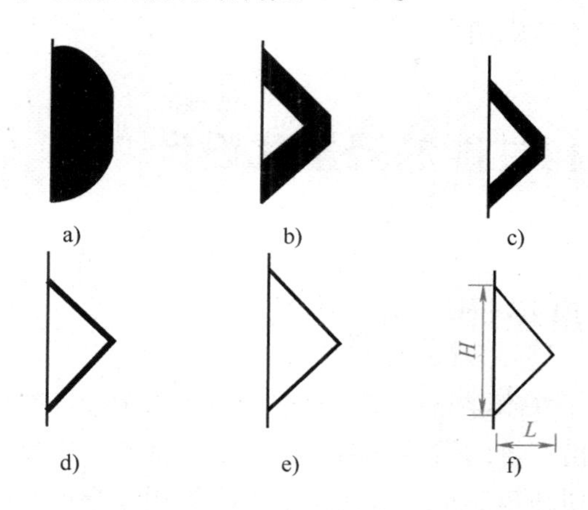

图 7-21　双杆件桁架进化过程

a）$RR=3\%$　b）$RR=9\%$　c）$RR=15\%$　d）$RR=21\%$　e）$RR=27\%$　f）$RR=30\%$

图 7-22 所示为优化过程中结构应力的变化。可见，由于材料的减小，结构的应力在不断增大，但是结构的体积却有明显下降，其优化前后的比较见表 7-3。由此实例可见，ESO 方法在拓扑优化中的轻量化效果明显，已经成为工程人员常用的轻量化优化方法之一。

表 7-3　初始设计和优化设计比较

参　　数	$\sigma_{\min}^{VM}$/MPa	$\sigma_{\max}^{VM}$/MPa	$\sigma_{\min}^{VM}/\sigma_{\max}^{VM}$	体积/m^3
初始设计	0. 0003	0. 8603	0. 0003	0. 24
优化设计	0. 5636	1. 1472	0. 4913	0. 0237

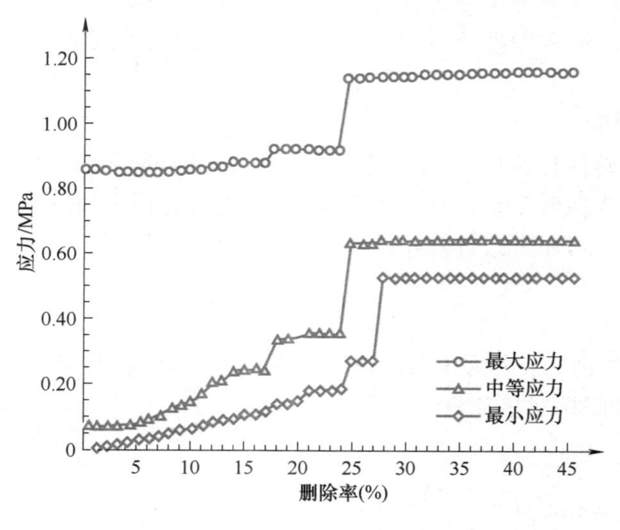

图 7-22　双杆件桁架应力的变化

拓扑优化的迭代计算中常常出现数值不稳定现象，解决途径一般有两种：一种是采用有限元高阶单元和非协调单元，但是显然会增加计算量；另一种方法是在优化计算中附加人工约束，包括周长约束、局部密度斜率控制、最小密度下限控制、滤波函数法等，因为这类方法对于计算量影响不大，故而应用广泛。

7.4 面向多学科性能的轻量化设计

7.4.1 汽车结构刚度设计

车身结构刚度有两种：静刚度和动刚度。车身结构静刚度一般包括弯曲刚度和扭转刚度两种。车身的弯曲刚度可由车身的前后方向上的变形来衡量，车身扭转刚度可由前后窗和侧窗的对角线变化量及车身扭转角等指标来衡量。动刚度用车身低阶模态来衡量，其模态频率应避开载荷的激振频率。汽车车身结构刚度设计包括车身整体刚度设计和局部刚度设计。车身刚度设计的优化目标是提高车身的整体刚度，加强车身局部刚度的薄弱环节，使车身的刚度分布更加合理。车身局部刚度薄弱环节对车身整体刚度影响很大，虽然它们在体积和质量上可能只是相对很小的局部结构，可是往往出现在对车身刚度很敏感的车身刚度修改灵敏度较高的区域，它对整体刚度的影响将是全面的，形成了车身刚度的软肋。同时，车身刚度的薄弱环节也是对车身刚度优化效果最明显的部位，从车身薄弱环节可以深刻地体会到车身刚度优化的现实意义。

轿车车身刚度分析包括试验刚度分析和模拟计算刚度分析。试验刚度分析是对车身以试验方法进行加载，对试验结果进行必要的计算。而模拟计算刚度分析方法是对轿车车身进行有限元建模、参考试验边界条件对车身加载，可以计算出轿车车身模型的变形情况、受力情况以及动力学特性等。两种分析方法各有优势，模拟计算刚度分析方法可以大大缩短设计周期，且易于调整改善。试验刚度分析方法是对结构刚度的实际测定，可以对模拟分析方法加以验证。

1. 车身结构静刚度

(1) 车身结构扭转刚度评价 当车身上作用有反对称垂直载荷时，结构处于扭转工况，左右载荷将使车身产生扭转变形。扭转刚度（GJ）用来表征车身在凹凸不平路面上抵抗斜对称扭转变形的能力，可用下式计算扭转刚度：

$$GJ=\frac{TL}{\theta} \tag{7-41}$$

式中，L 为轴距，单位为 m；T 为扭力，单位为 N；θ 为轴间相对扭转角，单位为（°）。

图 7-23 所示为轴间相对扭转角示意图。

扭转角为

$$\theta=\arctan\left(\frac{U_1-U_2}{B}\right) \tag{7-42}$$

式中，θ 为扭转角，单位为（°）；U_1 为左侧纵梁测点的挠度，单位为 mm；U_2 为右侧纵梁测点的挠度，单位为 mm；B 为左、右纵梁中心线的距离，单位为 mm。

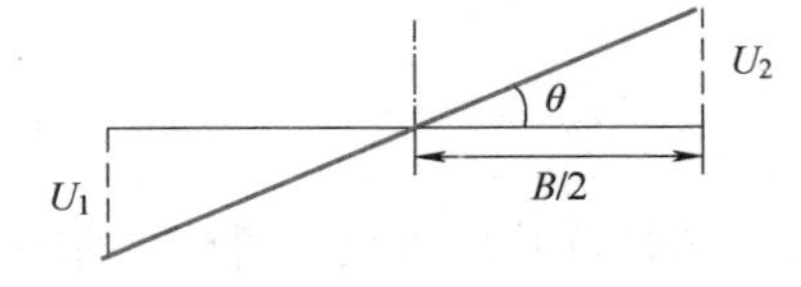

图 7-23 轴间相对扭转角示意图

在进行白车身扭转刚度分析时，所设定的边界条件为：约束左后减振器安装支座中心点 X、Y 和 Z 三个方向自由度，右后减振器安装支座中心点 X、Z 两个方向自由度，水箱横梁底部中点 Z 方向自由度，如图 7-24 所示。在前减振器安装支座中心施加 MPC 约束，即 $Z_1+Z_2=0$。加载点为左前减振器安装支座中心点处，加载力的大小为 2000N，沿 Z 轴方向，如图 7-25 所示。依上面条件得到扭转刚度的计算公式如下：

$$K_N=\frac{FL}{2\tan\left(\frac{Z_1+Z_2}{L}\right)} \tag{7-43}$$

式中，F 为加载力，单位为 N；L 为两加载点之间的距离，单位为 m；Z_1 为左侧加载点处的 Z 向位移的绝对值，单位为 m；Z_2 为右侧加载点处的 Z 向位移的绝对值，单位为 m。

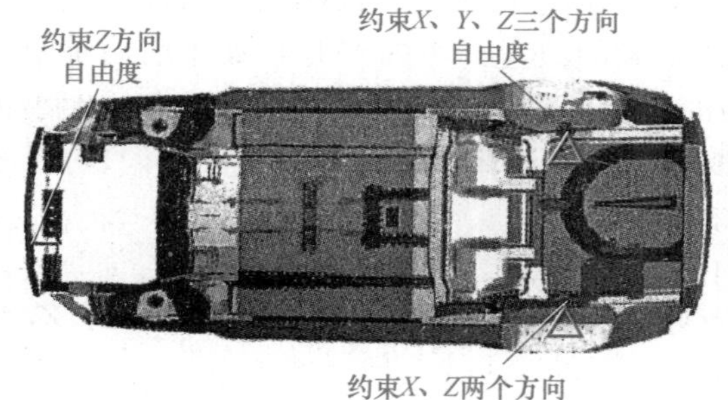

图 7-24　扭转刚度分析安装支座处约束示意图

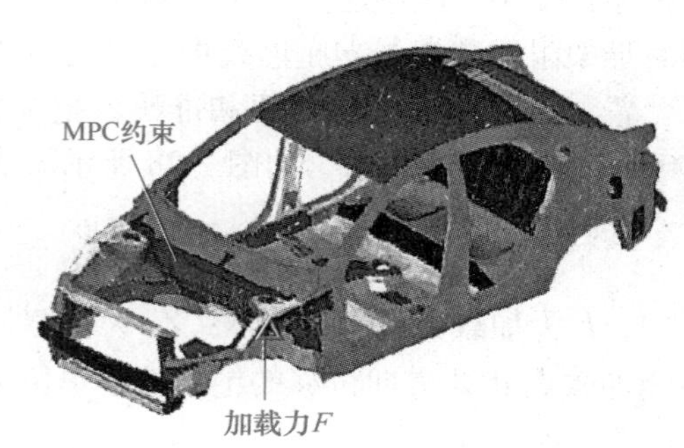

图 7-25　车架弯曲刚度计算示意图

（2）车身结构弯曲刚度评价　车身的弯曲刚度表征车身结构抵抗车身垂直载荷导致的变形的能力。一般汽车的白车身可看作具有均匀弯曲刚度的简支梁，在白车身概念结构设计阶段，简支梁的弯曲刚度理论可以用于计算白车身弯曲刚度。通过在门槛中部施加的载荷与车身底部纵梁的最大垂直挠度值的比值来表示弯曲刚度大小。

当车身上作用有对称垂直载荷时，结构处于弯曲工况，其整体的弯曲刚度由车身底架的最大垂直挠度来评价。将车身整体简化为一根具有均匀弯曲刚度的简支梁（图 7-26），在梁的中点施加集中力，就可得到近似车身件质量的弯曲刚度与垂直挠度的计算式：

$$EI=\begin{cases}\dfrac{Fax(L^2-a^2-x^2)}{6Ly} & x\leqslant b\\[2ex] \dfrac{Fa\left[\dfrac{L}{a}(x-b)^3+(L^2-a^2)x-x^3\right]}{6Ly} & b\leqslant x\leqslant L\end{cases} \tag{7-44}$$

式中，F 为集中载荷；L 为前后轴距；y 为挠度；x 为从前支点到测量点的距离；a 为从后支点到加载点的距离；b 为从前支点到加载点的距离。将真实车身底架的最大垂直挠度值代入该式便得到车身结构的整体弯曲刚度 EI 的值。

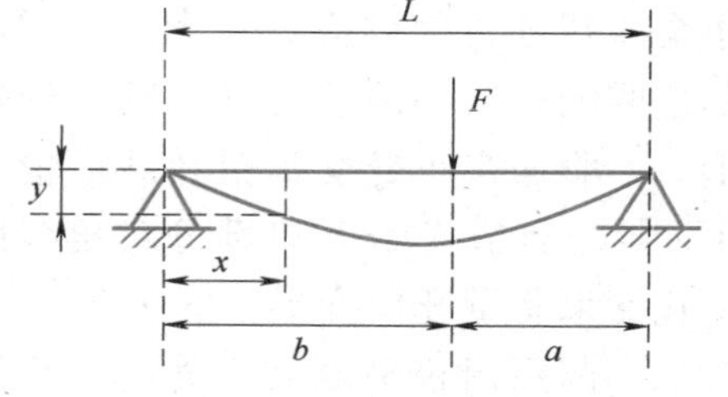

图 7-26　车架弯曲刚度计算示意图

上述计算方法比较繁琐，对多处加载情况的弯曲刚度计算通常用车身载荷 F 与门槛或纵梁处的最大弯

曲挠度 Z 的比值来衡量弯曲刚度，此时的弯曲刚度计算公式为

$$EI=\frac{\sum F}{\delta_{z\max}} \tag{7-45}$$

一般白车身弯曲刚度 $(EI)_B$ 和成品车的扭转刚度 $(EI)_P$ 的关系为

$$\frac{(EI)_P}{(EI)_B}=1.3\sim1.7 \tag{7-46}$$

有时还会用到车身底部两侧纵梁上的测点的 Z 方向挠度所组成的曲线来评价车身弯曲刚度，而且其还可以表示出车身弯曲刚度变化是否平顺。在进行弯曲刚度分析时，所设定的边界条件为：约束左后减振器安装支座中心点 X、Y 和 Z 三个方向自由度，右后减振器安装支座中心点 X、Z 两个方向自由度，左前减振器安装支座中心点 Y、Z 两个方向自由度，右前减振器安装支座中心点 Z 方向自由度，如图 7-27 所示。白车身弯曲刚度分析加载点位于前后悬架阻尼减振器支座连线中心点且垂直于门槛梁的位置（考虑到 B 柱处于前后轴中心点位置，为使加载更加方便和准确，把加载力的位置向前推移 120mm），加载力的大小为 1000N，沿 Z 轴负方向，如图 7-28 所示。仿真时弯曲刚度计算公式如下：

$$K_w=\frac{2F}{[(Z_1+Z_2)/2]} \tag{7-47}$$

式中，F 为加载力，单位为 N；Z_1 为左侧加载点处 Z 方向位移的绝对值，单位为 mm；Z_2 为右侧加载点处 Z 方向位移的绝对值，单位为 mm。

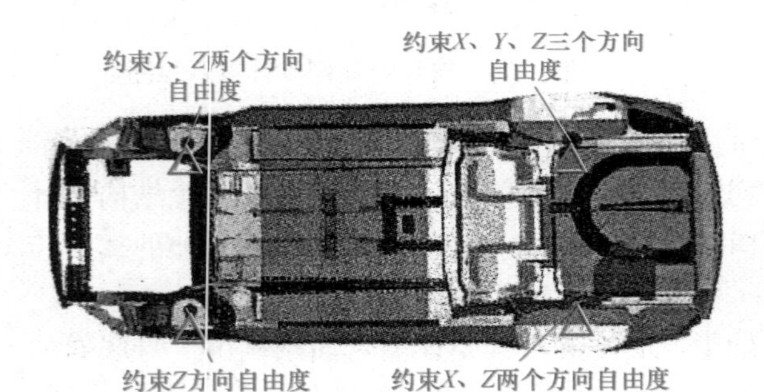

图 7-27　白车身弯曲刚度分析约束示意图

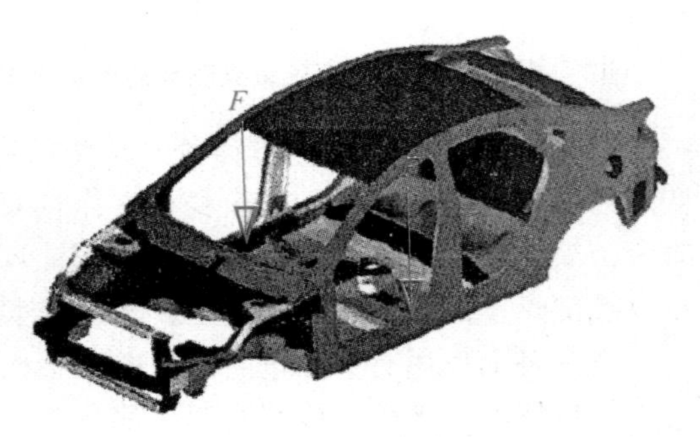

图 7-28　白车身弯曲刚度分析加载示意图

（3）轿车门窗开口变形　开口变形是评价车身刚度的另一个重要指标，它对整个车身的刚度有决定性的影响。车门、前后车窗和车锁等部位的开口变形过大会影响到车身的密封性，严重时会造成车门卡死、玻璃破碎、漏雨、渗水及内饰脱落等问题，也会导致开口部位应力加大。为了避免这些问题，必须校验开口部分的变形。一般是在车身受到扭转载荷情况下，通过计算车身开口部分对角线的变化量来衡量开口变形。图 7-29 所示为该车前后风窗玻璃和门处的对角线尺寸位置变化示意图。

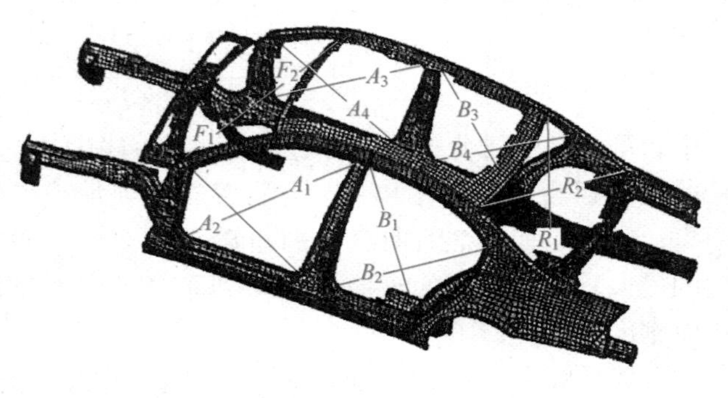

图 7-29　轿车车身开口对角线尺寸位置变化示意图

白车身扭转工况下开口最大变形量推荐值见表 7-4。

表 7-4　白车身扭转工况下开口最大变形量推荐值

开口子对角线位置	对角线尺寸最大变形量推荐值/mm
前后风窗对角线	F_1，F_2，R_1，R_2<5.0
前后门开口对角线	A_1，A_2，A_3，A_4，B_1，B_2，B_3，B_4<3.0

2. 车身结构动刚度分析

车身结构动刚度是用车身低阶模态来衡量的，这里简要介绍模态分析理论与模态提取方法。

（1）模态分析理论　对于一般多自由度系统而言，其运动微分方程为

$$\boldsymbol{M}\ddot{\boldsymbol{X}}(t)+\boldsymbol{C}\dot{\boldsymbol{X}}(t)+\boldsymbol{K}\boldsymbol{X}(t)=\boldsymbol{F}(t) \tag{7-48}$$

式中，$\boldsymbol{M}$、$\boldsymbol{C}$、$\boldsymbol{K}$ 分别为质量矩阵、阻尼矩阵、刚度矩阵；$\boldsymbol{X}(t)$、$\dot{\boldsymbol{X}}(t)$、$\ddot{\boldsymbol{X}}(t)$ 分别为位移、速度和加速度向量。无阻尼结构自由振动的特征方程为

$$(\boldsymbol{K}-\delta_\mu \boldsymbol{M})\boldsymbol{\varphi}_\mu=0 \tag{7-49}$$

式中，$\boldsymbol{\varphi}_\mu$ 为振型矩阵。自由模态分析即特征方程的求解。

（2）模态提取方法　目前常用的模态提取方法有以下几种：

1）Subspace（子空间）法。

2）Block Lanczos（兰索斯）法。

3）Power Dynamics 法。

4）Reduce（House holder）法。

5）Unsymmetric 法。

6）Damped 法。

在用有限元软件求解时，前四种方法经常被采用，其详细介绍见表 7-5。

表 7-5　模态提取方法比较

模态提取方法	适 用 范 围	内存要求	存储要求
Subspace 法	提取大模型的少数阶模态（40 阶以下）且模型中包含形状较好的实体及壳单元时采用此法	低	一般
Block Lanczos 法	提取大模型多阶模态（40 阶以上），建议用于模型中含形状较差的实体单元和壳单元的求解，运行速度快	一般	低
Power Dynamics 法	提取大模型的少数阶模态（20 阶以下），建议用于有 100K 以上 DOF 的模型的特征值快速求解。在网格较粗的模型中，算得的频率是近似值，存在复频时可能遗漏模态	高	低
Reduce 法	用于获取小到中等模型（小于 10K 的 DOF）的所有模态，在选取的主自由度合适时可用于获取大模型的少数阶（40 阶以下）模态，此时计算的精度取决于主自由度的选取	低	低

实际计算中常采用 Block Lanczos 法或 Subspace 法，Subspace 法适用于子空间迭代技术，它内部采用 Jacobi 迭代算法。由于该法采用完整的刚度矩阵和质量矩阵，因此精度很高。然而同样因为采用了完整的矩阵，Subspace 法比 Reduce 法速度要慢。Block Lanczos 法博采众

长，它采用稀疏矩阵方程求解器，将 $n×n$ 阶实矩阵经相似变换化为三角阵，以求解特征值问题，运算速度快，输入参数少，特征值、特征向量求解精度高。由于它采用了 Sturm 序列检查，在用户感兴趣的频率范围内，如果在每个漂移点处找不到所有特征值，Block Lanczos 法会给出提示信息，弥补了丢根缺陷。

7.4.2 汽车结构强度设计

1. 车身结构强度及其评价指标

结构强度是汽车零部件正常工作必须满足的基本要求，零件在正常工作时，不容许出现结构断裂或塑性变形，也不容许发生疲劳和表面损坏。强度就是零件结构在正常工作过程中抵抗这种失效的能力。零件的强度分体积强度和表面强度，前者是拉伸、压缩、剪切、扭转等涉及零件整个体积的强度，后者是指挤压、接触等涉及零件表面层的强度。在体积强度和接触强度中，又可以各自分为静强度和动强度。

汽车在行驶时承受着复杂多变的载荷，进行车身结构设计及分析时，必须考虑到实际行驶以外作用的载荷及行驶中的最大载荷，在这种情况下车身骨架既不能有较大的变形也不能损坏，并且承受随机载荷时不能产生裂纹等疲劳破坏，即车身必须有足够的静态强度和疲劳强度。两者分别是结构在静态、动态两种载荷作用下的强度特性，是车身结构强度分析的重要方面，静态强度分析是对车身结构进行静力分析，以计算结构在最大载荷下的应力是否满足强度要求。车身结构的损坏，大多数是由疲劳破坏引起的，因此研究车身结构的强度仅仅分析结构的静强度是不够的，必须研究车身结构在随机载荷作用下的强度。

按照循环应力大小，车身疲劳破坏可分成应力疲劳和应变疲劳。当最大循环应力小于车身材料的屈服应力时，疲劳称为应力疲劳。由于应力疲劳中作用的应力水平较低，其寿命循环次数较高，一般大于 10000 次，故应力疲劳又称为高周疲劳。根据车身在实际使用中的受载情况可知，车身在绝大部分行驶时间内的应力是低于其材料的屈服极限的，车身的疲劳寿命应采用高周疲劳方法进行估算。另外，若最大循环应力高于材料的屈服极限，则由于材料屈服后应力变化较小，用应变作为疲劳寿命估算参数更为恰当，故称之为应变疲劳。由于应变疲劳中作用的应力水平较高，其寿命循环次数较低，一般小于 10000 次，故应变疲劳又称为低周疲劳。汽车在行驶过程中，当遇到路面的凹坑或凸包，或紧急制动、转向时，车身某些区域的应力有可能超过材料的屈服应力，车身这些区域的疲劳寿命应采用低周疲劳方法进行估算。车身疲劳强度一般是通过耐久试验测得的。车身的耐久试验有两种，一种是车辆和其他构件一起进行的行驶耐久试验；另一种是以整车或车身为对象，模拟各种载荷条件在台架上进行的台架耐久试验。在确定车身疲劳强度的标准时，由于试验路面的性质、试验条件等不同，以及各公司对车辆性能的要求不同，因此一般都由各公司单独制定。

2. 车身结构强度工况分析

汽车在实际运行中，会遇到各种复杂的工况，如各种不同的路面激励：单轮骑障、对角骑障、一轮悬空、对角悬空等。利用动力学模型进行各种静、动态工况响应分析，可使设计者在产品开发阶段就能预测各种工况下车身的应力及变形分布情况，为评价结构和部件的力学特性提供有用的信息，从而指导设计，为优化结构、降低振动幅值以及相关的一系列问题提供依据。

汽车的使用工况很复杂，但是与车身骨架强度相关的主要是弯曲工况、扭转工况和弯扭工况。弯曲工况研究满载条件下骨架的抗弯强度；扭转工况是后两轮固定，前轴施加极限扭矩，模拟汽车单轮悬空时的极限受力情况；弯扭工况是在车身剧烈扭转时的情况，一般是在汽车低速通过崎岖不平的道路时发生的。《汽车产品定型可靠性行驶试验规程》规定：样车必须以一定车速，在各种道路上行驶一定里程，主要分为在高速道路、一般道路、弯道上行驶的弯曲、扭转、紧急制动和急转弯等四种典型工况。大多数文献都集中讨论前两种工况，而对后两种出现频次较高（特别是城市客车）的工况未加详细分析。计算分析时，应对可能出现的各种工况予以考虑，才可能确定车身结构强度和刚度是否满足要求，以进一步进行优化设计。本章在后边会结合实例对这些强度工况进行分析研究。

车身的材料多为低碳钢和合金钢，结构的破坏形式一般为塑性屈服，因而在强度分析中采用第三强度理论或者第四强度理论。第三强度理论未考虑主应力 σ_2 的影响，它虽然可以较好地表现塑性材料（如低碳钢）塑性屈服现象，但只适用于拉伸屈服极限和压缩屈服极限相同的材料。第四强度理论考虑了主应力 σ_2 的影响，而且和试验较符合，与第三强度理论相比更接近实际情况，因而在强度评价中通常采用第四强度理论导出的等效应力 σ_e（又称 Von Mises 应力）来评价。

第四强度的含义就是，在任意应力状态下，材料不发生破坏的条件是

$$\sqrt{\frac{1}{2}[(\sigma_1-\sigma_2)^2+(\sigma_2-\sigma_3)^2+(\sigma_3-\sigma_1)^2]}=[\sigma] \tag{7-50}$$

式中，σ_1、σ_2、σ_3 分别为第一、第二、第三主应力；$[\sigma]$ 为许用应力，$[\sigma]=\frac{\sigma_e}{安全系数}$，$\sigma_e$ 为比例极限。

目前，对车身结构的分析一般包括静态分析和瞬态分析。静态分析主要是计算整个结构的载荷分布和承载能力。静态分析工况一般包括静态弯曲、静态扭转、弯扭组合、车轮悬空等工况，车身的弯曲或扭转刚度计算也是在静态分析基础上进行的，将静态分析结果按一定的规则进行运算处理即可得到弯曲或扭转刚度。从实际经验看，与车身结构强弱有直接关系的主要是弯曲和弯扭联合工况。所以，进行车身结构静态特性分析时，计算了这两种工况。

瞬态分析（也称时间-历程分析）主要用于确定结构承受随时间变化载荷时的动力响应。汽车在道路上行驶时，会受到随时间变化的外载荷作用，进行车身结构的动响应分析也是车身动态设计的一个主要研究内容，对于提高车辆运行的安全性和可靠性具有重要意义。瞬态分析属于结构动力分析的范畴，要考虑随时间变化载荷以及阻尼和惯性的影响，可以得出在瞬态及谐波载荷或由它们合成的载荷作用下，结构内部任一点随时间变化的位移和拉、压应力。车身结构的瞬态分析主要包括突然紧急制动、急转弯、单轮或双轮同时过障等工况。

7.4.3 面向汽车 NVH 性能的轻量化设计

1. 汽车 NVH 问题概述

车辆的 NVH 是指在车辆工作条件下乘员感受到的噪声（Noise）、振动（Vibration）和声振粗糙度（Harshness）。NVH 是衡量汽车性能的一个综合性指标，给汽车乘员的感受是最直接和最表面的。其中，声振粗糙度指噪声和振动的品质，是描述人体对振动和噪声的主观

感觉，不能直接用客观测量方法来度量。

噪声、振动和声振粗糙度（NVH）是汽车设计中越来越重要的因素，这也使人们不断完善汽车设计。振动始终是与可靠性和质量相关的重要问题，噪声对汽车使用者和周围环境的影响也越来越重要。声振粗糙度与振动和噪声的瞬态性质密切相关，也与汽车的性能有紧密的关系。

汽车振动与噪声的控制对设计人员提出了严峻的挑战，因为与许多机械系统不同，汽车有多处振动和噪声源，并且这些振动和噪声源相互作用，随汽车的行驶速度发生变化。尤其是现在原材料价格不断上涨，人们更加重视汽车的轻量化研究，并且发动机转速更高，以降低油耗和提高发动机的性能，这同时也会增大汽车的噪声和振动。噪声和振动问题的解决有助于缩短新车投放市场的周期。

随着人们对汽车乘坐舒适性要求的提高，各国对汽车噪声的要求越来越严格，改善车辆内部声学环境、降低车内噪声水平，是各国政府和汽车生产厂家共同关心的问题。车内噪声过大将严重影响汽车的乘坐舒适性、会话清晰度以及驾驶人对各种信号的识别能力。轻量化车身设计过程中，随着高强度薄壁钢板的大量使用，一个突出的问题是可能导致局部振动特性和车内噪声水平恶化。因此，有必要对轻量化前后车身结构的 NVH 特性进行评价。

（1）汽车振动与噪声的特征 人的耳朵是一个非线性结构，对于不同频率噪声的听觉感受是不一样的。人对振动的敏感程度是与频率、坐姿、接触面积和方向等因素有关的。由于噪声与振动会影响乘员的舒适感，所以消费者在选购汽车时对此十分关注。因此，在汽车开发过程中，汽车厂商会投入大量资源来改善汽车的 NVH 性能。

在制定一辆汽车的噪声与振动指标时，当满足政府法规、消费者要求、公司技术能力要求后，就可以制定整车层次的噪声与振动目标，包括驾驶人和乘员耳朵处的噪声大小、转向盘的振动、地板的振动以及座椅的振动。然后将整车振动目标分解，首先是分解到系统层次，如动力系统、车身系统等；然后继续分解到子系统，如将动力系统目标分解到发动机子系统、进气子系统、排气子系统等；最后将子系统噪声与振动目标分解到零部件，如将排气系统目标分解到消声器的传递损失、挂钩隔振器的传递率等。汽车的噪声与振动有两个特点：一是与发动机的转速和汽车行驶速度有关；二是不同的噪声振动源有不同的频率范围。图 7-30 所示为汽车噪声振动源与车速的关系。低速时，发动机是主要的噪声振动源；中速时，轮胎与路面的摩擦是主要的噪声振动源；高速时，车身与空气之间的摩擦变成了最主要的声振动源。图 7-31 所示为噪声振动源与频率的关系。低频时，发动机是主要噪声振动源，路面与轮胎摩擦和车身与空气摩擦的贡献随着频率的增加而增加；中频时，变速器和风激励噪声占主导成分；高频时，主要考虑的问题是说话和听话的声音是否清晰，即所谓的声品质问题。

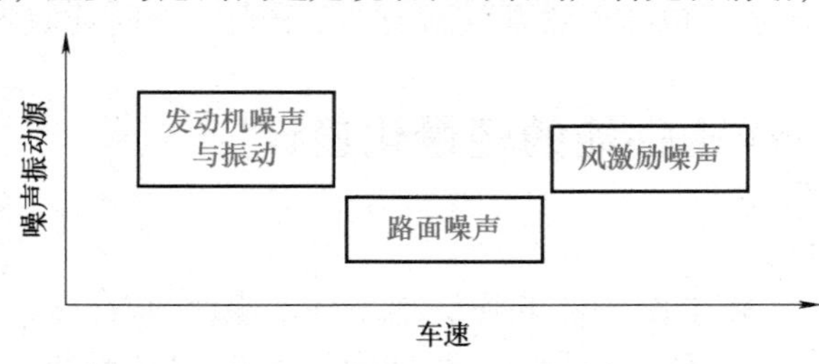

图 7-30 汽车噪声振动源与车速的关系

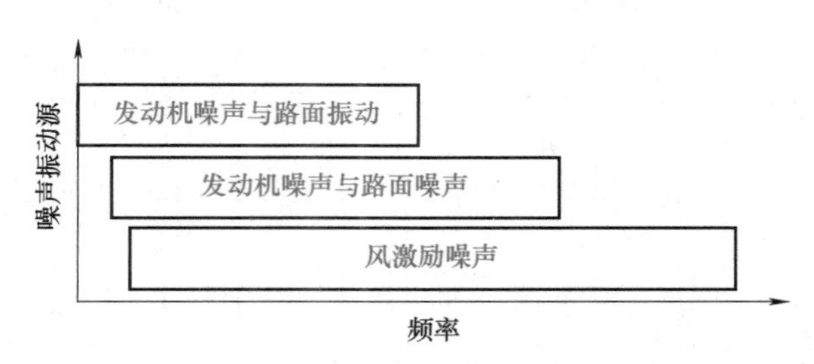

图 7-31　噪声振动源与频率的关系

（2）汽车振动与噪声的主要问题　图 7-32 中的声源包括发动机噪声、底盘噪声及气体流动噪声等。这些声源所辐射的噪声在车身周围形成一个不均匀声场。声场中的噪声向车内传播的途径主要有两个：一是通过车身壁板及门窗上所有的孔、缝直接传入车内（由于乘员室内布置操纵杆件及各种仪表的需要，乘员室壁上出现孔、缝，几乎不可避免）；二是车外噪声声波作用于车身壁板，激发壁板振动，向车内辐射形成噪声。

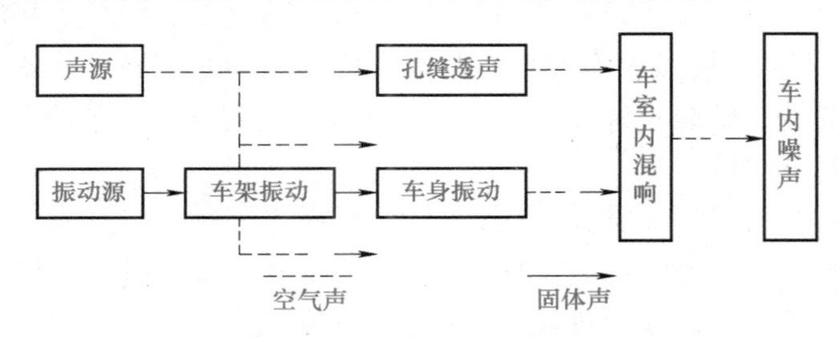

图 7-32　车内噪声产生机理

图 7-32 中的振动源，主要指发动机、传动系统工作所产生的振动以及汽车行驶时由地面激励而产生的振动。这些振源产生的振动，通过汽车的车架等传递到乘员室与车架的连接处，激发乘员室壁板振动并向车内辐射形成噪声。应该指出，由发动机和底盘传给车身的振动与车外声波激发的车身壁板振动实际上是叠加在一起的，一般很难将它们区别开来，但是它们的传播途径不同，频率特性不同，所采取的降噪措施也不同。由于乘员室壁面主要由金属板件和玻璃构成，这些材料都具有很强的声反射性能。在乘员室门窗均关闭的情况下，前述传入车内的空气声以及壁板振动辐射的固体声都要在密闭的空间中进行多次反射，相互叠加，形成混响。各声源和振源的传播途径如图 7-33 所示，其中经由空气传播的噪声主要是发动机表面辐射噪声和气体流动噪声，而固体传播的噪声主要是发动机、轮胎、路面及气流等引起车身振动而向车内辐射的噪声。空气传播和固体传播噪声能量的比例因车型结构和噪声不同、频率成分的变化而有所差别。一般情况下，500Hz 以上空气传声占主导地位，400Hz 以下固体传声占主导地位。

2. 面向 NVH 性能的轻量化设计思路

轻量化过程是现在大部分汽车产品都必须执行的重要工作。然而，随着轻量化技术的普及和深入发展，改进后的汽车产品可能会暴露出一些新的问题。轻量化技术的主要研究对象是车身结构及零部件的结构、材料和工艺。

（1）基于结构的轻量化-NVH 设计思路

1）以模态频率为约束的结构优化设计。模态分析可定义为对结构动态特性的解析分析和试验分析。其结构动态特性用模态参数来表征。在数学上，模态参数是力学系统运动微分

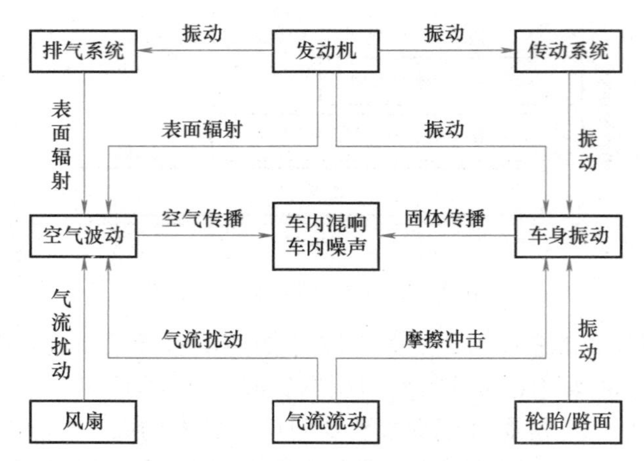

图 7-33　各声源和振源的传播途径

方程的特征值和特征矢量；在试验方面则是试验测得的系统的极点（固有频率和阻尼）和振型（模态向量）。然而，随着模态分析专题研究范围的不断扩展，从系统识别到结构灵敏度分析以及动力修改等，模态分析技术已被广义地理解为包括力学系统动态特性的确定以及与其应用有关的大部分领域。

对于 NVH 性能而言，汽车结构的模态是非常重要的指标，它关系到结构动态特性、敏感频率、传递特性等诸多重要问题。在汽车 NVH 设计中，通常通过计算或测量来描绘汽车整车或零部件的固有频率图，以了解其固有特性，避免汽车在使用过程中产生共振而影响其 NVH 性能。图 7-34 所示为典型的汽车整车固有频率分布。

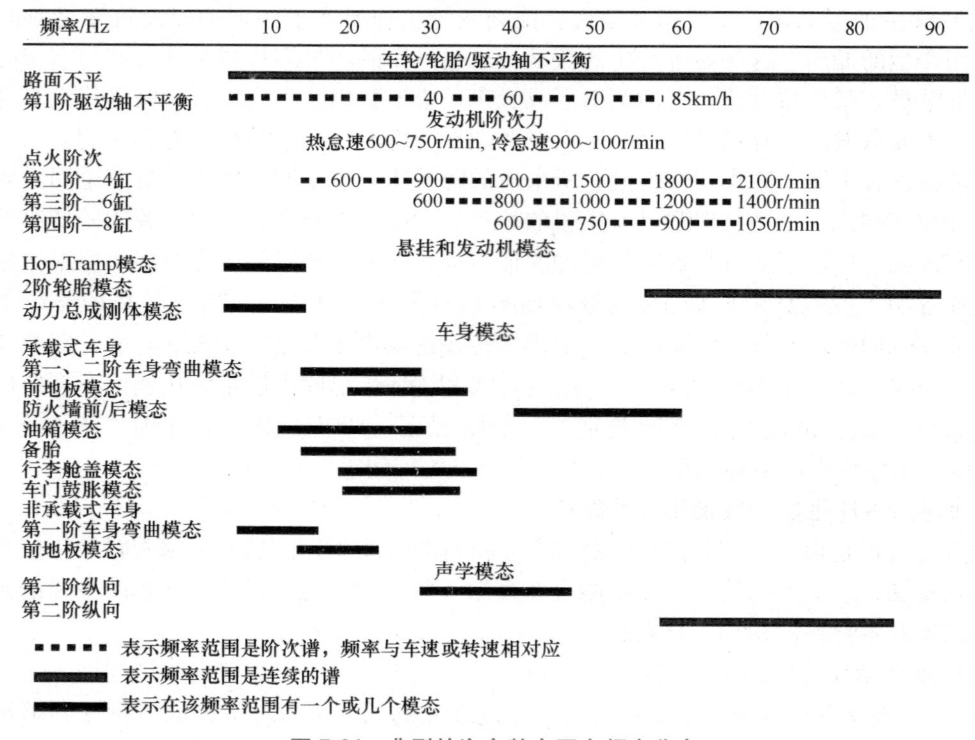

图 7-34　典型的汽车整车固有频率分布

汽车结构经过复杂的优化过程后，结构的形状发生变化，结构的材料使用量被降到最低，相应的结构质量也大幅度减小。这些变化会对结构的模态频率和振型产生明显的影响。表 7-6 中的数据是某 SUV 车架进行传统轻量化设计前后的模态频率。可以发现，优化后的车架前两阶模态频率和车身模态出现了一定程度的耦合，这不满足 NVH 设计时模态分布规划的要求，势必会导致整车 NVH 性能的下降。因此，为了保证轻量化之后的 NVH 性能，在轻量化设计时必须考虑轻量化对结构模态的影响。

表 7-6　车架轻量化对 NVH 性能的影响

阶次	车架频率/Hz		车架振型	车身振型	车身频率/Hz
	优化前	优化后			
1	20. 6	24. 1			25. 9
2	25. 8	29. 0			29. 1

2）面向声固耦合现象的车身结构优化设计。汽车内部是由车身壁板围成的一个封闭空间，充满空气，与任何结构系统一样，它拥有模态频率和模态振型，即声腔模态，图 7-35 所示为声腔有限元模型。声腔模态不同于结构模态以位移分布为特征，它是以压力分布来衡量的。声腔模态频率是声学共鸣频率，在该频率处车内空腔产生声学共鸣，压力被放大。声波在某一声学模态频率下，在车内空腔传播时，入射波与空腔边界形成的反射波相互叠加或者相互抵消，从而在不同位置产生不同的声压。

汽车内部声腔模态因尺寸、空间和容积等而不同。轿车的第一阶声腔模态一般为 40~80Hz，而 MPV 车、微型车和 SUV 车则要低一些。同时，声腔模态与频率的三次方成正比，模态密度随着频率的增加而急剧增加，而人们重点关注的声腔模态一般是在 200Hz 以内的。

图 7-35　声腔有限元模型

在上述声腔模态分析中，声腔壁被假设为刚性，即没有考虑车身结构板的振动。但事实上，在低阶声腔模态频率范围内，声腔模态和车身结构振动模态也有很强的耦合，此时不但声场响应的计算需要考虑车身结构的振动，车身结构振动的计算也必须考虑声腔模态。图 7-36 所示为某 SUV 车身结构进行传统轻量化设计前后的声腔模态。可以看出，轻量化后的声腔模态分布在驾驶人双耳区域的声压较优化前有明显升高，驾驶人感受到的噪声也会随之增大。因此，在对车身板结构进行轻量化设计时，应将车身结构振动和声腔模态作为耦合系统，综合考虑轻量化之后的 NVH 性能。

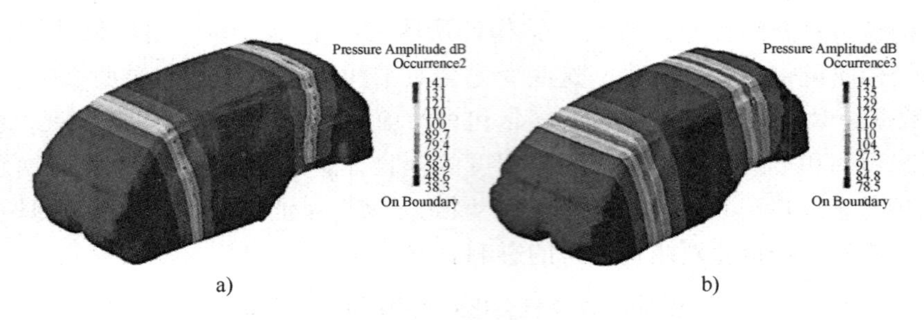

图 7-36　某 SUV 车身结构进行传统轻量化设计前后的声腔模态

a）优化前　b）优化后

3）面向声辐射特性的板结构优化设计。声腔和车身结构振动模态的强耦合随着频率的增加而减弱，随着频率的增加，每一块板结构的振动与相邻板的振动联系逐渐降低，高频时基本上是单独作用。振动与声腔声场的耦合通常使用板的声辐射系数来评价。板类结构的声辐射是经典的声学问题。声辐射物理现象可以通过波动的概念来表述。均匀平板结构受到垂向激励振动，在结构中产生弯曲弹性波向四周扩散传播。弯曲弹性波的波速与结构的材料、形状和激励频率都有关系。因此，在进行薄板件的轻量化设计时，应合理控制截面形状和尺寸，控制板件的辐射噪声。

（2）基于材料的轻量化-NVH 设计思路

1）附加阻尼材料的喷涂和黏结法则。为了降低板结构的声辐射功率，需要增加声固耦合确定的高效率声辐射板块的阻尼。比较有效的方法就是在这些板块上喷涂或黏结阻尼材料，这势必会增加整车的质量。因此，合理地规划阻尼材料的使用位置和用量就显得尤为重要。

2）吸声材料和隔声材料的使用法则。处理高频噪声的主要方法就是声学包装，也就是在车身结构内布置吸声材料和隔声材料。针对汽车中不同的噪声源，需要采取有针对性的降噪措施，合理地布置吸声和隔声材料，尽量把附加材料给整车轻量化带来的影响降到最低。

7.4.4　面向汽车碰撞安全性的轻量化设计

1. 汽车碰撞安全性分析与评价方法

（1）碰撞安全性与轻量化的关系　随着世界汽车产量和保有量的不断攀升，产生了交通堵塞、环境恶化和交通安全等一系列的问题，交通事故的发生次数和伤亡人数也大幅上升。1978 年发生道路交通事故 10 万多起，死亡人数不到 2 万人，到 2005 年则达到 45 万起，死亡人数接近 10 万人。近年来我国的交通事故数据见表 7-7。2006 年 11 月初，国家统计局组织进行了第六次全国群众安全感抽样调查，在影响群众安全感受的问题中，选择交通事故的人占 33.2%，与 2005 年相比上升了 5.1%。人们已经认识到，由于驾驶人本身、道路环境、气候和汽车技术状态等因素的作用，交通事故不可能完全避免。因此，如何最大限度地保证碰撞时人员的安全并减少事故造成的损失，具有重要的现实意义。安全已经和节能、环保一起成为汽车发展的三大主题。

表7-7 近年来我国的交通事故数据

年 份	事故数/起	死亡人数/人	万车死亡率/人
2000	616971	93853	14.7
2001	757919	105930	13.5
2002	773139	109381	11.9
2003	667507	104372	10.8
2004	517889	107077	9.9
2005	450254	98738	7.6
2006	378781	89455	6.2
2007	327209	81649	5.1
2008	265204	73484	4.3
2009	238351	67759	3.6
2010	219521	65225	3.2

碰撞安全性是轻量化之后面临的主要问题之一。从概念上来说，汽车安全性分为两个部分：

1）主动安全技术。其主要作用是防止汽车发生事故，特点是提高汽车的行驶稳定性、操纵性和制动性，以此来防止车祸发生，如ABS（制动防抱死系统）、EBD（电子制动力分配系统）、EBA（紧急刹车辅助系统）、AFS（灯光随动转向系统）等。

2）被动安全技术。其作用是事故发生后对乘员进行保护。汽车被动安全系统可以分为安全车身结构和乘员保护系统。其中，安全车身结构的作用是减少一次碰撞带来的危害，而乘员保护系统是为了减少二次碰撞造成的乘员损伤或避免二次碰撞。

汽车并不是越重越安全。对于汽车被动安全而言，如果车辆太重，车辆的刚性大，在发生碰撞时外部行人的安全性就不能得到保障。因此，轻量化并不需要以牺牲汽车的安全性为代价。即使汽车上使用很轻的材料，如果采用高强度材料和工艺，也能达到质轻但刚性非常好的效果，从而使车辆具有良好安全性能。对于主动安全而言，汽车车体重，在制动过程中会加大制动距离，增大了汽车的不安全因素，这也充分说明了汽车整车安全性设计是把汽车作为一个整体结构来考虑并充分优化的过程。工程师们设计车身结构的主要原则就是在不降低车身刚度和强度的情况下尽可能减重，如采用吸能性能好的轻质材料或高强度钢板来对汽车的结构进行优化设计，不仅能够提高汽车的安全性，而且能够达到降低成本、使汽车轻量化及节约能源的目的。

车身轻量化不能盲目减重，应在保证汽车整体质量和性能不受影响的前提下最大限度地降低各零部件的质量，通过对车辆碰撞时的减速度、车身伸缩变形长度和状态、碰撞力、吸能状况等重要指标的分析、对比，评价轻量化方案的可行性。评价车身轻量化的技术标准，还包括空气动力学性能、减振降噪、舒适性、可制造性以及零件的合理布局等方面的指标。

基于碰撞安全性的车身轻量化设计，主要有两种途径：一是改进车身结构，使零部件薄壁化、中空化，并通过先进的优化设计方法使材料在不同部位进行合理分配，其中心思想是“合适的材料应用于合适的部位”，使材料性能得以充分发挥，从而在其他指标不恶化的情况下实现车身轻量化；二是采用轻量化的金属和非金属材料，主要包括铝合金、镁合金、高强度钢板、塑料、复合材料以及陶瓷等。因此，汽车轻量化和安全性两者间并不矛盾，某种意义上甚至是相辅相成的。从全社会的角度来看，提高汽车安全性，同时减轻车重、降低油耗、减少排放是整个汽车行业发展的必然要求和趋势。

（2）碰撞安全法规与评价指标 目前从世界范围来看，从最早的单纯汽车驾驶时被动安全与主动安全的融合，到注重事故发生时减少人员伤亡、保证驾乘人员的安全等，安全法规的制定是一个不断发展的过程。近年来，由于车辆事故发生时，行人处于相对脆弱的安全保护条件，因此欧美各国在保护驾乘人员安全的基础上，制定了旨在保护道路行人的各项技术法规，以有效降低车祸中行人所受碰撞造成的伤害。在不断融合各国汽车安全主题的背景下，各国单独制定的汽车碰撞安全法规也开始国际化、标准化。在此趋势下，欧、美、日等国家和地区也在积极研制多种先进的车身结构工艺，以减少交通事故所带来的危害。

我国的汽车安全法规起步较晚，鉴于不断增多的汽车交通事故，从 20 世纪 90 年代开始，根据国外相关的先进经验，我国开始实施一系列的汽车安全法规。早期开展的主要是主动安全标准，到目前为止已批准发布的各项法规标准共计 84 项，其中属于主动安全标准的有 68 项，绝大部分与欧洲的 ECE 标准等效，应该说已基本形成了完整的安全标准，对我国汽车产业的发展起到了重要推动作用。但是，近年来随着我国汽车存量规模的不断扩大，车祸死亡人数不断攀升，一度每年因交通事故而死亡的人数达到 9 万人，严峻的形势为汽车安全法规的制定提出了新的要求。为了进一步降低交通事故率，国务院发展研究中心提出了“6E 工程”，汽车安全法规也在多年的研究过渡中进入被动安全法规的制定。我国已发布的汽车被动安全标准有 20 多项，关于碰撞安全现行的常用标准有《汽车正面碰撞的乘员保护》（GB 11551—2014）及《汽车侧面碰撞的乘员保护》（GB 20071—2006）等。目前来看，当前的主要任务是提高已有标准的技术要求以适应技术的发展和社会发展的需求以及不断增加新标准，完善现有标准体系。

根据大量的汽车碰撞试验数据分析可知，当汽车碰撞速度较高（如 30km/h 以上）时，其碰撞恢复系数几乎为零，即碰撞后的汽车速度约为零，也就是说在汽车碰撞的瞬间，汽车碰撞动能转变为其他能量形式。考虑到汽车碰撞时间极短，而路面摩擦力及汽车与固定障壁间的摩擦力与汽车碰撞力相比要小很多，摩擦力所消耗的汽车动能很小，因此可认为汽车碰撞前的总能量 E 几乎全部被车身的变形所吸收。因此有

$$E=\frac{1}{2}mv_0^2=\int_0^S F\mathrm{d}s=m\int_0^T a(t)v(t)\mathrm{d}t \tag{7-51}$$

式中，m 为汽车质量；v_0 为汽车碰撞前的速度；F 为汽车碰撞过程中所受的载荷；s 为在 F 力作用下车身的变形，可近似看作车身质心相对于固定障壁的位移；S 为车身质心的最大位移；T 为从开始接触到碰撞结束的碰撞时间；$a(t)$ 为车身的减速度；$v(t)$ 为碰撞过程中车身质心的速度。

由式（7-51）可知，汽车碰撞能量与汽车质心的加速度、速度有关，而质心的速度变化与加速度有关。因此，汽车碰撞能量 E 与汽车质心加速度 $a(t)$ 密切相关，与汽车的碰撞时间 T 密切相关。

根据以上分析可知，碰撞加速度是评价碰撞安全性的重要指标之一，直接影响乘员在碰撞过程中所承受冲击力的大小。汽车车身在碰撞过程中的最大加速度 a_{max} 是表征汽车在碰撞时所受的最大载荷的一个重要指标。最大加速度 a_{max} 越大，汽车所受的最大载荷越大，碰撞

安全性越差。

各碰撞工况下的评价指标见表7-8。同时，由于人车碰撞事故中，行人处于相对弱势的地位，其发生死亡的比例占到了事故总死亡率的26%，高于各类交通事故中的人员死亡率。我国作为发展中国家，基础设施相对薄弱，众多人口以及混合交通为主的路面交通情况更加导致了人车碰撞交通事故中极高的行人伤亡比例。解决汽车交通事故的难题，或者缓解这一难题，虽然可以选择的解决方法有限，但提高汽车碰撞安全性是其中一项重要的有效手段。

表7-8 各碰撞工况下的评价指标

工 况	评价指标
正面100%重叠碰撞	中央通道后端点的X方向加速度峰值、碰撞X方向侵入量等
侧面碰撞	B柱下端点Y方向的加速度峰值、B柱中间点Y方向的侵入量
后面碰撞	中央通道后端点的X方向加速度峰值、碰撞X方向侵入量等
一定速度下的位移压迫	各方向主要受挤压部件的压缩量

2. 基于碰撞安全性的车身结构轻量化设计

（1）车身结构与碰撞安全性的关系 车身结构轻量化设计涉及多个性能指标，如模态、刚度、碰撞安全和NVH性能等，而在车身结构设计中，每项性能又涉及多个相互矛盾的考察指标。在基于碰撞安全性的车身结构轻量化优化设计中，不仅要实现结构的轻量化，还要保证结构的有效总吸能和比吸能尽可能大，以减小碰撞过程中的乘员伤害；同时，平均压溃载荷和最大压溃载荷应尽可能小，因为过高的压溃载荷必然导致过大的减速度，从而带来乘员的伤害。汽车车身结构正面碰撞时，既要求车身结构，尤其是保险杠横梁、前纵梁等发生预期的变形以吸收尽可能多的碰撞动能，又要求传至乘员舱的碰撞力和加速度波形处于理想的范围之内，以保持乘员舱的完整性，减少乘员的伤害风险；同时又要求结构设计轻量化，制造成本较低。因此，车身结构轻量化性能分析和优化是一个多目标优化问题。

白车身结构的各个部分对于不同碰撞形式的响应情况是不同的。在正碰时，溃缩吸能区域主要发生在前纵梁、副车架、上边梁、保险杠、翼子板以及轮胎和连接杆等构件。在碰撞过程中，它们主要起到能量的吸收与力的传导作用。过渡区域主要涉及第一横梁、前侧围、换档装置、白车身前部铰链支柱及通风道等，这部分结构在正面碰撞发生时负责能量分配和碰撞力疏散的作用。车身后部的刚性区域吸收的能量设计目标值为不超过8%，主要由中通道、A柱、顶梁、第二横梁、前围板横梁、地板、门槛、地板中梁、前围板及车门等起到结构基础的作用。

侧面碰撞发生时，由于乘员舱允许的压缩空间有限，白车身结构侧面抗撞性设计应以提高乘员舱刚度，减小乘员舱变形为目标。侧面碰撞白车身主要以B柱、白车身结构（第二横梁、第三横梁、第四横梁等）、仪表台横梁、座椅、白车身内饰等为主要力传递与吸能构件。基于侧面碰撞安全性设计目标，应该特别加强的主要结构设计问题有：加强门槛梁，优化B柱刚度分布，加强顶梁，车门防撞杆采用超高强度钢加强，加强门锁和门铰链，优化车门内饰板的形状与刚度。侧面碰撞从碰撞壁障台开始，沿着车门结构分为两部分：白车身结构与内饰约束吸能区。这里涉及的白车身结构主要指B柱、仪表台横梁、座椅下横梁、第二横梁、第三横梁、座椅下梁、第四横梁、顶盖拱架等，而内饰约束则包括侧气囊、车门内饰、B 柱内饰、座椅等。这些部位需要采用高强度钢板，以保证乘员舱在碰撞中的强度和刚度要求。

因此，要针对不同形式的碰撞对车身结构的关键部位进行具体的优化设计。车身结构是由形状复杂的薄板件通过焊接、螺栓连接以及其他方式连接在一起形成的空间结构，梁的特性、梁的空间位置以及车身接头特性决定着车身结构的静动态性能，而梁截面的属性主要由截面和厚度两个因素决定。传统的车身开发中关键梁截面形状的设计往往是根据设计经验和试验分析逐步修改形状，达到可行的形状结构。以上的设计方法可理解为寻找可行解的过程，可能并不是形状结构的最优解，而且该设计方法容易导致设计开发前期出现缺陷而后期修改空间不足的情况，大大影响了产品开发周期和成本。本章运用隐式参数化建模技术以及自动优化循环平台进行梁截面形状的正向开发研究，在可行域内搜索最优解。

（2）车身关键梁与截面的优化设计 车身结构的优化设计主要包括截面的形状、结构形态以及预变形的优化设计，除此之外还包括加强筋、肋板以及减重孔的优化设计。

1）截面形状。车身关键截面是车身性能的一个决定性因素，关键截面的改变会影响截面特性，如截面的面积、截面主惯性矩、扭转刚度，从而对车身性能、整车轻量化程度以及生产成本有着关键性的影响。同时，作为车身结构的关键组成部分，不同梁之间的性能综合影响着整个车身结构的性能。车身形状结构和关键截面形状是车身框架几何结构设计的两大内容。由于截面的形状受车身形状结构的约束，因此在车身形状结构优化设计后才进行关键截面形状的设计。截面形状对梁结构的碰撞吸能特性有很大影响，对图 7-37 所示的几种典型截面形状的薄壁梁进行了对比研究，结果见表 7-9。

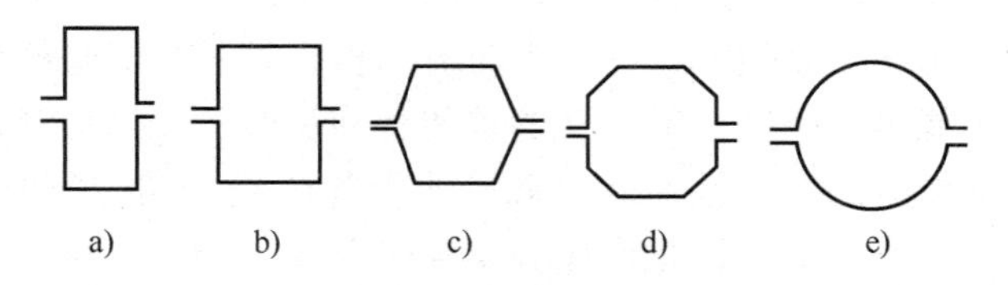

图 7-37 薄壁梁的不同截面形状

表 7-9 图 7-37 中各截面梁的碰撞力（相对于截面 b）

截面形式	a	b	c	d	e
碰撞力值	69%	100%	107%	115%	114%

由表 7-9 中数据可知，不同截面形式的薄壁梁承受碰撞的能力各不相同，并且当截面形状棱角越多、越趋于圆形时，结构的抗撞能力越强。分别对一系列截面形状不同，而板厚、截面周长相同的薄壁梁进行仿真研究，仿真结果见表 7-10。

表 7-10 不同截面形状薄壁梁的碰撞力对比

截面形状	最大碰撞力/kN	平均碰撞力/kN	吸能量/J
长方形	83. 99	40. 200	7449. 5
正方形	89. 95	43. 160	7579. 4
六边形	88. 95	49. 629	7615. 0
圆形	86. 51	48. 649	7639. 9

由表 7-10 中仿真数据可知，各截面形式的薄壁梁碰撞时所吸收的能量各不相同，其规律可总结为：截面形状越趋向于圆形，结构的吸能量和峰值碰撞力越大。综合看来，正六边形、圆形在碰撞力增加不大的情况下，吸能量有较大的提高，对前纵梁而言，不失为一种很好的截面形式，但考虑到制造和装配，前纵梁的截面形状大多数还是矩形。

2）结构形态。传统的吸能结构通常为等截面、单胞、直梁形式。对不同形式的锥形管和方管进行了对比研究，吸能结果如图 7-38 所示。从图 7-38 中可以看出，方直管构型在比吸能方面表现最差，而方锥管和圆锥管构型表现最佳。对多胞结构中的蜂窝形式和方管组合形式进行仿真研究，多胞结构如图 7-39 所示，结果表明，与单胞结构相比，多胞结构在碰撞过程中更加平稳，吸能量更大，碰撞力峰值也不高。综上所述，变截面、多胞等新型结构可以在很大程度上改善结构的吸能性能，因此在车身关键梁的设计过程中可有针对性地加以应用。

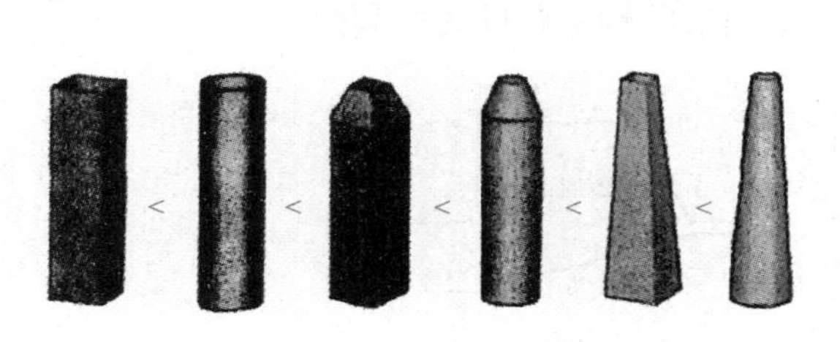

图 7-38　各结构吸能结果对比

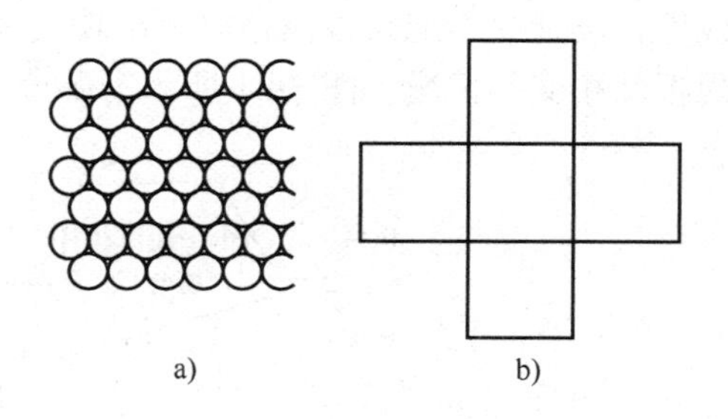

图 7-39　多胞结构

a）蜂窝形式　b）方管组合形式

3）预变形。薄壁梁结构在轴向碰撞载荷的作用下，其破坏模式主要有渐进叠缩变形、欧拉变形和混合变形，其中渐进叠缩变形是前纵梁等薄壁结构在碰撞过程中的理想变形模式。预变形技术是指在零件的制造过程中，对结构某些部位预先弱化，在薄壁梁结构中合理使用，可以很好地引导吸能结构发生理想的渐进叠缩变形，并有效降低峰值碰撞力。当然，对其采取预变形技术时，一个基本前提就是不能影响其承载和支撑作用的正常发挥。常用的预变形技术有开诱导槽、开面内孔和开棱上孔等，如图 7-40 所示。

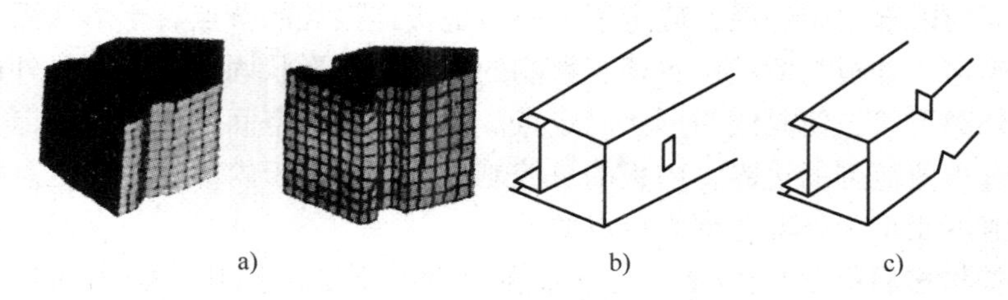

图 7-40　主要的预变形技术

a）开诱导槽　b）开面内孔　c）开棱上孔

通过对诱导槽位置、形状和大小对前纵梁等薄壁梁吸能特性影响的系统研究，综合其结果，可得出以下重要结论。首先，诱导槽的位置对薄壁梁的吸能特性有很大影响，其最佳位置为吸能区域刚度最大的部位。在该部位设置诱导槽的目的在于削弱该处拉压刚度，以减小最大碰撞力，并引导薄壁梁自前向后发生理想的渐进叠缩变形。其次，诱导槽的尺寸对其诱导性能的发挥影响较大，偏小时效果不明显，偏大则会导致诱导槽后端吸能区域出现大的碰撞力峰值。最后，诱导槽的形状对吸能特性影响不大。与诱导槽相比，面内孔和棱上孔对薄壁梁的变形诱导作用不大，但可对局部刚度大的地方进行弱化，因此在薄壁梁的设计中也经常采用。薄壁梁在碰撞压溃过程中，碰撞力会出现脉冲状的波动，这与薄壁梁变形时产生的塑性铰是一一对应的。

4）截面的约束条件。在车身结构中关键截面要受到一定的约束条件，包括形状约束条件和几何约束条件，前者是关于制造可行性的约束，后者则是关于总布置、车身造型以及车身内部空间的约束。截面的约束条件决定了设计变量、取值范围以及变量之间的约束。

此外，由于车身的薄壁件大多数通过钣金冲压而成，通过焊接、螺栓连接构造成封闭截面的梁部件，因此在进行车身关键截面开发时要满足一定的制造工艺约束。对于定向冲压的板件，设计中不能缺拔模角以及出现负冲压角的情况，由两件以上板件组成的梁截面不能出现板件相交的情况。图 7-41 所示为部分不满足截面形状约束条件的梁截面。

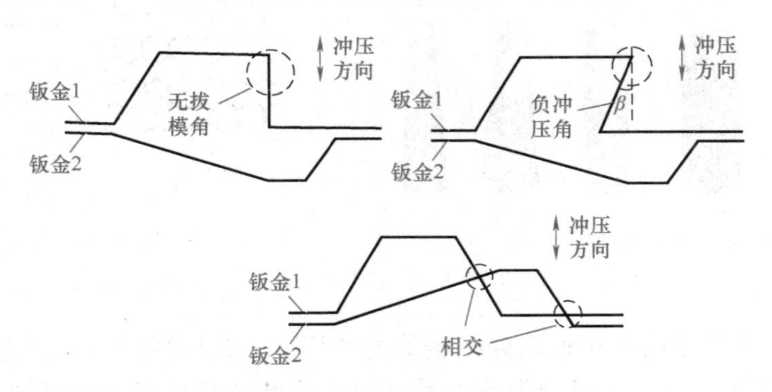

图 7-41　不满足截面形状约束条件的梁截面

截面的尺寸约束决定了不可变化的形状节点以及部分可变控制点的取值边界，主要受车身布置、造型要求以及车身内部空间所影响。以图 7-42 所示某车型门槛梁截面为例，门框边界和最小离地间隙约束决定了门槛梁截面上下翻边的节点属于形状固定点；地板与门槛连接的地方是截面的内部空间约束，确定了内板与地板连接处的节点属于形状固定点；门密封面和侧门包边确定了外板与侧门位置相互影响的节点属于形状固定点；车身外造型设计制约门槛梁外板的外廓形状，使其成为形状固定点。另外，内部空间约束和外部造型约束使得非形状固定点具有取值范围的边界，内板的可控制点 y 值要小于内部空间固定点的 y 值，外板的可控制点 y 值不能小于外部造型固定点的 y 值。

（3）车身结构多目标优化方法　由于碰撞分析的不稳定性和不确定性等因素，碰撞结构的优化设计是一个非常困难的问题。有限元分析结果仅仅指出给定设计是否满足设计目标，而并不指导如何去改进设计。在实际汽车设计中，零部件、车身或车架等总成件的设计往往存在多个可供选择的设计方案，优化设计就是一种寻找确定最优设计方案的技术。所谓“最优设计”，指的是一种方案可以满足所有的设计要求，而且所需的支出（如质量、面积、体积、应力、费用等）最小。也就是说，最优设计方案就是一个最有效的方案。汽车结构优化时的影响因素可以是多方面的，如尺寸（厚度）、形状（过渡圆角）、支承位置、自然频率及材料特性等。

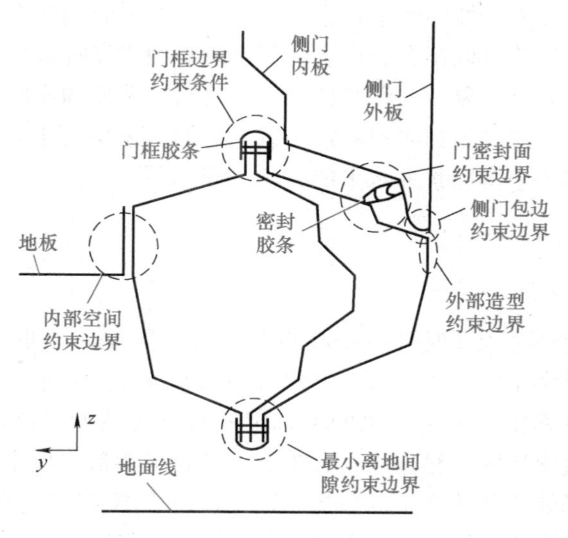

图 7-42　门槛梁截面

为了获得具有最佳碰撞安全性的轻量化车身，需要对其影响因素进行优化，而优化前需要车身结构的代理模型。设计试验采取样本点，构造关于参数的代理模型，进而对车辆的碰撞安全性进行多目标优化。

结构碰撞问题是一类十分复杂的物理问题，其中包含的材料非线性、几何化设大变形、接触等高度非线性特征使传统的基于灵敏度的优化方法在灵敏度求解上遇到很大困难。尽管研究人员在碰撞问题的非线性灵敏度分析方面做了大量的研究，但到目前为止还没有获得成功。此外，对于碰撞问题，进行一次有限元分析需要耗费大量的计算时间，因此优化分析中也不允许有过多的分析次数，这些困难都迫使研究人员采用代理模型的方法。建立代理模型不仅可以预测车辆的碰撞安全性，对碰撞安全性作出相应的参数化调整，而且可以用于最优化分析，以获得最优的机械性能。

在基于碰撞安全性的车身结构轻量化研究中，可以根据具体的优化设计情况和问题的需要，选择质量（Mass）、总吸能（IntEn）、比吸能（SEA）、平均撞击载荷（MeanL）和最大撞击载荷（MaxPL）等参数中的一个或多个作为设计方案中的优化目标或约束条件。为了满足轻量化的设计要求，在优化问题的目标或约束条件的定义中，还需要考虑结构的总质量。表 7-11 列出了结构抗撞性优化设计的各主要评价指标名称、符号及含义。

表 7-11　结构抗撞性优化设计的评价指标

指标名称	符　号	含　义
总吸能	IntEn	变形过程中的总吸能，即内能
比吸能	SEA	SEA = 结构总吸能/结构总质量
平均撞击载荷	MeanL	MeanL = IntEn/δ_t（δ_t 为有效变形量）
最大撞击载荷	MaxPL	变形过程中的最大峰值载荷
质量	Mass	结构的质量

在设计时，影响碰撞安全性的因素非常多，如果将所有影响因素汇总成设计变量，则可能因为设计变量过多而导致难以拟合。再者，每个影响因素发挥的作用也不尽相同，应选取影响性较大的因素作为分析对象，并将其作为设计变量，能使构建的代理模型具有较高的精确性，也使后续优化方案的实施具有便利性。以上影响因素均可选取不同的水平，因而可以将碰撞安全性问题看作一个多因素多水平的数学建模问题。

7.4.5 应用案例

轿车车身轻量化设计必须同时满足碰撞安全、刚度及 NVH（振动、噪声与舒适性）等多方面可靠性要求，是多学科、多变量、多约束与强非线性的复杂系统优化问题。然而，在实际车身结构的设计过程中，大量信息的不确定使得车身结构的许多设计参数具有不确定性，例如，在车身轻量化实际工程应用过程中，由于材料参数、模型参数、制造工艺、试验条件、仿真屈曲与沙漏能控制等产生的数据不确定性，该不确定性直接影响车身结构性能响应指标的波动，极大地影响车身产品的设计质量。因此，在轿车设计阶段，考虑设计参数的不确定性对结构性能响应指标的影响至关重要，通过可靠性优化设计方法对轿车车身进行轻量化设计，使得轿车车身结构的预测性能与实际性能更加符合，得到既有足够安全可靠性，又有适当经济性的最佳轿车车身结构产品。

本小节针对轿车车身轻量化设计变量多、约束性能响应多等特点，结合本书提出的贝叶斯指标与模型偏差修正方法的近似建模策略，基于分类与回归树的数据挖掘的设计域识别方法及随机灵敏度分析技术，建立考虑多学科性能条件下的轿车车身可靠性优化设计流程。以某轿车车身可靠性优化设计为例进行应用验证，考虑整车正面 100% 碰撞、正面 40% 偏置碰撞、侧面碰撞与 NVH 性能指标要求下，建立各学科性能指标的代理模型，高效地进行轿车车身可靠性优化设计，为开展轿车车身轻量化设计的实际工程应用提供可借鉴的方法。

1. 轿车车身可靠性优化定义

依据各学科结构性能响应要求，选取较为敏感的车身关键零部件板厚作为设计变量，其中相互对称的零件板厚作为一个设计变量。依据实际工程经验，对于前碰来说，前纵梁及其内外加强、纵梁前后延伸结构、保险杆、保险杠与前纵梁之间的吸能盒、A 柱及其加强板等是影响耐撞性能的关键零部件，主要用于抵抗变形、吸收能量以及减少侵入量。同时，为了保证乘员的生存空间，左右门槛、AB 柱连接板等也起着重要作用。对于侧面碰撞，B 柱内外加强板、门槛及内外加强板、前后侧门加强板及其防撞杆、顶盖弧形前后内外板及其加强板等是关键零部件。图 7-43 所示为最后选取的耐撞性能设计变量。正面 100% 碰撞、正面 40% 偏置碰撞和侧面碰撞的设计变量个数分别为 13、28 和 14。

白车身弯曲刚度、扭转刚度与模态计算的设计变量主要包括前后底板、中央通道、前纵梁、保险杆、A 柱及其加强板、门槛、AB 柱连接板等，如图 7-44 所示，共有 32 个设计变量。

上述 5 个学科总设计变量数目为 47 个，其中部分设计变量至少被两个或两个以上学科共有。考虑车身制造工艺及生产成本等限制，除了某些特殊结构零部件需要满足特定设计要求外，其他板厚的变量范围定义为初始设计值上下浮动 20%，最低板厚为 0.5mm。这里假

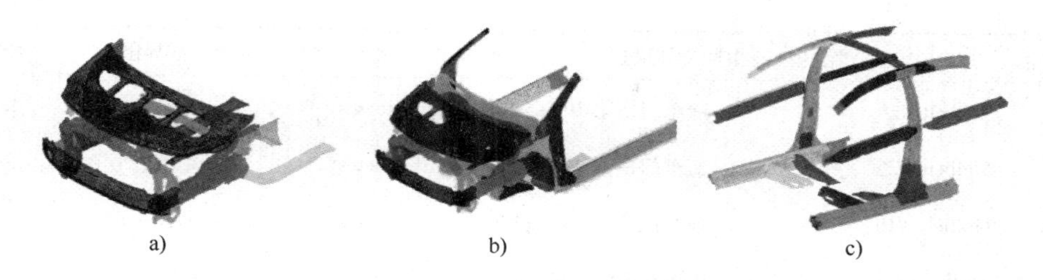

图 7-43　耐撞性能设计变量

a）正面 100%碰撞（13DVs）　b）正面 40%偏置碰撞（28DVs）　c）侧面碰撞（14DVs）

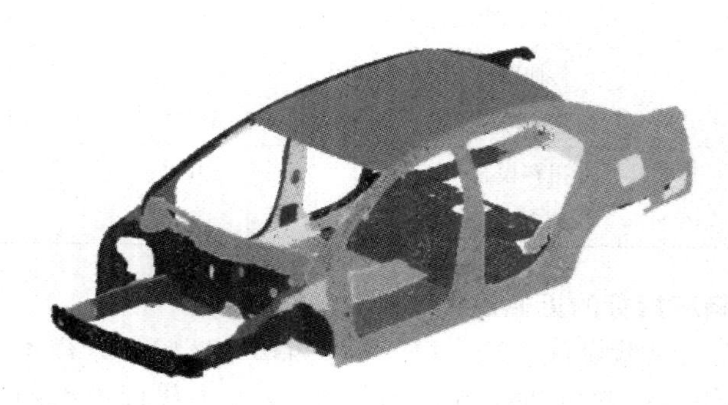

图 7-44　刚度与模态设计变量（32DVs）

定所有设计变量均为随机设计变量，其概率分布类型均为正态分布。

根据各学科考察的关键结构性能指标，建立考虑设计变量的不确定性条件下整车正面 100%碰撞、正面 40%偏置碰撞、侧面碰撞及车身刚度模态等多学科轿车车身可靠性优化设计数学模型。表 7-12 列出了车身各项结构性能指标及设计目标界限值。定义目标函数为 47 个车身零部件的总质量，因零部件质量与板厚呈线性关系，可以用一阶线性关系来表征目标函数与设计变量之间的关系。

表 7-12　车身各项结构性能指标及设计目标界限值

类别	结构性能指标及其描述		单位	设计目标界限值	概率值
正面 100%碰撞	Chest_G	胸部加速峰值	g	≤60	≥90%
	Crush_distance	B 柱碰撞位移	mm	≤650	≥90%
正面 40%偏置碰撞	BrakePedal	脚踏板侵入量	mm	≤270	≥90%
	Footrest	搁脚板侵入量	mm	≤125	≥90%
	LeftToepan	左搁脚板侵入量	mm	≤125	≥90%
	CntrToepan	中搁脚板侵入量	mm	≤125	≥90%
	RightToepan	右搁脚板侵入量	mm	≤125	≥90%
	LeftIP	左仪表盘侵入量	mm	≤45	≥90%
	RightIP	右仪表盘侵入量	mm	≤45	≥90%

（续）

类别	结构性能指标及其描述		单位	设计目标界限值	概率值
侧面碰撞	Midbelt_v10	前车门横梁 10ms 速度	mm/s	≤4.2	≥90%
	Midbelt_v25	前车门横梁 25ms 速度	mm/s	≤6.2	≥90%
	Midbelt_v40	前车门横梁 40ms 速度	mm/s	≤10	≥90%
	Bpillar_top	B 柱上部侵入量	mm	≤120	≥90%
	Bpillar_striker	B 柱击锤侵入量	mm	≤300	≥90%
	Bpillar_rocker	B 柱门槛侵入量	mm	≤110	≥90%
白车身刚度	Bending_stiff	弯曲刚度	N/mm	≥11500	≥90%
	Torsion_stiff	扭转刚度	N·m/(°)	≥10700	≥90%
自由模态	TorsionMode	扭转模态	Hz	≥23	≥90%
	VertBenMode	垂直弯曲模态	Hz	≥35	≥90%

2. 车身结构性能响应指标的近似建模

采用均匀拉丁超立方试验设计方法，以 $3N$ 作为初始试验设计样本点（N 为设计变量数目）。考虑到实际操作性，依次以 $4N$、$5N$、$6N$ 和 $7N$ 作为代理模型的迭代更新。同时，以 50 个样本点作为测试样本点来衡量基于贝叶斯指标与模型偏差修正方法的代理模型更新的预测精度。采用 SSR，RBF 与 LSSVR 作为代理模型库函数。这里，设定初始数据不确定性为 10%，进行有限元仿真，分别建立各结构性能响应指标的代理模型。通过计算相应的贝叶斯指标值，选择合适的代理模型，采取基于高斯随机过程的模型偏差修正方法量化数据不确定性大小，指导模型的更新与迭代。这里，采用相同的训练样本进行代理模型构建与高斯随机过程的模型偏差修正，设定数据不确定性迭代判断条件 τ 为 0.1%。根据已建立的所有样本点，建立相应的代理模型，计算其均方根误差预测值，并以 1.1 倍于预测值作为代理模型迭代更新的判断条件。

表 7-13 详细给出了基于贝叶斯指标与模型偏差修正方法的代理模型的构建及其数据不确定量化的迭代历程。表中的 3、5、7、9 和 11 列分别给出不同迭代步条件下依据贝叶斯指标和的代理模型选取情况，表中 S、R 和 L 分别代表 SSR、RBF 与 LSSVR，其中：S>L>R 表示 S 的贝叶斯指标值大于 L 和 R，即考虑数据不确定性应选择代理模型 S。表中的 4、6、8、10 和 12 列分别列出了不同迭代步的均方根误差（RMSE）和数据不确定性（STD）的大小。这里，假设各结构性能指标的初始数据不确定性为 10%，通过高斯随机过程量化数据不确定性的内部循环确定本循环（即外部循环）的最终数据不确定性大小。可以看出，对于不同非线性程度的结构性能指标，其数据不确定性差异较大，如偏置碰撞中的 BrakePedal 侵入量，其不确定性值高达 10%左右，其他侵入量变化范围为 4%～8%。对于正面 100%碰撞、侧面碰撞的速度响应性能指标和 NVH 中的白车身刚度与模态响应性能指标，其数据不确定性低于 1%。其数据不确定性程度低于侵入量指标，这不难理解，40%偏置碰撞因速度高、碰撞接触面小，因而较正面 100%碰撞形式恶劣，不确定性影响因素较多，如大变形造成材料的屈曲，仿真沙漏能控制等。

表 7-13　基于贝叶斯指标与模型偏差修正方法的代理模型的构建及其数据不确定量化的迭代历程

迭代次数		3N		4N		5N		6N		7N		
学科	结构性能指标	近似模型选择	RMSE/STD(%)	近似模型选择	RMSE/STD(%)	近似模型选择	RMSE/STD(%)	近似模型选择	RMSE/STD(%)	近似模型选择	RMSE/STD(%)	收敛条件(%)
正面100%碰撞	Chest_G	S>L>R	0. 57/0. 03	L>R>S	0. 42/0. 02	L>R>S	0. 43/0. 02	L>S>R	0. 39/0. 02	-	-	0. 39
	Crash dis	R>L>S	0. 50/0. 23	L>S>R	0. 48/0. 28	R>S>L	0. 49/0. 27	R>L>S	0. 45/0. 27	-	-	0. 46
正面40%偏置碰撞	BrakePedal	S>L>R	12. 27/11. 32	S>L>R	11. 3/10. 87	S>R>L	8. 01/10. 23	-	-	-	-	8. 29
	Footrest	L>R>S	9. 34/10. 81	R>L>S	6. 27/11. 23	S>R>L	5. 75/9. 72	-	-	-	-	5. 82
	LeftTorpan	R>S>L	8. 21/8. 24	S>R>L	7. 71/8. 62	S>L>R	7. 42/8. 41	-	-	-	-	7. 45
	CntrToepan	R>L>S	7. 81/7. 93	S>R>L	7. 83/7. 15	S>L>R	6. 81/7. 61	S>R>L	6. 83/7. 43	S>R>L	6. 01/7. 52	6. 61
	RightToepan	S>L>R	5. 32/7. 35	R>L>S	4. 97/8. 12	R>L>S	5. 32/7. 44	R>S>L	4. 73/7. 12	R>L>R	4. 20/7. 13	4. 62
	LeftIP	S>L>R	6. 01/8. 91	S>L>R	6. 23/9. 23	S>L>R	5. 36/9. 16	S>L>R	5. 16/9. 19	-	-	5. 16
	RightIP	S>R>L	7. 18/8. 78	S>L>R	7. 34/8. 61	S>R>L	6. 01/8. 52	-	-	-	-	6. 37
侧面碰撞	Midbelt_v10	S>L>R	0. 54/0. 29	L>R>S	0. 49/0. 45	L>R>S	0. 52/0. 32	L>S>R	0. 49/0. 29	L>R>S	0. 43/0. 31	0. 47
	Midbelt_v25	S>L>R	1. 09/0. 67	L>R>S	0. 83/0. 82	R>S>L	0. 67/0. 53	R>L>S	0. 59/0. 57	-	-	0. 63
	Midbelt_v40	R>L>S	0. 71/0. 41	R>S>L	0. 41/0. 35	L>S>R	0. 50/0. 37	L>S>R	0. 41/0. 39	L>S>R	0. 36/0. 36	0. 39
	Bpillar_top	L>R>S	3. 57/4. 01	R>S>L	3. 30/3. 98	-	-	-	-	-	-	3. 36
	Bpillar_striker	S>L>R	6. 11/4. 10	S>R>L	6. 01/4. 31	S>R>L	5. 72/4. 22	-	-	-	-	5. 74
	Bpillar_rocker	R>S>L	5. 61/4. 21	S>L>S	5. 27/3. 94	S>R>L	4. 21/4. 08	-	-	-	-	4. 21
NVH	Bending_stiff	S>L>R	0. 56/0. 65	L>R>S	0. 46/0. 54	-	-	-	-	-	-	0. 48
	Torsion_stiff	S>R>L	0. 62/0. 54	R>S>L	0. 51/0. 47	-	-	-	-	-	-	0. 52
	TorsionMode	R>L>S	0. 61/0. 58	L>R>S	0. 44/0. 62	-	-	-	-	-	-	0. 44
	VertBenMode	L>R>S	0. 47/0. 67	L>R>S	0. 38/0. 72	-	-	-	-	-	-	0. 39

表中第 13 列为代理模型外循环迭代更新的判断条件。可以看出，随着样本点的增加，其均方根误差幅度整体上均有所降低，对于不同结构性能响应指标，所需的迭代次数不同，其中 NVH 中的白车身刚度与模态性能指标只需经过 2 次迭代次数即可满足收敛标准。而其他性能指标迭代次数不一，最终对代理模型的选取也不同。依据整车可靠性优化设计策略，得出车身各学科结构性能指标最终代理模型与数据不确定性见表 7-14。

表 7-14　车身各学科结构性能指标最终代理模型与数据不确定性

学科	结构性能指标	数据不确定性	近似模型	样本规模
正面100%碰撞	Chest_G	0. 02	LSSVR	6N
	Crash_dis	0. 27	RBF	6N
正面 40%偏置碰撞	BrakePedal	10. 23	SSR	5N
	Footrest	9. 72	SSR	5N
	LeftToepan	8. 41	SSR	5N
	CntrToepan	7. 52	SSR	7N
	RightToepan	7. 13	RBF	7N
	LeftIP	9. 19	SSR	6N
	RightIP	8. 52	SSR	5N
侧面碰撞	Midbelt_v10	0. 31	LSSVR	7N
	Midbelt_v25	0. 57	RBF	6N
	Midbelt_v40	0. 36	LSSVR	7N
	Bpillar_top	3. 98	RBF	4N
	Bpillar_striker	4. 22	SSR	5N
	Bpillar_rocker	4. 08	SSR	5N
NVH	Bending_stiff	0. 54	LSSVR	4N
	Torsion_stiff	0. 47	RBF	4N
	TorsionMode	0. 62	LSSVR	4N
	VertBenMode	0. 72	LSSVR	4N

为进一步验证本书提出方法的有效性，以传统基于均方根误差作为结构性能响应的代理模型的选择指标，构建其代理模型，分析传统方法与本书提出的基于贝叶斯指标和模型偏差修正的近似建模方法的预测效果。这里，以 7N 作为训练样本集进行近似建模，另外以 50 样本点数目作为测试样本集计算均方根误差大小，其代理模型选择结果见表 7-15。

表 7-15　基于均方根误差的结构性能指标代理模型选择结果

学科	结构性能指标	RMSE(%)	近似模型	样本规模
正面100%碰面	Chest_G	0. 35	SSR	7N
	Crash_dis	0. 42	RBF	7N
正面 40%偏置碰撞	BrakePedal	7. 54	SSR	7N
	Footrest	5. 29	RBF	7N
	LeftToepan	6. 77	SSR	7N
	CntrToepan	6. 01	RBF	7N
	RightToepan	4. 20	RBF	7N
	LeftIP	4. 69	SSR	7N
	RightIP	5. 79	LSSVR	7N

（续）

学科	结构性能指标	RMSE(%)	近似模型	样本规模
侧面碰撞	Midbelt_v10	0.43	LSSVR	7N
	Midbelt_v25	0.57	SSR	7N
	Midbelt_v40	0.35	RBF	7N
	Bpillar_top	3.05	LSSVR	7N
	Bpillar_striker	5.22	SSR	7N
	Bpillar_rocker	3.83	LSSVR	7N
NVH	Bending_stiff	0.44	SSR	7N
	Torsion_stiff	0.47	RBF	7N
	TorsionMode	0.40	SSR	7N
	VertBenMode	0.35	LSSVR	7N

3. 车身结构性能可靠性优化求解

表 7-16 为各结构性能响应指标对应的可靠度，表中第 3 列为该车原始设计可靠度，彩色字体表示低于 90%的可靠度设计指标，不满足可靠性设计指标。第 4、5 和 6 列分别为基于三种不同近似建模方法得出的可靠性优化解处各结构性能响应指标的可靠度，其中括号内为圆整后结构响应性能指标的可靠度。可以看出，经圆整后的结构性能响应指标的可靠度稍有变化，其变化幅值较小，但总体而言，各结构性能响应指标的可靠度较原始设计均有所提高。

表 7-16　基于代理模型的结构性能响应指标的可靠度对比

类别	结构性能指标	原始设计可靠度（有限元仿真）（%）	近似模型预测可靠度（%）		
			传统 RMSE 指标法（7N）（圆整值）	贝叶斯指标法（$y^m(x)$）（圆整值）	模型偏差修正方法（$y^m(x)+\delta(x)$）（圆整值）
正面100%碰面	Chest_G	81.2	100.0(100.0)	89.8(95.5)	90.1(91.2)
	Crash_dis	53.5	89.9(90.0)	90.3(91.4)	89.9(91.5)
正面 40%偏置碰撞	BrakePedal	32.2	99.9(100.0)	89.9(86.9)	89.8(92.0)
	Footrest	35.5	89.9(98.4)	90.4(87.1)	100.0(100.0)
	LeftToepan	21.4	91.8(98.9)	99.6(99.2)	100.0(100.0)
	CntrToepan	21.1	89.8(98.3)	100.0(100.0)	100.0(100.0)
	RightToepan	29.6	99.6(99.9)	100.0(100.0)	100.0(100.0)
	LeftIP	62.2	89.2(96.1)	90.9(87.4)	89.9(96.2)
	RightIP	77.9	100.0(100.0)	100.0(100.0)	90.0(96.2)
侧面碰撞	Midbelt_v10	99.9	99.8(99.5)	100.0(100.0)	100.0(100.0)
	Midbelt_v25	73.5	91.8(98.9)	90.3(91.9)	90.5(85.2)
	Midbelt v40	98.9	100.0(100.0)	100.0(100.0)	100.0(100.0)
	Bpillar_top	60.1	89.8(93.1)	91.6(98.1)	90.0(99.8)
	Bpillar_striker	12.9	89.9(95.8)	90.0(89.9)	89.9(98.9)
	Bpillar_rocker	30.7	98.4(99.4)	100.0(100.0)	100.0(100.0)

（续）

类别	结构性能指标	原始设计可靠度（有限元仿真）(%)	近似模型预测可靠度（%）		
			传统 RMSE 指标法（7*N*）（圆整值）	贝叶斯指标法（$y^m(x)$）（圆整值）	模型偏差修正方法（$y^m(x)+\delta(x)$）（圆整值）
NVH	Bending_stiff	42.2	93.9(97.9)	90.0(95.1)	93.9(97.7)
	Torsion_stiff	27.9	100.0(100.0)	98.9.0(100.0)	100.0(100.0)
	TorsionMode	62.1	89.8(82.4)	93.9(98. 7)	100.0(100.0)
	VertBenMode	64.3	89.5(86.3)	90.2(96. 5)	89.7(96.8)

图 7-45 给出了该轿车车身可靠性优化设计的轻量化效果及其车身结构性能响应指标的总体平均可靠度大小。三种可靠性轻量化方案分别减重 23.1kg、23.6kg 和 22.3kg，均实现白车身减重 8%左右。虽然三种方案的减重效果基本相同，但是，可靠性优化设计后的车身结构性能响应指标的可靠度相差甚远。可以看到，经有限元仿真验证，该轿车原始设计的可靠度仅为 52.0%，通过可靠性优化设计三种方案，其总体平均可靠度分别提升为 80.1%、89.8%和 94.6%。基于模型偏差修正方法的可靠性优化设计方案，实现了 8.26%的轻量化效果，其可靠性满足实际工程设计要求。

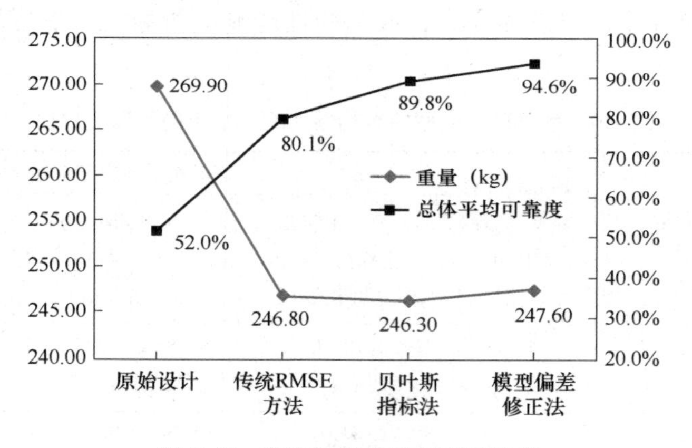

图 7-45　车身轻量化效果及可靠度

7-1　简要阐述拓扑优化方法中 SIMP 材料插值和 RAMP 材料插值的区别。

7-2　在车身概念设计的初期阶段，车身可以被简化为一个空间框架结构，用有限元法求得结构在外载荷作用下各个构件的内力。通常将车身的有限元模型简化为何种结构?

7-3　参考 7.2 节中的例题，为弯曲梁（图 7-46）选择材料。

功能：承受弯曲载荷。

约束：长度 L、承受弯曲载荷 F，引起的变形不太大，即弯曲刚度 k_B 应满足要求。

目标：质量 m 最小。

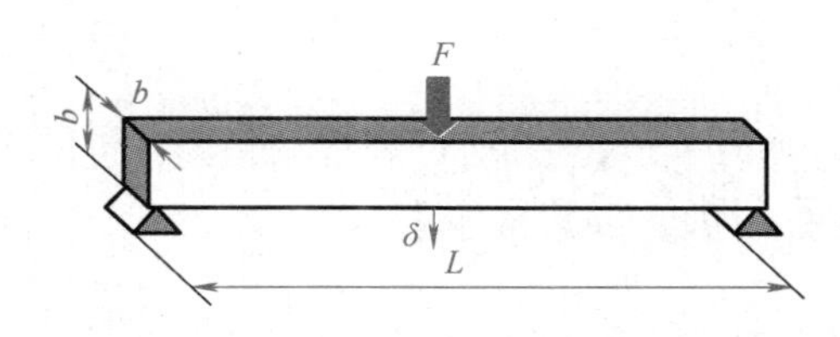

图 7-46　弯曲梁工况

自由变量：截面积 A，材料种类。

7-4　写出第一、第二、第三和第四强度理论的主要定义和内容。

7-5　调研文献，简要阐述提升车身 NVH 性能的措施和应用现状，并介绍吸声、隔声和阻尼结构在车身应用方面的最新进展。

第8章 智能设计

8.1 概述

随着信息技术的发展，人类记录世界的手段越来越丰富，物联网中种类多样的传感器、随处可见的智能手机、平板电脑、遍布城市的监控摄像头、逐渐兴起的可穿戴设备，这些设备无时无刻不记录着人们和人们所处世界的状态。而另一方面，存储和计算设备的成本都如同“摩尔定律”中所预言的那样不断降低，从早期的打孔纸卡到 IBM 推出的盘式磁带，再到软盘、硬盘、内存卡和读取速度高达 2.7GB/s 的固态硬盘，现在人们不需要为有限的存储空间和存取速度而担忧，越来越多的数据借助记录工具被源源不断地存入存储设备，这意味着人们逐步进入了大数据时代。

传统设计方法是以获取灵感或创意驱动而进行的设计。而在大数据时代，设计则逐步被浩瀚的数据所驱动，没有数据的设计创新越来越显得缺乏说服力，没有大数据参与的设计越来越要面对市场的风险。而且，伴随着人工智能的不断发展，一种新的设计思路和方法逐渐被提出——智能设计。

智能设计集成设计人员的经验和知识，依托能够解决问题的专业知识库进行智能化设计，具有选择知识，协调工程、设计与图形数据库的能力，实质上是一种设计知识+学习+推理的理论和技术体系。知识可以是不完全的和模糊的，人工智能通过机器学习等技术，不断修正结果，最后得到符合实际的设计方案。智能设计以人工智能为手段，以大数据分析为基础，结合机器学习、人工神经网络、深度学习等人工智能技术，支持设计全过程的智能化。

本章首先介绍特征工程，其实质就是清洗和组织数据的过程，特征工程能将数据转换为能更好地表示潜在问题的特征，从而提高机器学习性能。接着介绍如今最常用的数据挖掘和机器学习算法，包括支持向量机、K 均值算法、主成分分析、神经网络、生成式对抗网络等。随后介绍了基于数字孪生的设计。最后给出了两个数据驱动的智能设计案例。

8.2 特征工程

为了解决实际题，数据科学家和机器学习工程师要收集大量数据。因为他们想要解决的问题经常具有很高的相关性，而且是在混乱的世界中自然形成的，所以代表这些问题的原始数据有可能未经过滤，非常杂乱，甚至不完整。

因此，过去几年来，类似数据工程师的职位应运而生。这些工程师的唯一职责就是设计数据流水线和架构，用于处理原始数据，并将数据转换为公司其他部门——特别是数据科学家和机器学习工程师可以使用的形式。尽管这项工作和机器学习专家构建机器学习流水线（机器学习流水线指原始数据在被处理为最终输出之前，经过的各种学习算法）一样重要，但是经常被忽视和低估。

在数据科学家中进行的一项调查显示，他们工作中超过80%的时间都用在捕获、清洗和组织数据上。构造机器学习流水线所花费的时间不到20%，却占据着主导地位。此外，数据科学家的大部分时间都在准备数据。超过75%的人表示，准备数据是流程中最不愉快的部分。准备数据很重要，会占用大部分工作时间。实际上，超过90%的数据（最有趣、最有用的数据）都以原始形式存在。准备数据的概念很模糊，包括捕获数据、存储数据、清洗数据等。其中，清洗和组织数据占用的工作时间十分可观。数据工程师在这个步骤中能发挥最大作用。清洗数据的意思是将数据转换为云系统和数据库可以轻松识别的形式。组织数据一般更为彻底，经常包括将数据集的格式整体转换为更干净的格式，例如原始数据转换为有行列结构的表格。

特征工程就是清洗和组织数据的过程，从而为后续的机器学习流水线服务。简单来说，特征工程是这样一个过程：将数据转换为能更好地表示潜在问题的特征，从而提高机器学习性能。特征工程具体包含：

1）转换数据的过程。注意这里并不特指原始数据或未过滤的数据。特征工程适用于任何阶段的数据。通常，人们要将特征工程技术应用于在数据分发者眼中已经处理过的数据。还有很重要的一点是，人们要处理的数据经常是表格形式的。数据会被组织成行（观察值）和列（属性）。有时人们从最原始的数据形式开始入手，例如之前服务器日志的例子，但是大部分时间，要处理的数据都已经在一定程度上被清洗和组织过了。

2）特征。从最基本的层面来说，特征是对机器学习过程有意义的数据属性。人们经常需要查看表格，确定哪些列是特征，哪些只是普通的属性。

3）更好地表示潜在问题。人们要使用的数据一定代表了某个领域的某个问题。要保证在处理数据时，不能一叶障目不见泰山。转换数据的目的是要更好地表达更大的问题。

4）提高机器学习性能。特征工程是数据科学流程的一部分。这个步骤很重要，而且经常被低估。特征工程的最终目的是获取更好的数据，以便学习算法从中挖掘模式，取得更好的效果。

接下来主要介绍一些特征工程常用的概念和技术手段。

8.2.1　特征理解

特征理解的主要目的是帮助人们更好地理解自己前面的数据，即数据集里含有什么，数据是以什么方式组织起来的。特征理解是后续对数据进行挖掘和学习的基础。

1. 数据结构的有无

拿到一个新的数据集后，首要任务是确认数据是结构化还是非结构化的。结构化（有组织）数据是指可以分成观察值和特征的数据，一般以表格的形式组织（行是观察值，列是特征)。非结构化(无组织)数据是指作为自由流动的实体,不遵循标准组织结构(例如表格)的数据。通常,非结构化数据在人们看来是一团数据,或只有一个特征(列)。下面两个例子展示了结构化和非结构化数据的区别:以原始文本格式存储的数据,例如服务器日志和推文,是非结构化数据;科学仪器报告的气象数据是高度结构化的,因为存在表格的行列结构。

值得指出的是,大部分非结构化数据都可以通过一些方法转换为结构化数据,这个问题在特征增强这一小节中会着重强调。

2. 定量数据和定性数据

为了完成对数据的判断,从区分度最高的顺序开始。在处理结构化的表格数据时(大部分时候都是如此),第一个问题一般是:数据是定量的,还是定性的?定量数据本质上是数值,应该是衡量某样东西的数量。而定性数据本质上是类别,应该是描述某样东西的性质。例如,以华氏度或摄氏度表示的气温是定量的;献血的血量是定量的;而阴天或晴天是定性的;博物馆参观者的名字也是定性的。上面的例子表明,对于类似的系统,人们可以从定量数据和定性数据两方面来描述。事实上,在大多数数据集中,会同时处理定量数据和定性数据。

有时,数据可以同时是定量和定性的。例如,餐厅的评分(1~5 星)虽然是数,但是这个数也可以代表类别。如果餐厅评分应用要求你用定量的星级系统打分,并且公布带小数的平均分数(例如 4.71 星),那么这个数据是定量的。如果该应用问你的评价是讨厌、还行、喜欢、喜爱还是特别喜爱,那么这些就是类别。由于定量数据和定性数据之间的模糊性,一般会使用一个更深层次的方法进行处理,称为数据的 4 个等级。

3. 数据的 4 个等级

上面已经将数据分为定量和定性的,但是还可以继续分类。数据的 4 个等级是:定类等级(Nominal Level)、定序等级(Ordinal Level)、定距等级(Interval Level)、定比等级(Ratio Level)。每个等级都有不同的控制和数学操作等级。了解数据的等级十分重要,因为它决定了可以执行的可视化类型和操作。

(1)定类等级　定类等级是数据的第一个等级,其结构最弱。这个等级的数据只按名称分类。例如,血型(A、B、O 和 AB 型)、动物物种和人名,这些数据都是定性的。

在定类等级上,一般只能进行计数操作,并画出数据分布的条形图和饼图,不能执行任何定量数学操作,例如加法或除法,这些数学操作没有意义。因为没有加法和除法,所以在此等级上找不到平均值。当然了,没有“平均名”或“平均工作”这种说法。

(2)定序等级　定类等级为人们提供了很多进一步探索的方法。向上一级就到了定序等级。定序等级继承了定类等级的所有属性,而且有重要的附加属性:定序等级的数据可以自然排序,这意味着,可以认为列中的某些数据比其他数据更好或更大。和定类等级一样,定序等级的天然数据属性仍然是类别,即使用数来表示类别也是如此。

和定类等级相比,定序等级多了一些新的能力。在定序等级,人们可以像定类等级那样进行计数,也可以引入比较和排序。因此,可以使用新的图表来描述数据。不仅可以继续使用条形图和饼图,而且因为能排序和比较,所以能计算中位数和百分位数。对于中位数和百分位数,可以绘制茎叶图和箱线图。

(3)定距等级　在定类和定序等级,人们一直在处理定性数据。即使其内容是数,也不代表真实的数量。而在定距等级，人们摆脱了这个限制，开始研究定量数据。在定距等级，数值数据不仅可以像定序等级的数据一样排序，而且值之间的差异也有意义。这意味着，在定距等级，人们不仅可以对值进行排序和比较，而且可以加减。定距等级的一个经典例子是温度。

由于在定距等级上可以进行加减，因此就能计算两个熟悉的参数：算术平均数（均值）和标准差。

（4）定比等级　最高的数据等级是定比等级。在这个等级上，可以说人们拥有最高程度的控制和数学运算能力。和定距等级一样，人们在定比等级上处理的也是定量数据。这里不仅继承了定距等级的加减运算，而且有了一个"零点"的概念，可以做乘除运算。

在定比等级，可以进行乘除运算。虽然看起来没什么大的不同，但是这些运算可以让人们对这个等级上的数据进行独特的观察，而这在低等级上是无法做到的。

8.2.2　特征增强

本节主要介绍数据的清洗和增强：前者是指调整已有的列和行，后者则是指在数据集中删除和添加新的列。所有这些操作的目标都是优化机器学习流水线。特征增强主要包括的内容有：识别数据中的缺失值、处理数据集中的缺失值、数据的标准化和归一化等。

1. 识别数据中的缺失值

特征增强的第一种方法是识别数据的缺失值，这可以让人们更好地明白如何使用真实世界中的数据。通常，数据集会因为各种原因有所缺失，例如调查时没有记录某些观察值等。分析数据并了解缺失的数据是什么至关重要，这样才可以决定下一步如何处理这些缺失值。缺失值常见的填充方法是将缺失值填充为0或者用字符"unknown"来表示。

2. 处理数据集中的缺失值

在处理数据时，最常遇到的问题之一就是数据集存在缺失值。最常见的情况是某个单元格是空白的，数据出于某种原因没有被收集到。缺失值会引发很多问题，最重要的是，大部分学习算法不能处理缺失值。因此，处理缺失值的方法和技术在数据科学中是十分重要的。虽然办法有很多变种，但是两个最主要的处理方法是：①删除缺少值的行；②填充缺失值。这两种方法都能帮助清洗数据集，让算法可以处理，但是每种方法都各有优缺点。

（1）删除缺少值的行　在处理缺失数据的两种办法中，最常见也最容易的方法是直接删除存在缺失值的行。通过这种操作，最后留下具有完整数据的数据点。但是值得指出的是，实际当中所获得的数据集，其中大部分的行都存在缺失值。如果直接将这些行都删除，则会大大减少样本数量，从而丢失数据集中有用的信息。

（2）填充缺失值　因为直接删除缺少值的行会丢失数据集的有用信息，因此实际中更常用另一种方法——填充缺失值。填充指的是利用现有知识和数据来确定缺失的数据值并填充的行为。通常的方法有用此列其余数据的均值或者中位数来填充缺失值。

3. 数据的标准化和归一化

在实际搜集到的数据中，每一列由于是不同特征的数据，它们的均值、最小值、最大值以及标准差可能差别会很大，也就是数据尺度不一致。而有的机器学习模型受数据尺度的影响很大，例如K均值聚类、支持向量机、主成分分析等，这样就会造成结果的不准确，因此，在调用机器学习算法之前，还需对数据进行标准化和归一化。

归一化操作旨在将行和列对齐并转化为一致的规则。例如，归一化的一种常见形式是将所有定量列转化为同一个静态范围中的值（例如，所有数都位于0~1）。另外也可以使用数学规则，例如所有列的均值和标准差必须相同，以便在同一个直方图上显示。标准化通过确保所有行和列在机器学习中得到平等对待，让数据的后续处理保持一致。最常用的2种数据归一化方法有：z分数标准化和min-max标准化。

（1）z分数标准化 z分数标准化是最常见的标准化技术，利用了统计学里z分数（标准分数）的思想。z分数标准化的输出会被重新缩放，使数据中的每一列均值为0、标准差为1。通过缩放特征、统一化均值和方差（标准差的平方），可以让一些机器学习模型达到最优化，而不会倾向于较大比例的特征。z分数标准化的式子为$z=(x-\mu)/\sigma$，其中z是处理后的数据值，x是处理前的数据值，μ和σ分别是处理前数据的均值和标准差。

（2）min-max标准化 min-max标准化和z分数标准化类似，因为它也用一个公式替换列中的每个值。不同的是min-max标准化直接将数据归一到［0,1］区间内。其计算公式为$m=(x-x_{min})/(x_{max}-x_{min})$，其中$m$是处理后的数据值，$x$是处理前的数据值，$x_{max}$和$x_{min}$分别是处理前数据的最大值和最小值。

8.2.3 特征转换

特征转换实际上是一组矩阵算法，会在结构上改变数据，产生本质上全新的数据矩阵。其基本思想是，基于数据集的原始数据创造出一组新的特征，用更少的列来解释数据点，并且效果不变，甚至更好。

在特征转换中，人们通常做的一个假设是：可能有其他的数学坐标轴和系统能用更少的特征描述数据，甚至可以描述得更好。特征转换从另一个角度来看其实就是对数据进行降维，试图用更少的数据来描述特征。常用的降维方法有主成分分析、流形学习等，这些方法将在8.3节中进行详细介绍。

8.3 数据挖掘

8.3.1 分类方法

分类任务就是确定对象属于哪个预定义的目标类。分类问题是一个普遍存在的问题，有许多不同的应用。例如：根据电子邮件的标题和内容检查出垃圾邮件；根据核磁共振扫描的结果区分肿瘤是恶性的还是良性的；根据星系的形状对它们进行分类等。

分类任务的输入数据是记录的集合。每条记录也称实例或样例，用元组（$\mathbf{x}$,y）表示，其中$\mathbf{x}$是属性的集合，而y是一个特殊的属性，指出样例的类标号（也称为分类属性或目标属性）。在分类任务中，属性y主要是离散的，但是属性集也可以包含连续特征。另一方面，类标号却必须是离散属性，这正是区别分类（Classification）与回归（Regression）的关键特征。回归是一种预测建模任务，其中目标属性 y 是连续的。

分类的定义为：分类任务就是通过学习得到一个目标函数（Target Function）f，把每个属性集 **x** 映射到一个预先定义的类标号 y。

目标函数也称分类模型（Classification Model）。分类模型可以用于以下目的：

1）描述性建模。分类模型可以作为解释性的工具，用于区分不同类中的对象。

2）预测性建模。分类模型还可以用于预测未知记录的类标号。如图 8-1 所示，分类模型可以看作是一个黑箱，当给定未知记录的属性集上的值时，它自动地赋予未知样本类标号。

图 8-1　分类器的预测性建模

分类技术非常适合预测或描述二元或标称类型的数据集，对于序数分类（例如，把人分类为高收入、中等收入或低收入组），分类技术不太有效，因为分类技术不考虑隐含在目标类中的序关系。其他形式的联系，如子类与超类的关系（例如，人类和猿都是灵长类动物，而灵长类是哺乳类的子类）也被忽略。本章余下的部分只考虑二元的或标称类型的类标号。

分类技术（或分类法）是一种根据输入数据集建立分类模型的系统方法。分类法的例子包括决策树分类法、基于规则的分类法、神经网络、支持向量机和朴素贝叶斯分类法。这些技术都使用一种学习算法（Learning Algorithm）确定分类模型，该模型能够很好地拟合输入数据中类标号和属性集之间的联系。学习算法得到的模型不仅要很好地拟合输入数据，还要能够正确地预测未知样本的类标号。因此，训练算法的主要目标就是建立具有很好的泛化能力模型，即建立能够准确地预测未知样本类标号的模型。

图 8-2 所示为建立分类模型的一般方法。首先，需要一个训练集（Training Set），它由类标号已知的记录组成。使用训练集建立分类模型，该模型随后将运用于检验集（Test Set），检验集由类标号未知的记录组成。

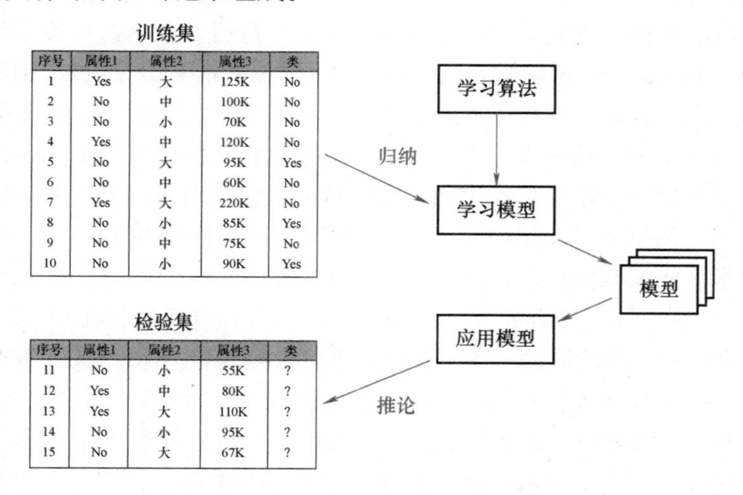

训练集

序号	属性1	属性2	属性3	类
1	Yes	大	125K	No
2	No	中	100K	No
3	No	小	70K	No
4	Yes	中	120K	No
5	No	大	95K	Yes
6	No	中	60K	No
7	Yes	大	220K	No
8	No	小	85K	Yes
9	No	中	75K	No
10	No	小	90K	Yes

检验集

序号	属性1	属性2	属性3	类
11	No	小	55K	?
12	Yes	中	80K	?
13	Yes	大	110K	?
14	No	小	95K	?
15	No	大	67K	?

图 8-2　建立分类模型的一般方法

分类模型的性能根据模型正确和错误预测的检验记录计数进行评估，这些计数被存放在称作混淆矩阵（Confusion Matrix）的表格中。表 8-1 描述了二元分类问题的混淆矩阵。表中每个表项 f_{ij} 表示实际类标号为 i 但被预测为类 j 的记录数，例如，f_{01} 代表原本属于类 0 但被误分为类 1 的记录数。按照混淆矩阵中的表项，被分类模型正确预测的样本总数是（$f_{11}+f_{00}$），而被错误预测的样本总数是（$f_{10}+f_{01}$）。

表 8-1　二元分类问题的混淆矩阵

实际的类	混淆矩阵	
	预测的类=1	预测的类=0
=1	f_{11}	f_{10}
=0	f_{01}	f_{00}

虽然混淆矩阵提供衡量分类模型性能的信息，但是用一个数汇总这些信息更便于比较不同模型的性能。为实现这一目的，可以使用性能度量（Performance Metric），如准确率（Accuracy），其定义见式（8-1）。

$$\text{准确率}=\frac{\text{正确预测数}}{\text{预测总数}}=\frac{f_{11}+f_{00}}{f_{11}+f_{10}+f_{01}+f_{00}} \tag{8-1}$$

同样，分类模型的性能可以用错误率（Error Rate）来表示，其定义见式（8-2）。

$$\text{错误率}=\frac{\text{错误预测数}}{\text{预测总数}}=\frac{f_{10}+f_{01}}{f_{11}+f_{10}+f_{01}+f_{00}} \tag{8-2}$$

大多数分类算法都在寻求这样一些模型，当把它们应用于检验集时具有最高的准确率，或者等价地，具有最低的错误率。

下面简要介绍几种最常用的分类方法。

1. 最近邻分类

通常的分类框架包括两个步骤：①归纳步，由训练数据建立分类模型；②演绎步，把模型应用于测试样例。决策树和基于规则的分类器是积极学习方法（Eager Learner）的例子，因为如果训练数据可用，它们就开始学习从输入属性到类标号的映射模型。与之相反的策略是推迟对训练数据的建模，直到需要分类测试样例时再进行。采用这种策略的技术被称为消极学习方法（Lazy Learner）。消极学习的一个例子是 Rote 分类器（Rote Classifier），它记住了整个训练数据，仅当测试实例的属性和某个训练样例完全匹配时才进行分类。该方法的一个明显缺点是有些测试记录不能被分类，因为没有任何训练样例与它们相匹配。

使该方法更灵活的一个途径是找出和测试样例的属性相对接近的所有训练样例。这些训练样例称为最近邻（Nearest Neighbor），可以用来确定测试样例的类标号。使用最近邻确定类标号的合理性用下面的谚语最能说明："如果走像鸭子，叫像鸭子，看起来还像鸭子，那么它很可能就是一只鸭子。"最近邻分类器把每个样例看作 d 维空间上的一个数据点，其中 d 是属性个数。给定一个测试样例，使用一种邻近性度量，计算该测试样例与训练集中其他数据点的邻近度。给定样例 z 的 k-最近邻是指和 z 距离最近的 k 个数据点。

图 8-3 给出了位于圆圈中心的数据点的 1-最近邻、2-最近邻和 3-最近邻。该数据点根据其近邻的类标号进行分类。如果数据点的近邻中含有多个类标号，则将该数据点指派到其最近邻的多数类。在图 8-3a 中，数据点的 1-最近邻是一个负例，因此该点被指派到负类。如

果最近邻是三个，如图 8-3c 所示，其中包括两个正例和一个负例，根据多数表决方案，该点被指派到正类。在最近邻中正例和负例个数相同的情况下（图 8-3b），可随机选择一个类标号来分类该点。

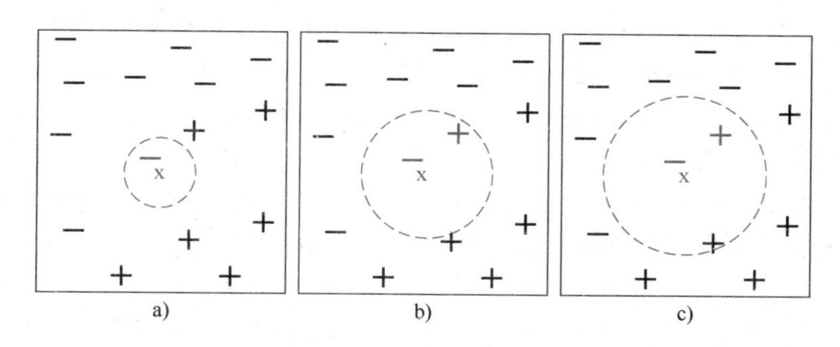

图 8-3　一个实例的 1-最近邻、2-最近邻和 3-最近邻

a）1-最近邻　b）2-最近邻　c）3-最近邻

前面的讨论中强调了选择合适的 k 值的重要性。如果 k 太小，则最近邻分类器容易受到由于训练数据中的噪声而产生的过分拟合的影响；相反，如果 k 太大，最近邻分类器可能会误分类测试样例，因为最近邻列表中可能包含远离其近邻的数据点，如图 8-4 所示。

图 8-5 所示为对最近邻分类算法的一个高层描述。对每一个测试样例 $z=(\mathbf{x}',y')$，算法计算它和所有训练样例 $(\mathbf{x},y)\in D$ 之间的距离（或相似度），以确定其最近邻列表 D_z。如果训练样例的数目很大，那么这种计算的开销就会很大。然而，高效的索引技术可以降低为测试样例找最近邻时的计算量。

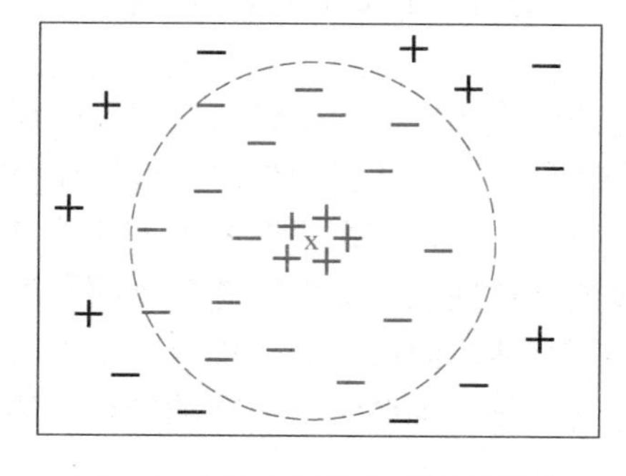

图 8-4　k 较大时的 k-最近邻分类

1：令 k 是最近邻数目，D 是训练样例的集合
2：**for**　每个测试样例 $z=(\mathbf{x}',y')$ **do**
3：　计算 z 和每个样例 $(\mathbf{x},y)\in D$ 之间的距离 $d(\mathbf{x}',\mathbf{x})$
4：　选择离 z 最近的 k 个训练样例的集合 $D_z\subseteq D$
5：　$y'=\underset{v}{\operatorname{argmax}}\sum_{(\mathbf{x}_i,y_i)\in D_z} I(v=y_i)$
6：**end for**

图 8-5　k-最近邻分类算法的高层描述

一旦得到最近邻列表，测试样例就会根据最近邻中的多数类进行分类：

$$y'=\underset{v}{\operatorname{argmax}}\sum_{(\mathbf{x}_i,y_i)\in D_i} I(v=y_i) \tag{8-3}$$

式中，v 为类标号；y_i 为一个最近邻的类标号；$I(\cdot)$ 为指示函数，如果其参数为真，则返回 1，否则，返回 0。

在多数表决方法中，每个近邻对分类的影响都一样，这使得算法对 k 的选择很敏感，如图 8-3 所示。降低 k 的影响的一种途径就是根据每个最近邻 $\mathbf{x}_i$ 距离的不同对其作用加权：$w_i=1/d(\mathbf{x}',\mathbf{x}_i)^2$。结果使得远离 z 的训练样例对分类的影响要比那些靠近 z 的训练样例弱一些。使用距离加权表决方案，类标号可以由下面的公式确定：

$$y' = \underset{v}{\operatorname{argmax}} \sum_{(\mathbf{x}_i, y_i) \in D_i} w_i \times l(v = y_i) \tag{8-4}$$

最近邻分类器的特点总结如下。

1）最近邻分类属于一类更广泛的技术，这种技术称为基于实例的学习，它使用具体的训练实例进行预测，而不必维护源自数据的抽象（或模型）。基于实例的学习算法需要邻近性度量来确定实例间的相似性或距离，还需要分类函数根据测试实例与其他实例的邻近性返回测试实例的预测类标号。

2）像最近邻分类器这样的消极学习方法不需要建立模型，然而，分类测试样例的开销很大，因为需要逐个计算测试样例和训练样例之间的相似度。相反，积极学习方法通常花费大量计算资源来建立模型，模型一旦建立，分类测试样例就会非常快。

3）最近邻分类器基于局部信息进行预测，而决策树和基于规则的分类器则试图找到一个拟合整个输入空间的全局模型。正是因为这样的局部分类决策，最近邻分类器（k 很小时）对噪声非常敏感。

4）最近邻分类器可以生成任意形状的决策边界，这样的决策边界与决策树和基于规则的分类器通常所局限的直线决策边界相比，能提供更加灵活的模型表示。最近邻分类器的决策边界还有很高的可变性，因为它们依赖于训练样例的组合。增加最近邻的数目可以降低这种可变性。

5）除非采用适当的邻近性度量和数据预处理，否则最近邻分类器可能做出错误的预测。例如，想根据身高（以 m 为单位）和体重（以磅为单位）等属性来对一群人分类。属性高度的可变性很小，从 1.5m 到 1.85m，而体重范围则可能是从 90 磅到 250 磅（1 磅≈0.45kg）。如果不考虑属性值的单位，那么邻近性度量可能就会被人的体重差异所左右。

2. 朴素贝叶斯分类器

在很多应用中，属性集和类变量之间的关系是不确定的。换句话说，尽管测试记录的属性集和某些训练样例相同，但是也不能正确地预测它的类标号。这种情况产生的原因可能是噪声，或者出现了某些影响分类的因素却没有包含在分析中。例如，考虑根据一个人的饮食和锻炼的频率来预测他是否有患心脏病的危险。尽管大多数饮食健康、经常锻炼身体的人患心脏病的概率较小，但仍有人由于遗传、过量抽烟、酗酒等其他原因而患病。确定一个人的饮食是否健康、体育锻炼是否充分也是需要论证的课题，这反过来也会给学习问题带来不确定性。

本节将介绍一种对属性集和类变量的概率关系建模的方法——朴素贝叶斯分类器。

给定类标号 y，朴素贝叶斯分类器在估计类条件概率时假设属性之间条件独立。条件独立假设可形式化地表述如下：

$$P(\mathbf{X} \mid Y=y) = \prod_{i=1}^{d} P(X_i \mid Y=y) \tag{8-5}$$

其中每个属性集 $\mathbf{X}=\{X_1, X_2, \cdots, X_d\}$ 包含 d 个属性。

(1) 条件独立性 在深入研究朴素贝叶斯分类法如何工作的细节之前，先介绍条件独立概念。设 $\mathbf{X}$，$\mathbf{Y}$ 和 $\mathbf{Z}$ 表示三个随机变量的集合。给定 $\mathbf{Z}$，$\mathbf{X}$ 条件独立于 $\mathbf{Y}$，如果下面的条件成立：

$$P(\mathbf{X} \mid \mathbf{Y}, \mathbf{Z}) = P(\mathbf{X} \mid \mathbf{Z}) \tag{8-6}$$

条件独立的一个例子是一个人的手臂长短和他（她）的阅读能力之间的关系。你可能会发现手臂较长的人阅读能力也较强。这种关系可以用另一个因素解释，那就是年龄。小孩子的手臂往往比较短，也不具备成人的阅读能力。如果年龄一定，则观察到的手臂长度和阅读能力之间的关系就消失了。因此，可以得出结论，在年龄一定时，手臂长度和阅读能力二者条件独立。

X 和 **Y** 之间的条件独立也可以写成类似于式（8-5）的形式：

$$\begin{aligned} P(\mathbf{X},\mathbf{Y} \mid \mathbf{Z}) &= \frac{P(\mathbf{X},\mathbf{Y},\mathbf{Z})}{P(\mathbf{Z})} \\ &= \frac{P(\mathbf{X},\mathbf{Y},\mathbf{Z})}{P(\mathbf{Y},\mathbf{Z})} \times \frac{P(\mathbf{Y},\mathbf{Z})}{P(\mathbf{Z})} \\ &= P(\mathbf{X} \mid \mathbf{Y},\mathbf{Z}) \times P(\mathbf{Y} \mid \mathbf{Z}) \\ &= P(\mathbf{X} \mid \mathbf{Z}) \times P(\mathbf{Y} \mid \mathbf{Z}) \end{aligned} \tag{8-7}$$

其中，式（8-7）的最后一行由式（8-6）得到。

（2）朴素贝叶斯分类器工作原理 有了条件独立假设，就不必计算 **X** 的每一个组合的类条件概率，只需对给定的 **Y**，计算每个 **X** 的条件概率。后一种方法更实用，因为它不需要很大的训练集就能获得较好的概率估计。

分类测试记录时，朴素贝叶斯分类器对每个类 **Y** 计算后验概率：

$$P(Y \mid \mathbf{X}) = \frac{P(Y)\prod_{i=1}^{d} P(X_i \mid Y)}{P(\mathbf{X})} \tag{8-8}$$

由于对所有的 **Y**，$P(\mathbf{X})$ 是固定的，因此只要找出使分子 $P(Y)\prod_{i=1}^{d} P(X_i \mid Y)$ 最大的类就足够了。在接下来的两部分，描述几种估计分类属性和连续属性的条件概率 $P(X_i \mid Y)$ 的方法。

（3）估计分类属性的条件概率 对分类属性 X_i，根据类 y 中属性值等于 x_i 的训练实例的比例来估计条件概率 $P(X=x_i \mid Y=y)$。

（4）估计连续属性的条件概率 朴素贝叶斯分类法使用两种方法估计连续属性的类条件概率。

1）可以把每一个连续的属性离散化，然后用相应的离散区间替换连续属性值。这种方法把连续属性转换成序数属性。通过计算类 y 的训练记录中落入 X_i 对应区间的比例来估计条件概率 $P(X_i \mid Y=y)$。估计误差由离散策略和离散区间的数目决定。如果离散区间的数目太大，就会因为每一个区间中训练记录太少而不能对 $P(X_i \mid Y)$ 做出可靠的估计。相反，如果区间数目太小，有些区间就会含有来自不同类的记录，因此失去了正确的决策边界。

2）可以假设连续变量服从某种概率分布，然后使用训练数据估计分布的参数。高斯分布通常被用来表示连续属性的类条件概率分布。该分布有两个参数，均值 μ 和 σ^2。对每个类 y_j，属性 X_i 的类条件概率等于：

$$P(X_i = x_i \mid Y = y_j) = \frac{1}{\sqrt{2\pi}\sigma_{ij}} e^{-\frac{(x_i-\mu_{ij})^2}{2\sigma_{ij}^2}} \tag{8-9}$$

参数 μ_{ij} 可以用类 y_j 的所有训练记录关于 X_i 的样本均值（$\bar{x}$）来估计。同理，参数 σ_{ij}^2 可以用这些训练记录的样本方差（s^2）来估计。

（5）朴素贝叶斯分类器举例 考虑图 8-6 中的数据集，可以计算每个分类属性的类条件概率，同时利用上面介绍的方法计算连续属性的样本均值和方差。

序号	有房	婚姻状况	年收入/美元	拖欠贷款
1	是	单身	125000	否
2	否	已婚	100000	否
3	否	单身	70000	否
4	是	已婚	120000	否
5	否	离婚	95000	是
6	否	已婚	60000	否
7	是	离婚	220000	否
8	否	单身	85000	是
9	否	已婚	75000	否
10	否	单身	90000	是

a)

P(有房=是|No)=3/7
P(有房=否|No)=4/7
P(有房=是|Yes)=0
P(有房=否|Yes)=1
P(婚姻状况=单身|No)=2/7
P(婚姻状况=离婚|No)=1/7
P(婚姻状况=已婚|No)=4/7
P(婚姻状况=单身|Yes)=2/3
P(婚姻状况=离婚|Yes)=1/3
P(婚姻状况=已婚|Yes)=0

年收入：
如果类=No：样本均值=110
样本方差=2975
如果类=Yes：样本均值=90
样本方差=25

b)

图 8-6 贷款分类问题的朴素贝叶斯分类器

为了预测测试记录 **X**=(有房=否，婚姻状况=已婚，年收入=120000 美元）的类标号，需要计算后验概率 $P(\mathrm{No}\mid\mathbf{X})$ 和 $P(\mathrm{Yes}\mid\mathbf{X})$。回想一下前面的讨论，这些后验概率可以通过计算先验概率 $P(Y)$ 和类条件概率 $\prod_i P(X_i\mid Y)$ 的乘积来估计，对应于式（8-8）右端的分子。

每个类的先验概率可以通过计算属于该类的训练记录所占的比例来估计。因为有 3 个记录属于类 Yes，7 个记录属于类 No，所以 $P(\mathrm{Yes})=0.3$，$P(\mathrm{No})=0.7$。使用图 8-6b 中提供的信息，类条件概率计算如下：

$$
\begin{aligned}
P(\mathrm{No}\mid\mathbf{X}) &= P(\text{有房}=\text{否}\mid\mathrm{No})\times P(\text{婚姻状况}=\text{已婚}\mid\mathrm{No})\times P(\text{年收入}=120000\text{ 美元}\mid\mathrm{No})\\
&=4/7\times4/7\times0.0072=0.0024\\
P(\mathrm{Yes}\mid\mathbf{X}) &= P(\text{有房}=\text{否}\mid\mathrm{Yes})\times P(\text{婚姻状况}=\text{已婚}\mid\mathrm{Yes})\times P(\text{年收入}=120000\text{ 美元}\mid\mathrm{Yes})\\
&=1\times0\times1.2\times10^{-9}=0
\end{aligned}
\tag{8-10}
$$

放到一起可得到类 No 的后验概率 $P(\mathrm{No}\mid\mathbf{X})=\alpha\times7/10\times0.0024=0.0016\alpha$，其中 $\alpha=1/P(\mathbf{X})$，是个常量。同理，可以得到类 Yes 的后验概率等于 0，因为它的类条件概率等于 0。因为 $P(\mathrm{No}\mid\mathbf{X})>P(\mathrm{Yes}\mid\mathbf{X})$，所以记录分类为 No。

（6）条件概率的 m 估计 前面的例子体现了从训练数据估计后验概率时的一个潜在问题：如果有一个属性的类条件概率等于 0，则整个类的后验概率就等于 0。仅使用记录比例来估计类条件概率的方法显得太脆弱了，尤其是当训练样例很少而属性数目又很大时。

一种更极端的情况是，当训练样例不能覆盖那么多的属性值时，可能就无法分类某些测试记录。例如，如果 $P(\text{婚姻状况}=\text{离婚}\mid\mathrm{No})$ 为 0 而不是 1/7，那么具有属性集 **X**=(有房=是，婚姻状况=离婚，年收入=120000 美元）的记录的类条件概率如下：

$$
\begin{aligned}
P(\mathrm{No}\mid\mathbf{X}) &= 3/7\times0\times0.0072=0\\
P(\mathrm{Yes}\mid\mathbf{X}) &= 0\times1/3\times1.2\times10^{-9}=0
\end{aligned}
\tag{8-11}
$$

朴素贝叶斯分类器无法分类该记录。解决该问题的途径是使用 m 估计（m-Estimate）方法来估计条件概率：

$$P(x_i \mid y_j)=\frac{n_c+mp}{n+m} \tag{8-12}$$

式中，n 为类 y_j 中的实例总数；n_c 为类 y_j 的训练样例中取值 x_i 的样例数；m 为称为等价样本大小的参数；p 为用户指定的参数。如果没有训练集（即 $n=0$），则 $P(x_i \mid y_j)=p$。因此 p 可以看作是在类 y_j 的记录中观察属性值 x_i 的先验概率。等价样本大小决定先验概率 p 和观测概率 n_c/n 之间的平衡。

在前面的例子中，条件概率 P(婚姻状况=已婚 | Yes)=0，因为类中没有训练样例含有该属性值。使用 m 估计方法，$m=3$，$p=1/3$，则条件概率不再是 0：

$$P(\text{婚姻状况}=\text{已婚} \mid \text{Yes})=(0+3\times1/3)/(3+3)=1/6 \tag{8-13}$$

如果假设对类 Yes 的所有属性 $p=1/3$，对类 No 的所有属性 $p=2/3$，则

$$\begin{aligned}P(\text{No} \mid \mathbf{X})&=P(\text{有房}=\text{否} \mid \text{No})\times P(\text{婚姻状况}=\text{已婚} \mid \text{No})\times P(\text{年收入}=120000\text{ 美元} \mid \text{No})\\&=6/10\times6/10\times0.0072=0.0026\end{aligned}$$

$$\begin{aligned}P(\text{Yes} \mid \mathbf{X})&=P(\text{有房}=\text{否} \mid \text{Yes})\times P(\text{婚姻状况}=\text{已婚} \mid \text{Yes})\times P(\text{年收入}=120000\text{ 美元} \mid \text{Yes})\\&=4/6\times1/6\times1.2\times10^{-9}=1.3\times10^{-10}\end{aligned} \tag{8-14}$$

类 No 的后验概率 $P(\text{No} \mid \mathbf{X})=\alpha\times7/10\times0.0026=0.0018\alpha$，而类 Yes 的后验概率 $P(\text{Yes} \mid \mathbf{X})=\alpha\times3/10\times1.3\times10^{-10}=4.0\times10^{-11}\alpha$。尽管分类结果不变，但是当训练样例较少时，m 估计通常是一种更加稳健的概率估计方法。

（7）朴素贝叶斯分类器的特征　朴素贝叶斯分类器一般具有以下特点：

1）面对孤立的噪声点，朴素贝叶斯分类器是健壮的。因为在从数据中估计条件概率时，这些点被平均。通过在建模和分类时忽略样例，朴素贝叶斯分类器也可以处理属性值遗漏问题。

2）面对无关属性，该分类器是健壮的。如果 X_i 是无关属性，那么 $P(X_i \mid Y)$ 几乎变成了均匀分布。X_i 的类条件概率不会对总的后验概率的计算产生影响。

3）相关属性可能会降低朴素贝叶斯分类器的性能，因为对这些属性，条件独立的假设已不成立。

3. 支持向量机

支持向量机（Support Vector Machine，SVM）已经成为一种倍受关注的分类技术。这种技术具有坚实的统计学理论基础，并在许多实际应用（如手写数字的识别、文本分类等）中展示了大有可为的实践效用。此外，SVM 可以很好地应用于高维数据，避免了维数灾难问题。

（1）间隔与支持向量　给定训练样本集 $D=\{(\boldsymbol{x}_1,y_1),(\boldsymbol{x}_2,y_2),\cdots,(\boldsymbol{x}_m,y_m)\},y_i\in\{-1,+1\}$，分类学习最基本的想法就是基于训练集 D 在样本空间中找到一个划分超平面，将不同类别的样本分开。但能将训练样本分开的划分超平面可能有很多个，如图 8-7 所示，应该努力去找到哪一个呢？

直观上看，应该去找位于两类训练样本“正中间”的划分超平面，即图 8-7 中彩色的那个，因为该划分超平面对训练样本局部扰动的“容忍”性最好。例如，由于训练集的局限性或噪声的因素，训练集外的样本可能比图 8-7 中的训练样本更接近两个类的分隔界，这将使许多划分超平面出现错误，而红色的超平面受影响最小，换言之，这个划分超平面所产生

的分类结果是最鲁棒的，对未见示例的泛化能力最强。

在样本空间中，划分超平面可通过如下线性方程来描述：

$$\boldsymbol{w}^{\mathrm{T}}\boldsymbol{x}+b=0 \tag{8-15}$$

式中，$\boldsymbol{w}$ 为法向量，$\boldsymbol{w}=(w_1,w_2,\cdots,w_d)$，决定了超平面的方向；$b$ 为位移项，决定了超平面与原点之间的距离。显然，划分超平面可被法向量 $\boldsymbol{w}$ 和位移 b 确定，下面将其记为（$\boldsymbol{w},b$）。样本空间中任意点 $\boldsymbol{x}$ 到超平面（$\boldsymbol{w},b$）的距离可写为

$$r=\frac{|\boldsymbol{w}^{\mathrm{T}}\boldsymbol{x}+b|}{\|\boldsymbol{w}\|} \tag{8-16}$$

假设超平面（$\boldsymbol{w},b$）能将训练样本正确分类，即对于$(\boldsymbol{x}_i,y_i)\in D$，若 $y_i=+1$，则有 $\boldsymbol{w}^{\mathrm{T}}\boldsymbol{x}_i+b>0$；若 $y_i=-1$，则有 $\boldsymbol{w}^{\mathrm{T}}\boldsymbol{x}_i+b<0$。令

$$\begin{cases}\boldsymbol{w}^{\mathrm{T}}\boldsymbol{x}_i+b\geqslant+1, & y_i=+1\\ \boldsymbol{w}^{\mathrm{T}}\boldsymbol{x}_i+b\leqslant-1, & y_i=-1\end{cases} \tag{8-17}$$

如图 8-8 所示，距离超平面最近的这几个训练样本点使式（8-17）的等号成立。它们被称为“支持向量”（Support Vector），两个异类支持向量到超平面的距离之和为

$$\gamma=\frac{2}{\|\boldsymbol{w}\|} \tag{8-18}$$

它被称为“间隔”（Margin），如图 8-8 所示。

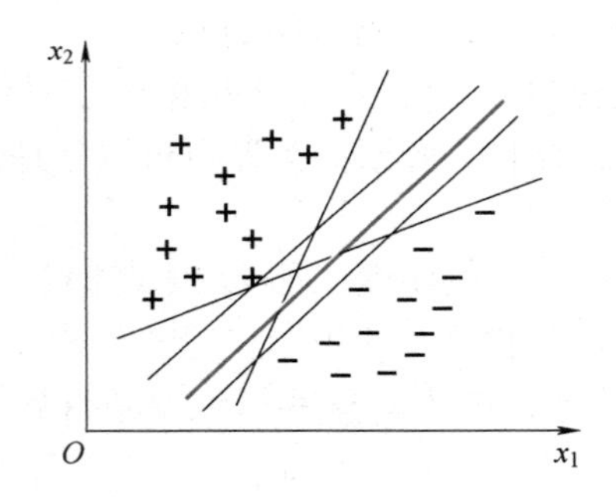

图 8-7　存在多个划分超平面将两类训练样本分开

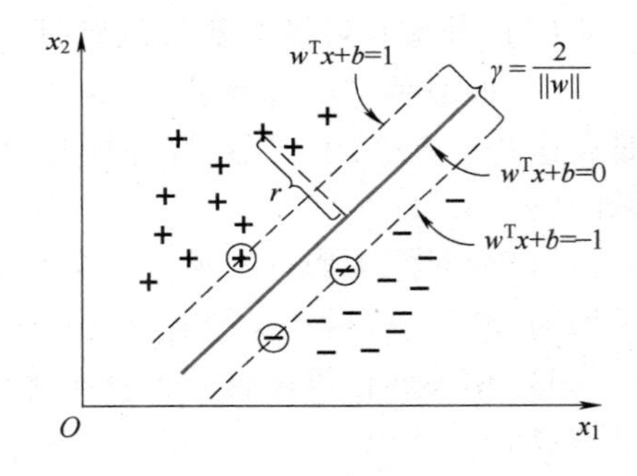

图 8-8　支持向量与间隔

欲找到具有“最大间隔”（Maximum Margin）的划分超平面，也就是要找到能满足式（8-17）中约束的参数 $\boldsymbol{w}$ 和 b，使得 γ 最大，即

$$\begin{aligned}&\max_{\boldsymbol{w},b}\ \frac{2}{\|\boldsymbol{w}\|}\\ &\text{s.t.}\ \ y_i(\boldsymbol{w}^{\mathrm{T}}\boldsymbol{x}_i+b)\geqslant1,\quad i=1,2,\cdots,m\end{aligned} \tag{8-19}$$

显然，为了最大化间隔，仅需最大化$\|\boldsymbol{w}\|^{-1}$，这等价于最小化$\|\boldsymbol{w}\|^2$。于是，式（8-19）可重写为

$$\begin{aligned}&\min_{\boldsymbol{w},b}\ \frac{1}{2}\|\boldsymbol{w}\|^2\\ &\text{s.t.}\ \ y_i(\boldsymbol{w}^{\mathrm{T}}\boldsymbol{x}_i+b)\geqslant1,\quad i=1,2,\cdots,m\end{aligned} \tag{8-20}$$

这就是支持向量机的基本型。

（2）对偶问题 希望求解式（8-20）来得到大间隔划分超平面所对应的模型

$$f(\boldsymbol{x})=\boldsymbol{w}^{\mathrm{T}}\boldsymbol{x}+b \tag{8-21}$$

式中，$\boldsymbol{w}$ 和 b 是模型参数。注意到式（8-20）本身是一个凸二次规划（Convex Quadratic Programming）问题，能直接用现成的优化计算包求解，但可以有更高效的办法。

对式（8-20）使用拉格朗日乘子法可得到其“对偶问题”（Dual Problem）。具体来说，对式（8-20）的每条约束添加拉格朗日乘子 $\alpha_i \geqslant 0$，则该问题的拉格朗日函数可写为

$$L(\boldsymbol{w},b,\boldsymbol{\alpha})=\frac{1}{2}\|\boldsymbol{w}\|^2+\sum_{i=1}^{m}\alpha_i(1-y_i(\boldsymbol{w}^{\mathrm{T}}\boldsymbol{x}_i+b)) \tag{8-22}$$

式中，$\boldsymbol{\alpha}=(\alpha_1,\alpha_2,\cdots,\alpha_m)$。令 $L(\boldsymbol{w},b,\boldsymbol{\alpha})$ 对 $\boldsymbol{w}$ 和 b 的偏导为零可得

$$\boldsymbol{w}=\sum_{i=1}^{m}\alpha_i y_i \boldsymbol{x}_i \tag{8-23}$$

$$0=\sum_{i=1}^{m}\alpha_i y_i \tag{8-24}$$

将式（8-23）代入（8-22），即可将 $L(\boldsymbol{w},b,\boldsymbol{\alpha})$ 中的 $\boldsymbol{w}$ 和 b 消去，再考虑式（8-24）的约束，就得到式（8-20）的对偶问题

$$\begin{aligned}\max_{\boldsymbol{\alpha}} & \sum_{i=1}^{m}\alpha_i-\frac{1}{2}\sum_{i=1}^{m}\sum_{j=1}^{m}\alpha_i\alpha_j y_i y_j \boldsymbol{x}_i^{\mathrm{T}}\boldsymbol{x}_j \\ \text{s. t.} \quad & \sum_{i=1}^{m}\alpha_i y_i=0, \\ & \alpha_i \geqslant 0, \quad i=1,2,\cdots,m\end{aligned} \tag{8-25}$$

解出 $\boldsymbol{\alpha}$ 后，求出 $\boldsymbol{w}$ 和 b 即可得到模型

$$\begin{aligned}f(\boldsymbol{x})&=\boldsymbol{w}^{\mathrm{T}}\boldsymbol{x}+b \\ &=\sum_{i=1}^{m}\alpha_i y_i \boldsymbol{x}_i^{\mathrm{T}}\boldsymbol{x}+b\end{aligned} \tag{8-26}$$

从对偶问题（8-25）解出的 α_i 是式（8-22）中的拉格朗日乘子，它对应着训练样本 $(\boldsymbol{x}_i,y_i)$。注意到式（8-20）中有不等式约束，因此上述过程需满足 KKT（Karush-Kuhn-Tucker）条件，即要求

$$\begin{cases}\alpha_i \geqslant 0 \\ y_i f(\boldsymbol{x}_i)-1 \geqslant 0 \\ \alpha_i(y_i f(\boldsymbol{x}_i)-1)=0\end{cases} \tag{8-27}$$

于是，对任意训练样本 $(\boldsymbol{x}_i,y_i)$，总有 $\alpha_i=0$ 或 $y_i f(x_i)=1$。若 $\alpha_i=0$，则该样本将不会在式（8-26）的求和中出现，也就不会对 $f(x)$ 有任何影响；若 $\alpha_i>0$，则必有 $y_i f(x_i)=1$，所对应的样本点位于最大间隔边界上，是一个支持向量。这显示出支持向量机的一个重要性质：训练完成后，大部分的训练样本都不需保留，最终模型仅与支持向量有关。

那么，如何求解式（8-25）呢？不难发现，这是一个二次规划问题，可使用通用的二次规划算法来求解；然而，该问题的规模正比于训练样本数，这会在实际任务中造成很大的开销。为了避开这个障碍，人们通过利用问题本身的特性，提出了很多高效算法，SMO（Sequential Minimal Optimization）是其中一个著名的代表。

SMO 的基本思路是先固定 α_i 之外的所有参数，然后求 α_i 上的极值。由于存在约束 $\sum_{i=1}^{m}\alpha_i y_i$，若固定 α_i 之外的其他变量，则 α_i 可由其他变量导出。于是，SMO 每次选择两个变量 α_i 和 α_j，并固定其他参数，这样，在参数初始化后，SMO 不断执行如下两个步骤直至收敛：

1）选取一对需要更新的变量 α_i 和 α_j。

2）固定 α_i 和 α_j 以外的参数，求解式（8-25）获得更新后的 α_i 和 α_j。

注意到只需选取的 α_i 和 α_j 中有一个不满足 KKT 条件（8-27），目标函数就会在迭代后增大。直观来看，KKT 条件违背的程度越大，则变量更新后可能导致的目标函数值增幅越大。于是，SMO 先选取违背 KKT 条件程度最大的变量，第二个变量应选择一个使目标函数值增长最快的变量，但由于比较各变量所对应的目标函数值增幅的复杂度过高，因此 SMO 采用了一个启发式：使选取的两变量所对应样本之间的间隔最大。一种直观的解释是，这样的两个变量有很大的差别，与对两个相似的变量进行更新相比，对它们进行更新会带给目标函数值更大的变化。

SMO 算法之所以高效，恰由于在固定其他参数后，仅优化两个参数的过程能做到非常高效。具体来说，仅考虑 α_i 和 α_j 时，式（8-25）中的约束可重写为

$$\alpha_i y_i+\alpha_j y_j=c,\quad \alpha_i\geqslant 0,\quad \alpha_j\geqslant 0 \tag{8-28}$$

其中

$$c=-\sum_{k\neq i,j}\alpha_k y_k \tag{8-29}$$

是使 $\sum_{i=1}^{m}\alpha_i y_i=0$ 成立的常数。用

$$\alpha_i y_i+\alpha_j y_j=c \tag{8-30}$$

消去式（8-25）中的变量 α_j，则得到一个关于 α_i 的单变量二次规划问题，仅有的约束是 $\alpha_i\geqslant 0$。不难发现，这样的二次规划问题具有闭式解，于是不必调用数值优化算法即可高效地计算出更新后的 α_i 和 α_j。

如何确定偏移项 b 呢？注意到对任意支持向量 (x_s, y_s) 都有 $y_s f(\boldsymbol{x}_s)=1$，即

$$y_s\left(\sum_{i\in S}\alpha_i y_i \boldsymbol{x}_i^{\mathrm{T}}\boldsymbol{x}_s+b\right)=1 \tag{8-31}$$

式中，S 为所有支持向量的下标集，$S=\{i\mid \alpha_i>0, i=1,2,\cdots,m\}$。理论上，可选取任意支持向量并通过求解式（8-31）获得 b，但现实任务中常采用一种更鲁棒的做法：使用所有支持向量求解的平均值

$$b=\frac{1}{|S|}\sum_{s\in S}\left(1/y_s-\sum_{i\in S}\alpha_i y_i \boldsymbol{x}_i^{\mathrm{T}}\boldsymbol{x}_s\right) \tag{8-32}$$

在上面的讨论中，假设训练样本是线性可分的，即存在一个划分超平面能将训练样本正确分类。然而在现实任务中，原始样本空间内也许并不存在一个能正确划分两类样本的超平面，此时需要利用核方法来处理，限于篇幅原因，本书不详细讨论核方法，感兴趣的读者可查阅相关资料。

4. 不平衡类问题

具有不平衡类分布的数据集在许多实际应用中都会见到。例如，一个监管产品生产线的

下线产品的自动检测系统会发现，不合格产品的数量远远低于合格产品的数量。同样，在信用卡欺诈检测中，合法交易远远多于欺诈交易。在这两个例子中，属于不同类的实例数量都不成比例。不平衡程度随应用不同而不同——一个在六西格玛原则下运行的制造厂可能会在一百万件出售给顾客的产品中发现四件不合格品，而信用卡欺诈的量级可能是百分之一。尽管它们不常出现，但是在这些应用中，稀有类的正确分类比多数类的正确分类更有价值。然而，由于类分布是不平衡的，这就给那些已有的分类算法带来了很多问题。

准确率经常用来比较分类器的性能，然而它可能不适合评价从不平衡数据集得到的模型。例如，如果1%的信用卡交易是欺骗行为，则预测每个交易都合法的模型具有99%的准确率，尽管它检测不到任何欺骗交易。另外，用来指导学习算法的度量（如决策树归纳中的信息增益）也需要进行修改，以关注那些稀有类。

检测稀有类的实例好比大海捞针。因为这些实例很少出现，因此描述稀有类的模型趋向于高度特殊化。例如，在基于规则的分类器中，为稀有类提取的规则通常涉及大量的属性，并很难简化为更一般的、具有很高覆盖率的规则（不像那些多数类的规则）。这样的模型也很容易受训练数据中噪声的影响。因此，许多已有的算法不能很好地检测稀有类的实例。

本节将给出一些为处理不平衡类问题而开发的方法。首先，介绍除准确率外的一些可选度量。然后，描述如何使用代价敏感学习和基于抽样的方法来改善稀有类的检测。

（1）可选度量 由于准确率度量将每个类看得同等重要，因此它可能不适合用来分析不平衡数据集。在不平衡数据集中，稀有类比多数类更有意义。对于二元分类，稀有类通常记为正类，而多数类被认为是负类。表8-2给出了汇总分类模型正确和不正确预测的实例数目的混淆矩阵。

表8-2 汇总分类模型正确和不正确预测的实例数目的混淆矩阵

实际的类	混淆矩阵	
	预测的类+	预测的类-
+	f_{++}(TP)	f_{+-}(FN)
-	f_{-+}(FP)	f_{--}(TN)

在谈到混淆矩阵列出的计数时，经常用到下面的术语。

1）真正（True Positive，TP）或f_{++}，对应于被分类模型正确预测的正样本数。

2）假负（False Negative，FN）或f_{+-}，对应于被分类模型错误预测为负类的正样本数。

3）假正（False Positive，FP）或f_{-+}，对应于被分类模型错误预测为正类的负样本数。

4）真负（Ture Negative，TN）或f_{--}，对应于被分类模型正确预测的负样本数。

混淆矩阵中的计数可以表示为百分比的形式。真正率（True positive Rate，TPR）或灵敏度（Sensitivity）定义为被模型正确预测的正样本的比例，即

$$TPR = TP/(TP+FN)$$

同理，真负率（Ture Negative Rate，TNR）或特指度（Specificity）定义为被模型正确预测的负样本的比例，即

$$TNR = TN/(TN+FP)$$

最后，假正率（False Positive Rate，FPR）定义为被模型错误预测为正类的负样本比

例，即

$$FPR=FP/(TN+FP)$$

而假负率（False Negative Rate，FNR）定义为被模型错误预测为负类的正样本比例，即

$$FNR=FN/(TP+FN)$$

召回率（Recall）和精度（Precision）是两个广泛使用的度量，用于评价不同模型分类精度的好坏。下面给出精度（p）和召回率（r）的形式化定义：

$$p=\frac{TP}{TP+FP} \tag{8-33}$$

$$r=\frac{TP}{TP+FN} \tag{8-34}$$

精度是预测为正的样本中真正的正样本的比例。精度越高，分类器的假正类错误率就越低。召回率度量被分类器正确预测的正样本的比例。具有高召回率的分类器很少将正样本误分为负样本。实际上，召回率的值等于真正率。

可以构造一个基线模型，它最大化其中一个度量而不管另一个。例如，将每一个记录都声明为正类的模型具有完美的召回率，但它的精度却很差。相反，将匹配训练集中任何一个正记录的检验记录都指派为正类的模型具有很高的精度，但召回率很低。构建一个最大化精度和召回率的模型是分类算法的主要任务之一。

精度和召回率可以合并成另一个度量，称为 F_1 度量。

$$F_1=\frac{2rp}{r+p}=\frac{2\times TP}{2\times TP+FP+FN} \tag{8-35}$$

原则上，F_1 表示召回率和精度的调和均值，即

$$F_1=\frac{2}{\dfrac{1}{r}+\dfrac{1}{p}} \tag{8-36}$$

两个数 x 和 y 的调和均值趋向于接近较小的数。因此，一个高的 F_1 度量值确保精度和召回率都比较高。

（2）代价敏感学习 代价矩阵对将一个类的记录分类到另一个类的惩罚进行编码。令 $C(i,j)$ 表示预测一个 i 类记录为 j 类的代价。使用这种记号，$C(+,-)$ 是犯一个假负错误的代价，而 $C(-,+)$ 是产生一个假警告的代价。代价矩阵中的一个负项表示对正确分类的奖励。给定一个 N 个记录的检验集，模型 M 的总代价是

$$C_t(M)=TP\times C(+,+)+FP\times C(-,+)+FN\times C(+,-)+TN\times C(-,-) \tag{8-37}$$

在0/1代价矩阵中，即 $C(+,+)=C(-,-)=0$ 而 $C(+,-)=C(-,+)=1$，可以证明总代价等价于误分类的数目。

$$C_t(M)=0\times(TP+TN)+1\times(FP+FN)=N\times Err \tag{8-38}$$

式中，Err 为分类器的误差率。

代价敏感分类技术在构建模型的过程中考虑代价矩阵，并产生代价最低的模型。例如，如果假负错误代价最高，则学习算法将通过向负类扩展它的决策边界来减少这些错误，如图8-9所示。这种方法产生的模型覆盖更多的正类样本，尽管其代价是产生了一些额外的假警告。

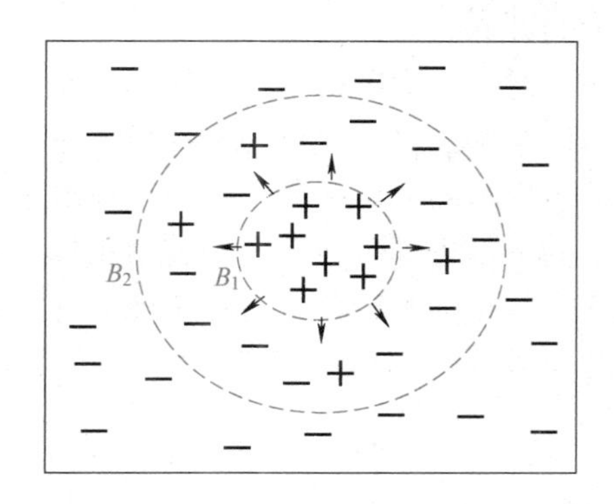

图 8-9 修改决策边界（从 B_1 到 B_2）以减少分类器的假负错误

（3）基于抽样的方法 抽样是处理不平衡类问题的另一种广泛使用的方法。抽样的主要思想是改变实例的分布，从而帮助稀有类在训练数据集中得到很好的表示。用于抽样的一些现有的技术包括不充分抽样（Undersampling）、过分抽样（Oversampling）和两种技术的混合。为了解释这些技术，考虑一个包含 100 个正样本和 1000 个负样本的数据集。

在不充分抽样的情况下，取 100 个负样本的一个随机抽样，与所有的正样本一起形成训练集。这种方法的一个潜在的问题是，一些有用的负样本可能没有选出来用于训练，因此会生成一个不太优的模型。克服这个问题的一个可行的方法是多次执行不充分抽样，并归纳类似于组合学习方法的多分类器。也可以使用聚焦的不充分抽样（Focused Undersampling），这时抽样程序精明地确定应该被排除的负样本，如那些远离决策边界的样本。

过分抽样复制正样本，直到训练集中正样本和负样本一样多。图 8-10 说明了使用分类法（如决策树）构建决策边界时过分抽样对其产生的影响。不使用过分抽样，只有在图 8-10a 中左下角的那些正样本被正确分类，位于图中间的正样本没有被正确分类，因为没有足够的样本来确定分离正样本和负样本的新决策边界。过分抽样提供了需要的额外样本，确保围绕该正样本的决策边界不被剪除，如图 8-10b 所示。

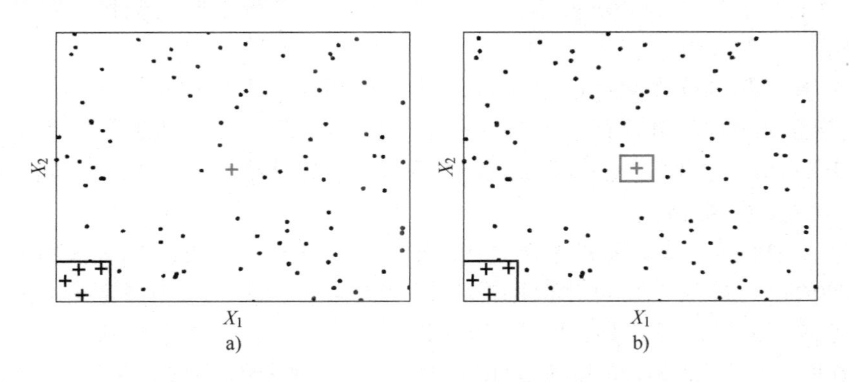

图 8-10 构建决策边界时过分抽样对其产生的影响

a）不使用过分抽样 b）使用过分抽样

然而，对于噪声数据，过分抽样可能导致模型过分拟合，因为一些噪声样本也可能被复制多次。原则上，过分抽样没有向训练集中添加任何新的信息。对正样本的复制仅仅是阻止学习算法剪掉模型中描述包含很少训练样本的区域的那部分（即小的不相连的部分）。增加的正样本有可能增加建立模型的计算时间。

混合方法使用二者的组合，对多数类进行不充分抽样，而对稀有类进行过分抽样来获得均匀的类分布。不充分抽样可以采用随机或聚焦的子抽样。另一方面，过分抽样可以通过复制已有的正样本，或在已有的正样本的邻域中产生新的正样本来实现。在后一种方法中，须首先确定每一个已有的正样本的 k-最近邻，然后，在连接正样本和一个 k-最近邻的线段上的某个随机点产生一个新的正样本。重复该过程，直到正样本的数目达到要求。不像数据复制方法，新的样本能够向外扩展正类的决策边界，与图 8-9 中的方法类似。然而，这种方法仍然可能受模型过分拟合的影响。

8.3.2 聚类方法

聚类分析将数据划分成有意义或有用的组（簇）。如果目标是划分成有意义的组，则簇应当捕获数据的自然结构。然而，在某种意义下，聚类分析只是解决其他问题（如数据汇总）的起点。无论是旨在理解还是实用，聚类分析都在广泛的领域扮演着重要角色。这些领域包括：心理学和其他社会科学、生物学、统计学、模式识别、信息检索、机器学习和数据挖掘。

聚类分析仅根据在数据中发现的描述对象及其关系的信息，将数据对象分组。其目标是，组内的对象相互之间是相似的（相关的），而不同组中的对象是不同的（不相关的）。组内的相似性（同质性）越大，组间差别越大，聚类就越好。

本节介绍 3 种简单但重要的聚类方法：K 均值、凝聚层次聚类以及 DBSCAN。

1. K 均值

K 均值是一种基于原型的聚类技术，其算法比较简单，简要介绍其算法流程。首先，选择 K 个初始质心，其中 K 是用户指定的参数，即所期望的簇的个数。每个点指派到最近的质心，而指派到一个质心的点集为一个簇。然后，根据指派到簇的点，更新每个簇的质心。重复指派和更新步骤，直到簇不发生变化，或等价地，直到质心不发生变化。

K 均值的操作解释如图 8-11 所示。该图显示了如何从 3 个质心出发，通过 4 次指派和更新，找出最后的簇。在这些和其他显示 K 均值聚类的图中，每个子图显示：①迭代开始时的质心；②点到质心的指派。质心用符号“+”指示；属于同一个簇的所有点具有相同形状的标记。

在图 8-11a 中的第一步，将点指派到初始质心。这些质心都在点的较大组群中。对于这个例子，用均值作为质心。把点指派到质心后，更新质心。每一步的图都显示该步开始时的质心和点到质心的指派。在第二步，点指派到更新后的质心，并且再次更新质心。在步骤 2、3 和 4（分别在图 8-11b、图 8-11c 和图 8-11d 中显示）中，两个质心移向图下部点的两个较小的组群，当 K 均值算法终止于图 8-11d 时（因为不再发生变化），质心标识出点的自然分组。

对于邻近性函数和质心类型的某些组合，K 均值总是收敛到一个解，即 K 均值到达一种状态，其中所有点都不会从一个簇转移到另一个，因此质心不再改变。然而，由于大部分收敛都发生在早期阶段，因此通常用较弱的条件替换算法的终止条件。例如，用“直到仅有 1%的点改变簇”。

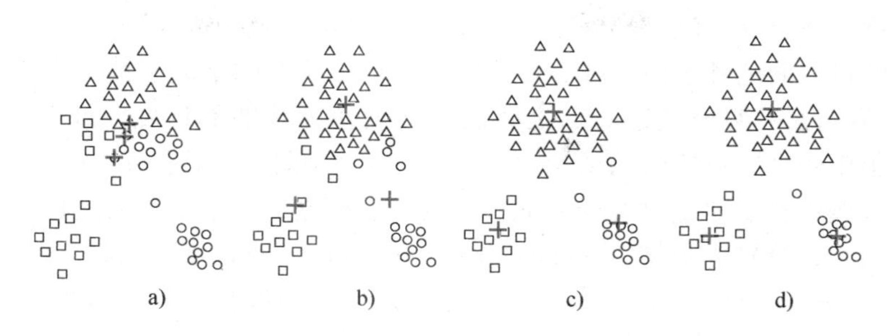

图 8-11　使用 K 均值算法找出样本数据中的三个簇

a）迭代 1　b）迭代 2　c）迭代 3　d）迭代 4

下面将更详细地考虑基本 K 均值算法的基本步骤。

（1）指派点到最近的质心　为了将点指派到最近的质心，需要邻近性度量来量化所考虑的数据的“最近”概念。通常，对欧氏空间中的点使用欧几里得距离（L_2），对文档用余弦相似性，然而，对于给定的数据类型，可能存在多种适合的邻近性度量。例如，曼哈顿距离（L_1）可以用于欧几里得数据，而 Jaccard 度量常常用于文档。

通常，K 均值使用的相似性度量相对简单，因为算法要重复地计算每个点与每个质心的相似度。然而，在某些情况下，如数据在低维欧几里得空间时，许多相似度的计算都有可能避免，因此显著地加快了 K 均值算法的速度。二分 K 均值是另一种通过减少相似度计算量来加快 K 均值速度的方法。

（2）质心和目标函数　K 均值算法一般都含有步骤“重新计算每个簇的质心”，因为质心可能随数据邻近性度量和聚类目标不同而改变。聚类的目标通常用一个目标函数表示，该函数依赖于点之间，或点到簇的质心的邻近性，如最小化每个点到最近质心的距离的二次方。

2. 凝聚层次聚类

层次聚类技术是另一类重要的聚类方法。与 K 均值一样，与许多聚类方法相比，这些方法相对较老，但是它们仍然被广泛应用。

层次聚类常常使用称作树状图（Dendrogram）的类似于树的图显示。该图显示簇和子簇的联系以及簇合并（凝聚）的次序。对于二维点的集合，层次聚类也可以使用嵌套簇图（Nested Cluster Diagram）表示。图 8-12 以一个包含 4 个二维点的集合为例，给出了这两种图。

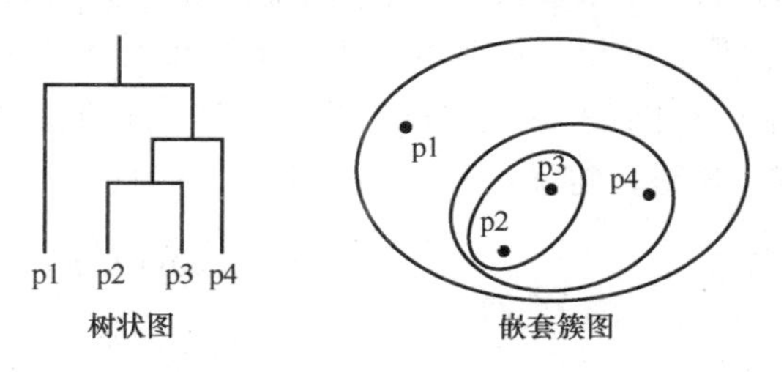

图 8-12　以树状图和嵌套簇图显示的 4 个点的层次聚类

（1）基本凝聚层次聚类算法　许多凝聚层次聚类技术都是这个方法的变种：从个体点作为簇开始，相继合并两个最接近的簇，直到只剩下一个簇。

凝聚层次聚类的关键操作是计算两个簇之间的邻近度，并且正是簇的邻近性定义区分了将讨论的各种凝聚层次技术。簇的邻近性通常用特定的簇类型定义。例如，许多凝聚层次聚类技术，如 MIN、MAX 和组平均，都源于簇的基于图的观点。MIN 定义簇的邻近度为不同簇的两个最近的点之间的邻近度，或者使用图的术语，不同的结点子集中两个结点之间的最短边。MAX 取不同簇中两个最远的点之间的邻近度作为簇的邻近度，或者使用图的术语，不同的结点子集中两个结点之间的最长边。如果邻近度是距离，则 MIN 和 MAX 这两个名字短小并且有提示作用。然而，对于相似度，值越大点越近，名字看上去是相反的。因此，通常使用替换的名字，分别为单链（Single Link）和全链（Complete Link）。另一种基于图的方法是组平均（Group Average）技术。它定义簇邻近度为取自不同簇的所有点对邻近度的平均值（平均边长）。这三种方法如图 8-13 所示。

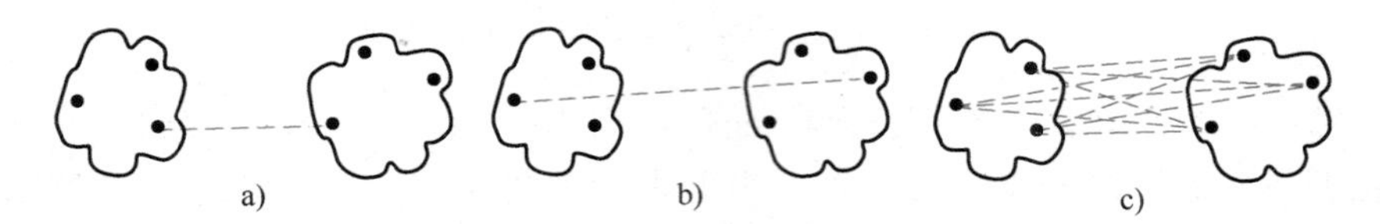

图 8-13　簇的邻近度的基于图的定义
a）MIN（单链）　b）MAX（全链）　c）组平均

如果取基于原型的观点，簇用质心代表，则不同的簇邻近度定义就更加自然。使用质心时，簇的邻近度一般定义为簇质心之间的邻近度。另一种技术，Ward 方法，也假定簇用其质心代表，但它使用合并两个簇导致的误差二次方和增量来度量两个簇之间的邻近性。像 K 均值一样，Ward 方法也试图最小化点到其簇质心的距离的二次方和。

（2）特殊技术

1）单链。对于层次聚类的单链版本，两个簇的邻近度定义为两个不同簇中任意两点之间的最短距离（最大相似度）。使用图的术语，如果从所有点作为单点簇开始，每次在点之间加上一条链，最短的链先加，则这些链将点合并成簇。单链技术擅长于处理非椭圆形状的簇，但对噪声和离群点很敏感。

2）全链。对于层次聚类的全链版本，两个簇的邻近度定义为两个不同簇中任意两点之间的最长距离（最小相似度）。使用图的术语，如果从所有点作为单点簇开始，每次在点之间加上一条链，最短的链先加，则一组点直到其中所有的点都完全被连接（即形成团）才形成一个簇。完全连接对噪声和离群点不太敏感，但是它可能使大的簇破裂，并且偏好球形。

3）组平均。对于层次聚类的组平均版本，两个簇的邻近度定义为不同簇的所有点对邻近度的平均值。这是一种界于单链和全链之间的折中方法。对于组平均，簇 C_i 和 C_j 的邻近度 $\mathrm{proximity}(C_i, C_j)$ 由式（8-39）定义：

$$\mathrm{proximity}(C_i, C_j) = \frac{\sum_{\mathbf{x} \in C_i, \mathbf{y} \in C_j} \mathrm{proximity}(\mathbf{x}, \mathbf{y})}{m_i * m_j} \tag{8-39}$$

式中，m_i 和 m_j 分别是簇 C_i 和 C_j 的大小。

4）Ward 方法和质心方法。对于 Ward 方法，两个簇的邻近度定义为两个簇合并时导致的平方误差的增量。这样一来，该方法使用的目标函数与 K 均值相同。尽管看上去这一特点使得 Ward 方法不同于其他层次聚类技术，但是从数学上可以证明：当两个点之间的邻近度取它们之间距离的二次方时，Ward 方法与组平均非常相似。

3. DBSCAN

基于密度的聚类寻找被低密度区域分离的高密度区域。DBSCAN 是一种简单、有效的基于密度的聚类算法，它解释了基于密度的聚类方法的许多重要概念。

（1）基于中心的密度 尽管定义密度的方法没有定义相似度的方法多，但仍存在几种不同的方法。本节中，讨论 DBSCAN 使用的基于中心的方法。

在基于中心的方法中，数据集中特定点的密度通过对该点 Eps 半径之内的点计数（包括点本身）来估计，如图 8-14 所示。点 A 的 Eps 半径内点的个数为 7，包括 A 本身。

该方法实现简单，但是点的密度取决于指定的半径。例如，如果半径足够大，则所有点的密度都等于数据集中的点数 m。同理，如果半径太小，则所有点的密度都是 1。对于低维数据，一种确定合适半径的方法在讨论 DBSCAN 算法时给出。

密度的基于中心的方法使得我们可以将点分类为：①稠密区域内部的点（核心点）；②稠密区域边缘上的点（边界点）；③稀疏区域中的点（噪声或背景点）。图 8-15 使用二维点集图表示了核心点、边界点和噪声点的概念。下面给出更详尽的描述。

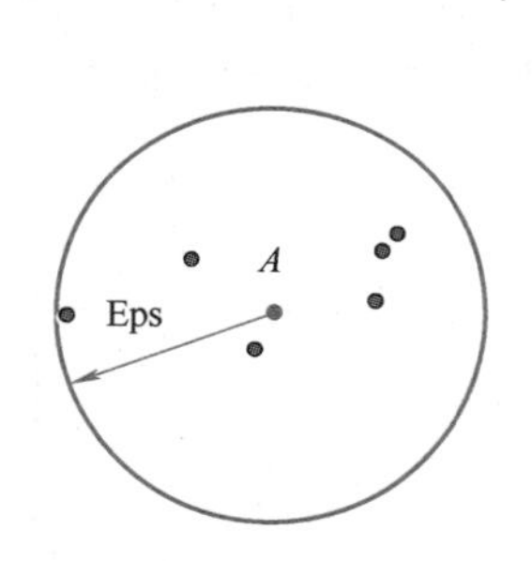

图 8-14 基于中心的密度图

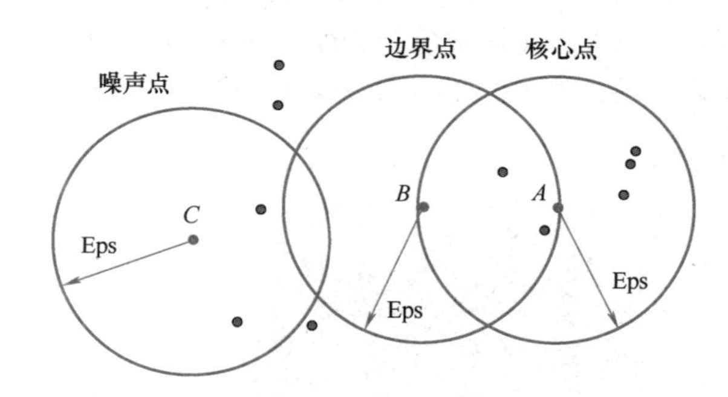

图 8-15 核心点、边界点和噪声点

1）核心点（Core Point）。这些点在基于密度的簇内部。点的邻域由距离函数和用户指定的距离参数 Eps 决定。核心点的定义是，如果该点的给定邻域内的点的个数超过给定的阈值 MinPts，其中 MinPts 也是一个用户指定的参数。在图 8-15 中，如果 MinPts≤7，则对于给定的半径（Eps），点 A 是核心点。

2）边界点（Border Point）。不是核心点，但它落在某个核心点的邻域内。在图 8-15 中，点 B 是边界点。边界点可能落在多个核心点的邻域内。

3）噪声点（Noise Point）。噪声点是既非核心点也非边界点的任何点。在图 8-15 中，点 C 是噪声点。

（2）DBSCAN 算法 给定核心点、边界点和噪声点的定义，DBSCAN 算法可以非正式地描述如下。任意两个足够靠近（相互之间的距离在 Eps 之内）的核心点将放在同一个簇中。同样，任何与核心点足够靠近的边界点也放到与核心点相同的簇中。如果一个边界点靠近不同簇的核心点，则可能需要解决平局问题，噪声点被丢弃。算法的细节如图 8-16 所示。

下面重点阐述一下 DBSCAN 算法中参数 Eps 和 MinPts 的问题。基本方法是观察点到它的 k 个最近邻的距离（称为 k-距离）的特性。对于属于某个簇的点，如果 k 不大于簇的大小，则 k-距离将很小。注意，尽管因簇的密度和点的随机分布不同而有一些变化，但是如果

1：将所有点标记为核心点、边界点或噪声点。
2：删除噪声点。
3：为距离在Eps之内的所有核心点之间赋予一条边。
4：每组连通的核心点形成一个簇。
5：将每个边界点指派到一个与之关联的核心点的簇中。

图 8-16　DBSCAN 算法的细节

簇密度的差异不是很极端的话，在平均情况下变化不会太大。然而，对于不在簇中的点（如噪声点），k-距离将相对较大。因此，如果对于某个 k，计算所有点的 k-距离，以递增次序将它们排序，然后绘制排序后的值，则会看到 k-距离的急剧变化，对应于合适的 Eps 值。如果选取该距离为 Eps 参数，而取 k 的值为 MinPts 参数，则 k-距离小于 Eps 的点将被标记为核心点，而其他点将被标记为噪声或边界点。

图 8-17 显示了一个样本数据集，而该数据的 k-距离图在图 8-18 给出。用这种方法决定的 Eps 值取决于 k，但并不随 k 改变而剧烈变化。如果 k 的值太小，则少量邻近点的噪声或离群点将可能不正确地标记为簇。如果 k 的值太大，则小簇（尺寸小于 k 的簇）可能会标记为噪声。最初的 DBSCAN 算法取 $k=4$，对于大部分二维数据集，这是一个合理的值。

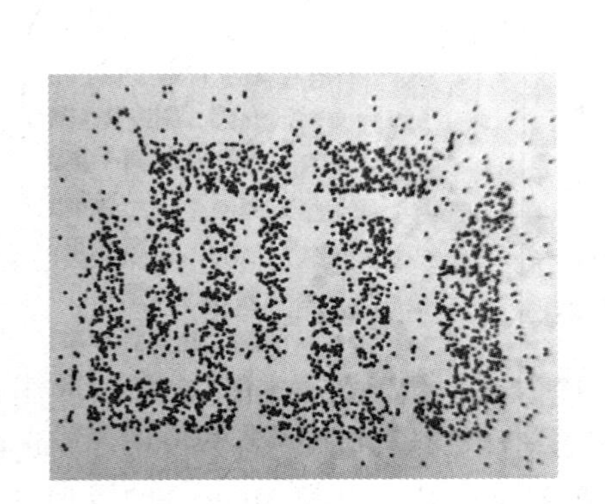

图 8-17　样本数据集

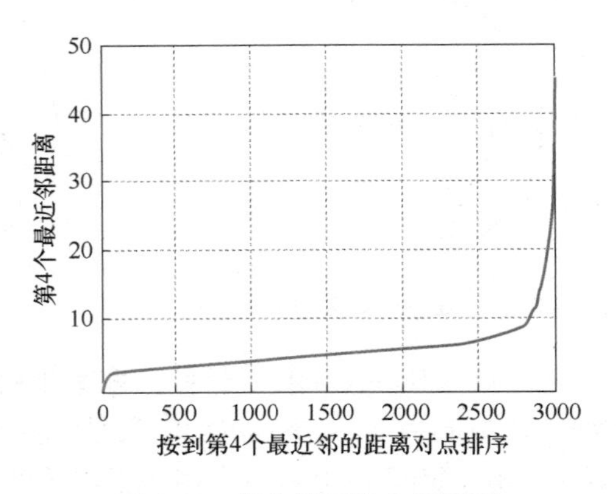

图 8-18　样本数据的 k-距离图

如果簇的密度变化很大，DBSCAN 可能会有问题。图 8-19 所示为埋藏在噪声中的 4 个簇。簇和噪声区域的密度由它们的明暗度指出。较密的两个簇 A 和 B 周围的噪声的密度与簇 C 和 D 的密度相同。如果 Eps 阈值足够低，使得 DBSCAN 可以发现簇 C 和 D，则 A、B 和包围它们的点将变成单个簇。如果 Eps 阈值足够高，使得 DBSCAN 可以发现簇 A 和 B，并且将包围它们的点标记为噪声，则 C、D 和包围它们的点也将被标记为噪声。

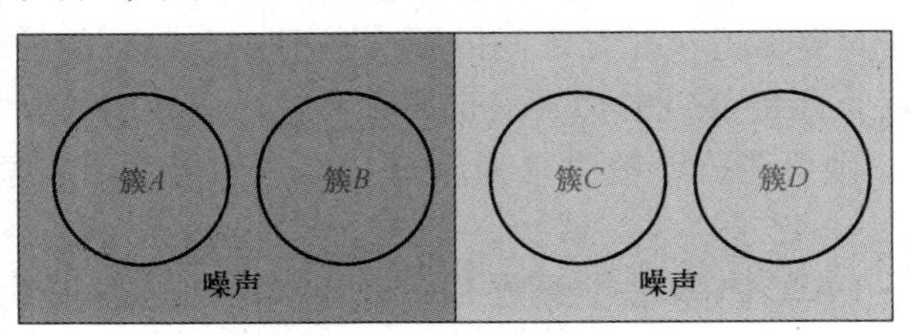

图 8-19　埋藏在噪声中的 4 个簇

8.3.3 降维分析

在实际应用当中，数据的维数经常成千上万，而在高维情形下通常会出现数据样本稀疏、距离计算困难等问题，这是所有数据类算法共同面临的严重障碍，被称为“维数灾难”（Curse of Dimensionality）。

缓解维数灾难的一个重要途径是降维（Dimension Reduction），亦称“维数约简”，即通过某种数学变换将原始高维属性空间转变为一个低维“子空间”（Subspace），在这个子空间中样本密度大幅提高，距离计算也变得更为容易。为什么能进行降维？这是因为在很多时候，人们观测或收集到的数据样本虽是高维的，但与学习任务密切相关的也许仅是某个低维分布，即高维空间中的一个低维“嵌入”（Embedding）。图 8-20 给出了一个直观的例子。原始高维空间中的样本点，在这个低维嵌入子空间中更容易进行学习。

本节介绍几种最常用的降维方法。

1. 主成分分析

主成分分析（Principal Component Analysis，PCA）是最常用的一种降维方法。在介绍 PCA 之前，不妨先考虑这样一个问题：对于正交属性空间中的样本点，如何用一个超平面（直线的高维推广）对所有样本进行恰当的表达？

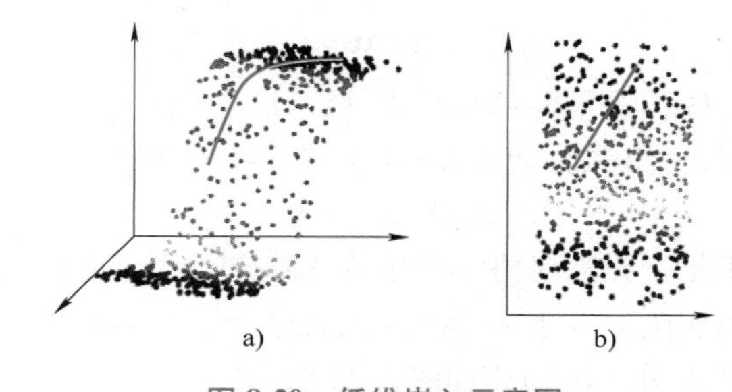

图 8-20 低维嵌入示意图

a）三维空间中观察到的样本点 b）二维空间中的曲面

容易想到，若存在这样的超平面，那么它大概应具有这样的性质：

1）最近重构性。样本点到这个超平面的距离足够近。

2）最大可分性。样本点在这个超平面上的投影能尽可能分开。

有趣的是，基于最近重构性和最大可分性，能分别得到主成分分析的两种等价推导。先从最近重构性来推导。

假定数据样本进行了中心化，即 $\sum_i \boldsymbol{x}_i=0$；再假定投影变换后得到的新坐标系为 $\{\boldsymbol{w}_1, \boldsymbol{w}_2,\cdots,\boldsymbol{w}_d\}$，其中 $\boldsymbol{w}_i$ 是标准正交基向量，$\|\boldsymbol{w}_i\|_2=1, \boldsymbol{w}_i^{\mathrm{T}}\boldsymbol{w}_j=0(i\neq j)$。若丢弃新坐标系中的部分坐标，即将维度降低到 $d'<d$，则样本点 x_i 在低维坐标系中的投影是 $z_i=(z_{i1},z_{i2},\cdots,z_{id'})^{\mathrm{T}}$，其中 $z_{ij}=\boldsymbol{w}_j^{\mathrm{T}}\boldsymbol{x}_i$ 是 $\boldsymbol{x}_i$ 在低维坐标系下第 j 维的坐标。若基于 z_i 来重构 $\boldsymbol{x}_i$，则会得到 $\hat{x}_i=\sum_{j=1}^{d'} z_{ij}\boldsymbol{w}_j$。

考虑整个训练集，原样本点 $\boldsymbol{x}_i$ 与基于投影重构的样本点 $\hat{\boldsymbol{x}}_i$ 之间的距离为

$$\sum_{i=1}^{m}\left\|\sum_{j=1}^{d'} z_{ij}\boldsymbol{w}_j-\boldsymbol{x}_i\right\|_2^2=\sum_{i=1}^{m} z_i^{\mathrm{T}}z_i-2\sum_{i=1}^{m} z_i^{\mathrm{T}}\boldsymbol{W}^{\mathrm{T}}\boldsymbol{x}_i+\text{const}$$

$$\propto -\operatorname{tr}\left(\boldsymbol{W}^{\mathrm{T}}\left(\sum_{i=1}^{m}\boldsymbol{x}_i\boldsymbol{x}_i^{\mathrm{T}}\right)\boldsymbol{W}\right) \tag{8-40}$$

式中，$\boldsymbol{W}=(\boldsymbol{w}_1,\boldsymbol{w}_2,\cdots,\boldsymbol{w}_d)$。根据最近重构性，式（8-40）应被最小化，考虑到 $\boldsymbol{w}_i$ 是标准正

交基，$\sum_i \boldsymbol{x}_i\boldsymbol{x}_i^{\mathrm{T}}$ 是协方差矩阵，有

$$\begin{aligned}&\min_{\boldsymbol{W}} -\operatorname{tr}(\boldsymbol{W}^{\mathrm{T}}\boldsymbol{X}\boldsymbol{X}^{\mathrm{T}}\boldsymbol{W})\\&\text{s. t. } \boldsymbol{W}^{\mathrm{T}}\boldsymbol{W}=\boldsymbol{I}\end{aligned} \tag{8-41}$$

这就是主成分分析的优化目标。

从最大可分性出发，能得到主成分分析的另一种解释。样本点 x_i 在新空间中超平面上的投影是 $\boldsymbol{W}^{\mathrm{T}}\boldsymbol{x}_i$，若所有样本点的投影能尽可能分开，则应该使投影后样本点的方差最大化，如图 8-21 所示。

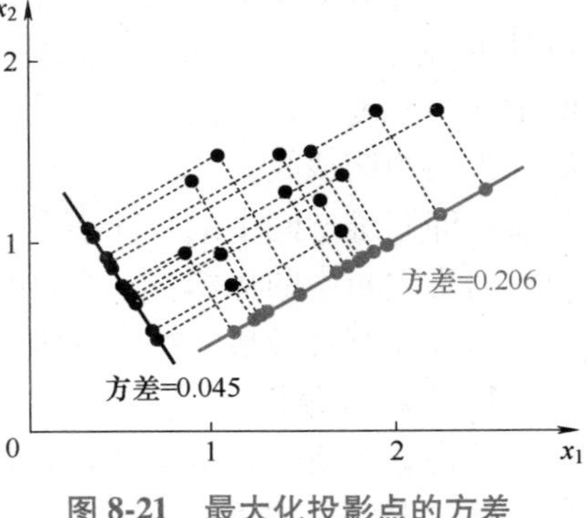

图 8-21 最大化投影点的方差

投影后样本点的方差是 $\sum_i \boldsymbol{W}^{\mathrm{T}}\boldsymbol{x}_i\boldsymbol{x}_i^{\mathrm{T}}\boldsymbol{W}$，于是优化目标可写为

$$\begin{aligned}&\max_{\boldsymbol{W}} \quad \operatorname{tr}(\boldsymbol{W}^{\mathrm{T}}\boldsymbol{X}\boldsymbol{X}^{\mathrm{T}}\boldsymbol{W})\\&\text{s. t.} \quad \boldsymbol{W}^{\mathrm{T}}\boldsymbol{W}=\boldsymbol{I}\end{aligned} \tag{8-42}$$

显然，式（8-42）与式（8-41）等价。

对式（8-42）或式（8-41）使用拉格朗日乘子法可得

$$\boldsymbol{X}\boldsymbol{X}^{\mathrm{T}}\boldsymbol{w}_i=\lambda_i\boldsymbol{w}_i \tag{8-43}$$

于是，只需对协方差矩阵 $\boldsymbol{X}\boldsymbol{X}^{\mathrm{T}}$ 进行特征值分解，将求得的特征值排序：$\lambda_1 \geqslant \lambda_2 \geqslant \cdots \geqslant \lambda_d$，再取前 d' 个特征值对应的特征向量构成 $\boldsymbol{W}^*=(\boldsymbol{w}_1, \boldsymbol{w}_2, \cdots, \boldsymbol{w}_{d'})$。这就是主成分分析的解。PCA 算法的描述如图 8-22 所示。

输入：样本集 $D=\{x_1, x_2, \cdots, x_m\}$；
　　　低维空间维数 d'。
过程：
1：对所有样本进行中心化：$x_i \leftarrow x_i - \frac{1}{m}\sum_{i=1}^{m} x_i$；
2：计算样本的协方差矩阵 $\boldsymbol{X}\boldsymbol{X}^{\mathrm{T}}$；
3：对协方差矩阵 $\boldsymbol{X}\boldsymbol{X}^{\mathrm{T}}$ 做特征值分解；
4：取最大的 d' 个特征值所对应的特征向量 $w_1, w_2, \cdots, w_{d'}$。
输出：投影矩阵 $\boldsymbol{W}^*=(w_1, w_2, \cdots, w_{d'})$。

图 8-22 PCA 算法的描述

降维后低维空间的维数 d' 通常是由用户事先指定，或通过在 d' 值不同的低维空间中对 k 近邻分类器（或其他开销较小的学习器）进行交叉验证来选取较好的 d' 值。对 PCA，还可从重构的角度设置一个重构阈值，例如 $t=95\%$，然后选取使下式成立的最小 d' 值：

$$\frac{\sum_{i=1}^{d'}\lambda_i}{\sum_{i=1}^{d}\lambda_i} \geqslant t \tag{8-44}$$

PCA 仅需保留 $\boldsymbol{W}^*$ 与样本的均值向量即可通过简单的向量减法和矩阵—向量乘法将新样本投影至低维空间中，显然，低维空间与原始高维空间必有不同，因为对应于最小的 $d-d'$ 个特征值的特征向量被舍弃了，这是降维导致的结果，但舍弃这部分信息往往是必要的：一方面，舍弃这部分信息之后能使样本的采样密度增大，这正是降维的重要动机；另一方面，当数据受到噪声影响时，最小的特征值所对应的特征向量往往与噪声有关，将它们舍弃能在

一定程度上起到去噪的效果。

2. 核化线性降维

线性降维方法是假设从高维空间到低维空间的函数映射是线性的，然而，在不少现实任务中，可能需要非线性映射才能找到恰当的低维嵌入。图 8-23 给出了一个例子，样本点从二维空间中的矩形区域采样后以 S 形曲面嵌入到三维空间，若直接使用线性降维方法对三维空间观察到的样本点进行降维，则将丢失原本的低维结构。为了对“原本采样的”低维空间与降维后的低维空间加以区别，称前者为“本真”（Intrinsic）低维空间。

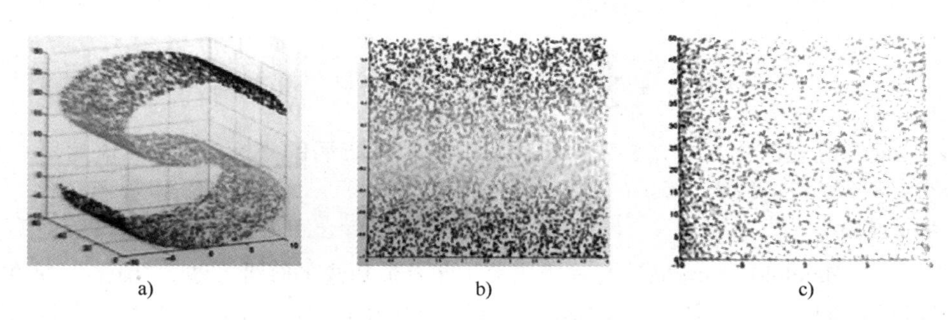

a)　　b)　　c)

图 8-23　线性降维的例子

a）三维空间中的观察　b）本真二维结构　c）PCA 降维结果

非线性降维的一种常用方法，是基于核技巧对线性降维方法进行“核化”（Kernelized）。下面以核主成分分析（Kernelized PCA，KPCA）为例来进行演示。

假定将在高维特征空间中把数据投影到由 $\boldsymbol{W}=(\boldsymbol{w}_1,\boldsymbol{w}_2,\cdots,\boldsymbol{w}_d)$ 确定的超平面上，则对于 $\boldsymbol{w}_i$，由式（8-43）有

$$\left(\sum_{i=1}^{m} z_i z_i^{\mathrm{T}}\right)\boldsymbol{w}_j=\lambda_j \boldsymbol{w}_j \tag{8-45}$$

式中，z_i 为样本点 $\boldsymbol{x}_i$ 在高维特征空间中的像。易知

$$\begin{aligned}\boldsymbol{w}_j&=\frac{1}{\lambda_j}\left(\sum_{i=1}^{m} z_i z_i^{\mathrm{T}}\right)\boldsymbol{w}_j=\sum_{i=1}^{m} z_i\frac{z_i^{\mathrm{T}}\boldsymbol{w}_j}{\lambda_j}\\&=\sum_{i=1}^{m} z_i\alpha_i^j\end{aligned} \tag{8-46}$$

式中，α_i^j 为 $\boldsymbol{\alpha}_i$ 的第 j 个分量，$\alpha_i^j=\frac{1}{\lambda_i}z_i^{\mathrm{T}}\boldsymbol{w}_j$。假定 z_i 是由原始属性空间中的样本点 $\boldsymbol{x}_i$ 通过映射 ϕ 产生，即 $z_i=\phi(\boldsymbol{x}_i),i=1,2,\cdots,m$。若 ϕ 能被显式表达出来，则通过它将样本映射至高维特征空间，再在特征空间中实施 PCA 即可。式（8-45）变换为

$$\left(\sum_{i=1}^{m}\phi(\boldsymbol{x}_i)\phi(\boldsymbol{x}_i)^{\mathrm{T}}\right)\boldsymbol{w}_j=\lambda_j\boldsymbol{w}_j \tag{8-47}$$

式（8-46）变换为

$$\boldsymbol{w}_j=\sum_{i=1}^{m}\phi(\boldsymbol{x}_i)\alpha_i^j \tag{8-48}$$

一般情形下，不清楚 ϕ 的具体形式，于是引入核函数

$$k(\boldsymbol{x}_i,\boldsymbol{x}_j)=\phi(\boldsymbol{x}_i)^{\mathrm{T}}\phi(\boldsymbol{x}_j) \tag{8-49}$$

将式（8-48）和式（8-49）代入式（8-47）后化简可得

$$\boldsymbol{K}\boldsymbol{\alpha}^j=\lambda_j\boldsymbol{\alpha}^j \tag{8-50}$$

式中，$\boldsymbol{K}$ 为 k 对应的核矩阵，$(\boldsymbol{K})_{ij}=k(\boldsymbol{x}_i,\boldsymbol{x}_j)$，$\boldsymbol{\alpha}^j=(\alpha_1^j,\alpha_2^j,\cdots,\alpha_m^j)^{\mathrm{T}}$。显然，式（8-50）是特征值分解问题，取 $\boldsymbol{K}$ 最大的 d' 个特征值对应的特征向量即可。

对新样本 $\boldsymbol{x}$，其投影后的第 $j(j=1,2,\cdots,d')$ 维坐标为

$$\begin{aligned} z_j=\boldsymbol{w}_j^{\mathrm{T}}\phi(\boldsymbol{x})&=\sum_{i=1}^{m}\alpha_i^j\phi(\boldsymbol{x}_i)^{\mathrm{T}}\phi(\boldsymbol{x}) \\ &=\sum_{i=1}^{m}\alpha_i^j\kappa(\boldsymbol{x}_i,\boldsymbol{x}) \end{aligned} \tag{8-51}$$

式中，$\boldsymbol{\alpha}_i$ 已经经过规范化。式（8-51）表明，为获得投影后的坐标，KPCA 需对所有样本求和，因此它的计算开销较大。

3. 流形学习

流形学习（Manifold Learning）是一类借鉴了拓扑流概念的降维方法。“流形”是在局部与欧氏空间同胚的空间，换言之，它在局部具有欧氏空间的性质，能用欧氏距离来进行距离计算。这给降维方法带来了新的启发：若低维流形嵌入到高维空间中，则数据样本在高维空间的分布虽然看上去非常复杂，但在局部上仍具有欧氏空间的性质，因此，可以容易地在局部建立降维映射关系，然后再设法将局部映射关系推广到全局。当维数被降至二维或三维时，能对数据进行可视化展示，因此流形学习也可被用于可视化。本节介绍两种著名的流形学习方法。

（1）等度量映射 等度量映射（Isometric Mapping，Isomap）的基本出发点，是认为低维流形嵌入到高维空间之后，直接在高维空间中计算直线距离具有误导性，因为高维空间中的直线距离在低维嵌入流形上是不可达的。如图 8-24a 所示，低维嵌入流形上两点间的距离是“测地线”（Geodesic）距离：想象一只虫子从一点爬到另一点，如果它不能脱离曲面行走，那么图 8-24a 中的彩色曲线是距离最短的路径，即 S 形曲面上的测地线，测地线距离是两点之间的本真距离。显然，直接在高维空间中计算直线距离是不恰当的。

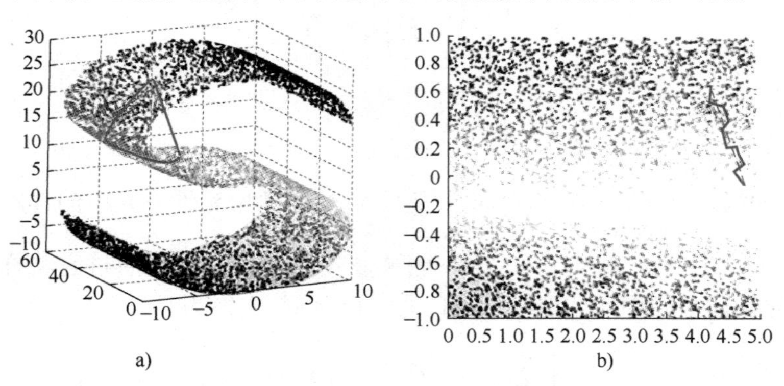

图 8-24 低维嵌入流形上的测地线距离（彩色）不能用高维空间的直线距离计算，但能用近邻距离来近似

a）测地线距离与高维直线距离 b）测地线距离与近邻距离

那么，如何计算测地线距离呢？这时可利用流形在局部上与欧氏空间同胚这个性质，对每个点基于欧氏距离找出其近邻点，然后就能建立一个近邻连接图，图中近邻点之间存在连

接，而非近邻点之间不存在连接，于是，计算两点之间测地线距离的问题，就转变为计算近邻连接图上两点之间的最短路径问题。从图 8-24b 可以看出，基于近邻距离逼近能获得低维流形上测地线距离很好的近似。

在近邻连接图上计算两点间的最短路径，可采用著名的 Dijkstra 算法或 Floyd 算法，在得到任意两点的距离之后，就可通过低维嵌入方法来获得样本点在低维空间中的坐标。图 8-25 给出了 Isomap 算法描述。

输入：样本集$D=\{x_1, x_2, \cdots, x_m\}$；
　　　近邻参数k；
　　　低维空间维数d'。
过程：
1：for $i=1,2,\cdots,m$ do
2：　确定x_i的k近邻；
3：　x_i与k近邻点之间的距离设置为欧氏距离，与其他点的距离设置为无穷大；
4：end for
5：调用最短路径算法计算任意两样本点之间的距离 $\mathrm{dist}(x_i, x_j)$；
6：将$\mathrm{dist}(x_i, x_j)$作为MDS 算法的输入；
7：return MDS算法的输出
输出：样本集D在低维空间的投影$Z=\{z_1, z_2, \cdots, z_m\}$。

图 8-25　Isomap 算法

需注意的是，Isomap 仅是得到了训练样本在低维空间的坐标，对于新样本，如何将其映射到低维空间呢？这个问题的常用解决方案，是将训练样本的高维空间坐标作为输入、低维空间坐标作为输出，训练一个回归学习器来对新样本的低维空间坐标进行预测。这显然仅是一个权宜之计，但目前似乎并没有更好的办法。

对近邻图的构建通常有两种做法，一种是指定近邻点个数，例如欧氏距离最近的 k 个点为近邻点，这样得到的近邻图称为 k 近邻图；另一种是指定距离阈值 ε，距离小于 ε 的点被认为是近邻点，这样得到的近邻图称为 ε 近邻图。两种方式均有不足，例如若近邻范围指定得较大，则距离很远的点可能被误认为近邻，这样就会出现“短路”问题；近邻范围指定得较小，则图中有些区域可能与其他区域不存在连接，这样就会出现“断路”问题。短路与断路都会给后续的最短路径计算造成误导。

（2）局部线性嵌入　与 Isomap 试图保持近邻样本之间的距离不同，局部线性嵌入（Locally Linear Embedding，LLE）试图保持邻域内样本之间的线性关系。如图 8-26 所示，假定样本点 $\boldsymbol{x}_i$ 的坐标能通过它的邻域样本 $\boldsymbol{x}_j$、$\boldsymbol{x}_k$、$\boldsymbol{x}_l$ 的坐标通过线性组合而重构出来，即

$$\boldsymbol{x}_i = w_{ij}\boldsymbol{x}_j + w_{ik}\boldsymbol{x}_k + w_{il}\boldsymbol{x}_l \tag{8-52}$$

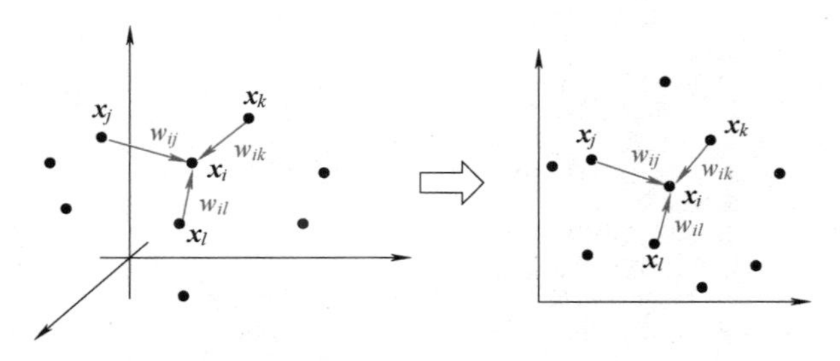

图 8-26　高维空间中的样本重构关系在低维空间中得以保持

LLE 希望式（8-52）的关系在低维空间中得以保持。

LLE 先为每个样本 $\boldsymbol{x}_i$ 找到其近邻下标集合 Q_i，然后计算出基于 Q_i 中的样本点对 $\boldsymbol{x}_i$ 进行线性重构的系数 $\boldsymbol{w}_i$：

$$\begin{aligned} &\min_{w_1,w_2,\cdots,w_m} \quad \sum_{i=1}^{m} \left\| \boldsymbol{x}_i - \sum_{j\in Q_i} w_{ij}\boldsymbol{x}_j \right\|_2^2 \\ &\text{s. t.} \quad \sum_{j\in Q_i} w_{ij} = 1 \end{aligned} \tag{8-53}$$

式中，$\boldsymbol{x}_i$ 和 $\boldsymbol{x}_j$ 均为已知，令 $C_{jk}=(\boldsymbol{x}_i-\boldsymbol{x}_j)^{\mathrm{T}}(\boldsymbol{x}_i-\boldsymbol{x}_k)$，$w_{ij}$有闭式解：

$$w_{ij}=\frac{\sum_{k\in Q_i} C_{jk}^{-1}}{\sum_{l,s\in Q_i} C_{ls}^{-1}} \tag{8-54}$$

LLE 在低维空间中保持 $\boldsymbol{w}_i$ 不变，于是 $\boldsymbol{x}_i$ 对应的低维空间坐标 $\boldsymbol{z}_i$ 可通过下式求解：

$$\min_{z_1,z_2,\cdots,z_m} \sum_{i=1}^{m} \left\| \boldsymbol{z}_i - \sum_{j\in Q_i} w_{ij}\boldsymbol{z}_j \right\|_2^2 \tag{8-55}$$

式（8-55）与式（8-53）的优化目标同形，唯一的区别是式（8-53）中需要确定的是 $\boldsymbol{w}_i$，而式（8-55）中需要确定的是 $\boldsymbol{x}_i$ 对应的低维空间坐标 $\boldsymbol{z}_i$。

令 $\boldsymbol{Z}=(z_1,z_2,\cdots,z_m)\in \mathbf{R}^{d'\times m}$，$(\boldsymbol{W})_{ij}=w_{ij}$，则有

$$\boldsymbol{M}=(\boldsymbol{I}-\boldsymbol{W})^{\mathrm{T}}(\boldsymbol{I}-\boldsymbol{W}) \tag{8-56}$$

则式（8-55）可重写为

$$\begin{aligned} &\min_{\boldsymbol{Z}} \quad \mathrm{tr}(\boldsymbol{Z}\boldsymbol{M}\boldsymbol{Z}^{\mathrm{T}}) \\ &\text{s. t.} \quad \boldsymbol{Z}\boldsymbol{Z}^{\mathrm{T}}=\boldsymbol{I} \end{aligned} \tag{8-57}$$

式（8-57）可通过特征值分解求解：$\boldsymbol{M}$ 最小的 d' 个特征值对应的特征向量组成的矩阵即为 $\boldsymbol{Z}^{\mathrm{T}}$。

LLE 的算法描述如图 8-27 所示。算法第 4 行显示出：对于不在样本 $\boldsymbol{x}_i$ 邻域区域的样本 $\boldsymbol{x}_j$，无论其如何变化都对 $\boldsymbol{x}_i$ 和 z_i 没有任何影响；这种将变动限制在局部的思想在许多地方都有用。

输入：样本集$D=\{x_1, x_2,\cdots, x_m\}$；
　　　近邻参数k;
　　　低维空间维数d'。
过程：
1：for i=1,2,⋯,m do
2：　确定x_i的k近邻；
3：　从式（10.27）求得$w_{ij}, j\in Q_i$;
4：　对于$j\notin Q_i$，令w_{ij}=0；
5：end for
6：从公式中得到M；
7：对M进行特征值分解；
8：return M的最小d'个特征值对应的特征向量
输出：样本集D在低维空间的投影$Z=\{z_1, z_2,\cdots, z_m\}$。

图 8-27　LLE 的算法描述

8.4 基于机器学习的设计

8.3节介绍的各种算法都具有两个共性问题，即当输入数据规模变大后，算法处理时间显著增加，也即“维度灾难”问题；另一个问题是当数据的非线性非常强时，往往算法的处理效果都不理想。而神经网络技术则可以较好地处理大规模非线性的数据，因而在人工智能、图像处理、设计优化等领域得到了广泛应用。本节将简要介绍神经网络模型的基本概念以及训练神经网络模型的经典方法——误差逆传播算法，同时也会简要介绍两种最常用的深度生成模型：变分自编码器以及生成式对抗网络。

8.4.1 神经网络

神经网络（Neural Networks）方面的研究很早就已出现，今天“神经网络”已是一个相当大的、多学科交叉的学科领域。各相关学科对神经网络的定义多种多样，本书采用目前使用得最广泛的一种，即“神经网络是由具有适应性的简单单元组成的广泛并行互连的网络，它的组织能够模拟生物神经系统对真实世界物体所做出的交互反应”。在机器学习中谈论神经网络时指的是“神经网络学习”，或者说，是机器学习与神经网络这两个学科领域的交叉部分。

1. 神经元模型

神经网络中最基本的成分是神经元（Neuron）模型，即上述定义中的“简单单元”。在生物神经网络中，每个神经元与其他神经元相连，当它“兴奋”时，就会向相连的神经元发送化学物质，从而改变这些神经元内的电位；如果某神经元的电位超过了一个“阈值”（Threshold），那么它就会被激活，即“兴奋”起来，向其他神经元发送化学物质。

1943年，McCulloch等人将上述情形抽象为如图8-28所示的简单模型，这就是一直沿用至今的M-P神经元模型。在这个模型中，神经元接收到来自n个其他神经元传递过来的输入信号，这些输入信号通过带权重的连接（Connection）进行传递，神经元接收到的总输入值将与神经元的阈值进行比较，然后通过“激活函数”（Activation Function）处理以产生神经元的输出。

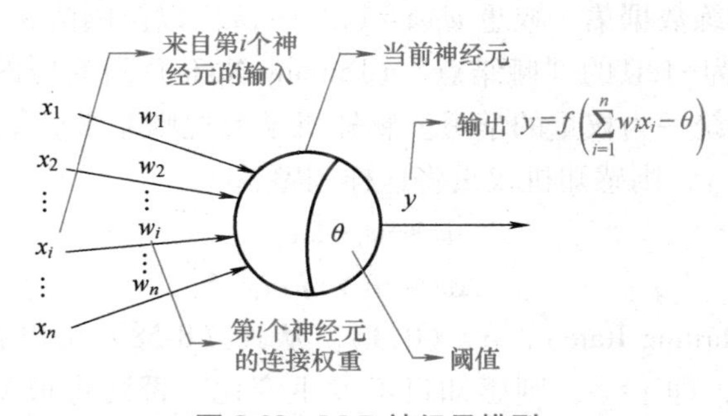

图8-28 M-P神经元模型

理想中的激活函数是如图 8-29a 所示的阶跃函数，它将输入值映射为输出值“0”或“1”，显然“1”对应于神经元兴奋，“0”对应于神经元抑制。然而，阶跃函数具有不连续、不光滑等不太好的性质，因此实际常用 Sigmoid 函数作为激活函数。典型的 Sigmoid 函数如图 8-29b 所示，它把可能在较大范围内变化的输入值挤压到（0,1）输出值范围内。

把许多个这样的神经元按一定的层次结构连接起来，就得到了神经网络。

事实上，从计算机科学的角度看，可以先不考虑神经网络是否真的模拟了生物神经网络，只需将一个神经网络视为包含了许多参数的数学模型，这个模型是若干个函数，例如 $y_j=f\left(\sum_i w_i x_i-\theta_j\right)$ 相互（嵌套）代入而得。有效的神经网络学习算法大多以数学证明为支撑。

2. 感知机与多层网络

感知机（Perceptron）由两层神经元组成，如图 8-30 所示，输入层接收外界输入信号后传递给输出层，输出层是 M-P 神经元，亦称“阈值逻辑单元”（Threshold Logic Unit）。

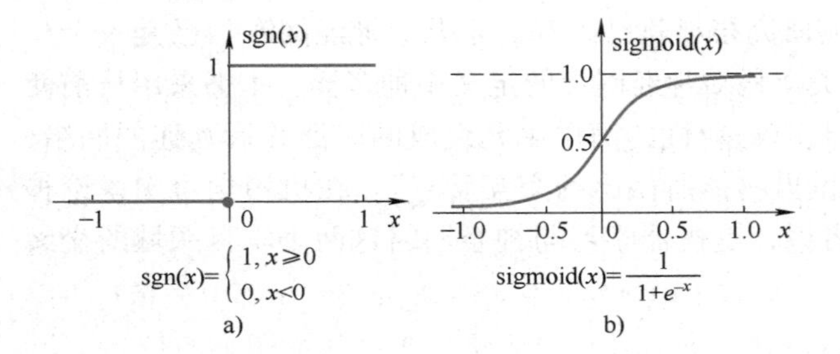

图 8-29 典型的神经元激活函数
a）阶跃函数 b）Sigmoid 函数

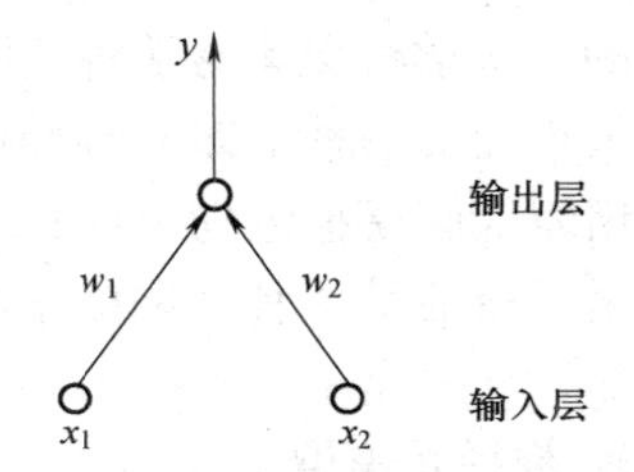

图 8-30 感知机结构示意图

感知机能容易地实现逻辑与、或、非运算。注意到 $y=f\left(\sum_i w_i x_i-\theta\right)$，假定 f 是图 8-29 中的阶跃函数，有

“与”：令 $w_1=w_2=1$，$\theta=2$，则 $y=f(x_1+x_2-2)$，仅在 $x_1=x_2=1$ 时，$y=1$。

“或”：令 $w_1=w_2=1$，$\theta=0.5$，则 $y=f(x_1+x_2-0.5)$，当 $x_1=1$ 或 $x_2=1$ 时，$y=1$。

“非”（针对 x_1）：令 $w_1=-0.6$，$w_2=0$，$\theta=-0.5$，则 $y=f(-0.6x_1+0.5)$，当 $x_1=1$ 时，$y=0$；当 $x_1=0$ 时，$y=1$。

更一般地，给定训练数据集，权重 $w_i(i=1,2,\cdots,n)$ 以及阈值 θ 可通过学习得到。阈值 θ 可看作一个固定输入为-1.0 的“哑结点”（Dummy Node）所对应的连接权重 w_{n+1}，这样，权重和阈值的学习就可统一为权重的学习。感知机学习规则非常简单，对训练样例（$\boldsymbol{x},y$），若当前感知机的输出为 y，则感知机权重将这样调整：

$$w_i \leftarrow w_i+\Delta w_i \tag{8-58}$$

$$\Delta w_i=\eta(y-\hat{y})x_i \tag{8-59}$$

式中，η 为学习率（Learning Rate），$\eta\in(0,1)$。从式（8-58）可以看出，若感知机对训练样例（x,y）预测正确，即 $\hat{y}=y$，则感知机不发生变化，否则将根据错误的程度进行权重调整。

需注意的是，感知机只有输出层神经元进行激活函数处理，即只拥有一层功能神经元

(Functional Neuron)，其学习能力非常有限。事实上，上述与、或、非问题都是线性可分(Linearly Separable)的问题。可以证明，若两类模式是线性可分的，即存在一个线性超平面能将它们分开，如图 8-31a~c 所示，则感知机的学习过程一定会收敛（Converge）而求得适当的权向量 $\boldsymbol{w}=(w_1,w_2,\cdots,w_{n+1})^{\mathrm{T}}$；否则感知机学习过程将会发生振荡（Fluctuation），$\boldsymbol{w}$ 难以稳定下来，不能求得合适解，例如感知机甚至不能解决如图 8-31d 所示的异或这样简单的非线性可分问题。

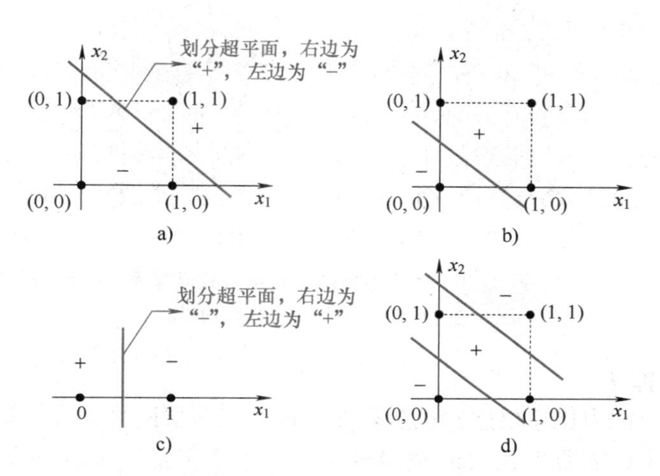

图 8-31 线性可分的“与”“或”“非”问题与非线性可分的“异或”问题

a)“与”问题（$x_1 \wedge x_2$） b)“或”问题（$x_1 \vee x_2$）

c)“非”问题（$-x_1$） d)“异或”问题（$x_1 \oplus x_2$）

要解决非线性可分问题，需考虑使用多层功能神经元。例如图 8-32 中这个简单的两层感知机就能解决异或问题。在图 8-32 a 中，输出层与输入层之间的一层神经元，被称为隐层或隐含层（Hidden Layer），隐含层和输出层神经元都是拥有激活函数的功能神经元。

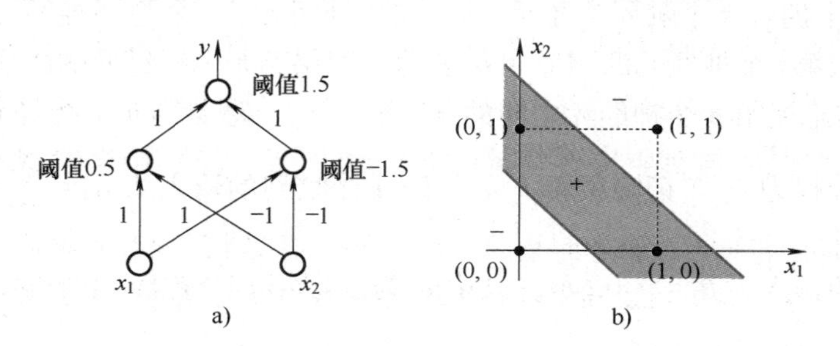

图 8-32 能解决异或问题的两层感知机

a）网络结构 b）分类区域

更一般地，常见的神经网络是形如图 8-33 所示的层级结构，每层神经元与下一层神经元全互连，神经元之间不存在同层连接，也不存在层连接。这样的神经网络结构通常称为“多层前馈神经网络”（Multi-Layer Feedforward Neural Networks），其中输入层神经元接收外界输入，隐层与输出层神经元对信号进行加工，最终结果由输出层神经元输出；换言之，输入层神经元仅是接受输入，不进行函数处理，隐层与输出层包含功能神经元。因此，图 8-33

a 通常被称为“两层网络”。为避免歧义，这里称其为“单隐层网络”。只需包含隐层，即可称为多层网络。神经网络的学习过程，就是根据训练数据来调整神经元之间的“连接权”(Connection Weight) 以及每个功能神经元的阈值；换言之，神经网络“学”到的东西，蕴涵在连接权与阈值中。

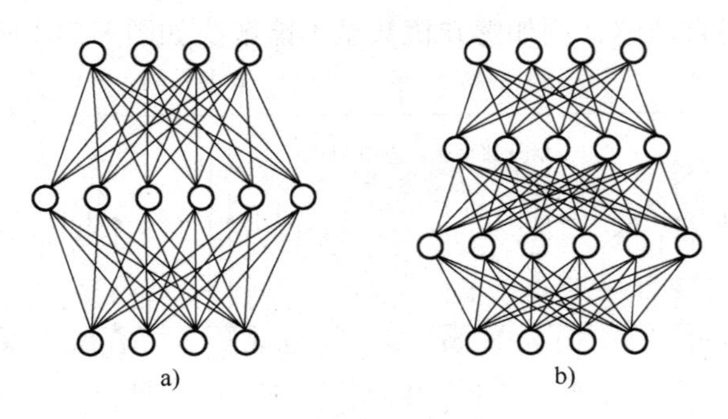

图 8-33　多层前馈神经网络结构示意图

a）单隐层前馈网络　b）双隐层前馈网络

3. 误差逆传播算法

多层网络的学习能力比单层感知机强得多。欲训练多层网络，式（8-58）的简单感知机学习规则显然不够了，需要更强大的学习算法。误差逆传播（Error Back Propagation，BP）算法就是其中最杰出的代表，它是迄今最成功的神经网络学习算法。现实任务中使用神经网络时，大多是在使用 BP 算法进行训练。值得指出的是，BP 算法不仅可用于多层前馈神经网络，还可用于其他类型的神经网络，例如训练递归神经网络。但通常说“BP 网络”时，一般是指用 BP 算法训练的多层前馈神经网络。

下面来看看 BP 算法究竟是什么样的。给定训练集 $D=\{(\boldsymbol{x}_1,\boldsymbol{y}_1),(\boldsymbol{x}_2,\boldsymbol{y}_2),\cdots,(\boldsymbol{x}_m,\boldsymbol{y}_m)\}$，$\boldsymbol{x}_i\in\mathbf{R}^d$，$\boldsymbol{y}_i\in\mathbf{R}^l$ 即输入示例由 d 个属性描述，输出 l 维实值向量。为便于讨论，图 8-34 给出了一个拥有 d 个输入神经元、l 个输出神经元、q 个隐层神经元的多层前馈网络结构，其中输出层第 j 个神经元的阈值用 θ_j 表示，隐层第 h 个神经元的阈值用 γ_h 表示。输入层第 i 个神经元与隐层第 h 个神经元之间的连接权为 v_{ih}，隐层第 h 个神经元与输出层第 j 个神经元之间的连接权为 w_{hj}。记隐层第 h 个神经元接收到的输入为 $\alpha_h=\sum_{i=1}^{d}v_{ih}x_i$，输出层第 j 个神经元接收到的输入为 $\beta_j=\sum_{h=1}^{q}w_{hj}b_h$，其中 b_h 为隐层第 h 个神经元的输出。假设隐层和输出层神经元都使用图 8-29b 中的 Sigmoid 函数。

对训练例 $(\boldsymbol{x}_k,\boldsymbol{y}_k)$，假定神经网络的输出为 $\hat{\boldsymbol{y}}_k=(\hat{y}_1^k,\hat{y}_2^k,\cdots,\hat{y}_l^k)$，即

$$\hat{y}_j^k=f(\beta_j-\theta_j) \tag{8-60}$$

则网络在 $(\boldsymbol{x}_k,\boldsymbol{y}_k)$ 上的均方误差为

$$E_k=\frac{1}{2}\sum_{j=1}^{l}(\hat{y}_j^k-y_j^k)^2 \tag{8-61}$$

图 8-34 的网络中有 $(d+l+1)q+l$ 个参数需要确定：输入层到隐层的 dq 个权值、隐层到输出层的 ql 个权值、q 个隐层神经元的阈值、l 个输出层神经元的阈值。BP 是一个迭代学习

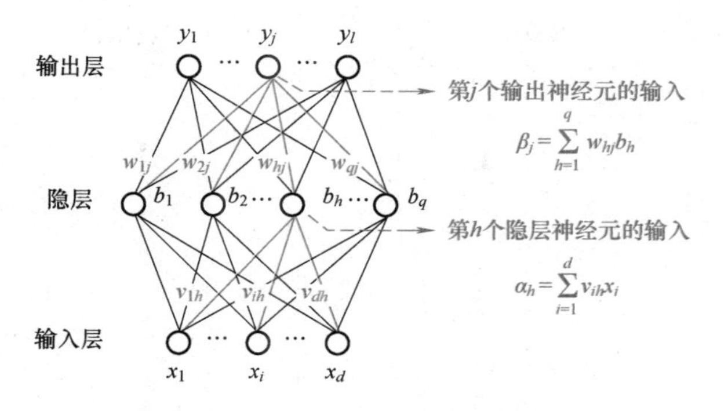

图 8-34 BP 网络及算法中的变量符号

算法，在迭代的每一轮中采用广义的感知机学习规则对参数进行更新估计，即与式（8-58）类似，任意参数 v 的更新估计式为

$$v \leftarrow v+\Delta v \tag{8-62}$$

下面以图 8-34 中隐层到输出层的连接权 w_{hj} 为例来进行推导。

BP 算法基于梯度下降（Gradient Descent）策略，以目标的负梯度方向对参数进行调整。对式（8-61）的误差 E_k，给定学习率 η，有

$$\Delta w_{hj}=-\eta\frac{\partial E_k}{\partial w_{hj}} \tag{8-63}$$

注意到 w_{hj} 先影响到第 j 个输出层神经元的输入值 β_j，再影响到其输出值 $\hat{y}_j^k$，然后影响到 E_k，有

$$\frac{\partial E_k}{\partial w_{hj}}=\frac{\partial E_k}{\partial \hat{y}_j^k}\cdot\frac{\partial \hat{y}_j^k}{\partial \beta_j}\cdot\frac{\partial \beta_j}{\partial w_{hj}} \tag{8-64}$$

根据 β_j 的定义，显然有

$$\frac{\partial \beta_j}{\partial w_{hj}}=b_h \tag{8-65}$$

图 8-29 中的 Sigmoid 函数有一个很好的性质：

$$f'(x)=f(x)(1-f(x)) \tag{8-66}$$

于是根据式（8-61）和式（8-60），有

$$\begin{aligned} g_j&=-\frac{\partial E_k}{\partial \hat{y}_j^k}\cdot\frac{\partial \hat{y}_j^k}{\partial \beta_j}\\ &=-(\hat{y}_j^k-y_j^k)f'(\beta_j-\theta_j)\\ &=\hat{y}_j^k(1-\hat{y}_j^k)(y_j^k-\hat{y}_j^k) \end{aligned} \tag{8-67}$$

将式（8-67）和式（8-65）代入式（8-64），再代入式（8-63），就得到了 BP 算法中关于 w_{hj} 的更新公式：

$$\Delta w_{hj}=\eta g_j b_h \tag{8-68}$$

类似可得

$$\Delta\theta_j=-\eta g_j$$

$$\Delta v_{ih} = \eta e_h x_i$$
$$\Delta \gamma_h = -\eta e_h \tag{8-69}$$

式（8-69）中

$$\begin{aligned} e_h &= -\frac{\partial E_k}{\partial b_h} \cdot \frac{\partial b_h}{\partial \alpha_h} \\ &= -\sum_{j=1}^{l} \frac{\partial E_k}{\partial \beta_j} \cdot \frac{\partial \beta_j}{\partial b_h} f'(\alpha_h - \gamma_h) \\ &= \sum_{j=1}^{l} w_{hj} g_j f'(\alpha_h - \gamma_h) \\ &= b_h(1-b_h) \sum_{j=1}^{l} w_{hj} g_j \end{aligned} \tag{8-70}$$

学习率 $\eta \in (0,1)$ 控制着算法每一轮迭代中的更新步长，若太大则容易振荡，太小则收敛速度又会过慢。

图 8-35 给出了 BP 算法的工作流程。对每个训练样例，BP 算法执行以下操作：先将输入示例提供给输入层神经元，然后逐层将信号前传，直到产生输出层的结果；之后计算输出层的误差（过程 4~5），再将误差逆向传播至隐层神经元（过程 6），最后根据隐层神经元的误差来对连接权和阈值进行调整（过程 7）。该迭代过程循环进行，直到达到某些停止条件为止，例如训练误差已达到一个很小的值。

```
输入：训练集D={(x_k, y_k)}_{k=1}^m；
      学习率η。
过程：
1：在（0, 1）范围内随机初始化网络中所有连接权和阈值
2：repeat
3：   for all (x_k, y_k) ∈ D do
4：      根据当前参数和式（5.3）计算当前样本的输出 ŷ_k；
5：      根据式（5.10）计算输出层神经元的梯度项 g_j；
6：      根据式（5.15）计算隐层神经元的梯度项 e_h；
7：      根据式（5.11）-（5.14）更新连接权 w_hj, v_ih 与阈值 θ_j, γ_h
8：   end for
9：until 达到停止条件
输出：连接权与阈值确定的多层前馈神经网络
```

图 8-35　BP 算法的工作流程

需注意的是，BP 算法的目标是要最小化训练集 D 上的累积误差

$$E = \frac{1}{m} \sum_{k=1}^{m} E_k \tag{8-71}$$

但上面介绍的“标准 BP 算法”每次仅针对一个训练样例更新连接权和阈值，也就是说，图 8-35 中算法的更新规则是基于单个的 E_k 推导而得到的。如果类似地推导出基于累积误差最小化的更新规则，就得到了累积误差逆传播（Accumulated Error Backpropagation）算法。累积 BP 算法与标准 BP 算法都很常用。一般来说，标准 BP 算法每次更新只针对单个样例，参数更新得非常频繁，而且对不同样例进行更新的效果可能出现“抵消”现象。因此，为了达到同样的累积误差极小点，标准 BP 算法往往需进行更多次数的迭代。累积 BP 算法直接针对累积误差最小化，它在读取整个训练集 D 一遍后才对参数进行更新，其参数更新

的频率低得多。但在很多任务中，累积误差下降到一定程度之后，进一步下降会非常缓慢，这时标准BP往往会更快获得较好的解，尤其是在训练集D非常大时更明显。

Hornik等人证明，只需一个包含足够多神经元的隐层，多层前馈网络就能以任意精度逼近任意复杂度的连续函数。然而，如何设置隐层神经元的个数仍未得到解决，实际应用中通常靠“试错法”（Trial-by-Error）调整。

正是由于其强大的表示能力，BP神经网络经常遭遇过拟合，其训练误差持续降低，但测试误差却可能上升。有两种策略常用来缓解BP网络的过拟合。第一种策略是“早停”（Early Stopping），将数据分成训练集和验证集，训练集用来计算梯度、更新连接权和阈值，验证集用来估计误差，若训练集误差降低但验证集误差升高，则停止训练，同时返回具有最小验证集误差的连接权和阈值。第二种策略是“正则化”（Regularization），其基本思想是在误差目标函数中增加一个用于描述网络复杂度的部分，例如连接权与阈值的二次方和。仍令E_k表示第k个训练样例上的误差，w_i表示连接权和阈值，则误差目标函数式（8-71）转变为

$$E=\lambda\frac{1}{m}\sum_{k=1}^{m}E_k+(1-\lambda)\sum_i w_i^2 \tag{8-72}$$

式中，$\lambda\in(0,1)$，用于对经验误差与网络复杂度这两项进行折中，常通过交叉验证法来估计。

4. 优化方法

若用E表示神经网络在训练集上的误差，则它显然是关于连接权w和阈值θ的函数。此时，神经网络的训练过程可看作一个参数寻优过程，即在参数空间中，寻找一组最优参数使得E最小。

人们常会谈到两种“最优”：“局部极小”（Local Minimum）和“全局最小”（Global Minimum）。对w^*和θ^*，若存在$\varepsilon>0$使得

$$\forall(\boldsymbol{w};\theta)\in\{(\boldsymbol{w};\theta)\mid\|(\boldsymbol{w};\theta)-(\boldsymbol{w}^*;\theta^*)\|\leqslant\varepsilon\} \tag{8-73}$$

都有$E(\boldsymbol{w},\theta)\geqslant E(\boldsymbol{w}^*,\theta^*)$成立，则$(\boldsymbol{w}^*,\theta^*)$为局部极小解；若对参数空间中的任意$(\boldsymbol{w},\theta)$都有$E(\boldsymbol{w},\theta)\geqslant E(\boldsymbol{w}^*,\theta^*)$，则$(\boldsymbol{w}^*,\theta^*)$为全局最小解。直观地看，局部极小解是参数空间中的某个点，其邻域点的误差函数值均不小于该点的函数值；全局最小解则是指参数空间中所有点的误差函数值均不小于该点的误差函数值。两者对应的$E(\boldsymbol{w}^*,\theta^*)$分别称为误差函数的局部极小值和全局最小值。

显然，参数空间内梯度为零的点，只要其误差函数值小于邻点的误差函数值，就是局部极小点；可能存在多个局部极小值，但却只会有一个全局最小值。也就是说，“全局最小”一定是“局部极小”，反之则不成立，例如，图8-36中有两个局部极小，但只有其中之一是全局最小。显然，人们在参数寻优过程中是希望找到全局最小。

基于梯度的搜索是使用最为广泛的参数寻优方法。每次迭代中，先计算误差函数在当前点的梯度，然后根据梯度确定搜索方向。例如，由于负梯度方向是函数值下降最快的方向，因此梯度下降法就是沿着负梯度方向搜索最优解，若误差函数在当前点的梯度为零，则已达到局部极小，更新量将为零，这意味着参数的迭代更新将在此停止。显然，如果误差函数仅有一个局部极小，那么此时找到的局部极小就是全局最小；然而，如果误差函数具有多个局部极小，则不能保证找到的解是全局最小。对后一种情形，称参数寻优陷入了局部极小，这

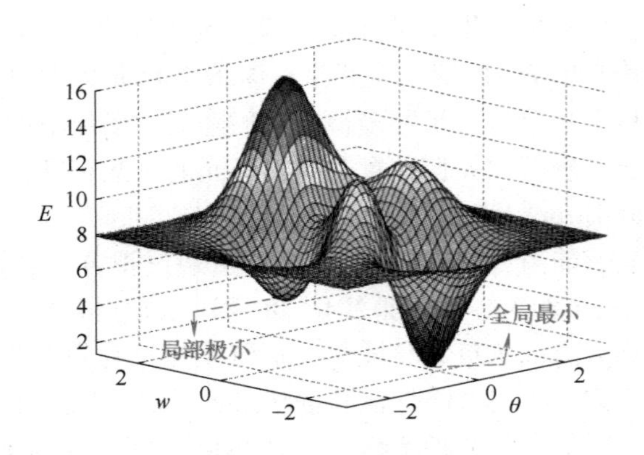

图 8-36　全局最小与局部极小

显然不是人们所希望的。

在现实任务中，人们常采用以下策略来试图“跳出”局部极小，从而进一步接近全局最小：

1）以多组不同参数值初始化多个神经网络，按标准方法训练后，取其中误差最小的解作为最终参数。这相当于从多个不同的初始点开始搜索，这样就可能陷入不同的局部极小，从中进行选择有可能获得更接近全局最小的结果。

2）使用本书第 2 章介绍的智能优化技术。智能优化算法能以某种搜索策略找到最优解。

3）使用随机梯度下降法。与标准梯度下降法精确计算梯度不同，随机梯度下降法在计算梯度时加入了随机因素，于是，即便陷入局部极小点，它计算出的梯度仍可能不为零，这样就有机会跳出局部极小继续搜索。

需要注意的是，上述用于跳出局部极小的技术大多是启发式，理论上尚缺乏保障。

8.4.2　深度生成模型

深度生成模型从整体上来说，是以某种方式寻找某种数据的概率分布，本节介绍最常使用的两种深度生成模型：变分自编码器和生成式对抗网络。

1. 变分自编码器

变分自编码器（Variational Auto-Encoder，VAE）是一个利用变分推断对先验数据分布进行建模的方法，可以直接使用基于梯度的方法进行训练。

为了从模型生成样本，VAE 首先从编码分布 $p_{\text{model}}(z)$ 中采样 z。然后使样本通过可微生成器网络 $g(z)$。最后，从分布 $p_{\text{model}}(\boldsymbol{x},g(z))=p_{\text{model}}(\boldsymbol{x}\mid z)$ 中采样 $\boldsymbol{x}$。然而在训练期间，近似推断网络（或编码器）$q(z\mid\boldsymbol{x})$ 用于获得 z，而 $p_{\text{model}}(\boldsymbol{x}\mid z)$ 则被视为解码器网络。

变分自编码器背后的关键思想是，它们可以通过最大化与数据点 $\boldsymbol{x}$ 相关联的变分下界 $L(q)$ 来训练：

$$L(q)=\mathrm{E}_{z\sim q(z\mid\boldsymbol{x})}\log p_{\text{model}}(z,\boldsymbol{x})+\mathcal{H}(q(z\mid\boldsymbol{x}))\tag{8-74}$$

$$=\mathrm{E}_{z\sim q(z\mid\boldsymbol{x})}\log p_{\text{model}}(\boldsymbol{x}\mid z)-D_{\text{KL}}(q(z\mid\boldsymbol{x})\,\|\,p_{\text{model}}(z))\tag{8-75}$$

$$\leqslant\log p_{\text{model}}(\boldsymbol{x})\tag{8-76}$$

在式（8-74）中，将第一项视为潜变量的近似后验下可见和隐藏变量的联合对数似然性。第二项则可视为近似后验的熵。当 q 被选择为高斯分布，其中噪声被添加到预测平均值时，最大化该熵项将促使该噪声标准偏差的增加。更一般地，这个熵项鼓励变分后验将高概率置于那些更可能产生现有 $\boldsymbol{x}$ 的 z 上，而不是坍缩到单个估计最可能值的点。在式（8-75）中，将第一项视为在其他自编码器中出现的重构对数似然，第二项试图使近似后验分布 $q(z \mid \boldsymbol{x})$ 和模型先验 $p_{\text{model}}(z)$ 彼此接近。

变分推断和学习的传统方法是通过优化算法推断 q，通常是迭代不动点方程。这些方法是缓慢的，并且通常需要以闭解形式计算 $\mathrm{E}_{z \sim q} \log p_{\text{model}}(z, \boldsymbol{x})$。变分自编码器背后的主要思想是训练产生 q 参数的参数编码器（有时也称为推断网络或识别模型）。只要 z 是连续变量，就可以通过从 $q(z \mid \boldsymbol{x})=q(z \mid f(\boldsymbol{x}, \theta))$ 中采样 z 的样本反向传播，以获得相对于 θ 的梯度。学习则仅包括相对于编码器和解码器的参数最大化 L。L 中的所有期望都可以通过蒙特卡罗采样来近似。

变分自编码器方法优雅，理论严谨，并且易于实现。它也获得了出色的结果，是生成式建模中的最先进方法之一。它的主要缺点是从在图像上训练的变分自编码器中采样的样本往往有些模糊。这种现象的原因尚不清楚。一种可能性是，模糊性是最大似然的固有效应，因为需要最小化 $D_{\mathrm{KL}}(p_{\text{data}} \| p_{\text{model}})$。这意味着模型将为训练集中出现的点分配高的概率，但也可能为其他点分配高的概率。还有其他原因可以导致模糊图像。模型选择将概率质量置于模糊图像而不是空间的其他部分的原因是，实际使用的变分自编码器通常在 $p_{\text{model}}(\boldsymbol{x}, g(z))$ 使用高斯分布。最大化这种分布似然性的下界与训练具有均方误差的传统自编码器类似，这意味着它倾向于忽略由少量像素表示的特征或其中亮度变化微小的像素。如 Theis 和 Huszar 指出的，该问题不是 VAE 特有的，而是与优化对数似然或 $D_{\mathrm{KL}}(p_{\text{data}} \| p_{\text{model}})$ 的生成模型共享的。现代 VAE 模型另一个麻烦的问题是，它们倾向于仅使用 z 维度中的小子集，就像编码器不能够将具有足够局部方向的输入空间变换到边缘分布与分解前匹配的空间。

VAE 框架可以直接扩展到大范围的模型架构。VAE 可以与广泛的可微算子族一起良好工作。一个特别复杂的 VAE 是深度循环注意力写入器（DRAW）模型。DRAW 使用一个循环编码器和循环解码器并结合注意力机制。DRAW 模型的生成过程包括顺序访问不同的小图像块并绘制这些点处的像素值。还可以通过在 VAE 框架内使用循环编码器和解码器定义变分 RNN 来扩展 VAE 以生成序列。从传统 RNN 生成样本仅在输出空间涉及非确定性操作。而变分 RNN 还具有由 VAE 潜变量捕获的潜在更抽象层的随机变化性。

VAE 框架已不仅仅扩展到传统的变分下界，还有重要加权自编码器（Importance-Weighted Autoencoder）的目标：

$$L_k(\boldsymbol{x}, q)=\mathbb{E}_{\mathbf{z}^{(1)}, \cdots, \mathbf{z}^{(k)} \sim q(\mathbf{z} \mid \boldsymbol{x})}\left[\log \frac{1}{k} \sum_{i=1}^{k} \frac{p_{\text{model}}(\boldsymbol{x}, z^{(i)})}{q(z^{(i)} \mid \boldsymbol{x})}\right] \tag{8-77}$$

这个新的目标在 $k=1$ 时等同于传统的下界 L。然而，它也可以被解释为基于提议分布 $q(z \mid \boldsymbol{x})$ 中 z 的重要采样而形成的真实 $\log p_{\text{model}}(\boldsymbol{x})$ 估计。重要加权自编码器目标也是 $\log p_{\text{model}}(\boldsymbol{x})$ 的下界，并且随着 k 增加而逐渐收敛。

变分自编码器的一个非常好的特性是，同时训练参数编码器与生成器网络的组合迫使模型学习一个编码器可以捕获的可预测的坐标系。这也使得它成为一个优秀的流形学习算法。

2. 生成式对抗网络

生成式对抗网络（Generative Adversarial Network，GAN）是基于可微生成器网络的另一种生成式建模方法。

生成式对抗网络基于博弈论场景，其中生成器网络必须与对手竞争。生成器网络直接产生样本 $\boldsymbol{x}=g(\boldsymbol{z},\boldsymbol{\theta}^{(g)})$。其对手，判别器网络（Discriminator Network）试图区分从训练数据抽取的样本和从生成器抽取的样本。判别器发出由 $d(\boldsymbol{x},\boldsymbol{\theta}^{(d)})$ 给出的概率值，指示 $\boldsymbol{x}$ 是真实训练样本而不是从模型抽取的伪造样本的概率。

形式化表示生成式对抗网络中学习的最简单方式是零和游戏，其中函数 $v(\boldsymbol{\theta}^{(g)},\boldsymbol{\theta}^{(d)})$ 确定判别器的收益。生成器接收 $-v(\boldsymbol{\theta}^{(g)},\boldsymbol{\theta}^{(d)})$ 作为它自己的收益。在学习期间，每个玩家尝试最大化自己的收益，因此收敛在

$$g^{*}=\underset{g}{\arg\min}\max_{d} v(g,d) \tag{8-78}$$

v 的默认选择是

$$v(\boldsymbol{\theta}^{(g)},\boldsymbol{\theta}^{(d)})=E_{\boldsymbol{x}\sim p_{\text{data}}}\log d(\boldsymbol{x})+E_{\boldsymbol{x}\sim p_{\text{model}}}\log(1-d(\boldsymbol{x})) \tag{8-79}$$

这驱使判别器试图学习将样品正确地分类为真的或伪造的。同时，生成器试图欺骗分类器以让其相信样本是真实的。在收敛时，生成器的样本与实际数据不可区分，并且判别器处处都输出 1/2，然后就可以丢弃判别器。

设计 GAN 的主要动机是学习过程既不需要近似推断，也不需要配分函数梯度的近似。当 $\max\limits_{d} v(g,d)$ 在 $\boldsymbol{\theta}^{(g)}$ 中是凸的（例如，在概率密度函数的空间中直接执行优化的情况）时，该过程保证收敛并且是渐近一致的。

但是，在实践中由神经网络表示的 g 和 d 以及 $\max\limits_{d} v(g,d)$ 不凸时，GAN 中的学习可能是困难的。Goodfellow 认为不收敛可能会引起 GAN 的欠拟合问题。一般来说，同时对两个玩家的成本梯度下降不能保证达到平衡。例如，考虑价值函数 $v(a,b)=ab$，其中一个玩家控制 a 并产生成本 ab，而另一玩家控制 b 并接收成本 $-ab$。如果将每个玩家建模为无穷小的梯度步骤，每个玩家以另一个玩家为代价降低自己的成本，则 a 和 b 进入稳定的圆形轨迹，而不是到达原点处的平衡点。注意，极小极大化游戏的平衡不是 v 的局部最小值。相反，它们是同时最小化的两个玩家成本的点。这意味着它们是 v 的鞍点，相对于第一个玩家的参数是局部最小值，而相对于第二个玩家的参数是局部最大值。两个玩家可以永远轮流增加然后减少 v，而不是正好停在玩家没有能力降低其成本的鞍点。目前不知道这种不收敛的问题会在多大程度上影响 GAN。

Goodfellow 确定了另一种替代的形式化收益公式，其中博弈不再是零和，每当判别器最优时，具有与最大似然学习相同的预期梯度。因为最大似然训练收敛，这种 GAN 博弈的重述在给定足够的样本时也应该收敛。然而，这种替代的形式化似乎并没有提高实践中的收敛，可能是由于判别器的次优性或围绕期望梯度的高方差。

在真实实验中，GAN 博弈的最佳表现形式既不是零和，也不等价于最大似然，而是 Good-fellow 引入的带有启发式动机的不同形式化。在这种最佳性能的形式中，生成器旨在增加判别器发生错误的对数概率，而不是旨在降低判别器进行正确预测的对数概率。这种重述仅仅是观察的结果，即使在判别器确信拒绝所有生成器样本的情况下，它也能导致生成器代价函数的导数相对于判别器的对数保持很大。

稳定 GAN 学习仍然是一个开放的问题。当仔细选择模型架构和超参数时，GAN 学习效果很好。Radford 设计了一个深度卷积 GAN（DCGAN），在图像合成的任务上表现非常好，并表明其潜在的表示空间能捕获到变化的重要因素。

GAN 学习问题也可以通过将生成过程分成许多级别的细节来简化。可以训练有条件的 GAN 并学习从分布 $p(\boldsymbol{x}|\boldsymbol{y})$ 中采样，而不是简单地从边缘分布 $p(\boldsymbol{x})$ 中采样。Denton 表明一系列的条件 GAN 可以被训练为首先生成非常低分辨率的图像，然后增量地向图像添加细节。由于使用拉普拉斯金字塔来生成包含不同细节水平的图像，这种技术被称为 LAPGAN 模型。LAPGAN 生成器不仅能够欺骗判别器网络，而且能够欺骗人类观察者，实验主体将高达 40%的网络输出识别为真实数据。

GAN 训练过程中一个不寻常的能力是它可以拟合向训练点分配零概率的概率分布。生成器网络学习跟踪特定点在某种程度上类似于训练点的流形，而不是最大化该点的对数概率。有点矛盾的是，这意味着模型可以将负无穷大的对数似然分配给测试集，同时仍然表示人类观察者判断为能捕获生成任务本质的流形。这不是明显的优点或缺点，并且只要向生成器网络最后一层所有生成的值添加高斯噪声，就可以保证生成器网络向所有点分配非零概率。以这种方式添加高斯噪声的生成器网络从相同分布中采样，即，从使用生成器网络参数化条件高斯分布的均值所获得的分布中采样。

Dropout 似乎在判别器网络中很重要。特别地，在计算生成器网络的梯度时，单元应当被随机地丢弃。使用权重除以二的确定性版本的判别器其梯度似乎不是那么有效。同样，从不使用 Dropout 似乎会产生不良的结果。

8.5 基于数字孪生的设计

数字孪生（Digital Twin）以数字化的方式建立物理实体的多维、多时空尺度、多学科、多物理量的动态虚拟模型来仿真和刻画物理实体在真实环境中的属性、行为、规则等。数字孪生的概念最初于 2003 年由 Grieves 教授在美国密歇根大学产品生命周期管理课程上提出，早期主要被应用在军工及航空航天领域。如美国空军研究实验室、美国国家航空航天局（NASA）基于数字孪生开展了飞行器健康管控应用，美国洛克希德·马丁公司将数字孪生引入到 F-35 战斗机生产过程中，用于改进工艺流程，提高生产效率与质量。数字孪生具备虚实融合与实时交互、迭代运行与优化、以及全要素/全流程/全业务数据驱动等特点，目前已被应用到产品生命周期各个阶段，包括产品设计、制造、服务与运维等。

随着美国工业互联网、德国工业 4.0 及中国制造 2025 等国家层面制造发展战略的提出，智能制造已成为全球制造业发展的共同趋势与目标。数字孪生作为解决智能制造信息物理融合难题和践行智能制造理念与目标的关键使能技术，得到了学术界的广泛关注和研究，并被工业界引入到越来越多的领域进行落地应用。

数字孪生落地应用的首要任务是创建应用对象的数字孪生模型。当前，数字孪生模型多沿用 Grieves 教授最初定义的三维模型，即物理实体、虚拟实体及二者间的连接。然而，随着相关理论技术的不断拓展与应用需求的持续升级，数字孪生的发展与应用呈现出新趋势与新需求。这里简要介绍北京航空航天大学陶飞等人提出的数字孪生五维模型。

数字孪生五维模型见下式：

$$M_{DT} = (PE, VE, Ss, DD, CN) \tag{8-80}$$

式中，PE 表示物理实体，VE 表示虚拟实体，Ss 表示服务，DD 表示孪生数据，CN 表示各组成部分间的连接。

数字孪生五维模型能满足上面所述数字孪生应用的新需求。首先，M_{DT}是一个通用的参考架构，能适用不同领域的不同应用对象。其次，它的五维结构能与物联网、大数据、人工智能等 New IT 技术集成与融合，满足信息物理系统集成、信息物理数据融合、虚实双向连接与交互等需求。再次，孪生数据（DD）集成融合了信息数据与物理数据，满足信息空间与物理空间的一致性与同步性需求，能提供更加准确、全面的全要素/全流程/全业务数据支持。服务（Ss）对数字孪生应用过程中面向不同领域、不同层次用户、不同业务所需的各类数据、模型、算法、仿真、结果等进行服务化封装，并以应用软件或移动端 App 的形式提供给用户，实现对服务的便捷与按需使用。连接（CN）实现物理实体、虚拟实体、服务及数据之间的普适工业互联，从而支持虚实实时互联与融合。虚拟实体（VE）从多维度、多空间尺度及多时间尺度对物理实体进行刻画和描述。

8.5.1 物理实体

物理实体是数字孪生五维模型的构成基础，对物理实体的准确分析与有效维护是建立M_{DT}的前提。物理实体具有层次性，按照功能及结构一般包括单元级（Unit）物理实体、系统级（System）物理实体和复杂系统级（System of Systems）物理实体三个层级。以数字孪生车间为例，车间内各设备可视为单元级物理实体，是功能实现的最小单元；根据产品的工艺及工序，由设备组合配置构成的生产线可视为系统级物理实体，可以完成特定零部件的加工任务；由生产线组成的车间可视为复杂系统级物理实体，是一个包括了物料流、能量流与信息流的综合复杂系统，能够实现各子系统间的组织、协调及管理等。根据不同应用需求和管控粒度对物理实体进行分层，是分层构建数字孪生模型的基础。例如，针对单个设备构建单元级数字孪生模型，从而实现对单个设备的监测、故障预测和维护等；针对生产线构建系统级数字孪生模型，从而对生产线的调度、进度控制和产品质量控制等进行分析及优化；而针对整个车间，可构建复杂系统级数字孪生模型，对各子系统及子系统间的交互与耦合关系进行描述，从而对整个系统的演化进行分析与预测。

8.5.2 虚拟实体

虚拟实体表达式见式（8-81），包括几何模型（G_v）、物理模型（P_v）、行为模型（B_v）和规则模型（R_v），这些模型能从多时间尺度、多空间尺度对 VE 进行描述与刻画。

$$VE=(G_v,P_v,B_v,R_v) \tag{8-81}$$

式中，G_v 为描述物理实体几何参数（如形状、尺寸、位置等）与关系（如装配关系）的三维模型，与物理实体具备良好的时空一致性，对细节层次的渲染可使 G_v 从视觉上更加接近物理实体。G_v 可利用三维建模软件（如 Solidworks、3DMAX、ProE、AutoCAD 等）或仪器设备（如三维扫描仪）来创建。

P_v 在 G_v 的基础上增加了物理实体的物理属性、约束、特征等信息，通常可用 ANSYS、ABAQUS、Hypermesh 等工具从宏观及微观尺度进行动态的数学近似模拟与刻画，如结构、流体、电场、磁场建模仿真分析等。

B_v 描述了不同粒度不同空间尺度下的物理实体在不同时间尺度下的外部环境与干扰，以及内部运行机制共同作用下产生的实时响应及行为，如随时间推进的演化行为、动态功能行为、性能退化行为等。创建物理实体的行为模型是一个复杂的过程，涉及问题模型、评估模型、决策模型等多种模型的构建，可利用有限状态机、马尔可夫链、神经网络、复杂网络、基于本体的建模方法进行 B_v 的创建。

R_v 包括基于历史关联数据的规律规则，基于隐性知识总结的经验，以及相关领域标准与准则等。这些规则随着时间的推移自增长、自学习、自演化，使虚拟实体具备实时的判断、评估、优化及预测的能力，从而不仅能对物理实体进行控制与运行指导，还能对虚拟实体进行校正与一致性分析。R_v 可通过集成已有的知识获得，也可利用机器学习算法不断挖掘产生新规则。

通过对上述 4 类模型进行组装、集成与融合，从而创建对应物理实体的完整虚拟实体。同时通过模型校核、验证和确认来验证虚拟实体的一致性、准确度、灵敏度等，保证虚拟实体能真实映射物理实体。此外，可使用 VR 与 AR 技术实现虚拟实体与物理实体虚实叠加及融合显示，以增强虚拟实体的沉浸性、真实性及交互性。

8.5.3　服务

服务是指对数字孪生应用过程中所需各类数据、模型、算法、仿真、结果进行服务化封装，包括以工具组件、中间件、模块引擎等形式支撑数字孪生内部功能运行与实现的“功能性服务（FService）”，以及以应用软件、移动端 App 等形式满足不同领域不同用户不同业务需求的“业务性服务（BService）”，其中 FService 为 BService 的实现和运行提供了支撑。

FService 主要包括：①面向虚拟实体提供的模型管理服务，如建模仿真服务、模型组装与融合服务、模型一致性分析服务等；②面向孪生数据提供的数据管理与处理服务，如数据存储、封装、清洗、关联、挖掘、融合等服务；③面向连接提供的综合连接服务，如数据采集服务、感知接入服务、数据传输服务、协议服务、接口服务等。

BService 主要包括：①面向终端现场操作人员的操作指导服务，如虚拟装配服务、设备维修维护服务、工艺培训服务；②面向专业技术人员的专业化技术服务，如能耗多层次多阶段仿真评估服务、设备控制策略自适应服务、动态优化调度服务、动态过程仿真服务等；③面向管理决策人员的智能决策服务，如需求分析服务、风险评估服务、趋势预测服务等；④面向终端用户的产品服务，如用户功能体验服务、虚拟培训服务、远程维修服务等。这些服务对于用户而言是一个屏蔽了数字孪生内部异构性与复杂性的黑箱，通过应用软件、移动端 App 等形式向用户提供标准的输入输出，从而降低数字孪生应用实践中对用户专业能力与知识的要求，实现便捷的按需使用。

8.5.4　孪生数据

孪生数据是数字孪生的驱动，其表达式见式（8-82）。孪生数据主要包括 PE 数据（D_p），VE 数据（D_v），Ss 数据（D_s），知识数据（D_k），以及融合衍生数据（D_f）。

$$DD=(D_p,D_v,D_s,D_k,D_f) \tag{8-82}$$

式中，D_p 主要包括体现 PE 规格、功能、性能、关系等的物理要素属性数据与反映 PE 运行状况、实时性能、环境参数、突发扰动等的动态过程数据，可通过传感器、嵌入式系统、数据采集卡等进行采集；D_v 主要包括 VE 相关数据，如几何尺寸、装配关系、位置等几何模型相关数据，材料属性、载荷、特征等物理模型相关数据，驱动因素、环境扰动、运行机制等行为模型相关数据，约束、规则、关联关系等规则模型相关数据，以及基于上述模型开展的过程仿真、行为仿真、过程验证、评估、分析、预测等的仿真数据；D_s 主要包括 FService 相关数据（如算法、模型、数据处理方法等）与 BService 相关数据（如企业管理数据，生产管理数据，产品管理数据、市场分析数据等）；D_k 包括专家知识、行业标准、规则约束、推理推论、常用算法库与模型库等；D_f 是对 D_p、D_v、D_s、D_k 进行数据转换、预处理、分类、关联、集成、融合等相关处理后得到的衍生数据，通过融合物理实况数据与多时空关联数据、历史统计数据、专家知识等信息数据得到信息物理融合数据，从而反映更加全面与准确的信息，并实现信息的共享与增值。

8.5.5 连接

连接实现了数字孪生模型各组成部分的互联互通，其表达式见式（8-83）。连接包括物理实体和孪生数据的连接（CN_PD）、物理实体和虚拟实体的连接（CN_PV）、物理实体和服务的连接（CN_PS）、虚拟实体和孪生数据的连接（CN_VD）、虚拟实体和服务的连接（CN_VS）、服务和孪生数据的连接（CN_SD）。

$$CN=(CN\_PD,CN\_PV,CN\_PS,CN\_VD,CN\_VS,CN\_SD) \tag{8-83}$$

其中，①CN_PD 实现物理实体和孪生数据的交互。可利用各种传感器、嵌入式系统、数据采集卡等对物理实体数据进行实时采集，通过 MTConnect、OPC-UA、MQTT 等协议规范传输至孪生数据；相应地，孪生数据中经过处理后的数据或指令可通过 OPC-UA、MQTT、CoAP 等协议规范传输并反馈给物理实体，实现物理实体的运行优化。②CN_PV 实现物理实体和虚拟实体的交互。CN_PV 与 CN_PD 的实现方法与协议类似，采集的物理实体实时数据传输至虚拟实体，用于更新校正各类数字模型；采集的虚拟实体仿真分析等数据转化为控制指令下达至物理实体执行器，实现对物理实体的实时控制。③CN_PS 实现物理实体和服务的交互。同样地，CN_PS 与 CN_PD 的实现方法及协议类似，采集的物理实体实时数据传输至服务，实现对服务的更新与优化；服务产生的操作指导、专业分析、决策优化等结果以应用软件或移动端 App 的形式提供给用户，通过人工操作实现对物理实体的调控。④CN_VD 实现 VE 和 DD 的交互。通过 JDBC、ODBC 等数据库接口，一方面将虚拟实体产生的仿真及相关数据实时存储到孪生数据中，另一方面实时读取孪生数据的融合数据、关联数据、生命周期数据等驱动动态仿真。⑤CN_VS 实现虚拟实体和服务的交互。可通过 Socket、RPC、MQSeries 等软件接口实现虚拟实体与服务的双向通讯，完成直接的指令传递、数据收发、消息同步等。⑥CN_SD 实现服务和孪生数据的交互。与 CN_VD 类似，通过 JDBC、ODBC 等数据库接口，一方面将服务的数据实时存储到孪生数据，另一方面实时读取孪生数据中的历史数据、规则数据、常用算法及模型等支持服务的运行与优化。

8.6 数据驱动的智能设计

8.6.1 数据驱动的力学超材料设计

超材料是一类具有自然材料所不具备的优异力学特性的人造材料，其特殊的宏观特性主要来源于人为设计的微结构拓扑构形及排布方式，而非基质材料本身的物理属性。利用增材制造技术发展带来的精细结构制造能力，材料宏观特性的非均质分布可通过制造和组合微结构变化的拓扑构型来实现。然而，传统的结构设计基于均质材料分布，多关注宏观结构的形状及拓扑设计，已难以适应这一类具有非均质材料特性的复杂功能结构设计。因而，如何将材料设计与结构的宏观形状设计相结合，通过对超材料微结构拓扑构型的设计与组合来实现宏观机械结构件非均质的材料特性分布，满足特殊功能要求及提升结构性能，成为先进制造和结构设计领域广泛关注的技术热点。

然而，由于超材料及其多尺度系统具有设计空间高维、局部最优解数量众多和多尺度计算量较大等特点，其逆向设计具有一定的挑战性。为了解决这些问题，这里介绍一种基于深度生成建模的数据驱动超材料设计框架。该框架基于大型超材料数据库，同时训练了变分自编码器（VAE）和特性预测回归器，将复杂的微观结构映射到低维、连续且规则的隐变量空间中。结果表明，VAE 的隐变量空间提供了可表征形状相似程度的距离测度能实现微结构之间的插值，同时也有效揭示了微结构在几何与特性变化上的内在联系与规律。在此基础上，提出了用于微结构、梯度超材料族和多尺度系统设计的系统数据驱动方法。在微观结构设计中，机械特性的调整和微观结构的复杂操作可以通过在隐空间中进行简单的矢量运算来高效地实现，并结合图模型搜索算法，实现具有目标梯度性能的超材料族设计。在多尺度超材料结构的设计中，基于超材料库对材料性能的空间分布进行设计，使用 VAE 模型快速筛选或生成各目标性能的多样候选微结构，然后通过高效的基于图的优化方法从候选微结构族中进行选择与组合，以保证相邻微结构之间的协调连接。

方法框架如图 8-37 所示，首先构建生成神经网络模型，提取出关键的几何特征。基于所提取的特征，探究隐变量空间的几何结构，通过在隐变量空间中的矢量操作，来实现属性的调整，多样候选微观结构的选取与生成，以及具有目标性能梯度的超材料族。最后，以上所述方法被集成到非周期多尺度系统以及功能梯度结构的设计中。

图 8-38 给出了 VAE 中神经网络结构的细节。编码器和解码器由卷积层组成。这里隐变量空间的维度设置为 16，以平衡隐变量维度和解码器重建质量之间的关系。

图 8-39a 和 b 分别展示了来自训练数据的一些代表性的微结构设计以及用所提出的模型重构或生成的微结构。训练后的 VAE 模型具有较好的重建质量，微结构的一些精细的几何特征也能得到保留。在隐变量空间中随机采样 100 个点，并将它们输入解码器，以获得图 8-39c所示的生成设计，这些新生成的微结构是原来数据库中所没有的。

训练所得到的 VAE 将微结构隐射至隐变量空间上，其特有的数学结构为有效地调控微

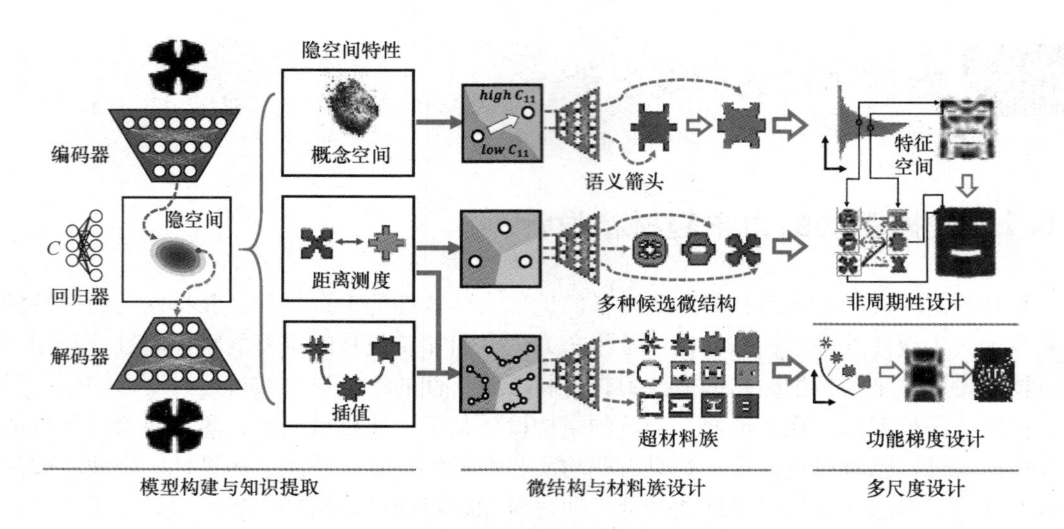

图 8-37 方法框架

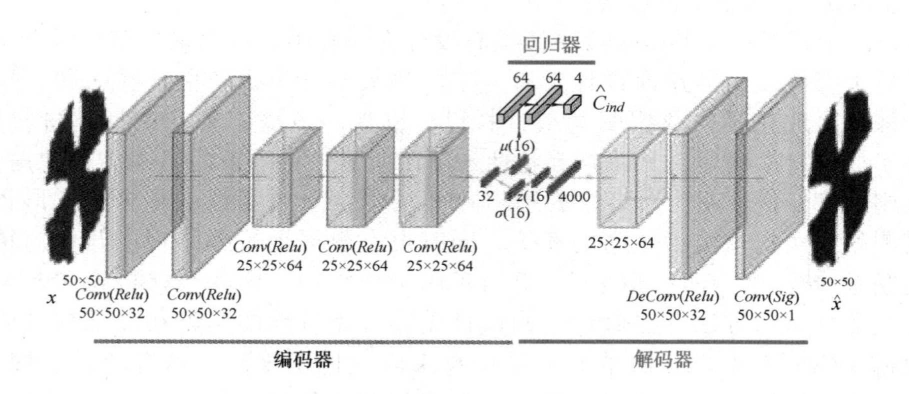

图 8-38 神经网络结构的细节

结构力学性能及其微结构拓扑变化提供了有效的工具。具体的，隐变量空间中可自然地定义出微结构间的距离测度，可以用于隐空间中的聚类，以实现给定目标力学性能下多样候选微结构集合的筛选或生成。进一步地，基于隐变量空间距离测度可构建起以距离为权的有向图模型，结合图搜索算法来生成具有目标梯度性能的多样超材料族。最后将微结构及其梯度材料族的设计方法集成到多尺度系统设计框架中，在确保相邻单元协调连接的同时实现给定的目标结构变形。

这里给出一个具体例子，如图 8-40a 所示，其设计目标是通过挤压结构的左右两端来激活笑脸。宏观性能的优化分布如图 8-40b 所示，其中刚度矩阵的不同成分具有相对不同的分布模式。这需要大量具有不同各向异性特征的微结构，这得益于构造的庞大的超材料数据库。尽管设计问题很复杂，图 8-40c 和 d 表明该方法仍然获得了具有兼容边界的完整结构。异质属性分布是通过非周期性地组装不同的超材料微结构设计来实现的，从而在加载时形成笑脸。

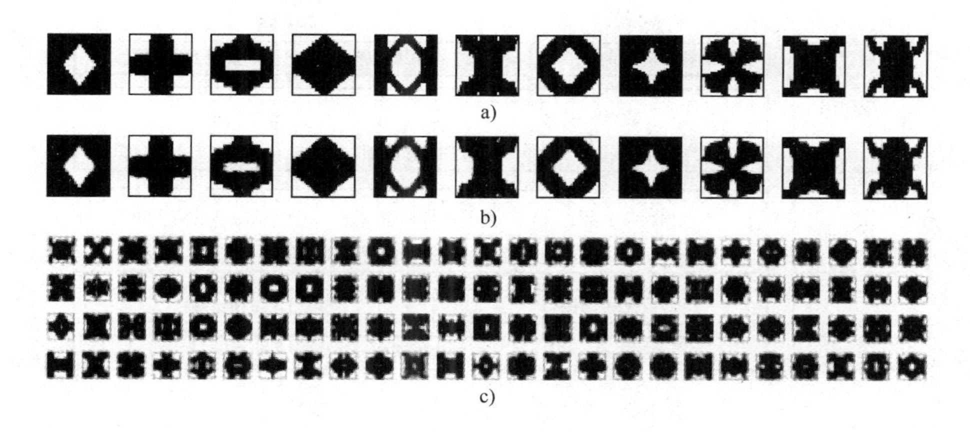

图 8-39　代表性的、重构的和随机生成的微结构

a）从数据库中选择的具有代表性的真实微结构　b）由所提出的 VAE 模型生成的相应重建微结构

c）由所提出的 VAE 模型随机生成的微结构

注：黑色像素代表实体材料区域，白色像素代表无材料区域

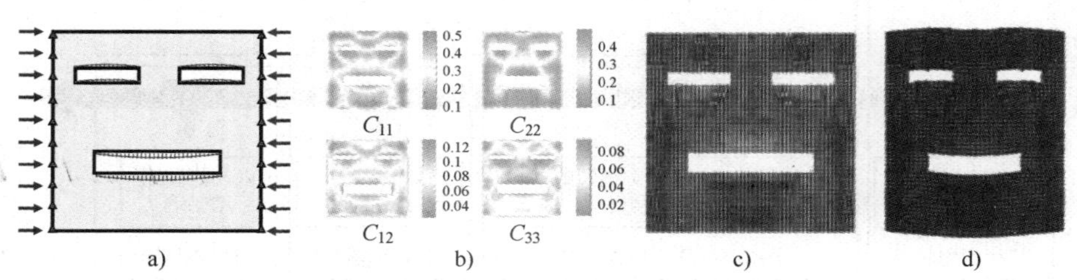

图 8-40　“笑脸”的目标位移和设计结果

8. 6. 2　大数据专家系统

本案例展示的是给某汽车企业开发的基于大数据和机器学习的乘员保护专家系统。该系统旨在将汽车研发过程与人工智能技术相结合，基于大数据智能算法与可视化技术，对汽车研发过程进行定量评估，建立汽车研发数据分析和应用工具，支持设计、开发、验证等阶段的决策。项目将建立数据分析和优化系统平台，并面向乘员保护和尺寸工程等业务场景设计具体应用系统。该系统基于“服务器-客户端”的 WEB 模式开发高效的系统运行框架，系统包含任务模块、交互模块、数据模块、用户模块等，以满足工程应用需要。应用系统可以通过计算机、平板电脑、手机等多种设备访问，以提升使用的便捷性。

针对乘员保护架构设计和开发验证过程的影响因子和损伤准则众多、损伤规律复杂等难点，开发基于大数据的乘员保护专家系统，实现快速准确的响应预测、损伤评估和风险判定，为可能出现的问题提供智能解决方案，充分利用大数据支持乘员保护架构设计和开发验证，以减少物理试验和 CAE 分析，辅助和支撑决策。图 8-41 展示了系统的基本架构，图 8-42 展示了该系统的开发技术路线。

该系统的核心在于第 2 部分的大数据分析算法。

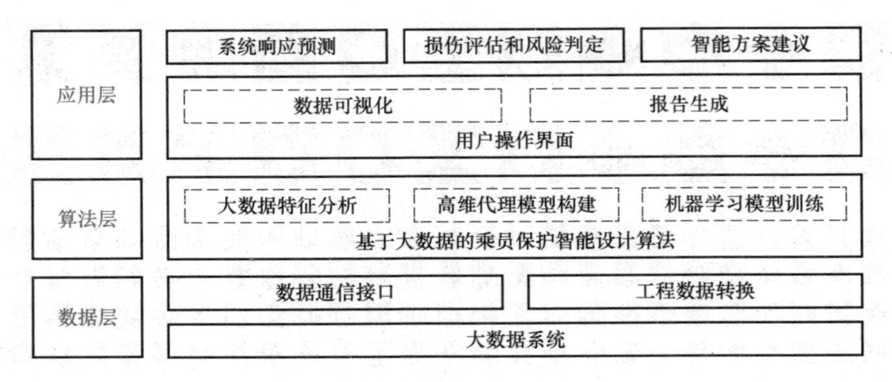

图 8-41　乘员保护专家系统的基本架构

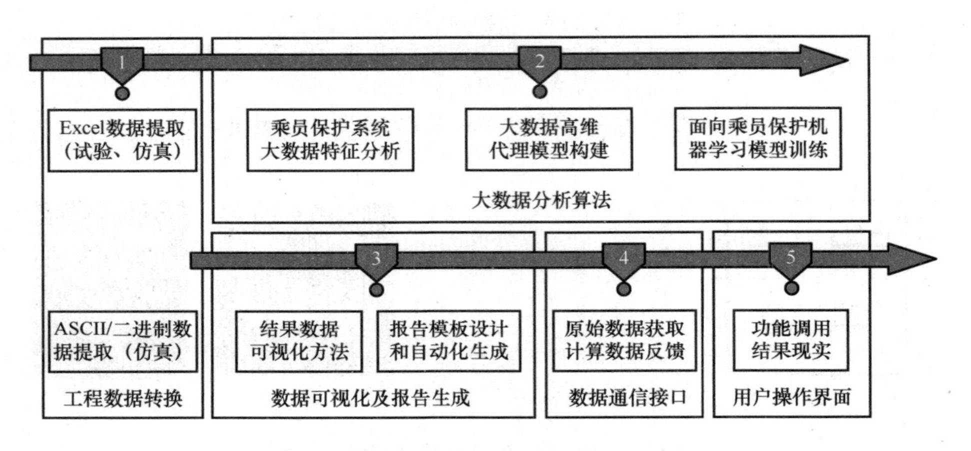

图 8-42　乘员保护专家系统的开发技术路线

针对乘员保护中约束系统多、影响因子和水平多、因子间存在相互作用、试验和CAE 测量记录数据多，以及假人损伤数据多，且变量之间关系复杂、非线性程度高，导致损伤难以预测和判定的问题，研究面向大数据的自适应高维代理模型算法，对复杂的数据特征进行有效的分析与学习，构建适用于乘员保护的代理模型，实现快速且准确的响应预测。

针对乘员保护损伤指标多、准则多、理论多，尚无一种理论可解决的问题，综合考虑各损伤评价准则，基于监督学习的方法对复杂数据特征进行有效挖掘，构建损伤变量与评价结果的关联特征，实现智能损伤评估和风险判定，为后续的智能解决方案提供支持。

针对传统开发流程对乘员损伤的定量理解不够，难以给出针对性设计的问题，基于所建立的损伤预测模型，研究高效的敏感性分析方法，获得指定的多个因子关于损伤指标的敏感度、贡献量和交互作用等数据特征，实现重要影响因子的准确获取；基于已有的历史问题和损伤结果，研究聚类、降维等无监督机器学习方法，有效挖掘数据之间的特征，实现预测结果与已有历史损伤对标和类似历史问题的智能匹配、辅助和支撑决策。

复习思考题

8-1　什么是特征工程？特征工程对于后续的机器学习有何意义？
8-2　简述特征工程所包含的基本技术方法。
8-3　试说明分类问题和聚类问题的联系与区别。
8-4　请查阅相关资料，说明支持向量机如何处理非线性可分的问题。
8-5　什么是不平衡类分类问题？有哪些处理方法？
8-6　常用的聚类方法有哪些？并说明这些方法的基本思想。
8-7　为什么有时要对数据进行降维？有哪些降维方法？
8-8　简述神经网络误差逆传播算法的基本流程。
8-9　神经网络相比传统的机器学习算法有哪些优势？又有哪些劣势？
8-10　试简述数字孪生的五维模型。

参考文献

[1] 曹岩. 现代设计方法［M］. 西安：西安电子科技大学出版社，2010.

[2] 房亚东，陈桦. 现代设计方法与应用［M］. 北京：机械工业出版社，2013.

[3] 张鄂，张帆，买买提明·艾尼. 现代设计理论与方法［M］. 3版. 北京：科学出版社，2019.

[4] 包子阳，余继周，杨彬. 智能优化算法及其MATLAB实例［M］. 2版. 北京：电子工业出版社，2018.

[5] 张大可. 现代设计方法［M］. 北京：机械工业出版社，2014.

[6] 刘钊. 基于粒子群算法的轿车车身多学科优化方法及其应用研究［D］. 上海：上海交通大学，2016.

[7] 殷国富，杨随先. 计算机辅助设计与制造技术［M］. 武汉：华中科技大学出版社，2008.

[8] 孙家广，胡事民. 计算机图形学基础教程［M］. 2版. 北京：清华大学出版社，2009.

[9] AMIROUCHE F. 计算机辅助设计与制造：第2版［M］. 崔洪斌，郭彦书，译. 北京：清华大学出版社，2006.

[10] 石磊. 基于数据不确定性的轿车车身可靠性优化设计方法及其应用研究［D］. 上海：上海交通大学，2013.

[11] 章斯亮. 考虑参数不确定和近似模型不确定的轿车车身稳健设计方法研究［D］. 上海：上海交通大学，2012.

[12] 张宇. 基于稳健与可靠性优化设计的轿车车身轻量化研究［D］. 上海：上海交通大学，2009.

[13] 吕震宙，李璐祎，宋述芳，等. 不确定性结构系统的重要性分析理论与求解方法［M］. 北京：科学出版社，2015.

[14] 许灿. 面向复杂产品稳健可靠性的多层次系统不确定性分析与优化设计方法研究［D］. 上海：上海交通大学，2021.

[15] 卢家海. 基于计算细观力学的碳纤维机织复合材料损伤失效模型及其应用研究［D］. 上海：上海交通大学，2016.

[16] 朱超. 基于多尺度仿真的平纹机织碳纤维复合材料随机性本构建模及其应用［D］. 上海：上海交通大学，2019.

[17] 陶威. 考虑力学性能随机性的三维正交机织碳纤维复合材料多尺度建模方法及其应用研究［D］. 上海：上海交通大学，2020.

[18] 陈吉清，兰凤崇. 汽车结构轻量化设计与分析方法［M］. 北京：北京理工大学出版社有限责任公司，2017.

[19] 孙凌玉. 车身结构轻量化设计理论、方法与工程实例［M］. 北京：国防工业出版社，2011.

[20] 程章. 碳纤维复合材料翼子板优化设计研究［D］. 上海：上海交通大学，2015.

[21] 周志华. 机器学习［M］. 北京：清华大学出版社，2016.

[22] 古德费洛，本吉奥，库维尔. 深度学习［M］. 赵申剑，等译. 北京：人民邮电出版社，2017.

[23] TAN P N，STEINBACH M，KUMAR V. 数据挖掘导论［M］. 范明，范宏建，等译. 2版. 北京：人民邮电出版社，2011.

[24] WANG Liwei，ZHU Ping，CHEN Wei，et al. Deep generative modeling for mechanistic-based learning and design of metamaterial systems［J］. Computer methods in applied mechanics and engineering，2020，371：1-23.

[25] 陶飞，等. 数字孪生五维模型及十大领域应用［J］. 计算机集成制造系统，2019，25（1）：1-18.